W0011253

Eine Arbeitsgemeinschaft der Verlage

Wilhelm Fink Verlag München
Gustav Fischer Verlag Jena und Stuttgart
Francke Verlag Tübingen und Basel
Paul Haupt Verlag Bern · Stuttgart · Wien
Hüthig Verlagsgemeinschaft
Decker & Müller GmbH Heidelberg
Leske Verlag + Budrich GmbH Opladen
J. C. B. Mohr (Paul Siebeck) Tübingen
Quelle & Meyer Heidelberg · Wiesbaden
Ernst Reinhardt Verlag München und Basel
Schäffer-Poeschel Verlag · Stuttgart
Ferdinand Schöningh Verlag Paderborn · München · Wien · Zürich
Eugen Ulmer Verlag Stuttgart
Vandenhoeck & Ruprecht in Göttingen und Zürich

Walter Larcher

Ökophysiologie der Pflanzen

Leben, Leistung und Streßbewältigung
der Pflanzen in ihrer Umwelt

5., völlig neubearbeitete Auflage

347 Abbildungen
78 Tabellen

Verlag Eugen Ulmer Stuttgart

Prof. Mag. Dr. WALTER LARCHER lehrt am Institut für Botanik der Universität Innsbruck, Sternwartestraße 15, A-6020 Innsbruck, Österreich.

1. bis 4. Auflage unter dem Titel „Ökologie der Pflanzen"

Englische Ausgabe: 1975, 1980, 1991
Spanische Ausgabe: 1977
Russische Ausgabe: 1978
Chinesische Ausgabe: 1985
Brasilianische Ausgabe: 1986
Tschechische Ausgabe: 1988
Italienische Ausgabe: 1993

Die Deutsche Bibliothek – CIP-Einheitsaufnahme

Larcher, Walter:
Ökophysiologie der Pflanzen : Leben, Leistung und Streßbewältigung der Pflanzen in ihrer Umwelt ; 78 Tabellen / Walter Larcher. – 5., völlig neubearb. Aufl. – Stuttgart : Ulmer, 1994
    (UTB für Wissenschaft : Große Reihe)
    4. Aufl. u. d. T.: Larcher, Walter: Ökologie der Pflanzen auf physiologischer Grundlage
    ISBN 3-8252-8074-8 (UTB) Pp.
    ISBN 3-8001-2655-9 (Ulmer) Pp.

Das Werk einschließlich aller seiner Teile ist urheberrechtlich geschützt. Jede Verwertung außerhalb der engen Grenzen des Urheberrechtsgesetzes ist ohne Zustimmung des Verlages unzulässig und strafbar. Das gilt insbesondere für Vervielfältigungen, Übersetzungen, Mikroverfilmungen und die Einspeicherung und Verarbeitung in elektronischen Systemen.

© 1973, 1994 Verlag Eugen Ulmer GmbH & Co
Wollgrasweg 41, 70599 Stuttgart (Hohenheim)
Printed in Germany
Lektorat: Nadja Kneissler
Herstellung: Jürgen Sprenzel
Einbandentwurf: Alfred Krugmann
Satz: primustype Robert Hurler GmbH, Notzingen
Druck und Bindung: Friedrich Pustet, Regensburg

ISBN 3-8252-8074-8 (UTB-Bestellnummer)

Vorwort

Vor zwei Jahrzehnten erschien das Kurzlehrbuch „Ökologie der Pflanzen", der Vorläufer dieses Buches. Dessen Anliegen war es, die Denkweise der Ökologie (in der damaligen Auffassung) zu vermitteln und Einblicke in grundlegende Vorgänge, Wirkungsmechanismen und Funktionszusammenhänge im System „Pflanze und Umwelt" zu bieten. Schon damals stand die physiologisch-ökologische Betrachtungsweise im Vordergrund. Nunmehr beschränkt sich der Inhalt der vorliegenden Neubearbeitung auf ökologische Aspekte der Pflanzenphysiologie.

Ökophysiologie der Pflanzen ist die Wissenschaft von den Lebensvorgängen und Lebensäußerungen der Pflanzen im Wechselspiel mit Umweltfaktoren. Fragestellungen aus *ökologischer Sicht* befassen sich mit dem Stoffhaushalt und den Energieflüssen innerhalb der Pflanze und mit deren Umfeld, mit der Lebensleistung und der Lebensbewältigung unter den Bedingungen und Belastungen auf ihrem Wuchsplatz. Die Zielsetzungen und Methoden der Erkenntnissuche sind jene der *Physiologie*: Die messende Beobachtung und die Phänomenanalyse als Datengrundlage, das Experiment zur Ursachenaufklärung, das Streben nach allgemein anwendbaren Regeln und Funktionstheorien auf allen Organisationsstufen, von der Ebene der Makromoleküle über zelluläre Feinstrukturen, Organe, Individuen bis zu geschlossenen Pflanzenbeständen. Dabei genügt nicht die Aufklärung von kausalen Mechanismen, es muß auch der Sinn bestimmter Funktionsabläufe verstanden und deren Bedeutung für Leben und Leistung der Pflanze in ihrem Lebensraum erkannt und bewiesen werden. Ökophysiologie darf nicht einem Reduktionismus verfallen: Erst die Kenntnis der Vielfalt morphologischer und funktioneller Konstitutionstypen sprengt einseitig enge und vereinfachende Ansichten.

Bei so vielen Ansprüchen an eine Wissenschaft kann dieses Lehrbuch nur ein unzulängliches Bild zeichnen; anhand ausgewählter Beispiele werden bezeichnende Verhaltensweisen und mögliche Tendenzen aufgezeigt. Die vielen Aspekte der Ökophysiologie werden in den einzelnen Abschnitten an geeigneten Stellen skizzenhaft angesprochen: Standortkundliches und chemische Kommunikation im 1. Kapitel, Stoffwechsel und Stoffhaushalt in allen Organisationsebenen im 2. Kapitel, Reaktionen und Spezialisierung auf chemische Bodenfaktoren im 3. Kapitel, Konstitutionstypen des Wasserhaushalts im 4. Kapitel, umweltbezogene Entwicklungsdynamik im 5. Kapitel und Streßphysiologie im 6. Kapitel. Die historische Entwicklung der Ökophysiologie, beginnend mit den klassischen Freilanduntersuchungen in der ersten Jahrhunderthälfte bis zu prognostischen Simulationsexperimenten im Rahmen aktueller Programme der Klimawandelforschung, soll in den Abbildungen und Tabellen ebenso zum Ausdruck kommen wie die Bemühungen und die Erfolge der vielen Ökophysiologen aus allen Kontinenten.

An die Benutzer: Die Ökophysiologie baut auf Erkenntnissen der allgemeinen Botanik, insbesondere der Pflanzenphysiologie, und der grundlegenden Umweltwissenschaften, insbesondere Klimakunde, Geologie und Bodenkunde, auf. Es wird daher eine gewisse Kenntnis dieser Fachgebiete und vor allem auch eine entsprechende Pflanzenkenntnis vorausgesetzt. Worterklärungen und Informationen zu verwendeten Begriffen findet man in Wörterbüchern der Biologie (z. B. BORRIS und LIBBERT 1985, SCHAEFER 1992) und über Ökologie (z. B. HEINRICH und HERGT 1990, KUTTLER 1993). Einführende und weiterführende Literatur ist im Anschluß an den Text angegeben.

Dieses Buch ist kein Speziallehrbuch und schon gar kein Handbuch, es darf daher nicht erwartet werden, daß die volle Spanne unseres Wissens auf diesem Gebiet geboten wird. Konkrete Angaben sind als Anschauungsmaterial hauptsächlich in den Abbildungen und Tabellen enthalten. Die in den Legenden genannten Quellenzitate haben auch die Aufgabe, auf geeignetes Schrifttum zu eingehendem Studium hinzuweisen. Die im Text bei Definitionen und Daten eingefügten Zitatnummern sollen anregen, die eine oder andere Originalveröffentlichung im Rahmen von Konservatorien, Seminaren oder im Selbststudium genauer kennenzulernen. In diesem Sinn möge das vorliegende Buch nicht nur Lehrbehelf, sondern auch Arbeitsgrundlage sein.

Dank: Mein Dank richtet sich zunächst an meinen Verleger, Herrn Roland Ulmer, und seine Mitarbeiter. Die Herren R. Lösch, U. Kull und B. Ulrich stellten mir bereitwillig wertvolle, unveröffentliche Ergebnisse zur Verfügung. Für wichtige Hinweise und Beratung danke ich Frau M. Popp und den Herren E. Beck, J. Čermák, A. Hager, K. Haselwandter, Ch. Körner, H. Richter, St. Smidt, E.-D. Schulze und R. Wimmer. Die Herren H. J. Braun, S. Bortenschlager, D. Kramer, H. Moor, V. Römheld, Ch. Weiglin, D. Werner, F. Schweingruber und A. Schwyzer haben in freundlicher Weise reproduzierbare Originalvorlagen zur Verfügung gestellt. Frau Renate Werth übertrug den Text auf Diskette. Frau Kerstin Heß und Herr Helmuth Flubacher zeichneten die neu hinzugekommenen Abbildungen. Ihnen allen gilt mein herzlicher Dank.

Innsbruck, Sommer 1992   W. Larcher

Inhaltsverzeichnis

Maßeinheiten und Umrechnungen

Vorzeichen für Zehnerpotenzen

G giga (10^9)
M mega (10^6)
k kilo (10^3)
h hekto (10^2)
d deci (10^{-1})
c centi (10^{-2})
m milli (10^{-3})
μ mikro (10^{-6})
n nano (10^{-9})

Energie (Arbeit)

$1 \; J = 1 \; N \cdot m = 1 \; kg \cdot m^2 \cdot s^{-2} = 1 \; W \cdot s = 0{,}239 \; cal = 10^7 \; erg$
$1 \; W \cdot h = 3{,}6 \; kW \cdot s = 3{,}6 \; kJ = 0{,}86 \; kcal$
$1 \; MJ = 0{,}278 \; kWh$
$1 \; cal = 4{,}1868 \; J$
$1 \; kcal = 1{,}163 \; W \cdot h$

Druck

$1 \; MPa = 10^6 \; Pa = 10 \; bar$
$1 \; bar = 10^5 \; N \cdot m^{-2} = 10^5 \; Pa = 100 \; J \cdot kg^{-1} = 10^6 \; erg \cdot cm^{-3}$
$1 \; bar = 750 \; Torr = 0{,}9869 \; atm$
$1 \; Torr = 1{,}33 \cdot 10^{-3} \; bar \approx 1 \; mm \; Hg\text{-Säule}$
$1 \; atm = 1{,}0132 \; bar = 760 \; Torr$

Menge, Konzentration

Molarität = mol $\cdot$ kg^{-1} Lösung
Molalität = mol $\cdot$ kg^{-1} Lösungsmittel
$1 \; ppm = 10^{-6} \; mol \cdot mol^{-1}$; $1 \; \mu g \cdot g^{-1}$; $1 \; \mu l \cdot l^{-1}$
$1 \; ppb = 10^{-9} \; mol \cdot mol^{-1}$; $1 \; ng \cdot g^{-1}$; $1 \; nl \cdot l^{-1}$
$1 \; dalton = 1{,}6605 \cdot 10^{-27} \; kg$

Wasserpotential

$\Psi[MPa] = 0{,}462 \cdot T_{abs} \cdot \ln a_w = -1{,}06 \; T_{abs} \cdot \log_{10}(100/RLF)$
$\pi_{20}{}^* = 310{,}7 \log_{10} a_w \; [MPa]$
$a_w = p_w/p^*_w = 10^{-2} \; RLF \; [\%]$
a_w = relative Aktivität des Wassers
p_w = gegebener Wasserdampfdruck
p^*_w = Sättigungswasserdampfdruck
RLF = relative Luftfeuchtigkeit
$1 \; osmol \cdot kg^{-1} = 0{,}00832 \cdot T_{abs} \; [MPa]$

Elektrolytleitfähigkeit

$1 \; S = 1 \; \Omega^{-1}$

$1 \ S \cdot m^{-1} = 10 \ mS \cdot cm^{-1}$
$1 \ mmhos \cdot cm^{-1} = 1 \ mS \cdot cm^{-1}$

Gaswechsel
$1 \ g \ CO_2\text{-Umsatz} \approx 0{,}73 \ g \ O_2\text{-Umsatz} \ (RQ[CO_2/O_2] = 1)$
$1 \ g \ O_2\text{-Umsatz} \approx 1{,}38 \ g \ CO_2\text{-Umsatz}$
$D_{CO2} = 0{,}64 \ D_{H2O}$
$D_{H2O} = 1{,}56 \ D_{CO2}$
$0{,}03\%_{vol} \ CO_2 = 300 \ \mu l \cdot l^{-1} = 282 \ \mu bar = 28 \ Pa \ CO_2\text{-Partialdruck}$
$1 \ \mu l \cdot l^{-1} = 1{,}963 \ \mu g \ CO_2 \cdot l^{-1}$ (bei 1013 mbar Luftdruck und 0 °C)
$1 \ mg \ CO_2 \cdot dm^{-2} \cdot h^{-1} = 0{,}028 \ mg \ CO_2 \cdot m^{-2} \cdot s^{-1} = 0{,}63 \ \mu mol \ CO_2 \cdot m^{-2} s^{-1}$
$1 \ mg \ CO_2 \cdot m^{-2} \cdot s^{-1} = 36 \ mg \ CO_2 \cdot dm^{-2} \cdot h^{-1} = 22{,}7 \ \mu mol \ CO_2 \cdot m^{-2} \cdot s^{-1}$
$1 \ \mu mol \ CO_2 \cdot m^{-2} \cdot s^{-1} = 0{,}044 \ mg \ CO_2 \cdot m^{-2} \cdot s^{-1} = 1{,}58 \ mg \ CO_2 \cdot dm^{-2} \cdot h^{-1}$
$1 \ mg \ H_2O \cdot dm^{-1} \cdot h^{-1} = 1{,}54 \ \mu mol \ H_2O \cdot m^{-1} \cdot s^{-1}$
$1 \ mol \ H_2O \cdot m^{-2} \cdot s^{-1} = 0{,}446 \ T_o/T_{abs} \cdot P/P_o \ cm \cdot s^{-1}$ (Diffusionsleitfähigkeit)
$T_0 = 273 \ K$
T_{abs} = aktuelle absolute Temperatur
$P_o = 101{,}3 \ kPa$
P = aktueller Luftdruck [kPa]

Phytomasse
$1 \ g \ TS \cdot m^{-2} = 10^{-2} \ t \cdot ha^{-1}$
$1 \ g \ org.TS \approx 0{,}42 – 0{,}51 \ g \ C \approx 1{,}5 – 1{,}7 \ g \ CO_2$
$1 \ g \ C \approx 2 – 2{,}2 \ g \ org.TS \approx 3{,}1 – 3{,}4 \ g \ CO_2$
$1 \ g \ CO_2 \approx 0{,}59 – 0{,}66 \ g \ org.TS \approx 0{,}27 – 0{,}30 \ g \ C$

Strahlung
$1 \ W \cdot m^{-2} = 1 \ J \cdot m^{-2} s^{-1} = 1{,}43 \cdot 10^{-3} \ cal \cdot cm^{-2} \cdot min^{-1} = 31{,}53 \ MJ \cdot m^{-2} \cdot a^{-1}$
$1 \ mol \ Photonen = 1{,}8 \cdot 10^5 \ J$ (bei λ 650 nm) bis $2{,}7 \cdot 10^5 \ J$ (bei λ 450 nm)
$1 \ cal \cdot cm^{-2} \cdot min^{-1} = 6{,}98 \cdot 10^2 \ W \cdot m^{-2} = 6{,}98 \cdot 10^5 \ erg \cdot cm^{-2} s^{-1}$
$1 \ erg \cdot cm^{-2} \cdot s^{-1} = 1{,}43 \cdot 10^{-6} \ cal \cdot cm^{-2} \cdot min^{-1} = 10^{-3} \ W \cdot m^{-2}$

Umrechnungen[*]: (multiplizieren mit)	$W \cdot m^{-2}$ (PhAR) in μmol Photonen $m^{-2} \cdot s^{-1}$	klux (400–700nm) in μmol Photonen $m^{-2} \cdot s^{-1}$
Tageslicht (sonnig)	4,6	18
Tageslicht (diffus)	4,2	19
Metallhalogenleuchte	4,6	14
Leuchtröhre (weiß)	4,6	12
Pflanzenleuchte	4,7–4,8	18–30
Glühlampe	5,0	20

[*] Nach McCree (1981)

Temperatur (Nach MILTHORPE und MOORBY 1979)
Mitteltemperatur der hellen Tagesstunden:
$$T_h = 0{,}5 \ (T_{max} - T_{min}) + (T_{max} - T_{min})/3\pi$$
Mitteltemperatur der Nachtstunden: $T_n = 0{,}25 \ (T_{max} + 3 \cdot T_{min})$

Weitere Angaben über Maßeinheiten und Umrechnungsfaktoren bei ŠESTÁK et al. (1971), ALTMAN und DITTMER (1972), SLAVÍK (1974), INCOLL et al. (1977), SAVAGE (1979), NOBEL (1991), SALISBURY (1991), HALL et al. (1993).

1 Die Umwelt der Pflanzen

In ferner geologischer Vergangenheit, als sich die ersten Pflanzen entwickelten, trafen diese auf einen Lebensraum aus Wasser, Luft und Gestein. Später entstand unter der Mitwirkung von Mikroorganismen und Tieren das wichtigste Substrat der Pflanzen: der Boden, die Pedosphäre. Hydrosphäre, Atmosphäre und Pedosphäre stellen die *räumliche* Umwelt der Pflanzen dar. Zur Umwelt gehören auch alle physikalischen und chemischen *Standortfaktoren* und alle Einflüsse von Mitbewohnern des gemeinsamen Lebensraumes, die das Gedeihen der Pflanzen ermöglichen oder beeinträchtigen. *Umwelt*[786] ist somit die Gesamtheit der äußeren Lebensbedingungen, die auf ein Lebewesen oder eine Organismengemeinschaft (Biozönose) in ihrer Lebensstätte (Biotop) einwirken.

1.1 Der Lebensraum der Pflanzen

1.1.1 Die Atmosphäre

Der sensibelste Bereich des globalen Lebensraumes ist die Atmosphäre, der hauchdünne Luftmantel der Erde (Abb. 1.1). Die innerste Hülle ist die *Troposphäre*, die Wetterzone der Lufthülle. Hier fällt der Luftdruck nach außen stark ab (Luftdruckverringerung: 10–12 Pa·m^{-1}), in 5500 m Meereshöhe herrscht nur mehr die Hälfte des Luftdrucks auf Meeresniveau. Zugleich nimmt mit der Höhe die Lufttemperatur bis zu einer Temperaturumkehrschicht, der Tropopause, ab. Diese atmosphärische Sprungschicht behindert den Luftaustausch über Höhen zwischen 10 km (in mittleren geographischen Breiten) bis 18 km (über subtropischen und äquatorialen Gebieten). Das Aufnahmevermögen der

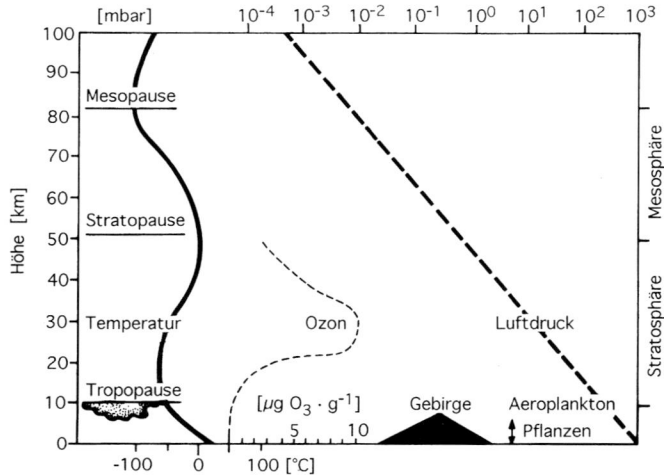

Abb. 1.1. Aufbau der Atmosphäre. Nach HÄCKEL (1993), verändert.

Atmosphäre für Wasserdampf aus der Verdunstung, aber auch für zugeführte Fremdstoffe ist dadurch hauptsächlich auf die Troposphäre beschränkt. Oberhalb der Tropopause erstreckt sich die *Stratosphäre* bis zur Stratopause in 25–50 km Höhe, in der der Luftdruck unter ein Zehntel des Luftdrucks auf Meeresniveau sinkt. In diesen verdünnten Luftschichten reichert sich unter intensiver UV-Strahlung stratosphärisches Ozon an, das seinerseits UV stark absorbiert. Ein Leben auf dem Festland war erst möglich, nachdem sich ein Ozonfilter gebildet hatte, der die letale kurzwellige UV-Strahlung abfing.

Die **Lufthülle der Erde** versorgt die Pflanzen mit Kohlendioxid und alle Lebewesen mit Sauerstoff. Die Uratmosphäre enthielt erhebliche Mengen von Kohlendioxid, Ammoniak und Methan. Heute besteht die Luft der Troposphäre hauptsächlich aus $78\%_{vol}$ Stickstoff, $21\%_{vol}$ Sauerstoff, Edelgasen $(0,95\%_{vol})$, und Kohlendioxid $(0,035\%_{vol})$. Dazu kommen Wasserdampf, Spurengase wie Methan, Schwefeldioxid, Halogenide, flüchtige Stickstoffverbindungen, bodennahes Ozon und Photooxidantien, ferner Aerosole, Asche, Staub und Ruß.

Die Atmosphäre enthält rund $1200 \cdot 10^{12}$ t *Sauerstoff*, der größtenteils durch autotrophe Organismen gebildet und in geologischen Zeiträumen angesammelt wurde (siehe Abb. 2.1). Durch die Photosynthese des Phytoplanktons der Meere und der Pflanzen auf dem Festland, vor allem der Wälder, wird verbrauchter Sauerstoff laufend ergänzt. Der von der Landvegetation abgegebene Sauerstoff stellt jedoch langfristig keinen Nettogewinn für die globale Sauerstoffbilanz der Atmosphäre dar, weil der photosynthetisch freigesetzte Sauerstoff in ungefähr gleicher Menge wieder beim mikrobiellen Abbau der organischen Substanz veratmet wird. Ein Ersatz des Sauerstoffs, der durch die Atmung der Lebewesen und durch Verbrennungsprozesse laufend entzogen wird, kann nur durch die Tätigkeit des Phytoplanktons erfolgen: In Gewässern sinkt der organische Abfall in die Tiefe, wo er größtenteils anaerob, d. h. ohne Sauerstoffverbrauch zersetzt wird. In der Atmosphäre befinden sich $721 \cdot 10^9$ t Kohlen-

stoff in Form von CO_2 (siehe Abb. 6.103). Das *Kohlendioxid* ist derzeit in der unteren Atmosphäre in einer durchschnittlichen Konzentration von 350 $\mu l \cdot l^{-1}$ (entspricht 35 Pa Partialdruck) vorhanden, der CO_2-Gehalt der Luft nimmt aber ständig zu (siehe Kap. 6.3.3.2).

Stoffeinträge in die Atmosphäre werden mit hoher *Ausbreitungsgeschwindigkeit* großräumig verteilt. Innerhalb von Tagen oder wenigen Wochen werden Immissionen durch Luftströmungen über ganze Kontinente und Ozeane verfrachtet, was nach heftigen Vulkanausbrüchen oder Ausstoß radioaktiver Substanzen eindrucksvoll zu beobachten ist.

1.1.2   Die Hydrosphäre

Zur Hydrosphäre gehören die Weltmeere, das Grundwasser, die fließenden und stehenden Binnengewässer, das Eis der Polkappen und der Gletscher sowie das Wasser in der Atmosphäre. Die Ozeane und Meere bedecken 71% der Erdoberfläche und sie fassen 74% des gesamten **Wasservorrats** der Erde. Mit ihrem gewaltigen Wasservolumen speichern sie enorme Mengen von Energie und Stoffen und wirken dadurch als wichtigster Stabilisator geophysikalischer und geochemischer Prozesse. Das zweitgrößte Wasserreservoir, das Wasser auf den Kontinenten, ist größtenteils *Grundwasser*; davon liegt nur 1% so nahe der Oberfläche, daß es von den Pflanzenwurzeln erreicht wird, alles andere versickert hunderte Meter tief. Die *Oberflächengewässer*, Seen und Flüsse, nehmen mengenmäßig einen sehr kleinen Anteil der Hydrosphäre ein, ihre Bedeutung als Lebensraum für Pflanzen ist jedoch sehr erheblich. Das Wasser, das als *Wolken, Nebel und Wasserdampf* über dem Festland und den Weltmeeren schwebt, macht zwar nicht mehr als 0,001% des Wasservorrats der Erde aus, es ist aber wegen der hohen Umsatzgeschwindigkeit (Verweilzeit des Wasserdampfes in der Atmosphäre durchschnittlich 10 Tage) für die globale Wasser- und Wärmebilanz von enormer Bedeutung. Der Wasserkreislauf ist der mengenmäßig größte Stoffumsatz auf der Erde, und er ist gleichzeitig der wichtigste

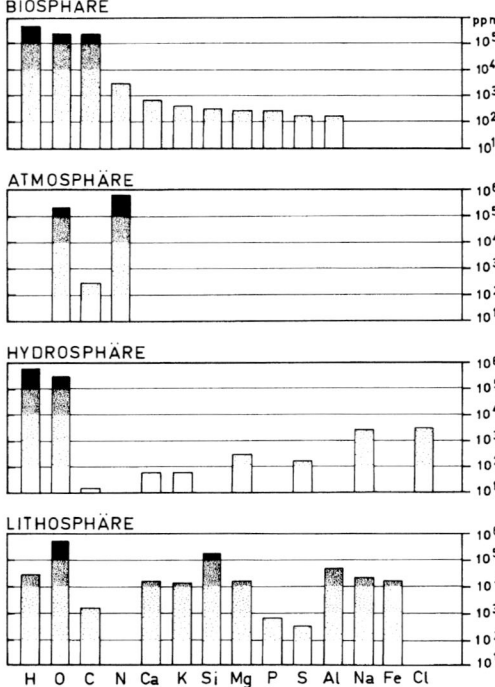

Abb. 1.2. Mengenanteil chemischer Elemente (Anzahl der Atome, nicht Gewichtsanteil) am Aufbau der Biosphäre, Hydrosphäre und Lithosphäre. Die Ordinate ist logarithmisch geteilt. Ablesebeispiel: In der Biosphäre sind H, O, C und N in größter Menge vorhanden: 4,98 · 10⁵ von 10⁶ Atomen (d.s. rund 50% aller Atome) sind Wasserstoffatome, je 2,49 · 10⁵ (d.s. rund 25%) sind Sauerstoff- und Kohlenstoffatome und 2,7 · 10³ (d.s. rund 3‰) sind Stickstoffatome. Die chemische Eigenständigkeit der Biosphäre kommt deutlich zum Ausdruck: Die Organismen filtern aus dem Angebot an chemischen Verbindungen nach ihren Bedürfnissen qualitativ und quantitativ aus. Nach DEEVEY (1970).

Energieumsatz, weil der überwiegende Teil der von der Erdoberfläche absorbierten Energie der Sonnenstrahlung für die Wasserverdunstung verbraucht wird. Die Hydrosphäre ist daher eine ausschlaggebende Komponente im Klimasystem der Erde.

In der **chemischen Zusammensetzung** der Gewässer (Abb. 1.2) bestehen große Unterschiede. *Meerwasser* enthält hauptsächlich NaCl (10,8 g · l⁻¹ Na⁺, 19,4 g · l⁻¹ Cl⁻ bei einer durchschnittlichen Dichte von 1,027), unter den Kationen vor allem Mg^{2+} (1,3 g · l⁻¹), Ca^{2+} und K⁺ (beide rund 0,4 g · l⁻¹), unter den Anionen vor allem SO_4^{2-} (2,7 g · l⁻¹), HCO_3^- (0,14 g · l⁻¹) und Br⁻ (0,09 g · l⁻¹), dazu kommen zahlreiche Elemente in Ionenform und als Verbindungen (z. B. Silikate, organisch gebundener Stickstoff) in geringen Konzentrationen (einige mg · l⁻¹ bis µg · l⁻¹)[10,332]. *Süßwasser* enthält meist reichlich Ca^{2+} und HCO_3^-. Wo durch Zuflüsse und vom Ufer Mineralsalze in das Oberflächenwasser gelangen, entstehen eutrophierte, d.s. gedüngte Gewässerbezirke. In Flüssen und Seen kann durch Zufuhr nitrat- und phosphatreicher Abwässer eine Überdüngung stattfinden. Eutrophe Seen enthalten im Vergleich zu oligotrophen Seen eine bis zu 300fache Konzentration von Feststoffen und gelösten Mineralstoffen (von 0,03 bis 5 mg P · l⁻¹ und 0,5 bis > 15 mg N · l⁻¹)[468].

Gase lösen sich im Wasser mit zunehmendem Druck und abnehmender Temperatur besser, mit zunehmendem Salzgehalt schlechter. Kohlendioxid ist im Wasser leicht löslich (Tab. 1.1). Der Anteil an freiem CO_2 hängt vom pH-Wert des Wassers ab; er ist hoch im

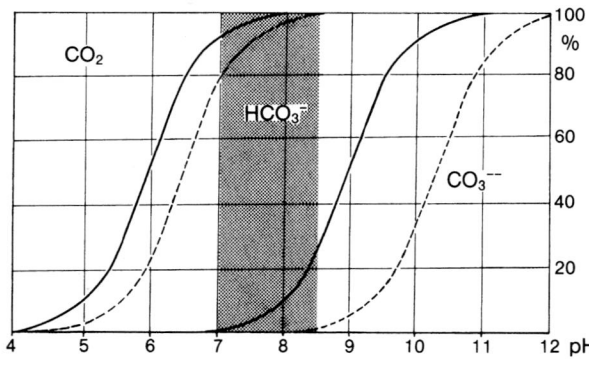

Abb. 1.3. Das Carbonatsystem in Abhängigkeit vom pH-Wert in Meerwasser (durchgezogene Linien) und in Süßwasser (durchbrochene Linien). Gerastertes Band: Durchschnittliche pH-Werte des Meerwassers. Nach OTT (1988).

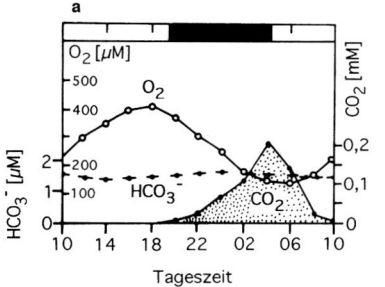

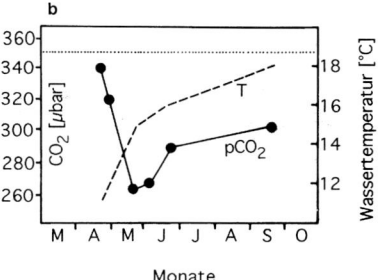

Abb. 1.4. Schwankungen des Gehalts an anorganischen Kohlenstoffverbindungen und an Sauerstoff in Gewässern. a) Tageszeitliche Konzentrationsänderungen von gelöstem CO_2, HCO_3^- und O_2 bei 20–22 °C und pH 7–8 in einem mitteleuropäischen Fischteich an einem strahlungsreichen Julitag. Nach ONDOK et al. (1984) und POKORNÝ und ONDOK (1991). b) Jahreszeitliche Änderungen des CO_2-Partialdrucks (pCO_2) und der Temperatur (T) des Oberflächenwassers im NE-Atlantik. Nach WATSON et al. aus WILLIAMSON und PLATT (1991). In Seen kann der Sauerstoffgehalt vom Herbst zum Frühjahr innerhalb eines Monats auf den doppelten bis dreifachen Betrag ansteigen.

Tab. 1.1 Löslichkeit [µM] und Volumenkonzentration [%] von CO_2 und O_2 in Wasser bei verschiedenen Temperaturen im Gleichgewicht mit der Luft. Partialdrücke in der Luft: 35 Pa CO_2, 21 kPa O_2. Nach ŠESTÁK et al. (1971).

Temperatur [°C]	Kohlendioxid [µM]	[%]	Sauerstoff [µM]	[%]	Molverhältnis O_2/CO_2
0	26	0,059	458	1,02	17,6
10	18	0,041	356	0,79	19,8
15	15	0,035	318	0,72	21,2
20	13	0,030	291	0,66	22,4
25	11	0,026	263	0,59	23,9
30	9	0,023	245	0,55	27,2

sauren Bereich, über pH 9 liegen nur noch Hydrogencarbonat und Carbonationen vor (Abb. 1.3). Überdies kann gelöstes HCO_3^- durch Kationen, vor allem Ca^{2+} und Mg^{2+} gebunden werden. Das Wasser der Meere und Seen speichert 0,14% des gesamten Kohlenstoffvorrats der Erde in Form von Bicarbonat- und Carbonat-Ionen oder als gelöstes CO_2. Die Hauptmenge befindet sich im tiefen Wasser der Ozeane (etwa $38000 \cdot 10^9$ t; siehe Abb.

6.103). Das Oberflächenwasser enthält nur etwa 0,2% des anorganischen Kohlenstoffvorrats der Hydrosphäre. Der Sauerstoffgehalt im Oberflächenwasser entspricht im Durchschnitt der Gleichgewichtskonzentration mit der Atmosphäre (siehe Tab. 1.1).

Durch die Assimilationstätigkeit der photoautotrophen Organismen ändert sich der Kohlendioxid und der Sauerstoffgehalt in der obersten lichtdurchfluteten Wasserschicht (euphotische Zone) tageszeitlich und jahreszeitlich (Abb. 1.4). Durch den intensiven Austausch von O_2 und CO_2 zwischen Hydrosphäre und Atmosphäre kommt vor allem den Meeren eine wichtige Rolle als Puffersystem zu.

Wasserströmungen sorgen für eine Durchmischung des Oberflächenwassers und für einen Ausgleich zwischen Oberflächen- und Tiefenwasser. In schlecht durchmischten Gewässern sinkt unter der euphotischen Zone die Sauerstoffkonzentration mit zunehmender Tiefe durch die *Sauerstoffzehrung* durch Tiere, Mikroorganismen und reduzierende Substanzen im Detritus fortschreitend ab. So kann es bei ungenügender Zirkulation in Seebecken und Meeresteilen (Ostsee, Schwarzes Meer) zu völligem Sauerstoffschwund in der Tiefe kommen. Vertikale Konvektion in *Auftriebsregionen* der Kontinentalränder verbessert die Mineralstoffversorgung im Oberflächenwasser. Durch Rückkehr der anorganischen Zersetzungsprodukte in das Oberflächenwasser wird der Stoffkreislauf in Gang gehalten.

Wasserströmungen sorgen auch für einen *Temperaturausgleich*. Wo sie fehlen, bildet sich eine Temperatur- und Dichteschichtung aus. Durch die Strahlungsabsorption in den obersten Wasserschichten erwärmen sich nur diese. Da warmes Wasser eine geringere Dichte besitzt als kaltes, und weil durch Wind und Gezeiten verursachte Wasserbewegungen den Dichtegradienten nur bis zu einer beschränkten Tiefe aufheben, kommt es zu gegeneinander abgegrenzten Wasserkörpern, deren Übergang sprunghaft ist (Sprungschicht, *Thermokline*). Im Meer gibt es tief unter der euphotischen Schicht eine permanente Thermokline, eine zusätzliche jahreszeitlich bedingte Sprungschicht bildet sich nur in mittleren Breiten aus. In Polnähe und in äquatorialen Regionen bleibt die Wassertemperatur auf dem offenen Meer ganzjährig konstant; daher fehlt eine Umschichtung in tropischen Ozeanen, deren durchlichtete Zone dauernd mineralstoffarm bleibt. In Seen entsteht ebenfalls eine Dichteschichtung, die eine wärmere Oberflächenschicht vom tieferen, kälteren Wasser trennt. Eine Durchmischung der Wasserkörper erfolgt nur bei ausreichender Abkühlung des Oberflächenwassers, nämlich im Herbst und Frühjahr oder im Winter in Gebieten mittlerer und höherer Breitengrade, und tageszeitlich in Äquatorialgebieten.

1.1.3 Die Lithosphäre und der Boden

Die **Erdkruste** ist der Vorratsraum für eine Vielzahl von chemischen Elementen, die von den Organismen für den Aufbau ihrer Körpersubstanz benötigt werden. Das weitaus häufigste chemische Element der Erdkruste ist der mineralisch gebundene Sauerstoff (siehe Abb. 1.2). An nächster Stelle steht Silicium, gefolgt von Aluminium, Natrium, Eisen, Calcium, Magnesium, Kalium und Phosphor. Alle übrigen chemischen Elemente sind in Gewichtskonzentrationen unter 10^{-3} vertreten. Die Lithosphäre steht im Stoffaustausch mit der Hydrosphäre (durch Verlagerung von Verwitterungsprodukten und durch Sedimentbildung am Grund von Gewässern) und mit der Atmosphäre (z. B. durch Verwehung von Flugstaub und über Vulkanismus).

Die äußere Erdkruste besteht aus Magmatiten, Metamorphiten und Sedimentgesteinen. Bei langsamer Abkühlung von Gesteinsschmelzen kristallisieren grobkörnige *Tiefengesteine* aus, die einen hohen Gehalt an Silicium und Aluminium (saure Granite, Syenite und Diorite) oder von Silicium, Magnesium und Eisen (basische Gabbro und Peridotite) aufweisen. *Ergußgesteine*, die schnell abkühlen, sind feinkörnig oder amorph, sie können ebenfalls sauer oder basisch sein (Basalte, Porphyre, Laven und Tuffe). *Metamorphite* sind Gesteine, die bei tektonischen Bewegungen nach Absinken der Erdkruste unter der Einwirkung von enormen Drucken und großer Hitze aus Erguß- und Sedimentgesteinen entstehen. Glimmerschiefer, Phyllite, Quarzite und Marmor sind metamorphe Gesteine, die in der Regel sehr leicht verwittern. *Sedimentgesteine* bilden sich nach Absetzung von abgetragenem Gesteinsmaterial und verlagerten Verwitterungsprodukten (Konglomerate, Sandsteine, Mergel, Schiefertone) und durch biogene Ablagerungen (Riffkalke, Muschelkalke, Kieselschiefer).

Die *Gesteine* der Erdrinde setzen sich hauptsächlich aus Silicatmineralien (Quarz, Feldspäte, Augite, Hornblenden, Glimmer) und Carbonatmineralien (Calcit, Dolomit) zusammen. Verteilt und in Lagerstätten finden sich Erze, Phosphate, Sulfate, Alkali- und Erdalkalisalze, fossile Kohlenstoffablagerungen und Anreicherungen einzelner chemischer Elemente (z. B. Schwefel).

Die Lithosphäre liefert das primäre Ausgangsmaterial für die Bodenbildung. **Boden** ist jedoch mehr als oberflächlich gelockertes Gestein: Als Umwandlungs- und Vermischungsprodukt aus mineralischen und organischen Substanzen stellt er ein komplexes System, die *Pedosphäre*, dar. Eine Landschaft ohne Boden, z. B. durch Vulkanausbruch geschaffenes Neuland, ist eine lebensabweisende Mondlandschaft. Nur wenige Pionierpflanzen wie Luftalgen, Flechten und Moose gedeihen auch auf blankem Gestein oder Sand.

Böden entstehen durch Verwitterung und Humifizierung von Pflanzenabfällen und abgestorbenen Bodenorganismen. Durch mechanische *Verwitterung* unter der Einwirkung von Wasser, Wind, Eis und durch die Reliefenergie wird anstehendes Gestein zerkleinert

Tab. 1.2 Eigenschaften von Austauschern im Boden. Nach JEFFREY (1987) und KUNTZE et al. (1988).

Austauscher	Spezifische Oberfläche [m² · g⁻¹]	Mittlere KAK* [eq · kg⁻¹]
Oxidhydrate von		
Al und Fe	25–40	0,03–0,05
Kaolinite	10–20	0,03–0,15
Illite	100–300	0,2–0,5
Vermiculite	600–800	1–2 (8)
Montmorillonite	700–1200	0,8–1,2 (10)
Huminstoffe	800	1,5–5

* Kationenaustauschkapazität

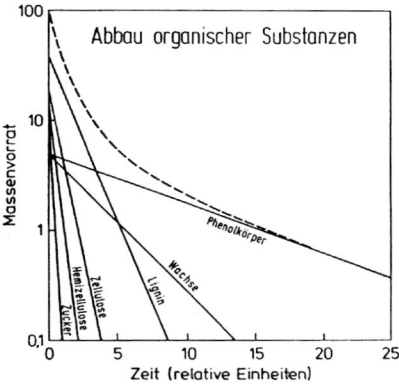

Abb. 1.5. Geschwindigkeit des Abbaus der verschiedenen stofflichen Komponenten pflanzlicher Abfälle. Nach MINDERMAN aus CHAPMAN (1976).

und aufgerauht. Wegen der ungleichen thermischen Ausdehnung der verschiedenen Konstituenten der Gesteine zerbröckeln diese oberflächlich, Spaltenfrost erweitert Klüfte. Durch chemische Verwitterung werden lösliche Salze ausgelaugt, Carbonate, Feldspäte, Hornblenden, Augite und Glimmer werden hydrolisiert, eisen- und manganreiche Minerale werden oxidiert. In bereits besiedelten Böden fördern das Eindringen von Wurzeln in Gesteinsspalten und die Ausscheidungsprodukte der Pflanzen und Mikroorganismen die Verwitterung.

Unter allen diesen Einflüssen entstehen geschichtete *sekundäre Bodenmineralien* mit großer innerer Oberfläche, überwiegend negativer Oberflächenladung und hoher Sorptionskapazität (Oxide und Tonminerale wie Kaolinit, Montmorillonit, Vermiculit und Illit; Tab. 1.2). Durch häufiges Quellen und Schrumpfen und intensive chemische Verwitterung kommt es im feuchtwarmen subtropischen und tropischen Klima zum Abbau der Bodenminerale zu Eisenoxidhydraten und *amorphen Bodengelen* (Aluminiumhydroxid, Kieselsäuregele). Solche Böden speichern Pflanzennährstoffe schlecht, sie verarmen und verkrusten schnell (Lateritisierung), wenn sie von der Vegetationsdecke entblößt werden.

Die *Humusbildung* beginnt mit der Zersetzung pflanzlicher Abfälle (Streu) und führt zu chemisch beständigen Huminstoffen.

Diese sind dunkle, feinverteilte hochmolekulare Substanzen von einer durchschnittlichen Zusammensetzung aus 44–58% C, 0,5–4% N, 42–46% O und 6–8% H. Die Streu wird über mehrere Zwischenstufen zu schwer aufschließbaren Stoffen wie Lignin, Cutin und Huminstoffen (stark saure, wasserlösliche Fulvosäuren, kolloide Huminsäuren und hochpolymere, stabile Humine) umgebaut.

Die Geschwindigkeit des *Streuabbaus* hängt von der Zersetzbarkeit der organischen Abfälle, dem Chemismus und dem pH des verwitterten Substrats sowie den klimatischen Bedingungen ab. Zellulosisches Material wird dreimal so schnell zersetzt wie stark verholzte, gerbstoffreiche Pflanzenreste (Abb. 1.5). Die Zersetzung organischer Substanz im Boden wird gefördert durch schwach saure bis schwach alkalische Bodenreaktion, Sauerstoffzutritt, Feuchtigkeit und Wärme. Die jährliche Zersetzungsrate k läßt sich über das Verhältnis zwischen der jährlich anfallende Streumenge L und dem aufliegenden Streuvorrat A berechnen[321].

$$k = L / (L + A) \; [\%] \qquad (1.1)$$

Die *Zersetzungsrate* gibt an, wieviel Prozent des Streuanfalls (in $t \cdot ha^{-1} \cdot a^{-1}$) jährlich abgebaut wird. In tropischen Regenwäldern werden organische Abfälle innerhalb eines Jahres bis zu 95%iger Zersetzung abgebaut, in Laubwäldern der gemäßigten Zone dauert die Zersetzung eines Streujahrganges 2–4

Jahre, in Nadelwäldern der borealen Zone bis zu 14 Jahre, in Bergwäldern und Tundren viele Jahrzehnte. In Steppen benötigt der Abbau durchschnittlich 2 Jahre, er erfolgt im Frühjahr und Sommer rasch, später langsam, weshalb die Streuauflage im Winter am mächtigsten ist.

Körnung und Humusgehalt bestimmen die **Bodenart**. Ackerböden, die weniger als 1% organische Substanz enthalten, werden als humusarm, solche mit 1–4% humos, über 4% als stark humos und über 8% als humusreich bezeichnet. Huminstoffe verbinden sich mit Calciumcarbonat zu schwer löslichen Calciumhumaten und mit Tonmineralien zu Tonhumuskomplexen, die sich zu Krümeln verkitten und durch Lückenräume ein Porensystem aufbauen, das teilweise mit Luft, teilweise mit Wasser gefüllt ist. Dieses Porensystem ist der Lebensraum der Bodenorganismen („Edaphon"). Die Größe der Hohlräume hängt von Fraßgängen der Bodentiere, Wurzelkanälen und vor allem von der Korngröße der Minerale ab. Sandboden mit groben, kantigen Teilchen von 0,06–2 mm enthält viele Grobporen. Tonböden mit blättchenförmigen Partikeln unter 0,002 mm sind dicht, wegen ihrer feinporigen Struktur ist ihr Porenvolumen groß, sie sind aber schlecht durchlüftet. Lehmböden werden je nach Tonanteil angesprochen (sandiger Lehm, schwerer Lehmboden).

In ungestörten Böden baut sich ein Profil aus *Horizonten* auf, das zwischen Streu- und Humusauflagen und dem mineralischen Verwitterungshorizont Durchmischungszonen mit verschieden hohem Humusanteil einschließt. Die Abfolge im *Bodenprofil* ist bezeichnend für den jeweiligen **Bodentyp** in seiner Bedingtheit durch Klima, Pflanzendecke und Gesteinsuntergrund (siehe Tab. 1.7). In den verschiedenen Klimazonen bilden sich unter natürlicher Vegetation charakteristische Bodentypen aus. In manchen Gebieten können sich reife Böden nicht entwickeln, dort entstehen extreme Böden, wie z. B. Sand- und Felsböden, Salz-, Soda- und Gipsböden in Trockengebieten oder Moore und Sumpfböden in eiszeitgeprägten Landschaften. Durch Bewirtschaftung und Übernutzung werden natürliche Böden stark verändert, bis

hin zu ausgedehnter *Bodenerosion*. Aber auch ohne Zutun des Menschen sind Böden einem ständigen Wechsel unterworfen: Sie wachsen und reifen zu einem Klimaxstadium heran, und sie können altern und verfallen, indem sie versauern, verhärten und an Nährstoffen verarmen. Die *Bodenentwicklung* und der Bodenverfall verläuft in den Tropen besonders rasch. Tropenböden degradieren stark, wenn das Fließgleichgewicht zwischen dem Abbau der organischen Substanz im Boden und neuerlicher Streuzufuhr durch die Pflanzendecke gestört wird. In feuchtkalten Gebieten hingegen verläuft die Bodenbildung von Rohböden über Rohhumusböden zur vollen Reifestufe sehr langsam. So ist in manchen Gebieten, die durch die Eisvorstöße der Glazialzeiten betroffen waren, die Bodenbildung noch nicht abgeschlossen.

Der Boden ist ein **Mehrphasensystem**, in dem sich feste, flüssige und gasförmige Phase durchdringen. Er ist ein Auffangraum von großer Kapazität und in besonderem Maße befähigt, physikalische und chemische Einflüsse abzupuffern. Die Bodenkolloide regulieren den Quellungszustand der Bodenteilchen durch Bindung und Austausch von Elektrolyten. Der Boden übernimmt dadurch eine Speicher- und Filterfunktion für den Stoffaustausch zwischen Lithosphäre, Bodenwasser, Bodengasen und den im Boden lebenden und wurzelnden Organismen. Durch mechanische Filterung, Sorption und biologischen Abbau können Verunreinigungen, die durch Niederschläge und Zuflüsse in den Boden gelangen, gebunden werden. So werden sie nicht oder nur verzögert von Pflanzen aufgenommen und auch nicht sofort über das Grundwasser abgeführt. Das Speicherungsvermögen des Bodens hat andererseits zur Folge, daß nach starker Belastung durch schädliche Stoffeinträge, insbesondere in Waldböden, sehr lange Zeit vergeht, bis eine Erholung und Normalisierung einsetzt.

1.1.4 Die Phytosphäre – ein Teil der Ökosphäre

Der bewohnte Lebensraum der Erde mit der Gesamtheit der Lebewesen ist die **Biosphäre**.

Pflanzen besiedeln alle Lebensräume der Erde: das Meer, die Binnengewässer; auf dem Festland sind Pflanzen selbst auf so unwirtlichen Plätzen wie in Wüsten und auf Eisfeldern anzutreffen. In ihrer Massenentwicklung übertreffen die Pflanzen alle übrigen Organismen bei weitem: rund 99% der Gesamtmasse aller Lebewesen (*Biomasse*) auf der Erde entfallen auf Pflanzen (*Phytomasse*). Dadurch stellt die Pflanzendecke einen stabilisierenden Faktor im Kreislauf der Stoffe dar und beeinflußt sehr wesentlich Klima und Boden.

Der engere Lebensbereich der Pflanzen ist die **Phytosphäre**, in der die Lebensvorgänge unter dem Einfluß der Standortfaktoren ablaufen und die funktionellen, morphogenetischen und evolutiven Selektions- und Anpassungsvorgänge erfolgen. Innerhalb der Phytosphäre stellt die *Rhizosphäre*, der Lebensbereich der Pflanzenwurzeln, eine besondere ökologische Situation dar.

Eingebunden in ihre anorganische und organische Mitwelt, wirkt die Pflanzenwelt auf diese zurück. Die ökologischen Wechselwirkungen zwischen Biosphäre und anorganischer Umwelt in ihrer Verflechtung durch Energieflüsse, Stoffkreisläufe und Interaktionen ökologischer Systeme, ergeben die **Ökosphäre**. Innerhalb der Organismengemeinschaft eines *Ökosystems*, d.i. eines bestimmten räumlichen und funktionellen Bereichs der Ökosphäre (ein Waldgebiet, Grasland, Siedlungsgebiet, ein See) bestehen vielfältige Abhängigkeiten und Wechselwirkungen.

Dazu gehören zunächst **trophische** Beziehungen zwischen den Partnern im Ökosystem: der Stoffaustausch zwischen autotrophen Pflanzen (Primärproduzenten) und heterotrophen Gliedern der Nahrungskette (Phytophagen und andere Konsumenten, mikrobielle Zersetzer), mit allen Varianten wie Symbiose (z. B. Lichenisierung, Mykorrhiza und Wurzelknöllchensymbiose), Parasitismus, pflanzliche Carnivorie (Verdauung von gefangenen Tieren) und Saprophilie (Ernährung durch Abbau toter organischer Substanz).

Äußerst komplexe Interaktionen regulieren das Zusammenleben von Individuen einer Population, der verschiedenen Pflanzenarten innerhalb der Vegetation und zwischen Pflanzen, Mikroorganismen und Tieren. Beispiele für solche **ökologische Interferenz** sind: *Kooperation* durch Abschirmung des Jungwuchses vor starker Strahlung, Überhitzung oder Auskühlung durch erwachsene Pflanzen; *Konkurrenz* durch Raumverdrängung, Wettbewerb um Licht, Nährstoffe und Wasser; *Chemische Kommunikation*, die über die Abgabe von Signalstoffen und Wirkstoffen durch Pflanzen, Mikroorganismen und Tiere die Entwicklung und Gestaltbildung anderer Ökosystempartner beeinflußt (Auxinabscheidung durch Pflanzenwurzeln fördert das Wachstum von Pilzen und Bakterien im Boden, hormonähnliche Wirkstoffe aus parasitischen Pilzen und Insekten induzieren Pflanzengallen und Deformationen, im Pflanzengewebe vorhandene Östrogene können die Populationsentwicklung von Säugetieren, pflanzenbürtiges Ecdyson die Larvalentwicklung von Insekten steuern); *Interaktionen durch sekundäre Pflanzenstoffe* (siehe Kap. 1.1.4.2). Durch die Organismeninterferenz, die übrigens auch über die Grenzen der einzelnen Ökosysteme hinausgreift, werden Entwicklung, Ausbreitung und Bestand einer Art gefördert oder gehemmt und die Stabilität der Ökosphäre als Ganzes gesichert.

Zwei für die Pflanzen wichtige Interaktionen mit ihrer biotischen Umwelt werden im Folgenden angesprochen: die biogeochemischen Austauschprozesse im Wurzelraum und die Wirkung bioaktiver Pflanzenstoffe auf Nachbarpflanzen, Mikroorganismen und Tiere.

1.1.4.1 Stoffaustausch in der Rhizosphäre

Zwischen den Wurzeln der Kormophyten und den Bodenorganismen (Algen, Pilze, Actinomyceten, Bakterien, Tiere) besteht ein reger Stoffaustausch. Pflanzliche Abfälle, die auf den Boden gelangen, werden durch die Zersetzerkette mineralisiert und als gasförmige Produkte (CO_2, NH_3, N_2) entlassen. In einem intakten Ökosystem sind Mineralisierung und organische Stofferzeugung aufeinander abgestimmt. Bei hoher Mineralisierungsrate werden die in der organischen Substanz festgelegten Mineralstoffe schnell ent-

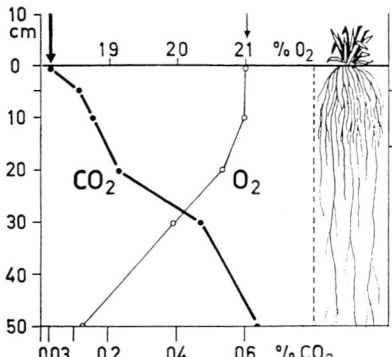

Abb. 1.6. Konzentrationsprofile für CO_2 und O_2 in Lehmboden unter *Zoysia*-Rasen bei einer Bodentemperatur in 10 cm Tiefe von 12 °C. Nach Angaben in OHGA und IKUSHIMA (1970).

lassen und neuerlich in Umlauf gebracht; die Pflanzen sind dann besser mit Nährionen versorgt und können mehr Masse aufbauen. Wo der Streu- und Humusabbau zu langsam erfolgt, stellt sich die Zuwachsrate der Pflanzen auf einen niedrigen Wert ein.

Die **Mineralisationsleistung** wechselt auf engem Raum je nach Zusammensetzung der Mikroflora, Durchlüftung, Temperatur, Feuchtigkeit und pH im Boden sowie nach Menge und Art des abbaubaren Substrats. Sie ist am höchsten in frischen bis feuchten, neutralen oder schwach basischen, humusreichen Böden; in nassen und in kalkarmen, sauren Böden ist sie in der Regel niedrig. Auch Bodentrockenheit und Wärmemangel (Temperaturen unter 4–5 °C) hemmen die Mineralisationsleistung der. Bodenlebewesen. Die beachtliche Produktionsleistung der tropischen Regenwälder ist u. a. auch durch den raschen Mineralstoffumsatz bedingt. Die günstige Temperatur und die konstante Feuchtigkeit fördern die Abbauaktivität der Mikroorganismen sehr, so daß in Tropenböden die Nährelemente nur kurzfristig organisch gebunden bleiben und alsbald in anorganischer Form den Pflanzen wieder zur Verfügung stehen.

Die Abbautätigkeit der Mikroorganismen reguliert insbesondere den **Stickstoffumsatz** im Ökosystem. Der Stickstoff, den die autotrophen Pflanzen als NO_3^- oder NH_4^+ dem Boden entnommen haben, wird zunächst in der Phytomasse festgelegt und dann dem Boden wieder zurückgegeben. Dort wird die stickstoffhaltige organische Substanz durch Ammoniakbildner (*Ammonifikanten*) und andere Zersetzer angegriffen. Bis dahin ist der Stickstoff weitgehend vor Auswaschung geschützt. Streng genommen ist der Übergang von der organischen in die anorganische Bindungsform bereits durch die Ammonifikation vollzogen. Der bei der mikrobiellen Dissimilation entstehende Ammoniak wird aber zumeist weiter umgesetzt. Viele Mikroorganismen sind in der Lage, die verschiedenen Valenz- und Oxidationsstufen des Stickstoffs zwischen $N(-3)$ und $N(+5)$ für einen Energiegewinn auszunützen: *Nitrifikanten* (chemoautotrophe Bakterien) oxidieren NH_3 und NH_4^+ über Nitrit zu Nitrat, *Denitrifikanten* setzen molekularen Stickstoff als Endprodukt frei. Die Denitrifizierung ist besonders stark in sauerstoffarmen vernäßten oder überfluteten Böden, wie z. B. in Reisfeldern.

Die *Stickstoffmineralisierungsrate* (siehe Tab. 3.12) hängt, abgesehen von den oben genannten klimatischen und edaphischen Faktoren, sehr von der mikrobiellen Aufschließbarkeit der Streu ab. Zur Kennzeichnung des Substrats wird das Verhältnis zwischen dessen Kohlenstoff- und Stickstoffgehalt C/N herangezogen. Stoffe mit sehr hohem C/N-Verhältnis (um 100:1; z. B. Stroh und verholzte Abfälle) sind für Mikroorganismen schlecht verwertbar, wenn nicht zusätzliche Stickstoffquellen zur Verfügung stehen. Das günstigste Verhältnis für den mikrobiellen Abbau liegt zwischen 10–30:1 (z. B. Laubstreu und Humus).

Durch den Sauerstoffverbrauch der Pflanzenwurzeln und der Bodenorganismen sinkt bei geringem Porenvolumen die Sauerstoffkonzentration in der **Bodenluft** mit zunehmender Bodentiefe (Abb. 1.6). Dauernd warme Tropenböden sind wegen der hohen Atmungsintensität sauerstoffarm. In verdichteten, vernäßten und mit Eis bedeckten Böden kann mangels genügender Durchlüftung die Sauerstoffkonzentration so stark abnehmen, daß das Gedeihen der Pflanzen beeinträchtigt oder gar gefährdet wird. Gleichzeitig steigt der CO_2-Gehalt in der Bodenluft auf ein Vielfaches der Konzentration in der

Atmosphäre. Das Ausmaß der CO_2-Anreicherung hängt wiederum mit der biologischen Aktivität und der Diffusionsgeschwindigkeit zusammen: Höhere CO_2-Gehalte im Boden findet man während der Vegetationsperiode und in tieferen Horizonten. Entsprechend dem abnehmenden Porenvolumen steigt der CO_2-Gehalt über die Reihe Sandboden, Lehmboden, tonige Böden bis zu Moorböden an.

Der CO_2-Austritt in die bodennahe Luftschicht wird **Bodenatmung** genannt. Der Gasaustausch vom Boden zur Atmosphäre folgt dem Partialdruckgradienten von CO_2. Innerhalb des Bodens ist Diffusion der maßgebliche Mechanismus für einen Konzentrationsausgleich, an der Oberfläche erfolgt der Ausgleich zusätzlich durch Luftbewegung. Auch durch Grundwasserschwankungen und Wasserfüllung der Bodenporen wird CO_2 aus dem Boden ausgetrieben. Die Bodenatmung ist ein wertvoller Indikator für die Intensität der Abbauvorgänge im Boden. Sie zeigt einen deutlichen Tages- und Jahresgang, der vom Klima und der biologischen Aktivität im Boden abhängt. Die Bodenatmung nimmt mit der Temperatur zu, bei gegebener Temperatur ist sie am größten bei optimaler Bodenfeuchte. In der gemäßigten Klimazone geben Wald-, Heide- und Rasenböden durchschnittlich $0,1-0,5$ g $CO_2 \cdot m^{-2} \cdot h^{-1}$ ab, Mähwiesen bis zu 1 g $CO_2 \cdot m^{-2} \cdot h^{-1}$. In nährstoffreichen Tropenwäldern werden in der feuchten Jahreszeit $1-1,2$ g $CO_2 \cdot m^{-2} \cdot h^{-1}$ gemessen, auf sandigen Böden, in Trockengebieten und in Tundren nur $0,05-0,2$ g $CO_2 \cdot m^{-2} \cdot h^{-1}$.[725]

Der intensivste **Stoffaustausch** zwischen Pflanzen, Mikroorganismen und anorganischen Bodenpartikeln vollzieht sich unmittelbar an der Wurzeloberfläche. In der Boden-Wurzel-Grenzschicht nehmen die Feinwurzeln Wasser und Nährionen auf und geben organische Verbindungen (Diffusate, Exudate und Zerfallsprodukte abgestorbener Rhizodermiszellen) ab. Die *aktive (absorbierende) Wurzeloberfläche* krautiger Kulturpflanzen beträgt rund 1 cm² · cm⁻³ Bodenvolumen, jene von Holzpflanzen liegt in der Größenordnung von 0,1 cm² · cm⁻³. Für Vergleichszwecke wird die Wurzelausdehnung auch als *Wurzeloberflächenindex* (root area index

RAI: m² Wurzeloberfläche pro m² Grundfläche) angegeben[312,395]; Werte für Jungpflanzen von Laubbaumarten der gemäßigten Zone liegen zwischen $0,6-2,4$, für Coniferensämlinge um $0,05-0,1$, für dichte Coniferenbestände bei 10, für lockere Buschformationen bei $2-4$. Die Verteilung und Dichte der Wurzeln hängt in erster Linie von der artspezifischen Morphologie des Wurzelsystems ab (Bewurzelungstypen: Abb. 1.7 und Abb. 1.8) und sie variiert im Jahreslauf (Ausbreitung im Frühjahr oder zur Regenzeit, Absterben zu Ende der Vegetationsperiode). Bodeneigenschaften beeinflussen die Wurzelausbreitung beträchtlich: Je nach pH-Wert, Nährstoff und Wassergehalt (siehe Abb. 4.9), Durchlüftung des Bodens, Tiefgründigkeit oder Vorkommen von Stau und Verdichtungshorizonten entwickelt sich das Wurzelsystem in bezeichnender Weise (Abb. 1.9).

Im engsten Nahkontakt mit den Feinwurzeln, wenige μm über der Wurzeloberfläche, befinden sich äußerst stoffwechsel- und vermehrungsaktive Bakterien und Aktinomyzeten. Diese Lebensgemeinschaft wird **Rhizoplane** genannt. Die Ansiedlung einer spezifischen Mikroflora wird begünstigt durch lösliche Kohlenhydrate, Oligosaccharide, organische Säuren, Enzyme, Vitamine und Wuchsstoffe, die von den Wurzeln ausgeschieden werden. Auch die Schleimhülle der Wurzelspitzen, die aus verflüssigbaren Kohlenhydraten (Mucigel) besteht, dient der wurzelnahen Mikroflora als Substrat. Die Pflanze wird durch den gegenseitigen Stoffaustausch mit der Rhizoplane gefördert: Sie wird mit Nährstoffen versorgt, die von Bakterien abgegeben und über Mykorrhizapilze vermittelt werden. Außerdem werden die Wurzeln durch antibiotische Ausscheidungen der assoziierten Mikroflora vor pflanzenpathogenen Organismen abgeschirmt.

Sproßpflanzen gewinnen schwer aufnehmbare Mineralstoffe mit Hilfe der größeren biochemischen Leistungsfähigkeit von **Mykorrhizapilzen**, mit denen sie in Symbiose leben. Durch die Verpilzung der Wurzeln vergrößert sich die resorbierende Oberfläche auf das Hundert- bis Tausendfache. Über das ausgedehnte Myzelnetz im Boden schafft der Pilz Mineralstoffe und Wasser herbei und lei-

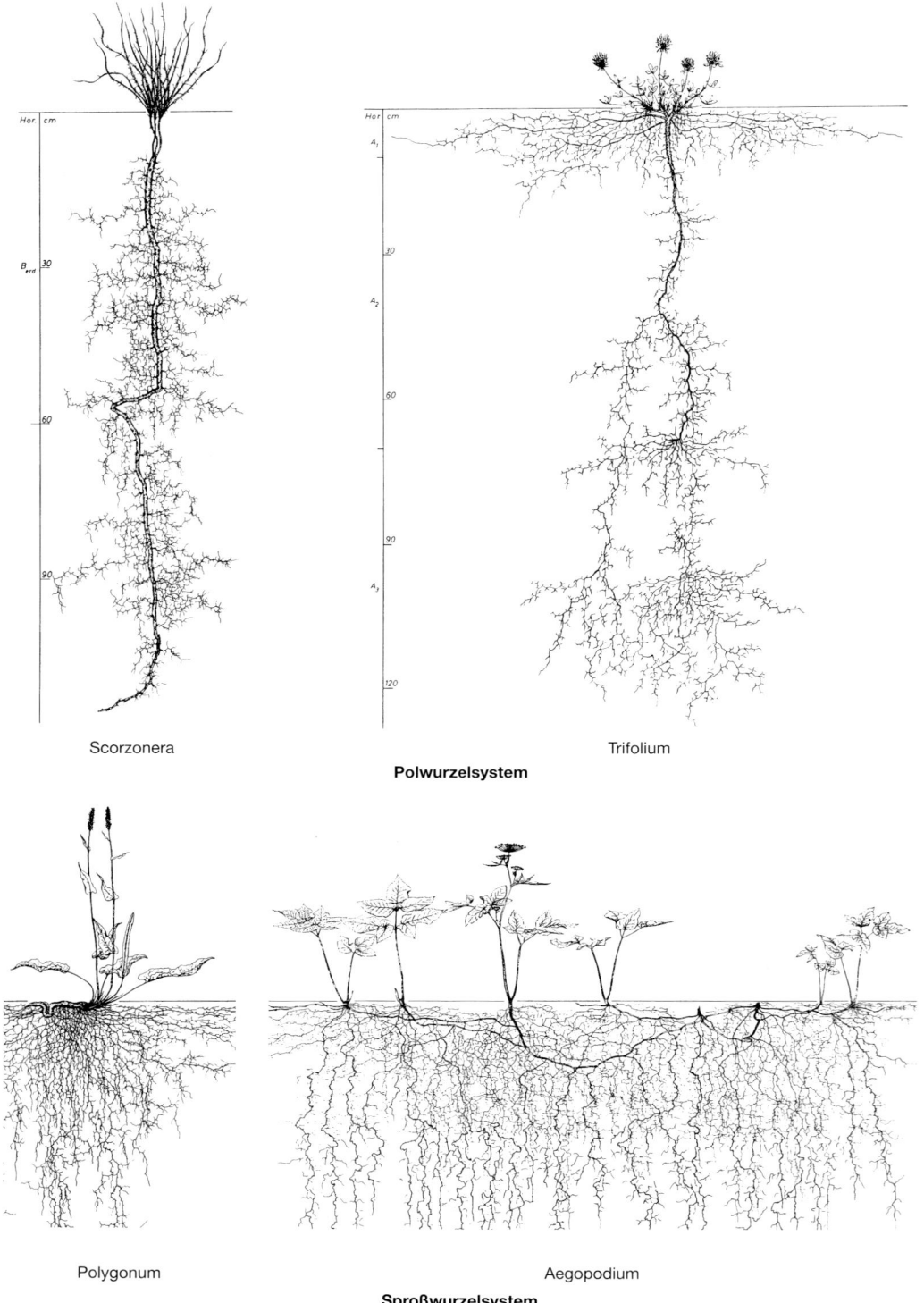

Scorzonera

Trifolium

Polwurzelsystem

Polygonum

Aegopodium

Sproßwurzelsystem

Pfahlwurzel-
system

Herzwurzel-
system

Senkerwurzel-
system

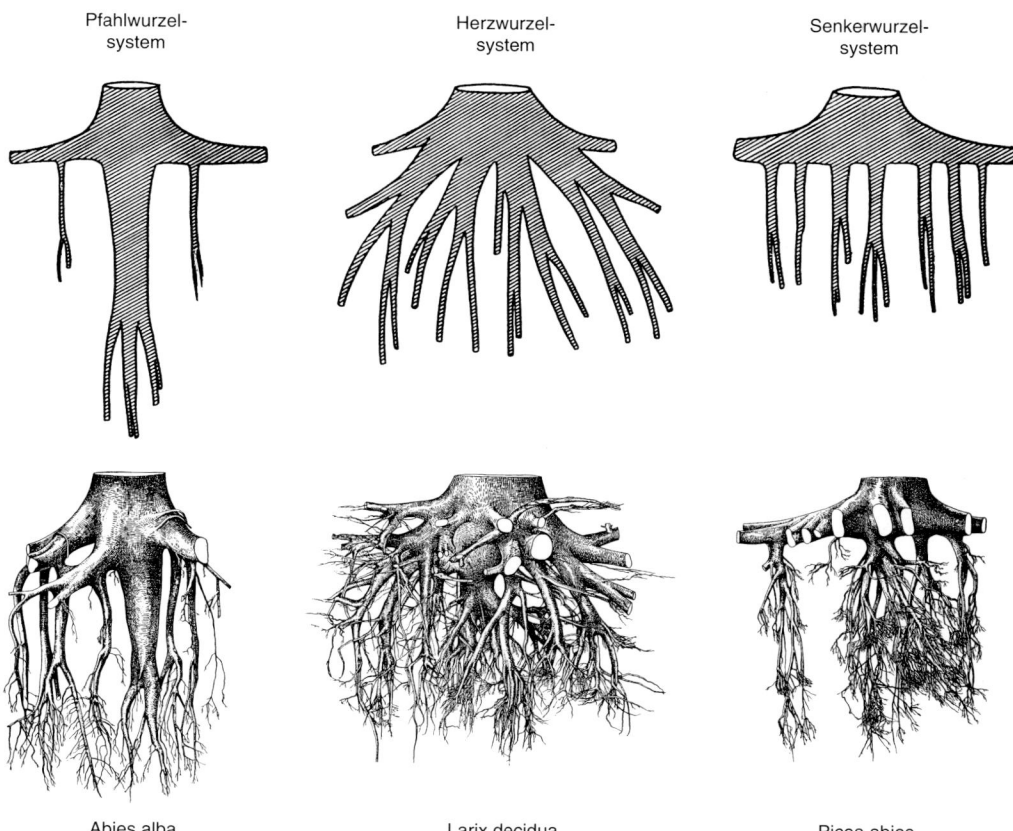

Abies alba

Larix decidua

Picea abies

Abb. 1.8.   Grundtypen der Wurzelsysteme von Waldbäumen der gemäßigten Zone und Wurzeltracht erwachsener Nadelbäume bei ungehemmter Entwicklung. Unter den Laubbäumen bilden Eichen ein *Pfahlwurzelsystem* aus, Buchen, Hainbuchen und Birken ein *Herzwurzelsystem*, Eschen und Ulmen ein *Senkerwurzelsystem*. In tropischen Wäldern auf sauerstoffarmen Böden gibt es spezielle Wurzeltypen wie *Tellerwurzel-, Brettwurzel- und Stelzwurzelsysteme*. Nach KÖSTLER et al. (1968).

◁ Abb. 1.7.   Morphologische Grundtypen der Wurzelentwicklung. Typische *Polwurzelpflanzen* entwickeln ihr Wurzelsystem aus der Primärwurzel (allorhize Bewurzelung) und bilden eine oder mehrere tiefreichende Hauptwurzeln mit zylinderförmigem (*Scorzonera villosa*), kegelförmigem oder stockwerkartig oberflächlichem (*Trifolium trichocephalum*) Seitenwurzelfilz aus. In typischen *Sproßwurzelpflanzen* erlangt die Primärwurzel keine Vorherrschaft, das Wurzelsystem besteht aus sproßbürtigen (homorhizen) Wurzeln, die aus bodennahen oder unterirdischen Sproßteilen wie vor allem Rhizomen (*Polygonum bistorta*) und Ausläufern (*Aegopodium podagraria*) hervorbrechen. Auch an primären Polwurzelpflanzen entstehen häufig sproßbürtige Wurzeln. Nach KUTSCHERA und LICHTENEGGER (1992).

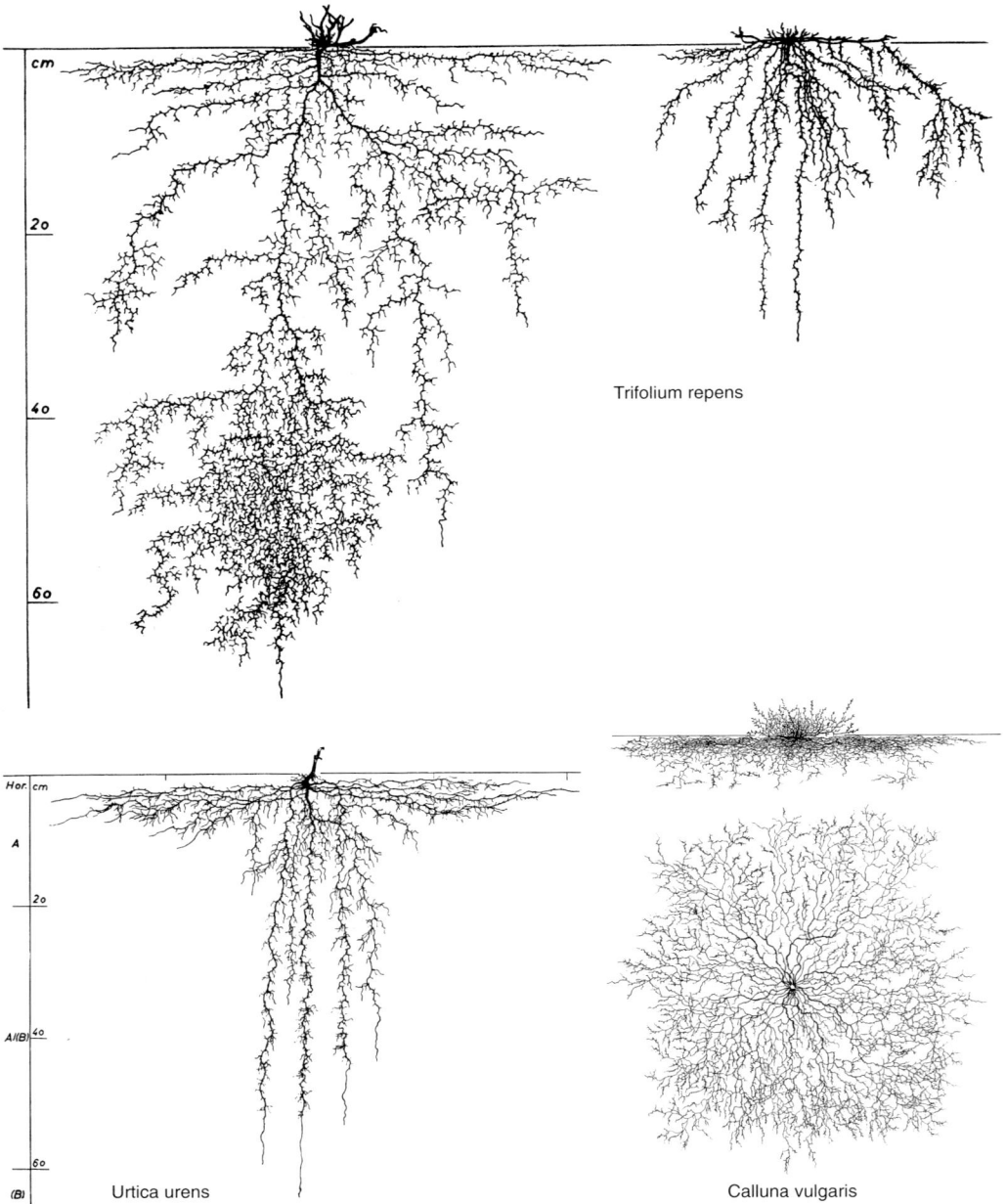

Trifolium repens

Urtica urens

Calluna vulgaris

Abb. 1.9.   Unterschiedliche Wurzelausbreitung auf verschiedenen Standorten. *Trifolium repens* auf sandigem Lehmboden über grobkörnigem, hohlraumreichem Kies (links) und auf dichtem, kleinporigem tonigem Lehm (rechts). *Urtica urens* auf humosem Lehmboden mit oberflächlicher Stickstoffanreicherung. *Calluna vulgaris* als mykotropher Rohhumuszehrer auf Eisenpodsol. Nach Kutschera (1960) und Kutschera und Lichtenegger (1992).

Abb. 1.10.   Schematische Übersicht über die verschiedenen Mykorrhizaformen und die beteiligten Symbiosepartner. St = gebündelte Myzelstränge, APH = äußere Pilzhülle, HN = Hartig'sches Netz, IN = interzelluläres Myzelnetz, IK = intrazelluläres Myzelknäuel, V = Pilzvesikel, A = Arbuskel, Sp = Spore. Nach Gianinazzi und Gianinazzi-Pearson (1988).

tet beides an die Wirtspflanze weiter. Das Pilzwachstum wird durch die reichliche Kohlenhydratzufuhr aus der Wirtspflanze unterstützt. Durch Ausscheidungen des Pilzes oder Auflösung von Hyphen gelangt die Wirtspflanze zu Nährstoffen, Spurenelementen, Aminosäuren und Wuchsstoffen.

Ein Großteil aller Pflanzen beherbergt symbiontische Wurzelpilze. Es gibt verschiedene Formen der Mykosymbiotrophie (Abb. 1.10):

Die wichtigste, weltweit verbreitete Form der Mykotrophie ist die *vesiculär-arbusculäre (VA) Mykorrhiza*, die von Zygomycetengattungen (z. B. *Glomus*) mit den meisten krautigen Pflanzen und vielen Holzpflanzen, aber auch mit Farnen und Moosen eingegangen wird. Nach Infektion der jungen Wurzeln verzweigen sich die Hyphen in Form eines Bäumchens (Arbuskeln) zwischen und in den Zellen der Wurzelrinde. Dadurch vergrößert sich die innere Oberfläche des Symbionten, und der Stoffaustausch zwischen den Partnern wird intensiviert. In älteren Wurzelabschnitten entstehen an den Hyphen terminale Bläschen (Vesikel), die im Reifezustand Lipide speichern. Der Stoffaustausch zwischen Pflanze und Pilz erfolgt in der Wurzelrinde; die Pflanze gewinnt vor allem Polyphosphat durch enzymatische Auflösung der Arbuskeln. Eine Dreieckssymbiose gehen manche Fabaceen mit VA-Mykorrhiza *und* Knöllchenbakterien ein (z. B. *Glycine max* mit *Glomus fasciculatum* und *Bradyrhizobium japonicum*), die eine reichlichere Versorgung der Wirtspflanze mit Phosphor und Stickstoff, selbst unter ungünstigen Bedingungen (wie beispielsweise Wassermangel) gewährleistet.

Wirtspezifische Pilzsymbiosen im Wurzelgewebe von Ericaceen sind hauptsächlich mit Ascomyceten (*ericoide* und *arbutoide* Mykorrhiza), jene der saprophytischen Gattung *Monotropa* mit Basidiomyceten, die der Keimlinge und Wurzeln der Orchideen mit *Rhizoctonia*-Arten.

Für die Mineralstoffversorgung vor allem von Waldbäumen (Coniferen, Fagaceen) ist die Ektomykorrhiza von größerer Bedeutung. Bei dieser Form umspinnt ein dichtes Myzelgewebe die jungen, unverkorkten Wurzelenden, die daraufhin keulig anschwellen und keine Wurzelhaare mehr ausbilden. Die Hyphen dringen auch in die Interzellularen

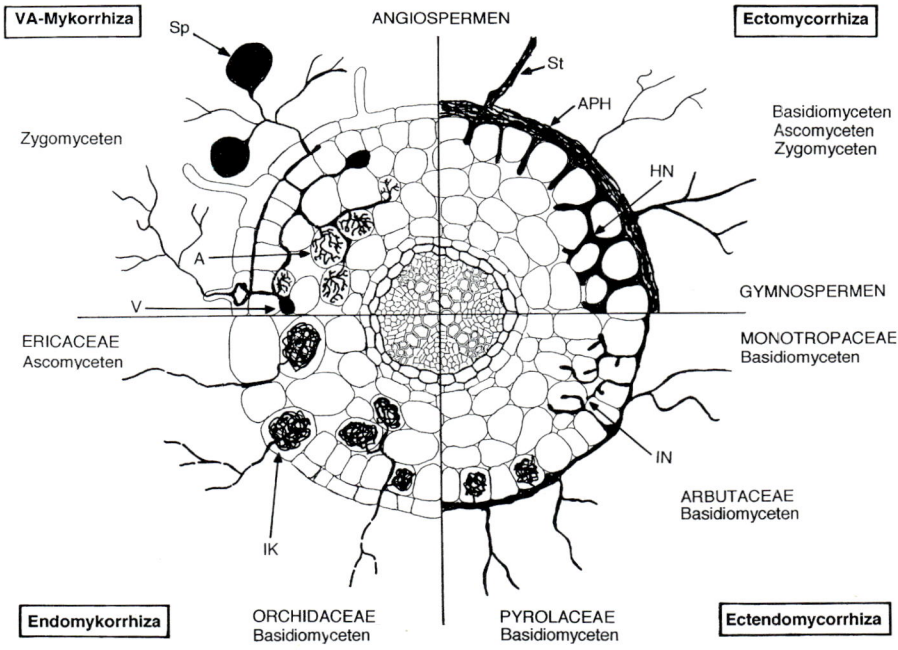

der Wurzelrinde ein, wo sie das Hartig'sche Netz bilden. Vom Pilzmantel wachsen Hyphen in den Boden hinaus und übernehmen die Funktion der fehlenden Wurzelhaare.

Waldbäume können die Hauptmenge des benötigten Phosphors und Stickstoffs über verpilzte Wurzeln erhalten. Die verbesserte Nährstoffaufnahme ermöglicht mykorrhizierten Pflanzen eine höhere Zuwachsleistung auf kargen Böden und die Besiedlung sowohl trockener als auch kalter und mineralstoffarmer Standorte. Auf Rohhumusböden kommt den Pilzpartnern der ericoiden Mykorrhiza zugute, daß sie befähigt sind, Lignin sehr wirksam abzubauen. Bei Überangebot von Stickstoff wird die Wurzelverpilzung zurückgedrängt. Pilze nehmen Schwermetalle abhängig von der Konzentration und je nach Pilz- und Pflanzenart unterschiedlich auf. Die Schwermetallaufnahme der Wirtspflanzen kann auf diese Weise erhöht werden, was die Versorgung mit Eisen und Spurenelementen verbessert, aber auch giftig wirkenden Elementen wie Cd und Pb den Eintritt erleichtert. Andererseits sind die Mykorrhizapilze befähigt, Schwermetalle in ihren Zellwänden komplex zu binden und toxische Wirkungen auf die Wirtspflanze abzupuffern. Gegen saure Immissionen ist die Wurzelpilzsymbiose empfindlich. Besonders Coniferen verlieren unter starker SO_2-Belastung des Bodens den Mykobionten (Abb. 1.11), außerdem kann sich das Artenspektrum mykorrhizabildender Pilze ändern.

1.1.4.2 Chemische Interaktionen durch bioaktive Pflanzenstoffe

Pflanzen produzieren eine Vielzahl von Inhaltsstoffen und Exkreten, die nach Aufnahme durch andere Pflanzen, Mikroorganismen und Tiere nicht als Nahrung verwendet werden, sondern in diesen regulatorische Wirkungen ausüben. Bioaktive Naturstoffe spielen im Ökosystem eine wichtige Rolle als Signal-, Erkennungs-, Abwehr-, Hemm- und Giftstoffe; man bezeichnet sie auch als **Ökomone**[677] oder **Infochemikalien**[144]. Dazu gehören Stoffe, die nur *intraspezifisch* wirken, wie Autotoxine, Inhibitoren (z. B. Keimungsinhibitoren) und Pheromone (Anlockungsstoffe und Spurenweiser) und *Allelochemikalien*, die andere Pflanzenarten, Mikroorganismen und Tiere ansprechen. Infochemikalien können als *Allomone* nur für den produzierenden Organismus von Vorteil sein, als *Kairomone* nur für den aufnehmenden oder sie können als *Synomone* beide Partner begünstigen. In der Natur bestehen freilich oft unübersichtliche Beziehungen, so daß die Auswirkungen bioaktiver Stoffe nicht streng klassifizierbar sind. Die Aufklärung chemoökologischer Zusammenhänge ist für das Verständnis ökosystemarer Wechselwirkungen und für die Entwicklung ökologisch fundierter Pflanzenschutzmaßnahmen eine notwendige Voraussetzung.

Bioaktive Pflanzenstoffe sind Zwischen- und Endprodukte des sekundären Stoffwechsels. **Sekundäre Pflanzenstoffe** sind das Ergebnis jener Biosynthesen, die an den Primär- oder Grundstoffwechsel anschließen (Abb. 1.12). Die wichtigsten Synthesewege führen vom Kohlenhydrat- und Fettstoffwechsel über Acetyl-Coenzym A, Mevalonsäure und Isopentenylpyrophosphat zum Aufbau von *Terpenoiden* und *Steroiden*, vom Zucker- und Aminosäurenstoffwechsel über Shikimisäure und den Acetat-Polyketid-Weg zu *Phenolkör-*

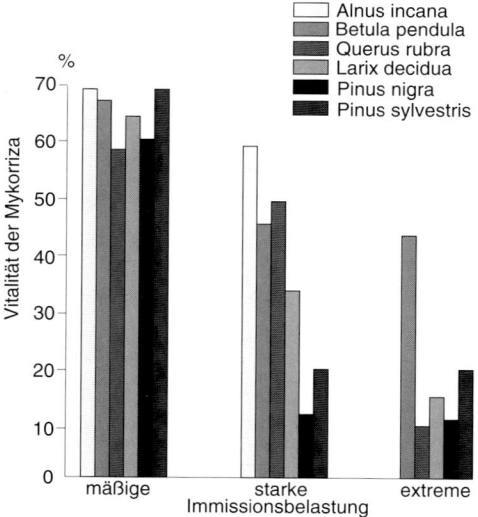

Abb. 1.11. Auswirkung saurer Immissionen auf den Verpilzungsgrad der Wurzeln verschiedener Baumarten in einem Industriegebiet. Nach KOWALSKI (1987).

Tab. 1.3 Vorkommen und Wirkungen bioaktiver Pflanzenstoffe. Nach SCHLEE (1986) und HARBORNE (1988), und Angaben bei RUNDEL (1978), LÜNING (1985), CRAWFORD (1989), HENSSEN und JAHNS (1991), BURGER und WACHTER (1992) erweitert.

Stoffklasse	Vorkommen	Wirkungen
Terpenoide		
Monoterpene	weit verbreitet, Bestandteil ätherischer Öle	Geschmacksstoffe, Duftstoffe
Sesquiterpene	in Angiospermen, v. a. Asteraceen, Bestandteil ätherischer Öle und Harze	bitter und toxisch
Diterpene	weit verbreitet, in Harzen und Milchsaft	einige toxisch
Saponine	bes. Liliiflorae, Solanaceen, Scrophulariaceen	toxisch, antimikrobiell
Cardenolide	bes. in Apocynaceen Asclepiadaceen	toxisch, bitter
Sterole	spezifische Verbreitung	Signalstoffe
Carotinoide	allgemein verbreitet	Farbgebung
Polyterpene	in Milchröhren	Fraßabwehr
Halogenierte Terpene	Meeresalgen	toxisch
Phenolderivate		
Einfache Phenole	allgemein verbreitet, in Blättern und Rinden, häufig in Flechten und Tangen	antimikrobiell, allelopathisch, Fraßschutz
Halogenierte Phenole	Meeresalgen	bitter
Flavonoide	allgemein verbreitet	Farbgebung
Tannine, Depside	verbreitet in Parenchymzellen und Gerbstoffidioblasten, in Flechten	bitter, antimikrobiell
Dibenzofurane	Flechten	antimikrobiell, toxisch
Stickstoffhaltige Verbindungen		
Alkaloide	weit verbreitet in Angiospermen, bes. in Wurzeln, Blättern und Früchten	toxisch, bitter
Amine und Peptide	verbreitet in Angiospermen, zumeist in Blüten	Geruchsstoffe
Zyklische Polypeptide	Giftalgen (v. a. Cyanobakterien, Dinophyceen, Chrysophyceen)	toxisch, antibiotisch
Nichtproteinogene Aminosäuren	verbreitet, v. a. in Fabales	viele toxisch
Cyanogene Glykoside	sporadisch, v. a. in Früchten und Blättern	toxisch
Glucosinolate	sporadisch, v. a. in Brassicaceen	scharf, bitter
Andere Sekundärstoffe		
Cumarine	weit verbreitet, v. a. in Fabales, Rubiaceen, Poaceen	allelopathisch, antimikrobiell
Polyacetylene	vorwiegend in Apiaceen und Asteraceen	einige toxisch

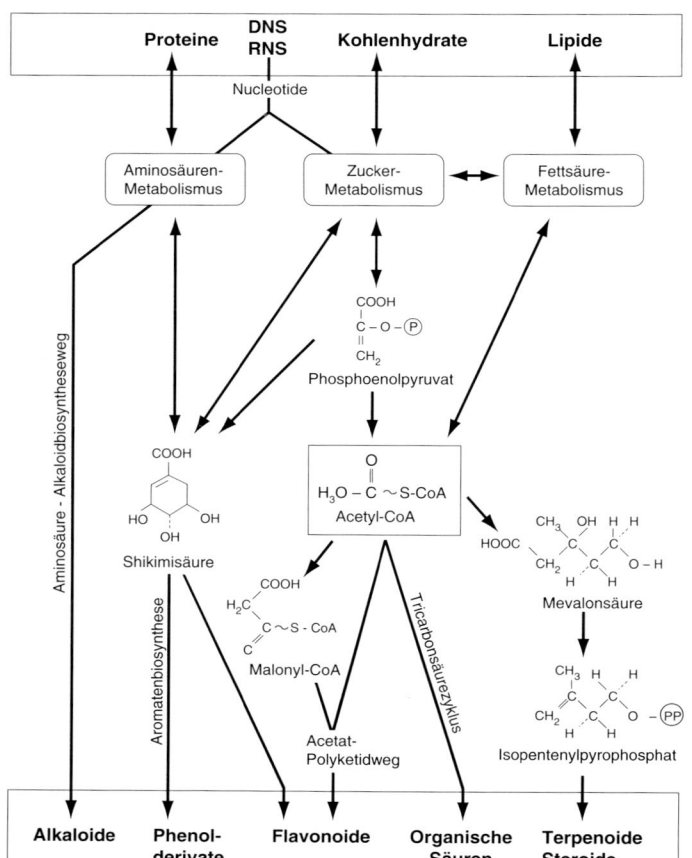

Abb. 1.12.   Übersicht über Synthesewege des Sekundärstoffwechsels der Pflanzen. Nach SCHLEE (1992), erweitert.

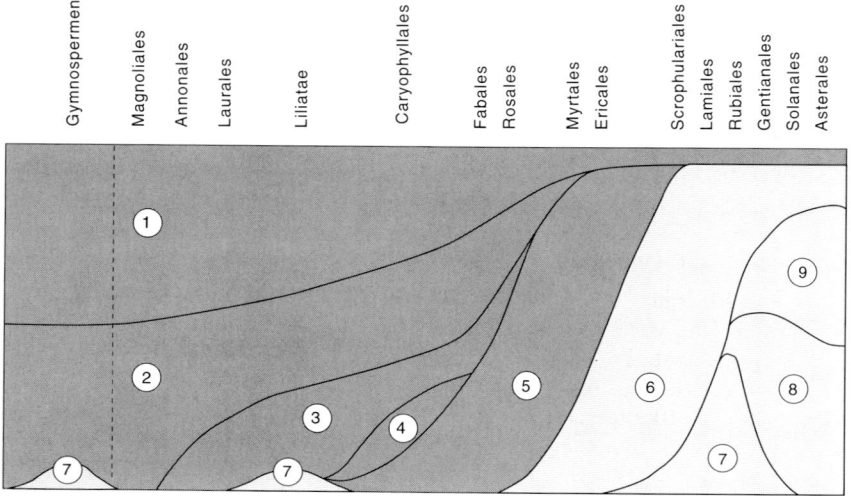

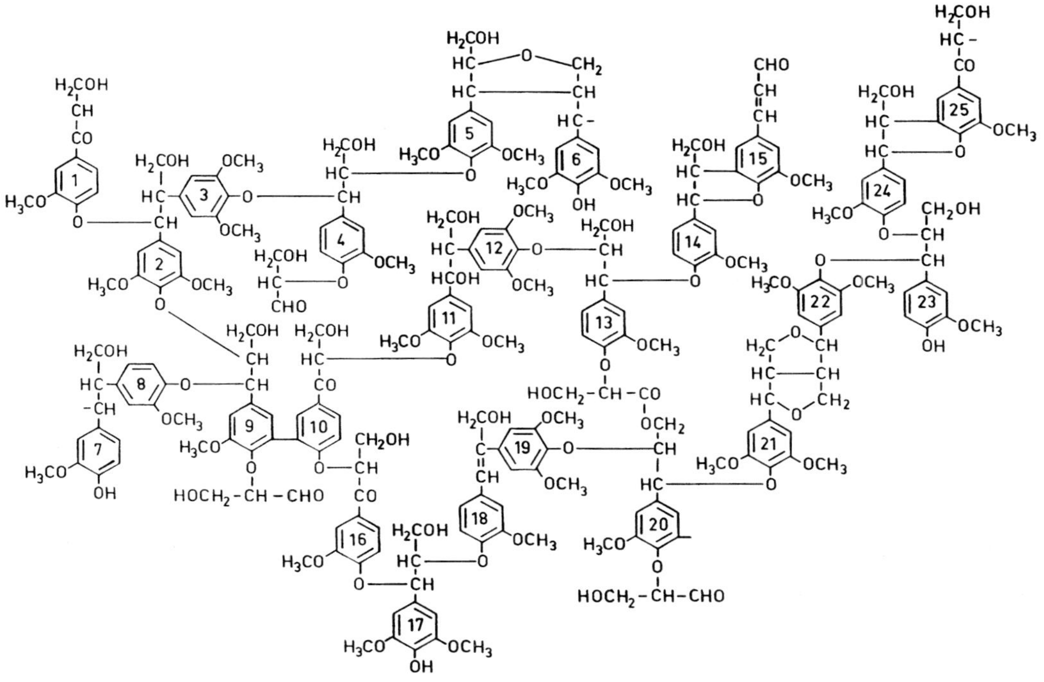

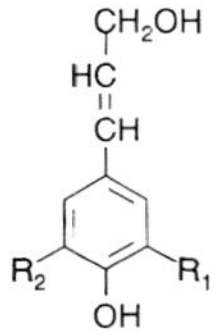

R$_1$ = R$_2$ = H :   p–Cumarylalkohol
R$_1$ = OCH$_3$; R$_2$ = H : Coniferylalkohol
R$_1$ = R$_2$ = OCH$_3$:   Sinapylalkohol

◁ Abb. 1.13.   Vorkommen bioaktiver Produkte des Sekundärstoffwechsels in ursprünglichen und abgeleiteten Taxa. Im Laufe der Evolution wurden Derivate des Shikimatweges (*dunkler Raster*) zunehmend von solchen des Mevalonat-Acetatweges (*heller Raster*) ersetzt. 1 = Lignin und Lignane; 2 = kondensierte Gerbstoffe; 3 = Isochinolinalkaloide; 4 = Betalaine; 5 = Gallotannine; 6 = Indolalkaloide und Iridoide; 7 = Steroide; 8 = Sesquiterpene; 9 = Polyacetylene. Nach KUBITZKY aus FROHNE und JENSEN (1992), ergänzt mit Angaben aus HARBORNE (1988).

Abb. 1.14 (oben).   Strukturmodell des Buchenlignins und Strukturformel der Phenylpropaneinheiten (Zimtalkohole), aus denen das dreidimensional vernetzte Polymer aufgebaut ist. Dicotyledonenlignin enthält vor allem Sinapyl- und Coniferylalkohole. Das Gymnospermenlignin setzt sich hauptsächlich aus Coniferylalkoholen zusammen. Im Lignin der Gräser ist, neben den Sinapyl- und Coniferylalkoholen, p-Cumarylalkohol bis zu 30% beteiligt, außerdem sind in geringen Mengen auch Zimtsäuren eingebaut. Nach NIMZ (1974).

pern (z. B. Phenylpropane, Flavonoide, Gerbstoffe, viele Flechtenstoffe) und von Aminosäuren zu den *Alkaloiden*. Schätzungsweise gibt es 10^5 ökobiochemisch wirksame Naturstoffe; einen Überblick über Stoffklassen und ihre taxonomische Verbreitung bietet die Tab. 1.3.

Die Vielfalt der sekundären Pflanzenstoffe hat sich im Laufe der Phylogenie der Angiospermen coevolutiv im Wechselspiel mit mikrobiellen Parasiten und besonders mit tierischen Konsumenten entwickelt. Da sich gegen jeden Abwehrstoff und jedes Pflanzengift immer wieder Spezialisten durchgesetzt haben, kam es laufend zu neuen Abwandlungen und Neusynthesen. Derartige Anpassungen erfolgen verhältnismäßig schnell, was man an der weit verbreiteten Differenzierung von *Chemoökotypen* und chemotaxonomisch unterscheidbaren Rassen (bei man-

Tab. 1.4 Auswirkungen von Mineralstoffversorgung und Wassermangel auf den Sekundärstoffwechsel von Sproßpflanzen. Nach GERSHENZON (1984).

Stoffklasse	Stickstoff Düngung	Mangel	Mangel an P K S	Wassermangel
Terpenoide				
Kräuter		×	+ ×	+
Bäume		–		–
Phenolderivate		+	+ + +	×
Alkaloide	+	–	× +	+
Glucosinolate		+	–	+
Cyanogene Glykoside		–		+

+ Zunahme   – Abnahme   × unklare Tendenz

chen Lamiaceen-Arten schon geruchlich) erkennen kann. Die am frühesten entstandenen chemischen Abwehrstoffe (Abb. 1.13) waren in der Regel unspezifisch wirkende Phenylpropankörper (Harze, Lignin; Abb. 1.14), Phenolderivate (kondensierte Gerbstoffe) und Flavonoide. Mit der Entfaltung der Angiospermen und der Entstehung der krautigen Formen wurde die Bandbreite des Naturstoffspektrums erheblich erweitert.

Der Gehalt an Infochemikalien in der Pflanze ist in den einzelnen Organen, Geweben (z. B. Sekretbehälter) und sogar Zellen (z. B. Gerbstoffidioblasten) verschieden und er ändert sich während der Individualentwicklung und der Alterung sowie im Verlauf der Jahreszeiten. Schon innerhalb von Tagen und sogar stündlich kann die Konzentration der biogenen Pflanzenstoffe beträchtlich schwanken. Auch die Ernährungsbedingungen und insbesondere die Einwirkung von allerlei Stressoren modifizieren die Menge und die Zusammensetzung der Pflanzenstoffe (Tab. 1.4), was sich natürlich auf das Verhalten der Ökosystempartner auswirkt. Pflanzen unter Streß, aber auch reichlich stickstoffversorgte Pflanzen, werden bevorzugt von Insekten

Tab. 1.5 Blütenfarbstoffe und Blütenbesucher. Nach HARBORNE (1988), verändert.

Farbe	Farbstoff	Vorkommen (Beispiele)	Blütenbesucher (Beispiele)
weiß, cremefarben	Leucoanthocyanidine, Quercetin	häufig	v. a. Immen
gelb	Carotinoide, Flavonole, Chalcone	häufig	Immen, Schmetterlinge und Vögel
gelb/purpur	Betalaine	Caryophyllales	Immen, Schmetterlinge
orangefarben	Carotinoide Pelargonidin + Aurone	z. B. *Lilium* z. B. *Antirrhinum*	Immen, Schmetterlinge und Vögel
rosafarben	Päonidin	*Paeonia, Rosa rugosa*	(Immen*), Dipteren, Schmetterlinge, Vögel
rot/purpur	Pelargonidin, Cyanidin (auch mit Carotinoiden)	häufig	(Immen*), Dipteren, Schmetterlinge, Vögel
blau	Cyanidin, Delphinidin (+ Copigment-Al/Fe)	*Centaurea Gentiana*	Immen, Schmetterlinge und Vögel
violett	Delphinidin	häufig	Immen, Schmetterlinge
grün	Chlorophylle	*Helleborus Dorstenia*	Dipteren, Flattertiere

* Immen (= Hymenopteren) können die Farbe Rot nicht sehen; von roten Blüten werden sie durch UV-Saftmale und gelbe oder blaue Staubblätter angelockt.

befallen; dagegen wehrt sich die Pflanze durch vermehrte Produktion von Fraßschutzstoffen.

Aus der Fülle der Wechselbeziehungen unter den Organismen, die durch chemische Kommunikation zustande kommen, werden nachfolgend einige weit verbreitete und besonders bedeutsame Effekte vorgestellt:

Anlockung von Blütenbesuchern und Fruchtverbreitern. Farbstoffe und Geruchsstoffe leiten Bestäuber und Fruchtverbreiter zu ihren Futterquellen. Beide Partner gewinnen da-

bei, die Lockstoffe erfüllen daher die Funktion von Synomonen.

Die *Färbung* von Blütenteilen (Blütenhüllen, Staubblättern, Pollen) und Früchten entsteht durch Einlagerung von farbigen Verbindungen in Biomembranen (Carotinoide) und Zellwänden (braune Phlobaphene, schwarze Melanine) und durch Akkumulation von Farbstoffen in glykosidischer Bindung, die im Zellsaft gelöst sind. Der Farbcharakter hängt von der Art der chromophoren Struktur der Verbindung (Abb. 1.15: Flavangrundgerüst bei Flavonoiden, Betalainstruktur bei Beta-

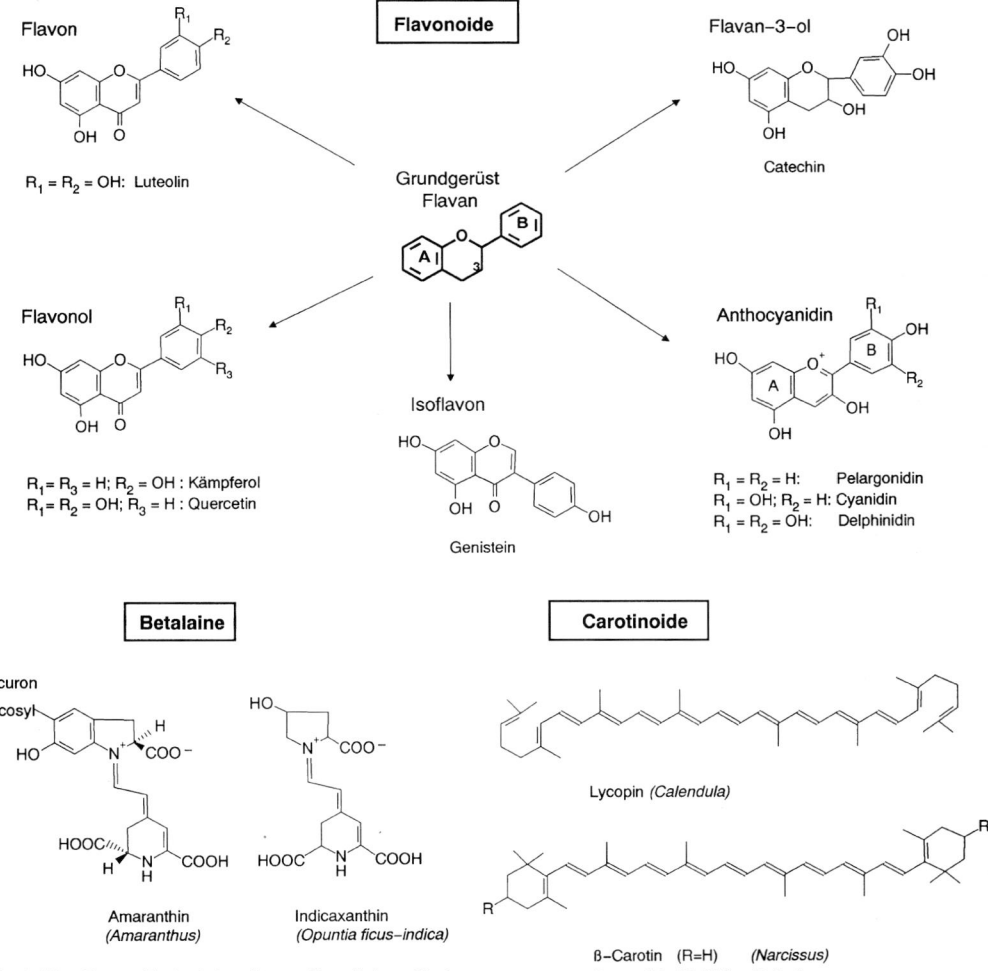

Abb. 1.15. Formelbeispiele für pflanzliche Farbstoffe: Flavonoide, Betalaine und Carotinoide. Nach G. RICHTER (1982) und SCHLEE (1992).

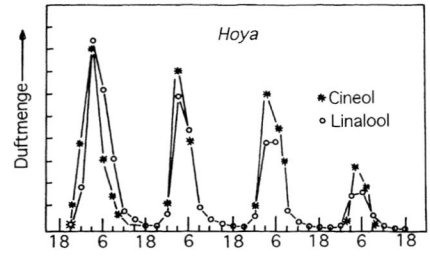

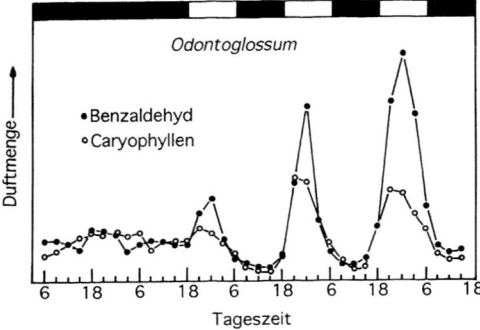

Abb. 1.16.   Tageszeitliche Duftaussendung aus Blüten. Die Duftentwicklung von *Hoya carnosa* unterliegt einer circadianen Rhythmik (endogene „biologische Uhr"). Die Blüten von *Odontoglossum constrictum* duften ebenfalls tagesrhythmisch, die Zeiteinstellung erfolgt aber über den Licht/Dunkel-Wechsel (*Balken*). Die Duftstoffe werden über einen cytologisch gesteuerten Exkretionsvorgang freigesetzt. Nach Matile und Altenburger (1988) und Altenburger und Matile (1990).

cyaninen und Betaxanthinen), der Substitution des Grundgerüstes, einer eventuellen Komplexbindung mit Fe^{3+} und Al^{3+} und vom pH-Wert des Zellsafts ab. So entstehen fein abgestufte Farbtöne von cremefarben über gelb, rosa, rot, blau bis tiefviolett (Tab. 1.5). Ultraviolette Anflugmarkierungen auf Blüten werden durch Hymenopteren und manche Dipteren wahrgenommen. Vögel reagieren auf grelle Farben, aber auch auf Ultraviolett, das von oberflächlichen Wachsschichten mancher Früchte reflektiert wird.

Geruchsstoffe locken Insekten, Vögel und Säuger zu den Blüten und Früchten, und zwar zur günstigsten Zeit, etwa der Blütenöffnung oder der Fruchtreife. Vielfach ist die Geruchsaussendung auf die tageszeitliche Aktivität des Blütenbesuchers (Nachtfalter, Flattertiere) bzw. des Fruchtverzehrers abgestimmt

(Abb. 1.16). Die ausgesandten Geruchsstoffe sind fast immer Gemische flüchtiger sekundärer Stoffwechselprodukte, insbesondere von Monoterpenen (ätherische Öle), aliphatischen Alkoholen, Ketonen und Estern, Fettsäuren, Aromaten (z. B. Vanillin, Eugenol), Aminen und Indolderivaten. Einen besonderen Fall stellt die hochspezifische Anlockung von Bestäubern durch *Ophrys*-Arten dar: Cyclische Terpenoide, die von der Orchideenblüte ausströmen, ahmen Sexualpheromone von Wildbienen nach. Durch die Kopulationsbewegungen der getäuschten Männchen gelingt die komplizierte Übertragung der Pollinien auf die Narbe.

Stimulation durch Erkennungsstoffe. Pflanzen ziehen verschiedene Tiere (Insekten, Nematoden) durch Signalstoffe, die als Attraktantien wirken, an. Ebenso kann auch der Befall mit pflanzlichen Schmarotzern auf diese Weise gelenkt sein. Andererseits können gasförmige Ausscheidungen der Pflanzen räuberische Tiere (z. B. Raubmilben) anlocken, die Schädlinge (z. B. Spinnmilben) vernichten. Die von der Pflanze ausgehenden chemischen Nachrichtenstoffe sind somit Kairomone. Die Samen von parasitischen Scrophulariaceen, Orobanchaceen, Balanophoraceen, Rafflesiaceen und Hydnoraceen keimen erst aus, wenn sie ein chemisches Signal von der Wirtspflanze erreicht. Großen wirtschaftlichen Schaden richten *Striga*-Arten (Orobanchaceen) in den Subtropen und Tropen als Wurzelparasiten auf Hirsen, Mais, Zuckerrohr, aber auch auf Leguminosen und Hackfrüchten an. Die winzigen *Striga*-Samen können jahrzehntelang im Boden liegen bleiben, bis sie selektiv durch eine Wurzelausscheidung des Wirtes stimuliert werden, auskeimen und Haustorien ausbilden. Verschiedene hochwirksame Substanzen (Strigol, Benzochinonderivate) leiten den Keimungs- und Anheftungsvorgang ein. Ähnliche Erkennungsstoffe gibt es in anderen Wirt-Parasit-Beziehungen und auch für die Heranführung von *Rhizobium leguminosarum* an die Fabaceenwurzeln.

Chemische Konkurrenzhemmung. Pflanzen können durch Abgabe giftiger Substanzen

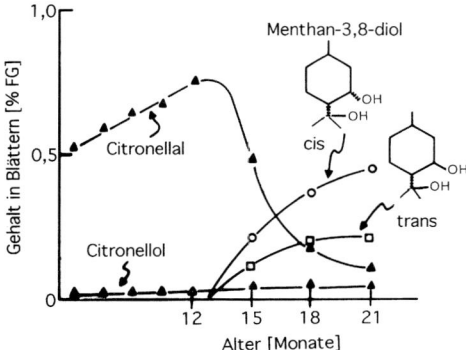
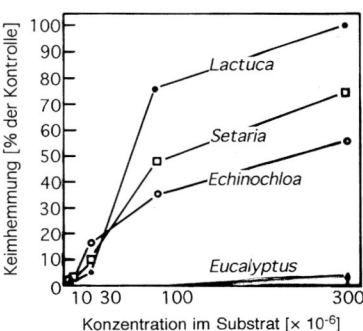

Abb. 1.17. Allelopathische Wirkstoffe. *Links:* Gehalt ätherischer Öle in Blättern von *Eucalyptus citriodora* im Laufe der Entwicklung. *Rechts:* Allelopathische Hemmung der Samenkeimung von *Lactuca sativa*, *Setaria viridis* und *Echinochloa crus-galli* durch Menthan–3,8-diol aus Eucalyptusblättern. Die Keimung der Eucalyptussamen wird nicht behindert. Nach Mizutani (1989).

die Ansiedlung anderer Pflanzen in ihrer Nähe verhindern. Es handelt sich hier um Allomone, der Verdrängungseffekt wird als *Allelopathie*[525] bezeichnet. Allelopathisch wirken vor allem kurzkettige Fettsäuren, ätherische Öle, phenolische Verbindungen, Alkaloide, Steroide und Cumarinderivate, die an die Luft abgegeben, von den Wurzeln abgeschieden, durch Regen aus dem Sproß ausgewaschen und dem Boden zugeführt werden. Manche Schwimmpflanzen (z. B. *Nymphaea odorata* und *Brasenia schreberi*) entlassen allelopathische Substanzen in das Wasser und verdrängen Wasserlinsen (*Lemna minor*).

Der Nachweis einer chemischen Wettbewerbshemmung ist am Standort nicht leicht zu führen, trotzdem gibt es eindeutige Beweise für chemisch spezifische Konkurrenzhemmung (Abb. 1.17). Gut bekannt ist die Unterdrückung der Keimung und des Aufkommens vieler Pflanzen durch Juglon. Die Blätter und Wurzelexudate von *Juglans regia* enthalten ein glucosidisch gebundenes Naphthalenderivat, das zunächst nicht allelopathisch wirkt. Erst nach Hydrolyse und Oxidation durch Mikroorganismen entsteht im Boden Hydrojuglon und anschließend das hemmaktive Juglon. Manche Ericaceen entlassen Phenolcarbonsäuren und Hydroxyzimtsäuren, die das Wachstum von Gräsern

und Kräutern behindern. Besonders in Steppen und Trockenbuschformationen geben viele Asteraceen (*Parthenium, Encelia, Artemisia*), Lamiaceen, Myrtaceen, Rutaceen und Rosaceen allelopathisch wirksame Terpene und wasserlösliche Phenolverbindungen ab. Dort, wie auch in Eucalyptuswäldern, werden die Hemmhöfe um die älteren Pflanzen erst wieder besiedelt, wenn der Bewuchs und die in den organischen Bodenhorizonten befindlichen Hemmstoffe mikrobiell abgebaut oder durch Brand vernichtet worden sind. Auch der Mangel an Unterwuchs in manchen tropischen Wäldern und in Bambusbeständen dürfte gelegentlich durch phytotoxische Pflanzenstoffe verursacht sein. Desgleichen wirken Flechtenstoffe, z. B. Orcindepside (siehe Abb. 1.18) und Usninsäure, allelopathisch auf Coniferenkeimlinge und antibiotisch auf Pilze.

Infektionsabwehr durch Phytotoxine und Phytoalexine. Pflanzen können eine Infektion durch phytopathogene Bakterien und Pilze und deren Ausbreitung im Gewebe durch eine Reihe von Maßnahmen abwehren: durch eine Überempfindlichkeitsreaktion, die zum raschen Absterben angegriffener Zellen führt, wodurch dem Erreger die Nahrungsgrundlage entzogen wird; durch Umkapselung des Eindringlings mit Polysacchariden und durch antimikrobielle Wirkstoffe, die entweder schon vor der Infektion in entsprechender Menge im Pflanzengewebe vorhanden sind (präformierte oder *präinfektionelle Abwehrstoffe*) oder die erst nach erfolgtem Befall durch Viren, Bakterien und Pilze gebildet werden. Präformiert finden

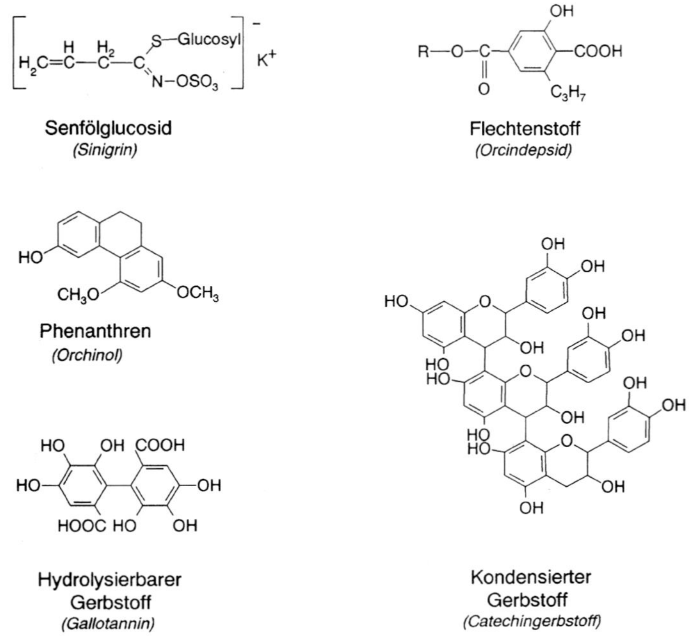

Senfölglucosid
(Sinigrin)

Flechtenstoff
(Orcindepsid)

Phenanthren
(Orchinol)

Hydrolysierbarer Gerbstoff
(Gallotannin)

Kondensierter Gerbstoff
(Catechingerbstoff)

Abb. 1.18. Beispiele für antimikrobielle Pflanzenstoffe. Nach HARBORNE (1988) und RUNDEL (1978).

sich fungitoxische und fungistatische Substanzen in vielen Pflanzen; es sind häufig Senföle (im Kohl), Lauchöle (in *Allium*-Arten), Lactone (in Tulpen und *Ranunculus*), Saponine (in Efeu und Hafer), Chinone (in Apfelbäumen), Flavonoide, Tannine und Terpenoide (Abb. 1.18).

Postinfektionell werden im Pflanzengewebe bei Kontakt mit dem Erreger oder dessen Ausscheidungen *Phytoalexine* synthetisiert. Mehr als 200 Phytoalexine sind bisher bekannt, worunter in einigen Pflanzenfamilien bestimmte chemische Strukturen vorherrschen, etwa bei Fabaceen Isoflavonoide, bei Solanaceen Sesquiterpene, bei Asteraceen Polyacetylene und bei Orchideen Phenanthrene (Orchinol). Es kommen aber auch Chinon-, Cumarin- und Stilben-Derivate vor (Abb. 1.19). Überdies kann dieselbe Pflanzenart mehrere chemisch verschiedene Phytoalexine herstellen. Die Synthese von Phytoalexinen wird auch durch nichtpathogene Mi-

Abb. 1.19. Phytoalexine. Derivate des *Stilben* (Diphenylethylen) wie Pinosylvin im Kernholz von Kiefernarten und Resveratrol in vielen Pflanzenarten wirken fungistatisch; in Weinlaub entsteht Resveratrol nach Befall durch *Botrytis cinerea*, aber auch durch UV-Bestrahlung. *Cumarine* sind prä- und postinfektionell im Pflanzenreich weit verbreitet; Scoparon und Scopolin hemmen postinfektionell die Ausbreitung verschiedener Pilze (*Phytophthora*, *Verticillium*, *Penicillium* u. a.) in Sproßrinden und der Fruchtschale von Citrusarten. *Anthragallole* sind Anthrachinonabkömmlinge; die hier dargestellten Methylether wirken in *Cinchona*-Rinde auf *Phytophthora cinnamomi* fungitoxisch. Nach GOTTSTEIN und GROSS (1992).

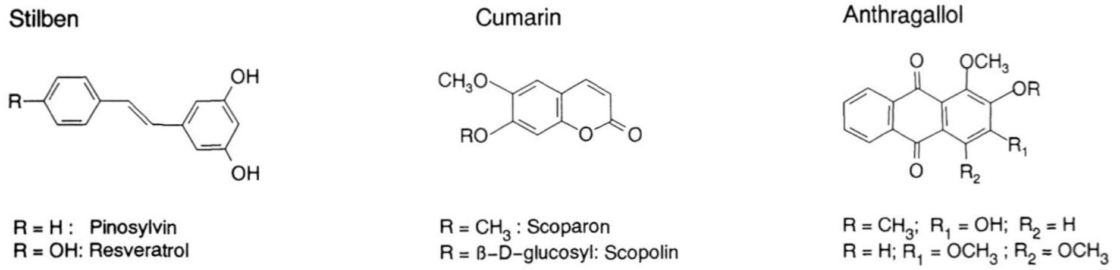

Stilben

Cumarin

Anthragallol

R = H: Pinosylvin
R = OH: Resveratrol

R = CH$_3$: Scoparon
R = ß–D–glucosyl: Scopolin

R = CH$_3$; R$_1$ = OH; R$_2$ = H
R = H; R$_1$ = OCH$_3$; R$_2$ = OCH$_3$

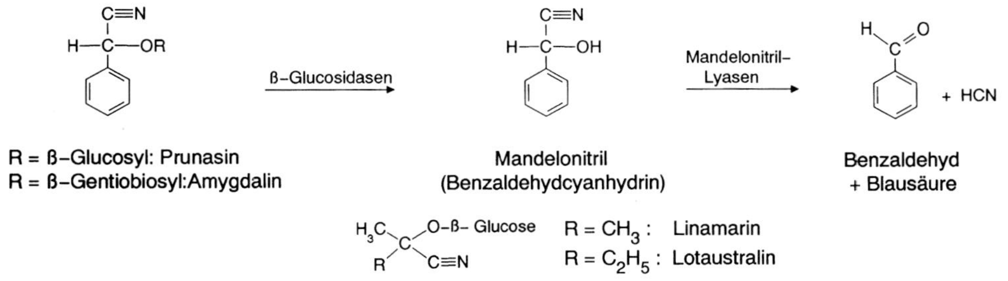

R = ß–Glucosyl: Prunasin
R = ß–Gentiobiosyl:Amygdalin

β–Glucosidasen

Mandelonitril
(Benzaldehydcyanhydrin)

Mandelonitril–
Lyasen

Benzaldehyd
+ Blausäure

+ HCN

R = CH$_3$: Linamarin
R = C$_2$H$_5$: Lotaustralin

Abb. 1.20. Weit verbreitete cyanogene Glykoside: *Amygdalin* in Rosaceen; *Prunasin* u. a. in Rosaceen, Myrtaceen, Caprifoliaceen und Farnen; *Linamarin* und *Lotaustralin* in Fabalen (Fabaceen, *Acacia*), Euphorbiaceen, Linaceen und Asteraceen. Wenn die in kroorganismen (Mykorrhizapilze, Bakterien der Rhizoplane) ausgelöst, was die Wirtspflanze in eine generell bessere Abwehrlage versetzt.

der Vakuole kompartimentierten Glykoside durch Zerstörung der Zelle mit β-Glucosidasen in Berührung kommen, entsteht freie Blausäure *(oben)*. Nach FROHNE und JENSEN (1992), SCHLEE (1992).

Abwehr von Pflanzenfressern durch Fraßschutzstoffe. Durch vielerlei Vorkehrungen sind Pflanzen vor Fraß geschützt: durch Dornen, Stacheln, Haare, verholzte und verkieselte Zellwände und besonders durch spezielle chemische Schutzstoffe, die abschrekkend (Repellantien), geschmacksverderbend (Reiz- und Bitterstoffe), verklebend und giftig wirken. Tierfraß hat durch Selektion und Coevolution zu einer Fülle von Abwehrstoffen in den Pflanzen geführt. Es gibt Inhaltsstoffe, die bei genügender Konzentration Pflanzenfresser aller Art abhalten, etwa Polyphenole und Tannine, die Eiweiß fällen und die Eiweißverwertung durch die Konsumenten unrentabel machen, oder cyanogene Glykoside, die nach Zerstörung der Zellintegrität durch cytoplasmische Enzyme hydrolysiert werden und dabei Blausäure freisetzen (Abb. 1.20). Zumeist sind die bioaktiven Inhaltsstoffe, besonders jene mit sehr gezielter Schutzwirkung, charakteristisch für die biochemische Konstitution der jeweiligen Pflanzenart.

Manche Stoffklassen wirken besonders gegen *Säugetierfraß* wie vor allem Alkaloide (Abb. 1.21), aber auch Flechtenstoffe (Vulpinsäure und Atranorin in *Letharia vulpina*, Depside in *Cladonia*-Arten). Als hochspezifische Abwehrstoffe sind Proteine in Fabaceen

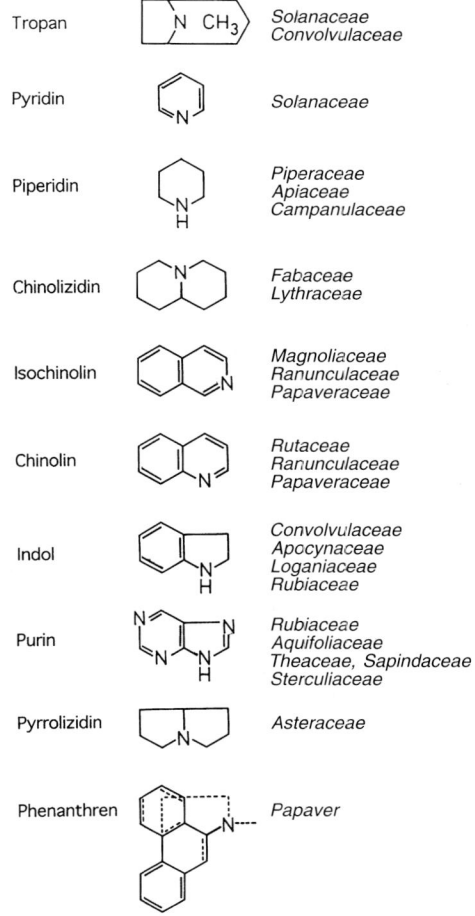

Tropan	Solanaceae Convolvulaceae
Pyridin	Solanaceae
Piperidin	Piperaceae Apiaceae Campanulaceae
Chinolizidin	Fabaceae Lythraceae
Isochinolin	Magnoliaceae Ranunculaceae Papaveraceae
Chinolin	Rutaceae Ranunculaceae Papaveraceae
Indol	Convolvulaceae Apocynaceae Loganiaceae Rubiaceae
Purin	Rubiaceae Aquifoliaceae Theaceae, Sapindaceae Sterculiaceae
Pyrrolizidin	Asteraceae
Phenanthren	Papaver

Abb. 1.21. Ringsysteme von Alkaloiden mit heterocyclisch gebundenem Stickstoff und Beispiele für Familien, in denen diese Alkaloide vorkommen. Nach BURGER und WACHTER (1986).

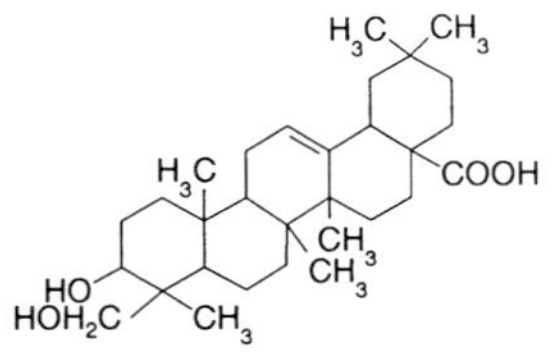

Saponin *(Hederagenin)*

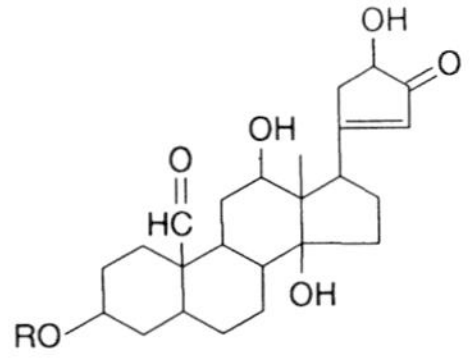

Cardenolid *(Calotropagenin)*

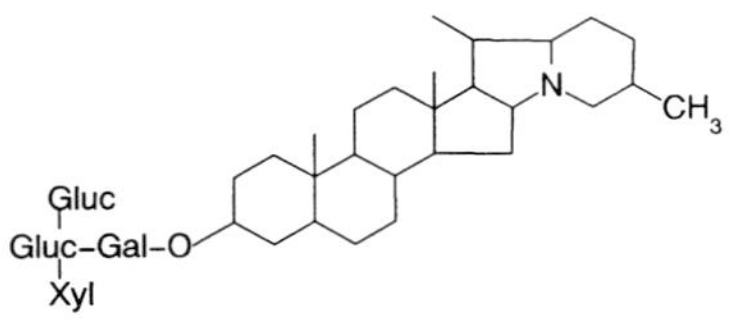

Gluc
Gluc–Gal–O
Xyl

Steroidalkaloid *(Demissin)*

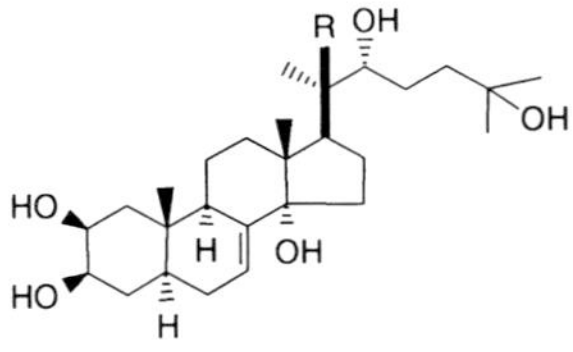

Sterol *(Ecdyson)*

Abb. 1.22. Beispiele für Triterpene mit chemischer Schutzwirkung gegen Tiere: Das Saponin *Hederagenin* ist in den giftigen Blättern und Beeren von *Hedera helix* glykosidisch gebunden. Das Herzglykosid *Calotropagenin* aus *Asclepias curassavica* wirkt auf fast alle Pflanzenfresser toxisch; nur die Raupen des Monarchfalters haben sich coevolutiv an das Gift angepaßt, so daß es ihnen nicht nur nicht schadet, sondern sie (und auch die Falter und deren Eier) vor Feinden schützt. Das Steroidalkaloid *Demissin* kommt in der Wildkartoffel *Solanum demissum* vor, die deshalb nicht vom Kartoffelkäfer befallen wird. *Ecdysone* treten vor allem in phylogenetisch ursprünglichen Pflanzengruppen auf und dürften für die Produzent-Konsument-Beziehungen schon früh eine große Rolle gespielt haben. Nach CRAWFORD (1989), HESS (1991) und SCHLEE (1992).

Eine Vielzahl sekundärer Pflanzenstoffe ist für phytophage *Insekten* abschreckend, stoffwechselhemmend, entwicklungsstörend oder giftig (Abb. 1.22): Triterpene, Senfölglykoside, Saponine, Alkaloide, Proteaseinhibitoren, nichtproteinogene Aminosäuren, die im Eiweißstoffwechsel des Insekts als Antimetabolite wirken, und Steroide. Farne, Cycadeen, Taxaceen, Podocarpaceen und einige Angiospermen enthalten Phytoecdysone, die als Häutungshormone die Entwicklung der Insektenlarven regulieren. Pflanzen aus Trockengebieten sind reich an Drüsenhaaren und Oberflächenharzen, Latex und anderen Terpenoiden in Sekretbehältern und -gängen, Flavonoidglykosiden und phototoxischen Sekundärstoffen.

Die Biosynthese wird häufig durch den Fraßangriff induziert und stimuliert. So enthalten stark beweidete Gräser mehr Kieselsäure in den Blättern als unbeweidete. Durch Wildverbiß und Benagen durch Hasen erhöht sich in Birken und Pappeln der Gehalt an Polyphenolen, Tanninen und Terpenen. Selbstverständlich gilt das auch für Insekten- und Molluskenfraß. Allerdings geht die vermehrte Investition von Metaboliten für aufwendige Biosynthesen zur Herstellung von Abwehrstoffen zu Lasten des Energie- und Baustoffwechsels der streßausgesetzten Pflanzen (siehe Tab. 6.1).

und Euphorbiaceen zu nennen, die rote Blutkörperchen agglutinieren (Phytohämagglutinine oder Lectine). *Nematoden* werden durch Wurzelausscheidungen (z. B. aus *Tagetes*-Pflanzen) ferngehalten. Pflanzen mit hohem Gehalt an cyanogenen Glykosiden sind für *Schnecken* ungenießbar. In wintermilden Gebieten, in denen sich Schnecken schnell vermehren, haben sich bei Fabaceen (*Trifolium repens, Lotus corniculatus*) biochemische Rassen entwickelt, die Blausäureglykoside produzieren. Die Fähigkeit zur Cyanogenese wird durch zwei Gene kontrolliert.

Tab. 1.6 Spektralbereiche und Strahlungswirkungen auf die Pflanzen. Nach Ross (1981).

Spektral-bereich	Wellenlänge [nm]	Prozent der zugestrahlten Sonnen-energie	Strahlungswirkungen			
			photo-synthetisch	photomorpho-genetisch	photo-destruktiv	thermisch
Ultraviolett	290–380	0–4	unbedeutend	gering	wirksam	unbedeutend
Photosyn-thetisch akti-ver Bereich (PhAR)	380–710	21–46*	wirksam	wirksam	gering	wirksam
Nahes Infra-rot (NIR)	710–4000	50–79*	unbedeutend	wirksam	unbedeutend	wirksam
Langwellige Strahlung	3000–100 000	–	unbedeutend	unbedeutend	unbedeutend	wirksam

* je nach Sonnenstand und Bewölkung

1.2 Strahlung und Klima

Alles Leben auf der Erde wird in Gang gehalten durch den *Energiestrom*, der von der Sonne ausgestrahlt wird und der Biosphäre zufließt. Durch die Photosynthese der Pflanzen wird Strahlungsenergie in Form von latenter chemischer Energie gebunden, die allen Gliedern der Nahrungskette für den Betrieb der Lebensprozesse zugute kommt. Die Strahlung ist also die primäre Energiequelle für den Haushalt an organischer Substanz, und sie schafft durch die Regulierung des Wärme- und Wasserhaushalts der Erde die energetische Voraussetzung für die Erfüllung der Lebensansprüche der Organismen. Strahlung ist für die Pflanze aber nicht nur eine Energiequelle (photoenergetische Wirkung), sondern auch entwicklungssteuernder Reiz (photokybernetische Wirkung) und zuweilen ein Belastungsfaktor (photodestruktive Wirkung). Alle diese Strahlungswirkungen werden durch die Aufnahme von Lichtquanten ausgelöst und jeder strahlungsabhängige Vorgang wird durch ganz bestimmte Photorezeptoren vermittelt. Diese weisen ein Absorptionsspektrum auf, das dem Wirkungsspektrum des jeweiligen photobiologischen Geschehens entspricht (siehe Tab. 1.6). Wichtig sind Zeitpunkt, Dauer, Einfallsrichtung und spektrale Zusammensetzung der Beleuchtung.

Den einzelnen Orten auf der Erdoberfläche fließt Energie nach ihrer Stellung zur Sonne zu. Die richtungsabhängige Energiezufuhr ist im Zusammenhang mit der Erddrehung und dem Erdumlauf ein sich periodisch ändernder Faktor, der allen Sphären des Erdballs eine Klimarhythmik aufzwingt. Der periodische Lichtwechsel ist der astronomische *Zeitgeber*, der den Ablauf der tageszeitlichen und jahreszeitlichen Rhythmen im Leben der Organismen regelt. Darüber hinaus steuert die Sonnenstrahlung als Signalgeber den Verlauf vieler Entwicklungsvorgänge wie die Keimung, das Richtungswachstum und die Gestaltbildung.

1.2.1 Strahlung

1.2.1.1 Das Strahlungsangebot

Die Biosphäre empfängt Sonnenstrahlung aus dem *Wellenlängenbereich* von 290 nm bis etwa 3000 nm. Kürzerwellige Strahlung wird in der oberen Atmosphäre durch Ozon und Luftsauerstoff absorbiert, die langwellige Grenze ist durch den Wasserdampf- und Kohlendioxidgehalt der Luft verursacht. Im Durchschnitt entfallen 45–50% der zugestrahlten Sonnenenergie auf den Wellenlängenbereich 380–710 nm, der von den Pflanzen photosynthetisch genützt wird („*photo-*

synthetic active radiation", PhAR; vielfach als Bereich 400–700 nm angegeben). An diesen Spektralbereich schließt sich gegen kürzere Wellenlängen die *ultraviolette Strahlung* (UV-A 315–380 nm und UV-B 280–315 nm), gegen längere Wellenlängen die *infrarote Strahlung* (IR 790–3000 nm) an (Tab. 1.6). Pflanzen werden auch noch von *Temperaturstrahlung* (langwelliges IR 3000–100 000 nm Wellenlänge) getroffen, und sie selbst geben solche Strahlung ab.

An der Außengrenze der Erdatmosphäre herrscht eine **Bestrahlungsstärke** von 1360 $W \cdot m^{-2}$ (*Solarkonstante*). Davon gelangen auf die Erdoberfläche durchschnittlich nur 47%; mehr als die Hälfte der Sonnenstrahlung wird durch Brechung und Beugung in hohen Luftschichten und vor allem durch Wolken und Lufttrübungen in den Weltraum zurückgeworfen, zerstreut oder absorbiert. Die Summe der auf eine horizontale Fläche eintreffenden Gesamtstrahlung nennt man *Globalstrahlung*, sie setzt sich aus direkter Sonnenstrahlung und diffuser Himmelsstrahlung zusammen. Auf Meeresniveau erreicht die Globalstrahlung Maximalwerte um $1 \, kW \cdot m^{-2}$ bzw. Intensitäten im PhAR-Bereich von $400 \, W \cdot m^{-2}$ (entspricht einem photosynthetisch nutzbaren Lichtquantenfluß von rund 1800 µmol Photonen $\cdot m^{-2} \cdot s^{-1}$; vgl. Konversionen, Seite 11).

Der *Strahlungsgenuß eines Ortes* hängt zunächst von der geographischen Breite ab: Die Äquatorialgebiete und besonders die wolkenarmen Hochdruckgebiete unter den Wendekreisen erhalten überdurchschnittlich viel Sonnenstrahlung; im Mittel durchdringen 70% der Sonnenstrahlung die klare Lufthülle über den Trockengebieten (Abb. 1.23). Polwärts vermindert sich die Jahressumme der Globalstrahlung. In größeren Meereshöhen ergeben sich vor allem dank der geringen Lufttrübung höhere Einstrahlungssummen als in Tieflagen. Geländebedingt und zeitlich bestehen in Abhängigkeit von der Horizontkontur, dem Einfallswinkel der Strahlung und vom Zustand der Atmosphäre (Bewölkung, Trübung) beträchtliche Unterschiede in der Strahlungsversorgung.

Im **Wasser** wird Strahlung stärker abgeschwächt als in der Atmosphäre. Die langwellige Wärmestrahlung wird schon in den obersten Millimetern, die infrarote Strahlung in den obersten Zentimentern absorbiert. UV durchstrahlt die obersten Dezimeter bis Meter. Sichtbare Strahlung gelangt bis in größere Tiefen, wo blaugrünes Dämmerlicht herrscht (Abb. 1.24). Die Strahlungsintensität in Gewässern hängt von den Beleuchtungsverhältnissen über dem Wasserspiegel ab, von der Reflexion und der Rückstreuung des Lichtes an der Wasseroberfläche und von

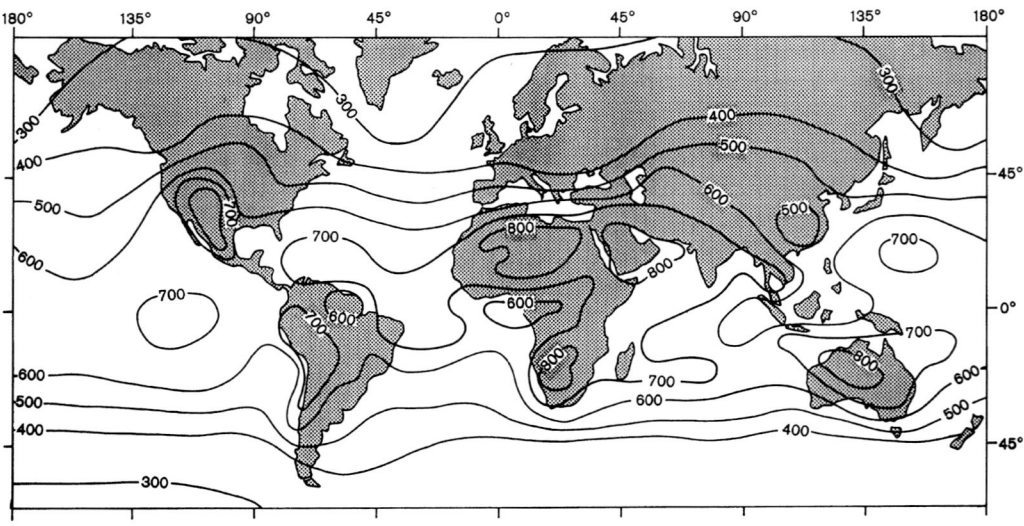

Abb. 1.23.   Jahressummen der Globalstrahlung in $GJ \cdot km^{-2}$. Nach DeJong aus Schultz (1988).

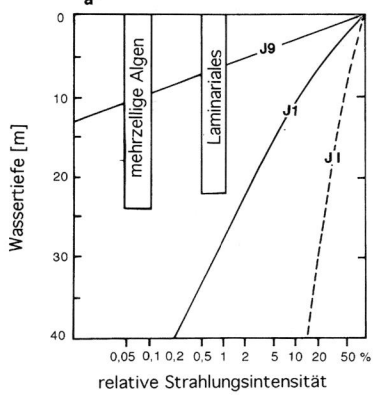

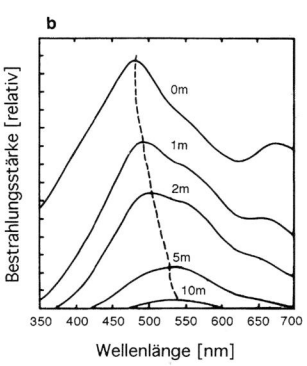

Abb. 1.24. Abschwächung der Strahlung im Meerwasser. a) Abnahme der relativen Strahlungsintensität (bezogen auf das Überwasserlicht) im Spektralbereich 350–700 nm mit zunehmender Wassertiefe in Abhängigkeit vom Jerlov-Wassertyp: J-I = klares Wasser tropischer Ozeane; J–1 = klares Wasser im Küstenbereich; J–9 = Wasser im Küstenbereich mit Transmissionsmaximum im Grün. *Balken*: Tiefengrenze der Algenverbreitung in Küstengewässern. b) Spektrale Strahlungsverteilung im Küstenwasser (Jerlov-Typ 5). Nach Jerlov (1976), Lüning und Dring aus Lüning (1985).

der Extinktion beim Strahlendurchgang durch das Wasser. Mit zunehmender Tiefe verringert sich die Strahlungsintensität exponentiell. Die Strahlung wird durch das Wasser selbst, durch gelöste Stoffe, durch suspendierte Bodenteilchen, Detritus und das Plankton absorbiert und außerdem gestreut. Die Wasserschicht oberhalb der Lichtmangelgrenze für autotrophe Pflanzen wird als *euphotische* Zone bezeichnet. Im offenen Meer dringt 1% der Strahlung bis etwa in 150 m Tiefe ein, in Küstennähe je nach Reinheit des Wassers bis in 50 m. In klaren Seen erlaubt die Eindringtiefe des Lichtes den Sproßpflanzen eine Besiedlung bis in ca. 5 m Tiefe, festsitzende Algen kommen noch bis in 20–30 m Tiefe vor. In Fließgewässern kann das Lichtangebot schon innerhalb weniger Zentimeter oder Dezimeter stark abnehmen. Die steile Strahlungsextinktion im Wasser hat auch zur Folge, daß mit zunehmender Tiefe die Dauer der Photosyntheseaktivität pro Tag verkürzt wird.

In den **Boden** dringt Licht kaum ein; in Sand- und Lehmböden gelangt höchstens 1% der auftreffenden Strahlung 2–5 mm unter die Oberfläche. Am tiefsten dringt in sandige Böden Rotlicht, am wenigsten blaues Licht ein. Allerdings genügt dies, um physiologische Wirkungen auf die Bodenflora und die in den obersten Schichten liegenden Samen auszuüben.

1.2.1.2 Die Strahlungsverteilung in Pflanzenbeständen

Geschlossene Pflanzenbestände entwickeln ein Assimilationssystem, das aus einander überdeckenden und sich gegenseitig beschattenden Blattschichten aufgebaut ist. Eine tief gestaffelte Pflanzendecke nützt durch stufenweise Absorption die auftreffende und eindringende Strahlung fast vollständig aus (Abb. 1.25). Durch die Blattanordnung am Achsensystem während des Wachstums der Sprosse und der Laubentfaltung bildet sich eine Struktur aus, die einen fein abgestimmten Ausgleich von Kontrasten des Lichtklimas im Sinne einer *Photohomoiostase* bewirkt.

Strahlung, die auf einen Pflanzenbestand fällt, gelangt in verschiedener Weise in das Innere: zunächst als ungehindert eindringende Strahlung durch Bestandeslücken und vom Bestandesrand (Abb. 1.26), dann als Streulicht nach Remission durch Blätter und von der Bodenoberfläche und schließlich nach Durchtritt durch die Blätter. Die **Strahlungsabschwächung** *(Strahlungsattenuation)* im Bestand hängt vor allem von der Belaubungsdichte, der Verteilung der Blätter im Bestandesraum und der Blattneigung zur einfallen-

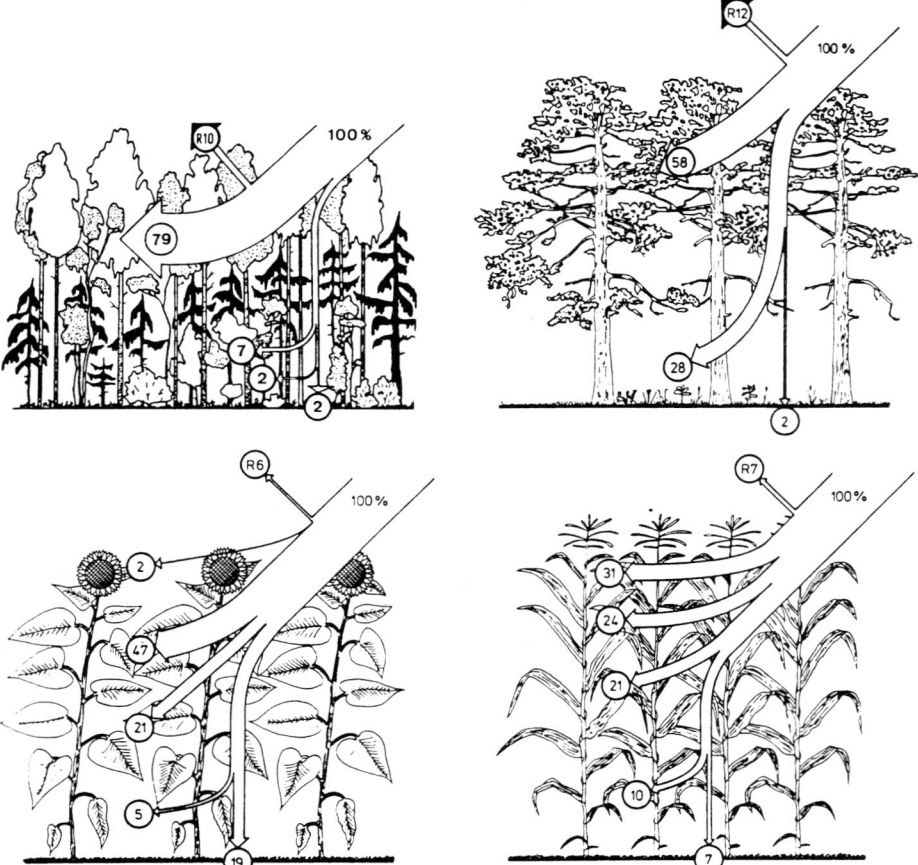

Abb. 1.25. Lichtabschwächung in verschiedenen Pflanzenbeständen. *Links oben:* Borealer Birken-Fichtenmischwald (nach Kairiukštis 1967). *Rechts oben:* Lockerer Kiefernwald (nach Cernusca 1977). *Links unten:* Sonnenblumenfeld (nach Hiroi und Monsi 1966). *Rechts unten:* Maisfeld (nach Allen et al. 1964). Die in den Bestand eindringende Strahlung wird in dichten, flachblättrigen Beständen zum größten Teil im oberen Bestandesdrittel absorbiert und gestreut, bei Beständen mit schmalen, aufrechten Blättern verteilt sich die Strahlung im Bestand gleichmäßiger.

den Strahlung ab. Die Belaubungsdichte läßt sich durch den *Blattflächenindex* (leaf area index = LAI) zahlenmäßig erfassen. Der kumulative LAI sagt aus, wie groß die Oberfläche sämtlicher Blätter über der Einheitsgrundfläche ist:[855]

$$LAI = \frac{\text{Gesamtsumme der Blattflächen}}{\text{Bodenfläche}} \quad (1.3)$$

Der Blattflächenindex wird als m² Blattfläche pro m² Bodenfläche angegeben, er ist ein Maß für den Überdeckungsgrad. Bei einem LAI von 4 wäre die Grundflächeneinheit von einer viermal so großen Blattfläche überlagert, die selbstverständlich in mehreren Niveaus angeordnet ist. In Wäldern schatten auch Stämme und Äste die eindringende Strahlung ab; dieser Effekt wird durch optische Verfahren miterfaßt (PAI; plant area index).

Auf ihrem Weg durch die Pflanzendecke hat die Strahlung die hintereinander liegenden Blattschichten zu durchdringen. Dabei nimmt ihre Intensität mit anwachsendem Überdeckungsgrad entsprechend dem *Lam-*

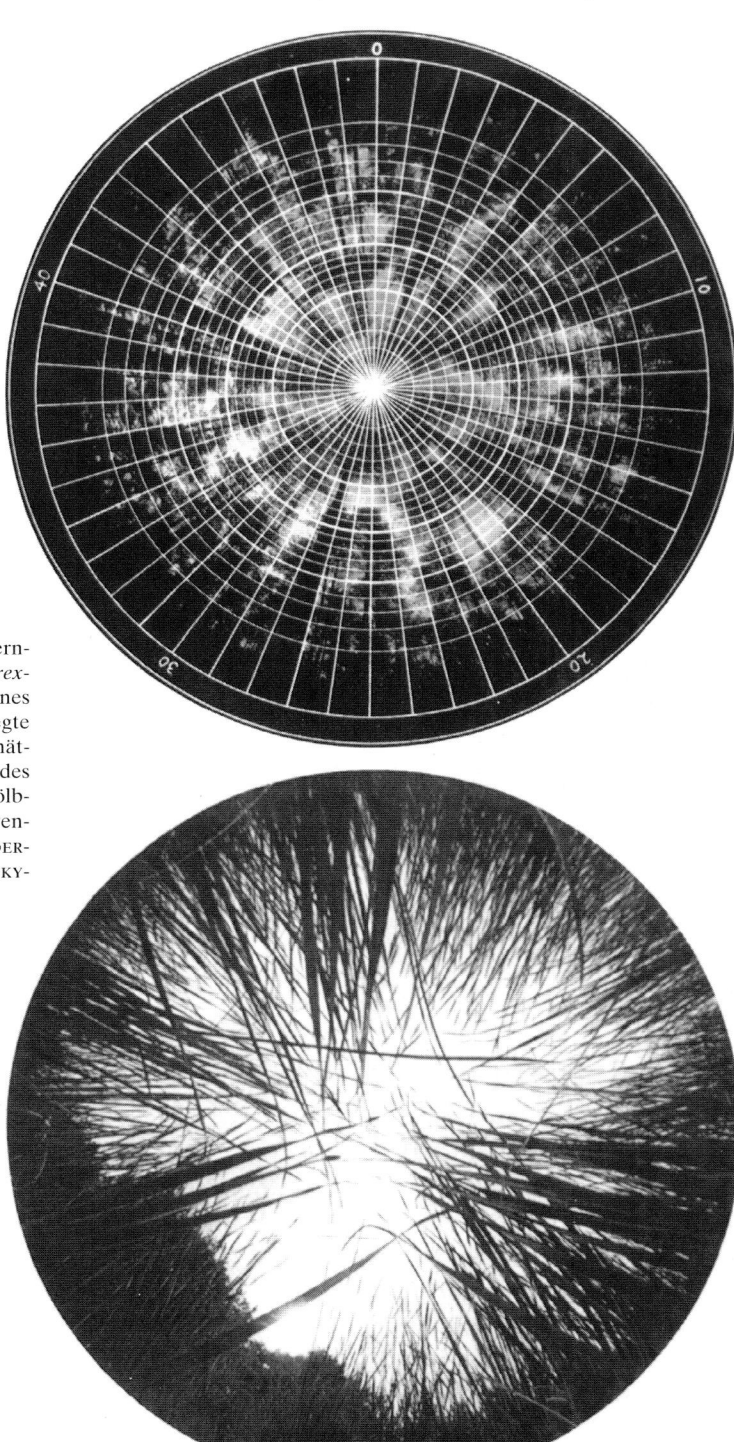

Abb. 1.26. Lichtdurchtritt durch einen 40jährigen Kiefernwald (*oben*) und durch ein *Carex*-Röhricht im Uferbereich eines Teiches (*unten*). Das aufgelegte Meßnetz erlaubt die Abschätzung des Lückenanteils; jedes Segment deckt 0,1% der gewölbten Oberfläche des Hemisphärenphotogramms ab. Nach Anderson (1964) und Ondok aus Dykyjová und Květ (1978).

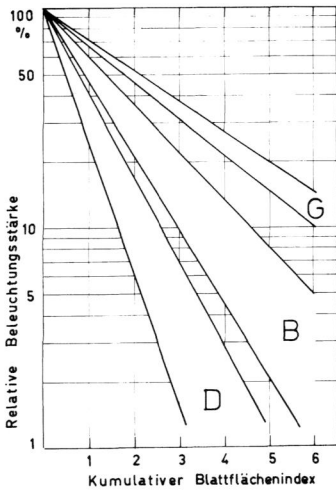

Abb. 1.27. Exponentielle Helligkeitsabnahme in verschiedenen Pflanzenbeständen mit zunehmendem Blattflächenindex. Der kumulative Blattflächenindex ergibt sich durch die Summierung der Indexwerte der einzelnen übereinanderliegenden Assimilationsflächen des Pflanzenbestandes. In breitblättrigen Dicotyledonengesellschaften (D) ist die Lichtabschwächung schon bei einem niedrigen Blattflächenindex erheblich, in Grasgesellschaften (G) erfolgt die Helligkeitsabnahme langsam; Baumbestände (B) nehmen eine Mittelstellung ein. Nach Monsi und Saeki (1953) und Kira, Shinozaki und Hozumi (1969).

bert-Beer'schen Extinktionsgesetz exponentiell ab. Bei einigermaßen homogener Laubschichtung kann der Strahlungsabfall über die Extinktionsgleichung in der von M. Monsi und T. Saeki[526] abgewandelten Form berechnet werden:

$$I_z = I_o \cdot e^{-k.LAI} \qquad (1.3)$$

I_z ist die Intensität der Strahlung in einem bestimmten Abstand vom Oberrand der Pflanzendecke,

I_o ist die Strahlung im Freien,

k   ist der für diese Pflanzengesellschaft gültige Attenuationskoeffizient,

LAI   ist die Gesamtsumme der Blattflächen über der Meßstelle pro Einheit der Bodenfläche (kumulativer LAI)

Der *Attenuationskoeffizient* (Abschwächungskoeffizient) gibt das Ausmaß des Lichtabfalls durch Lichtabsorption und Lichtstreuung im Bestand an. In Getreidefeldern, Wiesen, Röhricht, unter Wasser in Seegrasra-

sen mit vorwiegend steilgestellten Blättern (mehr als 3/4 der Blätter sind erectophil mit Blattneigung zum Zenit über 45°) liegt der Attenuationskoeffizient meist bei 0,3–0,5 und es herrscht in der Mitte des Bestandes mehr als die Hälfte der Beleuchtungsstärke des Außenlichtes (Abb. 1.27: Gramineen-Typ). Dagegen erlangt der Attenuationskoeffizient in Pflanzenbeständen mit abspreizenden, planophilen und plagiophilen Blättern, etwa in Hochstaudenfluren und unter Schwimmblattdecken (z. B. von Seerosen), im Waldunterwuchs und im Nutzpflanzenanbau (z. B. Klee, Sonnenblumen) Werte um 0,7–1, dort sind in halber Bestandeshöhe bereits 2/3–3/4 des eintreffenden Lichtes absorbiert (Abb. 1.27: Dicotyledonen-Typ). Wälder mit engem Kronenschluß und dichter Belaubung fangen schon im oberen Kronenraum so viel Strahlung ab, daß in den Stammraum und auf den Waldboden nur wenig gelangt. In solchen Beständen erfolgt ein Lichtabfall ähnlich oder noch abrupter wie unter Dicotyledonenkräutern. Wälder, die aus Baumarten mit schütteren Kronen aufgebaut sind (Birken, Föhren, Eucalyptus) zeigen dagegen einen allmählichen Lichtabfall, etwa so wie Grasgesellschaften. In landwirtschaftlichen und gärtnerischen Kulturen bestimmt die Pflanzdichte bzw. der Reihenabstand die Strahlungsabschwächung. Durch Veränderung des Pflanzabstandes kann das Lichtklima so beeinflußt werden, daß eine möglichst gleichmäßige Strahlungsabsorption erreicht wird.

Für die Charakterisierung der Bestandesstruktur im Hinblick auf die Strahlungsinterzeption ist weiterhin die Angabe der *Raumfüllung durch das Laub* aufschlußreich. Zur Berechnung der Laubdichte wird die Gesamtblattfläche auf das Volumen des untersuchten Vegetationsbereichs bezogen und als m²Blattfläche pro m³ Bestandesraum angegeben. Für ein Maisfeld im Hochsommer[309] mit einem LAI von 4,2 ergibt sich eine Laubdichte von 2,6 m² · m⁻³. Für subtropische, immergrüne Laubwälder mit einem LAI von rund 7 ergibt sich eine Laubdichte von nur 2,5–3,5 m² · m⁻³, weil der Attenuationskoeffizient zwar in den oberen Kronenbereichen hoch ist (um 0,8), aber im blattarmen Stammraum sehr stark abfällt[887]. Besonders für Baumkronen ist die Angabe von Laubdichtenindices aufschlußreich; bisher bekannte Werte für einzeln stehende Büsche und Naturhecken[392] liegen zwischen 1,5–3,2 m² · m⁻³.

Eine für Vergleichszwecke brauchbare Maßzahl für das **Strahlungsangebot** auf lichtarmen Standorten, wie z. B. im Bereich des Waldunterwuchses, unter dichten, krautigen Pflanzengesellschaften (bodenanliegende Rosetten und Moose) und in Höhlen und Klüften, ist der *relative Lichtgenuß*. Der relative Lichtgenuß drückt aus, welcher Anteil des Außenlichtes (als Quotient I_z/I_o oder in Prozent von I_o) am Wuchsplatz einer Pflanze ankommt. In Laubwäldern und lichten Nadelwäldern der gemäßigten Zone gelangen während der Vegetationsperiode durchschnittlich 3–10%, in winterkahlen Wäldern 50–70% der Freilandhelligkeit unter das Kronendach. Unter dichten Nadelwäldern, in immergrünen Laubwäldern warmtemperater Gebiete und in artenreichen Tropenwäldern, kann der *minimale Lichtgenuß* auf wenige Prozent und sogar unter 1% absinken. Auch in geschlossenen Wäldern gibt es genug Lücken, durch die immer wieder Sonnenstrahlen durchscheinen. Unter dem Kronenschirm erreichen fluktuierende Lichtstreifen bei hohem Sonnenstand 40–80% der Freilandhelligkeit, bei schrägem Strahleneinfall verschwinden zunehmend die Lichtflecke auf dem Boden.

Pflanzen, deren Blätter in den meisten Tagesstunden weniger als das Kompensationslicht für den photosynthetischen Gaswechsel (siehe Kap. 2.2.5.1) empfangen, gehen bald zugrunde. Die Existenzgrenze für Sproßpflanzen liegt in der Regel zwischen 0,5–1% Lichtgenuß. Moose, die keine nichtgrünen Gewebe versorgen müssen, können noch bei 0,5% Lichtgenuß, Luftalgen bis 0,1% vegetieren.

In sommergrünen Wäldern ändert sich mit dem *jahreszeitlichen Wechsel* des Belaubungszustandes die Strahlungsdurchlässigkeit. Der Unterwuchs ist darauf in seinem Entwicklungsverhalten eingestellt (Abb. 1.28). Die Krautflora entfaltet sich im Frühjahr vor dem Laubaustrieb der Bäume, im Herbst zieht sie nach dem Laubabwurf ein. Vor allem die

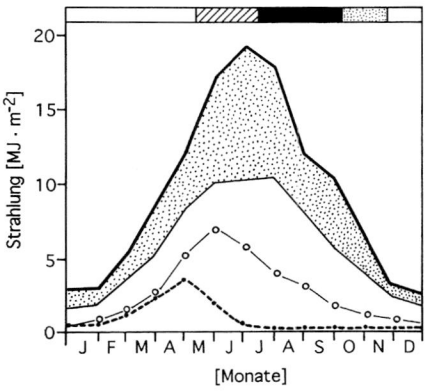

Abb. 1.28. Strahlungsangebot über und in einem Laubwald in England in Abhängigkeit vom Belaubungszustand. *Punktierter Bereich*: direkte Sonnenstrahlung; *oberste Linie*: Monatssummen der Globalstrahlung über dem Bestand; *untere Begrenzung des punktierten Bandes*: diffuse Strahlung. *Kreise*: Strahlung in einer großen Lichtung. *Strichlierte Kurve*: Strahlung unter dem Kronenschirm. *Balken*: Laubentfaltung (schraffiert), volle Belaubung (schwarz), Laubfall (punktiert). Nach ANDERSON aus WALTER und BRECKLE (1986).

Frühjahrsblüher (Frühjahrsgeophyten wie *Galanthus, Scilla, Anemone*) verlegen einen großen Teil ihres Lebenszyklus in die Zeitspanne zwischen Schneeschmelze und voller Belaubung der Baumschicht. Die wintergrünen Arten des Waldunterwuchses (z. B. *Hepatica, Pachysandra*) nützen das erhöhte Strahlungsangebot für den Kohlenstofferwerb und die Weiterentwicklung aus, solange die Wintertemperaturen dies zulassen.

1.2.1.3 Die Einzelpflanze im Strahlungsfeld

Auf die oberirdischen Teile der Pflanze trifft von allen Seiten Strahlung auf: direktes Sonnenlicht, gestreutes Sonnenlicht (Himmelsstrahlung), diffuse Strahlung bei bedecktem Himmel und vom Boden reflektierte Strahlung. Entsprechend der Wuchsform (Verzweigungsmodus) und der Blattstellung wird ein eigenständiges Lichtfeld aufgebaut. Die meisten Pflanzen ordnen ihre *Assimilationsflächen* so an, daß möglichst wenige Blätter der direkten Strahlung ständig ausgesetzt sind und die meisten Blätter sich im Halbschatten befinden, wo sie mit Streulicht versorgt sind.

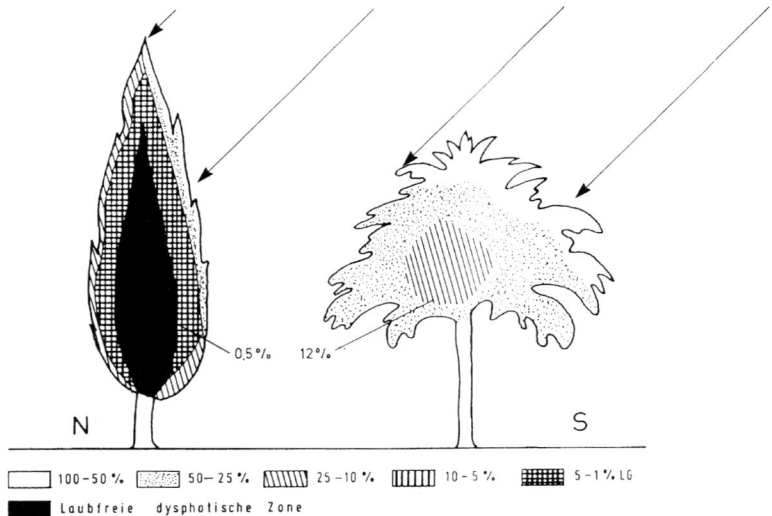

Abb. 1.29. Relativer Lichtgenuß in dichten und lichten Baumkronen an Klartagen im Juli und August um die Mittagszeit. In der dichten Zypressenkrone (*links*) kommt es schon im äußersten Kronensaum zu einem steilen Helligkeitsabfall, bei weniger als 0,5% des Außenlichtes vergilben und vertrocknen im Kroneninneren die Assimilationssprosse, weil in der Regel eine negative Kohlenstoffbilanz unproduktiver Zweige nicht durch Zuschüsse aus anderen Kronenteilen ausgeglichen wird. Die lockere Ölbaumkrone (*rechts*) mit ihren kleinen, stark lichtstreuenden Blättern wird von diffusem Licht durchdrungen, daher befinden sich auch im Inneren belaubte Zweige. Nach eigenen unveröff. Messungen.

Steilstehende Blätter (z. B. von Macchiensträuchern, von Kugelpolstern und von vielen Monocotylen), Blätter in Profilstellung (z. B. von *Iris*- und *Lactuca*-Arten), herabhängende Blätter (z. B. von *Eucalyptus*) sowie Assimilationsorgane mit gewölbter Oberfläche (Rundblätter, Schuppenblätter, Nadelblätter und assimilierende Sproßachsen) werden im spitzen Winkel von den Sonnenstrahlen tangiert. Dadurch sind die Blätter vor Starklichtschäden und Überhitzung geschützt.

In den Kronen einzelstehender Bäume und Sträucher bildet sich ein *Helligkeitsgefälle* vom Kronensaum bis in das Kroneninnere aus. Der Strahlungsabfall in der Krone hängt von spezifischen Gestaltsmerkmalen, der Ausformung des Achsensystems beim Heranwachsen, der Beblätterung und vom Alter des Baumes ab. Je nach der artabhängigen Fähigkeit, ausgesprochene Schattenblätter zu entwickeln, unterscheidet man zwischen *Lichtkronen* (Föhre, Lärche, Birke, Schirmakazien) und *Schattenkronen* (viele Coniferen, Buche, immergrüne Breitlaubbäume). Der durchschnittliche Lichtgenuß an der Belaubungsgrenze im Kroneninneren, läßt Rückschlüsse auf den spezifischen Helligkeitsbedarf und die phänotypische Plastizität der Schattenblätter zu; in Lichtkronen empfangen die innersten Blätter durchschnittlich 10–20% der Freilandhelligkeit, in Schattenkronen findet man noch Blätter bei einem Lichtgenuß von 1–3% (Abb. 1.29).

1.2.1.4 Die Strahlungsaufnahme durch die Blätter

Von der Strahlung, die auf ein Blatt fällt, wird ein Teil remittiert (d. h. diffus reflektiert), ein Teil wird absorbiert, was übrig bleibt, wird durchgelassen (Abb. 1.30).

Remission

Das vom Blatt rückgestrahlte Licht besteht aus dem von der Oberfläche reflektierten Licht und aus der Streustrahlung aus dem Inneren des Blattes. Das *Reflexionsvermögen* hängt von der Oberflächenbeschaffenheit der Blätter ab; ein Haarfilz erhöht die Reflexion beträchtlich. Die Remission von Flechtenoberflächen hängt vom Befeuchtungszustand ab; beim Austrocknen wird durch den Lufteintritt die Oberflächenschicht heller, durchnäßt erscheinen die Thalli dunkel.

Im *sichtbaren* Bereich remittieren Blätter im Durchschnitt nur 6–10% der Strahlung[211]. Hochglänzende Blätter mancher Bäume warmtemperater und tropischer Regenwälder können sichtbares Licht bis zu 12–15% zurückwerfen; durch dieses Streulicht wird das Innere von solchen „Glanzlichtwäldern" etwas aufgehellt. Grünes Licht wird stärker (10–20%), orangefarbenes und rotes Licht am wenigsten (3–10%) remittiert. Rotlichtreflexion spielt eine Rolle für die Kommunikation zwischen benachbarten Pflanzen. Da das Hellrot/Dunkelrot-Verhältnis des reflektierten Lichtes mit zunehmender Entfernung der aussendenden Pflanzen zunimmt, sind die Empfängerpflanzen über das Phytochromsystem imstande, die Anwesenheit und die Entfernung ihrer Nachbarn zu orten.

Ultraviolette Strahlung wird von Blättern wenig reflektiert (nicht mehr als 3%), im *infraroten* Bereich hingegen reflektieren Blätter 70% der senkrecht auftreffenden Strahlung. Reflexion im Bereich des nahen Infrarot (NIR: 750–1350 nm) kann über Spektralmessungen und auch durch Falschfarbenfilme identifiziert werden. Abweichungen von dem für die verschiedenen Pflanzen typischen *NIR-Reflexionsverhalten* lassen auf klimatische und immissionsbedingte Blattschädigungen sowie auf Pilzerkrankungen schließen. Spektrale Verschiebungen der Remission werden durch Fernerkundung über Flugzeuge und Satelliten erfaßt. Durch spektral auflösende Remissionsmessung ist es möglich, großflächig über Kontinente und Ozeane die Biomasseverteilung und die Primärproduktion festzustellen und Veränderungen in der Pflanzendecke (z. B. Ergrünen der Vegetation im Frühjahr; Laubverfärbung; Streßsituationen) zu erkennen.

Absorption

Die in das Blatt eindringende Strahlung wird weitgehend absorbiert. Beim *Durchgang durch das Blatt* wird die Strahlung so abgeschwächt, daß der Strahlungsgewinn hintereinander liegender Zellschichten exponen-

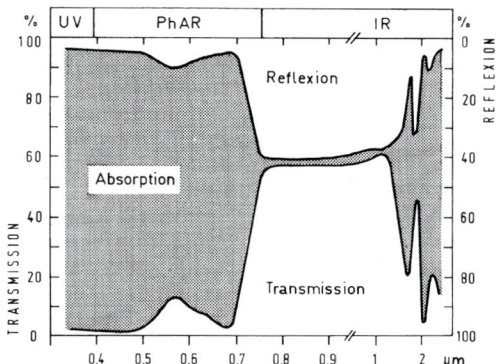

Abb. 1.30. Relative Reflexion, Transmission und Absorption eines Pappelblattes (*Populus deltoides*) in Abhängigkeit von der Wellenlänge der auftreffenden Strahlung. Nach GATES (1965).

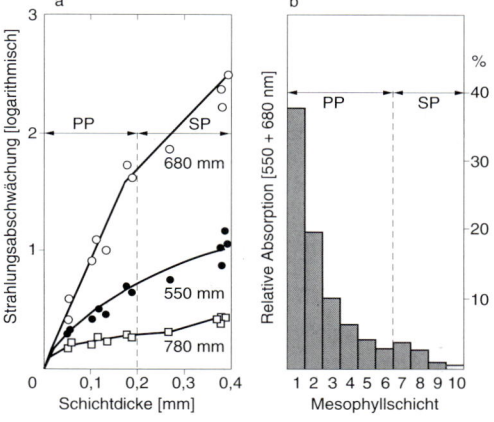

Abb. 1.31. Strahlungsabfall in Blättern von *Camellia japonica*. a) Strahlungsabschwächung (negativer Logarithmus der Transmission) im Palisadenparenchym (PP) und im Schwammparenchym (SP) im grünen, hellroten und dunkelroten Spektralbereich. b) Strahlungsabsorption untereinanderliegender Mesophyllschichten. Nach TERASHIMA und SAEKI (1985).

tiell abfällt (Abb. 1.31). Dabei wird das Licht in den Interzellularen totalreflektiert. Je nach Blattbau und Ausstattung der Mesophyllzellen mit Chloroplasten absorbieren Blätter in der Regel 60–80% der PhAR (Abb. 1.32a). Idioblasten („Lichtschachtfenster" bei manchen Sukkulenten) und Faserbündel (in Hartlaub- und Palmenblättern) begünstigen den Lichtdurchtritt in tiefe Meso-

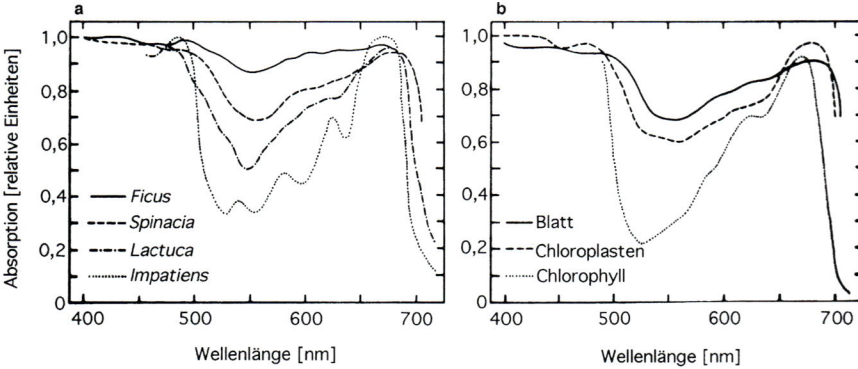

Abb. 1.32. Absorptionsspektren von (a) histologisch unterschiedlichen Blättern und (b) Vergleich zwischen einem intakten Spinatblatt, einer Chloroplastensuspension und einem Chlorophyllextrakt aus demselben Blatt. Nach Moss und LOOMIS aus KUBÍN (1985).

phyllschichten. Die Blätter mancher krautiger Arten, die im tiefen Schatten tropischer Regenwälder vorkommen, enthalten in ihrer oberseitigen Epidermis linsenförmige Zellen (Ocellen; siehe Abb. 2.31), die das schwache Licht auf die im Mesophyll kontrahiert angeordneten Chloroplasten bündeln.

Die Absorption im *sichtbaren* Bereich ist vor allem durch die Chloroplastenpigmente bedingt. Deshalb treten in der spektralen Absorptionskurve von Blättern dort Maxima auf, wo Chlorophylle und Carotinoide ihr Absorptionsmaximum aufweisen. Die Absorptionskurve ganzer Blätter ist jedoch nicht mit jener von Chloroplastensuspensionen oder gar Chlorophyllextrakten identisch (Abb. 1.32b). Die *ultraviolette* Strahlung wird zum größten Teil durch cuticuläre und verkorkte Außenschichten der Epidermis sowie durch phenolische Verbindungen im Zellsaft der äußersten Zellagen zurückgehalten, so daß in die tieferen Blattschichten höchstens 2–5%, meist aber weniger als 1% der UV-Strahlung eintreten kann. Die Epidermis und auch Haare sind wirksame UV-Filter für das Assimilationsparenchym; z. B. Schildhaare auf Ölbaumblättern absorbieren 40% des UV-B. Flechten lagern in die oberen Rindenschichten farbige Verbindungen („Flechtenstoffe") ein, die sowohl UV- als auch Lichtfilter sind. *Infrarot* wird von Blättern im Bereich bis

2000 nm wenig, im Bereich der langwelligen Temperaturstrahlung über 7000 nm dagegen fast vollständig (97%) absorbiert. Dementsprechend verhält sich die Pflanze gegenüber der Wärmestrahlung wie ein schwarzer Körper.

Transmission

Die Strahlungsdurchlässigkeit der Blätter hängt von *Bau und Dicke des Blattes* ab. Weichlaubige Blätter lassen 10–20% der Sonnenstrahlung durchtreten, sehr dünne Blätter bis zu 40%, dicke und derbe Blätter sind fast undurchlässig für die Strahlung (unter 3%). Die beste Durchlässigkeit besteht in jenen *Strahlungsbereichen*, für die auch das Remissionsvermögen sehr groß ist: im Grün und besonders im nahen Infrarot. Durch Laubwerk gefilterte Strahlung ist daher besonders reich an Wellenlängen um 500 nm und über 800 nm. Unter einem Blätterdach herrscht ein Rot-Grün-Schatten, im Waldesdunkel nur noch Dunkelrot- und Infrarotschatten (Abb. 1.33). Zur Charakterisierung des Lichtklimas auf einem Pflanzenstandort sollte daher stets auch das entwicklungsphysiologisch bedeutsame Hellrot/Dunkelrot-Verhältnis bestimmt werden. Durch *Knospenhüllen* und durch die *Rinde* dünner Zweige dringen bis zu 0,5–2% des auftreffenden Lichtes, vor allem langwelliges Licht, ins Innere ein[616]. Apikalmeristeme in Knospen empfangen mehr dunkelrote Strahlung (700–840 nm) als hellrote (600–690 nm), wobei sich das Hellrot/Dunkelrot-Verhältnis mit der Ausbildung der Knospen und jahreszeitlich ändert. Diese Signale werden vom Phytochromsystem perzipiert, worauf über Genaktivierung die entsprechenden Umstimmungen im Entwicklungsverhalten und Differenzierungen veranlaßt werden.

1.2.1.5 Anpassung der Pflanzen an das standörtliche Strahlungsklima

Die Pflanzen passen sich an die vorherrschende Quantität und Qualität des Strahlungsangebotes auf ihrem Wuchsplatz modulativ, modifikativ und evolutiv an.

Modulative Adaptationen erfolgen rasch und sind reversibel; nach Rückkehr zur Ausgangssituation stellt sich das Ausgangsverhalten alsbald wieder ein. Beispiele für *Photomodulationen* sind: nastische Bewegungen wie die Schließzellenbewegung; Blattbewegungen, die eine günstige Exposition der Blattspreite zum Lichteinfall bewirken; das tagesperiodische und witterungsbedingte Öffnen und Schließen der Blüten. Die Verlagerung der Chloroplasten (Photodinese) ist eine modulative Reaktion auf wechselnde Lichtintensitäten. Bei schwachem Licht orientieren sich die Plastiden senkrecht zum Strahleneinfall, bei Starklicht wandern sie durch Kontraktion cytoplasmatischer Filamente an die Seitenwände und nehmen eine Profilstellung ein. Modulative Strahlungsanpassungen, die sich

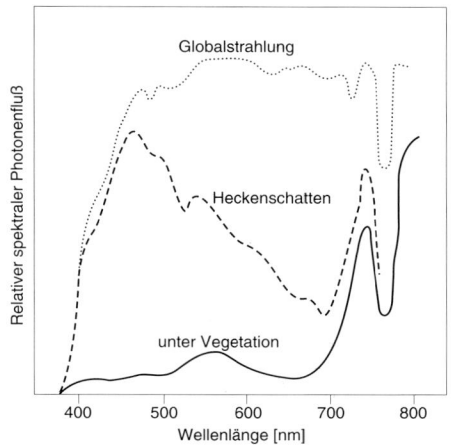

Abb. 1.33. Spektrale Strahlungsverteilung im ungehindert einfallenden Sonnenlicht (mittags), im Schlagschatten einer Hecke und unter einer geschlossenen Pflanzendecke. Nach SMITH (1981).

Abb. 1.34. Strukturelle Anpassungen an den Strahlungsabfall in einem Eichen-Linden-Wald. Die Kurve deutet die durchschnittliche Strahlungsintensität zu Mittag an klaren Julitagen an. A: Vorwiegende Blattneigung; B: Dichte des Adernetzes auf der Blattoberfläche (linke Hälfte) und der Stomata auf der Unterseite (rechte Hälfte); C: Typische Form der Zellen des Palisadenparenchyms; D: Chlorophyllgehalt pro Zelle, bezogen auf das Frischgewicht (links) und die Oberfläche (rechts). Nach CELNIKER (1978) und GORYŠINA (1980, 1989).

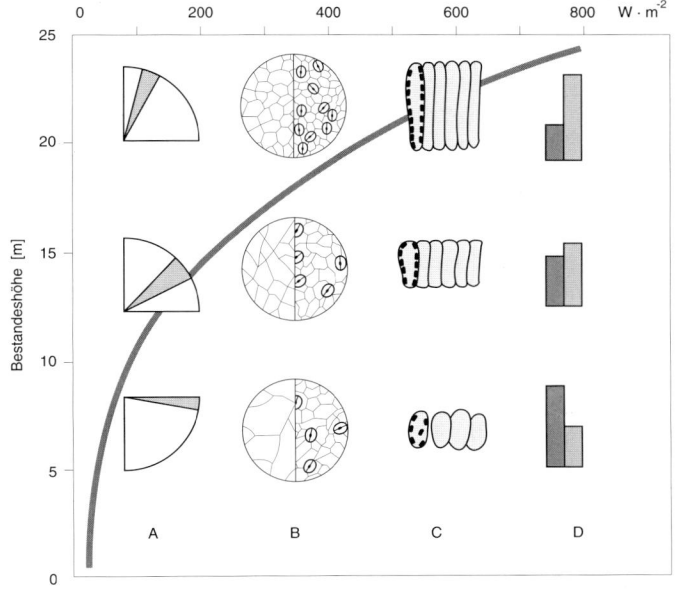

unmittelbar auf die Photosynthese auswirken, verlaufen über Veränderungen in den Chloroplasten (ultrastrukturelle Umbauvorgänge in Thylakoiden und Lichtaktivierung von Enzymsynthesen).

Modifikativ passen sich die Pflanzen an die durchschnittlichen Strahlungsbedingungen während des Heranwachsens an. Phänotypische Differenzierungen der Organe und Gewebe sind in der Regel nicht rückführbar. Ändern sich später die Lichtverhältnisse, dann treiben neue Sprosse aus und die ursprünglich angelegten, nun unangepaßten Blätter altern und werden abgestoßen. Pflanzen, die sich im hellen Licht entwickeln, bilden ein kräftiges Achsensystem aus, ihre Blätter besitzen ein mehrfach gestaffeltes Mesophyll, chloroplastenreiche Zellen und ein dichtes Adernetz (Abb. 1.34). Als Folge der strukturellen Anpassungen und der aktiveren Stoffwechselvorgänge (siehe Tab. 2.9) erbringen starklichtadaptierte Pflanzen einen größeren Trockensubstanzzuwachs, höheren Energiegehalt der Trockensubstanz und bessere Fertilität (Blühhäufigkeit, Blütenansatz und Fruchtertrag). Schwachlichtadaptierte Pflanzen bilden längere Internodien und dünne Blätter mit großer Oberfläche aus; sie werden dadurch in die Lage versetzt, auf Standorten mit geringer Energiezufuhr zurechtzukommen.

Evolutive Anpassungen an das Strahlungsangebot sind erblich verankert und bestimmen die Standortspräferenz verschiedener Pflanzenarten und *Photo-Ökotypen*. Die Einteilung der Pflanzen in Dämmerlichtpflanzen, Schattenpflanzen (Sciadophyten, auch Sciophyten), Sonnenpflanzen (Heliophyten) und Starklichtpflanzen (die auf schattenlosen Plätzen wachsen, z. B. im Hochgebirge, in Wüsten und an Meeresküsten) spiegelt die ökologische Differenzierung durch Selektion und Anpassungsfähigkeit wieder. Die genetische Basis solcher Spezialisierungen ist nachweisbar, wenn man Nachkommen verschiedener Pflanzenpopulationen unter gleichartigen Bedingungen anzieht und untersucht. Erblich festgelegt ist die *Reaktionsnorm* der Pflanze. So sind Sonnenpflanzen zwar schattenadaptierbar, jedoch nicht im gleichen Ausmaß wie genetisch programmierte Schattenpflanzen; analoges gilt in umgekehrter Richtung. Die

besonders große ontogenetische Plastizität von Baumarten und Kletterpflanzen dunkler Wälder ist erblich bedingt: In der Jugendphase entsprechen die Blätter morphologisch und funktionell immer einem ausgeprägten Schattentyp, erst mit dem Übergang zur adulten Phase können sie Starklichtcharakter annehmen; Triebe aus den am frühesten angelegten Stammbereichen verhalten sich wie juvenile Stadien (Cyclophysis).

Modulative, modifikative und evolutive Adaptationen bestehen nicht nebeneinander, sondern überlagern sich und geben so den Pflanzen die Möglichkeit, durch fein abgestufte Anpassung das Strahlungsangebot möglichst weitgehend zu nützen. Die dichte Raumfüllung in der Pflanzendecke, besonders augenscheinlich in Urwäldern, ist das Ergebnis vollständiger Lichtausnützung durch Pflanzenarten mit genetisch unterschiedlichem Lichtbedürfnis. Durch die Vielfalt der Wuchsformen werden lichtökologische Nischen in den mehrstöckigen Kronenhorizonten der Baumschicht durch Lianen und Epiphyten ausgenützt. Im übrigen spielen bei allen Anpassungen an die Standortshelligkeit noch *Sekundärwirkungen* der Strahlung (Wärme, Einflüsse auf den Wasserhaushalt) mit. Sonnenpflanzen sind daher immer auch an höhere Temperaturen, trockene Luft und eine zeitweise Belastung des Wasserzustandes angepaßt.

Außer an die Strahlungsintensität passen sich Pflanzen auch an die spektrale Zusammensetzung des Lichtes an. **Chromatische Adaptation** ist vor allem bei Blau- und Rotalgen nachgewiesen worden, die durch eine Mengenverschiebung ihrer spezifischen akzessorischen Pigmente der spektralen Verschiebung des Lichtes beim Durchtritt in tiefere Wasserschichten gerecht werden. Aber auch bei Landpflanzen kann sich die Zusammensetzung der Chloroplastenpigmente in Abhängigkeit von der spektralen Zusammensetzung des Lichtes ändern. Die Fähigkeit der Pflanzen, durch Veränderung der Pigmentausstattung Unterschiede im qualitativen Strahlungsangebot auszugleichen ist nicht nur ökologisch, sondern auch pflanzenbaulich, etwa bei der Anzucht unter Kunstlichtbedingungen, von großem Vorteil.

Tab. 1.7 Klimazonen, Bodentypen und vorherrschende Vegetation. Nach WALTER und BRECKLE (1991).		
Klimatypus	Böden	Vegetation
Äquatorial Tageszeitenklima, meist immer- feucht	Äquatoriale Braunlehme, ferrallitische Böden (Ferralsol)	Immergrüner tropischer Regenwald, jahreszeitliche Aspekte fast fehlend
Tropisch Sommerregenzeit und kühle Dürrezeit (humid bis arid)	Rotlehme oder Roterden, fersiallitische Savannenböden	Tropischer laubabwerfender Wald oder Savannen
Subtropisch arides Wüstenklima, spärliche Regenfälle	Wüstenböden (Arenosole, Yermo- sole, Xerosole) auch Salzböden (So- lonetz, Solontschak)	Subtropische Wüstenvegeta- tion, Gesteine bestimmen das Landschaftsbild
Mediterran Winterregen und Sommer- dürre (semiarid bis semihumid)	Mediterrane Braunerde, oft fossile Terra rossa	Hartlaubgehölze, gegen län- geren Frost empfindlich
Warmtemperiert oft mit Sommerregenmaxi- mum oder mild-maritim	Rote oder gelbe Waldböden, leicht podsolig	Temperierter immergrüner Wald
Nemoral gemäßigt, mit kurzer Winter- kälte	Wald-Braunerde oder graue Waldböden (oft lessiviert)	nemoraler, im Winter kahler Laubwald
Kontinental arid-gemäßigt mit kalten Wintern	Steppenböden, (Tschernoseme, Castanoseme, Sieroseme)	Steppen bis Wüsten, nur Sommerzeit ist heiß
Boreal kalt gemäßigt mit kühlem Sommer und langem Winter	Podsole oder Rohhumus- Bleicherden	Boreale Nadelwälder
Polar sehr kurzer Sommer	Humusreiche Tundraböden mit star- ken Solifluktionserscheinungen	Baumfreie Tundravegetation meist über Permafrostboden

1.2.2 Klima

1.2.2.1 Klimazonen und Klimabereiche

Der Umweltfaktor Klima setzt die Rahmen-
bedingungen für das Gedeihen der Pflanzen,
für Arealausdehnung und Überlebensgren-
zen. Das zeigt sich im Großen in der Verbreitung der Vegetationstypen auf der Erde, die
den zonalen Klima- und Bodentypen entspricht (Tab. 1.7) und ebenso in der Verteilung von Pflanzenarten und Pflanzengesellschaften im Geländerelief (Abb. 1.35). Die
Verteilung der Pflanzen im Gelände richtet

sich nach jenen Standortverhältnissen, die
den spezifischen Bedürfnissen am ehesten
entsprechen ("relative Standortkon-
stanz")[845]. Durch Beschränkung auf kleinklimatisch begünstigte Standorte (warme Hang-
lagen in kalten Klimaregionen, feuchte
Schluchten in Trockengebieten) können sich
Pflanzenarten jenseits der Grenzen ihres
Hauptareals behaupten.

Unter *Klima* versteht man den mittleren
Zustand und den gewöhnlichen Verlauf der
Witterung an einem bestimmten Ort. Das
Großklima (Makroklima), das durch das me-
teorologische Stationsnetz erfaßt wird, ist die

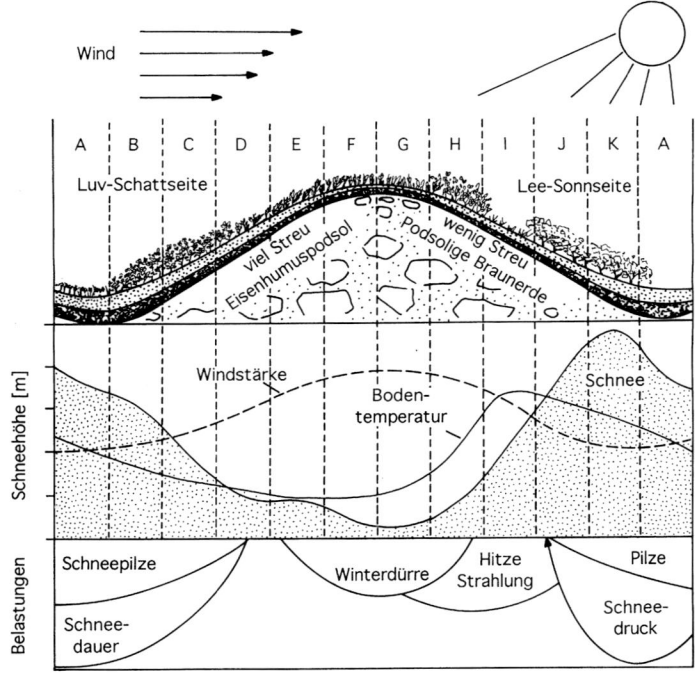

Abb. 1.35. Vegetationsverteilung und Bodenbildung auf Silikatgestein in Abhängigkeit von der Geländegestaltung und den klimatischen Umweltfaktoren in der Zwergstrauchstufe der Zentralalpen. A: Muldenrasen, *Soldanella*, Moose. B: Alpenrosengebüsch mit Moosen. C: *Rhododendron ferrugineum* mit *Vaccinium myrtillus*. D: Zwergstrauchheide mit vorherrschendem *Vaccinium uliginosum*. E: Gemsheide (*Loiseleuria procumbens*). F: Flechtenheide, winderodierte Kahlstellen. G: Offene Vegetation (Rosetten- und Polsterpflanzen, *Juncus trifidus*). H: Zwergstrauchheide mit vorwiegend *Arctostaphylus uva ursi* und *Vaccinium vitis idaea*. I: Hitzebarfleck. J: *Juniperus nana*, *Calluna vulgaris*, *Vaccinium vitis idaea*. K: Alpenrosengebüsch mit Zwergwacholder. *Belastungen:* Bei langer Schneebedeckung wird die Vegetationsperiode stark verkürzt und psychrophile Pilze befallen die geschwächten Pflanzen; auf windigen Kuppen und stark besonnten Hängen fehlt den Pflanzen häufig der Schneeschutz im Winter, daher sind sie tiefen Temperaturen und Frosttrocknis ausgesetzt; an windstillen, südexponierten Stellen können im Sommer bei starker Strahlung in Bodennähe hohe Temperaturen auftreten. Nach AULITZKY (1963), verändert.

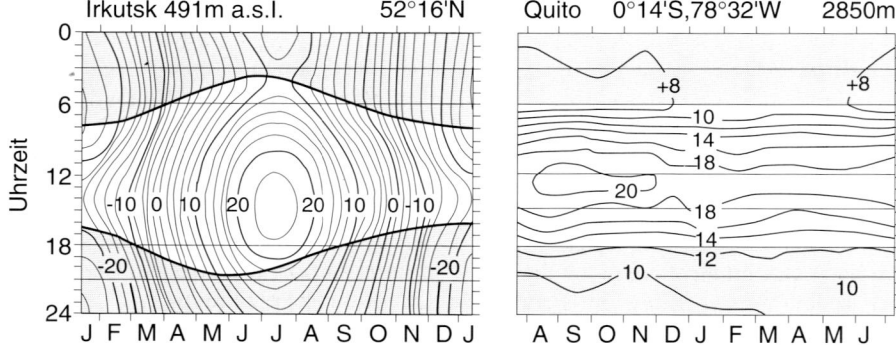

Abb. 1.36. Tages- und Jahresschwankung der Lufttemperatur und Dauer der Tages- und Nachtlänge (*Raster*). *Irkutsk* als Beispiel für einen Ort mittlerer Breite mit extrem kontinentalem Klima (starke Jahresschwankung der Temperatur); *Quito* als Beispiel für einen Ort mit äquatorialem Hochlandklima (starke Tagesschwankung der Temperatur bei fast fehlender Jahresschwankung). Nach TROLL (1955, 1964).

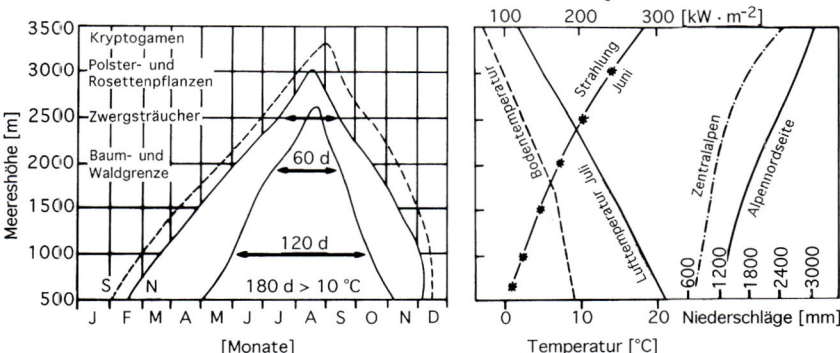

Abb. 1.37. Höhengrenzen der Vegetation in den Alpen und altitudinale Änderungen der klimatischen Umweltbedingungen. *Links:* Höhenstufen der Pflanzenverbreitung und Dauer der Vegetationsperiode (Tage mit Mitteltemperatur über 10 °C) und des Zeitraumes mit Schneebedeckung (gerastertes Feld) auf schattigen Nordhängen (N) und auf Südhängen (S). Beobachtungen während der Jahre 1863–1878 im mittleren Inntal von A. v. Kerner-Marilaun. *Rechts:* Zunahme der Globalstrahlung bei wolkenlosem Himmel (Tagessummen im Juni) und der jährlichen Niederschlagsmenge (mm) im inneren Alpengebiet und an der Alpennordseite; Abnahme der mittleren Lufttemperatur im Juli und der mittleren jährlichen Bodentemperatur (in 1 m Tiefe). Nach Angaben von STEINHAUSER et al. (1960), TURNER (1970), FLIRI (1975) und FRANZ (1979).

Grundlage für die Charakterisierung von zonalen und regionalen Klimaten. *Zonale Klimatypen* spiegeln die Auswirkungen der unterschiedlichen Energiebilanz auf der Erdoberfläche in Abhängigkeit von der geographischen Breitenlage wieder: In mittleren und höheren Breiten herrscht ein Jahreszeitenklima, das durch einen Wechsel zwischen positiver Strahlungsbilanz im Sommer und negativer im Winter das Auftreten einer hellen, warmen und einer lichtarmen, kalten Jahreszeit bedingt. In der äquatorialen Zone ändert sich die Tageslänge während des Jahres nur wenig, hier herrscht ein thermisches Tageszeitenklima (Abb. 1.36). In niedrigen Breiten und in Gebieten mit mediterranem Klima treten Regen- und Trockenzeiten auf (siehe Abb. 6.57). *Regionale Klimavarianten* ergeben sich aus der Lage zum Meer (maritimes, kontinentales Klima), zu Meeresströmungen (z. B. Erwärmung durch Golfstrom, Kuroschiostrom; Abkühlung durch Labradorstrom, Humboldtstrom, Benguelastrom), zu vorwiegenden Windrichtungen (West- und Ostseitenklima, Passatwinde) und zu orographischen Klimascheiden (Luv und Lee von Gebirgsketten).

Innerhalb des zonalen und regionalen Mikroklimas grenzen sich eigenständige **Klimaräume** unterschiedlicher Ausdehnung ab. Durch die Oberflächengestaltung einer Landschaft wird das Geländeklima erheblich modifiziert, vor allem durch die Auswirkung des Geländereliefs auf die gerichteten Klimafaktoren Strahlung und Wind. Größere Wasserflächen beeinflussen kilometerweit das umgrenzende Land und ausgedehnte Siedlungen weisen ein spezifisches *Stadtklima* mit verringerter Sonnenstrahlung, höheren Lufttemperaturen, erniedrigter Luftfeuchte und verminderter Windstärke auf.

In *Gebirgen* nimmt mit der dünneren Luft die Lufttemperatur entsprechend dem adiabatischen Temperaturgradienten durchschnittlich um 6,5 K · km^{-1} ab. Die Strahlungsintensität bei voller Besonnung ist in größerer Höhe stärker, der Wind weht heftiger und häufiger, die Luftfeuchtigkeit ist niedriger, die Verdunstungskapazität höher, und in der Regel nimmt die Niederschlagsmenge und die Schneebedeckungsdauer zu (Abb. 1.37). Gebirge stellen wegen der mit der Höhe eingeengten Vegetationszeit und der schroffen klimatischen Veränderungen über kurze Distanz ein Selektionsfilter und einen Akklimatisationsgradienten für den Pflanzenbestand

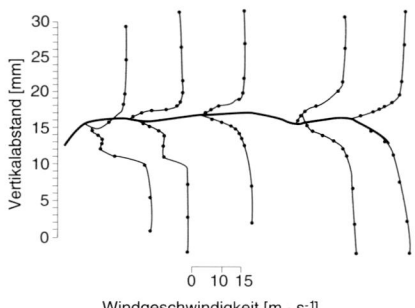

Abb. 1.38. Windgeschwindigkeit in der Grenzschicht um ein Pappelblatt bei laminarer Luftströ-
mung. Aus GRACE (1977).

eines Großraums dar. An Hängen und in Tal-
mulden bilden sich kleinklimatisch unterschiedliche Besonnungsverhältnisse, Tempe-
raturverteilungen und Verdunstungsbedingungen aus. In Tälern bewirkt das Geländerelief durch Horizonteinengung eine Einschränkung der Besonnungsdauer. In Nord-Süd-Tä-
lern vermindert sich im Jahresdurchschnitt
die Besonnungszeit auf 60%. In Gebirgen
der Nordhemisphäre sind Süd- und südwest-
geneigte Hänge durch den steilen Strahlungs-
einfall begünstigt und daher wärmer und trok-
kener als ebene Flächen und nach Norden fal-
lende Schatthänge. Flächen, die der Strahlung zugewandt sind, erwärmen sich stärker
als ebene Flächen, an windausgesetzten Gra-
ten ist die Verdunstung erhöht, in windgeschützten Mulden lagert sich im Winter mehr
Schnee ab. In subtropischen und tropischen
Gebirgen sind windgeschützte Rinnen und
Mulden feuchter, so daß dort der Baum- und
Strauchwuchs in größere Meereshöhe vor-
dringt als auf ausgesetzten Hängen und Rip-
pen.

1.2.2.2 Das Bioklima in der Phytosphäre

Bioklima ist das Mikroklima im Bereich des
Pflanzenbewuchses, von der Bestandesoberfläche bis zur Untergrenze der Wurzelausbreitung im Boden. Es ist ein *Eigenklima*, das sich
nach Art und Höhe der Pflanzendecke ausbil-
det. Im Umfeld der Pflanzen werden die
Standorteigenschaften abgewandelt; so wirkt
die Pflanzenwelt, eingebunden in ihre Umwelt, auf diese zurück. Das Bioklima unter-

liegt aber immer auch den Einflüssen aus den
übergeordneten Klimabereichen. Der Einfluß des zonalen Klimas bestimmt z. B. das
von der geographischen Breitenlage abhängige Strahlungsangebot. Regional dominiert
der Niederschlagstypus. Das Geländerelief
wirkt sich vor allem auf die Erwärmung, Niederschlagsverteilung und Verdunstung aus.

Das Bioklima von Einzelpflanzen

Das Bioklima im Bereich von Einzelpflanzen
ist ein *Grenzflächenklima*, das vor allem
durch die Stellung der Blätter zum Strah-
lungseinfall und durch die Wirkung des Windes bestimmt ist.

Die Energieaufnahme durch Strahlungsabsorption, die Wärmespeicherung, die Wärmeabfuhr durch Konvektion und der Entzug latenter Wärme durch Verdunstung regulieren
den **Wärmehaushalt der Pflanze**. Obwohl
Pflanzen poikilotherme Organismen sind,
gleicht sich ihre Eigentemperatur nicht vollkommen der Temperatur ihrer Umgebung
an. Bei kräftiger Einstrahlung ist die Pflanze
von einer überhitzten oberflächennahen Lufthaut umhüllt. Wind trägt die Grenzschicht bis
auf wenige Millimeter oberhalb der Pflanzenoberfläche ab (Abb. 1.38) und beschleunigt
dadurch die Wärmeabgabe. Der Wärmeaustausch mit der umgebenden Luft durch Konvektion ist um so wirksamer, je kleiner und je
zerteilter die Blätter sind und je größer die
Windgeschwindigkeit ist. Rosettenpflanzen
und Polsterpflanzen, die dicht dem Boden
aufsitzen, erwärmen sich, verglichen mit aufrecht wachsenden Pflanzen, stärker (Abb.
1.39), besonders wenn sie windgeschützte
Stellen im Gelände besiedeln. Unter solchen
Bedingungen treten häufig *Übertemperaturen* von 8–10 K auf, nicht selten erwärmen
sich Blätter auch um 10–15 K über die Lufttemperatur[210]. Sukkulente Blätter und
Sprosse, fleischige Früchte oder Baumstämme speichern Wärme und erreichen besonders hohe Übertemperaturen. Verdunstung führt Energie ab, die für die Verdamp-
fung des Wassers aufgewendet wurde. Die
Kühlwirkung der Verdunstung entspricht einem Energieverbrauch von 70 W · m^{-2} pro einer verdunsteten Wassermenge von 1 g
H_2O · dm^{-2} · h^{-1} (d.i. 0,1 mm H_2O · h^{-1}).

Durch die physiologisch steuerbare stomatäre Transpiration kann die Pflanze den Energieaustausch mit der Umgebung beeinflussen. Die Verdunstungskühlung ist besonders wirksam bei geringer Luftfeuchtigkeit und Wind, sofern die Pflanzen genügend mit Wasser versorgt sind, um eine hohe Transpirationsintensität aufrecht zu erhalten.

Die **Windgeschwindigkeit** um und in Baumkronen, Büschen und in Horstgräsern wird abgebremst und das *Windprofil* charakteristisch verändert (Abb. 1.40). Vor vereinzelten Bäumen entsteht eine Stauzone, seitlich steigert sich die Windgeschwindigkeit, hinter dem Baum und darunter befindet sich ein Bereich beruhigter Luftbewegung. Unter solchen Bedingungen kommt es zu einer ungleichen Verteilung von Regen und Schnee im Bereich von Bäumen und Baumgruppen, was sich besonders auf den Wasserhaushalt der Krautschicht auswirkt.

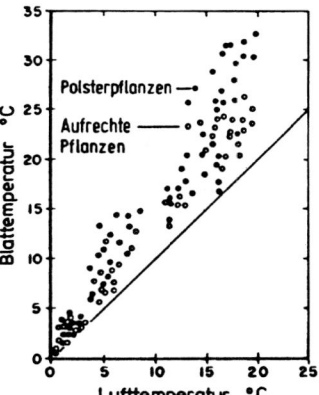

Abb. 1.39. Blattemperaturen von aufrecht wachsenden (*Kreise*) und bodenanliegenden Hochgebirgspflanzen (*Punkte*) bei Besonnung. Nach SALISBURY und SPOMER (1964).

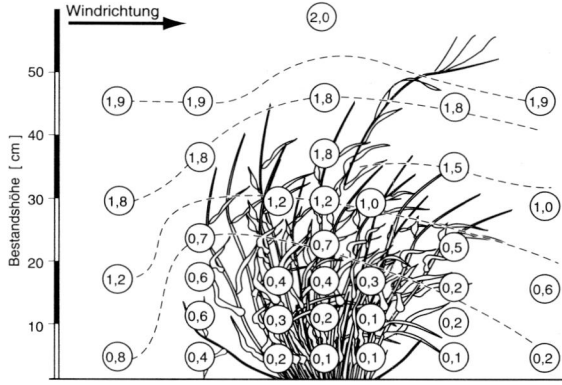

Abb. 1.40. Windverteilung im Bereich von Savannenpflanzen. *Oben:* Windgeschwindigkeiten [m · s⁻¹] in einem Horstgras (*Axonopus*). *Unten:* Leeseitiges Windprofil unmittelbar hinter der Krone eines Solitärbaums (*Curatella americana*; unterbrochene Linien) und über einer gehölzfreien Fläche (durchgezogene Linie). Nach VARESCHI (1960).

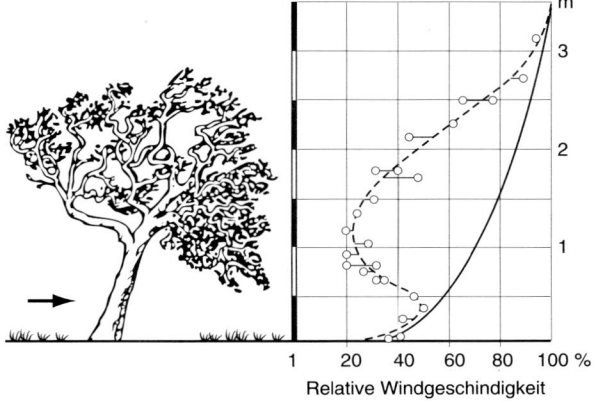

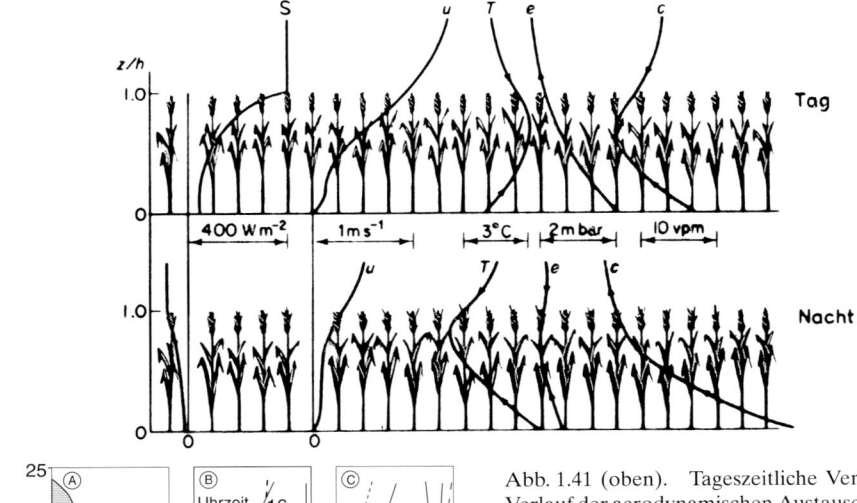

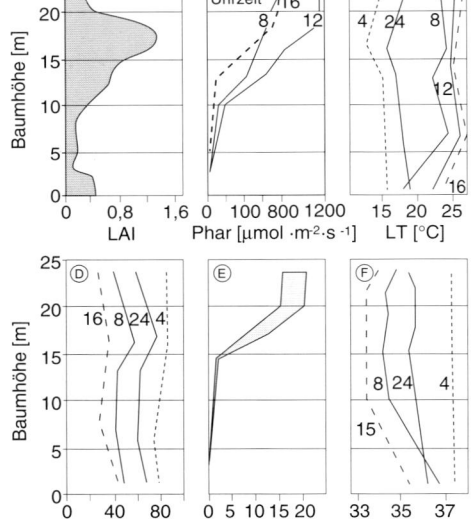

Abb. 1.41 (oben).   Tageszeitliche Veränderungen im Verlauf der aerodynamischen Austauschprozesse in einem Getreidefeld in Abhängigkeit von der Höhe z des Bestandes: S = Strahlungsbilanz, u = Windgeschwindigkeit, T = Temperatur, e = Wasserdampfdruck, c = CO_2-Konzentration. Nach MONTEITH (1973).

Abb. 1.42 (links). Vertikalprofile bioklimatischer Parameter in einem mitteleuropäischen *Carpinus-Quercus*-Laubmischwald im Hochsommer. A = geschichteter Blattflächenindex; B = photosynthetisch aktive Strahlung; C = Lufttemperatur; D = Relative Luftfeuchte; E = Windgeschwindigkeit; F = CO_2-Konzentration. Nach ELIÁŠ et al. (1989).

Das Bioklima in Pflanzenbeständen

In Pflanzenbeständen wird ein großer Teil der eintreffenden Strahlungsenergie in einer schmalen, oberflächennahen Zone in fühlbare Wärme umgesetzt und für die Verdunstung verbraucht. In dieser umsatzaktiven Schicht schwankt die Temperatur am stärksten und der Wind flaut mit zunehmender Bestandestiefe ab. *Aerodynamische Austauschvorgänge*, wie der Transport von Wasserdampf und Kohlendioxid, erfolgen in der Pflanzendecke hauptsächlich durch Diffu-

sion, weil turbulente Luftbewegung kaum noch wirksam ist. Daher entstehen im Vegetationsprofil vertikale Gradienten, deren Richtung sich im Wechsel von Tag und Nacht umkehrt (Abb. 1.41).

Unter geschlossenen Beständen herrscht ein Bioklima, das ausgeglichener, wärmer und feuchter als das Klima der Außenluft ist (Abb. 1.42). An sonnigen Tagen ist die Temperatur an der Oberfläche von *Wäldern* höher als die Lufttemperatur über dem Bestand. Nachts kühlt sich die Oberfläche des

Bestandes am schnellsten und stärksten aus, unter dem Kronenschirm ist die nächtliche Ausstrahlung wesentlich geringer und damit die Frostgefährdung des Jungwuchses vermindert. Unter dem Kronendach immergrüner Regenwälder der Tropen und Subtropen beträgt die Tagesamplitude der Temperatur nur 2–5 K, die Jahresschwankung nicht mehr als 10 K. Eine dichte Pflanzendecke beeinflußt sehr erheblich auch die Menge und die räumliche Verteilung der Niederschläge, die auf die Bodenoberfläche gelangen. Durch Niederschlagsinterzeption (siehe Kap. 4.4.1.2) im Kronendach von Wäldern gelangt nur ein Teil des Freilandniederschlags (Regen, Schnee) auf den Waldunterwuchs, der Kronenschirm kämmt aber auch vorbeiziehenden Nebel und Hangwolken aus und fängt schädliche Stäube ab.

Das Bioklima der Rhizosphäre
Die Wurzeln gleichen sich dem Mikroklima des Bodens an. Die Bodentemperaturen wechseln auf engem Raum in Abhängigkeit von der Art der Bodenbedeckung und von der Wärmeleitfähigkeit des Bodens. Bei schütterem Pflanzenbewuchs erwärmt sich der Boden je nach Farbe, Wasser- und Luftgehalt und seiner Struktur unterschiedlich stark. Lockere, luftreiche Böden erhitzen sich oberflächlich, kompakte und nasse Böden leiten die Wärme in tiefere Schichten. Im Laufe der Nacht kühlt sich die Bodenoberfläche ab und der Wärmestrom im Boden kehrt

sich um. Der Boden puffert somit den Wärmehaushalt des Standorts, indem er tagsüber beträchtliche Wärmemengen aufnimmt, die er nachts wieder abgibt. In Gebieten mit einem Jahreszeitenklima überlagert sich den tageszeitlichen Temperaturschwankungen ein Jahresgang der Temperatur (Abb. 1.43), der bis tief in den Boden meßbar ist.

Unter geschlossener Vegetation ist der Boden gegen starke Einstrahlung und Ausstrahlung abgeschirmt. Auch eine Schneedecke schafft ausgeglichene Temperaturverhältnisse im Boden; unter meterhohem Schnee weicht die Temperatur der schneegeschützten Pflanzen und der oberen Bodenschichten nicht weit von 0 °C ab.

1.2.2.3 Die Veränderlichkeit des Klimas

Klima und Witterung ändern sich ständig. Das Zusammenspiel der meteorologischen Elemente Strahlung, Lufttemperatur, Luftfeuchtigkeit, Wind und Niederschlag bestimmt das kurzzeitig schwankende Wettergeschehen. *Witterungsschwankungen* von mehrtägiger bis mehrwöchiger Dauer (Regenzeiten, Frostperioden) treten in unregelmäßigen Zeitabständen mit dem Wechsel von Großwetterlagen auf. *Langfristig* ändert sich das Klima der Erde über Jahrzehnte bis Jahrtausende (Abb. 1.44). Seit Ende des Pleistozän haben häufig Warmzeiten mit Kaltzeiten gewechselt und innerhalb weniger Jahrzehnte

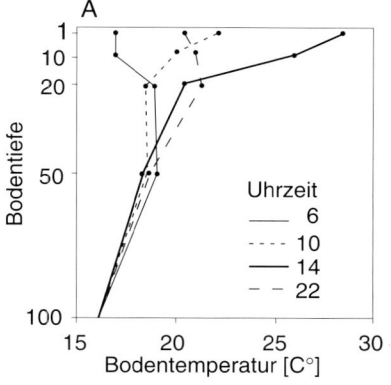

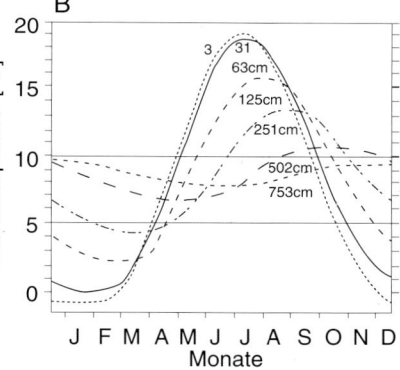

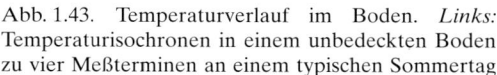

Abb. 1.43. Temperaturverlauf im Boden. *Links:* Temperaturisochronen in einem unbedeckten Boden zu vier Meßterminen an einem typischen Sommertag in Illinois. Aus ROSENBERG (1974). *Rechts:* Jahresgang der Temperatur in verschiedenen Bodentiefen im nördlichen Europa. Aus GEIGER (1961).

erleben wir fluktuierende Gletschervorstöße und Gletscherrückgänge. Zu den kosmischen und geologischen Ursachen der globalen Klimaschwankungen kommen nunmehr auch durch menschliche Tätigkeiten ausgelöste Verschiebungen des Energiehaushaltes der Atmosphäre hinzu (siehe Kap. 6.3.3.2).

Regelmäßige *periodische Veränderungen* klimatischer Umweltfaktoren hängen mit dem tages- und jahreszeitlichen Verlauf der Strahlungsverhältnisse zusammen. Die Erdrotation bedingt den Wechsel von Tag und Nacht (*tageszeitlicher Photoperiodismus*). Die Einstrahlungsphase ist eine Erwärmungsperiode, die Nacht eine Auskühlungsperiode. Der Photoperiodismus wird daher von einem tageszeitlichen *Thermoperiodismus* begleitet, der in der Regel etwas nachhinkt: Die Lufttemperatur erreicht nicht zur Zeit des höchsten Sonnenstandes, sondern später ihren Höchstwert, das Tagesminimum der Temperatur trifft erst am Ende der Nacht ein.

Mit zunehmender Breitenlage verschiebt sich das Verhältnis zwischen Tages- und Nachtdauer im Laufe des Jahres immer stärker (*jahreszeitlicher Photoperiodismus*: Abb. 1.45). In mittleren Breiten dauert der Tag im Sommer bis zu 16 Stunden, im Winter dagegen nur halb so lang. Jenseits der Polarkreise unterbleibt zur Zeit der Sonnenwende der Tag- und Nachtwechsel völlig. Dem jahreszeitlichen Wechsel der Photoperiode folgt der jahreszeitliche Thermoperiodismus. Unterschiede im Energiehaushalt zwischen den strahlungsreichen niederen Breiten und den strahlungsärmeren höheren Breiten beeinflussen die großräumige Zirkulation in der Atmosphäre und auch in den Ozeanen und damit die Verteilung der Niederschläge; es kommt dann zum periodischen Wechsel zwischen Regen- und Trockenzeiten (*jahreszeitlicher Hydroperiodismus*).

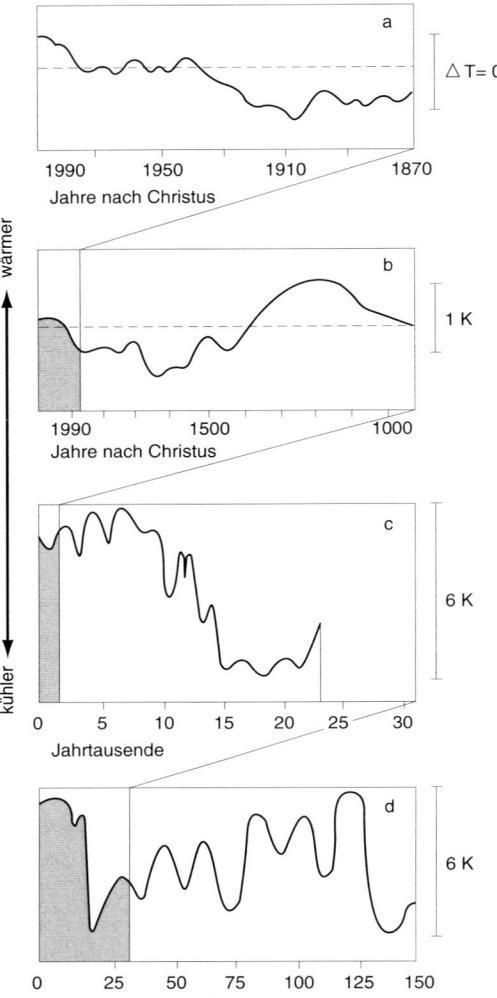

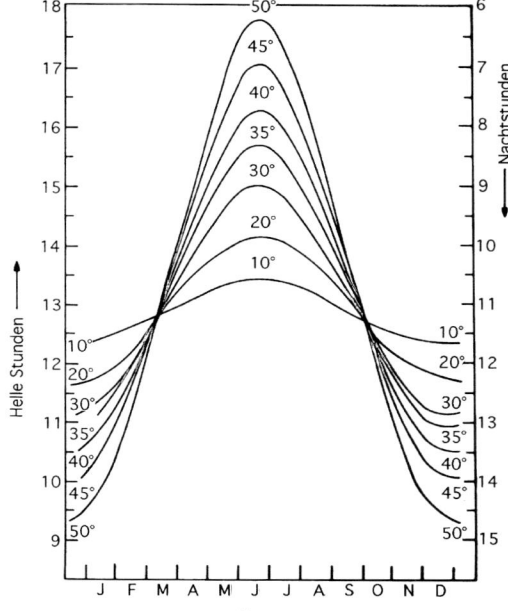

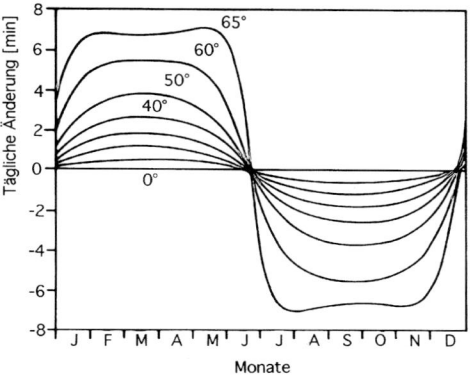

Abb. 1.45. Photoperiodismus: *Links:* Tag/Nacht-Wechsel im Laufe des Jahres in Abhängigkeit von der geographischen Breite; *Rechts:* Tägliche Änderung der Photoperiode während des Jahres. Nach Downs und Hellmers (1975) und Salisbury und Ross (1992).

◁ Abb. 1.44. Rekonstruktion der globalen Temperaturschwankungen in vorangegangenen Epochen aufgrund von (a) meteorologischen Meßreihen, (b) historischen Aufzeichnungen, (c) palynologischen und glaziologischen Befunden in Europa und Nordamerika, und (d) Bestimmungen der Sauerstoffisotope in Tiefseesedimenten. Die Schwankungsbreite der Temperatur ist in Kelvin angegeben. Nach Webb (1986) und Roeckner (1992).

2 Der Kohlenstoffhaushalt der Pflanzen

2.1 Der Betriebsstoffwechsel

2.1.1 Photosynthese

Als im Archaikum die frühen Prokaryonten (Archaebakterien, Schwefelbakterien, Cyanobakterien) photosynthetisch tätige Membranen entwickelten, war ihre Umwelt stark anoxisch. Die Uratmosphäre war reduzierend und auch in der Hydrosphäre gab es kaum freien Sauerstoff. Durch ihre Fähigkeit zur Photosynthese schufen die photoautotrophen Organismen die energetische und stoffliche Grundlage für die Evolution des Lebens auf der Erde (Abb. 2.1). Beide Endprodukte der Photosynthese, der abgegebene Sauerstoff und der assimilierte Kohlenstoff, sind für alle Lebewesen gleichermaßen wichtig: Der *Sauerstoff* wurde zur Voraussetzung für die Atmung, die effizienteste Form der biologischen Oxidation als Energiequelle für den Stoffwechsel und die Strukturerhaltung der Zelle, die *Kohlenhydrate* wurden zum universellen Atmungssubstrat und zum Ausgangspunkt für die verschiedensten Biosynthesen. Mit fortschreitender Evolution bis zu den hochdifferenzierten landbewohnenden Kormophyten nahm die Produktionsleistung der Pflanzen zu. Die Pflanzendecke stellt dank ihrer Photosyntheseleistung ein unermeßlich großes und ständig nachwachsendes Potential an Biomasse und der darin enthaltenen Bioenergie dar.

Bei der Photosynthese wird Strahlungsenergie absorbiert und in chemisch gebundene Energie umgewandelt; pro Grammatom aufgenommenen Kohlenstoffs werden 479 kJ festgelegt. An der Kohlenstoffassimilation beteiligen sich lichtbetriebene *photochemische* Vorgänge, nicht lichtbedürftige, rein *enzymatische* Vorgänge (sog. Dunkelreaktionen) und *Diffusionsvorgänge*, durch die der Austausch von Kohlendioxid und Sauerstoff

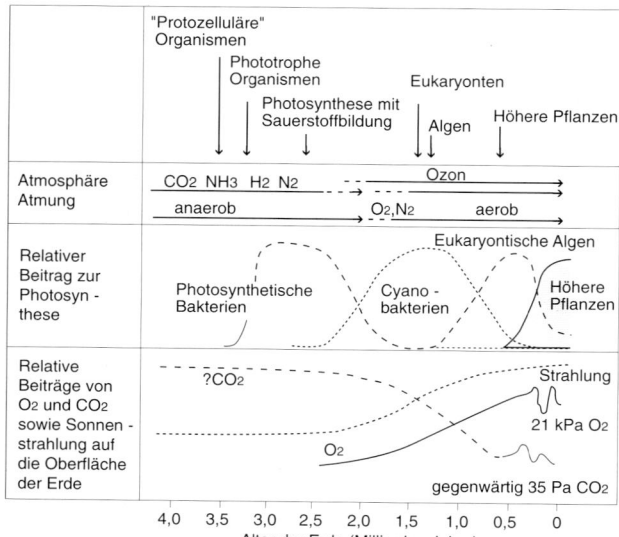

Abb. 2.1. Möglicher Ablauf der Evolution der Photosynthese und deren globale Auswirkungen. Nach Lawlor (1990).

zwischen den Chloroplasten und der Außenluft erfolgt. Jeder dieser Teilvorgänge wird durch Innen- und Außenfaktoren beeinflußt und kann den Gesamtprozeß in seiner Ergiebigkeit begrenzen. Im folgenden werden bioenergetische und biochemische Vorgänge bei der Photosynthese nur in ihren Grundlagen dargestellt, soweit sie für das Verständnis ökologischer Aspekte nötig sind.

2.1.1.1 Der photochemische Prozeß: Energieumwandlung

Die erste Voraussetzung für den Ablauf der Photosynthese ist die **Strahlungsaufnahme** durch die Chloroplasten. Strahlungsempfänger für die Photosynthese sind die Chlorophylle mit Absorptionsmaxima im Rot und Blau (siehe Abb. 1.32b) sowie akzessorische Plastidenpigmente (Carotin und Xanthophylle) mit einer Absorption im Blau und UV. In Cyanobakterien, Rotalgen und Cryptomonaden kommen außerdem Biliproteide (Phycocyan und Phycoerythrin) vor. Photoautotrophe Purpurbakterien besitzen Bacteriochlorophyll mit einer Hauptabsorptionsbande im Dunkelrot.

Die Strahlungsabsorption hängt weitgehend von der Konzentration der photosynthetisch aktiven Pigmente ab, die besonders bei Starklicht zum leistungsbegrenzenden Faktor für den photochemischen Prozeß werden kann (Abb. 2.2). Ein **Chlorophyllmangel**, der schon äußerlich an der fahlen bis weißlichen Farbe der Blätter erkennbar ist („Chlorose"), hat stets eine erhebliche Herabsetzung der Photosyntheseintensität zur Folge. Chlorophyllmangel tritt vielfach zu Beginn der Laubentfaltung auf, dann wieder im Herbst, wenn die Blätter vergilben, außerdem durch Chlorophyllzerstörung bei zu starker oder zu schwacher Strahlung, bei unausgewogener Mineralstoffversorgung, durch Einwirkung schädigender Gase und bei Virusinfektionen. Schließlich kann Chlorophyllmangel auch genetisch bedingt sein, wie bei den Defektmutanten mit panaschierten oder gelben Blättern.

Der Ort der Photosynthese sind die *Chloroplasten*, die von einer Doppelmembran umhüllt sind und, im Stroma eingebettet, ein System von Thylakoidmembranen (mit den photosynthetisch aktiven Pigmenten), Ribosomen, plastidäre DNS (das Chloroplastengenom) und verschiedene Einschlüsse (z. B. Plastoglobuli) enthalten. Die Umwandlung der Strahlungsenergie in chemisch gebundene Energie erfolgt in den Thylakoiden.

Der **photochemische Prozeß** setzt ein, sobald die Chloroplasten photosynthetisch ausnützbare Strahlung auffangen. An den lichtbetriebenen Reaktionen sind zwei in Serie geschaltete Pigmentsysteme beteiligt. Jedes Photosystem ist an einen lichtsammelnden Pigment-Protein-Komplex (LHC = light harvesting complex) angeschlossen (Abb. 2.3). Über Antennenpigmente (Chlorophylle, Phäophytin, bei Cyanobakterien und Algen auch Phycobiline, außerdem Carotinoide) werden die einfallenden Lichtquanten absorbiert und zum Reaktionszentrum weitergeleitet. Das *Photosystem I* (PS I) ist das phylogenetisch ältere und besteht aus strukturiert angeordneten Pigmentkollektiven, die überwiegend Chlorophyll a enthalten. Im Reaktionszentrum ist ein Chlorophyll-a-Proteinkomplex eingebettet, der einen Absorptionsgipfel bei 700 nm aufweist („P 700"). Das Verhältnis von Gesamtchlorophyll zu P 700 beträgt, je nach Art und Zustand der Pflanze, $300:1 - 600:1$. In Sonnenblättern ist das Chlo-

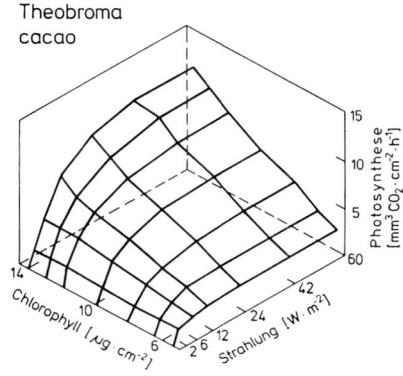

Abb. 2.2. Abhängigkeit der potentiellen Photosynthese vom Chlorophyllgehalt in heranreifenden Kakaoblättern. Die Messungen wurden bei CO_2-Sättigung ($2400\ \mu l \cdot l^{-1}\ CO_2$ in der Luft) ausgeführt, um eine Begrenzung der Photosyntheseintensität durch die Sekundärprozesse auszuschließen. Nach BAKER und HARDWICK (1976).

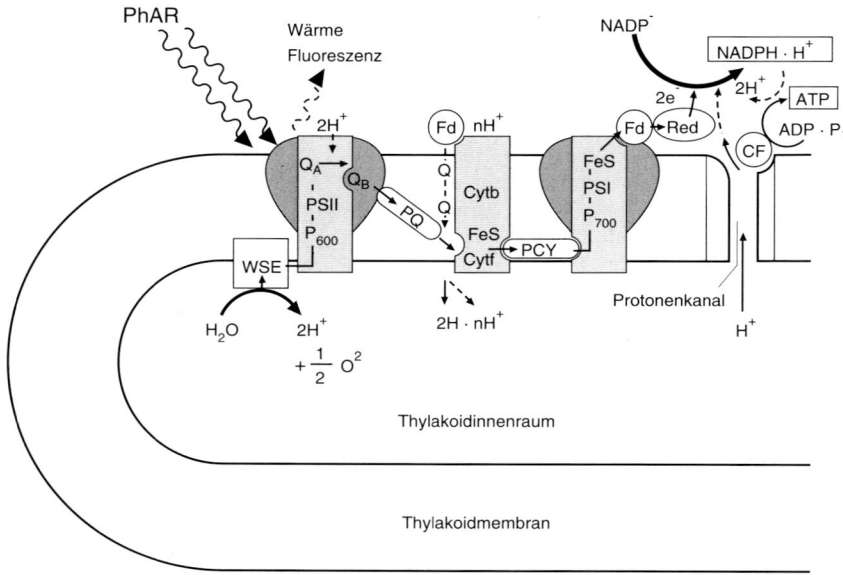

Abb. 2.3. Stark vereinfachtes Schema der Komponenten des photosynthetischen Elektronentransports durch die Thylakoidmembran. WSE = Wasserspaltendes Enzym; PS II = *Photosystem II* mit Lichtsammelapparat (LHC II; dunkel gerastert), P_{680} und Plastochinon-Akzeptoren Q_A und Q_B; PQ = Plastochinon-Pool; *Cytochrom b_6/f-Komplex*, enthaltend Ferredoxin (Fd), Cytochrom b_6 (Cytb), Schwefel-Eisen-Zentren (FeS) und Cytochrom f (Cytf); PCY = Plastocyanin; PS I = *Photosystem I* mit LHC I, P_{700} und FeS; Red = Ferredoxin-NADP+-Reduktase; CF = Kopplungsfaktor mit ATP-Synthetase. PQ, PCY und Fd sind mobile Elektronenüberträger. Aus HESS (1991).

rophyllverhältnis a/b zugunsten des Chlorophyll a verschoben und der Anteil des PS I ist hoch. Das *Photosystem II* enthält einen Chlorophyll-a-Proteinkomplex mit maximaler Absorption bei 680 nm („P 680"). Es ist mit einem erhöhten Anteil von Chlorophyll b und von Xanthophyllen ausgestattet, die besonders zur Ableitung überschüssiger Energie befähigt sind (Xanthophyllzyklus siehe Kap. 6.2.1.1).

Photosynthetisch ausnützbare Strahlung regt das aktive Chlorophyll in den Reaktions-zentren zur Elektronenabgabe an. Die vom P 700 abgegebenen Elektronen werden für die Reduktion von NADP+ verbraucht. Die für die Rückreduktion des Chlorophylls erforderlichen Elektronen werden durch die *Photolyse* von Wasser oder einem anderen geeigneten Elektronendonator (z. B. H_2S bei photoautotrophen Bakterien) bereitgestellt. Für eine optimale Photosyntheseleistung ist ein gleichmäßiger *Elektronenfluß* zwischen PS II zu PS I erforderlich; für den Ablauf der Lichtreaktion ist dieser Elektronentransfer der geschwindigkeitsbestimmende Schritt. Bei der Photolyse werden außerdem Protonen und Sauerstoff frei. Die Protonen reichern sich im Inneren der Thylakoidsäcke an, wodurch zwischen Innenseite und Außenseite der Thylakoidmembran ein Protonengradient entsteht, bei dessen Ladungsausgleich energiereiches Adenosintriphosphat (ATP) gebildet wird. Der photochemische Prozeß liefert über den *nichtzyklischen Elektronentransport* Reduktionsäquivalente (NADPH₂), vielseitig verwendbare chemische Energieträger (ATP) und Sauerstoff:

$$2\,H_2O + 2\,NADP^+ + 2\,ADP + 2\,P_i \xrightarrow[P_{700}+P_{680}]{8\,h\nu} 2\,NADPH_2 + 2\,ATP + O_2 \qquad (2.1)$$

Das vom P 700 nach Strahlungsabsorption abgegebene Elektron kann auch über mehrere Redoxsysteme zu dem oxidierten Chlorophyllmolekül zurückkehren. Dieser *zyklische Elektronentransport* ist ebenfalls mit einer ATP-Bildung gekoppelt (zyklische Photophorylierung).

Nur ein Teil der absorbierten Strahlungsenergie wird für den photochemischen Prozeß genützt, der Rest wird in Fluoreszenz- und Phosphoreszenzlicht und in Wärme umgewandelt. Die Registrierung der Fluoreszenz intakter Blätter und grüner Achsengewebe (*in vivo Chlorophyll-a-Fluoreszenz*), besonders während der Induktionsphase bei Belichtung nach einer Dunkelphase (Kautsky-Effekt), erlaubt Aussagen über den Zustand der Photosysteme, den Verlauf des Elektronentransports und die Ausbildung des für die ATP-Synthese benötigten Protonengradienten. Für ökophysiologische Fragestellungen eignen sich *in vivo* Fluoreszenzanalysen besonders für die Untersuchung von Lichtanpassungen sowie entwicklungsabhängiger und streßbedingter Veränderungen des Photosyntheseapparats.

Quantenertrag der Photosynthese. Die Ergiebigkeit der photochemischen Reaktionen hängt von der Energie der Lichtquanten ab, diese wiederum von der Wellenlänge der absorbierten Strahlung. Der *Quantenertrag* Φ der Photosynthese ist das Ergebnis der durch Lichtquantenabsorption vollbrachten photochemischen Arbeit. Sie wird in Mol freigesetztes O_2 (gelegentlich auch Mol umgesetztes CO_2 oder gebildetes Kohlenhydrat) pro Mol absorbierte Photonen angegeben (siehe Gleichung 2.2).

Landpflanzen erzielen Quantenerträge von 0,05–0,12 Mol O_2 pro Mol absorbierte Photonen, submerse Sproßpflanzen von 0,01–0,07, Makroalgen von 0,03–0,09 und Mikroal-

gen von 0,07–0,12 Mol O_2 pro Mol absorbierte Photonen[57,200].

2.1.1.2 Fixierung und Reduktion des Kohlendioxids: Substanzumwandlung

Die in den Primärreaktionen gewonnene Energie und das erhöhte Reduktionspotential wird für die Umwandlung des Kohlendioxids zu energetisch wertvollerem Kohlenhydrat verwendet. Diese Reaktion läuft im Stroma der Chloroplasten ab.

Der Pentosephosphatweg des CO_2-Einbaus (Calvin-Benson-Zyklus)

Das in die Chloroplasten gelangte Kohlendioxid wird zunächst an einen Akzeptor, das Pentosephosphat *Ribulose–1,5-bisphosphat* (RuBP) angelagert. Die Carboxylierung des Akzeptors wird durch das Enzym RuBP-Carboxylase / Oxygenase (Rubisco) katalysiert. Dieses Enzym ist in den Blättern in großer Menge vorhanden (50% des löslichen Proteins in den Chloroplasten). Das Carboxylierungsprodukt zerfällt sofort in zwei Moleküle 3-Phosphoglycerinsäure (PGS). Diese Verbindung enthält drei Kohlenstoffatome, man spricht daher auch vom *C_3-Weg des CO_2-Einbaus*. PGS wird in mehreren Reaktionsschritten unter Verbrauch von ATP und NADPH$_2$ zu Glycerinaldehyd–3-phosphat (GAP) reduziert. Für die Reduktion des Kohlendioxids gilt die Summenformel in Gleichung 2.3.

Das Triosephosphat GAP fließt einem Pool von Kohlenhydraten unterschiedlicher Moleküllänge (C_3-C_7) zu, aus dem die Bildung vielfältiger Assimilate (Zucker, Stärke, Carbonsäuren, Aminosäuren) und sekundärer Metaboliten gespeist wird. Gleichzeitig wird der Akzeptor regeneriert.

Die **Carboxylierungseffizienz**, d.i. die Ge-

$$\Phi\,[O_2] = \frac{\text{Photochemische Arbeit (Mol } O_2)}{\text{Absorbierte Lichtquanten (Mol Photonen)}} \qquad (2.2)$$

$$nCO_2 + nAkz + 2nNADPH_2 + 2nATP \xrightarrow{\text{Enzyme}}$$

$$(CH_2O)n + 2nNADP^+ + 2nADP + 2nP_i + nAkz + nH_2O \qquad (2.3)$$

schwindigkeit, mit der das aufgenommene CO_2 verarbeitet wird, ist hauptsächlich durch die Enzymmenge, die Enzymaktivität und durch die Verfügbarkeit des Kohlendioxids begrenzt. Sie wird ferner beeinflußt durch die Akzeptorkonzentration, die Temperatur, den Quellungszustand des Protoplasmas, die Zufuhr von Mineralstoffen (insbesondere Phosphat) sowie den Entwicklungs und Aktivitätszustand der Pflanze. Auch Phytohormone greifen ein, so z. B. Abszisinsäure, die Ionenflüsse reguliert.

Durch eine Zunahme der CO_2-Konzentration im umgebenden Medium (Außenluft, Wasser) wird die katalytische Leistung der RuBP-Carboxylase besser ausgenützt. In Sumpfpflanzen kann die CO_2-Konzentration der Interzellularenluft durch interne Diffusion aus den Wurzeln bis auf 4% ansteigen[86].

Besonders wirksam unterstützen biochemische **Konzentrierungsmechanismen** die Carboxylierungsleistung:

(1) *Wasserpflanzen*, die schlechter mit CO_2 versorgt sind als Landpflanzen, können zusätzlich zu gelöstem CO_2 auch HCO_3^- verwerten. Dieser Fähigkeit liegen verschiedene Mechanismen zugrunde, wie aktiver Transport von HCO_3^- in die Zellen (z. B. in Cyanobakterien und vielen Grünalgen), Umwandlung in CO_2 durch Carboanhydrase in der Zellwand (in Mikroalgen) und durch einen protonengekoppelten Polartransport (in Characeen, in Blättern von submersen Makrophyten). Die Carboanhydrase, ein zinkhaltiges Enzym, das in Zellwänden, im Cytosol und besonders in den Chloroplasten aller Pflanzen vorkommt, beschleunigt die Umwandlung von HCO_3^- zu CO_2 um den Faktor 100. Der polare Transport in die Blätter von Wasserpflanzen kommt dadurch zustande, daß bei Belichtung der Apoplast der unterseitigen Epidermis durch die gesteigerte Tätigkeit von H^+-ATPasen angesäuert wird, wodurch sich das HCO_3^-/CO_2-Verhältnis zugunsten des CO_2 verschiebt. Der Transportmechanismus wird durch eine Fältelung der Plasmamembran (ähnlich wie in Transferzellen) der unterseitigen Epidermiszellen (z. B. von *Egeria densa*) unterstützt. Unter den verschiedenen Wasserpflanzen nützen Cyanobakterien, Algen und marine Sproßpflanzen HCO_3^- in der Regel er-giebiger aus als die meisten Süßwassermakrophyten. Auch erwerben nicht alle Organe submerser Sproßpflanzen den anorganischen Kohlenstoff auf diese Weise; grüne Sproßachsen mit ausgedehntem Aerenchym verhalten sich wie Gewebe von Landpflanzen.

Die Phykobionten der Flechten setzen ebenfalls CO_2-Konzentrierungsmechanismen ein. Daher können Flechten bis zu sehr niedrigen CO_2-Partialdrücken noch assimilieren.

(2) Bei vielen Pflanzen hat sich der *Dicarbonsäureweg* als spezieller Anreicherungsmechanismus der CO_2-Fixierung ausgebildet, der nachfolgend ausführlich vorgestellt wird.

Der Dicarbonsäureweg des CO_2-Einbaus

In rund 10% aller bekannten Pflanzenarten tritt als erstes CO_2-Fixierungsprodukt im Verlauf der Photosynthese nicht ein C_3-Molekül auf, sondern Oxalessigsäure, die durch ß-Carboxylierung von *Phosphoenolpyruvat* (PEP) entsteht. Die Reduktion zum Kohlenhydrat erfolgt aber immer über den Pentosephosphatweg.

Die Anlagerung von CO_2 an PEP ist eine weitverbreitete biochemische Reaktion (Wood-Werkman-Reaktion), die sowohl bei Mikroorganismen als auch im Stoffwechsel höher entwickelter Organismen anzutreffen ist. Ausgehend von der generell vorhandenen Ausstattung für diesen Stoffwechselvorgang, konnte sich der Dicarbonsäureweg (auch C_4-Weg wegen der vier C-Atome der Oxalessigsäure) in zwei Varianten entwickeln, nämlich als Teil

(1) eines *Zweistufenprozesses*, bei dem die Fixierung des CO_2 (C_4-Prozeß) und die Kohlenhydratbildung (C_3-Prozeß) in zwei räumlich getrennten Bereichen des Blattes erfolgt (*C_4-Syndrom*) und

(2) eines *Zweizeitenprozesses*, bei dem durch nächtliche CO_2-Fixierung Dicarbonsäuren gebildet und in der Vakuole gespeichert werden, die dann tagsüber durch Decarboxylierung der Dicarbonsäuren den Chloroplasten derselben Zelle das CO_2 für die Verarbeitung über den Pentosephosphatweg zur Verfügung stellen (*Crassulacean Acid Metabolism*, CAM).

Eine Übersicht über bezeichnende Merk-

Tab. 2.1 Merkmale zur Charakterisierung von Pflanzen mit verschiedener CO_2-Fixierung. Nach BLACK (1973), OSMOND (1978), KLUGE und TING (1978) und ŠESTÁK (1985)

Merkmal	C3	C4	CAM
Blattbau	geschichtetes Mesophyll, parenchymatische Leitbündelscheiden	Mesophyll radiär um chlorenchymatische Leitbündelscheiden angeordnet (Kranztyp-Anatomie)***	geschichtetes Mesophyll, großer Zellsaftraum
Chloroplasten	granal*	Mesophyll: granal; Bündelscheidenzellen: granal oder agranal**	granal
Chlorophyll a/b	um 3	um 4	um und unter 3
Primärer CO_2-Akzeptor	RuBP (Substrat: CO_2)	PEP (Substrat: HCO_3^-)	im Licht: RuBP im Dunkeln: PEP
Erste Photosyntheseprodukte	C3-Säure (PGS)	C4-Säuren (Oxalacetat, malat, Aspartat)	im Licht: PGS im Dunkeln: Malat
Kohlenstoffisotopenverhältnis im Assimilat (δ ^{13}C)	ca. −20 bis −40‰	ca. −10 bis −20‰	ca. −10 bis −35‰
Photosynthesedepression durch O_2	ja	nein	ja
CO_2-Abgabe im Licht (apparente Photorespiration)	ja	nein	nein
CO_2-Kompensationskonzentration bei optimaler Temperatur	30–50 µl · l^{-1}	<10 µl · l^{-1}	im Licht: 0–200 µl · l^{-1} im Dunkeln: <5 µl · l^{-1}
Verhältnis zwischen Mesophyllwiderstand zu minimalem stomatären Widerstand	4–5	0,5–1	
Nettophotosynthesevermögen	gering bis hoch	hoch bis sehr hoch	im Licht: gering im Dunkeln: mittel
Lichtsättigung der Photosynthese	bei mittleren Beleuchtungsstärken	auch bei stärkster Beleuchtung nicht erreichbar	bei mittleren bis hohen Beleuchtungsstärken
Verlagerung der Assimilate	langsam	schnell	variabel
Stoffproduktion	mittel	hoch	gering

* Thylakoide gestapelt   ** Thylakoide lamellar   *** Nicht bei Wasserpflanzen

male der drei verschiedenen Stoffwechselwege, C_3, C_4 und CAM, gibt die Tabelle 2.1. Innerhalb der Pflanzen, die den Dicarbonsäureweg des CO_2-Einbaus einsetzen, kommen zwei gegensätzliche Produktionsstrategien zu voller Ausbildung: *Assimilationsmaximierung* bei hochleistungsfähigen C_4-Gräsern, *Flexibilität und Pufferung des Kohlenstoffumsatzes* bei CAM-Pflanzen.

Ein Indikator für das Ausmaß der Beteiligung des C_4-Prozesses am Gesamtverlauf der Kohlenstoffassimilation ist das **Isotopenverhältnis** zwischen ^{13}C zu ^{12}C in der Trockensubstanz der Pflanzen. Das Isotopenverhältnis $^{13}C/^{12}C$ der Pflanzensubstanz wird auf einen Standard bezogen und in Promille ausgedrückt.

$$\delta^{13}C = \frac{(^{13}C/^{12}C)_{Probe} - (^{13}C/^{12}C)_{Standard}}{(^{13}C/^{12}C)_{Standard}} \cdot 1000 \qquad (2.4)$$

Eine größere ^{13}C-Anreicherung wird durch ein negativeres δ^{13}C angezeigt. Das Kohlendioxid in der Luft enthält derzeit ca. 1,1% $^{13}CO_2$. In der Pflanzenmasse ist weniger ^{13}C vorhanden, weil die Carboxylasen ^{12}C begünstigen, wobei Rubisco $^{13}CO_2$ sehr viel stärker diskriminiert (–28‰) als PEP-Carboxylase (–9‰), welche das HCO_3^- nützt. Daher haben C_3-Landpflanzen niedrigere δ^{13}C-Werte (–23 bis –36‰, im Mittel –27‰[658] als C_4-Pflanzen (–10 bis –18‰, im Mittel –13‰); Werte für CAM-Pflanzen sind je nach Funktionstyp variabel (siehe Abb. 2.10). Wasserpflanzen zeigen eine breite Spanne von –11 bis –50‰[345]. Darüber hinaus ändern sich die δ^{13}C-Werte in Abhängigkeit von den Witterungsbedingungen, besonders bei Dürre, aber auch je nach Lichtgenuß der Blätter, nach Aufnahme von CO_2 aus der Bodenluft, bei niedrigen Wuchstemperaturen, bei Abnahme des Luftdrucks im Gebirge und unter Ozonbelastung.

Das C_4-Syndrom:
Hatch-Slack-Kortschak-Weg
Ein auffälliges Merkmal von C_4-Landpflanzen ist eine kranzförmige Anordnung großer Chlorenchymzellen um die Gefäßbündel der Blätter („*Kranztyp*" der Blattanatomie[249]; siehe Abb. 2.6). In diesen und den anderen *Mesophyllzellen* wird CO_2 an den primären Akzeptor PEP gebunden, wodurch Oxalacetat entsteht (siehe Abb. 2.12 linker Teil). Dieses wird durch eine $NADPH_2$-abhängige Malatdehydrogenase zu Malat reduziert, bei manchen Arten wird Aspartat als Transportfrom gebildet. Die Dicarbonsäuren werden nicht in den Mesophyllzellen weiterverarbeitet, sondern in die Zellen der *Leitbündelscheide* transportiert. In den Chloroplasten der Bündelscheide werden importiertes Malat und Aspartat durch spezifische Enzyme in CO_2 und Pyruvat zerlegt. Das entlassene CO_2 wird von RuBP abgefangen und über den reduktiven Pentosephosphatweg verarbeitet. Das Pyruvat wird an die Mesophyllzellen zu-

rückgegeben und dient zur Regeneration von PEP.

Das Enzym *PEP-Carboxylase* arbeitet – im Wechselspiel mit dem Enzym *Carboanhydrase*, das CO_2 schnell in HCO_3^- umwandelt – äußerst effizient. Dieses System wirkt als CO_2-Pumpe, die auch bei sehr niedrigen Konzentrationen von HCO_3^- bzw. CO_2 und erhöhten Temperaturen funktioniert. Die Mesophyllzellen entziehen daher der Interzellularenluft das CO_2 fast vollständig, so daß die CO_2 Kompensationskonzentration unter 10 µl · l^{-1} sinkt.

Durch das Fehlen einer Lichtatmung in den Mesophyllzellen und durch die Fähigkeit, auch bei niedrigsten CO_2-Konzentrationen im Inneren des Blattes (z. B. bei weitgehend geschlossenen Spalten) Photosynthese zu betreiben, sind C_4-Pflanzen gegenüber den C_3-Pflanzen bei mäßiger Trockenheit und bei erhöhten Temperaturen begünstigt. Vor allem auf strahlungsreichen Plätzen ist die *hohe Carboxylierungseffizienz* ein wesentlicher Konkurrenzvorteil. Wegen der geringeren Proteinausstattung der Mesophyllchloroplasten benötigen C_4-Pflanzen weniger Stickstoff. Ein Nachteil ist die Kälteempfindlichkeit vieler C_4-Pflanzen: Niedrige Temperaturen während der Vegetationszeit (etwa unter 5–7 °C) beeinträchtigen deren Gedeihen, möglicherweise über eine Hemmung des Phloemtransports. Demgemäß nimmt die Häufigkeit von C_4-Arten von Gebieten mit warmtrockenem Klima zu kühleren oder feuchteren Lebensräumen ab, also mit zunehmender geographischer Breite und mit ansteigender Meereshöhe (Abb. 2.4 und Abb. 2.5). Immerhin findet man auch an schattigen, feuchten oder kühlen Plätzen einige C_4-Arten (z. B. *Paspalum conjugatum*, *Cyperus*-Arten, *Spartina anglica*, *Echinochloa crusgalli*).

C_4-Pflanzen sind häufig unter einjährigen, besonders sommerannuellen Pflanzen und unter Hemicryptophyten anzutreffen. Winterannuelle Arten und Geophyten sind selten

Gräser   Dicotyledonen

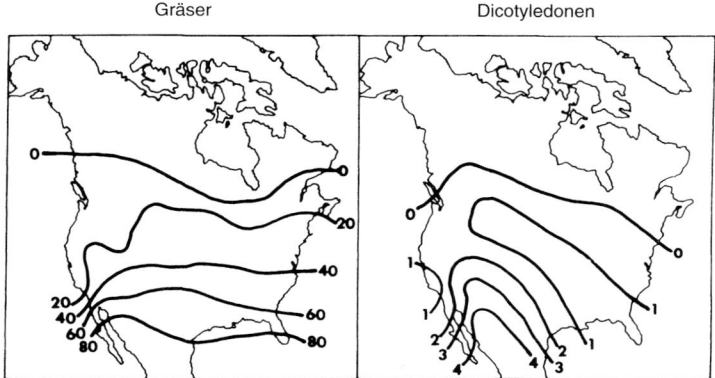

Abb. 2.4. Latitudinale Zunahme des Prozentanteils von C_4-Pflanzen am gesamten Artenbestand in Nordamerika. *Links:* Vergleich zwischen Gräsern; *rechts:* Vergleich zwischen dicotylen Kräutern. Nach TEERI und STOWE (1976) und STOWE und TEERI (1978) aus EHLERINGER (1979). Ähnliche Anteile von C_4-Pflanzen gelten auch für Europa (COLLINS und JONES 1985). In den ariden Gebieten Nordafrikas, Kleinasiens und Australiens sind 40–90% der einheimischen Arten C_4-Pflanzen.

Abb. 2.5. Abnahme von C_4-Pflanzen im Pflanzenbestand (als Prozentanteil an der Biomasse) und Zunahme des Isotopenverhältnisses $^{13}C/^{12}C$ ($\delta^{13}C$-Wert) mit der Meereshöhe in Kenia. Nach TIESZEN et al. (1979). Anden: RUTHSATZ und HOFMANN (1984).

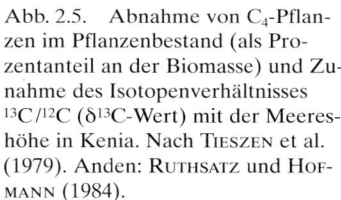
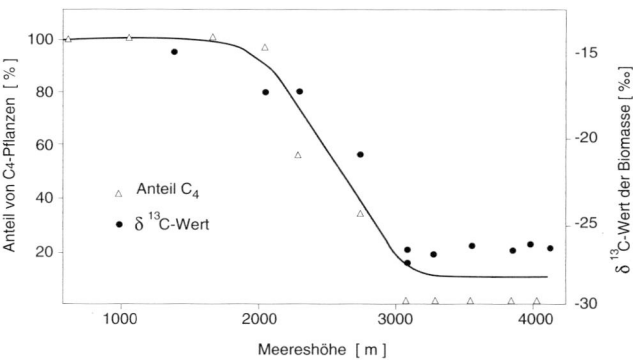

C_4-Pflanzen. Baumförmige Wuchsformen haben offenbar das C_4-Syndrom nicht entwickelt. Bisher ist bei etwa 2000 Angiospermenarten aus 18 Pflanzenfamilien und bei *Anacystis nidulans* ein CO_2-Einbau über den C_4-Weg nachgewiesen worden[150,619]. Einige aquatische Sproßpflanzen (*Eleocharis, Hydrilla*) sind imstande, über PEP-Carboxylase im Cytoplasma erhebliche Mengen von CO_2 zu fixieren und über RuBP-Carboxylase in den Chloroplasten derselben Zellen die Kohlenstoffassimilation zu Ende zu führen. Vor allem unter Poaceen (z. B. Zuckerrohr, Mais, Hirse, viele Savannengräser), Cyperaceen, Portulacaceen, Amaranthaceen, Chenopodiaceen und Euphorbiaceen gibt es viele C_4-Pflanzen, wobei in manchen Gattungen (z. B. *Atriplex, Kochia, Euphorbia, Flaveria, Cyperus, Panicum*) nur einzelne Arten diesem Typ angehören. Kreuzungen zwischen einer C_4-Art und einer nahe verwandten C_3-Art verhalten sich strukturell und biochemisch intermediär (Abb. 2.6). Es gibt auch Arten mit C_3- und C_4-*Ökotypen*, z. B. die Poacee *Alloteropsis semialata*. Offensichtlich ist die Evolution von C_3-Arten zu C_4-Arten voll in Fluß. Zwischen echten C_3- und C_4-Typen stehen *Übergangsformen* (C_3-C_4-Intermediate) mit abgeschwächten histologischen und biochemischen C_4-Merkmalen. Innerhalb der Asteraceengattung *Flaveria* verläuft ein gleitender Übergang[703] von *F. cronquistii* (C_3)

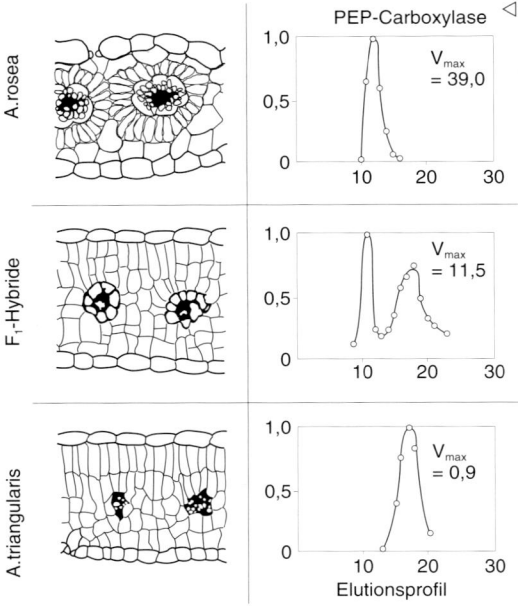

◁ Abb. 2.6. Blattstruktur und Enzymeigenschaften der PEP-Carboxylase von *Atriplex rosea* (C_4), *Atriplex triangularis* (C_3) und deren F_1-Hybriden. V_{max} gibt die substratgesättigte Aktivität der PEP-Carboxylase in μmol CO_2 mg^{-1} Chl · min^{-1} an. Nach OSMOND et al. (1980).

über *F. ramosissima* und *F. floridana* (C_3-C_4) zu *F. trinerva* (C_4). Als C_3-C_4-Intermediate sind auch *Panicum milioides* und die Brassicacee *Moricandia arvensis* einzustufen. Am selben Individuum kann sich, je nach Entwicklungszustand (in Maisblättern bildet sich das C_4-Syndrom im Verlauf der Gewebedifferenzierung aus), Lichtanpassung (*Flaveria brownii*) und bei Standortwechsel (*Eleocharis vivipara*: landlebend C_4, als Wasserpflanze C_3) der Stoffwechselmodus der Kohlenstoffassimilation umstellen[547].

Die CO_2-Fixierung in CAM-Pflanzen

Der tageszeitliche Wechsel zwischen CO_2-Konservierung durch Säurebildung und CO_2-Verwertung für die Kohlenhydratbildung erfordert einen ausreichenden Speicherraum in den Vakuolen der chloroplastenführenden Zellen. Die Assimilationsorgane der CAM-Pflanzen bestehen daher aus Chlorenchymen mit großen, abgerundeten Zellen oder sie enthalten zumindest Zellschichten mit großem Speichervolumen (Sukkulenzgrad: siehe Abb. 2.10). Die CAM-Pflanzen verfügen damit über reichliche Speicherkapazität für Carbonsäuren und gleichermaßen für Wasser.

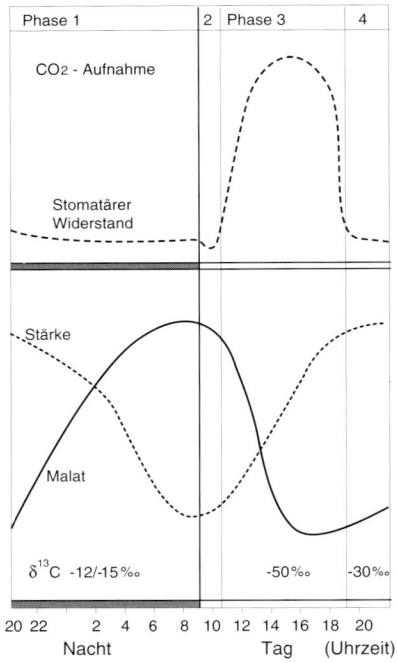

Abb. 2.7. Typischer Verlauf von CO_2-Aufnahme, diurnaler Säurerhythmik, Stärkespeicherungsdynamik und Spaltöffnungsverhalten bei konstitutiven CAM-Pflanzen. *Phase 1:* Primäre CO_2-Fixierung und Malatanreicherung im Dunkeln bei offenen Spalten (Diffusionswiderstand klein), Stärkeabbau; *Phase 2:* Beginn der Lichtperiode mit anfänglicher Aufnahme von externem CO_2 durch die weit offenen Spalten; *Phase 3:* Verlagerung von Malat aus der Vakuole in das Cytoplasma und die Chloroplasten, Malatabbau und Freisetzung des vorfixierten CO_2, Spaltenschließen, photosynthetische Assimilation des internen CO_2, Stärkebildung; *Phase 4:* Nach Absinken des hohen Malatspiegels Reaktivierung der PEP-Carboylase, Öffnung der Spalten und Einstrom von externem CO_2, Beginn neuerlicher Malatbildung am Ende der Lichtperiode. $\delta^{13}C$: Verlauf des $^{13}C/^{12}C$-Isotopenverhältnisses. Nach KLUGE und TING (1978) und GRIFFITHS (1991).

CAM-Pflanzen nehmen im Dunkeln bei offenen Spaltapparaten CO_2 auf, das unter Beteiligung der PEP-Carboxylase an Phosphoenolpyruvat gebunden wird. Bei der *CO_2-Dunkelfixierung* entsteht Oxalacetat, das anschließend durch die $NADH_2$-abhängige Malatdehydrogenase zu Malat reduziert wird. Das PEP stammt aus der Glykolyse; der Stärkegehalt der Chloroplasten nimmt entsprechend der Malatbildung ab (Abb. 2.7). Das erste Fixierungsprodukt tritt als Äpfelsäure in die Vakuole über und wird im Zellsaft gespeichert, der im Laufe der Nacht zunehmend sauer wird (von pH 5 auf pH 3). Am folgenden Morgen wird im Licht die Äpfelsäure aus der Vakuole über das Cytosol in die Chloroplasten transportiert und dort decarboxyliert. Das freiwerdende CO_2 wird von RuBP übernommen und in der Folge zu Kohlenhydrat reduziert. Untertags ist in den Chloroplasten der normale *C_3-Zyklus* tätig. Mit fortschreitender Verwertung des Malats steigt der pH-Wert des Zellsaftes wieder an (*diurnaler Säurerhythmus*), die zellinterne CO_2-Konzentration sinkt, die Spaltapparate beginnen sich zu öffnen, neues CO_2 kann von außen einströmen und fixiert werden.

Der tagesperiodische Ablauf von CO_2-Aufnahme, Säurerhythmik (der Äpfelsäure und anderer Carbonsäuren) und Assimilatbildung ist im Prinzip bei allen CAM-Pflanzen nachweisbar. Im Ausmaß und in der Dauer der CO_2-Aufnahme im Dunkeln und im Licht bestehen je nach Pflanzentyp, Entwicklungszustand (das Speichervolumen des Mesophylls und die Enzymausstattung für CAM ist in jungen Pflanzen noch unterentwickelt: Abb. 2.8) und Umweltbedingungen (vor allem Wasserversorgung, Temperatur und Tageslänge) große Unterschiede. Diese lassen sich durch das Verhältnis zwischen der nächtlichen und der tageszeitlichen CO_2-Aufnahme zahlenmäßig ausdrücken. Es gibt CAM-Pflanzen wie z. B. stammsukkulente Kakteen, Agaven, Aloen, viele Bromeliaceen und Orchideen, die unter allen Umständen den Säurerhythmus ablaufen lassen. Daneben gibt es andere CAM-Pflanzen, besonders unter den Aizoaceen und Crassulaceen, die erst bei Belastung durch Dürre oder Salz ein ausgeprägtes CAM-Verhalten zeigen

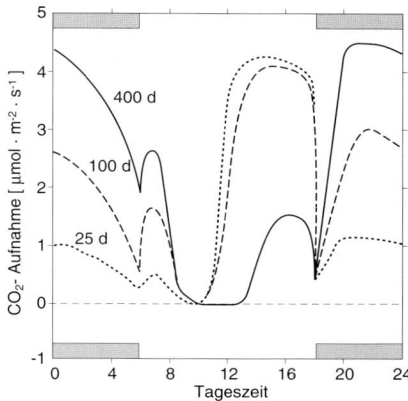

Abb. 2.8. Tageszeitlicher Verlauf der CO_2-Aufnahme von *Agave deserti* während ihrer Jugendentwicklung. Die jüngsten, 25 Tage alten Pflänzchen waren 14 mm groß, die 100 Tage alten 31 mm und die 400 Tage alten Pflanzen 63 mm. Erst mit dem Größerwerden bildet sich das typische CAM-Verhalten aus. Nach NOBEL (1988).

(Abb. 2.9). In *Mesembryanthemum crystallinum* leitet Salzstreß eine *De-novo*-Synthese von Enzymen des Crassulaceenstoffwechsels ein (siehe Abb. 6.4).

CAM-Pflanzen sind häufig Bewohner periodisch trockener Wuchsplätze und substratarmer Standorte: Sämtliche Kakteen und die meisten Asclepiadaceen und Euphorbien in den Sukkulentensteppen und Wüsten der Subtropen und Tropen sind CAM-Pflanzen; unter den Epiphyten sind 50–60% aller Bromeliaceen und Orchideen CAM-Pflanzen; auf Felsstandorten und flachgründigen Böden verhalten sich Crassulaceen nach Bedarf als CAM-Pflanzen. Auf allen diesen Standorten ist die zeitliche Trennung von nächtlicher CO_2-Fixierung und CO_2-Verarbeitung am folgenden Tag ökologisch vorteilhaft. Dadurch ist die Kohlenstoffversorgung ohne ernstliche Gefährdung des Wasserhaushaltes gesichert. In strengen Trockenzeiten, wenn Tag und Nacht die Spalten geschlossen bleiben, wird das durch die Atmung entstehende CO_2 refixiert. Auf diese Weise ist die Kohlenstoffbilanz ausgeglichen und der Wasserhaushalt wird geschont. Der geschlossene CO_2-Kreislauf ist aus der Sicht des Betriebsstoffwechsels ein Leerlauf, der jedoch der Kohlenstoffkonservierung dient. Zusätzlich bewahrt er

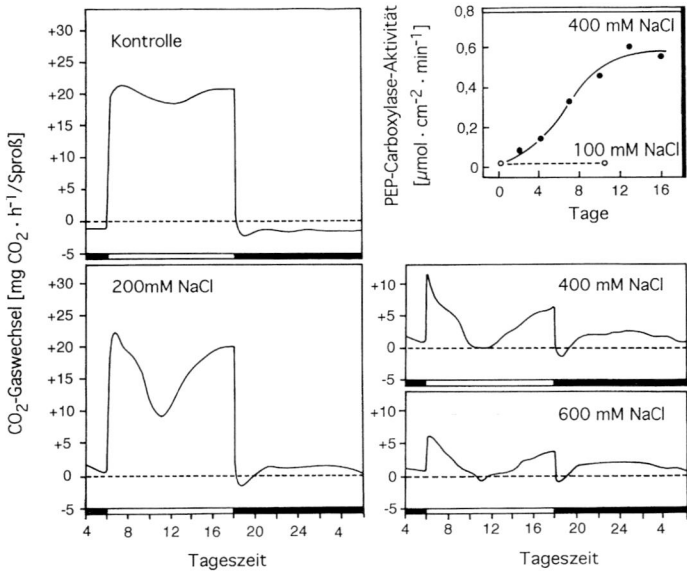

Abb. 2.9. Induktion des CAM-Verhaltens in *Mesembryanthemum crystallinum* durch steigende Salzkonzentration im Substrat. *Oben rechts:* Zunahme der PEP-Carboxylaseaktivität bei Einwirkung von 400 mM NaCl im Wurzelmedium während 2 Wochen. Nach WINTER und LÜTTGE (1976) und WINTER (1985).

den Photosyntheseapparat vor Schädigung durch überschüssige Strahlungsenergie, weil das dauernd zirkulierende CO_2 als terminaler Elektronenakzeptor fungiert.

Über 20000 Pflanzenarten aus 25 Familien setzen CAM für die Kohlenstoffassimilation ein[239,775]. Darunter befinden sich Pteridophyten (manche epiphytische Polypodiaceen, aquatische *Isoetes*-Arten), Monocotyledonen (Orchideen, Bromeliaceen, Agavaceen, Liliaceen) und Vertreter dicotyler Familien (Cactaceen, Crassulaceen, Aizoaceen, Portulacaceen, Euphorbiaceen, Piperaceen, Asclepiadaceen, Geraniaceen, Gesneriaceen, Rubiaceen, Asteraceen u. a.). Die Fähigkeit zu CAM kann sich auf *bestimmte Organe* einer Pflanze beschränken: Die laubabwerfende Asclepiadacee *Frerea indica* bindet in den Blättern CO_2 nach dem C_3-Weg, in den sukkulenten Sproßachsen über CAM[416]. Dadurch erzielt diese Pflanze im belaubten Zustand während der feuchten Jahreszeit hohe Kohlenstoffausbeuten und ist in der Lage, im unbelaubten Zustand während der Trockenzeit den Kohlenstoff besonders wassersparend aufzunehmen.

Die weite Verbreitung von CAM im Pflanzenreich und eine Vielfalt von Verlaufsvarianten läßt vermuten, daß sich dieser CO_2-Konzentrationsmechanismus auf verschiedenen Entwicklungslinien entfaltet hat. Ein gemeinsames Merkmal der CAM-Pflanzen ist Genügsamkeit, die ein Ausweichen auf wenig besetzte ökologische Nischen (Epiphyten- und Felsstandorte) erlaubt. Dabei treten graduelle Übergänge von C_3-Pflanzen über C_3-CAM-Zwischenstufen bis zu voll CAM-abhängige Typen auf (Abb. 2.10), aber auch sehr spezifische Differenzierungen, die zu aquatischen CAM-Pflanzen in oligotrophen Gewässern (z. B. *Crassula aquatica* und *Littorella uniflora*) führen.

2.1.2   Photorespiration: Der Glykolatweg

Gekoppelt mit der Photosynthese läuft in chloroplastenführenden Geweben (ausgenommen C_4-Mesophyllzellen, die keine RuBP-Carboxylase/Oxygenase enthalten) im Licht ein Stoffwechselprozeß ab, der ähnlich wie die mitochondriale Atmung O_2 verbraucht und CO_2 entläßt, der aber im Gegensatz zur Atmung im Dunkeln ruht. Diesen O_2/CO_2-Gaswechsel hat man *Lichtatmung* oder Photorespiration genannt.

Ausgangspunkt des photorespiratorischen Stoffwechsels ist wieder Ribulosebisphosphat, das nicht nur ein Akzeptor für CO_2, sondern auch für O_2 sein kann: Durch Aufnahme von Sauerstoff wird RuBP in Phosphoglyce-

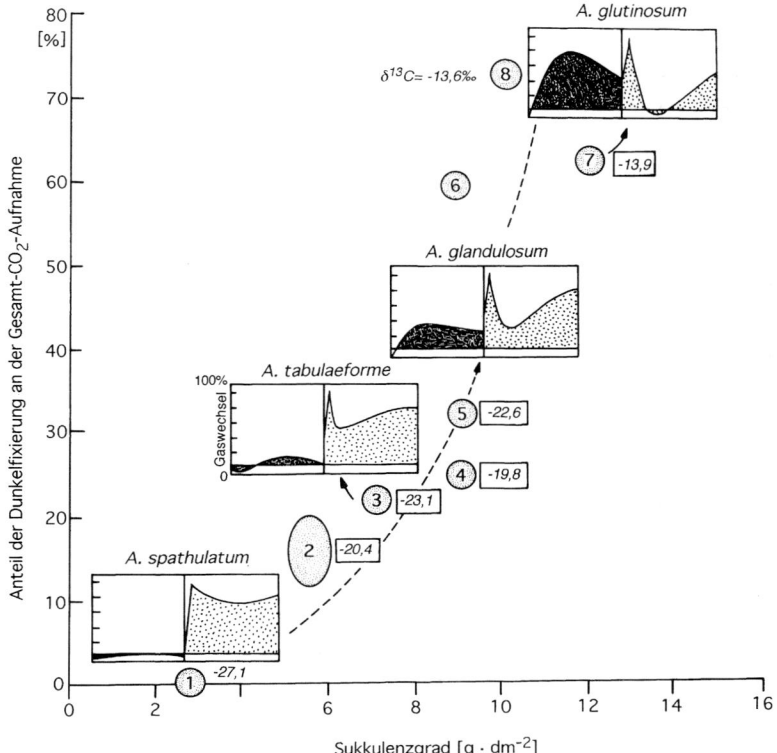

Abb. 2.10.   Varianten des Crassulaceenstoffwechsels in der Gattung *Aeonium*. 1 = *A.spathulatum*; 2 = *A.holochrysum*; 3 = *A.tabulaeforme*; 4 = *A.arboreum*; 5 = *A.glandulosum*; 6 = *A.undulatum*; 7 = *A.glutinosum*, 8 = *A.haworthii*. Mit zunehmendem Speichervermögen der Blätter (Sukkulenzgrad) nimmt der Anteil der Dunkelfixierung an der gesamten CO_2-Aufnahme während 24 Stunden zu. Die Tagesprofile stellen den CO_2-Gaswechselverlauf unter standardisierten Bedingungen dar (10 °C nachts, 20 °C am Tag). Der CO_2-

Gaswechsel während der Dunkelphase ist schwarz markiert, jener während der Lichtphase punktiert. *A.spathulatum* verhält sich bei diesen Temperaturen wie eine C_3-Pflanze, *A.tabulaeforme* und *A.glandulosum* nehmen CO_2 hauptsächlich tagsüber auf, bei *A.glutinosum* überwiegt die Dunkelfixierung. Nach Lösch (1984, 1987 und pers. Mitt.).
Kursive Zahlen: Isotopenverhältnis $^{13}C/^{12}C$ unter Kulturbedingungen bei genügender Wasserversorgung im Juli. Nach Pilon-Smits et al. (1991).

rinsäure und Phosphoglykolat gespalten. Das Angebot an O_2 und CO_2 regelt über das Enzym *RuBP-Carboxylase/Oxygenase* das Verhältnis von Akzeptorcarboxylierung (Photosynthese) und Akzeptoroxidation (Photorespiration). Hoher O_2-Partialdruck begünstigt die Photorespiration, großes CO_2-Angebot die Photosynthese (Abb. 2.11). Da die Bildung von Phosphoglykolat von der Anliefe-

Abb. 2.11.   Verhältnis der Aktivitäten von RuBP-Oxygenase zu RuBP-Carboxylase in Abhängigkeit vom Sauerstoff- und Kohlendioxidpartialdruck. Aus Lawlor (1990).

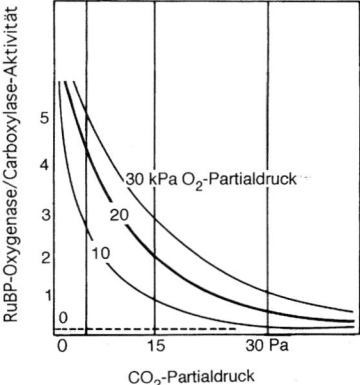

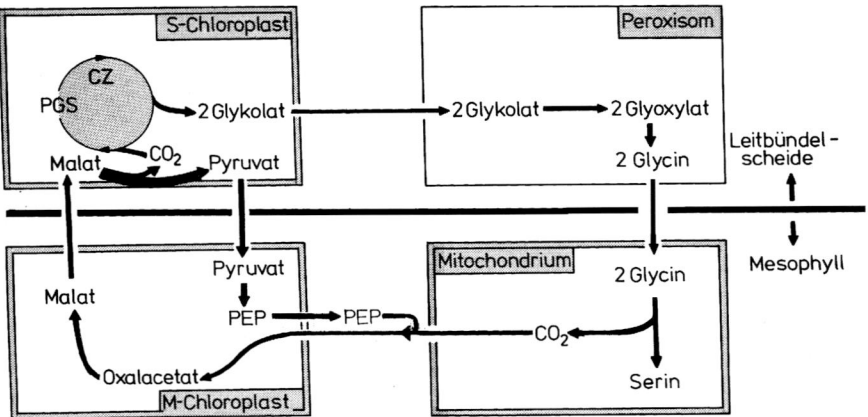

Abb. 2.12. Verlaufsschema des Glykolatweges bei der Photorespiration in C$_4$-Pflanzen. CZ = Calvinzyklus, PGS = 3-Phosphoglycerat, PEP = Phosphoenolpyruvat. Das vom Mitochondrium entlassene CO$_2$ wird sogleich in den Mesophyllzellen fixiert. Bei C$_3$-Pflanzen verläuft der Glykolatweg vom Calvinzyklus bis in das Mitochondrium ebenso, das CO$_2$ entweicht aber in die Interzellularen. Nach HESS (1991).

rung des RuBP über den Calvin-Zyklus der Photosynthese abhängt, nimmt die photorespiratorische O$_2$-Aufnahme und CO$_2$-Abgabe mit gesteigerter Photosyntheseintensität bei erhöhtem Photonenfluß zu.

In den Chloroplasten wird Phosphoglykolat in Glykolat und Phosphat zerlegt. Das Glykolat wird dann in benachbarte **Peroxisomen** transportiert (Abb. 2.12). Peroxisomen sind Zellkompartimente in der Größe von Mitochondrien, die u. a. Glykolatoxidase, Katalase und Transaminasen enthalten. In den Peroxisomen wird Glykolat unter O$_2$-Aufnahme zu Glyoxylat oxidiert; dieses kann entweder über Oxalat unter weiterer O$_2$-Aufnahme vollständig zu CO$_2$ abgebaut oder durch Transaminierung in Glycin umgewandelt werden. Das Glycin wird aus den Peroxisomen in Mitochondrien (oder auch Chloroplasten) transportiert, wo zwei Moleküle Glycin unter Abgabe von CO$_2$ zu einem Molekül Serin verknüpft werden. Serin wird vom Aminosäurenstoffwechsel übernommen oder nach Desaminierung über Hydroxypyruvat in Glycerat umgesetzt. Dieses kann in den Chloroplasten phosphoryliert und dem Calvin-Zyklus zugeführt oder anderweitig verwertet werden.

Unter natürlichen Bedingungen (21 kPa pO_2 und 35 Pa pCO_2, starke Einstrahlung, Temperaturen zwischen 20 und 30 °C) gehen bei C$_3$-Pflanzen rund 20%, extrem 50%, des photosynthetisch aufgenommenen CO$_2$ sogleich als *photorespiratorisches CO$_2$* wieder verloren[720]. In Wasserpflanzen, die HCO$_3^-$ verwerten und durch Carboanhydrase einer Verknappung der CO$_2$-Versorgung vorbeugen, bleibt die Photorespiration niedrig. C$_4$-Pflanzen zeigen keine CO$_2$-Abgabe im Licht. Bei ihnen findet Lichtatmung nur in den Zellen der Leitbündelscheiden statt. Das CO$_2$ aus der Lichtatmung dieser Zellen wird in den Mesophyllzellen refixiert, bevor es das Blatt verlassen kann (siehe Abb. 2.12). Durch diese CO$_2$-Falle wird ein Substanzverlust durch Photorespiration vermieden und eine höhere Stoffproduktion erzielt.

Obwohl durch den Glykolatstoffwechsel Kohlenstoff verloren geht, ist die Photorespiration keineswegs nur ein unvermeidbares Übel: Sie ist Schaltstelle des Pentosestoffwechsels mit Anschluß an den Aminosäuren- und Fettstoffwechsel. Vor allem aber wird der Elektronenfluß bei Lichtüberschuß umgeleitet, wodurch der Photosyntheseapparat, insbesondere das PS II, geschützt wird.

2.1.3 Energiefreisetzung durch dissimilatorischen Stoffabbau

Dem assimilatorischen Stoffaufbau steht ein dissimilatorischer Stoffabbau gegenüber, der die Energie für die mannigfachen Stoffwechselprozesse der Zelle liefert. Das Substrat dafür sind Kohlenhydrate oder Fette, bei deren exergonem Abbau in der *Glykolyse*, im *Tricarbonsäurezyklus* (Krebs-Martius-Zyklus) und bei der *ß-Oxidation der Fettsäuren* stufenweise Wasserstoff abgespalten und Energie freigesetzt wird. Der Wasserstoff wird von Pyridinnucleotiden oder Flavinnucleotiden übernommen. Der hauptsächliche Energiegewinn erfolgt bei der Übertragung des Wasserstoffes auf den endgültigen Wasserstoffakzeptor. Bei der **mitochondrialen Atmung** ist es der Luftsauerstoff, der in den Mitochondrien den Wasserstoff über eine Elektronentransportkette übernimmt. Dabei wird durch *Atmungskettenphosphorylierung* ATP gebildet; außerdem entstehen bei der Glykolyse im Cytosol energiereiche Phosphate durch *Substratkettenphosphorylierung*. Der Gesamtprozeß erbringt 36 ATP, zwei GTP und eine freie Enthalpie $\Delta G°$ von $-2,87$ MJ pro Mol Glucose; der Wirkungsgrad der aeroben Atmung erreicht 30–40 %.

In streßbelasteten, verletzten oder alternden Geweben kann der terminale Elektronentransport über einen Nebenweg verlaufen, der die durch HCN (aber auch durch Kohlenmonoxid) hemmbaren Cytochrome umgeht. Diese **cyanidresistente Atmung** wandelt einen großen Teil der Redoxenergie in Wärme um. Ein Extremfall ist die kurzfristige Aktivierung dieses Stoffwechselweges während des Aufblühens der Kolbenblüten mancher Araceen, die zu einer beachtlichen Temperaturerhöhung führt und im Dienste der Anlockung von Blütenbestäubern steht. Auch an der klimakterischen Atmung reifender Früchte ist cyanidresistente Atmung beteiligt. In Wurzeln kann bei Überangebot von NO_3^- und NH_4^+ dieser Atmungsweg stimuliert werden. In allen Fällen dieser „Überlaufatmung"[408] ist der O_2-Verbrauch und die CO_2-Abgabe deutlich gesteigert.

Bei der **Gärung** übernehmen reduktionsfähige organische Verbindungen den Wasserstoff, bei der **anaeroben Atmung** anorganische Wasserstoffakzeptoren wie Nitrat und Sulfat. Da zwischen Wasserstoff und Sauerstoff eine größere Potentialdifferenz herrscht als zwischen Wasserstoff und anderen Oxidationsmitteln, erbringen diese Dissimilationsprozesse viel geringere Energieausbeuten als die aerobe Atmung.

Neben dem Kohlenhydratabbau über Glykolyse und den Tricarbonsäurezyklus ist, insbesondere in ausdifferenzierten Pflanzenzellen, ein Glucoseabbau auch durch direkte Oxidation von Glucose–6-Phosphat möglich, wobei nicht NAD^+, sondern $NADP^+$ reduziert wird. Nach einer Decarboxylierung entsteht Ribulose–5-Phosphat, das über den **oxidativen Pentosephosphatzyklus** wieder zu Glucose–6-Phosphat regeneriert wird. Die Bedeutung dieses Stoffwechselweges liegt weniger im Energiegewinn als in der Bereitstellung von *Metaboliten*. Der oxidative Pentosephosphatzyklus läuft im Cytosol und in den Chloroplasten ab. Zu dem reduktiven Pentosephosphatzyklus (Calvin-Zyklus) steht er über viele gemeinsame Reaktionen und Enzyme sowie durch den $NADP^+$-Pool in enger Beziehung.

2.2   Der Gaswechsel der Pflanze

2.2.1   Der Austausch von Kohlendioxid und Sauerstoff

Der Kohlenstoffwechsel der Zelle ist mit dem atmosphärischen Stoffkreislauf durch den **Gaswechsel** verbunden. Unter Gaswechsel der Pflanze versteht man den Austausch von CO_2 und O_2 zwischen dem Inneren der Pflanze und ihrer Umgebung. Man unterscheidet zwischen dem *photosynthetischen Gaswechsel*, bei dem die Pflanze CO_2 aufnimmt und O_2 abgibt, und dem *respiratorischen Gaswechsel*, bei dem der Gasaustausch in umgekehrter Richtung erfolgt. An der Oberfläche assimilierender Pflanzen macht sich jener Prozeß bemerkbar, der umsatzmäßig überwiegt. Wird mehr CO_2 durch die Photosynthese verbraucht als durch Atmungsprozesse gleichzeitig im Inneren der Pflanze entsteht, dann spricht man von *apparenter* CO_2-Aufnahme oder *Nettophotosynthese* (Ph_n), im Gegensatz zur *reellen* CO_2-Verarbeitung in den Chloroplasten, die *Bruttopho-*

tosynthese (Ph$_b$) genannt wird. Da im Inneren des Blattes durch verschiedene dissimilatorische Prozesse fortlaufend CO_2 entsteht, kann die Bruttophotosynthese intakter Pflanzen nur abgeschätzt werden. Für Fragen der photosynthetischen Stoffproduktion genügt in der Regel die Kenntnis der Nettophotosyntheseleistung, die durch Gaswechselmessungen bestimmt wird.

Im Dunkeln herrscht nur respiratorische CO_2-Abgabe. Bei ungünstigen Assimilationsbedingungen kommt es vor, daß die Photosynthese gerade noch imstande ist, das durch die gleichzeitige Atmung freigesetzte CO_2 zu verbrauchen. Solche *Kompensationssituationen* zeichnen sich dadurch aus, daß ein Gaswechsel nicht mehr erkennbar ist.

Der Gasaustausch zwischen den Zellen und der Umwelt der Pflanze geschieht durch *Diffusion* und *Massenfluß*. Der Umsatz dabei ist enorm: Zur Bildung von 1 g Glucose werden 1,47 g CO_2 benötigt, die einem Luftvolumen von 2500 l entzogen werden müssen.

2.2.1.1 Der Diffusionsprozeß

Für den CO_2 / O_2-Transport durch Diffusion gilt das Fick'sche Gesetz

$$\frac{dm}{dt} = -D \cdot A \frac{dC}{dx} \qquad (2.5)$$

Die *Diffusionsgeschwindigkeit* (Mengenverschiebung dm im Zeitintervall dt) ist um so größer, je steiler das *Konzentrationsgefälle* dC/dx in der Diffusionsrichtung x und je größer die *Austauschfläche* A ist. Die *Diffusionskonstante* D ist substanzspezifisch, außerdem ändert sie sich mit dem Medium, in dem die Diffusion erfolgt: In Luft diffundieren CO_2 und O_2 etwa 10^4mal so schnell wie in Wasser. Auf den *Gaswechsel der Pflanzen* kann das Diffusionsgesetz in vereinfachter Form[203] angewendet werden:

$$J = \frac{\Delta C}{\Sigma r} \qquad (2.6)$$

Der *Gasdurchsatz* (Diffusionsflux J) wird durch ein steiles *Konzentrationsgefälle* (ΔC) zwischen Außenluft und Reaktionsort in der Zelle gefördert, und er wird durch eine Reihe von *Diffusionswiderständen* (Σr) herabge-

setzt. In den Begriff des Diffusionswiderstandes gehen die Diffusionskonstante, die Übergangswiderstände an Phasengrenzflächen, die Diffusionsstrecke und der Querschnitt der Diffusionsfläche ein.

2.2.1.2 Der Konzentrationsgradient

Wenn man annimmt, daß bei reger Photosynthese das CO_2 in den Chloroplasten völlig verbraucht wird und bei der Atmung in den Mitochondrien die O_2-Konzentration auf Null absinkt, dann hängt die Steilheit des Konzentrationsgefälles dieser beiden Gase von ihrer Konzentration in der Umgebung der Pflanze ab.

Mit **Sauerstoff** sind die oberirdischen Organe von Landpflanzen gut versorgt. Grüne, photosynthetisch aktive Plastiden in Sproßrinden, im Holzparenchym und Mark dünner Zweige und in Früchten geben Sauerstoff in das Interzellularensystem ab. Vielleicht ist diese Auswirkung der Photosynthesetätigkeit für Massivorgane wichtiger als der eher bescheidene Kohlenstoffgewinn. Wurzeln und unterirdische Sprosse kommen eher in die Lage, an Sauerstoff zu verarmen. Allerdings wird Sauerstoff durch Thermodiffusion und Druckventilation entlang von Temperaturgradienten zwischen Blättern und Rhizomen und Wurzeln über das Interzellularensystem bewegt (z. B. in Seerosen und Erlen). Für den normalen Ablauf der mitochondrialen Atmung genügen 1–3 % O_2, ein weiteres Absinken des Sauerstoffgehalts führt zur Abnahme der Atmungsintensität, der Wasser- und der Nährionenaufnahme sowie des Wurzelwachstums (siehe Kap. 6.2.3).

Der Konzentrationsgradient für **Kohlendioxid** zwischen Umgebung und Blattinnerem ist unter natürlichen Bedingungen sehr flach. Die *CO_2-Kompensationskonzentration*, bei der ein Gasaustausch nicht mehr in Bewegung kommt, hängt in erster Linie vom Carboxylierungsmodus (C_3, C_4) und von der Intensität der Lichtatmung ab; der CO_2-Gradient ist daher für C_4-Pflanzen steiler als für C_3-Pflanzen. Die Lage des CO_2-Kompensationspunktes bei C_3-Pflanzen[29,30] ändert sich in Abhängigkeit von der Beleuchtungsstärke (höhere Werte bei schwachem Licht), der Temperatur (höhere Werte mit zunehmender

Wärme), dem Ernährungs-, Wasser- und Gesundheitszustand (höhere Werte bei Abweichung vom Optimum) und von tages- und jahreszeitlichen Umstellungen im Betriebsstoffwechsel.

Mit zunehmender CO_2-Zufuhr verbessert sich die Assimilationsleistung bis zur *CO_2-Sättigung der Photosynthese* (Abb. 2.13). Bei atmosphärischem CO_2-Angebot wird eine Sättigung nicht erreicht, daher ist CO_2-Mangel am häufigsten ertragsbegrenzend. Die Steigung Ph/C_i (d. h. das Verhältnis zwischen Photosynthese und blattinterner CO_2-Konzentration; im englischen Sprachgebrauch A/C_i) der CO_2-Effektkurve drückt die *photosynthetische CO_2-Nutzung* aus und gilt als Maß für die Leistungsfähigkeit der carboxylierenden Enzyme (entsprechend der Carboxylierungseffizienz). Daher steigt bei zunehmender CO_2-Versorgung die Photosyntheseintensität bei C_4-Pflanzen viel steiler an als bei C_3-Pflanzen, deren CO_2-Bedarf erst bei CO_2-Konzentrationen über 1000 $\mu l \cdot l^{-1}$ gesättigt ist. Die CO_2-gesättigte Photosyntheseintensität wird *potentielles Photosynthesevermögen* (Ph_{pot}) genannt. Bei künstlich erhöhtem CO_2-Gehalt der Luft sind C_3-Pflanzen unter besonders günstigen Bedingungen imstande, zwei- bis dreimal so viel CO_2 zu binden wie bei natürlichem CO_2-Angebot. Dies wurde ausgenützt, um durch CO_2-Düngung von Gemüsepflanzen in Gewächshäusern den Zuwachs von Tomaten, Gurken und Blattgemüsen bis auf das Doppelte anzuheben.

2.2.1.3 Diffusionsweg und Diffusionswiderstände im Blatt

Auf dem Weg zu den Chloroplasten hat das CO_2 eine Reihe von Widerständen zu überwinden. Die Abb. 2.14 bringt eine Übersicht über die Transportwege und die **Transferwiderstände** am und im Blatt.

Nahe der Oberfläche der Pflanze verlangsamt sich die Austauschgeschwindigkeit von Gasmolekülen. Der *Grenzschichtwiderstand* r_a ist besonders groß, wenn sich eine ruhende Luftschicht an der Blattoberfläche bildet, was durch Großflächigkeit der Blätter, Rinnenbildung und dichte Behaarung begünstigt wird. Luftbewegung reduziert den Grenz-

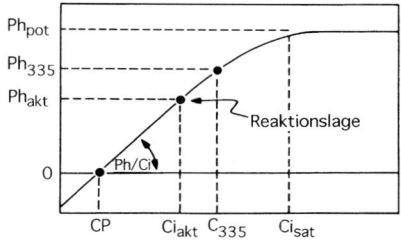

Blattinterne CO_2-Konzentration

Abb. 2.13. Abhängigkeit der Photosyntheseintensität von der CO_2-Konzentration im Interzellularensystem des Blattes. Bei CO_2-Sättigung der Photosynthese (Ci_{sat}) erreicht das Blatt die potentielle Photosyntheseleistung (Ph_{pot}). Bei ausreichender Strahlung und offenen Spalten begrenzt unter natürlichen Bedingungen das CO_2-Angebot die aktuelle Photosynthese (Ph_{akt}). In einer gegebenen *Reaktionslage* stellt sich bei einer bestimmten Ph_{akt} eine entsprechende aktuelle CO_2-Innenkonzentration (Ci_{akt}) ein. Die Differenz zwischen der Photosyntheseintensität Ph_{335} und der tatsächlichen Ph_{akt} bei atmosphärischem CO_2-Partialdruck beruht auf der Diffusionsbehinderung durch die Spalten. CP ist die CO_2-Kompensationskonzentration. Die Steigung Ph/Ci entspricht der photosynthetischen CO_2-Nutzung. Nach Lange et al. (1987).

schichtwiderstand, bei Windgeschwindigkeiten von 3–5 m $\cdot$ s^{-1} wird er vernachlässigbar klein (Abb. 2.15).

Die entscheidenden Eintrittsstellen für den Gastransport sind die Spaltapparate. Bei vollständig offenen Spalten erreicht der *stomatäre Diffusionswiderstand* (r_s) einen je nach Spaltengröße und Spaltendichte spezifischen minimalen Wert (siehe Tab. 2.2), bei geschlossenen Spalten steigt r_s gegen unendlich an. Über die Cuticula nehmen Landpflanzen kaum CO_2 auf. Hingegen diffundiert im Dunkeln das in den Interzellularen angestaute respiratorische CO_2 dank dem steileren Konzentrationsgradienten durch die Cuticula und durch peridermale Abschlußgewebe.

Der *minimale* stomatäre Diffusionswiderstand für CO_2 ist besonders niedrig bei krautigen Pflanzen sonniger Standorte und Nutzpflanzen, er ist verhältnismäßig hoch in Blättern von Schattenpflanzen, in Coniferennadeln und Blättern hartlaubiger, immergrüner Bäume. Bei C_3-Pflanzen ist bei ganz offenen Spalten der stomatäre Diffusionswiderstand stets kleiner als die Summe der CO_2-Transfer-

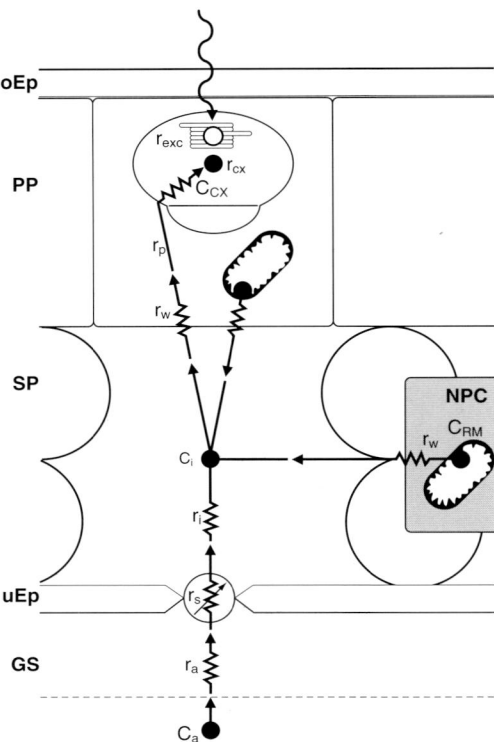

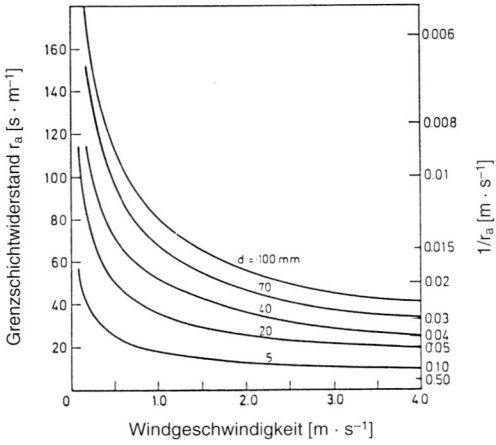

Abb. 2.15. Verminderung des Grenzschichtwiderstandes über unterschiedlich breite Blätter in Abhängigkeit von der Windgeschwindigkeit. d = Blattbreite parallel zur Windrichtung. Nach GRACE (1977).

Abb. 2.14. CO_2-Konzentrationsgefälle und Transferwiderstände in einem Blatt bei Photosynthese. oEp = obere Epidermis, PP = Palisadenparenchym, SP = Schwammparenchym, uEP = untere Epidermis, NPC = chloroplastenfreie nicht photosynthetisch tätige Zellen, GS = Grenzschicht (blattnahe Lufthaut). Bei Photosynthese stellt sich ein Gefälle in der CO_2-Konzentration von der Außenluft (C_a) über die Interzellularenluft (C_i) zum Konzentrationsminimum am Ort der Carboxylierung (C_{cx}) ein. In das Interzellularensystem des Blattes wird CO_2 nicht nur von außen, sondern auch durch die Atmungstätigkeit der Mitochondrien (C_{RM}) und durch die Lichtatmung zugeführt. Als Transferwiderstände schalten sich ein: der Grenzschichtwiderstand r_a, der physiologisch regulierbare stomatäre Widerstand r_s, Diffusionswiderstände im Interzellularensystem r_i, Widerstände beim Lösungsvorgang und Transport des CO_2 in der flüssigen Phase der Zellwand (r_w) und im Protoplasma (r_p). Mit r_{cx} ist der „Carboxylierungswiderstand" angedeutet, mit r_{exc} der „Excitationswiderstand". Eingehendere Darstellungen bei ŠESTÁK, ČATSKÝ und JARVIS (1971), CHARTIER und BETHENOD (1977).

widerstände im Inneren des Blattes, bei den C_4-Pflanzen sind hingegen die inneren Widerstände so niedrig, daß der Spaltweite bei allen Öffnungsgraden ein limitierender Einfluß auf den CO_2-Transfer zukommt (Abb. 2.16).

Die internen CO_2-Transferwiderstände (*Restwiderstand* r_R) setzen sich aus verschiedenen Hindernissen zusammen: aus den Widerständen beim Durchtritt in die flüssige Phase der Zellen; aus der Verzögerung, die bei der Assimilation des CO_2 in den Chloroplasten erfolgt („*Carboxylierungswiderstand*" r_{cx}); und aus der Begrenzung der Photosyntheseleistung infolge unzureichender Bereitstellung von Energie und Redoxäquivalenten durch die Primärreaktionen („*Excitationswiderstand*" r_{exc}).

Während der Photosynthesetätigkeit herrscht der höchste CO_2-Partialdruck C_a außerhalb der blattnahen Luftschicht. Aufgrund der aufeinanderfolgenden Transferwiderstände sinkt die **CO_2-Konzentration im Blatt** (C_i) unter jene der Außenluft. Der CO_2-Partialdruck in der Interzellularenluft wird dann durch den CO_2-Verbrauch und die CO_2-Nachlieferung bestimmt. Häufig reagieren die Stomata auf innere und äußere Einflüsse so, daß bei einem gegebenen CO_2-Partialdruck der Außenluft der blattinterne

Abb. 2.16. Externe Diffusionswiderstände (r_a, r_s), Restwiderstand (r_R) und Nettophotosynthese (Ph_n, strichlierte Kurven) von Blättern einer C_3-Pflanze (*Calopogonium mucunoides*) und einer C_4-Pflanze (*Pennisetum purpureum*) in Abhängigkeit von der Bestrahlungsstärke. Bei intensiver Bestrahlung ist in C_3-Pflanzen r_R wesentlich größer als r_s, bei C_4-Pflanzen etwas kleiner. Nach LUDLOW und WILSON (1971).

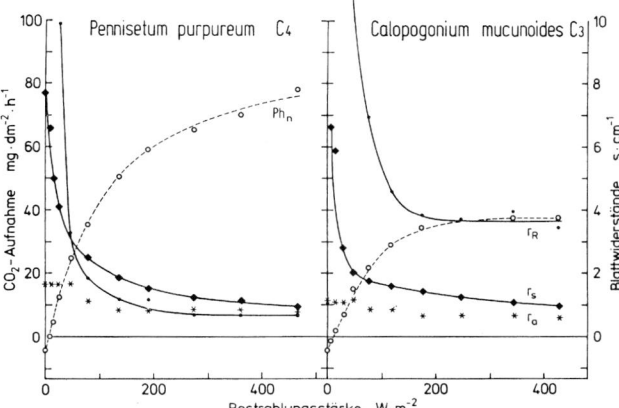

CO_2-Partialdruck ziemlich konstant bleibt, indem sich r_s proportional zu Ph_n ändert. Solange diese Optimierungstendenz beibehalten wird, besteht ein gleichbleibendes Verhältnis von C_i / C_a (meist um 0,7)[98]. Theoretisch müßte der CO_2-Partialdruck in den Chloroplasten (p_c) auf Null sinken. Unter natürlichen Bedingungen fällt in C_3-Pflanzen jedoch der CO_2-Druck von der Intercellularenluft (p_i) zu den Chloroplasten nicht linear ab. Das Verhältnis p_c / p_i beträgt in hellem Licht rund 0,7, das Verhältnis p_c / p_a rund 0,5[99].

2.2.1.4 Die Regulation des Gaswechsels durch die Spaltapparate

Durch das Spiel der Spaltweiteneinstellung überwacht die Pflanze den CO_2-Einstrom in das Blatt. Man muß sich diesen Vorgang so vorstellen, daß die Schließzellen ständig in Bewegung sind und den Porus oszillierend erweitern und verengen. Auch befinden sich zum gleichen Zeitpunkt nicht alle Spaltapparate eines Blattes in gleichem Öffnungszustand (Abb. 2.17). Vor allem bei Streßsituationen tritt stark *inhomogenes Spaltenverhalten* auf.

Das Öffnungsvermögen der Stomata

Menge, Verteilung, Größe, Gestalt und Beweglichkeit der Spaltapparate sind Artmerkmale, die je nach Standortanpassung und auch individuell wechseln (Tab. 2.2). Die für den stomatären Widerstand entscheidende

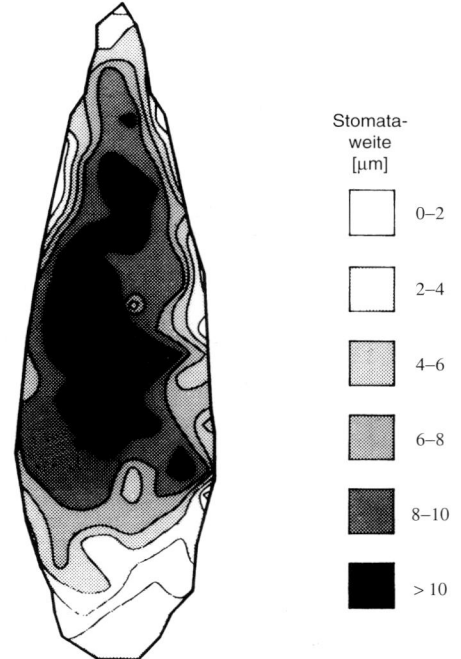

Stomataweite [μm]

0–2

2–4

4–6

6–8

8–10

> 10

Abb. 2.17. Inhomogenes Öffnen der Spaltapparate auf der Unterseite eines Blattes von *Commelina communis* zur Mittagszeit. Nach SMITH et al. (1989). Seit langer Zeit war aus der Beobachtung des Infiltrationsmusters nach Benetzung intakter Blätter mit Flüssigkeiten geringer Oberflächenspannung bekannt, daß sich Areale mit ungleichem Öffnungszustandes der Spalten fleckenförmig auf der Blattspreite verteilen; zur Methodik siehe KREEB (1990).

Tab. 2.2 Durchschnittliche Variationsbreite von Stomatadichte, Spaltweite und Porenareal auf der Unterseite von Blättern und minimaler stomatärer Diffusionswiderstand für CO_2 (bezogen auf die einfache Blattfläche). Nach Bestimmungen zahlreicher Autoren.

Pflanzen	Stomata-dichte [Anzahl pro mm² Blattfläche]	Länge des Zentralspalts [µm]	Maximale Spaltöff-nungsweite [µm]	Porenareal [% der Blatt-fläche]	Minimaler sto-matärer Diffu-sionswider-stand für CO_2 [s · cm⁻¹]	Maximale Leitfähigkeit für CO_2 [mmol · m⁻² · s⁻¹]
Kräuter sonniger Standorte	100–200(300)	10–20	4–5	0,8–1	0,5–2,6	150–700
Kräuter schattiger Standorte	(30)50–100(200)	15–30	5–6	0,8–1,2	2,2–6,5	60–200
Gebirgspflanzen	(100)150–300(500)	10–25	5–10	um 1	1–2	50–100
Gräser	(30)50–100(500)	20–30	um 3	0,5–0,7	0,9–5,2	80–460
Palmen	150–180	15–24	2–5	0,3-1	2–6	100(400)
Tropische Waldbäume	200–600(900)	10–25	3–8	1,5–3	2–6	(70)100–200(300)
Immergrüne Breitlaubbäume	200–600					um 100
Hartlaubpflanzen	100–500(1000)	10–15	1–2	0,2–0,5	2,0–6,5	100–200
Sommergrüne Laubbäume	100–300(600)	5–15	1–6	0,5–1,2	1,6–6,5	50–250
Immergrüne Nadelbäume	40–120	15–20		0,3–1	2,0–6,5	60–200
Wüstensträucher	150–300	10–15		0,3–0,5	1,0–7,8	50–260
Sukkulenten	15–50(100)	um 10	um 10	0,1–0,4	3,0–8	60–130

Der spezifische stomatäre Diffusionswiderstand läßt sich theoretisch aus der Breite, Länge und Tiefe des Zentralspalts und der Stomatadichte berechnen (BROWN und ESCOMBE 1900, PARLANGE und WAGGONER 1970).

anatomische Dimension ist die *Spaltweite*. Der stomatäre Diffusionswiderstand nimmt mit abnehmender Spaltöffnungsweite entsprechend einer Hyperbelfunktion exponentiell zu. Der Reziprokwert $1/r_s$, d.i. die *stomatäre Leitfähigkeit* g_s, ist linear proportional zur Spaltweite. Das maximale Öffnungsvermögen der Stomata, das von Gestalt- und Wandmerkmalen der Schließzellen abhängt, setzt dem Gasdurchfluß eine äußerste Grenze, die durch die maximale stomatäre Leitfähigkeit zahlenmäßig ausgedrückt wird. Das Öffnungsvermögen ist am größten bei Blättern von krautigen Dicotyledonen, sommergrünen Laubbäumen mit lichter Krone und tropischen Waldbäumen, es ist besonders gering bei derblaubigen Holzpflanzen.

Der Flächenanteil der Sproßoberfläche, auf dem eine stomatäre Diffusion möglich ist, wird *Porenareal* genannt. Das Porenareal ist das Produkt aus der Porendichte (Zahl der Stomata pro mm Blattfläche) und der maximalen Porenweite (Ostiolenfläche). Bei den meisten Pflanzen nimmt das Porenareal 0,5–1,2%, bei tropischen Waldbäumen bis zu 3% der Blattfläche ein. Ein besonders kleines Porenareal besitzen Sukkulenten und skleromorphe Blätter; auf den Assimilationsorganen der Sukkulenten ist die Dichte der Poren gering, die Blätter von Hartlaubgewächsen und immergrünen Zwergsträuchern besitzen Spaltapparate mit geringem Öffnungsvermögen.

Der physiologische Mechanismus der Stomatabewegung

Öffnen und Schließen der Spalten wird durch *Turgordifferenz* zwischen den Schließzellen und den benachbarten Epidermiszellen (Nebenzellen) verursacht. Nimmt der Turgor der Schließzellen relativ zu jenem der Epidermiszellen zu, so öffnen sich die Spalten, im entspannten Zustand sind sie geschlossen.

Die Turgoreinstellung ist ein *osmoregulatorischer* Vorgang, der durch aktive Ionentransporte zustande kommt. Wenn Kaliumionen aus den Nebenzellen in die Schließzellen transportiert werden, *öffnen* sich die Spalten. Der Ladungsausgleich erfolgt durch mitwandernde anorganische Anionen (z. B. Cl⁻), Bildung organischer Anionen (z. B. Malat) oder Abgabe von Protonen (beim Öffnen nimmt der pH-Wert zu). Für das *Schließen* der Spalten scheint das cytoplasmische Ca^{2+} (nach kontrolliertem Einschleusen durch Calciumkanäle und Freigabe über Calmodulin) im Zusammenwirken mit Abszisinsäure eine besondere Rolle zu spielen. Der Transport der Ionen ist von der Energieversorgung (ATP) abhängig und durch endogene Signalgeber und Effektoren (Phytohormone, photokybernetische Sensibilisatoren) steuerbar. Dadurch ändert sich die Öffnungs- und Schließbereitschaft der Stomata tageszeitlich und je nach Aktivitäts-, Entwicklungs-, Belastungs- und Anpassungszustand.

Großen Einfluß auf die *Reaktionsbereitschaft der Spaltapparate* üben Phytohormone aus. Abszisinsäure öffnet die Ionenkanäle, so daß das Öffnungsvermögen herabgesetzt wird; Cytokinine fördern die Öffnungsbereitschaft. Toxische Ausscheidungsprodukte von Pflanzenparasiten bewirken entweder eine Öffnungsstarre (z. B. Fusicoccin, ein Welketoxin von *Fusicoccum amygdali*, das als Abszisinsäureantagonist wirkt) oder Spaltenlähmung (z. B. ein Phytotoxin von *Helminthosporium mayalis*).

Die Steuerung der Spaltenbewegung

Obwohl die Stomata auf eine Vielzahl von Einflüssen reagieren, scheint die Spaltenbewegung hauptsächlich durch zwei Regelkreise gesteuert zu sein, durch den CO_2-Regelkreis und durch den H_2O-Regelkreis.

Der CO_2-Regelkreis spricht auf den CO_2-Partialdruck in den Interzellularen an. Sein Einfluß zeigt sich deutlich im Dunkeln: Bei einem CO_2-Partialdruck über 150–250 Pa sind die Spalten geschlossen, sie öffnen sich, wenn die CO_2-Konzentration verringert wird. Im *Licht* sinkt durch den CO_2-Verbrauch bei der Photosynthese der CO_2-Druck in den Interzellularen. Die Öffnungsbewegung der Spalten im Licht ist im wesentlichen indirekt durch den CO_2-Mangel verursacht (außerdem gibt es noch eine direkte Lichtwirkung). Den Einfluß der CO_2-Konzentration auf den Öffnungszustand der Spalten zeigen besonders deutlich die *CAM-Pflanzen*: Diese öffnen ihre Spalten in der Nacht, weil der CO_2-Partialdruck in den Interzellularen durch die intensive Malatbildung abfällt, sie schließen die Spalten im Licht, wenn der Malatabbau CO_2 freisetzt, das sich vor der Weiterverwendung in den Interzellularen anreichert (siehe Abb. 2.7).

Der H_2O-Regelkreis wird bei Wassermangel in Funktion gesetzt, indem in den Blättern Abszisinsäure gebildet wird, die die Osmoregulation der Schließzellen beeinflußt. Dadurch geht das Öffnungsvermögen zunehmend verloren, so daß bei stärkerer Belastung des Wasserhaushalts die Spalten, unbeeinflußbar durch Außenfaktoren, geschlossen bleiben.

Faktoreneinfluß auf die Spaltöffnungsweite

Der Öffnungszustand der Spalten stellt sich laufend auf Veränderungen in der Umwelt ein (Tab. 2.3), wobei die endogene Reaktionslage das Schließzellenverhalten vorgibt.

Im *Zusammenspiel der Außenfaktoren* regelt sich die Spaltweite meist auf mittlere Öffnungsgrade ein. Ganz offen sind die Spalten nur kurzfristig, weil selten alle öffnungsfördernden Bedingungen zusammentreffen (Abb. 2.18). Wohl aber sind Extremsituationen, die längerdauerndes, vollständiges Spaltenschließen erzwingen, besonders bei Trockenheit, ein regelmäßig wiederkehrendes Ereignis.

Unter den *inneren Faktoren* kommt den Phytohormonen die größte Bedeutung zu. Abszisinsäure, Phaseinsäure, Cytokinine und Gibberelline stimmen das stomatäre Regelsy-

Tab. 2.3 Faktoreneinfluß auf das Öffnen der Stomata von C_3- und C_4-Pflanzen. Nach MILLBURN (1979), verändert.

Faktor	Veränderung des Faktors	Bereich großer Öffnungsgrade
PhAR	Zunahme	bis zur Lichtsättigung der Photosynthese
Temperatur	in Richtung auf Temperaturoptimum der Photosynthese	15–35°C
Luftfeuchte	Zunahme	über 90% rF
CO_2-Partialdruck	Abnahme bei Konzentrationserhöhung	unter 30 Pa
Luftschadstoffe	Abnahme bei Konzentrationserhöhung	nur bei geringster Belastung
Fusicoccin	Zunahme	0–10 μM

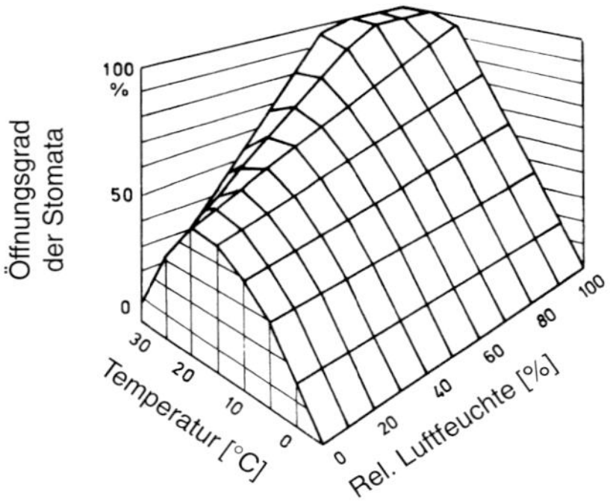

Abb. 2.18. Der Einfluß von Temperatur und Luftfeuchtigkeit auf den Öffnungsgrad der Spaltapparate der Blätter von *Ligustrum japonicum* bei einer Bestrahlungsstärke von 540 W · m⁻². Nach WILSON (1948).

stem auf *Wachstums- und Entwicklungsvorgänge* ab. So ändert sich das Spaltöffnungsverhalten mit der ontogenetischen Entwicklung der Pflanze während der Blattentfaltung, beim Übergang zur reproduktiven Phase und in der Seneszenz.

2.2.2   Das Leistungsvermögen der Nettophotosynthese

Die maximale CO_2-Aufnahme unter natürlichen Bedingungen (Ph_{max}), d. h. bei atmosphärischem CO_2-Angebot und optimaler Dosierung der sonstigen Umweltfaktoren, ist ein charakteristisches Konstitutionsmerkmal bestimmter Pflanzengruppen und Pflanzenarten. Das Leistungsvermögen der Nettophoto-

synthese wird *Photosynthesevermögen* genannt.

Im Pflanzenreich bestehen große **Unterschiede im Photosynthesevermögen**. Eine Übersicht über ökophysiologische Konstitutionstypen gibt die Tab. 2.4, maximale Photosyntheseintensitäten ausgewählter Arten sind der Tab. 2.5 zu entnehmen.

Im Durchschnitt sind *C_4-Pflanzen* am leistungsfähigsten, vor allem subtropische und tropische Gräser. Auch manche *C_3- Pflanzen* können sehr hohe Photosyntheseintensitäten erreichen, wenn sie außergewöhnlich viel RuBP-Carboxylase enthalten und sehr niedrige Werte des stomatären Diffusionswiderstandes bei geöffneten Spalten aufweisen. Desgleichen sind *landwirtschaftliche Nutzpflanzen* sehr leistungsfähig, was nicht zuletzt als Züchtungserfolg anzusehen ist. Der Großteil der C_3-Pflanzen, insbesondere der Holzpflanzen, erzielt geringere Photosyntheseausbeuten. Allerdings gibt es auch unter den *Holzpflanzen* gewisse Arten (z. B. Pionierhölzer auf strahlungsreichen Standorten, schnellwüchsige Pappelklone), die in ihrer Photosyntheseleistung dem Durchschnitt der krautigen C_3-Pflanzen nicht nachstehen.

Schattenpflanzen erbringen nur die Hälfte bis ein Drittel der Kohlenstoffausbeute von *Sonnenpflanzen*. Arten, deren Assimilationsorgane eine geringe Oberflächenentwicklung aufweisen, wie Gräser mit *Rollblättern*, Ericaceenzwergsträucher mit *Rinnenblättern*, *Coniferennadeln*, *Rutensträucher* und *Sukkulenten* nützen das Licht schlecht aus und erreichen daher nur bescheidene Photosynthesein-

Tab. 2.4 Durchschnittliche Höchstwerte der Nettophotosynthese bei natürlichem CO_2-Angebot, bei Lichtsättigung, optimaler Temperatur und guter Wasserversorgung. Übersicht nach Angaben in Originalarbeiten zahlreicher Autoren.

Pflanzengruppe	CO_2-Aufnahme	
	$\mu mol \cdot m^{-2} s^{-1*}$	$mg \cdot g^{-1}TS \cdot h^{-1**}$
Landpflanzen		
Phanerogamen		
Krautige Pflanzen		
C_4-Pflanzen	30–60(80)	60–140
C_3-Pflanzen		
Winterannuelle Wüstenpflanzen	20–40(60)	
Nutzpflanzen	20–40	30–60
Mesophyten sonniger Standorte	20–30(40)	30–60
Dünen- u. Strandpflanzen	20–30	
Frühjahrsgeophyten	15–20	25–40
Gebirgspflanzen	15–30	25–60
Hochstauden	10–20	30–40
Schattenkräuter	(2)5–10	10–30
Pflanzen trockener Standorte	15–30	15–40
Gräser und Seggen	5–15(20)	8–35
Wurzelhemiparasiten	(1)4–7	
Sproßhemiparasiten	2–8	
CAM-Pflanzen		
im Licht	(2)5–12	0,3–2
im Dunkeln	6–10(20)	1–1,5
Holzpflanzen		
Tropische Nutzpflanzen	10–15	
Tropische Pionierhölzer	12–20(25)	
Tropische Lianen (Lichtblätter)	15–20	
Bäume des tropischen Regenwaldes		
Lichtblätter	10–16	10–25
Schattenblätter	5–7	5–8
Jungpflanzen (extr. Schatten)	1,5–3(5)	
Breitlaubige Immergrüne der Subtropen und der warmgemäßigten Gebiete		
Lichtblätter	6–12(20)	
Schattenblätter	2–4	
Saisongrüne Laubbäume		
Lichtblätter	10–15(25)	
Schattenblätter	3–6	
Nadelbäume		
sommergrün	8–10	10–20
immergrün	3–6(15)	3–18
Mangrovebäume	4–8(12)	
Sklerophylle Bäume und Sträucher periodisch trockener Gebiete	4–10(16)	3–10(18)
Palmen	4–10(20)	
Bambus	4–6	
Wüstenkleinsträucher	(3)10–15(30)	(4)8–15(35)
Zwergsträucher der Heiden und Tundren		
sommergrün	6–15	15–30
immergrün	3–6(10)	4–10

Fortsetzung Tab. 2.4

Kryptogamen

Farne		
auf offenen Standorten	8–10	
Schattenfarne	2–5	
Moose	2–3	0,6–3,5
Flechten	0,3–2(4)	0,3–2,5(4)

Wasserpflanzen

Sumpfpflanzen, Schwimmpflanzen	12–25(30)	
Süßwassermakrophyten	1–4	(5)7–10(25)
Tange der Gezeitenzone	2–6	1–30(50)
Planktonalgen	(2)10–30 $mgO_2 \cdot mg^{-1}Chl.h^{-1}$	2–3

* Für den Vergleich des Leistungsvermögens verschiedener Pflanzentypen wird die Photosyntheseintensität auf die *Blattfläche* bezogen (auf die projizierte Blattfläche als Strahlungsempfänger, nicht auf die Gesamtoberfläche).
** Betrachtet man den CO_2-Gaswechsel in Zusammenhang mit dem Kohlenstoffhaushalt der Pflanze, so kann auf die *Blattmasse* (Trockengewicht der Assimilationsorgane) bezogen werden. Dann läßt sich ableiten, in welcher Zeit ein Blatt den Kohlenstoff für die Ausbildung eines Blattes von gleichem Kohlenstoffgehalt erwirbt. Daher wird das aufgenommene CO_2 in Gewichtseinheiten angegeben.

Tab. 2.5 Höchstwerte der Nettophotosynthese leistungsstarker Pflanzenarten bei normalem CO_2-Gehalt der Luft. Nach Angaben bei Bjӧrkman et al. (1972), Seeley und Kammereck (1977), Patterson und Duke(1979), Osmond et al. (1982), Marek (1980), Nelson (1984), Ceulemans und Saugier (1991), Nobel(1991b). Alle Angaben in $\mu mol\ CO_2 \cdot m^{2} \cdot s^{-1}$.

C₄-Pflanzen		**CAM-Pflanzen**	
Cenchrus ciliaris	68	*Agave mapisaga*	34
Pennisetum typhoides	64	*Agave fourcroydes*	23
Saccharum-Hybriden	64	*Opuntia ficus-indica*	20
Sorghum sudanese	57	**Holzpflanzen (C₃)**	
Zea mays	55	*Salix*-Arten	20–35
Tidestromia oblongifolia	50	*Populus tristis*	30
C₃-Pflanzen (krautige Arten)		*Populus*-Arten	20–25
Camissonia claviformis	60	*Hevea brasiliensis*	20–26
Triticum boeoticum	45	*Elais guineensis*	20–25
Typha latifolia	43	*Fraxinus pennsylvanica*	20–25
Oxyza sativa	40	*Ailanthus altissima*	20
Helianthus anuus	28	*Prosopis glandulosa*	20
Glycine max	27	*Eucalyptus pauciflora*	15–20
Eichhornia crassipes	20	*Pinus sylvestris*	17

tensitäten. Laublose *Sproßachsen* vermögen im Chlorenchym der Rinde und sogar in chloroplastenführendem Holzparenchym CO_2 zu binden. Der Ertrag ist aber sehr gering und spielt höchstens insofern eine Rolle, als dadurch ein Teil der Atmungsverluste der Zweige ausgeglichen wird. Bei Pflanzen, die längere Zeit laublos sind, wie z. B. die winterkahlen Bäume und Sträucher der gemäßigten Zone und laubabwerfende Pflanzen arider Gebiete, mag dies für die Kohlenstoffbilanz von Bedeutung sein. Für *grüne Früchte* gilt ähnliches: Die Photosyntheseleistung des Chlorenchyms ist nicht gewinnbringend, aber sie ist imstande, einen Teil der Atmungsverluste zu ersetzen.

Das untere Ende der Liste besetzen *Farne, Moose und Flechten* mit äußerst niedrigem Photosynthesevermögen. Diese Leistungsschwäche ist auf die Dünnschichtigkeit der Assimilationsorgane und, bei Flechten, u. a. auf spezifische Diffusionshindernisse, sowie den großen Anteil der Pilzschichten am Thallus zurückzuführen.

Eine Gruppe für sich sind die *Wasserpflanzen.* Die Werte für Planktonalgen sind mit den Photosynthesedaten für Sproßpflanzen schwerlich vergleichbar. Freilebende einzellige Algen sind selten ausreichend mineralstoffversorgt, daher die stark wechselnden, niedrigen Werte. Unter optimalen Kulturbedingungen im Experiment wurden von marinen Mikroalgen maximale Photosyntheseleistungen von 350–1000 µmol $CO_2 \cdot mg^{-1}$ Chlorophyll und Stunde erbracht[350]. Einige Makrophyten erreichen wohl Photosyntheseintensitäten wie Schattenkräuter, insgesamt zeigen submerse Wasserpflanzen doch eine eher schwache CO_2-Aufnahme. Ein Grund dafür ist der langsamere Nachschub von anorganischem Kohlenstoff. Zwar enthalten auch stehende Gewässer rund 160 mal so viel CO_2 wie die Luft, dieses wird aber im Wasser sehr viel langsamer an die Blätter herangeschafft als das CO_2 in der Luft an die Blätter der Landpflanzen. In Süßwassermakrophyten sind überdies die Transportmechanismen für HCO_3^- weniger gut ausgebildet wie in marinen Algen.

Genetisch bedingte Unterschiede im Photosynthesevermögen können sehr erheblich

Tab. 2.6 Maximale Nettophotosyntheseleistung (Ph_{max} in µmol $CO_2 \cdot m^{-2}s^{-1}$) und spezifische Gaswechselparameter bei Lichtsättigung und optimalem Alter der Blätter verschiedener Pappelklone. Der stomatäre Diffusionswiderstand r_s und der interne Restwiderstand r_R sind in $s \cdot cm^{-1}$ angegeben. Es zeigt sich, daß bei Pappeln die sortenspezifischen Leistungsunterschiede der Nettophotosynthese (Beupré:Nigra Ghoy wie 3:1) hauptsächlich auf Unterschiede im blattinternen CO_2-Transfer (4:1) zurückzuführen sind. Nach CEULEMANS et al. (1980).

Populus-Klon	Ph_{max}	r_s	r_R
Beaupré	**12,0**	3,12	8,03
Unal	11,5	2,78	8,45
Trichobel	11,1	*3,25*	**7,08**
Ghoy	10,6	1,65	14,08
Italica	9,8	1,77	9,74
Robusta	9,5	2,09	11,36
Columbia River	7,0	**0,73**	21,28
Nigra Ghoy	3,8	1,50	*33,56*

sein (Tab. 2.6). Sie sind eine Grundlage für die Züchtung ertragreicher landwirtschaftlicher, gärtnerischer und forstlicher Nutzpflanzen. Die Ursachen der spezifischen Unterschiede im Leistungsvermögen der Nettophotosynthese liegen in anatomischen Besonderheiten des Blattbaues, der Luftwegigkeit des Interzellularensystems, der Gestalt und der Verteilung der Spaltapparate sowie in der Wirksamkeit und Menge der Carboxylierungsenzyme.

2.2.3 Spezifische Aktivität der mitochondrialen Atmung

Die Atmungsaktivität einer Pflanze hängt vom Konstitutionstyp und von genotypischen Merkmalen ab, sie ist je nach Organ verschieden, und sie ändert sich mit dem Angebot an veratembaren Substrat, dem Entwicklungs- und Aktivitätszustand und mit den Umweltbedingungen. *Erbliche* Unterschiede beruhen auf spezifischen Formen von Schlüsselenzymen, die am Substratabbau und den Oxidationen beteiligt sind. Bei hohem *Zuk-*

Tab. 2.7 Erhaltungsatmung reifer Blätter im Sommer bei 20 °C zu Beginn der Nacht (nach Messungen zahlreicher Autoren). Im Laufe der Nacht sinkt häufig die Atmungsaktivität ab.

Pflanzengruppe	CO$_2$-Aufnahme	
	$\mu mol \cdot m^{-2} s^{-1}$	$mg \cdot g^{-1} TG \cdot h^{-1}$
Krautige Kulturpflanzen*	2–6	3–8
Krautige Wildpflanzen		
Sonnenkräuter	3–5	5–8
Schattenkräuter	1–3	2–5
Hemiparasiten	3–5(8)	
Holoparasiten	3–6	
Tropische Waldbäume		
Lichtblätter	0,3–0,5(2)	
Schattenblätter	0,05–0,2	
Sommergrüne Laubbäume		
Lichtblätter	1–2	3–4
Schattenblätter	0,2–0,5	1–2
Immergrüne Laubbäume der temperaten Zone		
Lichtblätter	0,8–1,4	um 0,7
Schattenblätter	0,2–0,5	um 0,3
Immergrüne Nadelbäume der borealen Zone		
Lichtangepaßte Nadeln	0,5–0,7	um 1
Schattennadeln	0,2–0,5	um 0,2
Nordische und alpine Ericaceenzwergsträucher		
sommergrün	0,6–1,5	2–3
immergrün	0,3–1	0,5–1,5
Wüstensträucher und Halbsträucher		0,8–1,5(3)
CAM-Pflanzen**		(0,2)0,5–1(2,5)
Submerse Sproßpflanzen		$mg\ O_2 \cdot g^{-1} \cdot h^{-1}$: (0,5)0,8–1,2(1,5)

* Zwischen C$_3$-Pflanzen und C$_4$-Pflanzen besteht in der Atmungsintensität kein signifikanter Unterschied (BYRD et al. 1992)
** Nur vereinzelte Daten vorhanden

kerspiegel (z. B. bei ergiebiger CO$_2$-Assimilation, nach Stärkehydrolyse bei niedrigen Temperaturen) wird die Atmung gesteigert, im Laufe der Nacht und bei Kohlenhydratverarmung sinkt die Atmungsintensität. Bei vermehrtem Bedarf an metabolischer Energie für Wachstum, Ionenaufnahme und in Streßsituationen ist die Atmung erhöht.

Unter verschiedenen Pflanzenarten treten spezifische Unterschiede in der Atmungsaktivität in einer Größenordnung von 1:10–1:20 auf. Eine Übersicht über morphologische, ökophysiologische und geoökologische *Konstitutionstypen* (Tab. 2.7) läßt erkennen, daß krautige Pflanzen, insbesondere raschwüchsige Arten, unter gleichartigen Bedingungen

doppelt so stark atmen wie das *Laub* sommergrüner Bäume. Dieses wieder atmet durchschnittlich fünfmal so lebhaft wie immergrüne Assimilationsorgane. Innerhalb der gleichen Gruppe atmen (bei 20 °C) Sonnenpflanzen deutlich kräftiger als Schattenpflanzen, Pflanzen der Arktis und der Hochgebirge stärker als solche aus wärmeren Ländern und Tallagen. Moose atmen sparsam (um 0,5 mg $\cdot$ g^{-1} $\cdot$ h^{-1})[727], Flechten je nach morphologischer Struktur und Standortverbreitung sehr unterschiedlich (0,5–2 mg $\cdot$ g^{-1} $\cdot$ h^{-1})[656]; Tange weisen Atmungsaktivitäten von 0,5–6 mg $\cdot$ g^{-1} $\cdot$ h^{-1} auf[90,626].

Innerhalb derselben Pflanze atmen *Blüten* und unreife *Früchte* stärker als Blätter[378].

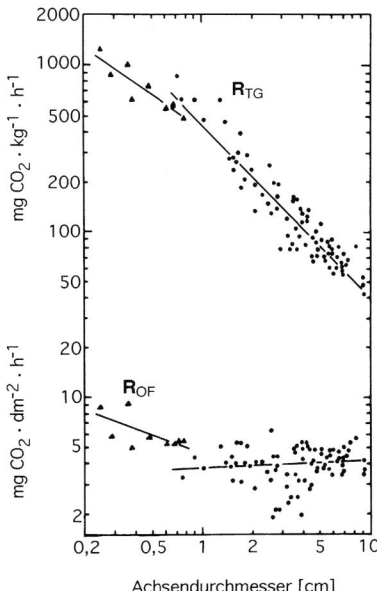

Abb. 2.19. Atmung verschieden dicker Zweige und Stämme von *Pinus densiflora*, bezogen auf das Trockengewicht (R_{TG}) und auf die Sproßoberfläche (R_{OF}). Dreiecke = diesjährige Zweige im Herbst; Punkte = 1- bis 11jährige Sproßachsen. Nach NEGISI (1974).

Äste und verholzte Wurzeln sind ähnlich atmungsaktiv wie Stämme[531], Zweige und dünne Äste im Wipfelbereich der Bäume atmen lebhafter[737] (Abb. 2.19). In der Stammatmung gibt es große Unterschiede zwischen verschiedenen Baumarten (im Sommer zwischen 2 und 5 mg $CO_2 \cdot dm^{-2} \cdot h^{-1}$ bei Durchmessern von 10–20 cm).

In verholzten Achsen und Wurzeln sind vor allem die Rinde, das Kambium und die äußersten Zellschichten des Holzkörpers atmungsaktiv. Bezieht man die bei einer bestimmten Temperatur gemessene Atmungsintensität verschieden dicker Zweige, Äste und Baumstämme auf das Frisch- oder Trockengewicht (Umsatz pro Masseneinheit), so fällt der Wert mit größerem Durchmesser ab, weil das Verhältnis Rindenmasse zu Holzmasse mit der Dickenzunahme kleiner wird. Bei Bezug der Atmungsintensität auf die Peridermoberfläche (Gasaustausch pro Oberflächeneinheit) bleibt der Wert über weite Größenklassen gleich. Bei Pflanzenorganen mit hohem Gehalt an toter Gerüstsubstanz emp-

fiehlt es sich, die Atmungsaktivität auch auf den Proteingehalt oder den Gehalt an Proteinstickstoff zu beziehen.

2.2.4 Der Einfluß von Entwicklung und Aktivitätszustand auf Atmung und Photosynthesevermögen

Atmungsaktivität und Photosynthesevermögen sind für eine Pflanzenart zwar bezeichnende, aber nicht konstante Größen. Innerhalb derselben Pflanze ändert sich das Gaswechselverhalten im Laufe der Individualentwicklung und im Zusammenhang mit jahreszeitlichen und sogar tageszeitlichen Aktivitätsschwankungen.

Atmung und Alter

Jüngere Pflanzen atmen heftiger als ältere, wachsende Pflanzenteile atmen besonders stark. Über einen Rückkopplungsmechanismus wird die respiratorische ATP-Bildung den Bedürfnissen entsprechend geregelt. In Keimpflanzen, Wurzelspitzen, beim Laubaustrieb und in heranwachsenden Früchten beträgt die *Aufbauatmung* das Drei- bis Zehnfache der normalen *Erhaltungsatmung*. Mit zunehmender Ausdifferenzierung und Ausreifung der Gewebe sinkt die Aktivität in der Regel auf das niedrigere Niveau der Erhaltungsatmung (Abb. 2.20 und 2.21). Wenn die Abbauvorgänge des Alterns einsetzen, kann es in Blättern und Früchten mancher Pflanzenarten zu einem vorübergehenden *klimakterischen Atmungsanstieg* kommen. Dieser ist ein Zeichen eines veränderten Stoffwechsels, der sich durch die Verfärbung des Laubes und durch die Abgabe gasförmiger Stoffwechselprodukte bei Früchten (z. B. Ethylen) zu erkennen gibt.

Photosynthese und Entwicklung

Das Photosynthesevermögen ändert sich im Zuge der Entwicklung fortlaufend. In der *Austriebsphase* ist das Photosynthesevermögen anfänglich so gering, daß es mit der gleichzeitigen, sehr intensiven Aufbauatmung nicht mithält. Blätter, die ihr Flächenwachstum noch nicht abgeschlossen haben, neh-

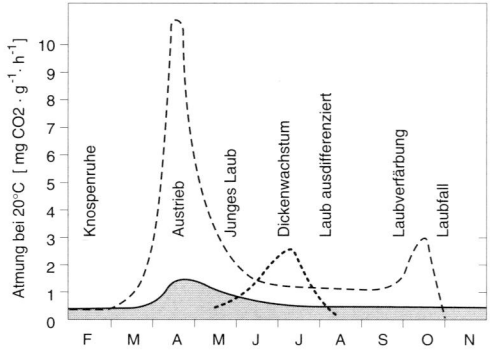

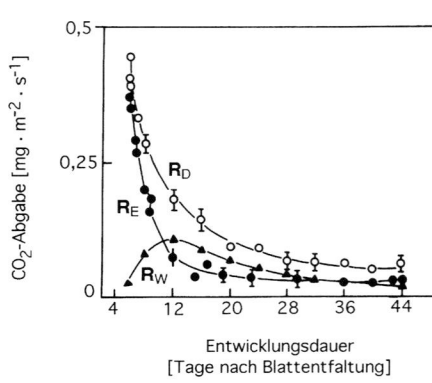

Abb. 2.20. Mitochondriale Atmungsaktivität der Blätter von sommergrünen (*durchbrochene Linie*) und immergrünen Bäumen (*gerasterte Fläche*) und gesteigerte Achsenatmung (*punktierte Kurve*) im Vegetationsverlauf. Nach EBERHARDT (1955), PISEK und WINKLER (1958), NEGISI (1966), MALKINA und CELNIKER (1990), PAEMBONAN et al.(1992).

Abb. 2.21. Verlauf der mitochondrialen Atmung während der Entfaltung des Primärblattes von *Phaseolus vulgaris* und Anteil der Erhaltungsatmung (R_E) und der Wachstumskomponente (R_W) an der Gesamtatmung (Dunkelatmung R_D). Nach KAŠE und ČATSKÝ aus TICHÁ et al. (1985).

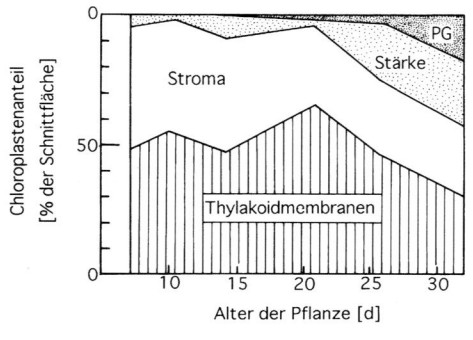

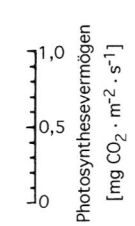

◁ Abb. 2.22. Veränderungen in der Chloroplastenstruktur und in der Photosyntheseleistung während der Entwicklung und Alterung des Primärblattes von *Phaseolus vulgaris*. *Oben*: Relativer Anteil der Strukturkomponenten im Chloroplasten. PG = Plastoglobuli. Nach KUTÍK et al. (1988). *Unten*: Photosynthesevermögen (Ph_{max}), photosynthetische Strahlungsnutzung (Φ_a: Anstiegswinkel der Lichteffektkurve, bezogen auf die absorbierte Strahlung) und Lage des Lichtkompensationspunktes (I_K). Nach ČATSKÝ und TICHÁ (1980).

men nicht genügend Licht auf, ihre Chloroplasten sind noch nicht genügend ausgestaltet und die Carboxylierungsleistung ist nicht auf voller Höhe (Abb. 2.22). Das noch junge, aber schon voll ausdifferenzierte Laub steht

auf dem Höhepunkt des Leistungsvermögens. Schon nach Tagen bis Wochen läßt dieses bei manchen krautigen Pflanzen nach und fällt mit zunehmendem Alter weiter ab. Kurz vor dem Einziehen schwindet das Photosyn-

Abb. 2.23. Abhängigkeit der Photosynthesekapazität von der Insertion und dem Alter aufeinanderfolgender Blätter der Sojapflanze. Obwohl das Leistungsvermögen der einzelnen Blätter bald nach deren Ausdifferenzierung nachläßt, kann die Pflanze als Ganzes doch aufgrund der immer wieder neu nachwachsenden Blätter langfristig eine hohe Photosyntheseleistung aufrecht erhalten. *Unten*: Abfolge und Größe der Blätter. Nach Woodward (1976).

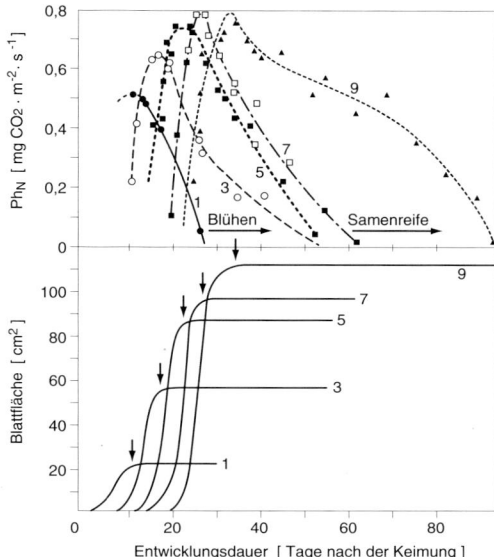

thesevermögen durch den Chlorophyllabbau und die Chloroplastendegeneration völlig.

Bei *krautigen Pflanzen* mit raschem Entwicklungsablauf unterscheidet sich das Photosynthesevermögen der einzelnen Blätter am Sproß je nach Entfaltungszeitpunkt und Differenzierungszustand mitunter erheblich. Durch die fortlaufende Anlage und Entfaltung neuer Blätter erfolgt ein *Leistungsausgleich*, wodurch die Pflanze als Ganzes über die gesamte Vegetationsperiode eine ziemlich gleichmäßige CO_2-Aufnahme aufrechterhält (Abb. 2.23).

In den Blättern der *sommergrünen Laubbäume* ist innerhalb von 20 Tagen nach der Laubentfaltung die volle Ausstattung der Photosysteme I und II vorhanden, so daß im Frühsommer die Photosynthese auf ihrem Aktivitätsgipfel steht. Je nach dem spezifischen Verhalten der Lauberneuerung und Laubalterung der verschiedenen Baumarten gibt es große Unterschiede im Verlauf der Photosyntheseaktivität (Abb. 2.24). Pionierarten des frühen Sukzessionsstadiums wie Birken, Erlen und Pappeln erweitern ihre Krone fortlaufend, ihre Blätter sind photosynthetisch äußerst leistungsfähig, aber kurzlebig. Waldbäume des Klimaxstadiums wie Ahorn, Hainbuchen und Eichen treiben schubweise aus, die Blätter sind leistungs-

schwächer, ihre Photosyntheseaktivität bleibt aber bis zum Vergilben fast unverändert erhalten. In *immergrünen Holzpflanzen* verzögert sich der Leistungsrückgang wesentlich nach Maßgabe der Funktionsdauer der mehrjährigen Blätter, wobei das Photosynthesevermögen jahrgangsweise absinkt.

Während der *Blühphase* und der *Fruchtausbildung* ist an Obstbäumen und Feldfrüchten, aber auch an Wildpflanzen, ein Anstieg der Photosyntheseleistung beobachtet worden. Entfernt man die Früchte, so sinkt die CO_2-Aufnahme ab (Abb. 2.25). Hier spielt die Ableitung von Kohlenhydraten in die Früchte eine große Rolle. An solchen Regulationen, die auf den Assimilathaushalt der ganzen Pflanze abgestimmt sind, beteiligen sich Phytohormone.

Das Photosynthesevermögen ändert sich *jahreszeitlich* auch im Zuge der Anpassung an wechselnde *Umweltbedingungen*. Kräuter im Unterwuchs laubabwerfender Wälder sind auf die Schwankungen des Lichtklimas unter den Baumkronen eingestellt (Abb. 2.26). Ausdauernde Pflanzen in Gebieten mit abwechselnden Regen- und Trockenzeiten bilden saisondimorphe Blätter mit unterschiedlichem Photosyntheseverhalten aus. In den Blättern und Nadeln immergrüner Bäume der gemäßigten Zone wird zu Winter-

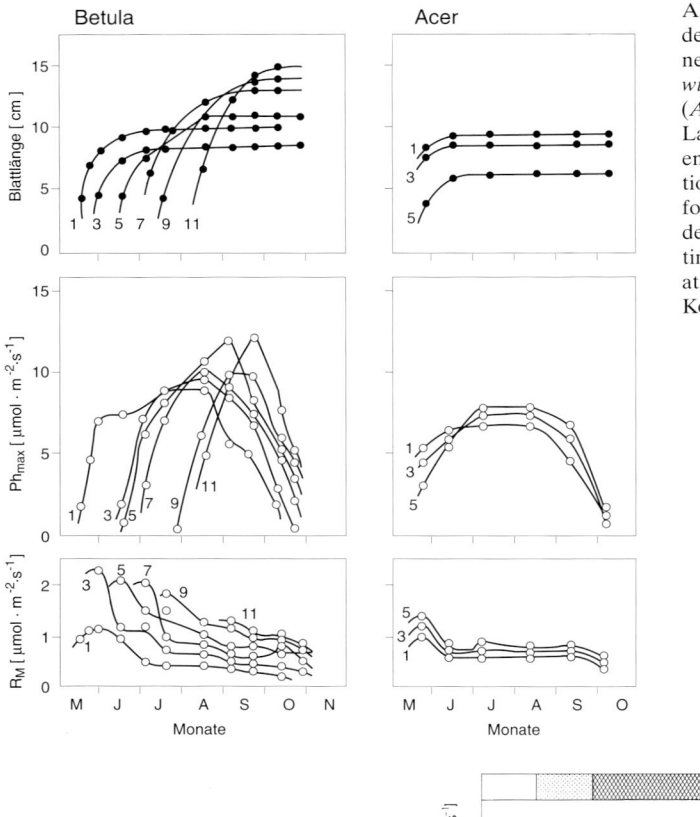

Abb. 2.24. Jahreszeitlicher Verlauf des Photosynthesevermögens in einem Pionierbaum (*Betula maximowicziana*) und in einem Waldbaum (*Acer mono*) aus der sommergrünen Laubwaldzone in Japan. *Oben*: Laubentwicklung während der Assimilationsperiode (Zahlen = Laubabfolge); *Mitte*: Photosyntheseleistung der Blätter bei Lichtsättigung und optimaler Temperatur. *Unten*: Dunkelatmung der Blätter bei 20 °C. Nach KOIKE (1990).

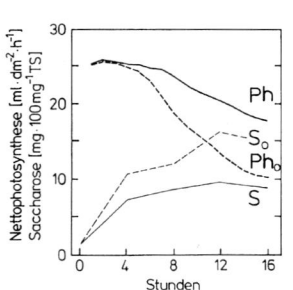

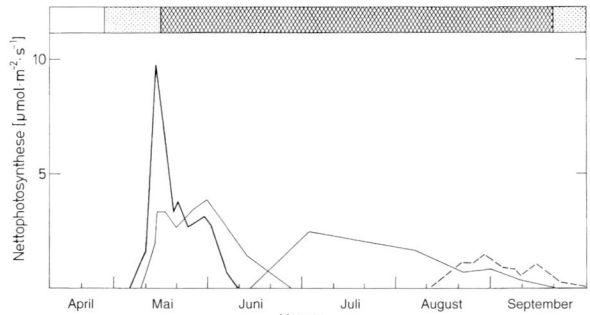

Abb. 2.25. Einfluß des Fruchtbehanges auf die Photosynthesekapazität der Blätter von *Solanum melongena*. (Ph) Photosynthese von Blättern auf Pflanzen mit Fruchtbehang und (Ph₀) auf Pflanzen ohne Früchte. (S) Saccharosegehalt der Blätter auf Pflanzen mit Früchten und (S₀) auf Pflanzen ohne Früchte. Bei Dauerbeleuchtung mit hohen Strahlungsintensitäten ermüdet die Photosynthese früher in Pflanzen ohne Fruchtbehang wegen des Assimilatstaus in den Blättern. Nach CLAUSSEN und BILLER (1977).

Abb. 2.26. Phänologische Anpassung der Photosynthesekapazität von *Pulmonaria obscura* im Unterwuchs eines Eichenwaldes an jahreszeitlich veränderte Lebensbedingungen. Die beste Leistungsfähigkeit zeigen *Frühjahrsblätter* (dicke Linie), die vor der Belaubung der Baumschicht entfaltet werden. Sobald die Bäume voll belaubt sind und im Unterwuchs Lichtmangel eintritt, altern die Frühjahrsblätter schnell und werden durch schattenangepaßte *Sommerblätter* (dünne Linie) und *Herbstblätter* (strichliert) ersetzt. Hell gerastert: Laubaustrieb und Vergilbung der Bäume. Dunkel gerastert: Schattenphase während voller Belaubung der Baumkronen. Nach GORYŠINA(1969).

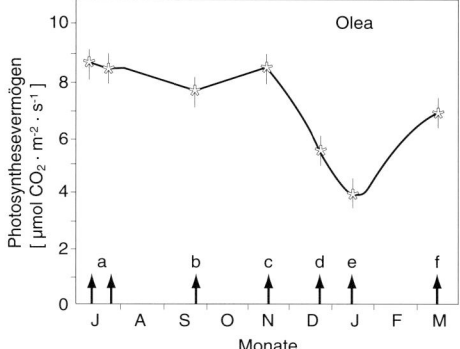

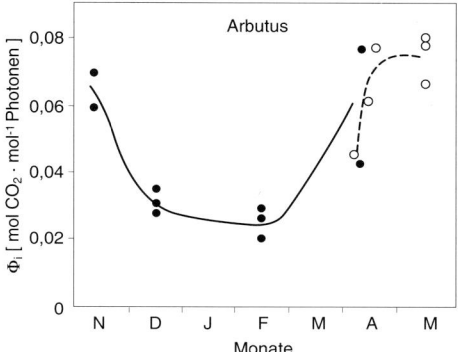

Abb. 2.27. Jahreszeiteneinfluß auf das Photosynthesevermögen. *Links:* Photosynthesevermögen von *Olea europaea*, gemessen unter standardisierten Bedingungen (600 μmol Photonen m^{-2} s^{-1}, optimale Temperatur, wassergesättigt, 30 Pa CO_2). a = diesjährige Blätter zu Beginn des Sommers; b = nach einer kurzen spätsommerlichen Trockenperiode; c = während der Herbstregenzeit; d = im Winter vor Eintreffen erster

Fröste; e = während einer Periode mit Nachtfrösten bis −5 °C; f = vorjährige Blätter im Frühjahr. Nach Daten aus LARCHER (1961). *Rechts:* Photosynthetische Strahlungsnutzung durch Blätter von *Arbutus unedo* in Portugal. Φ_i = Steigung des linearen Astes der Lichteffektkurve bei CO_2-Sättigung, bezogen auf die einfallende PhAR. (●) Ausgereifter Blattjahrgang; (○) Neutrieb. Nach BEYSCHLAG et al. (1990).

beginn das photosynthetische Leistungsvermögen herabgesetzt (Abb. 2.27).

2.2.5 Die Wirkung von Außenfaktoren auf den CO_2-Gaswechsel

Der CO_2-Gaswechsel folgt dem ständigen Wechsel der Außenfaktoren. Der *photochemische* Prozeß reagiert in erster Linie auf das Strahlungsangebot. Die *biochemischen* Vorgänge der Photosynthese werden durch das CO_2-Angebot, die Temperatur, die Wasser- und Mineralstoffversorgung beeinflußt. Der *stomatäre* Eintritt von CO_2 in das Blatt wird vor allem durch Auswirkungen eines erniedrigten Wasserpotentials limitiert. Für die Intensität des respiratorischen Gaswechsels ist unter den Umweltfaktoren in erster Linie die Temperatur ausschlaggebend. Toxische Umwelteinflüsse beeinträchtigen alle Teilprozesse des CO_2-Gaswechsels.

Verlaufsformen des CO_2-Gaswechsels
Unter der Einwirkung der klimatischen Umweltfaktoren (Strahlung, Temperatur und Luftfeuchtigkeit) und der Bodenfaktoren (Wasserversorgung und Mineralstoffangebot), ergeben sich zweierlei Verlaufsformen[60] der CO_2-Aufnahme:

Sättigungsverläufe sind bezeichnend für die Reaktion auf Umweltfaktoren, die mit zunehmendem Angebot die Photosynthese fördern und ab einer bestimmten Schwelle keine weitere Steigerung bewirken, aber auch über einen weiten Bereich hoher Dosierung nicht unmittelbar stören. Musterbeispiele für diesen Verhaltenstypus sind die Sättigungsverläufe bei erhöhtem CO_2-Angebot (siehe Abb. 2.13) und bei zunehmender Strahlungsintensität (siehe Abb. 2.28). Sättigungsverläufe lassen erkennen, wann der veränderte Außenfaktor die Geschwindigkeit der Assimilationsprozesse nicht mehr *allein* begrenzt. Die Lage der Sättigungsgrenze ist spezifisch und kann zur Charakterisierung des Pflanzenverhaltens benützt werden. Je später eine Sättigung eintritt, um so größer ist der photosynthetische Gewinn. Bei schädlicher Überdosierung können Sättigungsverläufe in einen *Pessimalbereich* übergehen. Dies läßt sich bei hohen Strahlungsintensitäten (siehe Abb. 2.30) und bei Einwirkung von toxischen Konzentrationen mancher Mineralstoffe beobachten.

Optimumverläufe sind stets Ausdruck einer Empfindlichkeit gegenüber Unter- und Überdosierung von Außenfaktoren. Die Breite des Optimumbereiches ist ein Maß für die ökophysiologische Flexibilität der Art. Die Photosynthese reagiert sehr charakteri-

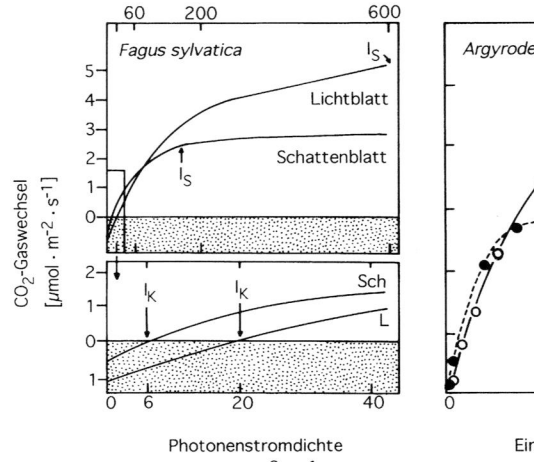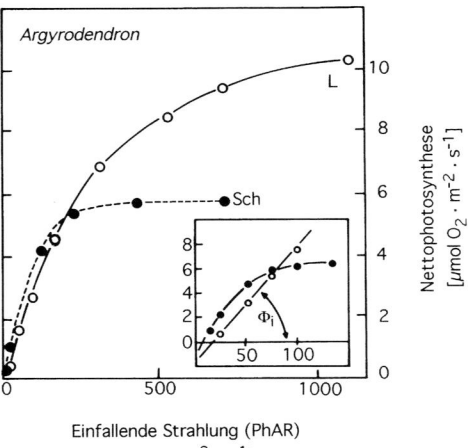

Photonenstromdichte
$[\mu mol \cdot m^{-2} \cdot s^{-1}]$

Einfallende Strahlung (PhAR)
$[\mu mol \cdot m^{-2} \cdot s^{-1}]$

Abb. 2.28. Lichtabhängigkeit der Photosynthese von Sonnen und Schattenblättern. *Links:* Blätter der Buche (*Fagus sylvatica*) vom Wipfel (L) und aus dem Kroneninneren (Sch). Der Schwachlichtbereich ist in der unteren Teilabbildung mit verlängerter Abszisse dargestellt. Schattenadaptierte Blätter atmen schwächer als Lichtblätter, sie erreichen bei einer geringeren Beleuchtungsstärke die Lichtkompensation (I_K) und nützen auch nachher geringe Helligkeit besser aus, sie sind aber früher lichtgesättigt (I_S). Messungen bei 30 °C und 30 Pa CO_2. Nach RETTER (1965). *Rechts:* Blätter von der Kronenperipherie (L) und der Kronenbasis (Sch) von *Argyrodendron*, einem schattentoleranten Baum tropischer Regenwälder. Messung der photosynthetischen Sauerstoffabgabe bei CO_2-Sättigung. Die Steigung Φ_i des linearen Astes der Lichteffektkurve entspricht der Lichtquantennutzung. Nach PEARCY aus ANDERSON und OSMOND (1987).

stisch auf Temperaturänderungen in Form einer Optimumkurve (siehe Abb. 2.37). Bei Flechten und Moosen treten Optimumverläufe der CO_2-Aufnahme in Abhängigkeit von der Wassersättigung der Thalli auf (siehe Abb. 2.44).

Limitierung der photosynthetischen Leistungsfähigkeit durch Umweltfaktoren

Nur selten sind alle Umweltfaktoren für eine intensive CO_2-Aufnahme günstig. Meistens wirkt der eine oder andere Faktor in unangemessener Intensität ein. Herrschen ungünstige Verhältnisse nur kurzzeitig, dann bleibt die Leistungseinbuße gering. Schlimmer sind die Folgen, wenn die Außenfaktoren zur Belastung für die Pflanze werden. *Vorübergehende Beeinträchtigung* der Photosynthese, etwa durch kurzzeitigen Wassermangel, zu kalte oder zu heiße Witterung führt zur Verminderung des Kohlenstoffgewinns nach Maßgabe der Andauer des ungünstigen Zeitraums. Sind die Belastungen heftig oder dauern sie lange, so benötigt die Pflanze nach Besserung der Lebensbedingungen längere Zeit

für reparative Vorgänge, falls sie sich überhaupt erholt; man spricht dann von *Streßnachwirkung*.

Adaptierung der photosynthetischen Leistungsfähigkeit

Zur genetisch vorgegebenen Verhaltensnorm einer Pflanze gehört nicht nur ihre unmittelbare Reaktion auf veränderliche Außenfaktoren, sondern auch das Ausmaß ihrer Fähigkeit, sich an die vorherrschenden Umweltbedingungen und sogar an Belastungen anzupassen. Eine große Adaptationsbereitschaft verbessert und erhält die photosynthetische Leistungsfähigkeit unter veränderten Verhältnissen. Adaptationen führen zu *Optimierung* und *Harmonisierung*. Beide Tendenzen erfolgen über Regulationen, die nicht auf höchste Leistung abzielen, sondern einen Kompromiß zwischen Gewinn und Risiko herbeiführen. Ein eindrucksvolles Beispiel hiefür ist das sensible Spiel der Schließzellen, das den CO_2/H_2O-Gaswechsel so einstellen kann, daß die Pflanze weder verhungern noch verdursten muß.

Abb. 2.29. Abhängigkeit der Nettophotosyntheseintensität senkrecht beleuchteter Blätter von der Photonenstromdichte bei optimaler Temperatur und natürlichem CO_2-Angebot. Nach Messungen zahlreicher Autoren.

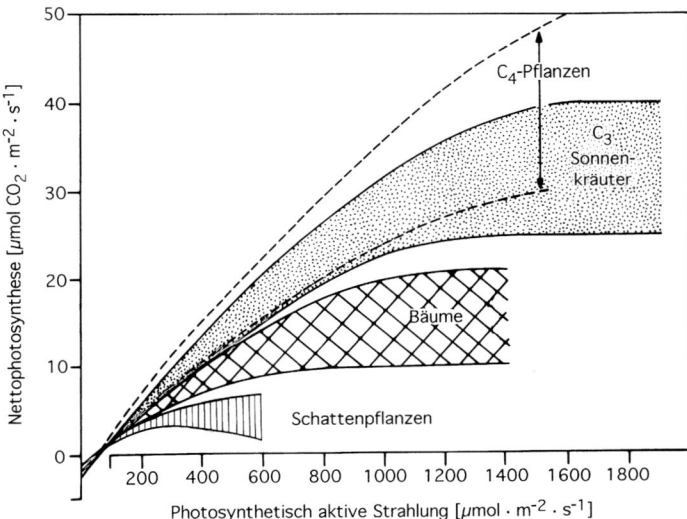

2.2.5.1 Die Lichtabhängigkeit der Nettophotosynthese

Die Lichtabhängigkeitskurve

Bei sehr geringer Strahlungsaufnahme der Blätter kann die CO_2-Freisetzung durch die Atmung größer sein als die CO_2-Fixierung durch die Photosynthese; es resultiert dann eine apparente CO_2-Abgabe. Verarbeitet die Photosynthese gerade so viel CO_2, wie die gleichzeitige Atmung freisetzt, so daß kein Gasaustausch feststellbar ist, dann spricht man von Lichtkompensation.

Als Maß für den *Lichtkompensationspunkt* I_K wird die Strahlungsintensität bei Gaswechselgleichgewicht angegeben (Abb. 2.28). Pflanzen, die stark atmen, benötigen mehr Licht für die Kompensation als schwache Atmer. Nach Überschreiten des I_K steigt die CO_2-Aufnahme zunächst linear an, was auf eine direkte *Proportionalität* zwischen Strahlungsangebot und Photosyntheseertrag hinweist. Die Geschwindigkeit der Lichtreaktionen ist in diesem Bereich entscheidend für den Gesamtprozeß; je größer die *Quantenausbeute* Φ_a ist, um so steiler ist die Steigung der Lichtabhängigkeitskurve im Proportionalitätsbereich („*photosynthetische Effizienz*", Φ_i, angegeben in mol CO_2 pro Mol einfallende Photonen). Ein steiler Anstiegswinkel der Lichteffektkurve ist daher Ausdruck einer guten Lichtquantenausnützung. Bei sehr

hohen Bestrahlungsstärken nimmt schließlich die Photosyntheseleistung weniger oder gar nicht mehr zu, die Reaktion ist *lichtgesättigt* (I_S). Dann wird die Geschwindigkeit der CO_2-Aufnahme nicht mehr durch die photochemischen, sondern durch die enzymatischen Vorgänge und durch das CO_2-Angebot begrenzt. Die Lage der Kardinalbereiche I_K und I_S ist auf die Lichtverhältnisse am natürlichen Standort der Pflanzen abgestimmt und bezeichnend für die verschiedenen Pflanzentypen (Tab. 2.8).

Vergleicht man die Lichteffektkurven verschiedener Pflanzentypen miteinander (Abb. 2.29), so fallen zunächst die *C₄-Pflanzen* auf: Hirse und Mais erreichen selbst bei höchsten Beleuchtungsstärken die volle Lichtsättigung nicht, und auch bei mittleren Helligkeiten assimilieren sie ergiebiger als C₃-Pflanzen. Das Gegenstück sind Pflanzen, deren Photosyntheseapparat empfindlich gegen Starklicht ist, weshalb deren Lichtabhängigkeit ein Strahlungsoptimum aufweist (Abb. 2.30). Dazu gehören Pflanzen im Unterwuchs dichter Wälder, Wasserpflanzen und verschiedene Kryptogamen.

Anpassungen an das Strahlungsangebot

Schattenblätter atmen schwächer als Lichtblätter, sie kompensieren daher auch bei wesentlich geringerer Helligkeit. Im allgemeinen liegt der I_K von Schattenkräutern und

Tab. 2.8 Lichtabhängigkeit der Nettophotosynthese von Einzelblättern bei natürlichem CO_2-Angebot und optimaler Temperatur (nach Messungen zahlreicher Autoren).

Pflanzengruppe	Lichtkompensation I_K [μmol Photonen m^{-2}·s^{-1}]	Lichtsättigung I_S [μmol Photonen m^{-2}·s^{-1}]
Landpflanzen		
Krautige Blütenpflanzen		
C_4-Pflanzen	20–50	>1500
Wüstenpflanzen		>1500
Landwirtschaftl. Nutzpflanzen (C_3)	20–40	1000–1500
Sonnenkräuter	20–40	1000–1500
Frühjahrsgeophyten	10–20	300–1000
Schattenkräuter	5–10	100–200(400)
Holzpflanzen		
Tropische Waldbäume		
Lichtblätter	15–25	(400)600–1500
Schattenblätter	um 10	200–300
Jungpflanzen	2–5	50–150
Sommergrüne Laubbäume und Sträucher		
Lichtblätter	20–50(100)	600->1000
Schattenblätter	10–15	200–500
Außertropische immergrüne Laubbäume		
Lichtblätter	10–30	600–1000
Schattenblätter	2–10	100–300
Coniferen		
Lichttriebe	30–40	800–1100
Schattentriebe	2–10	150–200
Farne		
auf sonnigen Standorten	um 50	400–600(800)
Schattenfarne	1–5	50–150
Moose	5–20	150–300
Flechten	50–150	300–600
Wasserpflanzen		
Planktonalgen		200–500
Gezeitentange	5–8	200–500
Tiefenalgen	2	150–400
Submerse Sproßpflanzen	8–20(30)	(60)100–200(400)

Baumsämlingen dunkler Wälder bei 5 μmol Photonen · m^{-2}s^{-1}. Schattenblätter nützen außerdem schwaches Licht besser aus als die Lichtblätter und erreichen sehr früh ihre Lichtsättigung. Die Sonnenpflanzen verwerten dagegen dank größerer Leistungsfähigkeit des Elektronentransportsystems und höherer Carboxylaseaktivität starke Strahlung besser und erbringen dadurch bedeutend höhere Photosyntheseausbeuten (Tab. 2.9 und Tab. 2.10).

Die modifikative (phänotypische) *Anpassung an das Lichtklima* des Standorts erfolgt hauptsächlich während der Anlage und Ausdifferenzierung der Assimilationsorgane. Dabei entstehen jene morphologischen (siehe Abb. 1.31), histologischen (Abb. 2.31), feinstrukturellen und biochemischen Merkmale (siehe Tab. 2.9), die das bezeichnende CO_2-Gaswechselverhalten der Starklicht- und Schwachlichtausprägungsformen bedingen. Ausmaß und Geschwindigkeit aller dieser Adaptationsvorgänge sind durch die erbliche Konstitution in einem bestimmten Rahmen vorgegeben: Starklichtgenotypen realisieren das für Sonnenpflanzen typische Pho-

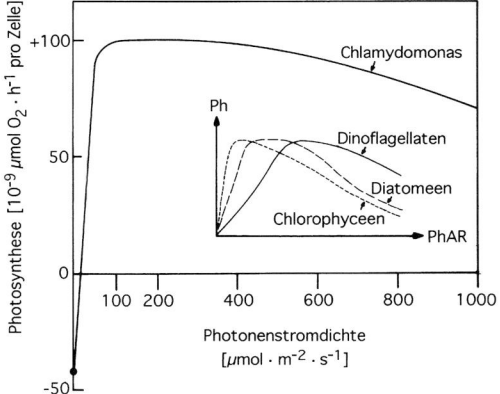

Abb. 2.30. Optimumverlauf der photosynthetischen Lichteffektkurve bei Planktonalgen. In Grünalgen (*Chlamydomonas reinhardii*) setzt eine Photosynthesehemmung schon früh ein. Diatomeen haben einen breiteren Optimumbereich, Dinoflagellaten brauchen höhere Lichtintensitäten für optimale Photosynthese. Aus NEALE (1987) und OTT (1988).

tosyntheseverhalten nur bei hohem Lichtgenuß; Schattengenotypen verstärken bei Lichtmangel ihren Schattencharakter erheblich. Schattenpflanzen können immerhin durch Adaptation an allmählich gesteigerte Helligkeit erreichen, daß ihnen höhere Strahlungsintensitäten weniger schaden.

Lichtabhängigkeit der Photosynthese unter Standortbedingungen

Wenn nicht andere Standortfaktoren, etwa Wasserversorgung und Temperatur, den Gaswechsel einschränken, folgt unter Freilandbedingungen die Nettophotosynthese dem Strahlungsangebot bis in den Lichtsättigungsbereich. Für C_4-Pflanzen bedeutet dies, daß sie an vollkommen sonnigen Tagen auch die Mittagshelligkeit voll ausnützen (Abb. 2.32 und Abb. 2.33). Die Photosynthese der C_3-Pflanzen folgt der Strahlungszunahme, solange sie den Lichtsättigungsbereich der Blätter in ihrem Tagesgang nicht überschreitet. Vorüberziehende helle Wolken wirken sich bei Sonnenpflanzen auf die Photosyntheseintensität der Blätter wenig aus, wohl aber stärkere Helligkeitsschwankungen bei wechselnder Bewölkung. Die Schattenpflanzen am Waldboden und die Schattenblätter im Inne-

Tab. 2.9 Unterschiede zwischen starklichtadaptierten Blättern und Schattenblättern. Nach Befunden zahlreicher Autoren.

Merkmal	Stark-licht-blätter	Schatten-blätter
Blattmerkmale		
Blattflächenausdehnung (Oberfl. / Trockengew.)	-	+
Innere Oberfläche (A_{mes} / A*)	+	-
Mesophylldicke	+	-
Palisadenschichtdicke	+	-
Stomatadichte	+	-
Chloroplastenzahl pro Blattfläche	+	-
Chloroplastenmerkmale		
Chloroplastengröße	-	+
Stroma / Thylakoid-Volumen	+	-
Thylakoide per Granum	-	+
Chlorophyllmenge pro Chloroplast	-	+
Chlorophyll a / b	+	-
P_{700} / Chlorophyll	×	×
P_{680} / Chlorophyll	+	-
CF_1 / Chlorophyll	+	-
α-Carotin / βCarotin	-	+
Lutein / V+A+Z Xanthophylle**	-	+
Elektronentransportkette	+	-
Funktionsmerkmale		
Aktivität der Photosysteme	+	-
Geschwindigkeit des Elektronentransports	+	-
ATP-Synthetase-Aktivität / Chlorophyll	+	-
Aktivität der RuBP-Carboxylase	+	-
Lichtquantenausbeute	×	×
Carboxylierungseffizienz	+	-
Photosynthesevermögen	+	-
Mitochondriale Atmung	+	-

+ höher, mehr, intensiver
− niedriger, weniger
× kein eindeutiger Unterschied
* Mesophyllzelloberfläche / Blattoberfläche
** Violaxanthin + Antheraxanthin + Zeaxanthin

Tab. 2.10 Vergleich charakteristischer Ausprägungen in Sonnen- (So) und Schattenblättern (Scha) der Buche (*Fagus sylvatica*) und des Efeus (*Hedera helix*), und Adaptationsamplitude der verschiedenen Merkmale. Nach Lichtenthaler et al. (1981) und Hoflacher und Bauer (1982).

Merkmal		Fagus sylvatica			Hedera helix		
		So	Scha	So/Scha	So	Scha	So/Scha
Blattoberfläche	[cm²]	28,8	48,9	0,6			
Blattdicke	[µm]	185	93	2	409	221	1,85
Oberflächenentwicklung	[dm² · g⁻¹ TS]				0,97	2,6	0,37
Stomatadichte	[N · mm⁻²]	214	144	1,5			
Stomatäre Leitfähigkeit	[cm · s⁻¹]				0,65	0,33	2
Chloroplastenzahl							
pro Blattoberfläche	[10⁹N · dm⁻²]				5,09	2,45	2,4
pro Blattvolumen	[10⁹N · cm⁻³]				1,24	1,11	1,1
Chlorophyllkonzentration (a+b)							
Chl/Blatt	[mg/Blatt]	1,6	1,9	1,2			
Chl/Oberfläche	[mg · dm⁻²]				8,7	5,5	1,6
Chlorophyll a/b		3,9	3,9	1,3	3,3	2,8	1,2
RuBP-Carboxylaseaktivität	[µmol CO₂ · dm⁻²·h⁻¹]				398	202	2
Nettophotosynthesevermögen	[mg CO₂ · dm⁻²·h⁻¹]	3,5	1,3	2,7	22,3	9,4	2,4
Lichtkompensationspunkt	[W · m²]	2,5	1	2,5			
Lichtsättigung der Nettophotosynthese	[W · m⁻²] [µmol · m⁻²·s⁻¹]	85	44	1,9	600	250	2,4
Dunkelatmung	[mg · dm⁻²·h⁻¹]	0,5	0,16	3,1			

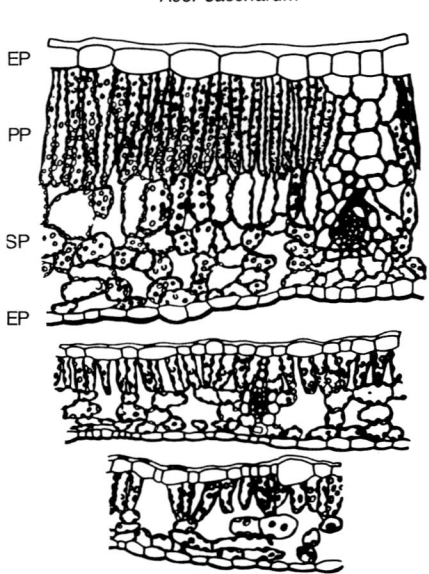

Acer saccharum

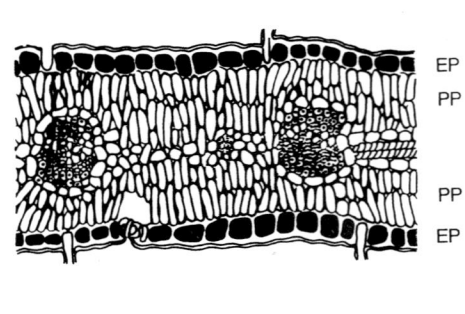

Prosopis farcta

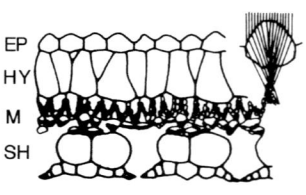

Psychotria suerrensis

Abb. 2.32. Schematisierter Tagesverlauf des CO_2-Gaswechsels in Abhängigkeit vom Strahlungsangebot. *C4-Pflanzen* können auch größte Beleuchtungsstärken photosynthetisch ausnützen, der Tagesverlauf ihrer CO_2-Aufnahme folgt durchgehend dem Verlauf der Strahlungsintensität. Bei *C3-Pflanzen* erreicht die Photosynthese früher ihre Lichtsättigung, starke Einstrahlung wird daher nicht vollständig ausgenützt. Schattenpflanzen, die auf gute Ausnützung von Schwachlicht eingestellt sind, nehmen am frühen Morgen und am späten Abend sowie bei wechselnder Beschattung mehr CO_2 auf als die Sonnenpflanzen, größere Helligkeit können sie nicht verwerten (W. LARCHER).

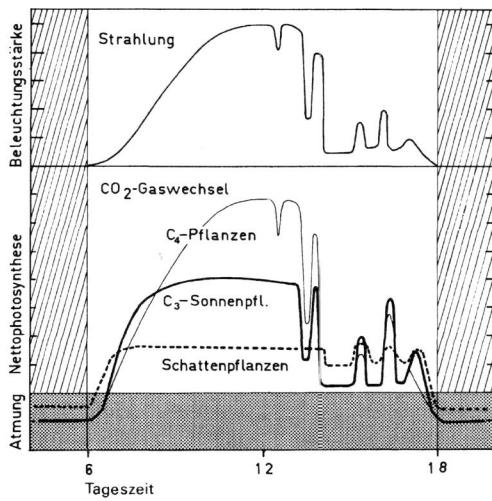

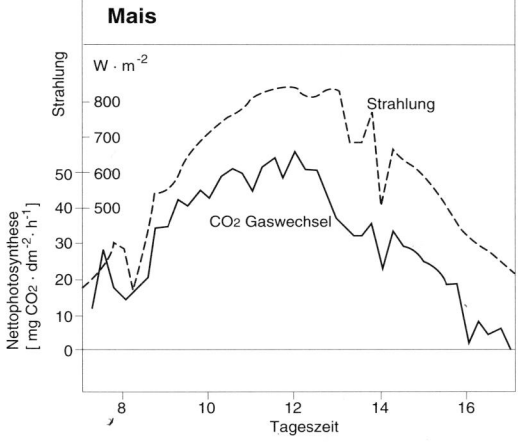

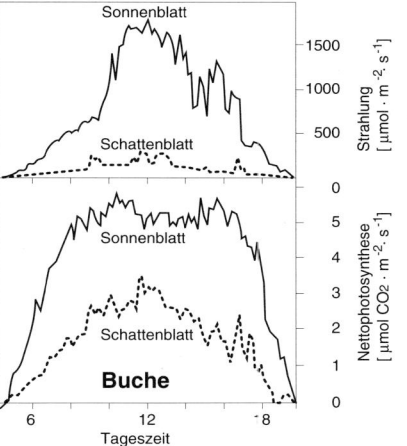

Abb. 2.33. Tagesgänge der Nettophotosynthese in Abhängigkeit vom Strahlungsangebot. In Maisblättern (C4) begleitet die Ph_n den Tagesverlauf der Strahlung. In Lichtblättern der Buche folgt die Ph_n der wechselnden Beleuchtung nur bis etwa 1000 μmol Photonen m^{-2}s^{-1}, in den Schattenblättern schwankt sie kurzfristig im Zusammenhang mit ebenso kurzfristigen Helligkeitsschwankungen. Nach HESKETH und BAKER (1967) und SCHULZE (1970).

◁ Abb. 2.31. Histologische Struktur von Sonnen- und Schattenblättern. *Acer saccharum* zeichnet sich durch große phänotypische Adaptationsamplitude aus; die Blattquerschnitte stammen vom sonnseitigen Kronensaum eines einzeln stehenden Baumes (oben), aus dem Kroneninneren (Mitte) und von unteren Ästen unter dichtem Kronendach (unten). Die bifazialen Sonnenblätter besitzen eine oberseitige Epidermis (EP) mit dicker Außenwand, häufig ein gestaffeltes Palisadenparenchym (PP) mit langen, enggestellten Zellen und ein breites, vielschichtiges Schwammparenchym (SP). Extreme Schattenblätter sind dünnschichtig mit stumpfen Palisadenzellen und großen Intercellularen. Das äquifaziale Blatt von *Prosopis farcta* ist an Starklicht und beidseitige Belichtung angepaßt. Blätter der genotypischen Schattenpflanze *Psychotria suerrensis* im Unterwuchs dichter tropischer Regenwälder entwickeln ein nur schmales Mesophyll (M), das von wasserreichen, hypodermalen Lagen (Hy) eingefaßt ist. Unter den Spaltapparaten befindet sich jeweils ein großer substomatärer Hohlraum (SH; „Atemhöhle"). Auffällig sind die papillösen Epidermiszellen, die das Licht in die Tiefe lenken (im Kreis: Linsenwirkung). Nach LEE (1986), WEIGLIN und WINTER (1991), HANSON aus SALISBURY und ROSS (1992).

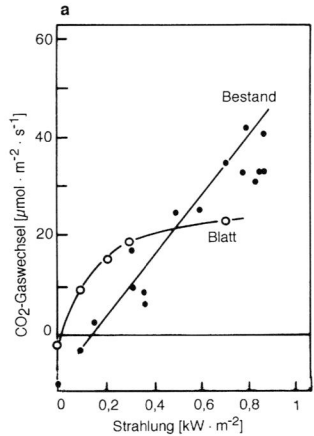

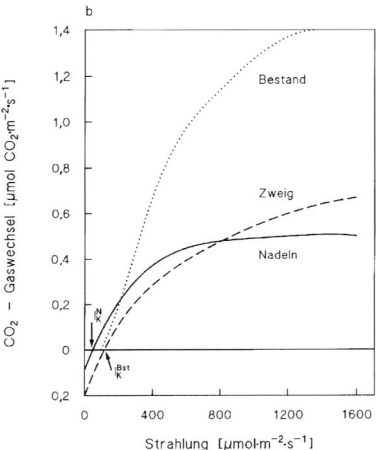

Abb. 2.34. Nettophotosynthese einzelner Blätter und des gesamten Pflanzenbestandes in Abhängigkeit von der Strahlungsintensität. *Links:* Weizenblatt im Vergleich zum Weizenfeld (LAI 3,2). Die CO_2-Aufnahme des Einzelblattes ist auf die projizierte Blattoberfläche bezogen, jene für den Bestand auf die Flächeneinheit der Bestandesoberfläche. *Rechts: Picea sitchensis.* Lichteffektkurven bei allseitiger Beleuchtung der Nadeln (Ph_n bezogen auf die projizierte Nadeloberfläche), bei beidseitiger Beleuchtung ganzer Zweige mit gegenseitiger Beschattung der Nadeln (Ph_n bezogen auf die Zweigsilhouette) und bei vertikalem Lichteinfall auf das Kronendach eines geschlossenen Bestandes (Ph_n bezogen auf die Grundflächeneinheit); I_K^N=Lichtkompensation der Nadeln; I_K^{Bst}=Lichtkompensation im Bestand. Coniferenbestände binden durchschnittlich 15–20 µmol CO_2 s^{-1}, Laubbäume 20–25 µmol CO_2 s^{-1} pro m^2 Kronenoberfläche. Nach Evans (1973) und Jarvis und Leverenz (1983).

ren der Baumkronen machen das Spiel der Sonnenstrahlen, die durch das Blattwerk dringen, teilweise mit. Intermittierende Lichtflecken von Minutendauer, deren Helligkeit ein Zehnfaches des durchschnittlichen Strahlungsangebots erreicht, lösen photosynthetische Induktionsvorgänge aus. Wenn ein Sonnenstrahl über das Blatt huscht, verarbeiten die Sekundärprozesse der Photosynthese das in den Primärreaktionen erworbene und aufgestaute $NADPH_2$ und ATP nach dem Weiterwandern des hellen Lichtflecks minutenlang (postilluminative CO_2-Fixierung). So werden auch sehr kurze Starklichtphasen assimilatorisch verwertet. Je nach Häufigkeit und Abfolge fluktuierender Strahlung können Unterwuchspflanzen in dunklen Wäldern höheren CO_2-Gewinn erzielen als unter konstanten Bedingungen bei der aufgenommenen Strahlungssumme zu erwarten wäre.

Lichtabhängigkeit der Photosynthese von Pflanzen im Bestand

Die Beobachtungen an Einzelblättern könnten zu der Annahme verleiten, daß das Licht eher im Überfluß vorhanden sei. Dies trifft aber für die Pflanze als Ganzes und für Pflanzenbestände nicht zu. Im Laufe des Tages werden die Blätter einer Pflanze unter verschiedensten Einfallswinkeln und daher höchst selten von der vollen Strahlung getroffen. Dadurch und durch die mehrfache Überdeckung des Laubwerks nützt die Pflanzendecke auch die höchsten in der Natur vorkommenden Beleuchtungsstärken aus (Abb. 2.34).

Im Bestand beteiligen sich die einzelnen Laubschichten in sehr unterschiedlichem Maße am gesamten Photosyntheseertrag. In Grasgesellschaften mit steilstehenden Blättern verlagert sich die photosynthetisch aktivste Zone in einen mittleren Bereich, in dem der Großteil der eindringenden Strahlung absorbiert wird. In Wäldern und dichten Baumkronen ist die Photosynthese nur in einem schmalen oberflächlichen Saum zeitweise lichtgesättigt. Im Inneren und unter dem Kronendach vermindert sich die Photosyntheseleistung entsprechend dem steilen Lichtabfall. Den schattenangepaßten Blättern im Inneren der Krone fällt jedoch eine wichtige

Abb. 2.35. Modellberechnung des Tagesverlaufs der CO_2-Aufnahme einzelner Blätter in untereinander angeordneten, 6 cm tiefen Laubschichten in einem Bestand von *Quercus coccifera* an einem heißen Julitag bei beginnender Sommertrockenheit. 1 = Sonnenblätter der obersten Laubschicht; 3 = dritte Laubschicht von Sonnenblättern der Oberkrone; 5 = Schattenblätter im Kroneninneren; 7 = Schattenblätter der Unterkrone bei einer kumulativen Überdeckung von LAI 3,5. Nach TENHUNEN et al. (1989).

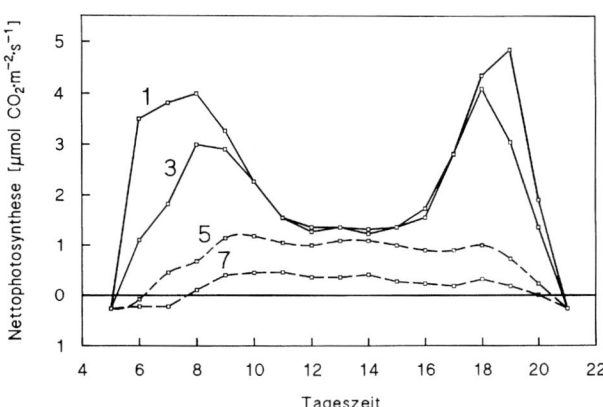

Ausgleichsfunktion zu: Sie nützen das Schwachlicht besser aus als unangepaßte Blätter und sie sind weniger der Erhitzung, trockener Luft und Wind ausgesetzt, so daß sie zwar einen bescheidenen, aber bei wechselhaftem Wetter beständigen Beitrag zur energetischen Grundversorgung des Baumes leisten (Abb. 2.35).

Photosynthese von Phytoplanktonpopulationen in Gewässern

In Gewässern verteilt sich das Phytoplankton entlang dem Helligkeitsgradienten und der Dichteschichtung. Die Tiefenkurve entspricht der Lichtabhängigkeitskurve der Photosynthese (siehe Abb. 2.30), die bei Algen ein Optimum und einen Übersättigungsbereich aufweist. Die größten Photosyntheseintensitäten werden bei hohem Sonnenstand daher nicht unmittelbar unter der Wasseroberfläche gemessen, sondern etwas tiefer, je nach Außenhelligkeit und Trübung des Wassers. An bedeckten Tagen und in der strahlungsarmen Jahreszeit rückt der Optimalbereich bis ganz an die Wasseroberfläche herauf. In tieferen Wasserschichten fällt die Photosyntheseleistung ab, bis sie schließlich nur noch die Atmung zu kompensieren vermag. Kompensation wird in der Regel in jener Tiefe gefunden, zu der weniger als 1% des Oberflächenlichtes dringt (*Kompensationstiefe*).

2.2.5.2 Die Temperaturabhängigkeit von Photosynthese und Atmung

Die Temperatur beeinflußt die Stoffwechselvorgänge über die Reaktionskinetik chemischer Prozesse und über die Wirksamkeit der beteiligten Enzyme. Die *Reaktionsgeschwindigkeits-Temperatur-Regel* (RGT-Regel) von Van't Hoff besagt, daß die Reaktionsgeschwindigkeit k mit der Temperatur exponentiell zunimmt. Die Reaktionsbeschleunigung, die sich bei einer Temperaturerhöhung um 10 °C ergibt, wird durch den Temperaturkoeffizienten Q_{10} ausgedrückt.

$$\ln Q_{10} = \frac{10}{T_2 - T_1} \ln\frac{k_2}{k_1} \qquad (2.7)$$

In dieser Formel bedeuten $T_2 - T_1$ das Temperaturintervall, k_2 und k_1 die zugehörigen Reaktionsgeschwindigkeiten. Über einen kleinen Temperaturbereich bleibt der Temperaturkoeffizient ziemlich konstant; für die meisten Enzymreaktionen beträgt er 1,4–2,0, für physikalische Vorgänge 1,03–1,3. Soll der Einfluß der Temperatur über einen größeren Bereich erfaßt werden, so ist zu berücksichtigen, daß sich der Q_{10} von Stoffwechselprozessen temperaturabhängig ändert: Bei niedrigen Temperaturen ist er groß, weil dann in der Regel die Enzymreaktionen geschwindigkeitsbegrenzend sind, bei hohen wird der Q_{10} kleiner, weil nun physikalische Vorgänge, z. B. die Diffusionsgeschwindigkeit, limitierend wirken.

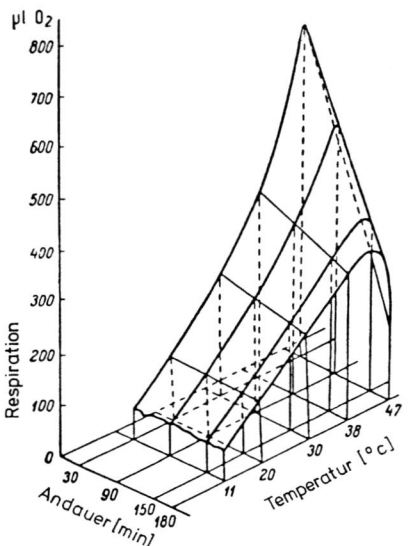

Abb. 2.36. Dunkelatmung der Blätter von *Podophyllum peltatum* bei zunehmender Andauer höherer Temperaturen. Nach SEMICHATOVA (1974).

Temperaturabhängigkeit der mitochondrialen Atmung

Mit steigender Temperatur nimmt die *Dunkelatmung* exponentiell zu. Unter 5 °C ist die Aktivierungsenergie für die verschiedenen an der Atmung beteiligten Prozesse groß, der Q_{10} also hoch. Über 25–30 °C sinkt der Temperaturkoeffizient der Atmung bei den meisten Pflanzen auf 1,5 und weniger. Bei noch höheren Temperaturen verlaufen die biochemischen Vorgänge so schnell, daß die Versorgung mit Substrat und Metaboliten (z. B. ADP) mit dem Stoff- und Energieumsatz nicht schritthalten kann. Die Atmungsintensität fällt daher in kurzer Zeit ab (Abb. 2.36). Bei Temperaturen zwischen 50 und 60 °C werden Enzyme und funktionell wichtige Membranstrukturen hitzegeschädigt, so daß die Atmung erlischt.

Temperaturabhängigkeit der Kohlenstoffbindung

Auf die Photosynthese wirkt sich der Temperatureinfluß vor allem über die Lichtfolgereaktionen und die Sekundärprozesse aus. Die Fixierung und Reduktion des Kohlendioxids erfolgt im niedrigen Temperaturbereich bei Erwärmung zunehmend schneller, bis sie einen Optimumswert erreicht. Im supraoptimalen Bereich verschiebt sich das CO_2/O_2-Verhältnis zugunsten des Sauerstoffs, wodurch die Carboxylierungsleistung der RuBP-Carboxylase/Oxygenase abfällt. Bei sehr hohen Temperaturen wird schließlich das Zusammenspiel der verschiedenen Reaktionen des Betriebsstoffwechsels und der Stofftransporte gestört. Dies und die Hemmung der membrangebundenen photochemischen Prozesse führt zu einem schnellen Abfall der Photosynthese. Während der Einwirkung extremer Temperaturen ruht die CO_2-Aufnahme völlig. Wenn anschließend wieder günstigere Bedingungen eintreten, erholen sich die Pflanzen nur allmählich.

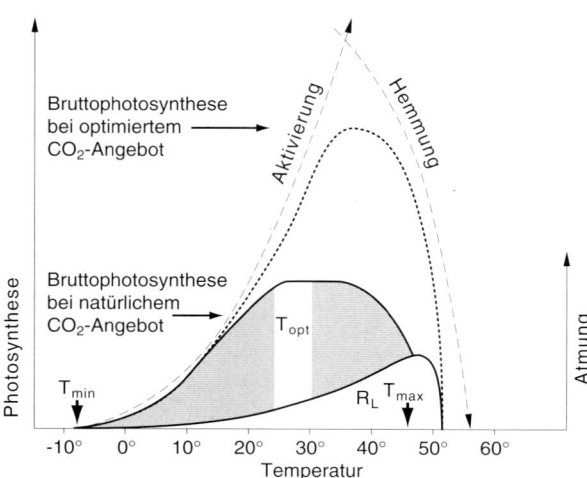

Abb. 2.37. Schema der Temperaturabhängigkeit von Photosynthese und Atmung bei C_3-Pflanzen. Die Bruttophotosynthese nimmt durch Temperaturaktivierung der beteiligten Enzyme zu, bis hemmende Effekte zu einem Rückgang der Photosyntheseleistung führen. Aus der Differenz zwischen Bruttophotosynthese und Lichtatmung R_L ergibt sich die Höhe der Nettophotosynthese (schraffiertes Feld). Mit dem hitzebedingten Rückgang der Bruttophotosynthese fällt auch die Aktivität der Lichtatmung ab. T_{opt} = Lage des Temperaturoptimums der Nettophotosynthese, T_{min} = Kältegrenze der Photosynthese, T_{max} = Hitzegrenze der CO_2-Aufnahme. Die Dunkelatmung erlischt bei etwas höheren Temperaturen (Original).

Tab. 2.11 Temperaturabhängigkeit der Nettophotosynthese bei natürlichem CO_2-Angebot und Lichtsättigung. Datensammlung nach Angaben in Originalarbeiten zahlreicher Autoren.

Pflanzengruppe	Kältegrenze der CO_2-Aufnahme [°C]	Temperaturoptimum der Ph_n [°C]	Hitzegrenze der CO_2-Aufnahme [°C]
Krautige Blütenpflanzen			
C_4-Pflanzen heißer Standorte	5 bis 10	30–40(50)	50–60
C_3-Nutzpflanzen	−2 bis 0	20–30(40)	40–50
Sonnenpflanzen	−2 bis 0	20–30	40–50
Schattenpflanzen	−2 bis 0	10–20	um 40
Wüstenpflanzen und Halbsträucher	−5 bis 5	(20)25–35(45)	45–50(60)
CAM-Pflanzen*			
Lichtphase	−2 bis 0	(20)30–40	45–50
Nacht	−2 bis 0	10–15(23)	25–30
Winteranuelle Kräuter und Frühjahrsgeophyten	−5 bis −2	10–20	30–40
Hochgebirgspflanzen	−6 bis −2	15–25	38–42
Aquatische Sproßpflanzen	um 0	(15)20–30(35)	45–52
Holzpflanzen			
Immergrüne Laubbäume der Tropen und Subtropen	0 bis 5	25–30	45–50
Mangrovesträucher	0 bis 5	25–30	um 40
Derblaubige Bäume und Sträucher aus Trockengebieten	−5 bis −1	20–35	42–45
Sommergrüne Laubbäume der gemäßigten Zone	−3 bis −1	20–25	40–45
Immergrüne Nadelbäume	−5 bis −3	10–25	35–42
Zwergsträucher der Heiden und Tundren	um −3	15–25	40–45
Moose			
Arktis und Subarktis	um −8	5–12	um 30
Temperate Gebiete	um −5	10–22	30–40
Flechten			
Kalte Gebiete	−10 bis −15	8–15(20)	25–30
Wüsten	um −10	18–20	38–45
Tropen	−2 bis 0	um 20	25–35
Algen			
Schneealgen	um −5	0–10	30
Thermophile Algen	20 bis 30	45–55	65

* Bei CAM-Pflanzen verschieben sich die Bereiche je nach dem Verhältnis zwischen Nacht- und Lichtphase.

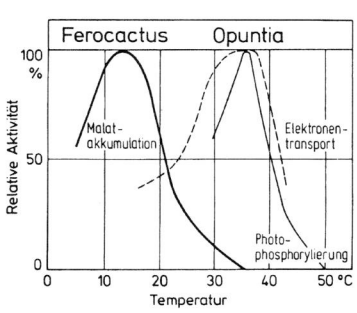

Abb. 2.38. Temperaturabhängigkeit der nächtlichen Malatakkumulation von *Ferocactus acanthodes* und von Primärprozessen der Photosynthese isolierter Chloroplasten von *Opuntia polyacantha*. Die Optimaltemperatur für die Dunkelfixierung von CO_2 ist bei Kakteen um rund 20 °C niedriger als die Optimaltemperatur für die photosynthetische Verarbeitung des tagsüber freigesetzten CO_2. Nach NOBEL (1977) und GERWICK et al. (1977).

Der Temperaturverlauf der Nettophotosynthese ist durch drei Parameter definierbar: durch die *Kältegrenze* (d.i. das Temperaturminimum der Nettophotosynthese), durch das *Temperaturoptimum* und durch die *Hitzegrenze* (das Temperaturmaximum der Nettophotosynthese; Abb. 2.37).

Der optimale Temperaturbereich. Als Optimum kann jener Temperaturbereich angesehen werden, bei dem die Nettophotosynthese mehr als 90% ihrer Höchstleistung liefert. Das Temperaturoptimum der *Nettophotosynthese von C₃-Pflanzen* liegt unter natürlichen Bedingungen niedriger als das Optimum für die potentielle Photosynthese (bei CO_2-Sättigung) bzw. für die Bruttophotosynthese, weil bei höherer Temperatur die Lichtatmung und die mitochondriale Atmung (auch der nichtgrünen Gewebe) den Reingewinn zunehmend schmälert. Die Lage und die Breite des Temperaturoptimums ist ein pflanzenspezifisches Merkmal, das allerdings durch verschiedene Außenfaktoren verändert wird; beispielsweise ist bei geringem Strahlungsangebot der Optimumbereich breiter und gegen niedrige Temperaturen verschoben. Ein flaches Optimum bietet den Vorteil, daß Temperaturschwankungen über eine breite Spanne nur geringfügige Änderungen der Photosyntheseintensität bewirken.

Das Temperaturoptimum der Nettophotosynthese erstreckt sich bei den meisten C₃-Pflanzen über den Bereich von 15–30 °C (Tab. 2.11). Die niedrigsten Optima findet man bei Flechten kalter Gebiete (Arktis und besonders Antarktis). Für Schattenpflanzen sind Temperaturen zwischen 10 und 20 °C optimal, desgleichen für Frühjahrsblüher, die zu einer Jahreszeit wachsen, in der niedrige Lufttemperaturen vorherrschen. Krautige Sonnenpflanzen und die Bäume wärmerer Länder erzielen höchsten Photosynthesegewinn bei 25–35 °C, Wüstensträucher auch bei 40 °C und etwas darüber. Viele *C₄-Pflanzen* assimilieren noch bei hohen Temperaturen ausgiebig. Das C₄-Syndrom bietet damit die biochemische Voraussetzung für die Besiedlung heißer Standorte. Es gibt aber auch C₄-Pflanzen mit niedrigem Temperaturoptimum der Nettophotosynthese, wie z. B. *Spartina*- und *Atriplex*-Arten aus kühlen Regio-

nen. Bei *CAM-Pflanzen* ist die Optimumtemperatur während der Lichtphase hoch, für die Dunkelfixierung von CO_2 jedoch auf die niedrigeren Nachttemperaturen abgestimmt (Abb. 2.38).

Die Kältegrenze der Nettophotosynthese. In den Blättern von Tropenpflanzen endet die CO_2-Aufnahme schon bei kühlen Temperaturen über dem Gefrierpunkt, hauptsächlich wegen ihrer kälteempfindlichen Thylakoidstrukturen (siehe Kap. 6.2.2.3). Pflanzen der gemäßigten Zone nehmen CO_2 noch bei negativen Temperaturen auf, solange die Zellen unterkühlt bleiben. Sobald Eis im Gewebe entsteht, erlischt die Photosynthesetätigkeit abrupt; dies ist bei Frühjahrsblühern und Hochgebirgspflanzen bei etwa −5 °C, in immergrünen Blättern und Nadeln bei −3 bis −5 °C der Fall. Bis zu diesen Temperaturen bleibt die Photosynthese funktionsfähig. Nach dem Auftauen kommt die Photosynthese nur langsam in Gang. Eine nachwirkende Photosynthesedepression ist um so stärker, je strenger und je länger der Frost eingewirkt hatte. Der Tagesgang der Nettophotosynthese nach Frostnächten zeichnet sich dadurch aus, daß die CO_2-Aufnahme um so langsamer anläuft und der Scheitelwert um so niedriger ist, je kälter die Nacht war (Abb. 2.39). Eine Serie von Nachtfrösten engt die für eine CO_2-Aufnahme ausnützbare Tageszeit zunehmend ein.

Die Hitzegrenze der Nettophotosynthese. Bei hohen Temperaturen werden zuerst die Primärprozesse der Photosynthese gehemmt (siehe Tab. 6.4). Das Temperaturmaximum der Nettophotosynthese wird um so früher erreicht, je hitzeempfindlicher die Photosynthese und je steiler der hitzebedingte Atmungsanstieg ist.

Temperaturanpassungen

Photosynthese und Atmung passen sich in ihrer Aktivitätseinstellung an das jeweils herrschende Wärmeangebot an. *Modulative Temperaturadaptation* erfolgt innerhalb weniger Tage, zuweilen sogar innerhalb einiger Stunden. Mögliche Mechanismen sind: Veränderungen im Substratangebot (Zuckeranreicherung bei Kälte); der Ersatz vorhandener Enzyme durch Isoenzyme, die bei gleicher Wir-

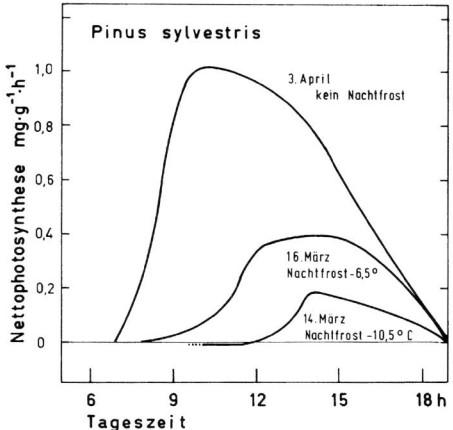

Abb. 2.39.   Nachwirkung von Nachtfrost auf den Verlauf der Nettophotosynthese von Kiefernzweigen am darauffolgenden Tag. Nach POLSTER und FUCHS (1963).

kungsart eine andere Temperaturabhängigkeit ihrer Aktivität aufweisen; chemische und strukturelle Veränderungen der Proteine und Lipide in den Biomembranen. Durch *evolutive Temperaturadaptation* erreichen die Pflanzen, daß Photosynthese und Atmung auf das durchschnittliche Temperaturklima im Lebensraum der Pflanze abgestimmt sind.

Die **Atmungsaktivität** wird bei Anpassung an Kälte stimuliert, bei Anpassung an Hitze gedämpft, d. h. durch biochemische Regulation wird den Tendenzen der physikalischchemisch bedingten Reaktionsgeschwindigkeit gegengesteuert. Dies bewirkt einerseits eine bessere Energieversorgung bei niedrigen Temperaturen, andererseits einen flacheren Anstieg der Atmungsintensität (und somit einen sparsameren Assimilatverbrauch) bei erhöhter Temperatur. Im Idealfall erfolgt die Stoffwechseladaptation so perfekt, daß über einen verhältnismäßig breiten Temperaturbereich die Atmungsleistung auf annähernd gleiche Höhe einreguliert wird (*Thermohomoiostase*). Die Abb. 2.40 veranschaulicht den Vorgang. Besonders für Pflanzen auf Standorten mit stark wechselhaftem Temperaturklima kommt schnellen modulativen Anpassungen große Bedeutung zu. Aber auch im *Jahreslauf* stellt sich die Aktivität der Erhaltungsatmung auf Temperaturänderungen um (Abb. 2.41). Immergrüne Holzpflan-

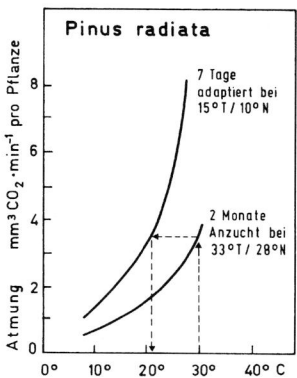

Abb. 2.40.   Abstimmung der Atmungsaktivität von Kiefernsämlingen auf die Anzuchttemperatur. Bringt man wärmeadaptierte Sämlinge, die bei 33 °C Tagtemperatur und 28 °C Nachttemperatur aufgewachsen sind, in einen kühlen Raum (15 °C Tagtemperatur und 10 °C Nachttemperatur), so verdoppelt sich die Atmungsleistung innerhalb einer Woche. Die Temperaturkurve der Atmung steigt außerdem steiler an. Infolgedessen atmen die Pflanzen nun bei 21 °C ebensoviel wie früher bei 30 °C. Stellt man anschließend die Sämlinge wieder in den warmen Anzuchtraum zurück, dann fällt die Atmung allmählich auf ihr ursprüngliches Niveau zurück (in der Abbildung nicht dargestellt). Nach ROOK (1969).

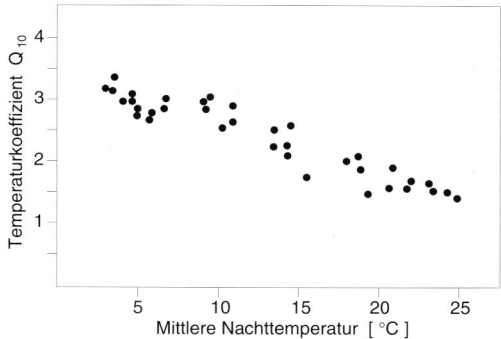

Abb. 2.41.   Absenkung des Temperaturkoeffizienten Q_{10} für die Dunkelatmung von *Chamaecyparis obtusa* mit zunehmender Nachttemperatur im Laufe des Jahres. Nach HAGIHARA und HOZUMI (1991).

zen, die im Winter nicht im Ruhezustand verharren (z. B. mediterrane Hartlaubgewächse, immergrüne Pflanzen warmtemperierter Gebiete), steigern in der kühlen Jahreszeit ihre Atmungsaktivität. Dadurch verläuft die Atmung über das ganze Jahr hinweg bei den jeweils herrschenden Temperaturen ziemlich ausgeglichen.

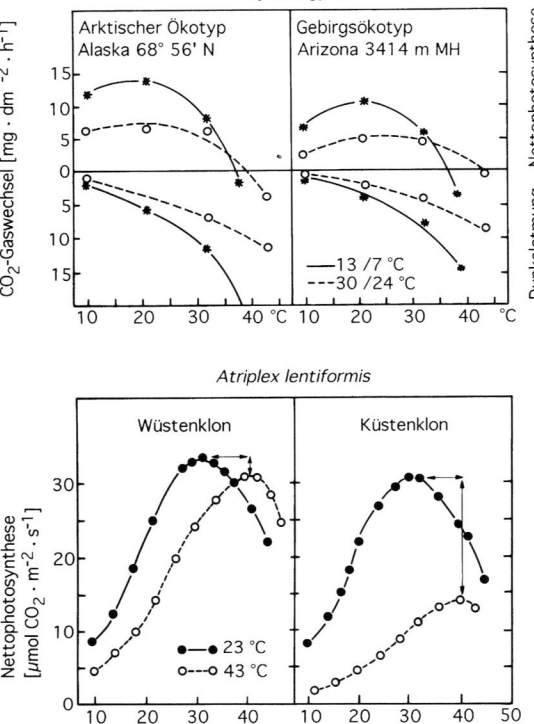

Abb. 2.42. Temperaturakklimatisation der Photosynthese. *Oben:* Temperaturabhängigkeit der Nettophotosynthese und der Dunkelatmung arktischer und Gebirgsökotypen von *Oxyria digyna* nach Anzucht bei niedriger (Tag 13 °C/Nacht 7 °C) und hoher Temperatur (Tag 30 °C/Nacht 24 °C). Nach Billings et al. (1971). *Unten:* Verschiebung der Temperaturabhängigkeitskurven der Photosynthese von hitzeertragenden Wüstenklonen und kühl eingestellten Küstenklonen von *Atriplex lentiformis* (C_3) nach Anzucht bei Tagestemperaturen von 23 und 43 °C. Die Pfeile markieren die Adaptationsamplitude (horizontale Distanz) und den Leistungsunterschied (vertikale Distanz). Nach Pearcy aus Osmond et al. (1980).

Die Anpassung der Atmungsaktivität an das durchschnittliche Temperaturklima im *Verbreitungsgebiet* einer Pflanze macht sich auch dadurch bemerkbar, daß, auf eine Standardtemperatur bezogen, Tropenpflanzen wesentlich schwächer atmen als Pflanzen der gemäßigten Zone, Pflanzen kalter Gebiete (Arktis, Hochgebirge) aber sehr viel stärker[409,752]. Blätter immergrüner Holzpflanzen aus den Tropen, Subtropen und dem Mittelmeergebiet atmen bei 20 °C zwischen 0,1–0,2 $\mu mol \cdot m^{-2} \cdot s^{-1}$, Coniferennadeln zwischen 0,4–0,5 $\mu mol \cdot m^{-2} \cdot s^{-1}$, Blätter von arktischen Zwergsträuchern 0,6–1,5 $\mu mol \cdot m^{-2} \cdot s^{-1}$; bezieht man die Atmungsintensitäten dieser Pflanzen auf die mittlere Temperatur für die Vegetationsperiode, so ergeben sich für alle Standorte durchschnittliche Atmungsintensitäten zwischen nur 0,25–0,4 $\mu mol \cdot m^{-2} \cdot s^{-1}$. Dasselbe gilt für krautige Pflanzen und für den Vergleich zwischen Pflanzen in Tallagen mit solchen im Gebirge.

Der Optimumbereich und die Temperaturgrenzen der **Nettophotosynthese** verschieben sich modulativ und in Anpassung an die Aufwuchsbedingungen. Evolutive Adaptation äußert sich häufig in einer größeren modulativen *Anpassungsbereitschaft* (Abb. 2.42). So reagieren Gebirgsökotypen auf Wärmebehandlung mit einer stärkeren Erhöhung des Temperaturoptimums und der Hitzegrenze der CO_2-Aufnahme als arktische Ökotypen, nach Kältebehandlung verbessern arktische Ökotypen ihre Photosyntheseleistung bei niedrigen Temperaturen schneller und wirksamer als Gebirgsökotypen. Wüstenklone und Klone von kühlen Küstenstandorten des immergrünen Strauches *Atriplex lentiformis* unterscheiden sich im Temperaturverlauf der Photosynthese nur, wenn sie bei hoher Temperatur angezogen wurden. Dann ist der hitzebeständige Wüstenklon voll leistungsfähig, der Küstenklon erleidet schwere Einschränkungen der CO_2-Aufnahme infolge Hitzewirkungen auf den Photosyntheseapparat. Ökotypendifferenzierung kann zu abgestuften Verschiebungen der Kardinaltemperaturen der Nettophotosynthese führen, die in deutlicher Beziehung zu den Temperaturen im Lebensraum der Pflanzen stehen.

2.2.5.3 CO_2-Gaswechsel und Wasserversorgung

Wasser ist, ebenso wie Kohlendioxid, eine stoffliche Voraussetzung für die Photosynthese, doch nicht diese minimale Menge ist als begrenzender Faktor von Bedeutung, sondern das Wasser, das für die Aufrechterhaltung eines hohen Quellungszustandes des Protoplasmas benötigt wird. Bei Wassermangel sinkt die Photosyntheseaktivität mit der Abnahme des Zellvolumens und damit des Turgors ab (Abb. 2.43). Oxidative Prozesse sind weniger empfindlich als die Photosynthese: Sowohl die Photorespiration als auch die mitochondriale Atmung wird erst bei fortgeschrittener Austrocknung der Zellen eingeschränkt. Das Verhältnis zwischen Photosynthese und Lichtatmung verschiebt sich bei Wassermangel zuungunsten der CO_2-Fixierung.

Bei den Sproßpflanzen wirkt sich ein Wassermangel zunächst auf die Spaltapparate aus, durch deren Verengung der CO_2-Gaswechsel gedrosselt wird. Schon Lufttrocken-

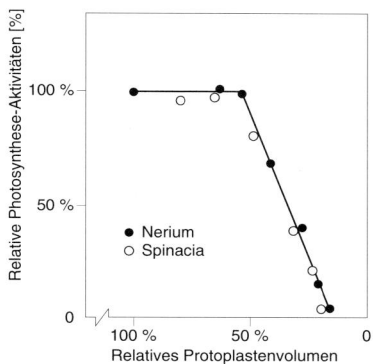

Abb. 2.43. Rückgang der Photosyntheseaktivität von ausgestanzten Blattscheibchen (um den Einfluß von Stomataregulationen auszuschließen) mit abnehmendem Protoplastenvolumen infolge Wasserverlust. In beiden Pflanzenarten (*Nerium oleander*, Xerophyt, und *Spinacia oleracea*, Mesophyt) sank die Photosyntheseaktivität nach einer Volumenreduktion auf ca. 55% des Maximalvolumens kontinuierlich ab. Bei einer Volumenreduktion auf ca. 20% des Maximalvolumens erlosch die Photosynthesetätigkeit. Dem oberen Grenzwert entsprechen Wasserpotentiale von −1 MPa (*Spinacia*) bzw. − 6 MPa (*Nerium*). Nach KAISER (1982).

heit veranlaßt, besonders bei gleichzeitiger Bodentrockenheit, vorzeitiges Spaltenschließen. Niedriges Wasserpotential hemmt auch unmittelbar den Photosyntheseprozeß (Abb. 2.44). Hauptsächlich sind der Elektronentransport und die Photophosphorylierung betroffen. In stomatär sensiblen Pflanzentypen

Abb. 2.44. Beeinträchtigung von Photosynthese und Respiration durch Wassermangel. Die Intensität der Teilprozesse der Photosynthese in unterschiedlich ausgetrockneten Sonnenblumenblättern ist in % der Aktivität gut wasserversorgter Blätter angegeben. Nach BOYER und BOWEN (1970), BOYER (1971), KECK und BOYER (1974) und ORTIZ-LOPEZ et al. (1991).

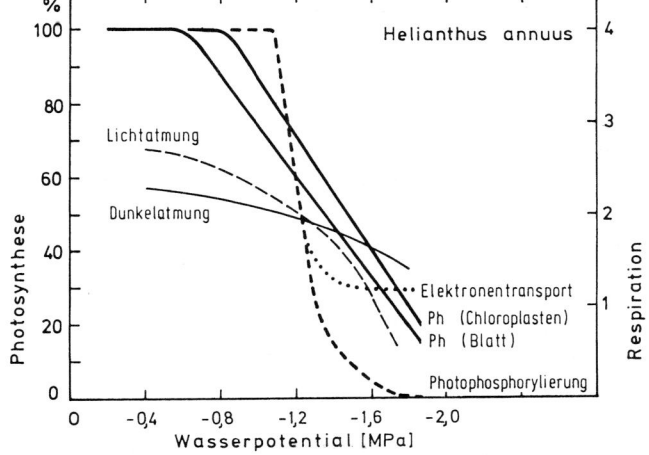

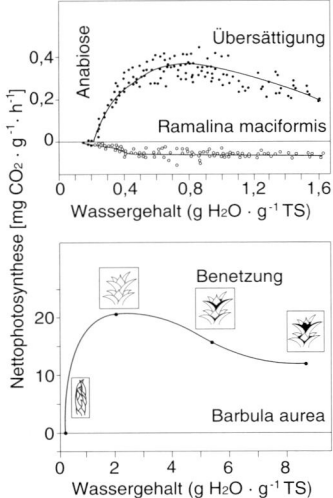

Abb. 2.45. Photosynthese und Dunkelatmung poikilohydrer Pflanzen in Abhängigkeit vom Wassergehalt. In Flechten (*Ramalina maciformis*) und Moosen (*Barbula aurea*) wird während der Aufquellungsphase der Betriebsstoffwechsel aktiviert, bei Durchtränkung des Flechtenthallus und kapillarer Wasserfüllung der Moospolster geht wegen der Diffusionsbehinderung die CO_2-Aufnahme zurück. Nach LANGE et al. (1987) und RUNDEL und LANGE (1980).

(z. B. viele Baumarten) wird die CO_2-Aufnahme primär durch die Spaltenverengung vermindert, in manchen krautigen Pflanzen und in Xerophyten (Steppen- und Wüstenpflanzen) durch die metabolische Hemmung eingeleitet.

CO_2-Gaswechsel und Quellungsgrad von poikilohydren Pflanzen

Bei poikilohydren Pflanzen wie Algen, Flechten und Moosen gleicht sich der Quellungsgrad des Protoplasmas der Umgebungsfeuchtigkeit an (siehe Kap. 4.1). Diese Pflanzen saugen sich schnell mit Wasser voll, wenn sie benetzt werden, sie trocknen aber wieder schnell aus. Ihr Wassergehalt steht im Gleichgewicht mit dem Wassergehalt der Luft und er schwankt daher kurzfristig mit den Witterungsbedingungen.

Die Abhängigkeit der Photosynthese vom Wassergehalt poikilohydrer Pflanzen folgt einem *Optimumsverlauf.* Nasse, übersättigte Flechten und Moose setzen dem CO_2-Eintritt hohe Diffusionswiderstände entgegen, so

daß die Nettophotosynthese niedrig ist (Abb. 2.45). Mit beginnender Austrocknung nimmt die Photosyntheseleistung und auch die Atmung fortschreitend ab. Als spezifisches Merkmal kann die relative Luftfeuchte (RLF) angegeben werden, bei der (im Gleichgewicht mit dem Wassergehalt der Pflanze) die CO_2-Aufnahme endet. Diese Grenze liegt bei Luftalgen im Bereich von 70–90% RLF, bei Flechten[415] von 80–96% RLF und bei Moosen[615] meist bei Feuchtegraden über 90%. Flechten mit Grünalgen als Photobionten sind weniger empfindlich gegenüber Austrocknung als solche mit blaugrünen Photobionten, die weniger osmotisch wirksame Stoffe speichern[418].

Der Photosyntheseapparat der poikilohydren Pflanzen ist auf die häufigen und starken Schwankungen im Wassergehalt der Zellen gut eingerichtet. Völlig trockene Thalli und Moosblättchen *reaktivieren* innerhalb einiger Stunden nach dem Wiederbefeuchten ihren Photosyntheseapparat (durch Neusynthese von RuBP-Carboxylase). Heteromere Flechtenarten mit Grünalgen nehmen aus feuchter Luft genügend Wasserdampf auf, um ohne Zufuhr von flüssigem Wasser ihren Stoffwechsel in Betrieb zu setzen und eine positive CO_2-Bilanz zu erlangen.

Flechten nützen jede Gelegenheit aus, die ihnen zwischen Aufquellung und erneuter Austrocknung verbleibt. Der Tagesgang des CO_2-Gaswechsels einer Wüstenflechte in Abb. 2.46 zeigt dieses Verhalten unter Standortbedingungen. Während der ganzen Nacht nehmen die Thalli Feuchtigkeit aus der Luft auf, in den frühen Morgenstunden kommt Tau dazu. Nach Sonnenaufgang verbleiben der Flechte nur noch drei Stunden für einen Kohlenstoffgewinn, dann verfällt sie wieder bis in die Nacht in Trockenstarre.

CO_2-Gaswechsel von Sproßpflanzen bei Wassermangel

Der Verlauf des Gaswechsels bei zunehmendem Wasserdefizit weist zwei charakteristische Merkmale auf: den Übergang von voller Leistung zum *Einschränkungsbereich* und den *Gaswechselnullpunkt* (siehe Abb. 2.48). Der Einschränkungsbeginn wird durch die beginnende Verengung der Spaltöffnungen ver-

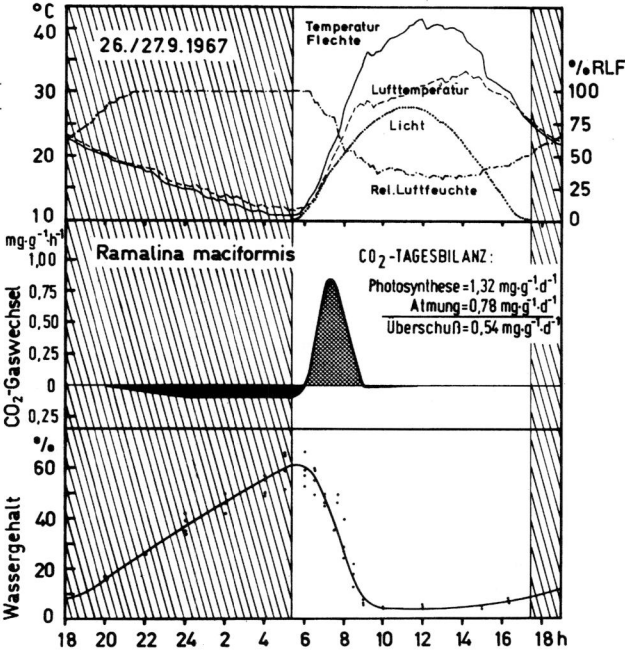

Abb. 2.46. CO_2-Gaswechsel und Wassergehalt der Wüstenflechte *Ramalina maciformis* im Tagesverlauf. Durch nächtlichen Taufall wird der Flechte Feuchtigkeit zugeführt, am Vormittag trocknet sie rasch wieder aus. Gerasterte Fläche: CO_2-Aufnahme. Geschwärzte Fläche: CO_2-Abgabe. Schraffiert: Nachtzeit. Nach LANGE et al. (1970).

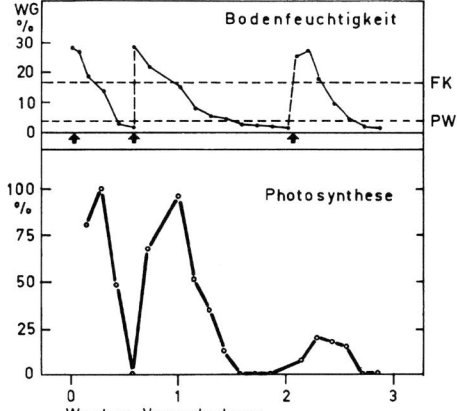

Abb. 2.47. Auswirkung der Bodenaustrocknung auf die Nettophotosynthese von einjährigen Sämlingen der Balsamtanne (*Abies balsamea*). Durch Bewässerung (Pfeile) wurde die Bodenfeuchtigkeit über die Feldkapazität (FK) aufgefüllt. Anschließend trocknete der Boden bis unter den permanenten Welkungsbereich (PWP) aus. Nach kurzdauernder Austrocknung erholte sich die Nettophotosynthese rasch und vollständig, nach mehrtägiger Trockenheit nur mehr unvollständig. Nach CLARK (1961).

ursacht. Bei trockener Luft setzt er schon bei geringer Verschlechterung des Wasserpotentials ein, bei hoher Feuchtigkeit erst später, wobei die Pflanzen auf den Einfluß trockener Luft artspezifisch unterschiedlich reagieren. In der Phase der beginnenden Einschränkung behebt Wasserzufuhr schnell die Gaswechselbehinderung.

Der *Gaswechselnullpunkt* ist durch weitgehenden oder vollständigen Verschluß der Stomata und durch die unmittelbare Wirkung des Wassermangels auf das Protoplasma bedingt. Er tritt erst bei fortgeschrittener Entwässerung der Blätter ein. Ist dieser Zustand erreicht, so erholt sich die Photosynthese nach Wasserzufuhr nur zögernd. Nach strenger Dürre wird die ursprüngliche Leistungshöhe unter Umständen überhaupt nicht mehr wiederhergestellt (Abb. 2.47). Wiederholte Austrocknungszyklen können freilich auch eine Abhärtung durch modulative Adaptation der Photosyntheseaktivität bewirken.

Die *Empfindlichkeit des CO_2-Gaswechsels gegenüber Wassermangel*, die Lage der Grenzwerte für beginnende Einschränkung und für

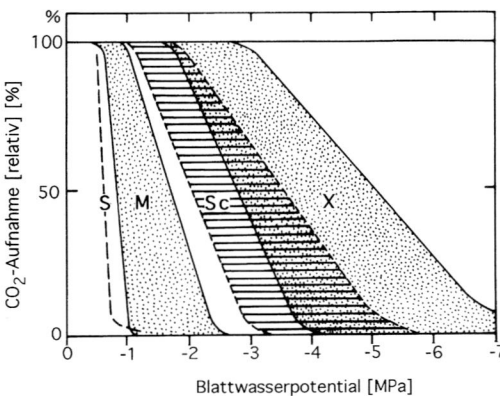

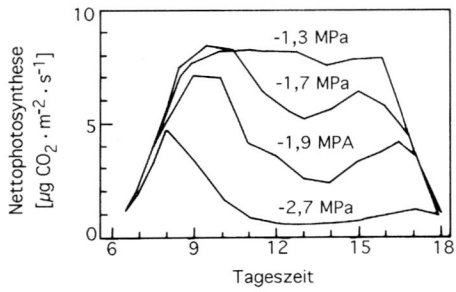

Abb. 2.50. Tageszeitliche Einschränkung der Photosyntheseleistung von Sojapflanzen (*Glycine max*) bei zunehmendem Wassermangel. Die Angaben für das Blattwasserpotential gelten für die Mittagszeit. Nach Rawson et al. (1978).

Abb. 2.48. Einschränkung der CO_2-Aufnahme bei zunehmendem Wassermangel (sinkendes Wasserpotential des Mesophylls). S = Sukkulenten; M = Mesophyten (krautige Dicotyledonen, Gräser und Holzpflanzen humider Gebiete); Sc = Hartlaubsträucher und -bäume semihumider und semiarider Gebiete; X = Xerophyten (Kräuter, Gräser und Sträucher der Steppen und Trockenwüsten). Nach Angaben zahlreicher Autoren.

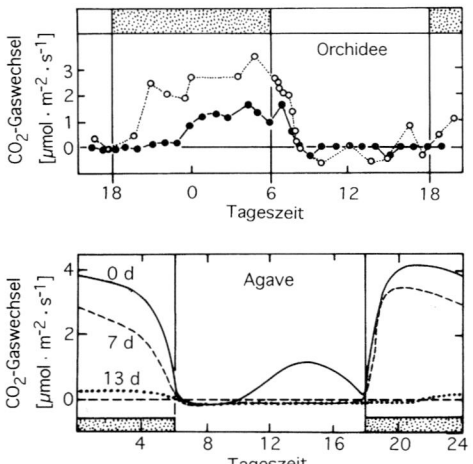

Abb. 2.49. CO_2-Gaswechsel von CAM-Pflanzen bei Wassermangel. *Oben:* Tagesgänge der epiphytischen Orchidee *Schomburgkia humboldtiana* während der Regenzeit (o) und der Trockenzeit (●) in Venezuela. Nach Griffiths et al. (1989). *Unten:* Gaswechsel von *Agave lechuguilla* bei guter Wasserversorgung (Kontrolle: 0 d) und bei zunehmender Dürre (7 und 13 Tage Trockenheit). Nach Nobel (1988). Bei Wassermangel bleiben die Spalten tagsüber geschlossen und das nachts aufgenommene und veratmete CO_2 wird verarbeitet. Bei länger andauernder Dürre wird auch nachts wenig externes CO_2 aufgenommen, dann wird nur noch das bei der Atmung entstehende CO_2 zurückgewonnen.

die völlige Unterbindung des CO_2-Flusses sind weitgehend konstitutionsspezifisch (Abb. 2.48). Schattenpflanzen und viele Baumarten reagieren auf geringe Wasserverluste überaus sensibel. Pflanzen sonniger Standorte und krautige Nutzpflanzen tolerieren dagegen je nach Art und Aufwuchsbedingungen auch größeren Wassermangel; C_4-Pflanzen unterscheiden sich nicht grundsätzlich von C_3-Pflanzen. Besonders hohe Grenzwerte weisen erwartungsgemäß Pflanzen der Trockengebiete, vor allem der Wüstengebiete, auf. CAM-Pflanzen lassen bereits bei beginnendem Wassermangel ihre Spalten den ganzen Tag geschlossen, später auch zunehmend in der Nacht (Abb. 2.49). Das respiratorische CO_2 entweicht nicht nach außen, so daß die Photosynthese das interne CO_2 nach Abbau des gespeicherten Malats verwerten kann (Recyclierung).

Das Verhalten der Nettophotosynthese in Trockenzeiten ist vor allem vom Wasserhaushalt her zu verstehen. Mit zunehmend negativer Wasserbilanz wird auch das Wasserpotential der Pflanze negativer und die Spaltapparate bleiben in der zweiten Tageshälfte stärker und länger verengt (Abb. 2.50). Es gilt das Prinzip: je schlechter eine Art ihre Wasserbilanz stabilisieren kann und je strengere Trockenheit herrscht, um so früher am Tage wird die Assimilationstätigkeit eingeschränkt (Abb. 2.51).

Abb. 2.51. Tagesgang der Nettophotosynthese verschieden dürreempfindlicher und ungleich stark dürrebelasteter Pflanzen zu Ende der Trockenzeit in der Negev-Wüste. *Citrullus colocynthis* und *Datura metel* waren bewässert, ihre Ph_n ist nur während der heißesten Tagesstunden und am Nachmittag etwas herabgesetzt. Die Wüstenpflanze *Noaea mucronata* schränkt nach ausgiebiger CO_2-Aufnahme am Vormittag die Photosynthese gegen Mittag energisch ein. *Prunus armeniaca* leidet gegen Ende der Trockenheit erheblich unter Wassermangel, nur am frühen Morgen und am späten Abend sind nennenswerte CO_2-Einnahmen möglich. Nach Schulze et al. (1972).

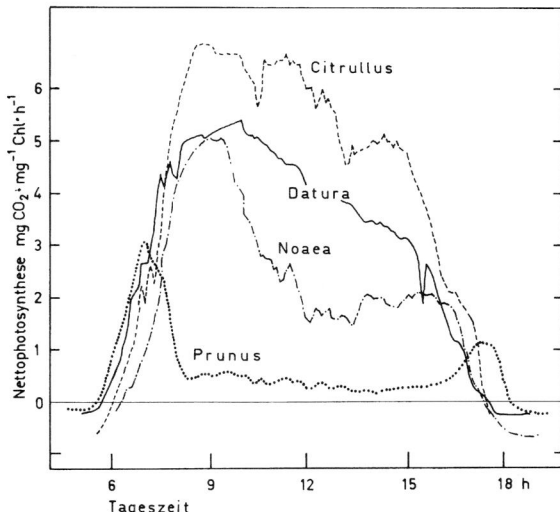

Kohlenstoffassimilation und Wasserdampfabgabe

Die Stomata sind Durchtrittstellen nicht nur für den CO_2-Gaswechsel, sondern auch für den Wasserdampf aus dem Inneren des Blattes. Um CO_2 aufzunehmen, muß die Pflanze Wasser abgeben, und mit der Einsparung von Wasserverlusten wird auch der Einstrom von CO_2 herabgesetzt. Dieser Zusammenhang wurde schon sehr früh erkannt[272,507] und durch die Berechnung des Verhältnisses zwischen Assimilationsleistung und Wasserverbrauch pauschal erfaßt. Der Quotient Photosynthese/Transpiration wird **Wassernutzungskoeffizient der Photosynthese** (WUE_{Ph}, water use efficiency) genannt.

Der Wassernutzungskoeffizient der Photosynthese ist ein quantitativer Ausdruck für das momentane Gaswechselverhalten eines Blattes. Um den Einfluß der umweltvariablen Konzentrationsgradienten für CO_2 und H_2O auszuschließen und somit das *spezifische Diffusionsverhalten* in Abhängigkeit von Struktur- und Funktionsmerkmalen einer Pflanze zu charakterisieren, kann das *Verhältnis der Transferwiderstände* für Kohlendioxid und Wasserdampf $\Sigma r^{H_2O}/\Sigma r^{CO_2}$ (oder als

Verhältnis der Leitfähigkeiten g^{CO_2}/g^{H_2O}) angegeben werden. Bei maximal geöffneten Spalten beträgt das Verhältnis der Widerstände für die meisten C_3-Pflanzen 0,1–0,4, für manche Bäume 0,5 und für C_4-Pflanzen bis 0,8[190,371].

Die Diffusionsbedingungen für die beiden verschiedenen Austauschvorgänge sind nicht identisch. Der Konzentrationsgradient für CO_2 zwischen der Außenluft und den Chloroplasten ist viel flacher als das H_2O-Dampfdruckgefälle zwischen dem Blattinneren und der Atmosphäre, vorausgesetzt, daß die Außenluft nicht gerade wassergesättigt ist. Bei einer Temperatur von 20 °C und einer relativen Luftfeuchtigkeit von 50% ist das Wasserdampfgefälle rund 20 mal so groß wie das CO_2-Gefälle. Allein schon dadurch verdunstet Wasser viel schneller als CO_2 in das Blatt aufgenommen wird. Außerdem diffundieren die kleineren H_2O-Moleküle 1,5 mal so schnell wie die größeren CO_2-Moleküle. Wesentlich verschieden ist auch der Diffusionsweg. Er ist für das CO_2, das bis in die Chloroplasten gelangen muß, länger und zusätzlich dadurch erschwert, daß der CO_2-Transport in Lösung außerordentlich langsam erfolgt. Der

$$WUE_{Ph} = \frac{Ph}{Tr} \ [\mu mol\ CO_2 \cdot m^{-2} \cdot s^{-1} / mmol\ H_2O \cdot m^{-2} \cdot s^{-1}] \qquad (2.8)$$

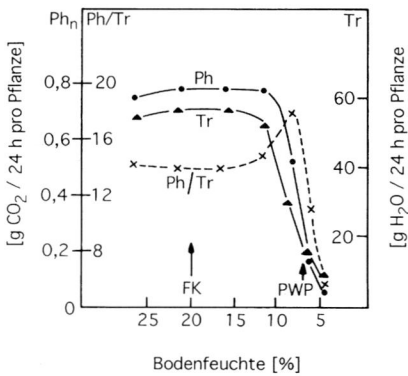

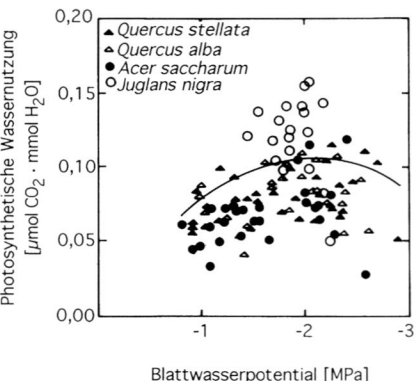

Abb. 2.52. Photosynthetische Wassernutzung bei Wassermangel. *Links:* Tagessummen der Nettophotosynthese (Ph) und der Transpiration (Tr) und Verlauf des Quotienten Ph/Tr von 6 Wochen alten Weizenpflanzen bei Bodenaustrocknung. FK = Feldkapazität, PWP = Permanenter Welkungspunkt. Strahlung: 150 W · m^{-2} (16 Stunden täglich); Lufttemperatur: 22 °C; Luftfeuchte 70%. Nach AHO et al. (1979). *Rechts:* Ökonomische Wassernutzung der Blätter von Baumsämlingen zu Beginn der trockenheitsbedingten Spaltenverengung. Als WUE ist hier die Nettophotosynthese auf die Blattleitfähigkeit für Wasserdampf (unabhängig von der Verdunstungskraft der Atmosphäre) bezogen. Nach NI und PALLARDY (1991).

Wassernutzungskoeffizient der Photosynthese wird sich somit immer verschieben, wenn sich die Diffusionsbedingungen für die beiden Gase ändern.

Bei *ganz offenen Spalten* wird die CO_2-Aufnahme durch die Transferwiderstände im Inneren des Blattes stärker begrenzt als die Transpiration, wobei die C_3-Pflanzen wegen ihrer geringeren Carboxylierungseffizienz in der Regel den Pflanzentypen, die den C_4-Weg nutzen, unterlegen sind. Der günstigste Kompromiß zwischen CO_2-Aufnahme und Wasserverbrauch wird bei *mäßig verengten* Spaltöffnungen erreicht. Dies zeigt sich bei beginnendem Wassermangel, wenn beide Gasströme bereits etwas reduziert sind und das Photosynthese/Transpirations-Verhältnis am höchsten ist (Abb. 2.52). Bei *fast geschlossenen Spalten* fällt das Ph/Tr-Verhältnis steil ab, weil der CO_2-Einstrom stärker behindert ist als die stomatäre Transpiration; außerdem entweicht Wasserdampf zusätzlich durch die Cuticula.

Am *Pflanzenstandort* wird der WUE$_{Ph}$ durch die klimatischen Gegebenheiten beeinflußt: Am Morgen ist der WUE$_{Ph}$ in der Regel am höchsten, solange die Luft noch feucht ist und die Photosyntheseleistung bei hellem Licht ihren Höhepunkt erreicht hat. Später sinkt der Photosynthese/Transpirations-Quotient, wenn sich die Blätter stärker erwärmen, die Luftfeuchte abnimmt und turbulente Luftströmungen die Wasserverdunstung fördern. Im Laufe der Jahreszeiten verringert sich häufig das Photosynthese/Transpirations-Verhältnis. Wegen des Leistungsabfalls der Photosynthese im Laufe der ontogenetischen Entwicklung fällt auch WUE$_{Ph}$ ab, bei manchen Arten schon zur Blütezeit, jedenfalls aber während der Fruchtentwicklung (z. B. bei Mais). Auch Streß senkt die photosynthetische Wassernutzung.

Für ökologische und landwirtschaftlich-forstliche Fragestellungen ist das *Verhältnis zwischen Stoffproduktion und Wasserverbrauch* während der gesamten Vegetationsperiode aussagekräftiger als temporäre Gaswechselquotienten. Der **Wassernutzungskoeffizient der Produktivität** WUE$_P$ ergibt sich aus

$$WUE_p = \frac{\text{organische Trockensubstanzproduktion}}{\text{Wasserverbrauch}} \quad [\text{g TS} \cdot \text{kg}^{-1}\, H_2O] \qquad (2.9)$$

Trockensubstanzproduktion und Wasserverbrauch können auf die Einzelpflanze oder auf einen *Pflanzenbestand* bezogen sein. Im zweiten Fall (Wassernutzungskoeffizient der *Primärproduktivität*) wird die Produktion organischer Trockensubstanz auf die vegetationsbedeckte Bodenfläche bezogen (siehe Formel 2.19), als Wasserverbrauch wird die Evapotranspiration (siehe Kap. 4.4.1) eingesetzt. Der WUE_P ist eine integrale Angabe, die den kumulativen Trockensubstanzzuwachs und den Wasserverbrauch während längerer Perioden (Wochen, ganze Vegetationsperiode) umfaßt. Eine Umrechnung von Gaswechselquotienten (WUE_{Ph} oder g^{CO_2}/g^{H_2O}) über Konversionsfaktoren (CO_2 zu Trockensubstanz, siehe Seite 11) ist möglich und liefert größenordnungsmäßige Anhaltspunkte, sie ist aber nicht ganz zutreffend, weil die Trockensubstanzproduktion der Pflanze nicht nur von der Intensität des CO_2-Gaswechsels, sondern viel mehr von der CO_2-Gaswechselbilanz (vgl. Kap. 2.3.1) und dem spezifischen Assimilatverteilungsmuster abhängt.

Der Wasserbedarf pro Einheit gebildeter Trockenmasse ist bei verschiedenen Pflanzen ungleich groß und sehr vom Entwicklungszustand, der Bestandesdichte und den Umweltbedingungen, vor allem der Wasserversorgung und der Verdunstungsgröße abhängig. Die Kenntnis des WUE_P macht es möglich, die Bewässerung von Nutzpflanzenbeständen in Trockengebieten genau zu bemessen

Tab. 2.12 Durchschnittliche Wassernutzungskoeffizienten der Produktivität [g TS · kg^{-1}H$_2$O] nach Angaben zahlreicher Autoren.

C$_4$-Pflanzen	3–5
Krautige C$_3$-Pflanzen	
Getreide	1,5–2
Leguminosen	1,3–1,4
Kartoffeln und Rüben	1,5–2,5
Sonnenblumen jung	3,6
Sonnenblumen blühend	1,5
CAM-Pflanzen	6–15(30)
Holzpflanzen (C$_3$)	
Tropische Laubbäume (Nutzpflanzen)	1–2
Laubbäume der gemäßigten Zone	3–5
Hartlaubsträucher	3–6
Nadelbäume	3–5
Ölpalmen	3,5

und geeignete Arten und Sorten für den Anbau auszuwählen (Tab. 2.12).

2.2.5.4 CO$_2$-Gaswechsel und Mineralstoffversorgung

Der Einfluß der Mineralstoffversorgung der Pflanze auf die Photosynthese und die Atmung ist überaus vielfältig. Auf Böden ohne nennenswerten Nährstoffmangel ist die Mineralstoffversorgung für die Photosyntheseleistung weniger entscheidend als klimatische Faktoren. Trotzdem läßt sich fast immer durch ausgewogene Nährstoffzufuhr der Er-

Tab. 2.13 Bedeutung von Bioelementen für die Photosynthesefunktion. Nach BUSCHMANN und GRUMBACH (1985), MARSCHNER (1986) und HOFFMANN (1987).

Funktion	Strukturbestandteile und Stabilisatoren	Enzymbestandteile und Cofaktoren	Translokationsfaktoren, Ladungsausgleich
Differenzierung und Stabilisierung der Chloroplastenstruktur	N, S, Mg, Fe, Ca	Mg, (Mn), K, Fe, Zn	
Photochemischer Prozeß	Mn	Mg, Cl, (Mo)	Cl
Elektronentransport und Photophosphorylierung	Mg, P, S, Fe, Cu, (Ca)	Mg, K	K, Mg
CO$_2$-Fixierung und Calvin-Zyklus	P	Mg, Mn, K, Zn	
Assimilattransport und Stärkesynthese	P	K, Mg, B	
Stomatabewegung			K, Cl

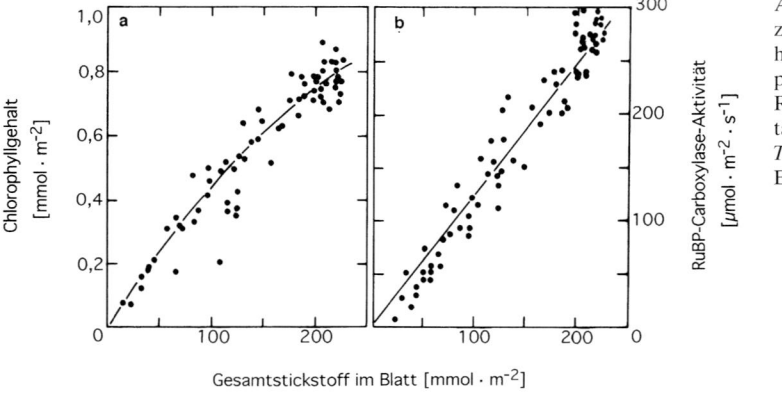

Abb. 2.53. Korrelation zwischen dem Stickstoffgehalt und dem (a) Chlorophyllgehalt sowie der (b) RuBP-Carboxylase-Aktivität des Fahnenblattes von *Triticum aestivum*. Nach EVANS (1983).

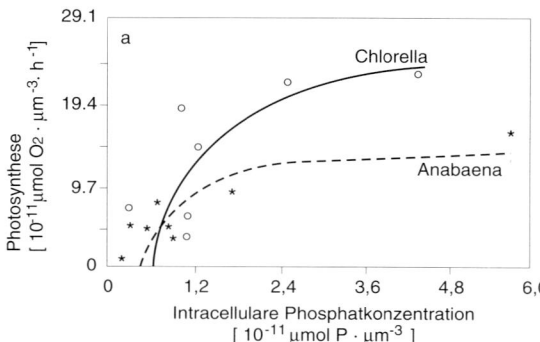

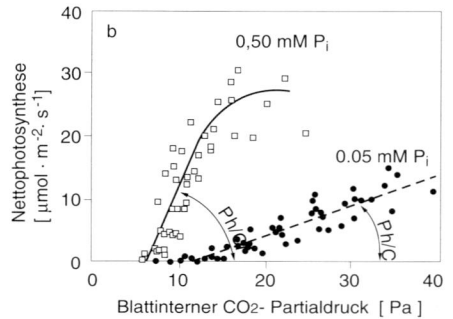

Abb. 2.54. Abhängigkeit der Photosyntheseleistung von der Phosphorernährung. a) Zellinterner Phosphorgehalt und Photosynthese in einer Grünalge (*Chlorella*) und in einem Cyanobacterium (*Anabaena*). Nach SENFT (1978).

b) Photosynthetische CO_2-Nutzung Ph/C_i (als Maß für die Carboxylierungseffizienz) von Sojapflanzen bei guter Phosphorversorgung (0,50 mM P_i) und bei Phosphormangel (0,05 mM P_i in der Nährlösung). Nach LAUER et al. (1989).

trag der Photosynthese anheben. Mineralische Nährstoffe beeinflussen die Intensität des Kohlenstoffwechsels unmittelbar und über Wachstum und Morphogenese.

Biochemische Wirkungen auf Photosynthese und Atmung ergeben sich daraus, daß die Mineralstoffe Bestandteile von Enzymen und Pigmenten sind oder als Aktivatoren unmittelbar in den Photosyntheseprozeß eingreifen (Tab. 2.13). *Stickstoff* ist als wesentlicher Bestandteil der Proteine und des Chlorophylls am Aufbau der Thylakoid- und Enzymstrukturen beteiligt. Es bestehen enge Korrelationen zwischen dem Stickstoffgehalt der Blätter und der Menge von Chlorophyll (durchschnittlich 50 mol Thylakoidstickstoff pro mol Chlorophyll[179]) und RuBP-Carboxylase (Abb. 2.53). *Orthophosphat* ist in energie-

reiche Verbindungen (ATP, Triose-, Pentose- und Hexosephosphate) eingebaut. Das Angebot an anorganischem Phosphor reguliert den Calvinzyklus und den Transport von Metaboliten und Assimilaten. Phosphatmangel verursacht einen Rückstau von Assimilaten (Saccharose, Stärke) in den Chloroplasten und unterdrückt die Photosyntheseleistung bei sonst günstigen Bedingungen (Abb. 2.54). Die *Ionen* K^+, Ca^{2+}, Mg^{2+} und Cl^- sind u. a. an Transportvorgängen (im Bereich der Chloroplasten, K^+ und Cl^- auch bei der Schließzellenbewegung) beteiligt und in Strukturen des Photosyntheseapparates integriert. Die *Spurenelemente* sind hauptsächlich als Bestandteile oder Cofaktoren der Enzyme des Betriebsstoffwechsels notwendig.

Mineralstoffmangel und Störungen im

Mengenverhältnis der aufgenommenen Elemente beeinflussen den Chlorophyllgehalt und die Zahl, Größe und Feinstruktur der Chloroplasten auch dann, wenn diese Elemente nicht im Chlorophyllmolekül eingebaut sind, wie z. B. Eisen. Bei Magnesium- und Eisenmangel werden *Chlorosen* beobachtet, die dazu führen, daß die CO_2-Aufnahme auf weniger als ein Drittel absinkt. Durch die Chlorophyllarmut vermögen die Pflanzen vor allem starkes Licht nicht mehr auszunützen, sie verhalten sich dann wie Schattenpflanzen.

Mineralische Nährstoffe beeinflussen den Gaswechsel außerdem über die *Morphogenese* (Wachstum, Größe und Ausgestaltung der Blätter, Achsen und Wurzeln) und den *Entwicklungsablauf* (Lebensdauer). Bei Stickstoffmangel entwickeln sich kleine Blätter mit schlecht beweglichen Spaltapparaten, zu hohes Stickstoffangebot steigert die Atmung und schmälert dadurch den Nettogewinn der Photosynthese.

Kohlenstoffassimilation und Stickstoffeinbau
Das Photosynthesevermögen steigt mit zunehmendem Stickstoffgehalt (bezogen auf die Blattoberfläche) zunächst linear an und geht bei Limitierung durch andere Faktoren in ein Sättigungsverhalten über (Abb. 2.55). Analog zum Wassernutzungskoeffizienten kann auch ein **Stickstoffnutzungskoeffizient** (nitrogen use efficiency, NUE) berechnet werden[284]. Wiederum muß zwischen einem

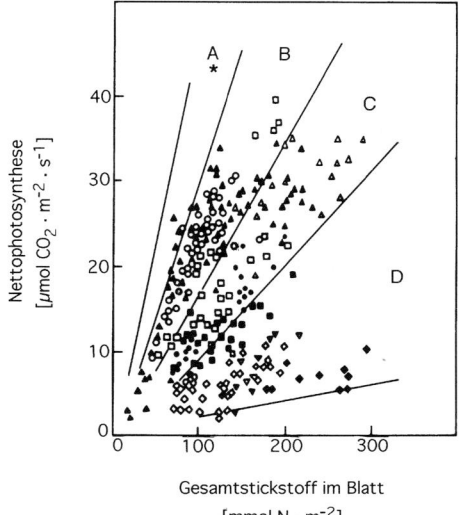

Abb. 2.55. Zusammenhang zwischen Photosyntheseleistung und Stickstoffgehalt der Blätter. A: C_4-Pflanze; B: C_3-Nutzpflanzen (z. B. Hochzuchtsorten von Weizen und Reis); C: Winterannuelle Pflanzen, Gebirgspflanzen; D: Hartlaubsträucher, immergrüne Bäume in semiariden Gebieten, Bäume des tropischen Regenwaldes. Nach Bestimmungen verschiedener Autoren aus EVANS (1989) und KÖRNER (1989), ergänzt durch Daten in SAGE und PEARCY (1987).

Stickstoffnutzungskoeffizienten der Photosynthese (NUE_{Ph}) und einem *kumulativen* Stickstoffnutzungskoeffizienten der Stoffproduktion (NUE_P; nitrogen productivity) unterschieden werden[43]. Der *photosynthetische Stickstoffnutzungskoeffizient* ist definiert als

$$NUE_{Ph} = \frac{Ph}{N_A} \; [\mu mol\ CO_2 \cdot m^{-2} \cdot s^{-1} / mmol\ N \cdot m^{-2}] \qquad (2.10)$$

wobei N_A den Stickstoffgehalt pro Blattflächeneinheit (A) ausdrückt. Für die Berechnung des *Stickstoffnutzungskoeffizienten für die Stoffproduktion* wird der Zuwachs an organischer Trockensubstanz während eines längeren Zeitraums (mittlere Verweilzeit: etwa die Vegetationsperiode oder die Funktionsperiode eines Blattjahrgangs) in Beziehung zum Stickstoffgehalt der Assimilationsorgane gesetzt:

$$NUE_P = \frac{Zuwachs\ an\ organischer\ Trockensubstanz}{Inkorporierter\ Stickstoff} \; [g\ TS \cdot g^{-1}\ N] \qquad (2.11)$$

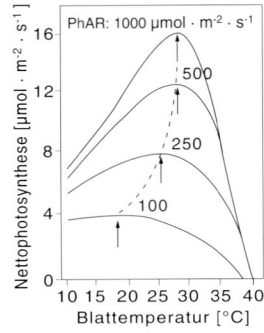 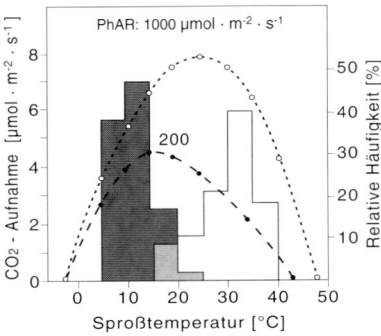

Abb. 2.56. Verschiebung des Temperaturoptimums der Nettophotosynthese gegen höhere Temperaturen mit zunehmender Strahlungsintensität. *Links:* Modell für die Verlagerung des Temperaturoptimums von *Atriplex patula* (C_3-Pflanze). Nach HALL (1979). *Rechts:* Temperaturabhängigkeit der apparenten CO_2-Aufnahme von *Loiseleuria procumbens* bei schwacher und starker Strahlung, bezogen auf die Oberfläche des bodendeckenden Zwergstrauchs. Punktierte Säulen: Häufigkeitsverteilung der Temperaturen im Bestand bei niedriger (links) und hoher Einstrahlung (rechts). Nach GRABHERR und CERNUSCA (1977).

Pflanzen mit hocheffizienter Photosyntheseleistung wie C_4-Pflanzen und manche C_3-Nutzpflanzen erlangen schon bei mäßigem Stickstoffgehalt der Blätter gute CO_2-Ausbeuten. Krautige C_3-Pflanzen mit geringerer Stickstoffnutzung gleichen diese durch erhöhte Stickstoffgehalte aus, wenn sie auf gut stickstoffversorgten Standorten leben; durch einen aufwendigen Stickstoffumsatz sind sie in der Lage, auch einen üppigen Kohlenstoffhaushalt aufrechtzuerhalten. Kleinwüchsige Pflanzen konzentrieren den aufgenommenen Stickstoff in ihren Geweben, Pflanzen mit langlebigen Blättern konservieren ihn. Auf diese Weise sind sie, bei mäßigem Photosynthesevermögen und geringer Stoffproduktion, auch auf stickstoffarmen Böden lebenstüchtig.

2.2.5.5 Der CO_2-Umsatz im Wechselspiel der Außenfaktoren

Unter Freilandbedingungen wirken die Umweltfaktoren nicht isoliert, sondern als komplexe *Faktorenbündel*. Es kommt zu korrelierten Effekten, die zu einem Photosyntheseverhalten führen, das vom Reaktionsverhalten gegenüber Änderungen eines einzelnen Faktors abweicht. Ein Beispiel dafür ist die Verschiebung der Grenz- und Optimumbereiche der Temperatur für die Nettophotosynthese mit zunehmender Strahlung (Abb. 2.56). Im Freiland gemessene „ökophysiologische" Faktoreneffekte weichen daher häufig von Laboratoriumsbefunden ab. Wegen der breiten zufälligen Streuung der Meßwerte wird das Funktionsverhalten realistischer durch Punktdiagramme und Grenzlinien dargestellt als durch Mittelwerte (Abb. 2.57).

Der Verlauf des CO_2-Gaswechsels der Pflanzen ist stets das Ergebnis der tageszeitlich, jahreszeitlich und mit der Witterung wechselnden inneren und äußeren Bedingungen. Immer wird sich ein *Faktor im Minimum* einstellen, der für einige Zeit assimilationsbegrenzend ist. Im natürlichen Wechselspiel sind die Außenfaktoren nur selten und für kurze Zeit so günstig bemessen und so harmonisch aufeinander abgestimmt, daß die Photosynthese Spitzenwerte erzielt. Im Durchschnitt erlangen die *Tageshöchstwerte* der CO_2-Aufnahme nur 70–80% des maximalen Photosynthesevermögens.

Ein besonderes, komplex verursachtes Phänomen ist die vor allem bei Holzpflanzen häufig auftretende *Mittagsdepression* der Nettophotosynthese: Zur Zeit stärkster Strahlung, daher größter Hitze und Evaporationsbelastung, verengen sich die Stomata, die blattinterne CO_2-Konzentration C_i steigt an (was

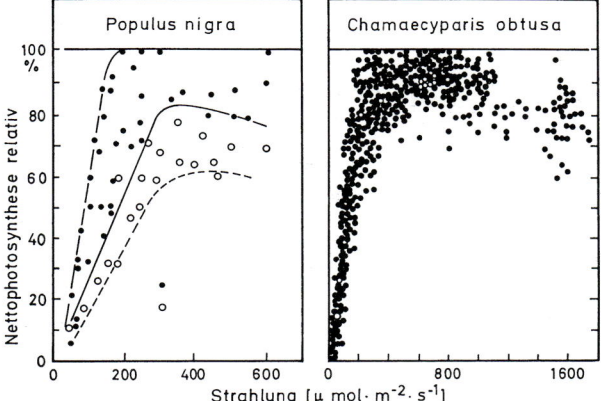

Abb. 2.57. Lichtabhängigkeit der Nettophotosynthese unter wechselnden Witterungsbedingungen im Freiland. *Links:* An bedeckten Tagen mit feuchter Luft erreichen Pappelblätter höhere Photosynthesewerte als bei gleicher Strahlungsintensität an Klartagen mit trockener Luft. Durch Grenzlinien läßt sich der Streuungsbereich einfassen. Nach POLSTER und NEUWIRTH (1958). *Rechts:* Hohe Einstrahlung bewirkt eine Überwärmung der Assimilationsorgane der Scheinzypresse und ein steileres Wasserdampfdruckgefälle zur Luft, das den Wasserhaushalt belastet. Die Freilandmessungen ergaben daher keine Lichtsättigungskurve in Form einer Exponentialfunktion wie im Laboratoriumsversuch, sondern einen Optimumverlauf mit stark streuenden Einzelwerten. Nach NEGISI (1966).

auf eine nichtstomatäre Hemmung der Photosynthese schließen läßt) und die photochemische Effizienz des Photosystems II ist vermindert. Häufig ist gleichzeitig das Wasserpotential der Blätter erniedrigt (siehe Abb. 2.50). Erst am späten Nachmittag erholt sich die Photosynthese wieder. Die Mittagsdepression kommt durch das Zusammenwirken der Mehrfachbelastung von Starklicht (Photoinhibition), negativer Wasserbilanz (Turgorverlust), Hitzestreß und in manchen Fällen vielleicht auch verlangsamten Assimilatabtransport zustande.

Begrenzung des CO_2-Gewinns unter Standortbedingungen

Unter klimatischen Verhältnissen, wie sie in mittleren geographischen Breiten herrschen, begrenzt in erster Linie *Lichtmangel* bei niedrigem Sonnenstand und Bewölkung die Ergiebigkeit der CO_2-Assimilation (Tab. 2.14). Zu *niedrige Temperaturen* verringern in der gemäßigten Zone den Kohlenstofferwerb der immergrünen Vegetation im Spätherbst, Winter und Frühjahr erheblich. Zu *hohe Temperaturen* sind in der gemäßigten Zone selbst auf hitzebelasteten offenen Standorten von untergeordneter Bedeutung. In den Subtropen und Tropen hingegen dürfte der hitzebedingten Einschränkung der CO_2-Aufnahme eine selektionierende Rolle zukommen. Global gesehen ist *Wassermangel* der bedeutendste assimilationsmindernde Umweltfaktor. Aus Tagesgängen des CO_2-Gaswechsels läßt sich entnehmen, daß immergrüne Sträucher und Halbsträucher der Macchie und des Buschlandes während der Dürrezeit um 1/5 bis 2/3 niedrigere Tagesmaxima der Nettophotosynthese erreichen als in der Regenzeit. Im einzelnen wechselt das Ausmaß der Verringerung der CO_2-Ausbeute in ariden Gebieten je nach Carboxylierungstyp (C_3, C_4, CAM), Wuchsform und Empfindlichkeit der Pflanzenart, nach standörtlichen Gegebenheiten (insbesondere Wasserreserven in tiefen Bodenhorizonten) und nach dem zeitlichen Verlauf der Dürre. Ein Beispiel für das bezeichnende und unterschiedliche Verhalten von Wüstensträuchern gibt Abb. 2.58.

Tab. 2.14 Minderung (in %) des CO_2-Erwerbs durch leistungseinschränkende Standortfaktoren während der vegetationsgünstigen Zeit.

Faktor	*Pinus densiflora*[a] (Jungpflanze)	*Fagus sylvatica*[b] (Waldbaum)	*Prunus armeniaca*[c] (Trockengebiet)	*Hammada scoparia*[c] (C_4-Wüstenpflanze)	*Carex curvula*[d] (alpine Stufe)
Lichtmangel in der Dämmerung und durch Bewölkung	−22	−38	−13	−20	−39
Ungünstige Temperatur (zu niedrig, zu hoch)	−15	-3	−7	−12	−8
Lufttrockenheit		−2	−12	−28	
Gesamtminderung des durchschnittlichen Tagesgewinnes in % der maximal möglichen CO_2-Aufnahme	−37	−43	−32	−60	−47

[a] NEGISI (1966)   [b] SCHULZE (1970)   [c] SCHULZE und HALL (1982)   [d] KÖRNER (1982)

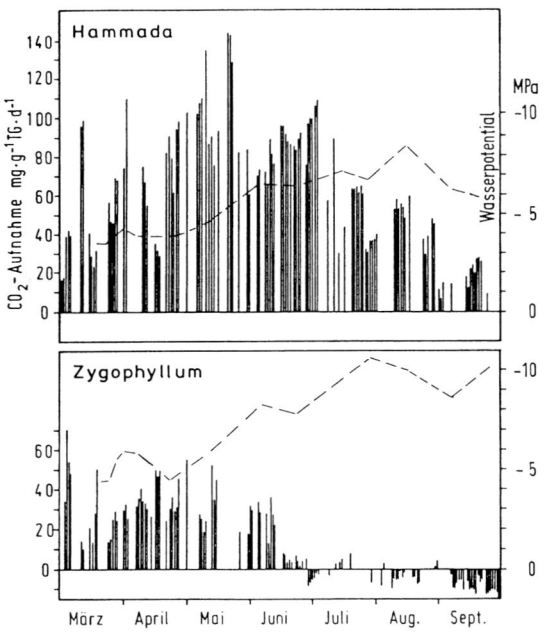

Abb. 2.58. Tagessummen (vertikale Striche) der CO_2-Aufnahme bzw. CO_2-Abgabe von Wüstenpflanzen auf unterschiedlich dürrebelasteten Standorten. *Hammada scoparia* ist ein C_4-Rutenstrauch, der lößbedeckte Senken besiedelt, *Zygophyllum dumosum* ist ein C_3-Kleinstrauch, der auf südgeneigten Hängen und steinigen Einebnungen wächst. In der Trockenzeit wirft *Zygophyllum* die Blätter ab, das Wasserpotential der Sprosse (strichlierte Kurve) nimmt stark ab und der CO_2-Gaswechsel schlägt in CO_2-Abgabe um. *Hammada* ist imstande, auch in der Trockenzeit dem Boden etwas Wasser zu entziehen, das Wasserpotential sinkt nur wenig und die grünen Sprosse binden weiterhin CO_2, wenn auch in herabgesetztem Ausmaß. Nach LANGE et al. (1975).

2.3 Der Kohlenstoffhaushalt der Pflanze

2.3.1 Die Gaswechselbilanz

Für den Kohlenstoffgewinn einer Pflanze auf ihrem Standort sind nicht so sehr kurzdauernde Gipfelwerte der Photosynthese maßgeblich, sondern die Tages- und Jahressummen der CO_2-Aufnahme. Der Nettoertrag der Kohlenstoffassimilation ergibt sich aus dem *Saldo* der CO_2-Gaswechselbilanz. Dieser Saldo wird nicht nur durch die Gaswechselintensität bestimmt, sondern auch durch das Massenverhältnis von photosynthetisch aktiven Organen zu atmenden Geweben (*Strukturfaktor*) sowie durch die Andauer assimilationsgünstiger und ungünstiger Perioden im Laufe des Jahres (*Zeitfaktor*).

2.3.1.1 Ökonomie des CO_2-Gaswechsels

Die Kohlenstoffeinnahme einer Pflanze beruht auf dem Ertrag der Bruttophotosynthese aller Blätter, die Kohlenstoffausgabe entspricht der CO_2-Abgabe durch die Atmung aller Organe. Betrachtet man zunächst die *CO_2-Bilanz eines einzelnen Blattes*, so zeigt sich, daß der Reinertrag der Photosynthese um so größer ist, je höher die photosynthetische Leistung und je geringer die respiratorische Aktivität ist. Das Verhältnis dieser beiden Größen läßt sich durch den *Ökonomischen Bilanzkoeffizienten des Gaswechsels der Blätter*, ÖK$_{Bl}$, ausdrücken[535] (Glg. 2.12):

Ökonomische Koeffizienten für Algen und Tange[90] liegen zwischen 5 und 10.

Der nächste Schritt bei der Erstellung einer Kohlenstoffbilanz hat das Verhältnis zwischen der *grünen (assimilierenden) und nichtgrünen (nur dissimilierenden)* Pflanzenmasse zu berücksichtigen (Tab. 2.15). Der Anteil der photosynthetisch produktiven Grünmasse an der Gesamtmasse hängt von der Wuchsform der Pflanze ab, er ändert sich während der Entwicklung und auch unter dem Einfluß von Außenfaktoren. Bei Holzpflanzen besteht ein überwiegender Teil der nichtgrünen Biomasse aus toten, nicht atmenden sklerenchymatischen Elementen; z. B. enthält Pappelholz nur ca. 8% atmendes Gewebe[675].

2.3.1.2 Assimilationsdauer und Kohlenstoffbilanz

Entscheidend für den Kohlenstoffgewinn ist die Dauer des Zeitraumes, in dem ein ausgiebiger CO_2-Erwerb möglich ist. Das sind die hellen Tagesstunden während des Belaubungszeitraumes, soweit die Assimilationstätigkeit nicht behindert ist. Von der Summe der Kohlenstoffeinnahmen ist zunächst die nächtliche CO_2-Abgabe der Blätter abzuziehen. Der Reingewinn der Photosynthese im Laufe der 24 Stunden ergibt sich aus der Tagesbilanz, die Summe der Tagesbilanzen während der Assimilationsperiode ergibt die Jahresbilanz des CO_2-Gaswechsels.

Tagesbilanzen geben einen ersten Einblick in das Produktionsverhalten einer Pflanze un-

$$\text{ÖK}_{Bl} = \frac{Ph_b}{R} \ [\mu mol\ CO_2 \cdot m^{-2} \cdot s^{-1} / \mu mol\ CO_2 \cdot m^{-2} \cdot s^{-1}] \qquad (2.12)$$

Dieser Koeffizient gibt an, wieviel mehr Kohlenstoff ein Blatt *zu gleicher Zeit* gewinnt als es für die Atmung verbraucht. Blätter von C_3-Pflanzen nehmen unter günstigsten Bedingungen etwa drei bis fünfmal so viel CO_2 auf als sie gleichzeitig durch dissimilatorische Prozesse verlieren, Blätter von C_4-Pflanzen binden, dank Vermeidung photorespiratorischer Verluste, zehn- bis 20 mal so viel CO_2.

ter den gegebenen Umweltfaktoren (siehe z. B. Abb. 2.46). Der Einnahmenüberschuß in der Tagesbilanz ist um so größer

(1) je leistungsfähiger die Photosynthese ist,

(2) je mehr Grünmasse zur Verfügung steht und je günstiger die Assimilationsflächen im Lichtfeld angeordnet sind,

(3) je länger untertags für die Photosynthese günstige Bedingungen herrschen und

Tab. 2.15 Prozentueller Anteil von Assimilationsorganen, Sproßachsen und Wurzeln an der Gesamtmasse (Trockensubstanz) verschiedener Pflanzen. Nach Angaben zahlreicher Autoren.

Pflanze	Grünmasse [%] (photosynthetisch aktive Organe)	Nur atmende Organe [%]	
		Oberirdische Sproßachsen	Wurzeln und unterirdische Sprosse
Immergrüne Bäume tropischer und warmtemperater Wälder	2–5	*80–90	*10–20
Palme, erwachsen	54	38	8
Saisongrüne Bäume	1–2	*um 80	*um 20
Immergrüne Nadelbäume	4–10	*70–80	*10–30
Krummholz an der Waldgrenze	um 25	*um 30	*um 45
Coniferenjungpflanzen	50–60	*40–50	*um 10
Ericaceenzwergsträucher	10–20	*um 20	*60–70
Wiesengräser	um 50		um 50
Getreide (reif)	10–15	40–70	um 30
Steppenpflanzen			
feuchte Jahre	um 30		um 70
trockene Jahre	um 10		um 90
Wüstenpflanzen			
Annuelle Kräuter	80–90		10–20
Sträucher und Stauden	10–20	10–40	40–60
Hochgebirgspflanzen	10–20		80–90
Arktische Tundra			
Sproßpflanzen	15–20		
Kryptogamen	>95		

* Großteil der Masse ist tote Gerüstsubstanz

(4) je kürzer und kühler die Nacht ist.

Schon durch eine geringe Verschiebung der Tag und Nachtlänge oder der Nachttemperatur entstehen beachtliche Unterschiede in der 24-Stunden-Bilanz (Abb. 2.59). Vor allem Wassermangel drückt die Tagessummen auf niedrige Beträge (siehe Abb. 2.58). Computerunterstützte Simulationsberechnungen machen es möglich, die Auswirkungen einer Vielzahl von äußeren und inneren Faktoren auf die CO_2-Tagesbilanz zu erfassen und deren Bedeutung quantitativ abzuschätzen. Der Wert solcher Funktionsmodelle liegt in der Entwicklung von Arbeitshypothesen, die der Realität um so näher kommen, je vollständiger das Adaptationsvermögen der Pflanze mitberücksichtigt ist. Simulationsanalysen sind eine wertvolle Erkenntnishilfe und eine Möglichkeit, konkrete Zielvorstellungen für die Forschungsplanung zu erarbeiten. Die dabei gewonnenen Informationen müssen allerdings durch Messungen im Freiland und/oder in Klimakammern verifiziert werden, bevor sie für weitergehende, insbesondere anwendungsorientierte Aussagen akzeptabel sind.

Jahresbilanzen ergeben den CO_2-Saldo für die gesamte Vegetationsperiode oder das ganze Jahr. Auch hiefür bieten sich Modellberechnungen zur quantitativen Abschätzung potentieller Kohlenstoffeinnahmen an, die dann mit den reellen Ergebnissen zu vergleichen sind.

Der Jahresertrag ist um so höher, je länger die Pflanzen ergiebige oder wenigstens positive Tagesbilanzen erzielen. Ein beachtlicher Stoffgewinn kommt trotz bescheidener Tagesbilanzen zustande, wenn der für die Assimilation günstige Zeitraum genügend lang dauert, wie z. B. in warmgemäßigten und in subtropisch bis tropisch humiden Gebieten. Ist eine Assimilationstätigkeit wie im Hochgebirge, in der Arktis und in Trockengebieten nur während eines relativ kurzen Zeitraumes möglich, so bleiben die Erträge gering, auch wenn die Pflanzen ein großes Photosynthesevermögen besitzen oder ihre Assimilate besonders ökonomisch verwerten.

Auf dem *Festland* nimmt der für ausgiebige Stofferzeugung verfügbare Zeitraum je nach Wuchsform der Pflanzen und klimatischen Bedingungen in folgender Reihe ab:
(1) Immergrüne Pflanzen warmfeuchter Gebiete mit ganzjähriger Photosyntheseaktivität (z. B. Holzpflanzen und ausdauernde krautige Pflanzen tropischer und subtropischer Regenwälder).
(2) Immergrüne Pflanzen mit jahreszeitlich wechselnder Photosyntheseleistung und Unterbrechung der Assimilationsperiode
   a) durch eine kalte Jahreszeit (z. B. boreale Nadelbäume),
   b) durch eine trockene Jahreszeit (z. B. Hartlaubsträucher).
(3) Saisongrüne Pflanzen (laubabwerfende Holzpflanzen und die meisten krautigen Pflanzen)
   a) mit voller Ausnützung des Belaubungszeitraumes in niederschlagsreichen Gebieten (z. B. Laubbäume der gemäßigten Zone),
   b) mit nur teilweiser Ausnützung des Belaubungszeitraumes wegen Lichtmangels (z. B. Unterwuchs in Laubwäldern),
   c) mit nur teilweiser Ausnützung des Belaubungszeitraumes wegen Trockenheit (z. B. Bäume der Waldsteppe).
(4) Pflanzen mit kurzdauernder Kohlenstoffaufnahme zwischen längeren, ungünstigen Zeiträumen:
   a) Sproßpflanzen in Wüsten mit unregelmäßigen Niederschlägen (100–120 günstige Tage),
   b) Sproßpflanzen der Arktis und des Hochgebirges (60–90 frost- und schneefreie Tage),
   c) Moose, Flechten und Luftalgen mit gelegentlicher Kohlenstoffaufnahme nach Benetzung oder bei hoher Luftfeuchtigkeit.
In den kalten *Meeren* hoher Breiten be-

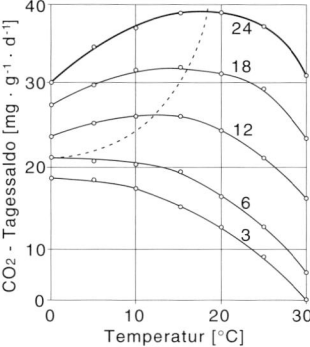

Abb. 2.59. Theoretisches Modell der Auswirkung unterschiedlicher Tag-/Nachtdauer auf die Tagesbilanz des Mooses *Hylocomium parietinum* bei verschiedenen Temperaturen. Die Zahlen geben die Dauer der hellen Stunden an. Dem Diagramm ist zu entnehmen, wie sehr der CO_2-Verlust in warmen Nächten den 24-Stunden-Gewinn schmälert. Realistische Berechnungen müßten den Temperaturverlauf zwischen Tag und Nacht berücksichtigen. Dieses sehr vereinfachte Modell aufgrund von Laboratoriumsdaten ist eine der frühesten Simulationsberechnungen in der Ökophysiologe. Nach STÅLFELT (1937).

schränkt sich die Produktionsperiode auf den Polarsommer, der eine wochenlange Assimilationstätigkeit ohne nächtliche Unterbrechung zuläßt.

Die dominierende Bedeutung des Zeitfaktors für die Stoffproduktion wird längst schon in pflanzenbaulichen und züchterischen Zielvorstellungen berücksichtigt. Der Ertrag von Nutzpflanzen, die in Gebieten mit langem vegetationsgünstigem Zeitraum gezogen werden, läßt sich durch bestmögliche Ausnützung des vollen Assimilationszeitraums, also durch Selektion auf möglichst präzise phänologische Anpassung an den örtlichen Witterungsablauf, steigern. Dagegen wird bei Nutzpflanzen, die in Gebieten mit kurzer Vegetationsperiode angebaut werden sollen, möglichst auf hohe Photosynthesekapazität und investionsbetonte Assimilatverwertung geachtet.

2.3.1.3 Die Gesamtbilanz

Die CO_2-Bilanz für die ganze Pflanze ergibt sich aus dem Jahresertrag der *Bruttophotosynthese* Ph_b der *Laubmasse* G_L (G = Gewicht) während der hellen Stunden (h) abzüglich der *Laubatmung* R_L bei Tag und Nacht, der *Atmung der Sproßachsen* (samt Blüten und Früchten) R_S und der *Wurzeln* R_W während des gesamten Jahres.

falls länger als 24 Stunden. Anders als der momentane Bilanzkoeffizient der Photosynthese eines Blattes ($ÖK_{Bl}$) gilt $ÖK_{Pf}$ für *alle Organe* der Pflanze und für einen Zeitraum, der nicht nur zufällige Situationen, sondern

$$CO_2\text{-Bilanz} = G_L \cdot \Sigma_h Ph_b - G_L \Sigma R_L - G_S \cdot \Sigma R_S - G_W \cdot \Sigma R_W \qquad (2.13)$$

Um eine vollständige Gaswechselbilanz für eine Pflanze zu erstellen, werden der CO_2-Gaswechsel der Sproßorgane, nach Sproßabschnitten (bei Bäumen: Wipfel, Kronenbasis, Stämme) getrennt, und die Atmung der unterirdischen Teile Tag und Nacht das ganze Jahr über gemessen, außerdem wird die Masse der einzelnen Organe bestimmt. Gleichzeitig müssen die Außenfaktoren am Wirkungsort (z. B. Lichtverteilung, Blattemperaturen, Luftfeuchtigkeit in Blattnähe, Temperaturverlauf im Stamm- und Wurzelraum, Wasserverfügbarkeit usw.) erfaßt werden, um ihren Einfluß auf den Kohlenstoffhaushalt erkennen zu können. Die Abb. 2.60 zeigt ein Beispiel für eine reelle CO_2-Jahresbilanz. Das Ergebnis der Gesamtbilanz kann auch in Form eines integralen *Ökonomischen Bilanzkoeffizienten der ganzen Pflanze* $ÖK_{Pf}$ gefaßt werden, der quantitative Aussagen zur Ökonomie der organischen Stoffproduktion zuläßt:

$$ÖK_{Pf} = \frac{\Sigma Ph_n + \Sigma R}{\Sigma R} \; [g \, CO_2 \cdot g^{-1} \cdot t^{-1}] \qquad (2.14)$$

Die Berechnung geht von Tagesbilanzen aus, daher erstreckt sich der erfaßte Zeitraum t über Wochen bis zu einem Jahr, jedenfalls länger als 24 Stunden. Anders als der momentane Bilanzkoeffizient der Photosynthese eines Blattes ($ÖK_{Bl}$) gilt $ÖK_{Pf}$ für *alle Organe* der Pflanze und für einen Zeitraum, der nicht nur zufällige Situationen, sondern *durchschnittliche* Verhältnisse erfaßt. $ÖK_{Pf}$ ist also ein Durchschnittswert über Tag- und Nachtstunden, über Produktions- und Ruheperioden, vor allem aber über die CO_2-Bilanz der Gesamtpflanze mit allen grünen und nichtgrünen Teilen. Derartige Bilanzquotienten betragen für krautige Nutzpflanzen (Getreide, Leguminosen und Hackfrüchte) rund 2–4. Ähnliche Werte lassen sich für temperate und tropische Waldbäume errechnen (3–4), was zunächst überrascht, weil Bäume wesentlich mehr nichtgrüne Masse enthalten als Kräuter. Offenbar ist das Verhältnis zwischen der tatsächlich atmenden Masse der nichtgrünen Pflanzenteile (Rinden- und Holzparenchym, Meristeme) und den grünen Geweben unter den verschiedenen Wuchsformen auf ein ausgewogenes Verhältnis zwischen Assimilation und Dissimilation angelegt.

Die Dimension der Gaswechselbilanz ist g oder kg CO_2 pro Pflanze und Tag oder Jahr. Dieser Wert kann über Konversionsfaktoren (siehe Seite 11) in organische Trockensubstanz oder Kohlenstoffgehalte umgerechnet werden. Man gelangt dadurch vom *Gasumsatz zur Stoffproduktion* der Pflanze.

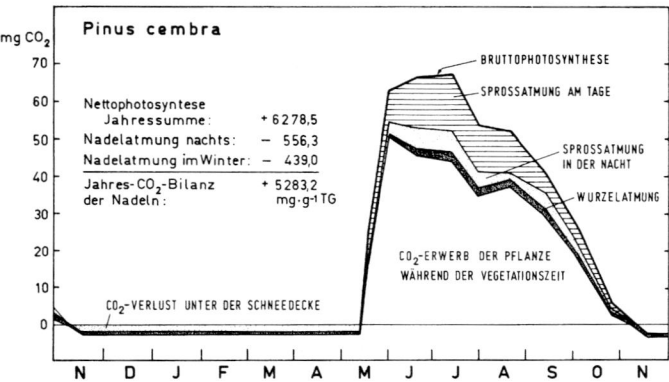

Abb. 2.60. Jahresgang der CO_2-Tagesbilanzen von Jungzirben an der Waldgrenze in den Alpen. Ein Teil des photosynthetischen CO_2-Gewinns geht noch am selben Tag durch die Atmung der Sprosse und Wurzeln verloren. Im Winter ist die Tagesbilanz meist negativ oder bestenfalls ausgeglichen; der CO_2-Verlust in den sechs Wintermonaten wird in der Jahresbilanz vom CO_2-Erwerb während der Vegetationsperiode abgezogen. Nach TRANQUILLINI (1959).

2.3.2 Die organische Stoffproduktion: Assimilationsleistung und Assimilationsertrag

Assimilierter Kohlenstoff, der nicht veratmet wird (also der Überschuß der CO_2-Bilanz), vermehrt die Trockensubstanz und kann für Zuwachs und für Vorratsbildung verwendet werden. Zwischen dem Überschuß der CO_2-Bilanz und der Trockensubstanzzunahme besteht ein klarer Zusammenhang (Abb. 2.61). Die Zuwachsrate nimmt mit dem CO_2-Gewinn zu und korreliert daher mit dem Nettophotosynthesevermögen. C_4-Pflanzen wie Zuckerrohr, Mais und Hirse erzielen doppelt bis dreimal so hohe Zuwachsraten wie die C_3-Nutzpflanzen Zuckerrübe, Luzerne oder Tabak.

Die *Massenzunahme der Pflanze durch Assimilatanreicherung* wird als Trockensubstanzzuwachs während eines Zeitintervalls (in der Regel pro Tag oder pro Woche) angegeben und als **Assimilationsleistung** AL bezeichnet[837]:

$$AL = \frac{dG}{dt} \qquad (2.15)$$

Der Zuwachs wird durch periodisches Abernten der Pflanzenmasse bestimmt. Als Trockenmasse darf nicht einfach das durch Wägung ermittelte Trockengewicht eingesetzt werden, weil das geerntete Material nicht nur Kohlenstoffverbindungen, sondern auch Mineralstoffe (durchschnittlich 3–10% des Trockengewichts) enthält. Vom Rohtrockengewicht muß daher das Aschengewicht abgezogen werden, der Rest ist aschenfreie, *organische Trockensubstanz*. Über Erntemethoden wird unmittelbar die Trockensubstanzproduktion erfaßt, das Verfahren ist aber destruktiv (beim Trocknen wird die entnommene Probe abgetötet), materialaufwendig (viele Parallelproben sind nötig) und nicht an jedem Objekt anwendbar (z. B. schwierig an großen Bäumen).

Die Assimilationsleistung von Einzelpflanzen kann als *relative Zuwachsrate* (RGR; relative growth rate[83]) oder als *laubbezogene Assimilationsleistung* (ULR; unit leaf rate[84], synonym NAR; net assimilation rate[238]) angegeben werden. Diese Begriffe und Bezeichnungen stammen aus der *Zuwachsanalyse*,

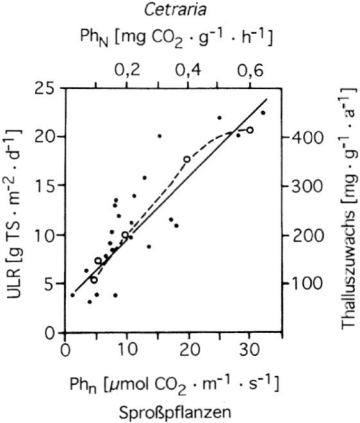

Abb. 2.61. Korrelation zwischen der Nettophotosynthese (bei optimalen Bedingungen) und der laubbezogenen Assimilationsleistung (ULR) von krautigen C_3-Pflanzen und *Salix aquatica* (Punkte, durchgezogene Regressionsgerade), sowie von der Flechte *Cetraria nivalis* (Kreise, strichlierte Linie). Nach KÄRENLAMPI et al. (1975) und KONINGS (1990).

die auf direktem Wege das Produktionsverhalten vor allem von krautigen Nutzpflanzen und Baumsämlingen untersucht.

Die *Relative Zuwachsrate* (RGR) bezieht den Trockensubstanzzuwachs pro Zeiteinheit auf das jeweilige Ausgangstrockengewicht G der Pflanze:

$$RGR = \frac{dG}{dt} \cdot \frac{1}{G} \quad [g\ org.TS \cdot g^{-1} \cdot t^{-1}] \quad (2.16)$$

Für die Berechnung der *laubbezogenen Assimilationsleistung* (ULR) wird der Trockensubstanzzuwachs auf die gesamte Blattfläche (A), auf deren Photosynthesetätigkeit der Stoffgewinn zurückzuführen ist, bezogen:

$$ULR = \frac{dG}{dt} \cdot \frac{1}{A} \quad [g\ org.TS \cdot dm^{-2} \cdot t^{-1}] \quad (2.17)$$

In der Formel 2.17 wird angenommen, daß die Blattfläche während des Trockensubstanzzuwachses konstant bleibt. Das ist meistens nicht der Fall, auch die Gesamtheit der Blattflächen wächst weiter. Für eine genaue Wachstumsanalyse werden daher dynamische Formeln benützt, die das exponentielle Wachstum der Blattflächen berücksichtigen. Dynamische Computermodelle bieten einen Einblick in die überaus komplexen Zusam-

Tab. 2.16 Maximale und durchschnittliche laubbezogene Assimilationsleistung (ULR = g Trockensubstanz pro m² Blattfläche und Tag) von Sproßpflanzen. Nach Angaben zahlreicher Autoren.

Pflanzengruppe	Maximal	Durchschnitt über die Produktionsperiode
C₄-Pflanzen	40–80	20–30
C₃-Pflanzen		
Reis	27	18
Temperate Wiesengräser und Getreide	10–20	5–15
Krautige dicotyle Pflanzen	10–50	5–10
Krautige Fabaceen	14–18	
Schwimmpflanzen		5–10
Tropische und subtropische Holzpflanzen	3–5	1–2
Sommergrüne Laubbäume (Jungpflanzen)	3–10	1–1,5
Coniferen (Jungpflanzen)	1–5	0,3–1
Ericaceenzwergsträucher	ca. 1,5	0,5–1
CAM-Pflanzen	6–10	2–5

menhänge zwischen endogene Wachstumskorrelationen und den vielfältigen Einflüssen der Umweltfaktoren[590].

Die laubbezogene Assimilationsleistung ist eine Maßzahl für die Assimilationsleistung verschiedener Pflanzenarten und -sorten während ihrer Individualentwicklung und unter den gegebenen Umweltfaktoren. Die Produktionsleistung ist während der Zeit des intensiven Wachstums besonders hoch. Man darf daher Zuwachsraten nur für entsprechende Wachstumsphasen vergleichen. Für eine Typisierung von Pflanzengruppen bezüglich ihrer Produktionsleistung sind die maximalen Werte während der *Hauptwachstumsphase* und zusätzlich die Mittelwerte der ULR im Durchschnitt über die Assimilationsperiode heranzuziehen. Wie zu erwarten, er-

bringen krautige Pflanzen, darunter besonders C₄-Pflanzen und hochgezüchtete C₃-Kulturpflanzen, die größten Zuwachsraten (Tab. 2.16).

Die Höhe der NAR steht in enger Beziehung zur morphologischen und funktionellen Lebens- und Standortsbewältigung verschiedener ökophysiologischer *Konstitutionstypen*. Hohe Produktionsleistung bei günstigen abiotischen Umweltbedingungen ist eine Voraussetzung für schnelles Wachstum und Raumausdehnung von Ruderalpflanzen, Pioniergehölzen und Arten mit erfolgreichem Wettbewerbsverhalten ("*Wettbewerbsstrategie*"[244]). Pflanzen auf kalten, trockenen oder nährstoffarmen Standorten sind auf geringe, aber beständige Zuwachsraten programmiert (z. B. immergrüne Zwergsträucher, Polster- und Rosettenpflanzen, Sukkulenten), wodurch sie leichter einen ausgewogenen Kohlenstoff-, Mineralstoff und Wasserhaushalt aufrechterhalten ("*Streßstrategie*").

Der **Assimilationsertrag** (Y_P; yield) ist der kumulative Biomassezuwachs, der sich mathematisch als Integralfunktion ausdrücken läßt. Er entspricht der Differenz an organischer Trockenmasse zu Beginn (t₁) und zu Ende (t₂) der Assimilationsperiode.

$$Y_A = \int_{t_1}^{t_2} AL \cdot dt \qquad (2.18)$$

So wie die CO₂-Jahresbilanz ist der Assimilationsertrag das Ergebnis sowohl der Leistungsfähigkeit der Pflanze als auch der Länge der Assimilationszeit und der Einwirkung förderlicher oder ungünstiger Umweltfaktoren. Der Trockensubstanzertrag ist also die eigentlich gesuchte Größe, wenn bestimmte Pflanzen, Umwelteinwirkungen und menschliche Eingriffe für ökologische oder angewandte Fragestellungen beurteilt werden sollen.

Umweltfaktoren wirken sich auf die Trockensubstanzproduktion über ihren Einfluß auf den CO₂-Gaswechsel und die Kohlenstoffbilanz aus. So wächst mit steigendem Strahlungsangebot (größere Strahlungsintensität, längere Dauer der Einstrahlungsperiode) der Ertrag der Stoffproduktion, die Trockensubstanzzunahme weist ebenso wie die Photosynthese ein Temperaturoptimum auf, Wassermangel und unzureichende oder unausgewogene Nährstoffversorgung verringern die Stoffproduktion. Da aber für den Zuwachs nicht nur der Kohlenstoffgewinn maßgebend ist, sondern auch die hormonell gesteuerte *Assimilatverteilung* und das spezifische *Wachstumsverhalten*, wird die Trockensubstanzproduktion zwar in gleicher Tendenz, aber nicht immer im gleichen Ausmaß wie der CO_2-Gaswechsel durch Umweltfaktoren beeinflußt. So wird z. B. das Blattwachstum bei zunehmendem Wasser- und vor allem Nährstoffmangel früher und stärker eingeschränkt als die CO_2-Aufnahme (Abb. 2.62). Daher beruht die verminderte Stoffproduktion unter solchen Bedingungen hauptsächlich auf unzureichendem Blattwachstum. Der Temperaturverlauf der Teilvorgänge der Stoffproduktion und des Wachstums zeigt erhebliche Unterschiede in der Lage der Grenzwerte und der Breite des Optimums (Abb. 2.63). Daher ist nicht immer eine völlige Übereinstimmung zwischen Gaswechselverhalten und Produktionsverhalten zu erwarten.

2.3.3 Assimilathaushalt und Stoffproduktion

Pflanzen sind Kohlenhydratwesen: An der Zusammensetzung der Trockensubstanz der höheren Pflanzen sind Kohlenhydrate zu 60% oder mehr beteiligt. Betriebsstoffwechsel, Baustoffwechsel und Depotstoffwechsel bestimmen die Verwertung und Verteilung der Assimilate, und (teilweise auch hormonell koordinierte) Regelmechanismen sorgen für eine ausgeglichene Versorgung des Gesamtorganismus, um eine harmonische und adaptierbare Organbildung sicherzustellen.

2.3.3.1 Assimilatverteilung in der Pflanze

In der Pflanze werden Assimilate von den *Produktionsstätten* (photosynthetisch aktive Gewebe als „*Quellen*") zu den Orten des Verbrauchs und der Speicherung (Wachstumszonen, Samen und Früchte, Speichergewebe als

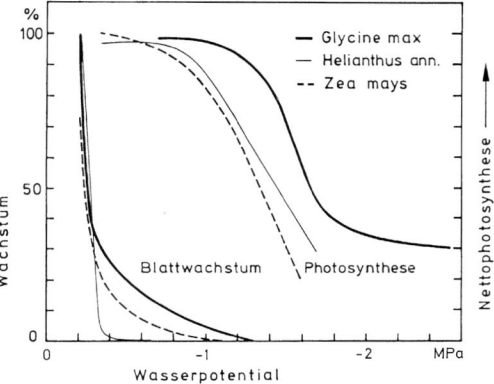

Abb. 2.62. Flächenwachstum der Blätter und Nettophotosynthese von Soja, Sonnenblume und Mais bei zunehmendem Wassermangel. Nach BOYER (1970).

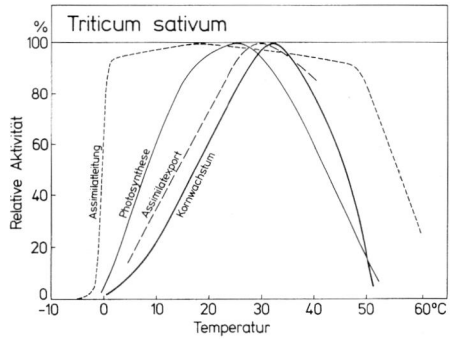

Abb. 2.63. Temperatureinfluß auf verschiedene am Assimilathaushalt und Zuwachs beteiligten Vorgänge in Weizenpflanzen während der Samenentwicklung. Die Optima der Nettophotosynthese des Fahnenblattes, des aktiven Assimilatexports in die Leitelemente und der Auffüllung der heranwachsenden Körner mit Kohlenhydraten sind auf eine schmale Temperaturspanne unterschiedlicher Lage beschränkt. Der Assimilatstrom in den Phloembahnen ist über einen weiten Bereich wenig temperaturabhängig. Nach WARDLAW (1974,1976).

„*Senken*") ständig verlagert. Der intrazelluläre Kohlenhydrataustausch und der Nahtransport vom Mesophyll über Transferzellen in den Siebröhren-Geleitzellen-Komplex erfolgt bei manchen Pflanzen (z. B. Fabales, Zuckerrübe) über einen Protonensymportmechanismus, bei anderen Arten offenbar passiv. Im Gegensatz zur energiebedürftigen

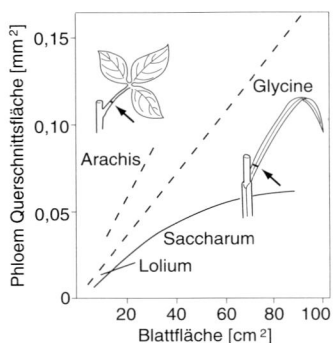

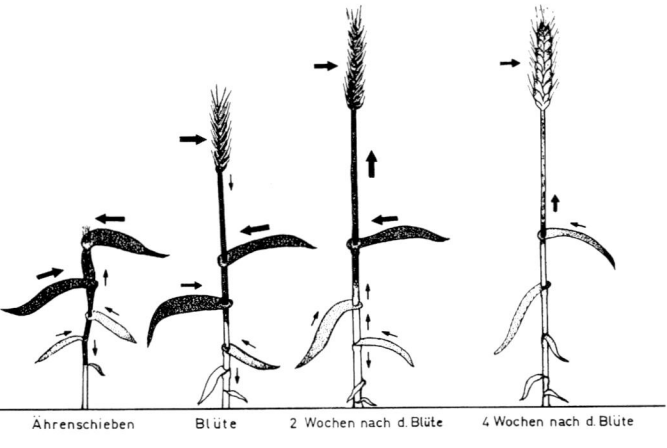

Abb. 2.64.   Verhältnis zwischen der Blattfläche und der Querschnittsfläche des Phloems im Blattstiel von Fabaceen (*Arachis hypogaea* und *Glycine max*) und in der Blattbasis von Poaceen (*Saccharum officinarum* und *Lolium perenne*). Nach LUSH, EVANS, SEGOVIA und BROWN aus WARDLAW (1990).

Abb. 2.65.   Bildung und Verteilung von Assimilaten in Weizenpflanzen. Durch dichtere Punktierung sind die Stellen besonders ergiebiger Assimilatbildung gekennzeichnet, die Dicke der Pfeile deutet die Menge der abgeleiteten Assimilate an. Nach STOY (1965,1966).

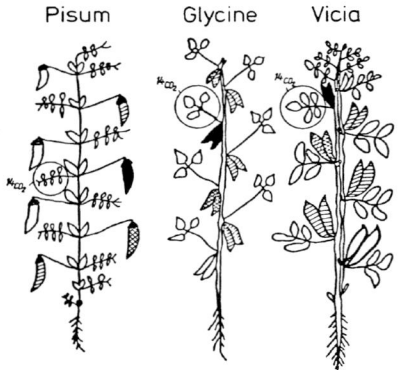

Abb. 2.66.   Assimilatzuteilung an reifende Früchte in Erbsen-, Soja- und Feldbohnenpflanzen. Die schwarz gezeichneten Hülsen erhalten 35–60% von den Assimilaten, die in dem mit $^{14}CO_2$ gefütterten Blatt gebildet worden sind, die Hülsen mit Kreuzraster 10–35%, die Hülsen mit Schraffur 5–19% und die übrigen Hülsen weniger als 5%. Nach BARTKOV und ZVEREVA (1974).

Beladung der Phloembahnen kann die Entladung entlang dem Konzentrationsgradienten erfolgen.

Die Assimilate werden in englumigen Siebröhren (bei Gymnospermen und einigen Angiospermenarten in Siebzellen) geleitet, die hohe Filtrationswiderstände aufweisen. Trotzdem ist die Transportleistung des **Assimilatstromes** groß, weil der Siebröhrensaft meist stark konzentriert ist. Die Translokationsleistung wird unterstützt durch die Anpassung der Leitfähigkeit des Phloems an die Produktionsleistung des Blattes (Abb. 2.64), und sie wird gesteuert durch Phytohormone, vor allem Auxin, Cytokinine und Abszisinsäure.

Die Translokation folgt dem Konzentrationsgradienten zwischen den Stellen großen Bedarfs (*Attraktionszentren*) und jenen der *Assimilatsynthese* oder *Assimilatmobilisierung*. Ausgewachsene Blätter beliefern bevorzugt den Verbraucher mit der jeweils stärksten Attraktion. In Getreidepflanzen versorgen die untersten Blätter das Wurzelsystem, höher ansitzende die Wachstumszonen des Sprosses und vor allem Blüten und reifende Früchte (Abb. 2.65). Bei krautigen Fabaceen verteilen sich einerseits die Assimilate, die aus *einem* Blatt kommen, auf *mehrere* Verbraucher (Blüten, Früchte), andererseits ist jeder Verbraucher an den Assimilatstrom aus mehreren Blättern angeschlossen (Abb. 2.66). Dies bewirkt einen Versorgungsausgleich in der Pflanze und sichert eine gleichmäßige Auffüllung von Speichern.

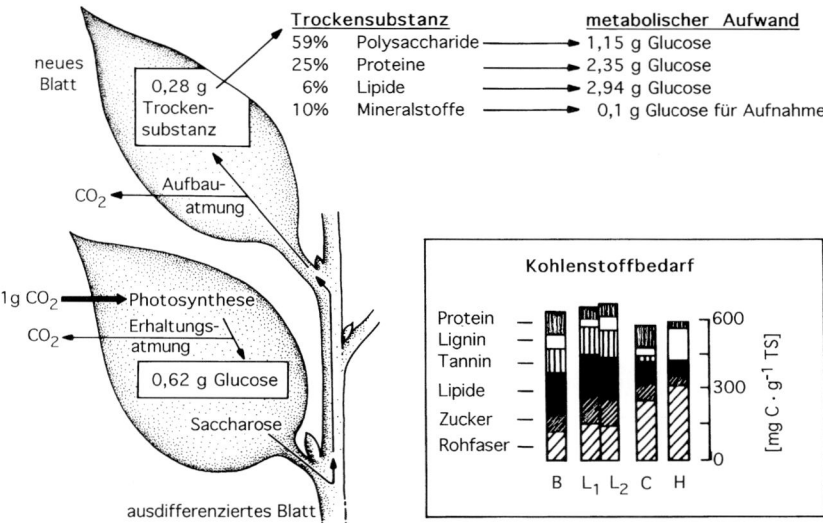

Abb. 2.67. Kosten für die Anlage eines Blattes. *Links:* Durchschnittlicher CO_2-Aufwand für Atmung und Trockensubstanzproduktion. *Rechts oben:* Durchschnittliche chemische Zusammensetzung der Blatttrockensubstanz und Aufwand für Biosynthesen (Bedarf in Glucose-Einheiten pro g der jeweiligen Pflanzenstoffe). Nach MOONEY (1972). *Umrandete Abbildung:* Kohlenstoffbedarf pro g Blattgewebe in ver-schiedenen Tundrapflanzen, aufgeschlüsselt auf die wichtigsten Stoffklassen der Trockensubstanz. B = *Betula nana* (laubabwerfender Kleinstrauch); L_1, L_2 = *Ledum decumbens*, 1jährige und 2jährige Blätter (immergrüner Kleinstrauch); C = *Carex bigelowii* (Segge); H = *Hylocomium splendens* (Moosstämmchen). Nach CHAPIN (1989).

Sehr wesentlich für eine harmonische Entwicklung der gesamten Pflanze ist eine auf Ertrag und Bedarf mengenmäßig und zeitlich abgestimmte Zulieferung von Assimilaten an die einzelnen Gewebe und Organe. Durch *wechselnde Prioritäten* wird gewährleistet, daß wachsende Verbrauchsorte genügend versorgt und ruhende Pflanzenteile nicht überfüttert werden. An der Regulation der entwicklungs- und funktionskonformen Verteilungsmuster sind wieder Phytohormone beteiligt. Eine genauere Kenntnis der physiologischen Mechanismen, die die Assimilatverteilung in der Pflanze regeln, insbesondere die Assimilatbelieferung der Samen, Früchte und Speicherorgane, ist besonders für die ökologische Analyse des *Reproduktionsvermögens* der Pflanze wichtig. Unter den Getreiden variiert der Anteil der Körnertrockensubstanz an der Gesamttrockensubstanz der Sprosse (der *Ernteindex*) zum Erntezeitpunkt zwischen etwa 25% (ältere Maissorten, Roggen) und 50% (Reis, Gerste), unter den Fabaceen zwischen rund 30% (Soja-bohne) und 60% (Gartenbohne). Durch Züchtung auf eine Assimilatverteilung, die die Belieferung der Samen begünstigt, ist es gelungen, bei Mais den Gesamtanteil der Körner von 24% der gesamten Sproßmasse auf 47%, bei Reis von 43% auf 57% zu erhöhen[890].

2.3.3.2 Kosten und Nutzen eines Blattes

Der Aufwand für Wachstum und Differenzierung beschränkt sich nicht nur auf die Menge der in Gewebestrukturen eingebauten Trockensubstanz. Zu dem Verbrauch von Kohlenhydraten für Gerüstsubstanz und Kohlenstoffskelette für alle organischen Verbindungen der *Pflanzensubstanz* muß auch der Bedarf für *Betriebsenergie* (Aufbau- und Erhaltungsatmung, Mineralstofftransporte) und für anderweitige Biosynthesen gerechnet werden. Die Kosten für die Anlage eines neuen Blattes werden in Form von Glucoseäquivalenten, Kohlenstoff oder Energiebedarf ausgedrückt (Abb. 2.67; siehe auch Tab. 6.1).

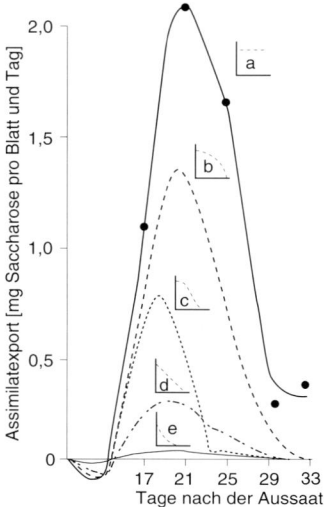

Abb. 2.68. Modell für die Bereitstellung von assimilierten Kohlenhydraten (Zuckerexport aus den Blättern in die Pflanze) in Abhängigkeit von der Funktionsdauer und dem Fraßrisiko der Blätter (prospektive Lebensdauer: eingefügte kleine Diagramme). a = keine Verluste, funktionsfähig bis zur Seneszenz; b = Schädigung mit zunehmendem Alter (häufigste Verlaufsform bei krautigen Pflanzen); c = sigmoider Verlauf bei fraßresistenten älteren Blättern; d = gleiches Schädigungsrisiko für Blätter aller Altersklassen (bei Gräsern); e = größte Gefährdung während der Blattentfaltung, mit zunehmendem Blattalter nimmt das Schädigungsrisiko ab (z. B. laubabwerfende Holzpflanzen). Nach HARPER (1989).

Langlebige, insbesondere skleromorphe Blätter sind wegen der dichteren Stoffkonzentration und der aufwendigeren Zusammensetzung der organischen Substanz (mehr biochemisch kostspielige Verbindungen wie Proteine, Lipide, Lignin und sekundäre Stoffwechselprodukte) „teurer" als kurzlebige, weiche Blätter. Natürlich gilt dies nicht nur für Blätter, sondern auch für andere Pflanzenteile, insbesondere solche mit Stützfunktion. Daher findet man in Trockengebieten, in denen der Kohlenstofferwerb erschwert ist, häufig Sprosse in Leichtbauweise, d. h. mit verbundenen Verstrebungen anstatt massivem Holz (z. B. das Xylem der Kakteen).[393]

Die Mannigfaltigkeit von Blättern unterschiedlicher **Struktur und Lebensdauer**, die sich in der Evolution entwickelt und bewährt hat, läßt erwarten, daß sich Vor- und Nach-

teile der jeweiligen Blatt-Typen je nach Lebensbedingungen und Lebensform ausgleichen. Immergrüne Assimilationsorgane beanspruchen bei ihrer Neubildung verhältnismäßig viel Assimilat, auf längere Sicht und auf die ganze Pflanze bezogen ist dieses Verhalten doch wieder sparsam: Fichten müssen jährlich nur 15% ihrer Nadelmasse erneuern, um die Kronenfüllung zu erhalten[698]. Beschattung von Erdbeerpflanzen verzögert die Alterung der Blätter um ein Drittel ihrer Lebensspanne, dadurch erhöht sich die Lebensleistung der Kohlenstoffassimilation um 80%[327]. Andererseits verursacht eine kurze Funktionsdauer weicher Blätter immer neue „Anschaffungskosten" (die allerdings geringer sind als für dauerhaftes Laub). Dafür sind frisch ausgetriebene Blätter wesentlich stoffwechselaktiver, sowohl durch ihr höheres Photosynthesevermögen (siehe Abb. 2.24), als auch durch ihre größere Aktivität des Stickstoffmetabolismus.

Kosten und Nutzen eines Blattes dürfen nicht allein aus dem Blickwinkel des Stoffhaushaltes betrachtet werden. Spezifische Lebensspannen der Blätter haben sich in *Coevolution mit Ökosystempartnern* eingespielt. Langlebige Blätter bedürfen zur Abwehr von Herbivoren und Parasiten mechanische Verstärkung und eine Vielzahl von sekundären Inhaltsstoffen (siehe Kap. 1.1.4.2), die zusätzliche Kosten für komplizierte Biosynthesen erfordern. Kurzlebige weiche, photosynthetisch sehr leistungsfähige Blätter, die starkem Fraß ausgesetzt sind, gehen der Pflanze vorzeitig verloren, wodurch ihr Nutzen erheblich geschmälert wird (Abb. 2.68).

2.3.3.3 Lebensform und Assimilathaushalt

Je nach Organisationshöhe und Lebensform der Pflanzen kann eine Reihe von bezeichnenden *Verhaltenstypen des Assimilathaushaltes* unterschieden werden, die sich auf die Stoffproduktion und die Wuchsleistung auswirken, die Konkurrenzkraft bestimmen und auf standortspezifischen Streß eingerichtet sind.

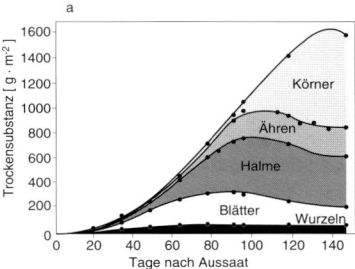

Abb. 2.69. Assimilathaushalt einer annuellen Pflanze (Sommerweizen). *Links:* Aufteilung der Stoffproduktion auf die verschiedenen Organe im Laufe der Entwicklung. *Rechts:* Relative Zunahme der Trockensubstanz in den Organen. Man erkennt die wechselnden Prioritäten in der Assimilatzuteilung vom Keimungsstadium über die vegetative Sproßausprägung zur reproduktiven Phase. Nach FISCHER aus SCHULZE (1982).

Stoffproduktion für Populationswachstum: Der Expansionstypus

Photoautotrophe Einzeller oder einfache Zellverbände sind in ihrem Kohlenstoffhaushalt Selbstversorger und haben an andere Zellen keine Abgaben zu leisten. Innerhalb der Zelle besteht ein günstiges Verhältnis zwischen Produktionsstrukturen und assimilatverbrauchenden Zellbestandteilen: Bei *Chlorella* nehmen die Chromatophoren etwa die Hälfte des Protoplasmavolumens ein. Unter diesen Umständen ist es nicht verwunderlich, daß Algenzellen bei guter Ernährung und Belichtung beträchtliche Assimilatüberschüsse ansammeln und rasch wachsen. Sie erreichen bald ihre Endgröße und teilen sich dann. Autotrophe Einzeller verwenden den Ertrag der Stoffproduktion für eine *Vermehrung der Individuenzahl*, also für reproduktive Vorgänge. Stark positive Stoffbilanz erhöht rasch die Populationsdichte. Zwischen Photosyntheseleistung und Zahl der Teilungen pro Tag besteht eine direkte Beziehung, die sich formelmäßig erfassen läßt. Die Zuwachsrate im Phytoplankton wird daher zweckmäßigerweise als Zunahme der Populationsdichte oder Zahl der Teilungen in der Zeiteinheit angegeben.

Schneller Kohlenstoffgewinn: Der Investitionstypus

Der Investitionstypus zeichnet sich durch großes photosynthetisches Leistungsvermögen und einen hohen Anteil photosynthetisch aktiver Gewebe an der Gesamtmasse (minde-stens 50%) aus. In der vegetativen Lebensphase werden die Kohlenstoffeinnahmen hauptsächlich für die Ausgestaltung von Blättern verwendet, die alsbald das Produktionspotential erweitern und die Einnahmen der Pflanze vergrößern. Während und nach der Blühphase werden die Assimilate überwiegend den reproduktiven Organen zugeführt, so daß allen anderen Pflanzenteilen kaum mehr als der Betriebsaufwand bleibt und ältere Blätter sogar eingezogen werden. Dementsprechend verschiebt sich im Laufe des Lebenszyklus das Verhältnis zwischen den Blättern, Achsen, Wurzeln und reproduktiven Organen (Abb. 2.69).

Musterbeispiele für den Investitionstypus sind *annuelle* Pflanzen, die einen kurzen, aber produktionsgünstigen Zeitraum für Wachsen, Blühen und Fruchten ausnützen. Diese Pflanzen setzen ihre Assimilate so ein, daß sie möglichst rasch zu ausgiebigem Stoffgewinn kommen. Einjährige Pflanzen verhalten sich auch dann so, wenn ihnen eine längere Vegetationszeit zur Verfügung steht. Sommergetreide, Sonnenblumen und andere einjährige Nutzpflanzen erbringen dadurch besonders große Erträge. Unter förderlichen Umweltbedingungen garantiert dieses Investitionsverhalten üppiges Wachstum und reichliche Fruchtbildung. Bei ungünstigen Standortsverhältnissen hingegen, vor allem bei Wassermangel und auf nährstoffarmen Böden, sind solche Pflanzen gezwungen, ein ausgedehntes Wurzelwerk aufzubauen, das auf Kosten der Blattflächenentwicklung geht

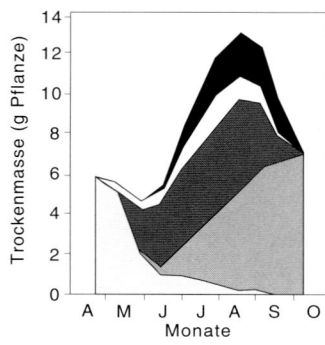 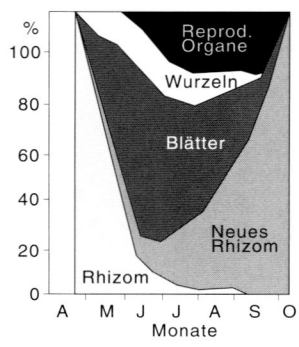

Abb. 2.70. Assimilathaushalt einer perennierenden krautigen Pflanze (*Caltha palustris*). *Links:* Assimilatverteilung auf die verschiedenen Organe. *Rechts:* Relativer Anteil der Trockenmasse innerhalb der Pflanze. Nach EBER (1991).

und zur Ertragsminderung und Schwächung der Reproduktionskraft führt.

Sparen für Sicherheit:
Der konservative Assimilathaushalt

Ausdauernde krautige Pflanzen dieses Haushaltstypus erbringen geringere Überschüsse der CO_2-Bilanz und wachsen daher langsamer als Investitionstypen, dafür sind sie fähig, auch unter ungünstigen Verhältnissen (mineralstoffarme, trockene oder kalte Standorte) zu gedeihen. In ihrer Jugend machen sie eine Entwicklung durch, die jener der Annuellen ähnlich ist. Nach Ausbildung ihres Vegetationskörpers legen sie *Stoffdepots* an, bevor sie mit der Blütenbildung beginnen. Gegen Ende der ersten Vegetationsperiode wird der Assimilatüberschuß in Sproßachsen und vor allem in unterirdische Pflanzenteile abgeleitet, die sich zu massiven Speicherorganen entwickeln können. Zur Blütenbildung kommt es erst, wenn die Pflanze dafür auf ein ausreichend großes Rücklagenkapital zurückgreifen kann.

Die im Vorjahr gespeicherten Assimilate werden im nächsten Jahr vorerst herangezogen, um das Sproßsystem aufzubauen (Abb. 2.70). Die Stofferzeugung läuft im Folgejahr rasch an und ist dank dem Einsatz der bevorrateten Mittel weitgehend unabhängig von den Assimilationsbedingungen des Frühjahrs. Hat die Pflanze den Zustand der Blühreife erlangt und ist die Ernährungslage zufriedenstellend, so gewinnen Blühen und Fruchten Vorrang gegenüber den Speichervorgängen. Nachher, am Ende der Vegetationsperiode, werden die Assimilate bevorzugt in die unterirdischen Teile der Pflanze ab-

geleitet, die dann entsprechend an Gewicht zunehmen.

Mehrjährige Pflanzen sind überall dort in Vorteil, wo der produktionsgünstige Zeitraum nicht lang genug ist, um eine ausreichende Stofferzeugung für die Ausbildung der Blüten und Früchte zuzulassen oder wenn die Pflanzen so früh blühen, daß die dafür erforderlichen Assimilate von der vorhandenen Blattmasse nicht zur Verfügung gestellt werden können. Das trifft zu bei den *Frühjahrsgeophyten*, die vielfach ihre Blüten vor oder während der Laubentfaltung öffnen, ferner bei *Hochgebirgspflanzen* und Pflanzen der *Arktis*, die ihr Blühen und die Samenreifung auf den kurzen Bergsommer ausrichten müssen und deren Stofferwerb durch mannigfaltige Unsicherheiten belastet ist, schließlich bei *Steppenpflanzen*, die die Zeiten zwischen Winterkälte und Sommerdürre für ihren Lebenszyklus ausnützen müssen. Alle diese Pflanzen benötigen Stoffspeicher wie Rhizome, Knollen, Rüben und Zwiebeln. Außerdem entwickeln solche Pflanzen häufig ein ausgedehntes Wurzelwerk. Bei Hochgebirgspflanzen geht der Aufwand für die Erweiterung unterirdischer Organe eher zu Lasten von Sproßachsen, Blüten und Blattstielen, der Anteil der Blattmasse an der Gesamtmasse ändert sich kaum (Abb. 2.71).

Massenzuwachs durch lange Lebensdauer:
Der Akkumulationstypus

Der Baum als höchstdifferenzierte Großform der Sproßpflanzen ist in seinem Kohlenstoffhaushalt auf eine lange Lebensdauer eingerichtet. Holzpflanzen verwenden viel Assimilat für die Ausbildung von Stütz- und Transportgewebe. Der große Aufwand für Stützgewebe ist bei den *Holzpflanzen* durch die Wuchsform bedingt. Sie schafft den Bäumen in Gebieten mit langer Produktionsperiode entscheidende Konkurrenzvorteile gegenüber krautigen Pflanzen, die langsam aber sicher von den heranwachsenden und immer höher werdenden Holzpflanzen überschattet werden.

In den ersten Lebensjahren kann die Blattmasse noch die Hälfte der gesamten Biomasse der Pflanze ausmachen, mit zunehmender Größe verschiebt sich aber das Verhältnis zwischen Blattmasse und Achsen, weil die Blattmasse nur wenig anwächst, während die Stämme und Äste immer dicker und schwerer werden (Abb. 2.72). An der Gesamtmasse ausgewachsener Bäume ist das Laub zu 1–5% beteiligt (siehe Tab. 2.15), es muß also ein Vielfaches seines eigenen Gewichtes mit Betriebs- und Baustoffen versorgen. Die Folge ist ein ständiger Rückgang der Produktionsleistung und deshalb ein immer langsamerer Zuwachs.

Dem Vorteil langfristiger Überlegenheit der Holzpflanzen im Wettbewerb mit krautigen Pflanzen steht ein träges Produktionsverhalten mit umständlicher Assimilatverteilung gegenüber. Bäume stellen sich nicht so leicht auf rasche Veränderungen in ihrem Lebensraum ein und sind daher gegen Umweltbelastungen häufig anfälliger als krautige Pflanzen, weshalb entlang von Streßgradienten der Baumwuchs früher ein Ende findet als die Besiedlung durch niederwüchsige krautige Vegetation. Die polaren, altitudinalen und ariden Wald- und Baumgrenzen sind nicht allein auf Schädigung durch extreme Umweltbedingungen zurückzuführen, eine Schwächung der Produktivität, des Wachstums und des Reproduktionsvermögens als Folge des zunehmend verarmenden Assimilathaushaltes zeichnet sich schon vorher ab.

Die jahreszeitliche Dynamik der Assimilatverteilung in Holzpflanzen

In *sommergrünen Holzpflanzen* werden kurz vor Beginn des Laubaustriebs die Kohlenhydratdepots entleert und die Assimilate den Knospen und später dem Neuaustrieb zugeführt (Abb. 2.73). Rund ein Drittel der Reser-

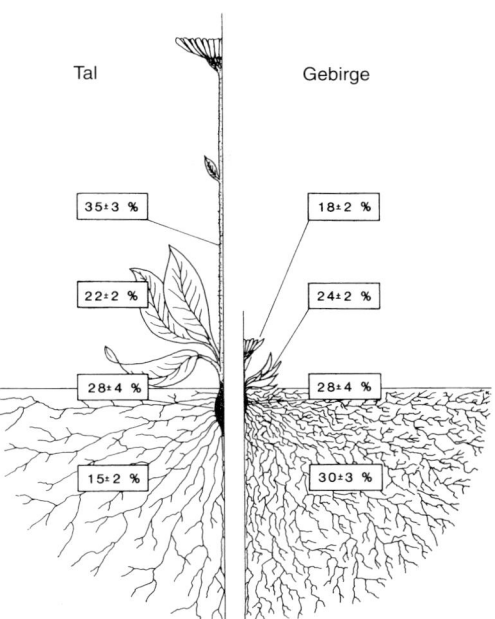

Abb. 2.71. Durchschnittliche prozentuelle Aufteilung der Trockenmasse auf die verschiedenen Organe von ausdauernden Kräutern in Tallagen (600 m MH) und im Hochgebirge (2600–3200 m MH). Die Gebirgspflanzen investieren mehr Assimilat in die unterirdischen Organe und weniger in Blüten und Früchte als Talpflanzen, den Blättern wird in beiden Lebensräumen relativ gleich viel Assimilat (bezogen auf die jeweilige Gesamtmasse) zugeteilt. Nach KÖRNER und RENHARDT (1987).

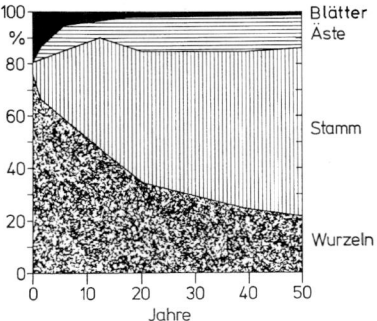

Abb. 2.72. Verteilung der Trockenmasse auf Blätter, Äste, Stamm und Wurzeln von Eichen in Abhängigkeit vom Alter der Pflanze. Nach REMEZOV und BYKOVA aus MITSCHERLICH (1970).

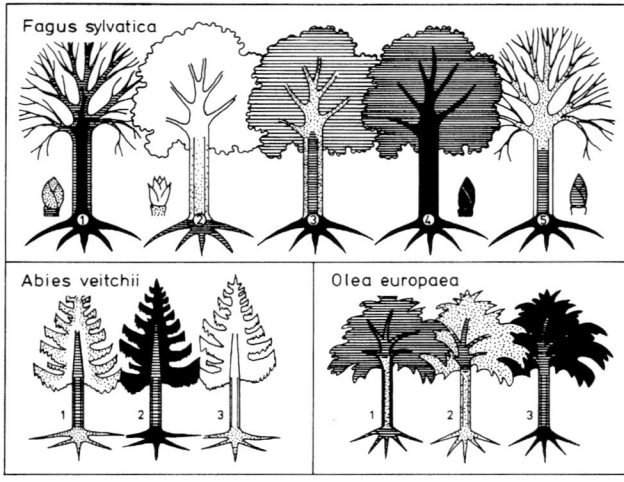

Abb. 2.73. Jahreszeitlicher Verlauf der Stärkespeicherung und -mobilisierung in Bäumen. Maximale Stärkespeicherung ist schwarz, reichliche Speicherung schraffiert und spärliche Speicherung punktiert eingetragen; weiß: Stärke nicht oder nur in Spuren nachweisbar. *Fagus sylvatica* (Mitteleuropa): 1 = Frühjahr unmittelbar vor dem Laubaustrieb, 2 = während des Laubaustriebes, 3 = Hochsommer, 4 = Herbst unmittelbar vor dem Laubabwurf, 5 = Winter bei kältebedingter reversibler Umwandlung von Stärke in lösliche Kohlenhydrate. Nach GÄUMANN (1935). *Abies veitchii* (Japan): 1 = Frühjahr während des Neuaustriebs, 2 = Spätsommer, 3 = Winter während Frost. Nach KIMURA (1969). *Olea europaea* (Gardaseegebiet): 1 = Frühjahr während des Neuaustriebes, 2 = Spätsommer nach einer Trockenperiode, 3 = Winter (frostfrei) nach Abschluß der Regenzeit. Nach LARCHER und THOMASER (1988).

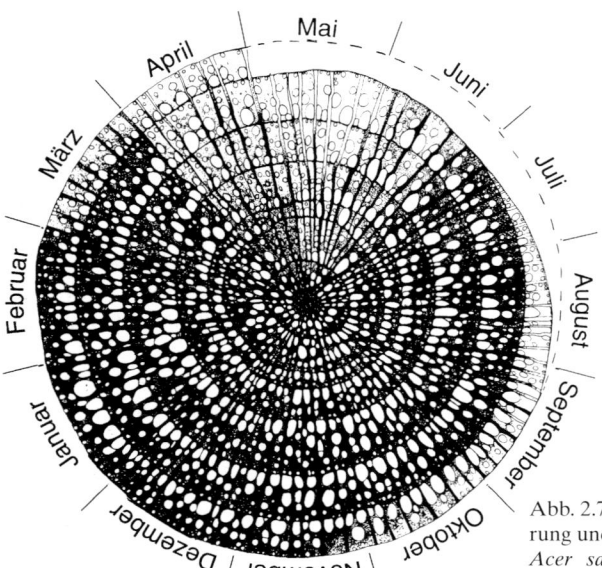

Abb. 2.74. Jahreszeitliche Dynamik von Speicherung und Mobilisierung der Stärke im Wurzelholz von *Acer saccharum*. Stärkereiche Gewebe erscheinen schwarz. Nach WARGO (1979).

vestoffe dient der Entfaltung des Laubes, das sehr bald zur weiteren Ausgestaltung des Neuzuwachses beiträgt. Später werden vorrangig Blüten und heranwachsende Früchte beliefert, dann das Kambium, zuletzt die Knospenanlagen und die Stärkedepots in Wurzeln und Rinde. Die Umwandlung von vegetativen Knospen zu Blütenknospen erfolgt nach Maßgabe verbleibender Mittel. Mit fortgeschrittener Vegetationsperiode wird der Assimilatüberschuß in den Holzkörper und die Rinde von Ästen, Stamm und Wurzeln verlagert und gespeichert (Abb. 2.74). In den Tropen und in Trockengebieten machen die Bäume mehrere jahreszeitliche Speicherperioden mit, Feigenbäume beispielsweise vier.

Immergrüne Holzpflanzen der gemäßigten Zone treiben nicht gleich aus, wenn die Winterruhe vorüber ist, sie haben ja noch die Blätter und Nadeln des Vorjahrs, die bei günstiger Witterung noch im späten Herbst, selbst im Winter und schon im frühen Frühjahr CO_2 aufnehmen. Wenn es dann zum Knospenaustrieb kommt, deckt die frühjahrszeitliche Kohlenstoffeinnahme einen großen Teil des Bedarfes, der Rest stammt aus Reserven in Achsen und Wurzeln. Dank der ganzjährigen Belaubung erlangen immergrüne Holzpflanzen gegenüber laubabwerfenden häufig dort die Vorherrschaft, wo ein langer Winter oder sommerliche Trockenheit die Vegetationsperiode einengt: im Gebirge, im borealen Waldgürtel und nahe der Trockengrenze des Baumwuchses. Erst wo die ungünstige Jahreszeit extrem lang und streng wird (Subarktis, Ostsibirien, Halbwüsten), dominieren wieder saisongrüne Bäume und Sträucher.

2.4 Der Kohlenstoffhaushalt der Pflanzendecke

2.4.1 Die Stoffproduktion von Pflanzenbeständen

Die Stofferzeugung durch die Pflanzendecke wird Bestandesstoffproduktion oder *Primärproduktion* (PP) genannt. Die Primärproduktion ist um so größer, je höher die *Assimilationsleistung* der Pflanzenarten ist, die den Bestand zusammensetzen, je vollständiger das Licht durch ein ausgedehntes System von *Assimilationsflächen* aufgefangen wird und je länger die Pflanzen eine positive Gaswechselbilanz aufrechterhalten können (Dauer der *Assimilationsperiode*).

Die *Produktionsleistung von Pflanzenbeständen* wird als organische Trockensubstanz pro Zeiteinheit angegeben; als Flächeneinheit wird auf die *vegetationsbedeckte Bodenfläche* (nicht wie bei Einzelpflanzen auf die Blattfläche) bezogen. Die **Bestandesproduktionsleistung** (CGR; crop growth rate) leitet sich von der laubbezogenen Assimilationslei-

stung der Einzelpflanzen (ULR) und der Laubausdehnung pro Grundfläche (LAI; Blattflächenindex) des Pflanzenbestandes ab.

Bei der Gleichung (2.19) ist zu beachten, daß sich beide Grundgrößen im Zuge der Entwicklung fortlaufend ändern.

C_4-Grasbestände erreichen in den Tropen und Subtropen während der Hauptwachstumsphase Produktionsleistungen von maximal 50–60 g TS $\cdot$ m^{-2} $\cdot$ d^{-1}, in der strahlungsärmeren gemäßigten Zone etwa 20–30 g TS $\cdot$ m^{-2} $\cdot$ d^{-1}; C_3-Nutzpflanzenkulturen produzieren je nach Pflanzenart maximal 15–30 g TS $\cdot$ m^{-2} $\cdot$ d^{-1}, im Durchschnitt über die Vegetationsperiode ein Drittel bis die Hälfte davon[319,528,555]. Maximale Trockensubstanzerträge von nutzbaren Pflanzenbeständen sind der Tab. 2.17 zu entnehmen.

Mit zunehmendem **Blattflächenindex** steht der Vegetation mehr photosynthetisch aktive Oberfläche zur Verfügung und man würde annehmen, daß die Produktionsleistung um so größer wäre, je höher der Blattflächenindex ist. Dies trifft für niedrige LAI-Werte tatsächlich zu. Wenn die Pflanzen aber zu nahe zusammenrücken und die Assimilationsflächen einander mehrfach überlagern, reicht das Licht an den schattigsten Stellen nicht mehr für eine durchgehend positive CO_2-Bilanz aus. Dann sinkt die Produktionsleistung des gesamten Bestandes ab (Abb. 2.75). Es gibt also einen *optimalen* Blattflächenindex für die Stofferzeugung, der in der Regel erreicht ist, wenn die Strahlung bei ihrem Durchgang durch das Blätterdach möglichst gleichmäßig absorbiert wird. Dies ist in krautigen Pflanzenbeständen mit flachgestellten Blättern bei einem LAI von 4–6, in Grasbeständen bei 8–10 der Fall. Durch spektrale Fernmessung des NIR / Rot-Verhältnisses (0,7–1,1 µm / 0,6–0,7 µm) kann aus großer Höhe der LAI quadratkilometerweiter Vegetationsflächen bestimmt werden.

Die Belaubungsdichte und der Pflanzenabstand (Deckungsgrad) sind nicht nur wichtige Produktionsfaktoren, beide sind selbst wieder abhängig von den Produktionsbedingun-

$$ CGR = ULR \cdot LAI \ [g \ org.TS \ \cdot \ m^{-2} \ Grundfläche \cdot t^{-1}] \qquad (2.19) $$

Tab. 2.17 Trockensubstanzproduktion und Ernteindex von nutzbaren Pflanzenbeständen. Die jährliche Bestandesproduktion ist in kg Gesamttrockenmasse pro m² Anbaufläche angegeben, der Ernteindex drückt den wirtschaftlich nutzbaren Anteil (S = Samen und Körner, F = Früchte, M = oberirdische Masse, R = Speicherorgane, H = Holz) am gesamten jährlichen Trockenmassezuwachs aus. Nach Datenzusammenstellungen bei LIETH (1962), LOOMIS und GERAKIS (1975), COOPER (1977), OSMOND et al. (1982), SCHULZE (1982), JARVIS und LEVERENZ(1983), NOBEL (1988) und Angaben bei SIRÉNund SIVERTSSON(1976), WOLVERTON und McDONALD (1979), EAGLES und WILSON (1982), NOBEL et al. (1992).

Pflanzenart	Maximale Erträge [kg · m^{-2}·a^{-1}]	Ernteindex
C$_4$-Gräser		
Zuckerrohr	6–8	0,85 (M)
Mais (Subtropen und Tropen)	3–4	
Mais (Temperate Zone)	2–4	0,4–0,5 (S)
Tropische Hirsen	4–5	0,4 (S); 0,88 (M)
Tropische Futtergräser	3–8	0,85 (M)
C$_3$-Gräser		
Reis	2–5	0,4–0,55 (S)
Weizen	1–3	0,25–0,45 (S)
Gerste	um 1,5	0,32–0,52 (S)
Wiesengräser	2–3	0,7–0,8 (M)
Sumpfgräser	5–10	
Leguminosen		
Luzerne	3	
Sojabohne	1–3	0,3–0,35 (S)
Hackfrüchte		
Maniok	3–4	um 0,7 (R)
Zuckerrübe	2–3	0,45–0,67 (R)
Kartoffel	2	0,82–0,86 (R)
Batate	2	
Topinambur	2	0,75 (R)
Ölpalme	2–3	
Forstpflanzen		
Cryptomeria japonica	5,3	0,65 (H)
Pinus radiata	4,6	0,66 (H)
Douglasien	2,8	0,71 (H)
Schwarzföhren	2,5	0,46 (H)
Fichten	2,2	0,61 (H)
Buchenwald (60jährig)	1,3	0,70 (H)
Schnellwuchsplantagen		
Weiden	5,0	0,6 (H)
Pappel-Hybriden	3,5–4	0,5 (H)
Eucalyptus grandis	4,1	
Hevea brasiliensis	2,5–3,5	
CAM-Pflanzen		
Ananas-Kultur	2–3	
Agaven	1–2,5 (4*)	
Kakteen	0,8–1,7(4,5*)	0,2–0,35 (F)
Wasserpflanzen		
Eichhornia crassipes	15–20	
Abwasseralgen	3,5–9	
Tange	3–5,5	

* Bei täglicher Bewässerung und Düngung

Tab. 2.18 Jährliche Nettoprimärproduktion, Blattflächenindex und Chlorophyllmenge der Pflanzendecke der Erde. Nach WHITTAKER und LIKENS (1975). Detailliertere Angaben bei AJTAY et al. (1979) und SCHULZE (1982).

Vegetations-einheit	Fläche (10⁶km²)	Nettoprimärproduktion Spanne [kg · m⁻²·a⁻¹]	Mittelwert [kg · m⁻²·a⁻¹]	Flächen-summe [10¹²kg]	Blattflächenindex Spanne [m² · m⁻²]	Häufigster Wert [m² · m⁻²]	Chloro-phyll-Mittelwert [g · m⁻²]
Kontinente	**149,0**		**0,78**	**117,5**		**4,3**	**1,5**
Tropische Regenwälder	17,0	1–3,5	2,2	37,4	6–16	8	3,0
Regengrüne Wälder	7,5	1,6–2,5	1,6	12,0		5	2,5
Sommergrüne Wälder	7,0	0,4–2,5	1,2	8,4	3–12	5	2,0
Immergrüne temperate Wälder	5,0	1–2,5	1,3	6,5	5–14	12	3,5
Boreale Wälder	12,0	0,2–1,5	0,8	9,6	7–15	12	3,0
Trockenbusch und Hartlaub-gehölze	8,5	0,3–1,5	0,7	6,0	4–12	4	1,6
Savannen	15,0	0,2–2	0,9	13,5	1–5	4	1,5
Wiesen und Steppen	9,0	0,2–1,5	0,6	5,4		3,6	1,3
Tundra und Gebirge	8,0	0,01–0,4	0,14	1,1	0,5–2,5	2	0,5
Strauchwüsten	18,0	0,01–0,3	0,9	1,6		1	0,5
Trockenwüsten, Eis	24,0	0–0,01	0,003	0,07		0,05	0,02
Landwirtschaftli-che Pflanzungen	14,0	0,1–4	0,65	9,1	4–12	4	1,5
Sümpfe, Marschen	2,0	1–6	0,3	6,0		7	3,0
Binnengewässer	2,0	0,1–1,5	0,4	0,8			0,2
Ozeane	**361,0**		**0,155**	**55,0**			**0,05**
Offenes Meer	332,0	0,002–0,4	0,125	41,5			0,03
Auftriebzonen	0,4	0,4–1	0,5	0,2			0,3
Küstenzonen	26,6	0,2–0,6	0,36	9,6			0,2
Riffe und Gezeitenzonen	0,6	0,5–4	2,5	1,6			2,0
Brackwasser	1,4	0,2–4	1,5	2,1			1,0
Globalsumme Erde	**510**		**0,336**	**172,5**			**0,48**

gen. Häufigste und extreme LAI-Werte für verschiedene Pflanzengesellschaften sind der Tab. 2.18 zu entnehmen. In sehr dichten Wäldern wird eine Zunahme des LAI über 15 m² · m⁻² durch den sich dabei ergebenden Dichtstand begrenzt. In offenen Pflanzengesellschaften auf mageren, steinigen, zu kalten, trockenen oder versalzten Böden, fällt der LAI vor allem aufgrund des abnehmenden Deckungsgrades auf minimale Werte ab (Abb. 2.76).

Eine ähnliche Beziehung wie zwischen LAI und Bestandesproduktion besteht zwischen dieser und der Chlorophyllmenge pro

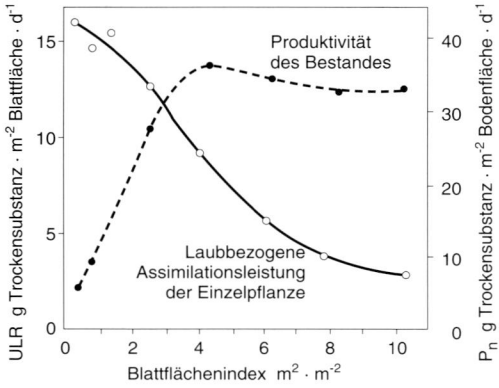

Abb. 2.75. Beziehung zwischen der laubbezogenen Assimilationsleistung (ULR) von Maispflanzen und der Produktivität von Maisbeständen in Abhängigkeit vom Blattflächenindex. Nach WILLIAMS et al. aus BAEUMER (1992).

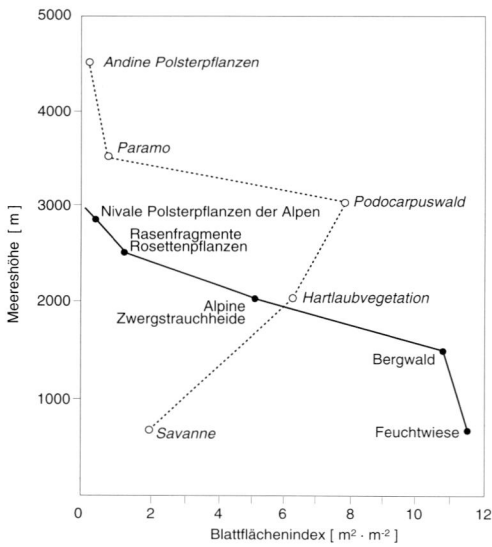

Abb. 2.76. Blattflächenindex verschiedener Vegetationstypen entlang einer Höhenstufenfolge in den Zentralalpen (*Punkte, ausgezogene Linie*) und der Küstenkordillere in Venezuela (*Kreise, strichlierte Linie*). Beim Übergang zu offenen Pflanzengesellschaften nimmt der Blattflächenindex sprunghaft ab. Nach VARESCHI (1951,1953).

m² Grundfläche (siehe Tab. 2.18). Zur Charakterisierung des Überdeckungsgrades photosynthetisch aktiver Schichten in Gewässern

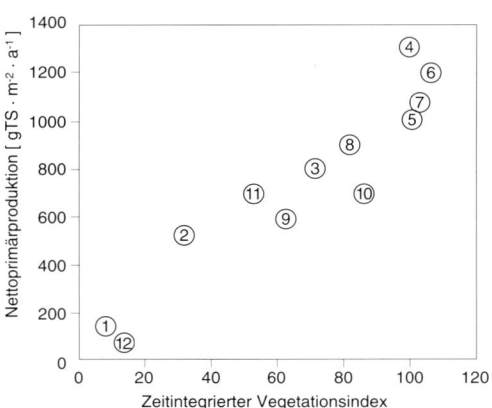

Abb. 2.77. Verhältnis zwischen der Nettoprimärproduktion verschiedener Vegetationstypen und dem normalisierten Vegetationsindex (NDVI; Normalized Difference Vegetation Index) aufgrund von spektralen Reflexionsmessungen über Satelliten (AVHRR; Advanced Very High Resolution Radiometer). 1 = Tundra, 2 = Tundra-Taiga-Übergang, 3 = Borealer Nadelwaldgürtel, 4 = feuchttemperate Nadelwälder, 5 = Übergang vom Nadelwald zu sommergrünem Laubwald, 6 = Sommergrüne Wälder, 7 = Eichen-Kiefern-Mischwälder, 8 = Kiefernwälder, 9 = Grasland, 10 = Agrarland, 11 = Buschland und ähnliche Gehölzformationen, 12 = Wüsten. Nach GOWARD, TUCKER und DYE aus FIELD (1991).

wird der Chlorophyllgehalt in der vom Plankton erfüllten Wassersäule unter 1 m² Wasserfläche herangezogen. Auch die Chlorophylldichte pro Wasserflächeneinheit wird über das NIR/Rot-Verhältnis spektralanalytisch gemessen und daraus das Produktionspotential ausgedehnter Meeresflächen berechnet.

2.4.2 Die Primärproduktion der Pflanzendecke auf der Erde

Der während der Vegetationsperiode oder des Jahres erworbene *Produktionsertrag der Pflanzendecke* (Y_{PP}) wird **Nettoprimärproduktion** genannt und in kg Trockensubstanz pro m² Grundfläche (oder auch in t · ha⁻¹) angegeben. Abschätzungen im regionalen und globalen Maßstab sind immer noch schwierig und unsicher, die Hochrechnungen verschiedener Autoren differieren daher beträchtlich. Der Datenerwerb über ertragskundliche Methoden, die Verteilung des Pflanzenklei-

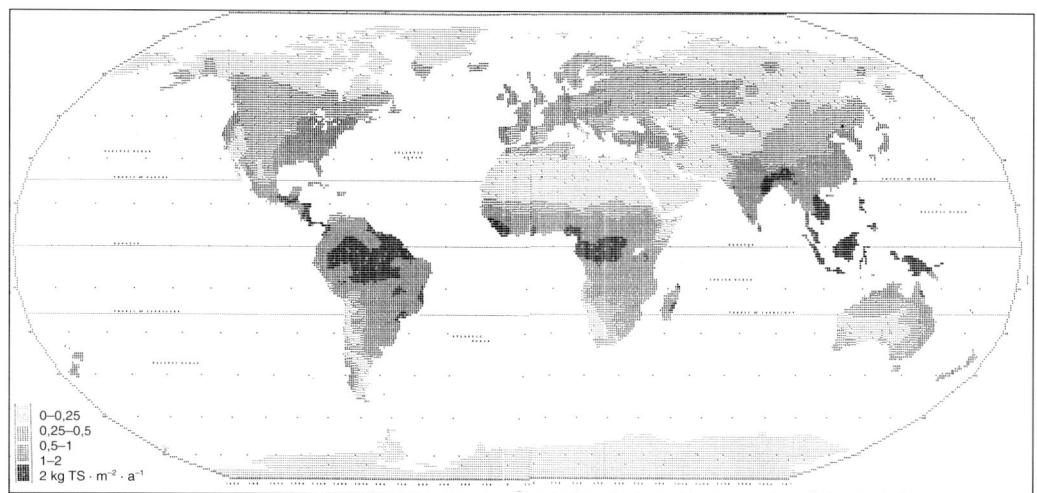

Abb. 2.78a. Jährliche Nettoprimärproduktion auf dem Festland. Nach Lieth (1972). Kartendarstellungen für die globale Nettoprimärproduktion während der Vegetationszeit bei Uchijima und Seino (1987), für das Photosynthesevermögen der Pflanzendecke bei Terjung (1976).

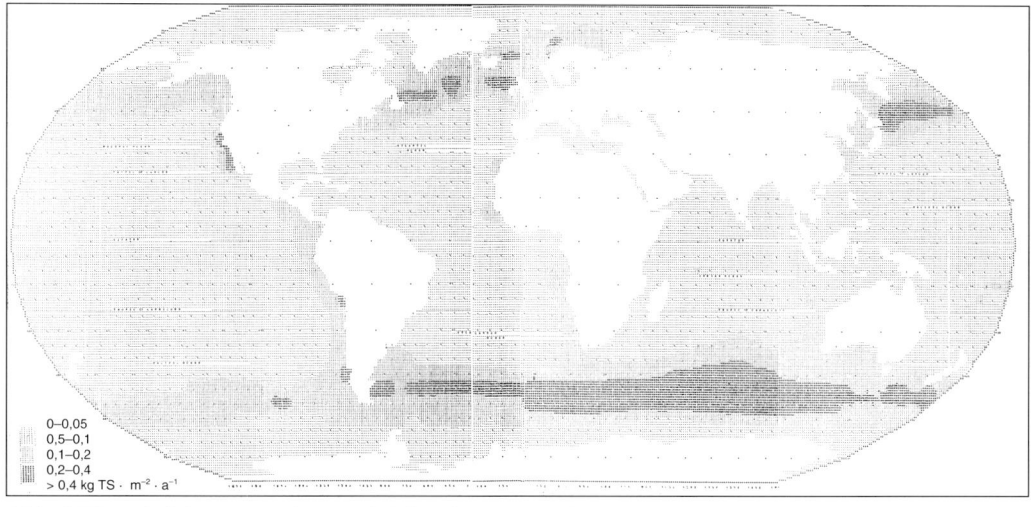

Abb. 2.78b. Jährliche Nettoprimärproduktion der Meere. Computergesetzte Karte aus Dateneingaben von Hsiao, Van Wyk und Lieth.

des über spektralanalytische Fernmessung (Abb. 2.77) und darauf beruhende Hochrechnungsverfahren haben jedoch in letzter Zeit gute Fortschritte gemacht.

Hohe **Nettoprimärproduktion** ist auf jene Bereiche des Festlands und der Meere beschränkt, die der Vegetation eine günstige Kombination von Wasser, Wärme und Nährstoffen bieten. Auf dem *Festland* sind das die humiden Tropen, im Wasser die Zone zwi-

schen 40° und 60° nördlicher und südlicher Breite (Abb. 2.78a). Am ertragreichsten sind Pflanzengesellschaften an den Grenzen zwischen Land und Wasser: im küstennahen Flachwasser, in Sumpfwäldern und Feuchtgrasfluren warmer Länder (Tab. 2.18 und Abb. 2.79). In feuchtwarmen Gebieten wird die Stoffproduktion allenfalls durch Mineralstoffmangel und in sehr dichten Beständen auch durch Lichtmangel begrenzt. Ein gro-

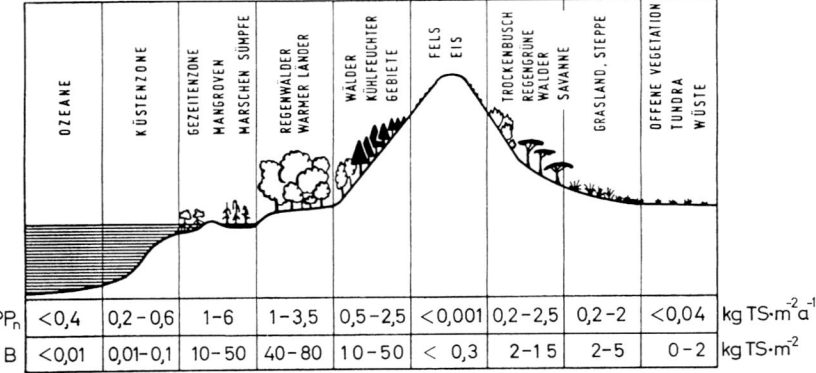

| PP$_n$ | <0,4 | 0,2 – 0,6 | 1 – 6 | 1 – 3,5 | 0,5 – 2,5 | <0,001 | 0,2 – 2,5 | 0,2 – 2 | <0,04 | kg TS·m^{-2}a^{-1} |
| B | <0,01 | 0,01 – 0,1 | 10 – 50 | 40 – 80 | 10 – 50 | < 0,3 | 2 – 15 | 2 – 5 | 0 – 2 | kg TS·m^2 |

Abb. 2.79. Jährliche Nettoprimärproduktion (PP$_n$) und Bestandesvorrat an Pflanzenmasse (B) in den Biomen der Erde. In Anlehnung an ODUM (1971) unter

Verwendung von Daten aus Hochrechnungen von BAZILEVICH und RODIN (1971), WHITTAKER und LIKENS (1975) und AJTAY et al. (1979).

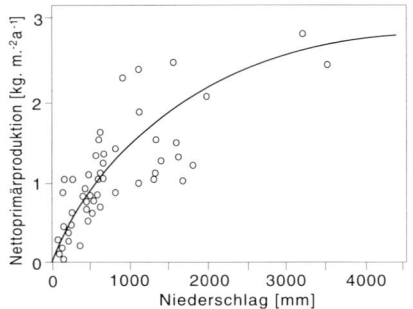

Abb. 2.80. Beziehung zwischen der jährlichen Nettoprimärproduktion und der durchschnittlichen jährlichen Niederschlagssumme. Nach LIETH (1975).

ßer Teil der Erde läßt hingegen nur eine bescheidene Stoffproduktion zu. Auf 41% der Festlandsoberfläche ist Wasser der entscheidend ertragsbegrenzende Umweltfaktor (Abb. 2.80), auf 8% der Festlandsoberfläche mindern ungünstige Temperaturen (kältebedingte Verkürzung der Vegetationszeit und Wärmemangel im Sommer) den Stoffgewinn. In tropischen *Meeren* verwehrt Nährstoffmangel, in polnahen Meeren Lichtmangel eine bessere Produktionsleistung (Abb. 2.78b).

Durch pflanzenbauliche Maßnahmen und durch Pflanzenschutz ließen sich Flächenerträge erzielen, die weit über der Primärproduktion liegen, die in diesem Gebiet natürliche Pflanzengesellschaften erbringen wür-

den (siehe Tab. 2.17). Die überhaupt höchste Trockensubstanzproduktion wurde durch Algen in Kulturtanks erzielt (rund 10 kg · m^{-2} · a^{-1}). Durch besondere Maßnahmen wie z. B. fortlaufende, mit dem Wachstumsprozeß koordinierte Düngung und Bewässerung ließe sich auch bei Landpflanzen (sogar bei Bäumen) der Jahresertrag der Biomasseproduktion auf das Doppelte des Normalen steigern. Im weltweiten Durchschnitt bleiben aber die landwirtschaftlichen Erträge weit unter dem Möglichen, hauptsächlich infolge extensiver Bewirtschaftung, unvollständiger Ausnützung der gegebenen Produktionszeit und Verwendung minderwertiger Sorten.

Hohe **Biomassenerträge** eröffnen die Möglichkeit, Pflanzen mit besonders großer Produktionsleistung als nachwachsende Rohstoffquelle und zur Gewinnung von Bioenergie einzusetzen. Allerdings kann in vielen Fällen nicht die gesamte produzierte Masse genützt werden. Der verwertbare Anteil an der gesamten produzierten Trockenmasse (*Ernteindex*) erreicht bei Nutzung von Samen 30–60% der Gesamttrockenmasse, bei Nutzung von Grünmasse rund 85%, bei Holznutzung 50–70% (siehe Tab. 2.17). Bei allen Bestrebungen, die Produktionsleistung von Kulturpflanzen zu maximieren, darf freilich nicht übersehen werden, daß intensive Bewirtschaftung stets einen hohen Einsatz technischer Mittel und von Energie erfordert. Berechnet man die Effizienz des Aufwandes für eine bedeutende Produktionssteigerung (ausgedrückt als zugeführte Energiemenge pro Energieeinheit produzierter nutzbarer Biomasse), so zeigt sich, daß primitive Ackerbaumethoden mit einem 50fachen Nutzeffekt, die moderne Agrotechnik mit nur 2- bis 5fachem Nutzen arbeitet[386]. Heute wird zwar pro Flächeneinheit viel mehr als in alten Zeiten produziert, der notwendige Aufwand hierfür hat aber in noch höherem Maße zugenommen.

2.4.3 Die Kohlenstoffbilanz der Pflanzendecke

2.4.3.1 Bruttoproduktion und Bestandesatmung

Die **Bruttoprimärproduktion** (PP_b) der Pflanzendecke kann nicht direkt gemessen werden. Daher wird sie aus der Nettoprimärproduktion (PP_n als Y_{PP}) und der Bestandesatmung (ΣR) überschlagsweise berechnet.

$$PP_b = PP_n + \Sigma R \qquad (2.20)$$

Der **respiratorische Betriebskostenaufwand** wird prozentual oder als Atmungsquote (Dezimalzahl) angegeben. Krautige Pflanzenbestände verbrauchen 20–50% der Bruttokohlenstoffeinnahmen, Wälder und Zwergstrauchheiden mit verhältnismäßig viel photosynthetisch unproduktiver Masse veratmen in der gemäßigten Zone 40–60%, in den feuchtwarmen Tropen rund 75% (Tab. 2.19).

2.4.3.2 Die Verwertung des Nettoproduktionsertrags

Der Ertrag der Nettoprimärproduktion wird für den Aufbau von organischer Substanz verwendet, von der ein Teil im Laufe des Jahres als Abfall (V_A) verloren geht oder von Konsumenten (V_K) verzehrt wird. Verlustgrößen sind der Abwurf von Blättern, Blüten, Früchten und abgestorbenen Ästen, das Abfaulen toter Wurzeln, ferner Tierfraß und Parasitismus sowie die Abgabe von Assimilaten in flüssiger Form in den Boden und an Symbionten (z. B. Mykorrhizapilze). Ein allenfalls verbleibender Reingewinn (Biomassenzuwachs $+\Delta B$) vermehrt den Vorrat an Phytomasse pro Grundflächeneinheit. Die **ökologische Produktionsgleichung**[73] beschreibt die Aufteilung des Kohlenstoffertrags wie folgt:

$$PP_n = \Delta B + V_A + V_K \qquad (2.21)$$

Biomassenänderung, Abfall und Entnahme durch Konsumenten sind unmittelbar bestimmbar; durch ihre Summierung gelangt man zum Ertrag der Nettoprimärproduktion (Berechnungsbeispiel in Tab. 2.19). Die Erfassung aller Komponenten ist in natürlichen Pflanzenbeständen schwierig. Produktionsangaben für Wälder und andere vielschichtige, ausdauernde Pflanzengesellschaften sollten daher als Richtzahlen aufgefaßt werden, sofern sie nicht durch verschiedene, parallel angewandte Verfahren abgesichert sind.

Der **Anteil der Stoffverluste** V_A und V_K an der Jahresnettoprimärproduktion ist ein wichtiger Posten im Kohlenstoffhaushalt der Pflanzendecke (Abb. 2.81). Der *jährliche Streuabfall*[03] ist am größten in tropischen Regenwäldern (durchschnittlich 2 kg · m^{-2} · a^{-1}, in südostasiatischen Wäldern bis 2,5 kg · m^{-2} · a^{-1}) und in Savannen (bis 1,5 kg · m^{-2} · a^{-1}); in den meisten geschlossenen Pflanzenformationen wie Wälder und Wiesen der temperaten Zone, Sumpfpflanzenbestände, Mangroven, Macchien und Zwergstrauchheiden fallen 0,6–1,2 kg Streu pro m^2 jährlich ab; es folgen saisongrüne Baumbestände zeitweise trockener Gebiete (0,3–0,6 kg · m^{-2} · a^{-1}), Steppen, Halbwüsten und Tundra (0,1–0,5 kg · m^{-2} · a^{-1}). Der Entzug von Phytomasse durch Fraß und Parasitismus ist je nach Art der Pflanzendecke sehr verschieden, in Wäldern geht auf diese Weise wesentlich weniger verloren als in Grasgesellschaften.

Der **Bestandesvorrat** an organischer Masse kann, je nach Ergiebigkeit der PP_n und dem Ausmaß der Stoffverluste, gleich bleiben ($\Delta B \approx 0$), zunehmen ($+\Delta B$) oder vorübergehend abnehmen ($-\Delta B$). Welche von diesen Möglichkeiten in einem Ökosystem verwirklicht wird, hängt hauptsächlich von seiner Artenzusammensetzung, seiner Dynamik (Bestandesalter und Sukzessionslage) und dem Grad der Belastung durch natürliche und anthropogene Einflüsse ab. Die reich-

Tab. 2.19 Stoffproduktion und Stoffverluste in Wäldern (Jahresbilanz); alle Angaben in kg · m^{-2} Grundfläche. Detaillierte Bilanzen für Coniferenwälder der gemäßigten Zone bei VOGT (1991).

Bestand	Buchenforst 60 Jahre alt Dänemark[a]		Tropischer Regenwald Thailand[b]	
LAI	5,6		11,4	
Jährlicher Bestandszuwachs	ΔB	in % P_b	ΔB	in % P_b
Laub	0		0,003	
Achsen	0,53		0,29	
Wurzeln	0,16		0,02	
Summe:	0,69	35	0,313	2
Jährlicher Abfall V_A				
Laub	0,27		1,2	
Achsen	0,1		1,33	
Wurzeln	0,02		0,02	
Summe:	0,39	20	2,55	20
$PP_n = \Delta B + V_A$	1,08	55	2,86	22
Jährlicher Verbrauch für die Atmung				
Laub	0,46		6,01	
Achsen	0,35		3,29	
Wurzeln	0,07		0,59	
Summe:	0,88	45	9,89	78
$PP_b = PP_n + R$	1,96	100	12,75	100
$\ddot{O}K_{PP} = \dfrac{PP_n + R}{R}$	2,23		1,29	

[a] MAR-MÖLLER et al. (1954)   [b] KIRA et al. (1964), YODA (1967)

lichste und langfristigste Anhäufung von Phytomasse kommt in Baumbeständen zustande: Die Wälder der Erde speichern in ihrem Holzzuwachs mehr als 3/4 des von Landpflanzen festgelegten Kohlenstoffs.

2.4.3.3 Die Produktionsdynamik verschiedener Pflanzenbestände

Wälder, Gehölze und Zwergstrauchheiden
Gleichaltrige Holzpflanzenbestände (Anfangstadium einer Sukzession, Aufforstung)

machen zu Beginn ihrer Entwicklung eine *Aufbauphase* durch. Solange die Pflanzen jung sind, hat die Laubmasse relativ wenig Achsen- und Wurzelmasse zu ernähren, die Nettoprimärproduktion ist daher groß. Es bleibt ein erheblicher Überschuß an organischer Substanz übrig, der den Bestandesvorrat von Jahr zu Jahr zusehends vermehrt. Die *produktive Wachstumsphase*[563] geht mit zunehmendem Bestandesalter in die *Reifephase* über, in der ΔB zunächst noch positiv ist, später um Null pendelt. Der Zuwachsrückgang wird durch die geringere Produktionsleistung mit fortschreitendem Bestandesalter verursacht. Je größer die Bäume werden, um so ungünstiger wird das Verhältnis zwischen grünen und nichtgrünen Geweben. Das führt dazu, daß der Ertrag der Photosynthese nur noch für die Lauberneuerung und die Atmung der enorm angewachsenen Sproß- und Wurzelmasse ausreicht. In Laubwäldern kommt der Holzzuwachs zum Stehen, wenn der Laubanteil unter 1% der Gesamtmasse abnimmt.

In *naturbelassenen* Holzpflanzenbeständen wie z. B. Urwäldern, Trockenbuschformationen oder Zwergstrauchtundren sind alle Altersstadien vertreten. Werden und Vergehen der Pflanzengesellschaft vollzieht sich nicht großflächig, sondern in mosaikartigen, kleinen Bereichen[630]. Insgesamt regelt sich ein Gleichgewicht zwischen Zuwachs und Verlusten ein, wodurch ΔB im langjährigen Durchschnitt Null ergibt (*protektives Stadium[563]*). Nicht immer zeigt eine stagnierende Biomassenentwicklung einen systemimmanenten, protektiven Gleichgewichtszustand an. Auch wenn regelmäßige Biomasseverluste dem Bestandeswachstum nivellierende Grenzen setzen, wie z. B. durch Abfressen und Abfrieren von Pflanzenteilen über der winterlichen Schneedecke (siehe alpine Zwergstrauchheide in der Abb. 2.81), bleibt der Biomassevorrat langfristig ziemlich gleich, in diesem Fall aber streßbedingt.

Grasland und andere krautige Pflanzenbestände

Im Laufe der Produktionsperiode wächst die Phytomasse *rasch* heran, gleichzeitig gehen Sproßteile und Wurzeln zugrunde oder werden abgefressen. In krautigen Pflanzenbeständen pendelt sich ΔB auf Null ein. In Trockengebieten mit wechselhaften Niederschlägen schwankt ΔB in aufeinanderfolgenden Jahren zwischen stark positiven und negativen Werten, die aber im langjährigen Mittel wieder ΔB $\approx$ 0 ergeben.

In *unbewirtschafteten* krautigen Pflanzengesellschaften vergilben und vertrocknen mit Ende der Vegetationsperiode die Blätter, ein Teil des Sproßsystems und auch Wurzeln werden eingezogen. In Steppen beträgt der Abfall mehr als die Hälfte der im Laufe des Jahres gebildeten Phytomasse, in ephemerenreichen Pflanzengesellschaften der Wüsten 60–100%. In *Mähwiesen und auf Weideland* wird Biomasse während der Vegetationsperiode fortlaufend entnommen, V_K kann dann größer als V_A sein (siehe Abb. 2.81). Durch Fraß werden die photosynthetisch vollaktiven Assimilationsorgane angegriffen, eine übermäßige Fraßnutzung (V_K mehr als die Hälfte von PP_n) gefährdet die Produktionsleistung. Hingegen kann ohne Schaden für die Pflanzen nach Abschluß des Vegetationsablaufs auch die ganze oberirdische Biomasse absterben.

Planktonpopulationen

In Gewässern wirkt sich die Nettoprimärproduktion zunächst in einer zahlenmäßigen Zunahme meist kurzlebiger Schwebealgen in der euphotischen Zone aus. Von diesem Bestandesvorrat ernährt sich eine Schar von Konsumenten. V_K ist hoch, die *Aufzehrungsquote* ist auf durchschnittlich 2/3 der Nettoprimärproduktion anzusetzen. Der Abfall ist geringer, zahlenmäßig aber nur unsicher abschätzbar. Als *Abfall* werden im Phytoplankton jene Zellen gewertet, die der Schwerkraft folgend oder durch Wasserströmungen verfrachtet, unter die Kompensationstiefe absinken. Die *Sinkgeschwindigkeit* hängt von Größe, Gestalt und spezifischem Gewicht der Organismen, außerdem von Wasserbewegungen und der Temperatur ab. In 6 °C kühlen Gewässern sinken die meisten Algen durchschnittlich 3 m pro Tag, bei 20 °C doppelt so schnell. Bezeichnend für Gewässerökosysteme ist die Abfolge von produktiver Wachstumsphase und protektiver Gleichgewichtsphase (ähnlich wie in der Sukzessionsabfolge terrestrischer Pflanzengesellschaften) und ein hoher Anteil an Fraßverlusten (ähnlich wie auf Mähwiesen und Viehweiden). In einem Gewässerökosystem ist daher $V_K \geq V_A$ und beides zusammen größer als ΔB.

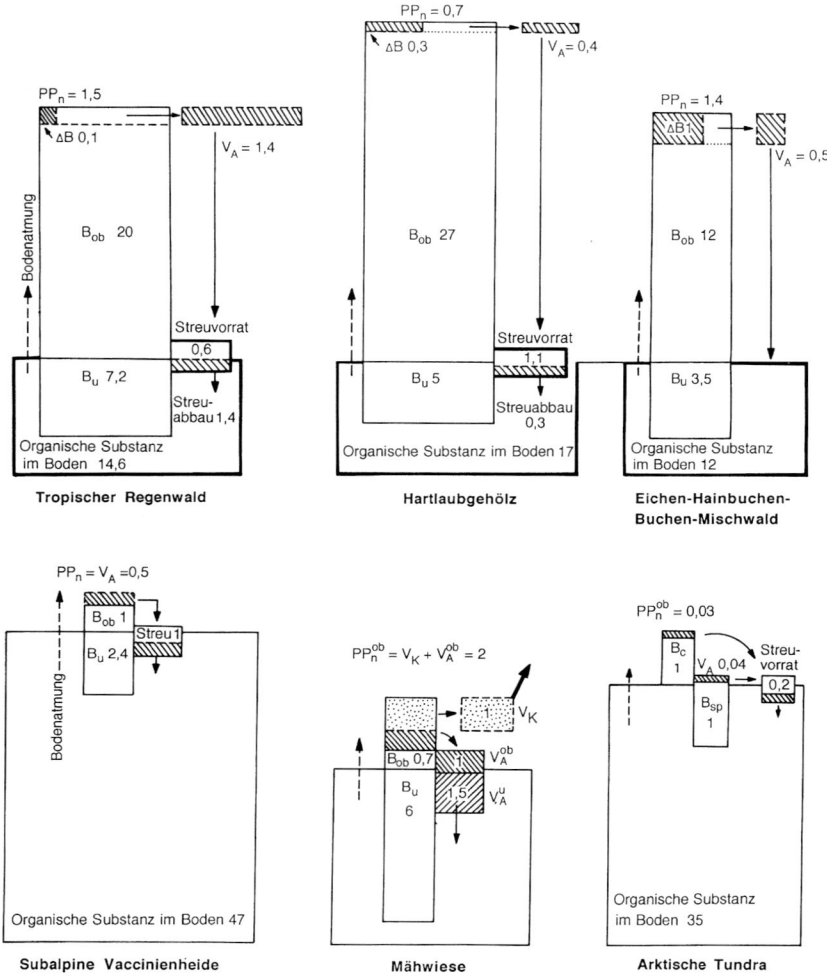

Abb. 2.81. Bestandesvorrat und Umsatz an organischer Trockensubstanz in Holzpflanzenbeständen. Tropischer Regenurwald in Puerto Rico (ODUM und PIGEON 1970), immergrüner Steineichenwald in Südfrankreich (RAPP 1971), sommergrüner Laubmischwald in Belgien (DUVIGNEAUD und DENAEYER-DE-SMET 1970), subalpine Zwergstrauchheide in den Alpen (SCHMIDT 1977, LARCHER 1977), Mähwiese (Festucetum) in Mähren (RYCHNOVSKÁ 1979), arktische Tundra in Canada (BLISS 1975). *Umrandete Flächen*: Vorratsmengen an organischer Trockensubstanz in $kg \cdot m^{-2}$. *Schraffierte Flächen*: Jährlicher Umsatz an Trockensubstanz in $kg \cdot m^{-2} \cdot a^{-1}$. B_{ob} = oberirdische Biomasse, B_u = unterirdische Biomasse, B_{Sp} = Biomasse der Sproßpflanzen (Tundra), B_C = Biomasse der Cryptogamen, PP_n = Nettoprimärproduktion, PP_n^{ob} = oberirdische Nettoprimärproduktion, ΔB = jährlicher Biomassezuwachs, V_A = jährlicher Abfall, V_K = jährlicher Verlust an Trockensubstanz durch Fraß.

2.5 Energienutzung durch die Pflanzendecke

2.5.1 Energetische Effizienz der Photosynthese

Die Photosynthese ist der bisher effizienteste Prozeß zur Umwandlung von Solarenergie in chemische Energie. Der **Nutzeffekt der Photosynthese** (RUE_{Ph}; radiation use efficiency) gibt an, wieviel Prozent der absorbierten Strahlungsenergie in Form chemischer Bindungsenergie festgelegt wird (Glg. 2.22).

Der Nutzeffekt der Photosynthese kann über den *Quantenbedarf* für den photochemischen Prozeß berechnet werden. Dieser beträgt 8 Photonen pro Molekül freigesetztes O_2 oder 48 Photonen pro Molekül Glucose. Theoretisch läßt sich als maximal möglicher Energieertrag der Photosynthese über die Relation von 2874 kJ (enthalten in 1 mol Glucose) zu 8642 kJ (enthalten in 48 mol Photonen im Wellenlängenbereich 400–700 nm) ein Nutzeffekt von 33,2% errechnen. Wegen unvermeidbarer Energieverluste im photochemischen Prozeß (vor allem in Form von Wärme) erreicht der experimentell ermittelte maximale Nutzeffekt unter Verwendung isolierter Chloroplasten oder Zellsuspensionen bei optimalen Bedingungen und CO_2-Sättigung nur etwa 30%. An Blättern von C_4-Pflanzen konnte, ebenfalls unter optimalen Laboratoriumsbedingungen, ein Wirkungsgrad der Bruttophotosynthese von etwa 24%, an Blättern von C_3-Pflanzen von etwa 14% errechnet werden. Unter *natürlichen Verhältnissen*, wo allein schon wegen des geringen CO_2-Gehaltes der Atmosphäre die Sekundärprozesse leistungsbegrenzend sind, wird der Nutzeffekt der *Bruttophotosynthese* auf 8–10% geschätzt. Infolge der respiratorischen Verluste ist der verbleibende Nutzeffekt der *Nettophotosynthese* um ein Drittel bis die Hälfte niedriger als jener der Bruttophotosynthese (Tab. 2.20).

Tab. 2.20 Energieverluste (in % der gesamten Globalstrahlung) im Verlauf der Kohlenstoffassimilation in Pflanzen. Nach BEADLE und LONG (1985).

Energieverluste durch:	Relativer Verlust [%]
Solarenergie außerhalb der photosynthetisch nutzbaren Wellenlängen	50
Remission und Transmission	5–10
Absorption durch photosynthetisch unproduktive Gewebe und Strukturen (Zellwände, nicht photosynthetisch wirksame Pigmente)	2,5
Energieverluste nach Strahlungsabsorption durch die Photosysteme I und II (Wärme, Fluoreszenz)	8,7
Aufwand für Elektronentransporte und Sekundärprozesse der Kohlenstoffassimilation	19–22
Photorespiration	2,5–3
Dunkelatmung C_3-Pflanzen	3,7–4,3
C_4-Pflanzen	4,9–5,8

2.5.2 Energiegehalt pflanzlicher Substanz

Der Energiegehalt der produzierten Pflanzenmasse wird über kalorimetrisch bestimmte Brennwerte repräsentativer Proben ermittelt. Aschefreie Trockensubstanz weist Energiegehalte zwischen 15–35 kJ · g^{-1}, am häufigsten von 19–20 kJ · g^{-1} auf. Der Energiegehalt nimmt mit der Kohlenstoffdichte zu. Pflanzenstoffe mit sehr hohem Kohlenstoffgehalt sind vor allem Lipide, Lignin und verschiedene Produkte des Sekundärstoffwechsels wie Isoprenoide und deren Derivate (Tab. 2.21). Pflanzenteile, die solche Substanzen enthalten, sind überdurchschnittlich

$$RUE_{Ph} = \frac{\text{gespeicherte chemische Energie} \cdot 100}{\text{absorbierte Strahlungsenergie}} \, [\%] \qquad (2.22)$$

Tab. 2.21 Energiegehalt [kJ · g^{-1}] pflanzlicher Inhaltsstoffe. Nach PAINE (1971) und LIETH(1975).

Pflanzliche Inhaltsstoffe	Energiegehalt [kJ · g^{-1}]
Oxalsäure	2,9
Glycin	8,7
Äpfelsäure	10,0
Brenztraubensäure	13,2
Glucose	15,5
Polyglucane	17,6
Proteine	23,0
Lignin	26,4
Lipide	38,9
Terpene	46,9

energiereich, so z. B. skleromorphe und harzhältige Blätter, verholzte Organe und fettreiche Samen.

Die Organisationsstufe, die Lebensform und die genetisch bedingte chemische Eigenart einer Pflanze bestimmt hauptsächlich den *Energiegehalt der Trockensubstanz* (Abb. 2.82). Holzpflanzen sind energiereicher als krautige Pflanzen, Wasserpflanzen sind in der Regel energieärmer als krautige Landpflanzen. Einzeller sind energiereicher als foliose Thallophyten, Coniferen sind meist energiereicher als baumförmige Angiospermen, monocotyle Pflanzen sind energieärmer als dicotyle Holzpflanzen. Es scheint, daß die *evolutive Entwicklung in Richtung auf sparsamere Energieinvestition* erfolgte, so daß abgeleitete Organisationsstufen eine geringere Energiedichte ihrer Trockensubstanz aufweisen als Träger ursprünglicher Merkmale.

Umweltfaktoren beeinflussen den Energiegehalt hauptsächlich indirekt: Latitudinale Gradienten der Energiekonzentration in der Pflanzensubstanz beruhen weniger auf einem unmittelbaren Einfluß klimatischer Einwirkungen auf den Energiegehalt der einzelnen Pflanzen, sondern spiegeln den zonalen und regionalen Wechsel des Pflanzenkleides wider. Trägt man Mittelwerte des Energiegehalts von Blättern angiospermer Holzpflanzen gegen die *geographische Breite* auf, so fallen besonders die hohen Werte zwischen 30°

und 32° N und zwischen 43° und 45° N auf; die Ursache dafür ist ein besonders hoher Anteil sklerophyller Pflanzen im Artenspektrum. Von 50° bis 75° N nimmt der Rohenergiegehalt (Brennwerte ohne Berücksichtigung des Aschengehalts) noch etwas zu, doch beruht dies auf dem geringen Aschengehalt arktischer Pflanzen; auf organische Trockensubstanz bezogen, sind die Brennwerte der Trockensubstanz von Pflanzen der Hocharktis niedriger als von Arten aus 50° N. In *Gebirgen* wird eine Zunahme des Energiegehalts mancher Polster- und Rosettenpflanzen mit ansteigender Meereshöhe beobachtet. Diese dürfte mit vermehrter Fettspeicherung einhergehen.

2.5.3 Nutzeffekt der Stoffproduktion von Pflanzenbeständen

Der *Nutzeffekt der Primärproduktion* ergibt sich aus dem Energiegewinn der Bruttoprimärproduktion und der im selben Zeitraum pro Grundflächeneinheit absorbierten Strahlung. Als *Wirkungsgrad* der Energienutzung wird üblicherweise die durch die jährliche Nettoproduktion gespeicherte Energie in Prozent der photosynthetisch verwertbaren Strahlungssumme angegeben.

Bezogen auf die *Nettoprimärproduktion* erreichen landwirtschaftlich angebaute C$_4$-Pflanzen zur Zeit der höchsten Zuwachsleistung *maximale Nutzeffekte* von 3% (Mais) bis 6% (*Panicum maximum*), C$_3$-Kulturpflanzen von 1,5–2% (zumeist Fabaceen) bis 2–4% (Gräser, Getreide, Hackfrüchte)[34,482]. Unter den standörtlich und zeitlich wechselnden Assimilationsbedingungen erlangen die Pflanzen im *Durchschnitt über die Vegetationsperiode* nur mehr niedrige Wirkungsgrade der Energiekonservierung. Die Energienutzung bleibt selbst auf besonders günstigen Standorten (immergrüne Regenwälder, Feuchtgebiete) unter 2%, die meisten Wälder und Grasgesellschaften erzielen Nutzeffekte bis 1%. Pflanzengesellschaften der Steppen, Halbwüsten und Tundren erreichen Wirkungsgrade um 0,2–0,5%; dasselbe gilt für einen großen Teil der Meere. In der strahlungsreichsten Zone der Erde, im Bereich der Wen-

Abb. 2.82. Energiege-
halte aschefreier Trok-
kensubstanz verschiede-
ner Pflanzenteile von Co-
niferen (C), von dicoty-
len (D) und monocoty-
len (M) Angiospermen.
Strichmarken geben den
95%-Vertrauensbereich
des Mittelwertes an.
Nach Pipp und Larcher
(1987).

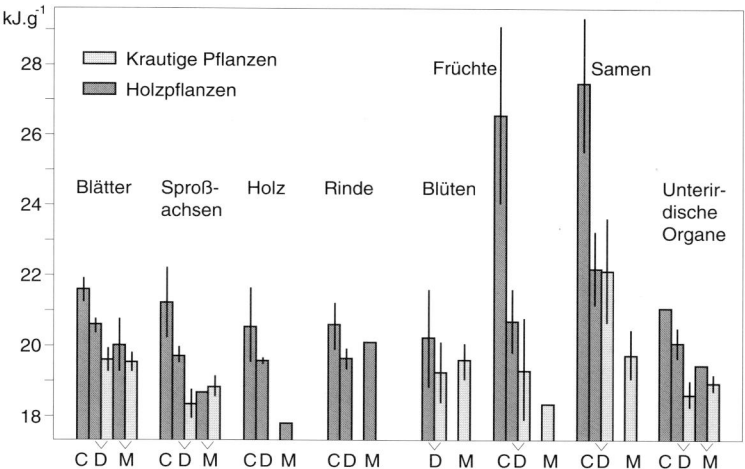

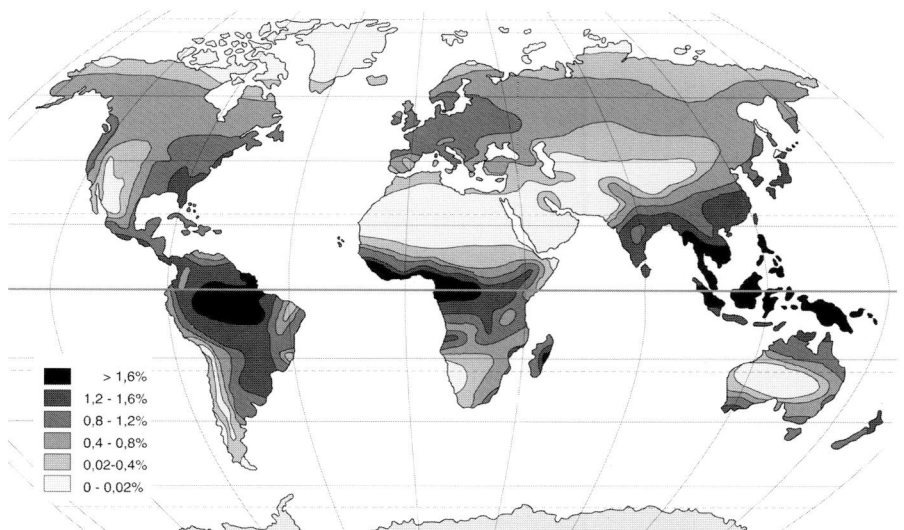

Abb. 2.83. Strahlungsnutzung durch die Pflanzendecke. Energiebindung durch die klimatisch potentielle Nettoprimärproduktion in Prozent des photosynthetisch aktiven Anteils der jährlichen Global-
strahlungssumme. Nach Kartengrundlagen aus Uchijima und Seino (1987).

dekreise, ist die Pflanzendecke wegen der
Niederschlagsarmut unproduktiv; dort verwertet der schüttere Pflanzenbewuchs die
hohe eingestrahlte Energie nur zu 0,05%
oder weniger (Abb. 2.83).

Die derzeit auf der Erde in Phytomasse gespeicherte Energie (rund $30 \cdot 10^{21}$ J) entspricht etwa der Größenordnung des Energie-

gehalts der bekannten Vorräte an Kohle, Erd-
gas und Erdöl (rund $25 \cdot 10^{21}$ J)[261]. Durch Photosynthese wird jährlich zehnmal so viel Energie festgelegt, als derzeit weltweit verbraucht
wird. Es wäre also naheliegend, den Energiebedarf aus Phytomasse zu decken. Eine Nutzung von **Phytomasse als Primärenergie** wird
nur in Sonderfällen und im örtlich begrenz-

ten Rahmen rentabel und diskutabel sein. Steppen, Karstlandschaften und Wüsten sind mahnende Zeugen jahrhundertelanger extensiver Phytomassenutzung. Plantagenmäßiger Anbau raschwüchsiger oder energiereicher Pflanzen auf Sonderstandorten, die nicht mit dem Flächenbedarf für die Nahrungsproduktion konkurrieren, mag zunehmende Bedeutung als nachwachsende Rohstoffquelle für die Herstellung von primären Energieträgern (Pflanzenöle, Kohlenwasserstoffe aus Euphorbia-Arten, *Copaifera multijuga* und Eucalypten) und sekundären energiereichen Produkten (Alkohol, Biogas) erlangen.

Als wichtiges Ziel der Photosyntheseforschung steht der Wunsch, den photochemischen Prozeß von den energieverbrauchenden, biomassebildenden Sekundärprozessen abzukoppeln und die Fähigkeit der Chloroplasten (oder von Algen und photoautotrophen Bakterien) zur Produktion von abfangbarem Wasserstoff als universellen Energieträger auszunützen. Auf diese Weise würde der hohe Nutzeffekt der Energieumwandlung im photochemischen Prozeß viel besser verwertet und die Endprodukte Sauerstoff und Wasserstoff könnten zur umweltfreundlichen Energiefreisetzung verwendet werden.

3 Der Mineralstoffhaushalt

Die Pflanzen benötigen für ihre Ernährung eine Vielzahl von Elementen, die aus Mineralien stammen oder nach biologischem Abbau organischer Substanz mineralisiert werden. Die mineralischen Nährstoffe werden in Ionenform aufgenommen und in Zellstrukturen eingebaut oder im Zellsaft abgelagert. Nach Verglühen der organischen Trockensubstanz bleiben die Mineralstoffe als Asche zurück.

3.1 Der Boden als Nährstoffquelle der Pflanzen

3.1.1 Vorkommen der Nährstoffe im Boden

Die Pflanzennährstoffe kommen im Boden in gelöster und gebundener Form vor. Im Bodenwasser gelöst ist nur ein sehr geringer Bruchteil (weniger als 0,2%) des Nährstoffvorrats. Nahezu 98% der Bioelemente im Boden sind in organischen Abfällen, in Humusstoffen und in schwerlöslichen anorganischen Verbindungen festgelegt oder in Minerale eingebaut. Sie stellen eine Nährstoffreserve dar, die durch Verwitterung und Humusmineralisierung sehr langsam aufbereitet wird. Ungefähr 2% sind an Bodenkolloide sorbiert. Zwischen Bodenlösung, Bodenkolloiden und den Mineralstoffvorräten im Boden herrscht ein *Fließgleichgewicht*, das für eine fortgesetzte Nachlieferung von Nährelementen sorgt.

3.1.2 Sorptive Ionenbindung und Ionenaustausch im Boden

Kolloidale Tonteilchen und Huminstoffe ziehen aufgrund ihrer elektrischen Oberflächenladung Ionen und Dipolmoleküle an sich und binden diese reversibel. Tonminerale und Huminstoffe besitzen eine negative Überschußladung, sie halten daher vor allem Kationen fest. Daneben gibt es aber auch positiv geladene Stellen, an die Anionen angelagert werden können. Die Haftfestigkeit eines Kations hängt von der Ionenkonzentration sowie der Ladung und der Hydratation des Ions ab. In der Regel werden höherwertige Ionen stärker angezogen, also Ca^{2+} stärker als K^+. Unter den Ionen gleicher Wertigkeit haften solche mit einer engen Wasserhülle fester als stark hydratisierte Ionen. Die sorptive Bindungskraft fällt in der Kationenreihe von Al^{3+} über Ca^{2+}, Mg^{2+}, NH^{4+}, K^+ zu Na^+, in der Anionenreihe von PO_4^{3-} über SO_4^{2-}, NO_3^- zu Cl^- ab. Auch Schwermetallionen können sorbiert werden, allerdings jedoch nur in Spuren.

Der Ionenbelag vermittelt zwischen fester Bodenphase und Bodenlösung. Werden der Bodenlösung Ionen zugeführt oder entzogen, kommt es zu *Austauschvorgängen*. Die sorptive Bindung von Nährionen bietet eine Reihe von Vorteilen: Die bei der Verwitterung und beim Humusaufschluß freiwerdenden Nährstoffe werden abgefangen und sind vor Auswaschung geschützt; die Konzentration der Bodenlösung bleibt niedrig und ausgeglichen, so daß die Pflanzenwurzeln und Bodenorganismen nicht osmotisch belastet werden; bei Bedarf sind die sorbierten Nährionen der Pflanze aber doch leicht zugänglich.

3.2   Die Mineralstoffaufnahme durch die Pflanze

Wasserpflanzen nehmen ihre Nährstoffe über die gesamte Oberfläche auf. *Landpflanzen*besorgen die benötigten Mineralstoffe über das hierfür spezialisierte Wurzelsystem. In geringer Menge können Mineralstoffe auch über Sproßoberflächen eintreten. In feucht-warmen Gebieten nehmen Blätter über ihre Oberfläche Stickstoffverbindungen auf, die von anhaftenden stickstofffixierenden Bakterien und Cyanobakterien (*Phylloplane*) ausgeschieden werden. Desgleichen dringen Luftverunreinigungen, die sich auf Sproßoberflächen absetzen (nasse und trockene *Depositionen*; siehe Kap. 6.3), agrotechnisch versprühte Chemikalien wie Spezialdünger (*Blattdüngung* mit Spurenelementen, besonders Eisen zur Behandlung bodenbedingter Chlorosen) und Schädlingsbekämpfungsmittel durch die Epidermis in die Pflanze ein.

3.2.1   Die Entnahme der Nährionen aus dem Boden

Die Wurzel entnimmt dem Boden die Nährstoffe (Abb. 3.1) durch:

Absorption von Nährionen aus der Bodenlösung. Diese Ionen sind unmittelbar und sofort verfügbar, die Konzentration der Bodenlösung ist aber sehr gering: am häufigsten ist NO_3^- in Konzentrationen bis zu 5–10 mM vorhanden, SO_4^{2-}, Mg^{2+} und Ca^{2+} bis zu 2–5 mM, K^+ bis 1–2 mM und PO_4^{3-} bis 4 µM.

Austauschabsorption von sorbierten Nährstoffionen. Durch Abgabe von H^+ und HCO_3^-, als Dissoziationsprodukte der Atmungskohlensäure fördert die Wurzel den Ionenaustausch an der Oberfläche der Ton und Huminteilchen und gewinnt im Eintausch dafür Nährionen. Die Ausscheidung von Protonen und Säuren hängt von der Intensität der Atmung und damit von der Versorgung der Wurzel mit Sauerstoff und Kohlenhydraten und von der Temperatur ab. Bei Mineralstoffmangel verstärken Dicotylenwurzeln in der Regel den H^+-Efflux (Abb. 3.2). Auch je nach überwiegender Stickstoffform können die

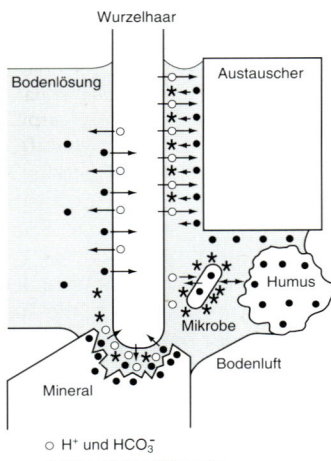

Abb. 3.1. Mobilisierung mineralischer Nährstoffe im Boden und Mineralstoffaufnahme durch die Wurzel. Nach FINCK (1969), ergänzt.

Wurzeln den pH-Wert der Bodenlösung regulieren: bei ausschließlicher Ernährung mit NO_3^--N erhöhen Maiswurzeln das pH in der Rhizosphäre auf rund 7,5, bei überwiegendem Angebot von NH_4^+-N säuern sie die Wurzelumgebung bis pH 4 an.

Mobilisierung chemisch gebundener Nährstoffvorräte über ausgeschiedene H^+-Ionen, durch Erhöhung der Reduktionskapazität der Wurzeln und durch Abgabe von niedermolekularen organischen Verbindungen mit komplexierenden Eigenschaften (*Chelatbildner*). Auf diese Weise werden vor allem Eisen und Spurenelemente in pflanzenverfügbare Form gebracht (Abb. 3.3). Von besonderer Bedeutung, vor allem für Monocotyledonen, ist die Bildung von Metallchelaten, das sind metallorganische Komplexverbindungen mit organischen Säuren (Äpfelsäure, Citronensäure, Aminosäuren) und Phenolen (Kaffeesäure; Abb. 3.4). Durch Komplexierung sind die mineralischen Nährstoffe vor neuerlicher Festlegung geschützt und von den Pflanzenwurzeln leicht aufnehmbar.

3.2.2   Ionenaufnahme in die Zelle

In die lebende Zelle könnten Ionen wegen ihrer Wasserhülle nur schwer eindringen, wenn

Abb. 3.2.   Vermehrter Efflux von H⁺ aus Gurkenwurzeln bei Eisenmangel (*rechts*); das linke Bild zeigt den Zustand bei guter Versorgung mit Eisen (FeEDTA). Die Ansäuerung ist nach Zugabe des pH-Indikators Bromkresolpurpur zum Substrat am hell erscheinenden Saum (pH 4,5 oder niedriger) ersichtlich. Nach RÖMHELD und KRAMER (1983).

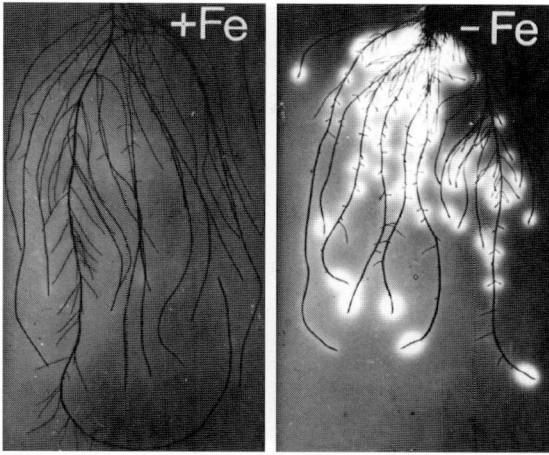

nicht fast alle Membransysteme der Zellen besondere Einrichtungen enthielten, die dem Transport von Ionen dienen. Meist handelt es sich um große Proteinmoleküle oder Komplexe von solchen („*Träger- oder Carriersysteme*"), die sich in der Membran bewegen können (*Ionophore*) oder fest in sie eingebaut sind (*Tunnelproteine*). Infolge der elektrischen Ladung der Ionen ist ein Durchtritt durch die Membran nur möglich, wenn zwei entgegengesetzt geladene Ionen gleichzeitig transportiert werden (Cotransport oder *Symport*), wenn gegen das aufgenommene Ion ein gleichsinnig geladenes ausgetauscht wird (Gegentransport oder *Antiport*) oder wenn an der Membran eine elektrische Potentialdifferenz besteht (Abb. 3.5). Die Bindungsstellen der Trägersysteme sind in vielen Fällen für bestimmte Ionen oder für Gruppen nahe verwandter Ionen spezifisch.

Ein Ionentransport erfolgt nicht nur unter Ausgleich eines Konzentrationsgefälles. Sehr oft ist es für die Pflanze notwendig, Ionen anzureichern, also entgegen einem Konzentrationsgefälle zu transportieren. Dazu ist eine Zufuhr von Energie nötig. Solche *aktive Transportvorgänge* sind daher von den energieliefernden Prozessen Atmung und Photosynthese abhängig. In gewissen Fällen ist bei Ionenaufnahme ein Atmungsanstieg meßbar („Salzatmung"). ATP-spaltende Proteine in Biomembranen (*Membran-ATPasen*) wirken als Protonenpumpen und bauen elektrochemische Protonengradienten quer durch

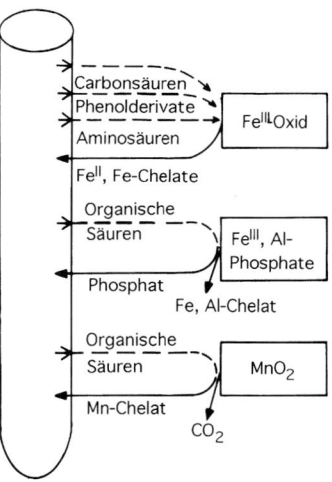

Abb. 3.3.   Beispiele für die Nährstoffmobilisierung durch Wurzelausscheidung von reduzierenden und chelatierenden Substanzen. Nach MARSCHNER (1985), vereinfacht.

die Membranen auf. Das beim Elektronenfluß aufgebaute Membranpotential liefert die Energie für die verschiedenen Ionentransporte. Membran-ATP-asen wirken an der gesamten Außengrenze des Protoplasmas und innerhalb des Protoplasten überall, wo Ionentransporte zwischen Kompartimenten erfolgen.

Folgende bezeichnende Eigenschaften der Nährsalzaufnahme lassen sich aus dem Zusammenspiel von passiven und aktiven Ionentransporten erklären:

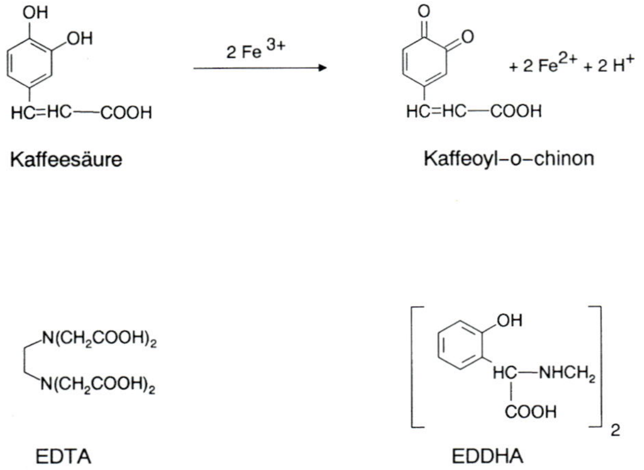

Abb. 3.4. Reduktion von Eisen-III-Verbindungen durch Kaffeesäure (*oben*) und Beispiele synthetischer Chelatoren (*unten*). EDTA=Ethylendiamintetraessigsäure, EDDHA=Ethylendiamin-di(o-hydroxy-)phenylessigsäure. Nach ISERMANN (1980) und OLSEN et al. (1981).

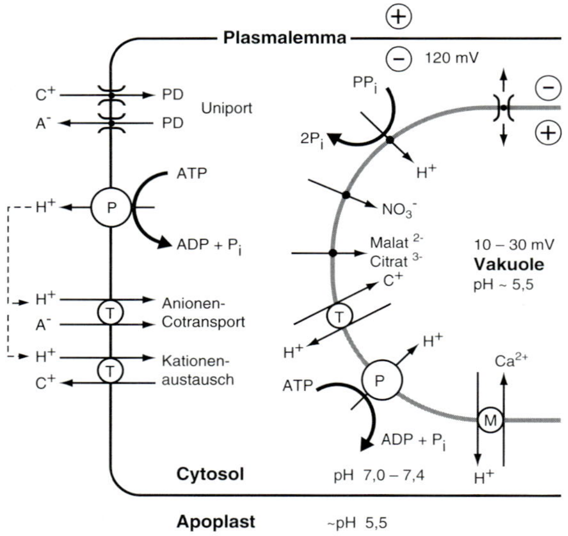

Abb. 3.5. Modell der Ionentransporte durch Plasmalemma und Tonoplast.][= Ionenkanäle; P = protonentransportierende Membran-ATPasen („Protonenpumpe"); T = Trägersysteme („Carrier"); M = calmodulinabhängiger Transport; PD = elektrische Potentialdifferenz; A^- = Anion; C^+ = Kation; PP_i = Pyrophosphat; P_i = anorganisches Phosphat. Nach PITMAN und LÜTTGE (1983), KAISER et al. (1988) und MARTINOIA (1992).

Anreicherungsvermögen. Die Pflanzenzelle hat die Fähigkeit, Ionen gegen ein Konzentrationsgefälle aufzunehmen und sie im Inneren der Zelle, insbesondere in der Vakuole, gegenüber der Außenlösung stark anzureichern. Diese Fähigkeit ist besonders wichtig für Wasserpflanzen, die ihre Nährelemente nur in außerordentlich starker Verdünnung vorfinden.

Wahlvermögen. Die Pflanzenzelle kann bestimmte Nährionen, die sie in größerer Menge benötigt, besser aufnehmen. So werden Kationen in der Aufnahme gegenüber Anionen bevorzugt, unter den Kationen werden manche stärker angereichert als andere. Nötigenfalls wird die Elektronenneutralität durch Ionenaustausch (H^+, HCO_3^-) aufrechterhalten.

Mangelhaftes Ausschließungsvermögen. Die Pflanzenzelle muß Ionen, die ihr angeboten werden, aufnehmen. Sie kann entbehrliche und auch toxisch wirkende Salze nicht vollständig ausschließen, auch dann nicht, wenn sie dadurch zu Schaden kommt. Die

Plasmagrenzschichten sind für Ionen zwar schwer durchlässig, aber doch nicht ganz undurchlässig. Dies führt dazu, daß bei starkem Konzentrationsunterschied Ionen jeglicher Art durch die Biomembranen durchsickern. Besonders bei hohen Außenkonzentrationen, etwa in Salzböden, werden die Zellen von Ionen überschwemmt, die sie in dieser Menge nicht benötigen würden (z. B. Na^+ und Cl^-).

3.2.3 Die Nährstoffversorgung der Wurzel

Die *Nährstoffanlieferung im Boden* hängt ab von der Konzentration verfügbarer Mineralstoffe im durchwurzelten Raum und von der ionenspezifischen Diffusions- und Massentransportgeschwindigkeit. Nitrat erreicht die Wurzeloberfläche in der Regel schnell, Phosphat und Kaliumionen mit niedrigeren Diffusionskoeffizienten hingegen langsamer.

Die Effizienz der *Nährstoffaufnahme durch die Wurzel* und die Bevorzugung bestimmter Bioelemente ist ein genetisches Merkmal der Pflanze. Neben der spezifischen Affinität der Ionentransport- und Bindungsmechanismen kommt es auch auf das Reaktionsvermögen der Pflanzenwurzeln an, sich an das Nährstoffangebot anzupassen. Dazu gehört chemotropes Wachstum entlang von Konzentrationsgradienten im Boden, dichterer Besatz mit Wurzelhaaren und eine bei Dicotyledonen enorme Oberflächenerweiterung der Plasmamembran von Rhizodermiszellen (*Transferzellen*), wodurch sich die Durchtrittsfläche für Ionen bis zum Zwanzigfachen vergrößert (Abb. 3.6).

3.2.4 Der Ioneneintritt in die Wurzel

Aus der Bodenlösung gelangen die Nährionen mit dem einströmenden Wasser zunächst in das zusammenhängende System der Zellwände und der Interzellularen des Parenchyms der Wurzelrinde (*apoplastischer Transport*). Dort werden sie durch Oberflächenladungen an die Zellwände und die Außengrenze der Protoplasten adsorbiert. Dieser Vorgang ist rein passiv, er folgt dem Konzentrationsgefälle und dem Ladungsgradienten zwischen der Bodenlösung und dem Wurzelinneren. Die Sorptionskapazität im Apoplasten der Wurzel wird „freier Austauschraum" genannt. Die Ionenaufnahme in das Cytoplasma geschieht hauptsächlich im Rindenparenchym. Die in die Vakuolen eingesickerten oder aktiv eingeschleusten Mineralstoffe bleiben dort deponiert, bis sie wieder aktiv in das Cytoplasma zurücktransportiert werden (Abb. 3.7).

Die Verlagerung der Ionen von Zelle zu Zelle verläuft unter Umgehung der Vakuolen entlang einer zusammenhängenden Kette lebender Protoplasten, die über Plasmodesmen miteinander in direktem Kontakt stehen (*Symplast*[538] als Kontinuum lebender Protoplasten). Der apoplastische Zellwandtransport wird durch hydrophobe oder abdichtende Wandeinlagerungen (*Caspary'scher Streifen*, verholzte Zellwände) in der Wurzelendodermis weitgehend unterbrochen. Der Symplastweg führt bis an die Leitelemente des Zentralzylinders heran. In die wassergefüllten, toten Tracheen und Tracheiden fließen die Ionen, dem Konzentrationsgefälle folgend, passiv ein, außerdem werden sie von Parenchymzellen aktiv in die Gefäße abgeschieden.

3.2.5 Der Ferntransport der Mineralstoffe in der Pflanze

Die Verlagerung der Nährstoffe erfolgt über Xylem- und Phloembahnen. Mit dem *Transpirationsstrom* werden Nährionen rasch verteilt. Geschwindigkeitsbegrenzend ist die Aufnahme und Weitergabe der Ionen über den Symplastweg in der Wurzel, der Transpirationsstrom könnte meist sehr viel größere Nährsalzmengen befördern. Daher genügt schon eine geringe Transpirationsstromgeschwindigkeit, um die durch die Wurzel aufgenommenen Nährstoffe dem Sproß zuzuführen. Ebenso wichtig wie der Xylemtransport ist die Nährstoffbewegung im Phloem. Über vielfache Anlegestellen, besonders in der Wurzel und in den Stengelknoten, sind die beiden Ferntransportwege zusammengeschaltet.

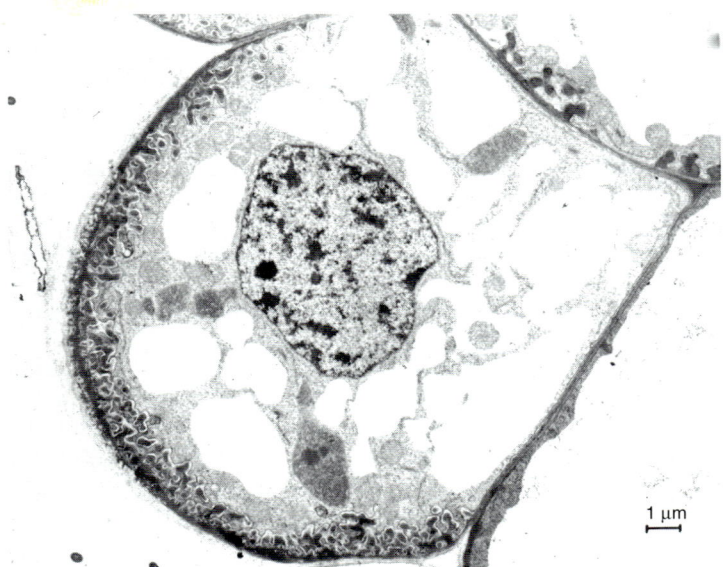

1 µm

Abb. 3.6. Transferzellen in der Rhizodermis von *Helianthus annuus* bei Eisenmangel. *Oben*: Übersichtsaufnahme einer Rhizodermiszelle mit Wandfältelung. *Unten*: Vergrößerter Ausschnitt der Wand/Plasmalemmaskulptur. Distanzstriche = 1µm. Nach KRAMER et al. (1980).

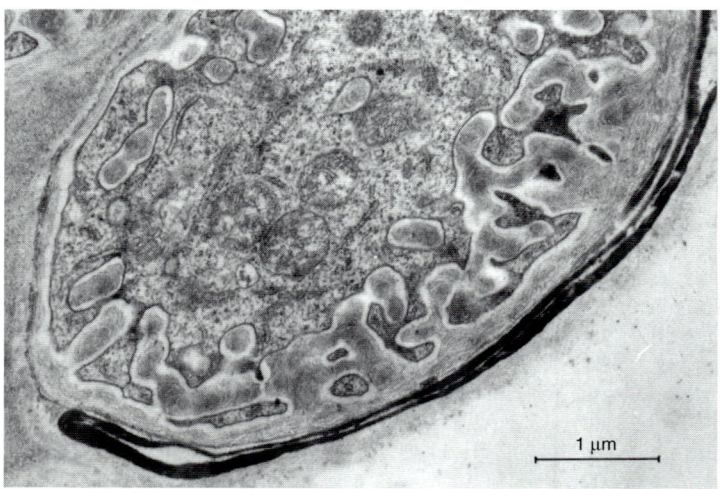

1 µm

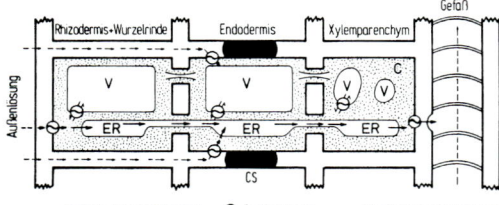

Abb. 3.7. Schema des Ionentransports von der Außenlösung zum Fernleitsystem im Zentralzylinder der Wurzel (*Gefäß*). Von der Rhizodermis bis zur Endodermis (Caspary'scher Streifen *CS*) werden Ionen zusammen mit Wasser apoplastisch, d. h. in den Zellwänden und in wassergefüllten Intercellularen transportiert. Nach aktiver Aufnahme (⊖) in die lebenden Protoplasten (Cytoplasma *C*) erfolgt der Ionentransport symplastisch, d. h. über das Endomembranensystem (*ER*) und durch Plasmodesmen. Vakuolen (*V*) sind Exkretions- und Speicherräume und gehören nicht dem Symplasten an. Die passiven Rücktransporte sind nicht eingetragen. Nach LÜTTGE(1973) und LÄUCHLI (1976).

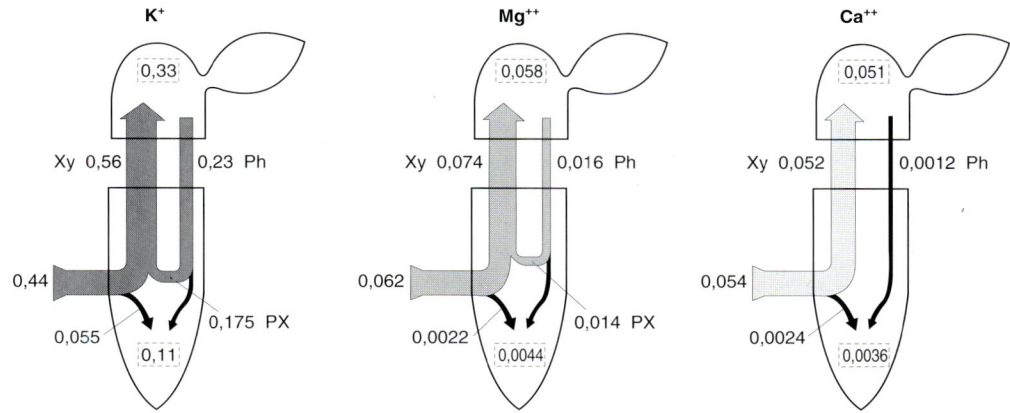

Abb. 3.8. Transport und Umlagerungen von K$^+$, Mg^{2+} und Ca^{2+} zwischen Wurzel und Sproß in *Lupinus albus*. Umrandete Zahlen: Ionenspeicherung während des Wachstums, übrige Zahlen: Flußmengen

(μmol Ionen $\cdot$ g^{-1} FG $\cdot$ h^{-1}). Xy = Transport über Xylem, Ph = über Phloem, PX = Übergang von Phloem zu Xylem in der Wurzel. Nach Jeschke et al. (1985).

Im Sproß diffundieren die Nährstoffe aus den Gefäßen zum Bündelparenchym, in das sie aktiv eingeschleust werden. Auch dort gewährleisten *Transferzellen* einen verbesserten Ionenübergang vom Leitgewebe zum Grundgewebe. Der weitere Nahtransport erfolgt neuerlich auf dem Symplastweg, wobei wieder ein Teil der Nährionen in Vakuolen abgelagert wird.

Der *Assimilatstrom* besorgt vor allem die Umlagerung von bereits einverleibten Mineralstoffen innerhalb der Pflanze (*Retranslokation*). Die verschiedenen Bioelemente sind ungleich gut verlagerbar (Abb. 3.8, siehe auch Tab. 3.4 und 3.5). Nährstoffe, die wie N, P und S in organische Verbindungen übergeführt werden, sind gut translozierbar, desgleichen die Alkaliionen, besonders K$^+$. Diese mobileren Elemente sind in jungen Blättern am stärksten konzentriert, mit dem Heranreifen und Altern der Blätter werden sie abgezogen. Schlecht umlagerbar sind Schwermetalle und Erdalkaliionen, besonders das Calcium, das sich dadurch in den Blättern (am Ende des Xylemtransportwegs) zunehmend ansammelt. Dadurch verschiebt sich das Ca/K-Verhältnis in den Blättern mit zunehmender Lebensdauer zugunsten des Calciums. Im Laufe des Jahres werden Bioelemente häufig umverteilt, in krautigen Pflanzen vor allem von alternden Blättern in wach-

sende Triebspitzen und reproduktive Organe, in Holzpflanzen im Frühjahr in die Knospen, im Sommer und Herbst in Speichergewebe.

3.3 Ablagerung und Einbau der Mineralstoffe in der Pflanze

3.3.1 Mineralstoffgehalt der Trockensubstanz und Zusammensetzung der Pflanzenasche

In der Pflanzenasche sind alle in der Lithosphäre vorkommenden chemischen Elemente zu finden. Einen Überblick über den *Aschengehalt* verschiedener Pflanzengruppen gibt Tab. 3.1, die durchschnittliche *Zusammensetzung der Pflanzenasche* ist der Tab. 3.2 zu entnehmen. In größerer Menge (10–50‰ der Trockensubstanz) sind die Elemente N, K, Ca und, bei manchen Pflanzen, Si vorhanden. Mg, P und S finden sich in Anteilen von einigen Promille bis 10‰, der Gehalt an Spurenelementen liegt zwischen 0,2‰ (Fe) und einigen mg pro kg Trockensubstanz.

Das Mengenverhältnis der einzelnen Bioelemente kann für bestimmte *Pflanzenarten*

Tab. 3.1 Durchschnittlicher Aschengehalt der Trockensubstanz verschiedener Pflanzengruppen und Mikroorganismen. Nach Bestimmungen zahlreicher Autoren. Detaillierte Angaben bei Pipp und Larcher (1987).

Thallophyten

Bakterien	8–10
Pilze	7–8
Planktonalgen ohne Skelettsubstanz	um 5
Diatomeen	bis 50
Tange	10–20
Moose	2–4

Krautige Kormophyten

Wiesen- und Waldkräuter	6–10
Gräser und Seggen	7–10
Geophyten	
oberirdische Teile	5–10
Speichersproß	um 6
Sukkulenten	
Blattsukkulenten	10–20
Stammsukkulenten	10–15
Halophyten	10–20(50)
Tundrakräuter	um 5
Sumpfpflanzen	5–15
Wasserpflanzen	5–12
Epiphyten	um 3

Holzpflanzen

Laubbäume und Sträucher	
Blätter saisongrün	4–6
Blätter immergrün	5–9
Rinde und Borke	5–8
Holz	0,5–3
Nadelbäume	
Nadeln	um 4
Rinde und Borke	3–4
Holz	0,5–0,7
Lianen (Blätter)	um 8

Tab. 3.2 Durchschnittlicher Gehalt an mineralischen Elementen (in $g \cdot kg^{-1}TS$) im Boden und in der Phytomasse von Landpflanzen, sowie durchschnittlicher Bedarf an Nährstoffen. Nach Epstein (1972) und Bowen (1979). Detaillierte Angaben für verschiedene Pflanzengruppen bei Altman und Dittmer (1972), Baumeister und Ernst (1978), Bergmann (1983), und Lieth und Markert (1988).

Element	Boden Mittelwert	Pflanzenmasse Spanne	Bedarf
Si	330	0,2–10	
Al	70	0,04–0,5	
Fe	40	0,002–0,7	um 0,1
Ca	15	0,4–13	3–15
K	14	1–68	5–20
Mg	5	0,7–9	1–3
Na	5	0,02–1,5	
N	2	12–75	15–25
Mn	1	0,003–1	0,03–0,05
P	0,8	0,1–10	1,5–3
S	0,7	0,6–8,7	2–3
Sr	0,25	0,003–0,4	
F	0,2	bis 0,02	
Rb	0,15	bis 0,05	
Cl	<0,1	0,2–10	<0,1
Zn	0,09	0,001–0,4	0,01–0,05
Ni	0,05	bis 0,005	
Cu	0,03	0,004–0,02	0,005–0,01
Pb	0,03	bis 0,02	
B	0,02	0,008–0,2	0,01–0,04
Co	0,008	bis 0,005	
Mo	0,003	bis 0,001	<0,0002

und -familien und je nach *Organ* und *Alter* sehr bezeichnend sein. Das Laub von Holzpflanzen und vieler Kräuter enthält in der Regel mehr N als K, bei manchen Nitrophyten kehrt sich das Verhältnis um. Die meisten Pflanzen enthalten etwas mehr P als S, bei Brassicaceen ist hingegen sehr viel mehr S als P vorhanden. Besonders charakteristisch ist das Ca/K-Verhältnis: bei Caryophyllaceen, Primulaceen und Solanaceen überwiegt Kalium, bei Crassulaceen und Brassicaceen Calcium. Halophyten (z. B. Chenopodiaceen, Brassicaceen und Apiaceen) akkumulieren in größerer Menge Na^+, das normalerweise am Ende der Reihe, gerade noch vor den Spurenelementen steht. Gräser, Seggen, Palmen und Schachtelhalme nehmen sehr viel Si auf, so daß dieses Element bis zu 3/4 der Gesamtasche ausmachen kann; bei Diatomeen, deren Schale aus Kieselsäure aufgebaut ist, erreicht Si über 90% Aschenanteil.

Innerhalb derselben Pflanze sind Blätter und Rindengewebe am aschenreichsten, holzige Organe am aschenärmsten. Im Laub wer-

Tab. 3.3 Mineralstoffaufnahme verschiedener Vegetationstypen. Nach RODIN und BAZILEVICH (1967).

Typus	Aschen-charakteristik	Mineralstoff-gehalt	Streu-abbaurate	Vegetation
Nitro-boreal	N (K, Mn)	gering	langsam	Tundra
	N>Ca	gering	langsam	Boreale Nadelwälder
	N>Ca (Si, Mg)	mäßig	langsam	Boreale Birkenwälder
Nitro-arid	N>Ca (Na, Cl)	mäßig	sehr rasch	Strauchwüsten
Nitro-subtropisch	N>Ca (Si, Al, Fe)	mäßig	rasch	Saisongrüne Wälder
Calco-temperat	Ca>N	mäßig	verzögert	Eichen-Buchen-Wälder
Calco-subtropisch	Ca>Si (Al, Fe)	mäßig	sehr rasch	Subtropische Wüstenvegetation
Silico-semiarid	Si>N	mäßig	sehr rasch	Steppen
Silico-arid	Si>N (Na, Cl)	mäßig	sehr rasch	Wüstenannuelle, Halbsträucher
Silico-tropisch	Si>N (Fe, Al)	mäßig	sehr rasch	Savannen
	Si>N (Al, Fe, Mn, S)	mäßig	sehr rasch	Äquatoriale Regenwälder
Halin	Cl>Na	hoch	sehr rasch	Halophytenvegetation

den bevorzugt N, P, Ca, Mg, S, bei Gräsern und Palmen auch Si abgelagert, Blüten und Früchte speichern bevorzugt K, P und S, die Rinde von Baumstämmen enthält relativ viel Ca und Mn, das Holz mancher tropischen Bäume speichert Si und Al.

Im Aschengehalt und in der Aschenzusammensetzung macht sich, zusätzlich zu den pflanzenspezifischen Besonderheiten, das *Nährstoffangebot am Standort* bemerkbar. Pflanzen auf besonders nährstoffarmen, vor allem sauren Böden sind aschenarm (1–3% der Trockensubstanz), desgleichen Epiphyten. Umgekehrt sind Pflanzen auf Salzböden sehr aschenreich (bis 55% der Trockensubstanz) und ihre Asche enthält Na, Mg, Cl und S in überdurchschnittlich großer Menge. *Geochemische Konstitutionstypen* lassen sich durch Radialdiagramme charakterisieren (Abb. 3.9). Da die Pflanzen aus dem Mineralsalzangebot im Boden zwar verschiedene Elemente bevorzugt absorbieren, aber keines von der Aufnahme ausschließen können, spiegelt sich in ihrer Aschenzusammensetzung die stoffliche Eigenart des Bodens wider (Tab. 3.3). Hohe Stickstoffkonzentrationen sind besonders in Pflanzen anzutreffen, die auf stickstoffreichen Böden wachsen (Auenwälder, Mähwiesen und Weiden, Ruderalstandorte), Ca-Anreicherung in Pflanzen auf

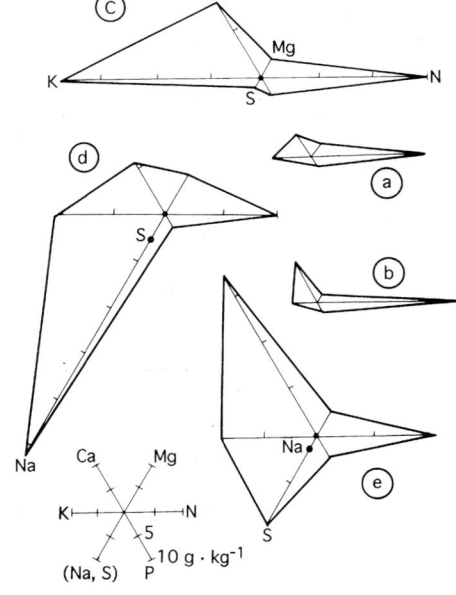

Abb. 3.9.   Charakteristisches Mengenverhältnis der Hauptnährstoffe in Blättern (a) eines tropischen Regenwaldes und (b) eines Eichenwaldes, (c) in krautigen Pflanzen humid-temperater Gebiete, (d) in Halophyten und (e) in Pflanzen aus ariden Gipsstandorten. Na und S werden auf derselben Achse angezeigt. Angaben in g · kg⁻¹ Trockensubstanz. Nach BOUKHRIS und LOSSAINT (1975) und KLINGE (1976).

Tab. 3.4 Vorkommen, Aufnahme, Verteilung, Einbau und Wirkungsweise von Nährelementen. In Anlehnung an Finck (1969) nach Angaben zahlreicher Autoren ergänzt.

Bio-element	Gebundener Vorrat im Boden	Verfügbarkeit im Boden	Aufgenommen als	Einbau in die Pflanze	Funktion in der Pflanze	Bevorzugte Anreicherung	Umlagerungsvermögen
N	organisch gebunden, Salpetersalze	Nachlieferung durch mikrobiellen Abbau, NH_4^+ sorbiert an Tonminerale und Humus, NO_3^- in Lösung	NO_3^-; NH_4^+	frei als NO_3-Ion (Vakuolen), in organischer Bindung, in Eiweiß, Nucleinsäuren, sek. Pflanzenstoffen	wesentlicher Bestandteil des Protoplasmas und der Enzyme	junge Triebe, Blätter, Knospen, Samen, Speicherorgane	gut, vorwiegend in organisch gebundener Form
P	organisch gebunden, Ca-, Fe-, Al-Phosphate	als PO_4^{3-}, HPO_4^{2-} schwer löslich, sorbiert und in Chelatbindung, Mikrobielle Nachlieferung gering	HPO_4^{2-4}/ $H_2PO_4^-$	frei als Ion, in esterartiger Bindung, Nucleotide, Phosphatide, Phytin	Betriebsstoffwechsel und Synthesen (Phosphorylierungen)	in reproduktiven Organen stärker als in vegetativen (Pollenkörner)	gut, in organisch gebundener Form
S	organisch gebunden, sulfidische Minerale, Ca-, Mg-, Na-Sulfate	SO_4^{2-}, leicht löslich, wenig sorbiert	SO_4^{2-} aus Boden (SO_2 aus Luft)	frei als Ion, gebunden als SH- oder SS-Gruppe und als Ester, in Eiweiß, Coenzymen, sekundären Pflanzenstoffen	Bestandteil des Protoplasmas und der Enzyme	Blätter, Samen	gut in organischer Form, schlecht als Ion
K	Feldspäte, Glimmer, Tonminerale	sorbiert >gelöst	K^+	als Ion gelöst (vorwiegend im Zellsaft) und sorbiert	Quellungsregulation (Synergisten: NH_4^-, Na^+ Antagonist: Ca^{2+}) Elektrochemische Wirkungen (Membranpotential, Osmoregulation, Spaltenbewegung) Enzymaktivierung (Photosynthese, Nitratreduktase)	Teilungszonen, junge Gewebe, Rindenparenchym, Orte reger Stoffwechseltätigkeit	sehr gut
Mg	Carbonate (Dolomit). Silikate (Augit, Hornblende, Olivin), Sulfate, Chloride	gelöst >sorbiert Mangel in sauren Böden, Überschuß in Serpentinböden	Mg^{2+}	als Ion gelöst und sorbiert, in Komplexbindung, organisch gebunden in Chlorophyll und Pektaten, Ribosomen, Enzymbestandteil	Quellungsregulation (Antagonist zu Ca^{2+}) Betriebsstoffwechsel (Photosynthese, Phosphattransfer) Synergisten: Mn^{2+}, Zn^{2+}	Blätter	teilweise gut
Ca	Carbonate, Gips, Phosphate, Silikate (Feldspäte, Augit)	sorbiert >gelöst, Mangel in sehr sauren Böden	Ca^{2+}	als Ion, als Salz gelöst, kristallisiert und inkrustiert, als Chelat, organisch gebunden in Pektin	Quellungsregulation (Antagonisten: K^+, Mg^{2+}), Enzymaktivator (Amylase, ATPase) Regulation des Streckungswachstums, Signalstoff (über Calmodulin)	Blätter, Baumrinden	schlecht

Carbonatböden und in der Vegetation subtropischer Trockengebiete, überdurchschnittlich viel Al, Fe und Mn in Pflanzen auf sauren Böden, Si in tropischen Regenwäldern und Savannen, hoher Gehalt an Cl und SO_4^{2-} in Halophyten. Erhöhte Konzentrationen von Schwermetallen sind bezeichnend für Pflanzen, die in der Nähe von Erzlagerstätten wachsen. Die standortabhängige Mineralstoffakkumulation kann ausgewertet werden, um über *Aschenanalysen* eventuelle Nährstoffdefizite und Düngungsfehler an Kulturpflanzen zu erkennen und um Wildpflanzen als Nährstoffindikatoren und als Zeigerpflanzen für die Erzlagerprospektion zu verwenden.

3.3.2   Nährstoffbedarf und Mineralstoffinkorporation

Die einzelnen *Bioelemente* werden in die Körpersubstanz der Pflanze eingebaut, sie sind Bestandteile oder Aktivatoren von Enzymen oder sie regulieren über ihre kolloidchemische Wirkung den Quellungszustand des Protoplasmas und damit der Enzyme. Calcium nimmt eine besondere Funktion ein: Im Zusammenwirken mit Calmodulin, einem Regulatorprotein, übernimmt Calcium die Rolle eines sekundären Botenstoffs für Stoffwechsel-, Entwicklungs- und Reizvorgänge.

Einen Überblick über die spezifische Art des Einbaues, über die Wirkungsweise und die bevorzugte Anreicherung der Nährelemente in der Pflanze geben die Tabellen 3.4 und 3.5. Lebensnotwendig und unersetzlich sind die in größerer Menge erforderlichen *Hauptnährelemente* N, P, S, K, Ca und Mg sowie die *Spurenelemente* Fe, Mn, Zn, Cu, Mo, B und Cl. Daneben gibt es Elemente, die nur von manchen Pflanzengruppen benötigt werden: Na von Chenopodiaceen, Co von Fabalen mit Symbionten, Al von Farnen, Si von Diatomeen und Se von manchen Planktonalgen.

In heranwachsenden krautigen Pflanzen und Pflanzenteilen eilt die Aufnahme und der **Einbau von Mineralstoffen** dem Massenzuwachs voraus. Die wichtigsten Nährelemente müssen also schon frühzeitig verfügbar sein; so wird verständlich, daß eine unzureichende Mineralstoffversorgung die organische Stoffproduktion von vornherein niedrig hält. Wenn in der Streckungsphase die Mineralstoffaufnahme mit der Kohlenstoffassimilation nicht Schritt hält, dann verschiebt sich das Verhältnis zwischen organischer Trockensubstanz und Mineralstoffinkorporation zugunsten der organischen Masse. Auf die Trockensubstanz bezogene Mineralstoffgehalte erscheinen nun niedriger ("*Verdünnungseffekt*"; siehe Abb. 3.11). Bezieht man aber den Mineralstoffgehalt nicht auf das Trockengewicht, sondern berechnet ihn für das einzelne Blatt, dann macht sich ein Konzentrationsrückgang nur bemerkbar, wenn Nährstoffe aus den Blättern abgeleitet worden sind. Nach Ausgestaltung des Vegetationskörpers stellt sich ein Gleichgewicht zwischen Kohlenstofferwerb und Mineralstoffeinbau ein.

Holzpflanzen im Jugendstadium verhalten sich ähnlich wie krautige Pflanzen. Für schnelles Wachstum in Energieplantagen erreicht man die beste Nährstoffverwertung durch intermittierende Düngergaben, die auf das exponentielle Wachstum der Pflanze genau abgestimmt sind[308]. Erwachsene Bäume speisen den Neuzuwachs im Frühjahr aus Mineralstoffreserven des Vorjahres. Eine Düngung nach erfolgter Laubausreifung wird daher in der Regel erst im nächsten Jahr für die Stoffproduktion voll wirksam.

Das Liebig'sche **"Gesetz" vom Faktor im Minimum**[459] besagt, daß der in unzureichender Menge vorhandene Nährstoff das Wachstum und die Massenentwicklung begrenzt. Allerdings ist der im Minimum befindliche Nährstoff nicht *allein* ertragsbestimmend. Für einen geregelten Stoffwechsel, für eine reichliche Stoffproduktion und für eine unbehinderte Entwicklung müssen die Hauptnährstoffe und die Spurenelemente nicht nur in ausreichender Menge, sondern auch in *ausgewogenem Verhältnis* von der Pflanze aufgenommen werden.

Die verschiedenen Pflanzenarten unterscheiden sich erheblich in ihren Nährstoffansprüchen. Der Nährstoffbedarf der Kulturpflanzen ist recht genau erforscht. Über spezifische Bedürfnisse von Wildpflanzen liegen dagegen nur wenige experimentelle Untersu-

Tab. 3.5 Vorkommen, Aufnahme, Verteilung, Einbau und Wirkungsweise von Spurenelementen

Bioelement	Gebundener Vorrat im Boden	Verfügbarkeit im Boden	Aufgenommen als	Einbau in die Pflanze	Funktion in der Pflanze	Bevorzugte Anreicherung	Umlagerungsmöglichkeit
Fe	Sulfide, Oxide, Phosphate, Silikate (Augit, Hornblende, Biotit)	sorbiert >mobilisiert, Festlegung in Kalkböden	Fe^{2+} Fe(III)-Chelat	in metallorganischer Bindung, Enzymbestandteil (Häm, Cytochrome, Ferredoxin, Katalase, Peroxidase, Nitratreduktase)	Betriebsstoffwechsel (Oxidoreduktionen), N-Stoffwechsel, Chlorophyllsynthese	Blätter	schlecht
Mn	amorphe Oxide (Braunstein), Carbonate, in Silikaten	sorbiert >löslich besser verfügbar in sauren Böden, Anreicherung unter reduzierenden Bedingungen	Mn^{2+} Manganchelat	in metallorganischer Bindung und Komplexbindung, Enzymbestandteil (Pyruvat-Carboxylase)	Betriebsstoffwechsel (Photosynthese, Phosphattransfer), Chloroplastenstruktur stabilisierend, Nucleinsäuresynthesen	Blätter	teilweise schlecht
Zn	Phosphate, Carbonate, Sulfide, Oxide in Silikaten	sorbiert >löslich Mobilisierung sauer >basisch	Zn^{2+} Zinkchelat	Enzymbestandteil (Carboanhydrase, Alkoholdehydrogenase)	Synergisten: Mg^{2+}, Zn^{2+} Chlorophyllbildung Enzymaktivator, Betriebsstoffwechsel, Eiweißabbau, Wuchsstoffbildung (IES)	Wurzel, Sprosse	schlecht
Cu	Sulfide, Sulfate, Carbonate	sorbiert, Mobilisierung sauer >basisch, starke Fixierung an Humus	Cu^{2+} Kupferchelat	Komplexbindung, Enzymbestandteil (Cytochromoxidase, Phenoloxidasen), Plastocyanin	Betriebsstoffwechsel, N-Stoffwechsel, Sekundärstoffwechsel	verholzte Sproßachsen	schlecht
Mo	Molybdate, in Silikaten	sorbiert, Mobilisierung basisch >sauer	MoO_4^{2-}	in metallorganischer Bindung, Enzymbestandteil (Nitratreduktase, Nitrogenase)	N-Fixierung, P-Stoffwechsel, Fe-Absorption und -Translokation		schlecht
B	Turmalin Borate	sorbiert >löslich, Verfügbarkeit sauer >basisch	HBO_3^{2-} $H_2BO_3^-$	in Komplexbindung an Kohlenhydrate, Esterbindung	Kohlenhydrattransport und -stoffwechsel, Phenolstoffwechsel Wuchsstoffaktivierung (Pollenschlauchwachstum)	Blätter, Sproßspitzen	schlecht
Cl	Salze Silikate	löslich >sorbiert	Cl^-	frei als Ion, meist im Zellsaft gespeichert	kolloid-chemische Wirkung (stark quellend), Enzymaktivierung (Photosynthese)	Blätter	gut

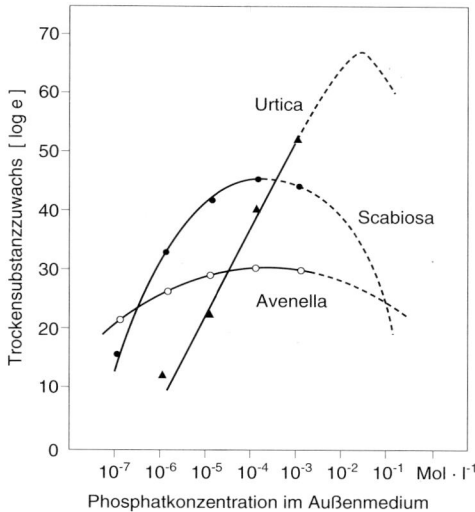

Abb. 3.10. Einfluß des Phosphatangebots auf die Trockensubstanzproduktion einer Ruderalpflanze (*Urtica dioica*), einer Wiesenpflanze (*Scabiosa columbaria*) und einer an nährstoffarme, saure Böden angepaßten Pflanze (*Avenella flexuosa*). *Urtica* benötigt besonders viel Phosphor für das Wachstum, *Avenella* nützt das Phosphatangebot nur mäßig, dafür über einen weiten Konzentrationsbereich ziemlich gleichmäßig aus. Nach RORISON (1969).

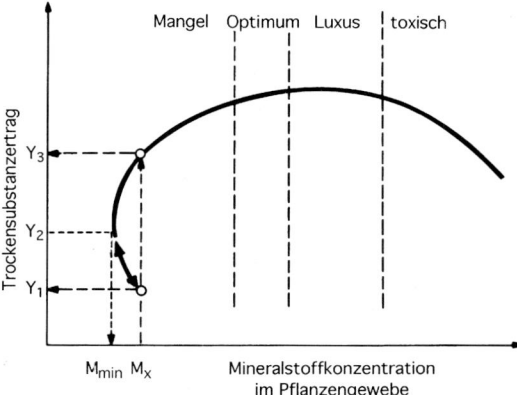

Abb. 3.11. Beziehung zwischen der mineralischen Ernährung (Mineralstoffkonzentration in der Pflanze) und der Trockensubstanzproduktion. Bleibt die Pflanze klein (Y_1), genügt schon eine bescheidene Nährstoffaufnahme, um M_x zu erreichen (*„Akkumulationseffekt"*). Bei reichlicher Nährstoffaufnahme und harmonischem Mineralstoffeinbau während des Wachstums nimmt die Pflanzenmasse stark zu ($Y_1 \rightarrow Y_3$), ohne daß sich die Mineralstoffkonzentration im Gewebe (M_x) wesentlich ändern müßte. Wenn aber bei raschem Wachstum die Mineralstoffaufnahme langsamer verläuft als die Trockensubstanzzunahme ($Y_1 \rightarrow Y_2$), dann sinkt vorübergehend die Mineralstoffkonzentration von M_x auf M_{min} (*„Verdünnungseffekt"*). Die beste Entwicklung erreicht die Pflanze bei *optimalen* Mineralstoffkonzentrationen. Werden darüberhinaus Nährelemente aufgenommen, bringen sie keinen weiteren Ertrag (*luxurierende* Ernährung), bei Übermaß wirken viele Mineralstoffe *toxisch*. Der Übergang von förderlichen und schädlichen Konzentrationen vollzieht sich bei Hauptnährelementen allmählich, bei Spurenelementen in engen Bereichen. Nach DROSDOFF und nach PREVOT und OLLAGNIER aus SMITH (1962).

chungen vor, obwohl gerade vergleichende Analysen wichtige Einblicke in die Ursachen bezeichnender floristischer Verteilungsmuster innerhalb der Pflanzendecke liefern könnten. Ein Beispiel für unterschiedliches Phosphatbedürfnis von ernährungsökologisch kontrastierenden Arten zeigt die Abbildung 3.10.

3.3.3 Ernährungszustände der Pflanze

Nach dem Ausmaß der Mineralstoffinkorporation sind drei unterschiedliche Ernährungszustände zu erkennen: Mangelernährung, ausreichende Nährstoffversorgung und Mineralstoffüberschuß (Abb. 3.11).

Bei **Mangelernährung** sind die Pflanzen in ihrem Wachstum begrenzt und in ihrer Entwicklung gestört. Wenn während der Hauptwachstumsphase die Mineralstoffaufnahme gegenüber der organischen Stoffproduktion

zurückbleibt, so verringert sich die Mineralstoffkonzentration. Da für den Stoffwechsel die Nährstoff*konzentration* im Gewebe (und nicht die Mineralstoff*menge*) maßgeblich ist, treten Mangelsymptome besonders bei zu raschem Wachstum auf. Spärliches Mineralstoffangebot muß jedoch nicht unbedingt zu stark verdünnter Nährstoffkonzentration im Gewebe führen. Wenn das Wachstum durch andere Faktoren (genotypisch bedingter Zwergwuchs, Wassermangel, Kälte) stark begrenzt wird, stellt sich bei geringer organischer Stoffproduktion dieselbe Mineralstoff-

Tab. 3.6 Mangelsymptome an Kulturpflanzen und Waldbäumen. Nach WALLACE (1951), BERGMANN (1983), MENGEL (1984), MARSCHNER (1986), HARTMANN et al. (1988), WALKER (1991).

Mangel-element	Kräuter und breitlaubige Holzpflanzen	Nadelbäume
N	Kümmerwuchs bis Zwergwuchs, Starr-tracht (sperriger Wuchs), Skleromor-phie. Sproß / Wurzelverhältnis zugunsten der Wurzel verschoben, vorzeitiges Ver-gilben älterer Blätter.	Chlorophyllmangel, Vergilben, Wachstumsmin-derung (kürzere Nadeln und Neutriebe), vorzei-tiger Abwurf von Nadeln und Verbräunen von Assimilationssprossen.
P	Störung reproduktiver Vorgänge (Blüh-verzögerung) Starrtracht, dunkelgrüne oder bronzeviolette Verfärbung von Blät-tern und Stengeln.	Rötung der Nadeln und junger Triebe, Nekro-sen ohne vorherige Chlorose.
S	Ähnlich wie N-Mangel, Interkostalchlo-rose junger Blätter.	Chlorose junger Nadeln und Triebe.
K	Gestörter Wasserhaushalt (Spitzen-dürre), Blattrandkrümmung (Welke-tracht) auf den älteren Blättern.	Spitzendürre der Nadeln, verfrühter Nadelabwurf.
Ca	Gestörtes Teilungswachstum (Kleinzellig-keit), Spitzendürre, Blattdeformationen, Wurzelwachstum behindert.	Knospendürre, Absterben junger Triebe und Wurzelspitzen. An Kiefern Spitzenchlorose, dann Bräunung der Nadeln.
Mg	Kümmerwuchs, Interkostalchlorosen auf älteren Blättern.	Vor allem ältere Nadeln und Assimilations-sprosse chlorotisch, an Kiefern auch Nadelspit-zen vergilbend und verbräunend, untere Äste verkahlend.
Fe	Strohgelbe Interkostalchlorosen bis Weißfärbung junger Blätter (Blattadern grün), Apikalknospen unterdrückt.	Junge Nadeln gelb bis weißlich, ältere Nadeln grün.
Mn	Wachstumshemmung, Chlorosen und Nekrosen auf jungen Blättern.	Junge Nadeln chlorotisch, Spitzendürre, Wipfel-dürre.
Zn	Wachstumshemmung (Stauchwuchs), weißgrüne Verfärbung älterer Blätter, Fruktifikationsstörungen.	Junge Nadeln chlorotisch, dann nekrotisch.
Cu	Spitzendürre, Welketracht, Fleckchloro-sen junger Blätter.	Spitzenbräune der Nadeln.
B	Wachstumsstörung (Meristemnekrosen), geringe Wurzelverzweigung, Phloem-nekrosen, Fruktifikationsstörungen, Korksucht.	Endknospen vertrocknen, Streckungswachstum vermindert, Seitenäste nestartig verdichtet und gekrümmt, Wurzelfäule.

konzentration ein wie bei einer wesentlich größeren Stoffproduktion unter entspre-chend größerer Mineralstoffzufuhr. Klein-wuchs als *Mangelstreßstrategie*[244] ermöglicht somit eine Konzentrierung der Nährstoffe im Pflanzengewebe auf mineralstoffarmen Standorten. Betrifft der Nährstoffmangel nicht alle lebensnotwendigen Elemente, son-dern ganz bestimmte, oder beansprucht die Pflanzenart einzelne Elemente in außerge-wöhnlicher Menge, dann treten *spezifische* Mangelsymptome auf. Diese sind an Kultur-pflanzen und an Waldbäumen gut bekannt (Tab 3.6).

Bei **ausreichender Ernährung** sind über einen breiten Konzentrationsbereich kaum mineralstoffbedingte Auswirkungen auf den Stoffertrag bemerkbar. Sobald der Bedarf gedeckt ist, scheint üppige Versorgung keinen Wachstumsvorteil mehr zu bringen (Luxernährung). Es ist aber nicht ausgeschlossen, daß andere ökophysiologisch wichtige und die Wettbewerbskraft erhöhende Eigenschaften, etwa die Resistenz gegen Parasiten und Phytophagen oder gegen klimatische Extremsituationen, doch noch gefördert werden.

Im **Überschußbereich** treten, besonders bei einseitigem Überangebot, ungünstige und sogar toxische Effekte auf. Überdüngung mit Stickstoff bewirkt mastiges Sproßwachstum mit unterentwickelten Stützgeweben, schwache Ausbildung des Wurzelsystems, verzögerte reproduktive Entwicklung, unzulängliche Resistenz gegen klimatische Belastungen und größere Anfälligkeit gegen parasitische Pilze und Schadinsekten. Überhöhte Konzentrationen von Alkali- und Erdalkali-Ionen und vor allem von Metallionen wirken auf viele Pflanzen giftig (siehe Kap. 6.2.5 und 6.3.2.2).

3.4   Elimination von Mineralstoffen

Die Mineralstoffe werden laufend in den Sproß befördert, wo sie sich zunehmend ansammeln. Der *Abwurf von Pflanzenteilen* ist der für den Mineralstoffhaushalt wichtigste Eliminationsvorgang. Ein Großteil der abgelagerten Mineralstoffe wird mit abgestorbenen Pflanzenteilen, besonders aber mit den abgeworfenen Blättern, Blütenresten und reifen Früchten ausgeschieden. Der Laubwechsel und die Verborkung sind für langlebige Pflanzen ein regelmäßig notwendiger Entsorgungsmechanismus.

Mineralstoffe werden außerdem als Bestandteil von Ausscheidungen der Pflanze abgesondert. Folgende *direkte* Eliminationsprozesse sind zu unterscheiden[197] (Abb. 3.12):

Durch *Rekretion* verlassen die Pflanze erhebliche Mengen von Mineralstoffen in jener Form, in der sie aufgenommen wurden. Die-

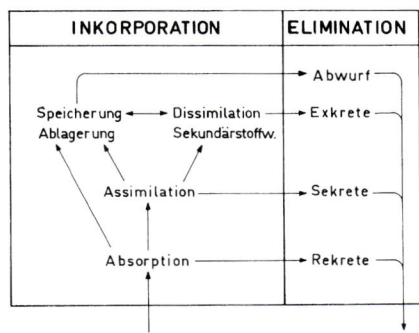

Abb. 3.12.   Komponenten des Mineralstoffhaushalts und der Mineralstoffelimination der Pflanze. In Anlehnung an FREY-WYSSLING (1949).

ser Ausscheidungsvorgang erfolgt über die gesamte Oberfläche der Pflanze. Die salzförmigen Verbindungen werden dann durch den Regen ausgewaschen. Besonders K^+, Na^+, Mg^{2+} und Mn^{2+} werden leicht ausgelaugt. Saure Niederschläge verstärken die Rekretion. Pflanzenarten, die auf salzreichen Standorten wachsen, besitzen häufig Absalzdrüsen. Zahlreiche Pflanzen scheiden Mineralstoffe über Wasserspalten (Hydathoden) ab, die an Blattspitzen oder Blatträndern sitzen. So entstehen die Kalkschüppchen an den Blattzähnen der Steinbrecharten.

Auch in Form von organischen Verbindungen werden Nährelemente, im wesentlichen Stickstoff und Schwefel, abgegeben. Man spricht von *Sekretion*, wenn Assimilationsprodukte (z. B. von Aminosäuren aus Wurzelausscheidungen) austreten, von *Exkretion*, wenn Produkte des Sekundärstoffwechsels und Endprodukte des dissimilatorischen Betriebsstoffwechsels ausgeschieden werden. Die Elimination über Sekrete und Exkrete ist für den Mineralstoffhaushalt unbedeutend. Ökologische Bedeutung erlangen diese Vorgänge hauptsächlich im Zusammenhang mit biotischer Interferenz (siehe Kap. 1.1.4.2).

3.5   Der Stickstoffhaushalt

Unter den Hauptnährelementen kommt dem Stickstoff die größte Bedeutung zu. Am Aufbau der Phytomasse steht N nach C, O und H mengenmäßig an vierter Stelle. Sprosse krau-

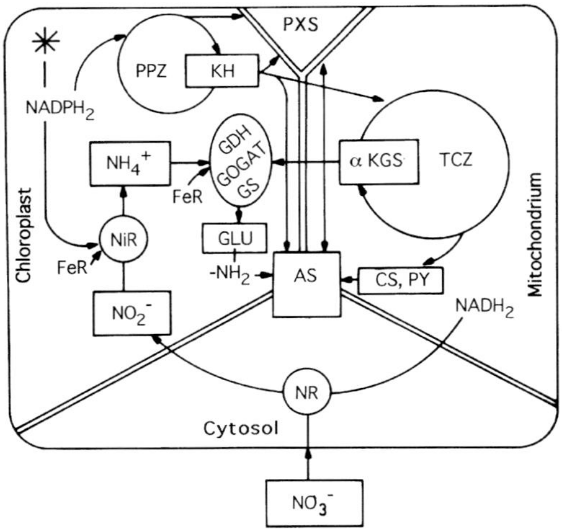

Abb. 3.13. Vereinfachtes funktionelles Schema der Stickstoffassimilation in einer Chlorenchymzelle. Energieliefernde Systeme sind die mitochondriale Atmung (Reduktionsäquivalente:$NADH_2$) und die Photosynthese ($NADPH_2$). Organische Kohlenstoffskelette liefern der Tricarbonsäurezyklus (TCZ; wichtigste Metaboliten: α-Ketoglutarsäure α-KGS, Pyruvat PY und verschiedene Carbonsäuren CS), ferner der photosynthetische Pentosephosphatzyklus (PPZ, Calvin-Zyklus). Der Kohlenhydratpool (KH) speist die Prozesse der mitochondrialen Atmung und den Glykolatmetabolismus in den Peroxisomen (PXS) und stellt Kohlenstoffskelette für Transaminierungen zur Verfügung. Die Nitratreduktion wird durch Nitratreduktase (NR), die Nitritreduktion durch Nitritreduktase (NiR) unter Beteiligung von Ferredoxin (FeR) katalysiert. An der Ammoniumassimilation wirken Glutamatdehydrogenase (GDH), Glutamatsynthase ($GOGAT$) und Glutaminsynthetase (GS) mit. Es entsteht Glutamat (GLU), von dem als Aminogruppendonor ($-NH_2$) die Biosynthese der verschiedenen Aminosäuren (AS) ausgeht. Differenziertere Modelldarstellung der Stickstoffassimilation in Wurzel und Mesophyllzellen bei STULEN (1986), in Fabaceen bei STREIT und FELBER (1982).

tiger Pflanzen enthalten durchschnittlich 2–4% N, Blätter von Laubbäumen 1,5–3%, immergrüne Nadeln und Hartlaub 1–2%, Sprosse und Wurzeln 0,5–1% N. Planktonalgen enthalten rund 5–8% N, Eiweißverbindungen bestehen zu 15–19% aus N.

Zwischen der Stickstoffversorgung und der Biomassezunahme besteht ein enger Zusammenhang, der sich über den Stickstoffnutzungskoeffizienten der Stoffproduktion (NUE$_P$; siehe Formel 2.11) ausdrücken läßt.

Die Energie und die Molekülgerüste für den Stickstoffeinbau stammen aus dem Kohlenstoffwechsel, der seinerseits durch die Abhängigkeit der Photosyntheseleistung vom Stickstoffmetabolismus geregelt wird. Der Massenzuwachs der Pflanzen ist daher vor allem durch das Stickstoffangebot begrenzt. Bei spärlicher Stickstoffversorgung wird der Überschuß an Kohlenhydraten zunächst dem Depotstoffwechsel (vor allem Fettanreicherung) und dem Sekundärstoffwechsel (z. B. verstärkte Ligninsynthese) zugeführt. Bei gravierendem Stickstoffmangel bleiben die Pflanzen kümmerlich, ihre Gewebe sind kleinzellig und die Zellwände derb (*Stickstoffmangelsklerose* oder *Peinomorphose*), außerdem setzen in der Regel verfrüht reproduktive Vorgänge und Seneszenz ein.

3.5.1 Stickstoffaufnahme durch die Pflanzen

Die grünen Pflanzen sind imstande, anorganisch gebundenen Stickstoff zu verwerten, sie sind also nicht nur C-autotroph, sondern auch N-autotroph. Der Stickstoff wird als Nitration oder Ammoniumion wie ein mineralischer Nährstoff aus dem Boden aufgenommen. Die meisten Pflanzen können ihren Stickstoffbedarf sowohl mit NO_3^- als auch mit NH_4^+ decken, solange das pH im Wurzelraum für sie günstig ist. Bei niedrigem pH ist die Ammoniumaufnahme weniger beeinträchtigt als die Aufnahme von Nitrat und anderer Kationen. Wie jede Ionenabsorption ist auch die Stickstoffaufnahme ein energiebedürftiger (somit atmungsabhängiger) Vorgang. Daher leiden die Pflanzen auf kalten und schlecht belüfteten Böden oft unter Stickstoffmangel.

3.5.2 Stickstoffassimilation

Der Stickstoff wird als Aminogruppe in Kohlenstoffverbindungen eingebaut, wobei Aminosäuren und Amide entstehen. Die Aminosäuren sind das Ausgangsmaterial für die Biosynthese der Eiweißkörper, der Nucleinsäu-

Tab. 3.7 Durchschnittliche Aktivität der Nitratreduktase [NRA in µmol NO_2^- · g^{-1} Trockensubstanz · h^{-1}] von Pflanzen auf verschiedenen Standorten. Nach GEBAUER et al. (1988), STADLER und GEBAUER (1992).

Pflanzen und Pflanzenstandorte	Blätter	Unterirdische Organe	Reproduktive Organe
Ruderalpflanzen	14	1	4,5
Stickstoffreiche Standorte	7–13	0,6–1	1,6–4
Kräuter in Flußauen	9	0,6	1,6
Wiesen und Weiden	3–4	0,3–0,5	0,5–0,7
Alpine Weidekräuter	1	0,3	0,9
Magerwiesen			
auf Kalkboden	0,8	0,1	0,2
auf Silikatboden	0,2	0,1	0,3
Ericaceenzwergsträucher	0,06–0,1	0,04–0,07	0,8
Fraxinus excelsior 10–15 Jahre alt	1,4	0,1	

ren und der Stickstoffverbindungen des sekundären Stoffwechsels. Diese Verbindungen sind wichtige Grundstoffe für den Aufbau der Körpersubstanz. Als *organogenes Bioelement* wird der Stickstoff (und ebenso Schwefel und Phosphor) nicht nur inkorporiert, sondern auch *assimiliert* (Abb. 3.13).

Der erste Schritt der Stickstoffassimilation besteht in der Reduktion von Nitrat zu Nitrit, die durch *Nitratreduktase* (NR) katalysiert wird. Dieser Enzymkomplex (mit FAD, Cytochrom b und Mo-Pteridin als Cofaktoren) befindet sich im Cytoplasma und kontrolliert aufgrund seiner hohen Umsatzrate den Verlauf der **Nitratreduktion**. Die Nitratreduktase wird bei Bedarf schnell synthetisiert, durch Rückstauhemmung (z. B. durch NH_3) wird sie inaktiviert. Als Schlüsselenzym für die Stickstoffassimilation ist die *Aktivität der Nitratreduktase* (NRA) *ein Maß für die standortabhängige Nitratnutzung*[448] der verschiedenen Pflanzenarten (Tab. 3.7). In Bäumen entfaltet sie die größte Aktivität in der Regel in den Wurzeln, ausgenommen in manchen Arten wie z. B. *Fraxinus excelsior*, die zumeist stickstoffreiche Standorte bevorzugen, in den Blättern. In vielen krautigen Pflanzen findet man die höchste Aktivität in den Blättern. Die maximale Aktivität der NR tritt während der Jugendphase und in wachsenden Organen auf, sie wird durch höheres Nitratangebot gefördert (Substratinduktion), durch Cytokinin stimuliert und im Zusammenhang mit dem tageszeitlichen Hell-Dunkelwechsel reguliert (ihren Aktivitätsgipfel erreicht sie um die Mitte der hellen Tageszeit).

Das Nitrit wird unter Beteiligung der *Nitritreduktase* zu Ammoniak reduziert. Die Energie und die Reduktionskraft für die assimilatorische Nitritreduktion liefert die Atmung ($NADH_2$), in chloroplastenführenden Zellen auch die Photosynthese ($NADPH_2$).

Der eigentliche **Assimilationsvorgang** ist die *reduktive Aminierung von α-Ketosäuren*. In höheren Pflanzen entsteht zunächst Glutaminsäure durch die Aminierung von α-Ketoglutarsäure (einem Zwischenprodukt im Citratzyklus der Atmung). Glutaminsäure und Glutamin übertragen ihre NH_2-Gruppe auf andere α-Ketosäuren, die bei der Glykolyse und im Citratzyklus auftreten (Transaminierung). Von diesen primären Aminosäuren leiten sich die übrigen Aminosäuren ab, deren Kohlenstoffgerüst aus Intermediärprodukten des Kohlenhydratstoffwechsels stammt, darunter auch solchen des Calvin-Zyklus und des oxidativen Pentosephosphatzyklus. Aminosäuren werden auch bei der Photosynthese (bei C_3-Pflanzen: Glycin, Serin und Alanin, bei C_4-Pflanzen: Asparaginsäure) und bei der Photorespiration (Glycin und Serin) gebildet.

Der **Proteinstoffwechsel** ist äußerst umsatzaktiv und außerdem organspezifisch und altersabhängig. Wachsende und speichernde Organe und Gewebe zeichnen sich durch besonders lebhafte Eiweißsynthese aus, in al-

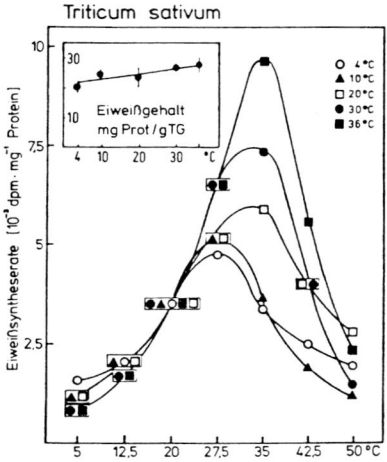

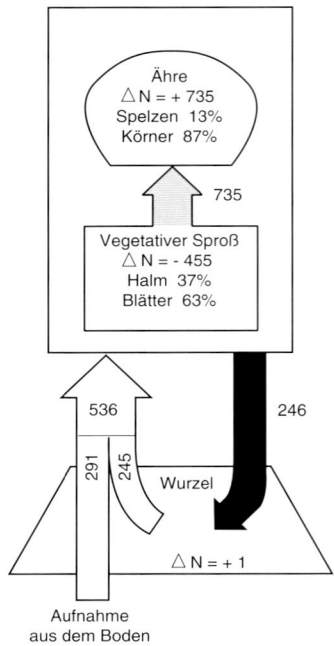

Abb. 3.14. Temperaturabhängigkeit der Eiweißsynthese in Weizenpflanzen in Abhängigkeit von der Versuchstemperatur und der Anzuchttemperatur. Durch Wärmeanpassung wird das Temperaturoptimum der Eiweißsynthese gegen höhere Temperatur verschoben, außerdem nimmt der Eiweißgehalt im Sproß zu. Nach WEIDNER und ZIEMENS (1975).

Abb. 3.15. Modell zur Verlagerung und der Nutzung von Stickstoffverbindungen in einer Weizenpflanze, eine Woche nach Blühbeginn. Weißer Pfeil: Stickstofftransport über das Xylem (direkt aus dem Boden und aus der Wurzel). Schwarzer Pfeil: Phloemtransport vom Sproß in die Wurzel. Gerasterter Pfeil: Verlagerung von vegetativen Teilen in die Ähre über Xylem und Phloem. Die Differenzbeträge (ΔN) geben das Ausmaß von Zunahme (+) oder Abnahme (-) der Stickstoffgehalte in den verschiedenen Organen an. Nach NICOLAS et al. (1985).

ternden Blättern und Blütenteilen nimmt der Eiweißabbau überhand. Unter den Umwelteinflüssen wirken sich vor allem die Temperatur und belastende Faktoren wie Dürre und Salzstreß auf den Eiweißstoffwechsel aus.

Das *Temperaturoptimum der Proteinsynthese* ist auf einen schmalen Bereich beschränkt, weil alle Stoffwechselvorgänge, die am Eiweißaufbau beteiligt sind oder ihm vorauslaufen (aktive Stickstoffaufnahme und -translokation, metabolitenliefernde Prozesse des Betriebsstoffwechsels, Aminosäurensynthese, Transkription und Translation), selbst temperaturabhängig sind und mit unterschiedlichem Temperaturkoeffizienten arbeiten, dabei aber doch in ihrer Umsatzrate aufeinander abgestimmt sein müssen. Die Proteinsynthese läßt ein promptes Anpassungsvermögen erkennen (Abb. 3.14). Dieses ist eine wesentliche Voraussetzung für alle molekularen, funktionellen und morphologischen Temperaturadaptationen der Pflanze.

Unter *Streßeinwirkung* ist die Proteinsynthese gehemmt und der Proteinabbau beschleunigt, was zu einer starken Anreicherung freier Aminosäuren und Amide führt. Als bezeichnendes Merkmal eines streßge-

störten Eiweißstoffwechsels treten Verschiebungen im Mengenverhältnis der Aminosäuren und häufig eine enorme Zunahme der Prolinkonzentration auf (siehe Kap. 6.1.3).

3.5.3 Die Stickstoffverteilung in der Pflanze

Die anorganischen Stickstoffverbindungen werden z. T. in der Wurzel assimiliert, oder sie werden mit dem Transpirationsstrom in den Sproß geleitet und dort in organische Verbindungen umgesetzt. Außerdem wird Nitrat in der Wurzel und im Sproß im Zellsaft gespeichert. Aminosäuren werden gleich am Ort ihrer Entstehung für die Biosynthese von Ma-

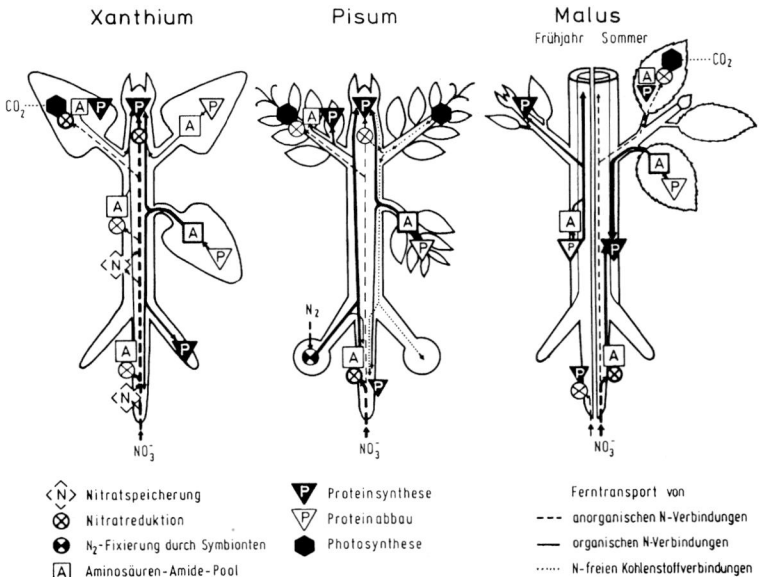

Xanthium   Pisum   Malus

⟨N̂⟩ Nitratspeicherung P̲ Proteinsynthese Ferntransport von
⊗ Nitratreduktion P̂ Proteinabbau --- anorganischen N-Verbindungen
⊕ N₂-Fixierung durch Symbionten ⬣ Photosynthese — organischen N-Verbindungen
Ⓐ Aminosäuren-Amide-Pool ····· N-freien Kohlenstoffverbindungen

Abb. 3.16. Stickstofftransporte und Stickstoffassimilation in einer Ruderalpflanze (*Xanthium pennsylvanicum*), in Leguminosen mit N_2-Fixierung in Wurzelknöllchen (z. B. *Pisum sativum, Lupinus albus*) und Laubbäumen der gemäßigten Zone mit schubweisem Austrieb im Frühjahr (z. B. *Malus domestica, Fagus sylvatica*). Bei den krautigen Pflanzen ist die Situation während der Hauptwachstumsphase dargestellt; zur Zeit der Blüte und Fruchtreife übernehmen die reproduktiven Organe den Großteil der mobilen Stickstoffverbindungen. Beim Apfelbaum ist links die Verlagerung von Aminosäuren, Amiden und löslichen Proteinen aus Speichergeweben des Stammes und der Äste in die austreibenden Sproßspitzen eingetragen, rechts die Auffüllung der Speichergewebe im Sommer und Herbst. Die Strichdicke soll die relative Intensität von Nitratreduktion und Transportvorgängen andeuten. Der Ferntransport von Photosyntheseprodukten, durch den die stickstoffassimilierenden Gewebe mit Kohlenstoffskeletten versorgt werden, ist nur bei *Pisum* eingezeichnet. Vereinfachte Darstellung nach Angaben bei THOMAS (1927), GÄUMANN (1935), WALLACE und PATE (1967), PATE (1976) und BEEVERS (1976).

kromolekülen (Eiweiß, Nucleinsäuren) herangezogen oder in andere Gewebe und Organe verfrachtet. *Transportformen* sind bei den meisten Pflanzen die Aminosäuren Glutaminsäure und Asparaginsäure sowie deren Amide Glutamin und Asparagin; daneben kommen bei gewissen Familien auch noch Citrullin und Allantoinsäure vor. Bei hohem Kohlenhydratangebot und mäßiger Stickstoffzufuhr überwiegen Aminosäuren, bei guter Stickstoffversorgung hingegen Amide.

In größerem Maßstab werden organische Stickstoffverbindungen beim Übergang von der vegetativen zur reproduktiven Entwicklungsphase (Abb. 3.15) und bei der Mobilisierung von Speicherproteinen für den Neuaustrieb ausdauernder Pflanzen verlagert. Beim Proteinabbau in alternden und streßgeschädigten Pflanzenteilen wandern lösliche organische Stickstoffverbindungen in jüngere Gewebe und in Überdauerungsorgane ab. In Blättern, wachsenden Sproßbereichen und heranreifenden Früchten stellen die organischen Stickstofftransportformen die Aminogruppen für die Aminosäurensynthese und für Transaminierungen zur Verfügung und dienen als Baumaterial für Proteinsynthese und Zellwachstum.

Je nach dem Ort der ergiebigsten Nitratreduktion, nach der Art der hauptsächlich transportierten und gespeicherten Stickstoffverbindungen und nach der örtlich bzw. zeitlich wechselnden Intensität und Richtung des Eiweißstoffwechsels sind unter den Sproßpflanzen *charakteristische Stickstoffverteilungstypen* zu erkennen (Abb. 3.16).

Pflanzen, die als *Nitrophyten* stickstoffreiche Standorte besiedeln (z. B. *Urtica, Lamium album, Anthriscus cerefolium* und Lägerpflanzen wie *Rumex alpinus*), viele *Ruderalpflanzen* (z. B. Chenopodiaceen und Asteraceen-Arten) und verschiedene Kulturpflanzen (z. B. Spinat, Gurken, Baumwollpflanzen) speichern in den Wurzeln und älteren Sproßachsen zwar reichlich Nitrat im Zellsaft, aber dort wird nur wenig davon assimiliert. Zur Zeit der aktivsten Stickstoffaufnahme vor Beginn der Blüte kann der Gehalt an Nitratstickstoff in den Stengeln 20–40% und in den Wurzeln 15–20% des Gesamtstickstoffgehalts des jeweiligen Organs ausmachen[649]. Der aufgenommene Stickstoff wird zum größten Teil in *anorganischer* Form in die Blattspreiten und Sproßspitzen geleitet, wo bei diesem Pflanzentypus die Aktivität der Nitratreduktase am größten ist. Zusätzlich werden den wachsenden Teilen der Pflanze über die Phloembahnen Aminosäuren und Amide zugeführt, die in photosynthetisch besonders leistungsfähigen Blättern gebildet werden oder beim Eiweißabbau in den untersten, bereits vergilbenden Blättern freiwerden. Über das Phloem wird auch die Wurzel mit organischen Stickstoffverbindungen versorgt, wenn diese im Sproß im Überschuß anfallen.

In *Leguminosen* mit stickstoffbindenden symbiontischen Bakterien in Wurzelknöllchen wird der anorganische Stickstoff hauptsächlich in der Wurzel assimiliert und als *organische* Stickstofftransportform (Amide in *Pisum, Vicia, Lupinus*; Ureide in tropischen Gattungen wie *Glycine* und *Vigna*) weitergeleitet. Aus den Wurzelknöllchen treten hauptsächlich Amine in die Leitbahnen über und gelangen in den Sproß. Der Zuschuß von Stickstoffverbindungen durch symbiontische Luftstickstofffixierer (siehe Kap. 3.5.4) kann erheblich sein: In *Acacia*- und *Prosopis*-Arten aus Trockengebieten stammen durchschnittlich 10–50% des in den Blättern inkorporierten Stickstoffs aus den Wurzelknöllchen[701,721].

In den meisten *Bäumen* erfolgt die Aminosäurensynthese in der Wurzel, aber auch im Sproß. Im Hochsommer und Herbst werden die Aminosäuren und Amine zunehmend in den Stamm und in die Äste verlagert und von dort vor allem in der Rinde akkumuliert. Vor dem Laubfall wandern Eiweißabbauprodukte aus den Blättern ab und werden in den Sproßachsen gespeichert. Aus den Aminosäuren- und Proteindepots wird im folgenden Jahr der Frühjahrsaustrieb versorgt.

3.5.4 Diazotrophie: Verwertung des Luftstickstoffs durch Mikroorganismen

Verschiedene Mikroorganismen sind imstande, den überaus reaktionsträgen Luftstickstoff zu verwerten. Diese N_2-Fixierer erreichen die ökologisch bedeutungsvollste Stufe der N-Autotrophie. Es handelt sich dabei stets um Prokaryonten, nämlich Bakterien, Cyanobakterien und Actinomyceten, die teils frei im Boden, teils symbiontisch leben.

Unter den **freilebenden Mikroorganismen** ist N_2-Fixierung erstmals an den Bodenbakterien *Clostridium pasteurianum, Azotobacter chroococcum* und *A. agilis* nachgewiesen worden. Es gibt aber viele andere Bakterienarten, die molekularen Stickstoff einbauen, darunter vor allem photoautotrophe Bakterien und gewisse H_2-oxidierende Bakterien in Gewässern. Viele Cyanobakterien, z. B. *Synechococcus, Pleurocapsa, Oscillatoria, Nostoc, Anabaena, Calothrix* und *Mastigocladus*, sind in ihrer Versorgung mit organogenen Elementen vollständig autark, sie sind sowohl kohlenstoff- als auch stickstoffautotroph. Man findet N_2-fixierende Cyanobakterien in Gewässern und als Pioniere bei der Besiedlung von Rohböden, insbesondere im Gebirge und in der Arktis, in Thermalquellen und auf anderen Extremstandorten. Heterocystenführende Cyanobakterien können als dritter Symbiosepartner in Flechten auftreten (3–6% der Algenkomponente). Am häufigsten kommt, sowohl in der Algenschicht des Flechtenthallus als auch in Cephalodien, *Nostoc* vor. *Nostoc* und *Anabaena* gehen trophische Wechselbeziehungen auch zu Moosen (*Anthoceros, Blasia*), Cycadeen und *Gunnera* ein.

Freilebende N_2-Fixierer sind besonders leistungsfähig[223] auf warmen, dauernd feuchten Standorten: Cyanobakterien in Reisfeldern binden 50–70 kg $N_2 \cdot ha^{-1} \cdot a^{-1}$; in Ackerböden der gemäßigten Zone ist nach Gründüngung mit einer Luftstickstoffbindung von einigen kg $N_2 \cdot ha^{-1} \cdot a^{-1}$ zu rechnen, in den Subtropen mit Erträgen bis 100 kg $N_2 \cdot ha^{-1} \cdot a^{-1}$. Stickstofffixierende Mikroorganismen leben auch epiphytisch auf Blättern tropischer Bäume; dort sind sie imstande, rund 5 kg $N_2 \cdot ha^{-1} \cdot a^{-1}$ zu binden[105]. Auf Böden mit schlecht abbaubarem Substrat (z. B. Rohhumusböden) und in kalten Gebieten ist die Fixierungsrate gering, in der Subarktis und Arktis[7,236] erreicht sie je nach Standort 0,1–3 kg $N_2 \cdot ha^{-1} \cdot a^{-1}$.

Die **symbiontischen kohlenstoffheterotrophen N_2-Fixierer** lösen das Problem der Kohlenhydratversorgung dadurch, daß sie sich in Zellen autotropher Pflanzen ansiedeln oder sich von Wurzelexudaten in der Rhizoplane ernähren. Sie können deshalb viel ergiebiger den Luftstickstoff binden als freilebende Mikroorganismen (Tab. 3.8).

Die wichtigsten symbiontischen N_2-Fixierer sind Bakterien der Gattung *Rhizobium* und *Bradyrhizobium* mit einigen Arten und vielen physiologischen Rassen, die mit Hülsenfrüchtlern in Wurzelknöllchen zusammenleben. Die beiden Gattungen unterscheiden sich in ihrer Affinität zu bestimmten Wirtspflanzen: *Rhizobium*-Arten nodulieren u. a. *Trifolium, Lotus, Melilotus, Vicia, Pisum, Phaseolus*, aber auch *Glycine soja*, die Wildform der Sojapflanze; *Bradyrhizobium* kooperiert mit Lupinen, *Glycine max, Vigna*-Arten und anderen subtropischen und tropischen Fabalen. Auf der Fabacee *Sesbania rostrata*, eine tropische Holzpflanze auf periodisch überschwemmten Standorten, bilden sich Knöllchen in der Sproßrinde. Eine weitere Gruppe von N_2-bindenden Symbionten sind Actinomyceten aus der Gattung *Frankia*, die mit *Alnus, Myrica, Hippophae, Elaeagnus, Casuarina, Ceanothus, Dryas, Purshia* und einigen anderen Holzpflanzen Wurzelknollen bilden. Alle diese Sträucher und Bäume sind Pionierpflanzen, die durch die Symbiose mit Actinomyceten einen jährlichen Stickstoffzuschuß in der Größenordnung von 50–150 kg $\cdot ha^{-1}$gewinnen.

Tab. 3.8 Symbiotische N_2-Fixierung [kg N $\cdot$ ha^{-1} $\cdot$ a^{-1}] in Fabaceen. Nach WERNER (1992).

Pflanzen	Minimum/ Maximum	Durchschnitt
Lens	50–150	80
Trifolium	45–670	250
Pisum	50–500	150
Medicago	90–340	250
Lupinus	140–200	150
Vicia	100–300	200
Glycine	60–300	100
Arachis	50–150	100
Sesbania	600–800	700
N_2-fixierende Bäume	80–500	150

In lockerer Symbiose (*Assoziationssymbiose*) stehen stickstoffbindende Bakterien, die sich im Wurzelgeflecht verschiedener Pflanzen und in der Mykorrhiza von Bäumen ansiedeln. Assoziationssymbiosen[749] zwischen nitrifizierenden Bakterien und tropischen Gräsern binden 5–30 kg $N_2 \cdot ha^{-1} \cdot a^{-1}$, zwischen *Anabaena azollae* und dem Wasserfarn *Azolla* 60–120 kg $N_2 \cdot ha^{-1} \cdot a^{-1}$. In Ostasien, wo Gründüngung mit *Azolla* seit altersher praktiziert wird, ist diese von größter Bedeutung für die Stickstoffversorgung tropischer Reisfelder.

Die Symbiose in der Leguminosenwurzel
Die Rhizobien sind obligat aerob und leben saprophytisch im Boden jener Gebiete, wo ihre Wirtspflanze verbreitet ist. Die Infektion der jungen Wirtspflanze und die Nodulation (Knöllchenbildung) ist das Ergebnis einer durch die Bakteriengene gesteuerten *Signalkette*. Nach Erkennung des geeigneten Wirts anhand z. B. pflanzenspezifischer Lectine und erfolgtem Pflanze-Symbiont-Kontakt krümmt sich das nächstgelegene Wurzelhaar um das Bakterium. Durch lokale Auflösung der Zellwand öffnet das Haar den Zugang für den Infektionsschlauch, der sich bis in das Rindenparenchym der Wurzel vorschiebt. Dort induziert das Bakterium durch Signalsubstanzen den Beginn meristematischer Zellteilungen.

Die Knöllchenentwicklung wird durch

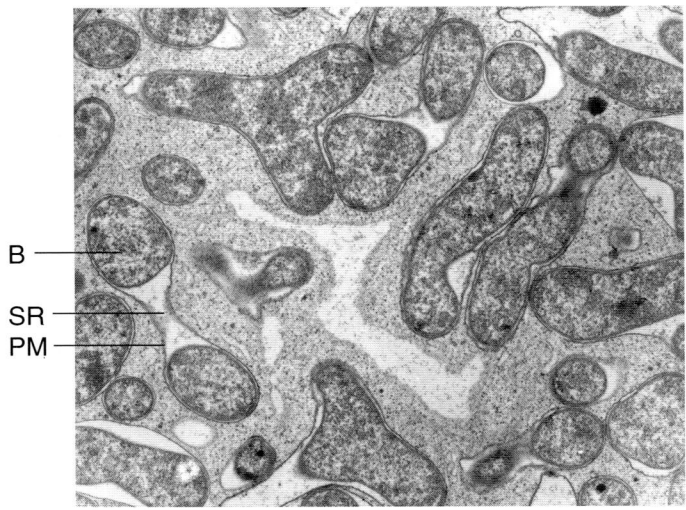

B

SR
PM

Abb. 3.17. Schnitt durch ein Wurzelknöllchen von *Vicia faba* mit Symbiosomen, d.i. Funktionseinheiten aus (B) Bakteroid, (SR) Symbiosomenraum und Symbiosomenmembran (PM; Peribakteroidmembran). Elektronenmikroskopische Aufnahme: D. WERNER; 20000 × vergrößert.

hohe Konzentrationen von Indolessigsäure, Cytokinin und Gibberellinen gefördert. In den Wirtszellen wird dann durch pflanzeneigene Regulatorgene die Synthese von knöllchenspezifischen Proteinen, Glutaminsynthetase, Uricase, PEP-Carboxylase und Leghämoglobin in Gang gesetzt. Gleichzeitig vermehren sich auch die Bakterien, die in diesem Infektionsstadium ausschließlich von der Wirtspflanze ernährt werden. Später wandeln sich die ursprünglich stäbchenförmigen Bakterien in größere Bakteroide um, die von Peribakteroidmembranen der Wirtszelle eingeschlossen sind. Eingebettet im Cytoplasma der Wirtszellen, grenzen sich funktionelle Einheiten („Symbiosomen"), ähnlich wie Zellkompartimente, ab (Abb. 3.17). In den immobilisierten Bakteroiden wird durch Derepression von *nif*-Genen (*ni*trogen *fi*xation) die Synthese des Nitrogenasesystemsund damit die N_2-Fixierung eingeleitet. Nach dem Verblühen der Wirtspflanze altern die Knöllchen und das Leghämoglobin wird abgebaut. Zuletzt wandeln sich die Bakteroide in infektionsfähige Bakterien um.

Die Verwertung des Luftstickstoffs beruht auf reduktiver Spaltung des N_2-Moleküls. Diese stark endergonische Reaktion wird durch das *Nitrogenasesystem* katalysiert. Das Nitrogenasesystem ist ein Zweiproteinkomplex mit einem Fe- und einem Mo-Fe-Protein. Die Energie und die Reduktionselektronen werden durch die Atmung bereitgestellt (Abb. 3.18). Die Wirtspflanze versorgt die Bakterien mit Kohlenstoffverbindungen, sie stellt die Enzyme für die Ammoniumassimilation zur Verfügung, sie schirmt die Bakteroide vor zu hoher Sauerstoffkonzentration durch Leghämoglobin und Korkschichten ab und bietet ein dauernd feuchtes Milieu.

Während der vegetativen Entwicklungsphase und bei Blühbeginn werden bei annuellen Fabaceen (Erbse, Lupine, Soja und Vignabohne) 1/3–2/3 der im Sproß gebildeten Kohlenhydrate in die Wurzeln und Knöllchen geleitet; davon wird etwa 1/4–1/3 veratmet, rund 1/5 wird für das Knöllchenwachstum verbraucht, die restlichen 45–50% werden zusammen mit dem fixierten Stickstoff dem Sproß zurückerstattet[188,851]. Pro g N in Form von Aminosäuren und Amiden werden 4 g C in Form von Kohlenhydraten zur Zeit größter Syntheseaktivität der Wirtspflanze und der Knöllchenbakterien benötigt[588].

Das Ausmaß der N_2-Fixierung durch die Symbionten hängt in erster Linie von der C-Assimilatanlieferung ab. Bei geringem Ertrag der Photosynthese der Wirtspflanze läßt auch die Stickstoffbindung durch die Bakterien nach, durch Steigerung der Photosyntheseleistung (z. B. bei CO_2-Begasung) kann die Ausbeute an organisch gebundenem Stickstoff auf das Dreifache erhöht werden. Unter den Außenbedingungen spielen die Feuchtig-

Abb. 3.18. Vereinfachtes Funktionsmodell der N$_2$-Fixierung durch symbiontische Bakterien und der damit verbundenen Austauschvorgänge. TCZ = Respiratorischer Tricarbonsäurezyklus. Nach EVANS und BARBER aus MARSCHNER (1986) und WERNER (1987).

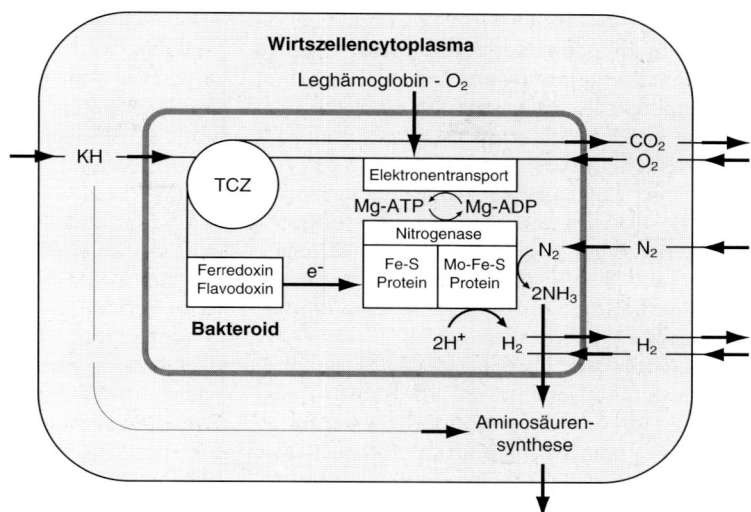

Abb. 3.19. Temperaturabhängigkeit der Nitrogenase-Aktivität in Wurzelknöllchen mit N$_2$-fixierenden Symbionten und in Cyanobakterien. 1 = *Astragalus alpinus*, Norwegen; 2 = *Medicago sativa*, Gewächshauskultur bei 16 °C; 3 = *Alnus glutinosa*, England; 4 = *Casuarina equisetifolia*, Malaysia; 5 = *Anabaena cylindrica*, Cambridge-Sammlung. Nach GRANHALL und LID-TORSVIK (1975) und WAUGHMAN (1977).

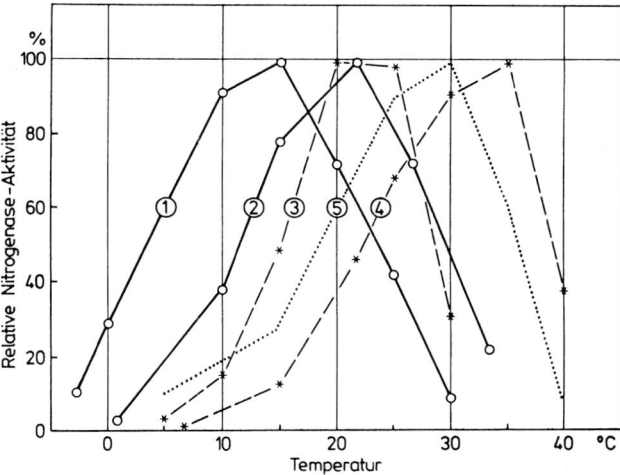

keit und die Bodentemperatur eine große Rolle. Die Temperatureinstellung der Nitrogenaseaktivität ist adaptierbar, es ist eine deutliche Beziehung zum Wärmeangebot im Verbreitungsgebiet der Wirtspflanze erkennbar (Abb. 3.19). Wegen der Kälteempfindlichkeit des Nitrogenasesystems ist aber der N$_2$-Fixierung schon bei positiven niedrigen Temperaturen eine frühe Grenze gesetzt.

3.6 Standörtliche Besonderheiten des Mineralstoffwechsels

Das *chemische Milieu im Wurzelraum* bestimmt das Mineralstoffangebot, auf das sich die Pflanzen mit ihrem Stoffwechsel einstellen müssen. Die mineralische Zusammensetzung des Bodens, die Bodenreaktion und die Ionenverfügbarkeit hängt hauptsächlich von der Art des geologischen Untergrundes ab. Die breite Vielfalt kleinräumiger Standortsmuster bewältigen die Pflanzen durch Aufsuchen günstiger Bodenhorizonte und Ausweichen ungünstiger Bereiche, durch positiv oder negativ chemotropes Wurzelwachstum, durch metabolische Plastizität und durch Entfaltung von Chemoökotypen, Rassen und vikariierenden Arten mit disjunkter Verbreitung. Die funktionelle Analyse standörtlicher Besonderheiten des Mineralstoffhaushaltes ist daher ein ergiebiges Forschungsthema der vergleichenden Ökophysiologie und eine wichtige Grundlage für eine kausalanalytische Geobotanik.

Auf Böden, die hinsichtlich der Menge und der Zusammensetzung der Mineralstoffausstattung ausgeprägte Besonderheiten aufweisen, findet man ein charakteristisches *Artenspektrum*, und Spezialisten mit bezeichnenden Stoffwechseleigenschaften stellen sich ein: Arten mit hoher Säuretoleranz, mit großer Resistenz gegenüber übermäßiger Mineralstoffanreicherung wie Salzpflanzen (Halophyten) und Pflanzen auf schwermetallreichen Böden (Metallophyten), aber auch Arten, die mit mineralstoffarmen Standorten und solchen mit ungünstigem Mineralstoffangebot (z. B. Serpentinböden) zurechtkommen. Aus der Fülle der Varianten sollen hier nur einige Beispiele herausgegriffen werden.

3.6.1 Pflanzen auf saurem und basischem Substrat

Die **Wasserstoffionenkonzentration** im Umfeld der Pflanze ist ein wichtiger ernährungsphysiologischer und verbreitungsbestimmender Faktor. Die Bodenreaktion beruht auf der H-Ionenkonzentration in der Bodenlösung (*aktuelle Acidität*) und der Sorption von H^+ an Austauschern (*potentielle Acidität*). Die meisten Böden in humiden Gebieten reagieren schwach sauer bis neutral, Hochmoorböden sind stark sauer (pH um 3). Lokal kann ein niedriges pH durch säurebildende Mineralien (z. B. Pyrit) zustandekommen. Böden arider Gebiete reagieren aufgrund der Anreicherung von Alkali- und Erdalkalisalzen basisch; Neutralsalzböden sind mäßig (pH 8–9), Sodaböden stark alkalisch (pH um und über 10).

Eine *Versauerung des Bodens* erfolgt auf vielfache Weise: durch Basenverarmung infolge Bodenauswaschung, durch den Entzug austauschbarer Kationen, durch organische Säuren, die von Pflanzenwurzeln und Mikroorganismen abgegeben werden, durch Verlagerung von Humin- und Fulvosäuren aus Rohhumusdecken und durch die Dissoziation der Kohlensäure, die sich im Boden als Atmungs- und Gärungsprodukt anreichert. Hinzu kommen Säureeinträge durch Niederschläge, die säurebildende Luftverunreinigungen (vor allem SO_2) mitführen. Je nach Ausgangsgestein und Sättigung der Sorptionskomplexe mit Kationen puffert sich der Boden dann auf einen bestimmten pH-Bereich ein. Die Bodenreaktion ändert sich im Laufe des Jahres (vor allem in Abhängigkeit von der Niederschlagsverteilung), überdies bilden sich kleinräumige Unterschiede aus, besonders auch zwischen den einzelnen Bodenhorizonten. Zur Kennzeichnung eines Standortes muß daher die Bodenreaktion während des ganzen Jahres und über das ganze Bodenprofil gemessen werden.

Die meisten Sproßpflanzen, Moose und Flechten gedeihen über einen breiten Bereich zwischen schwach saurer bis schwach alkalischer *Bodenreaktion*, sie sind *amphitolerant* mit Existenzgrenzen zwischen pH 3,5 und 8,5. Einzelne Arten aber lassen in ihrem physiologischen Verhalten bezeichnende Ansprüche mit engen Wachstums- und Toleranzgrenzen erkennen. *Avenella flexuosa*, ein Zeigergras für saure Böden, weist ein Entwicklungsoptimum zwischen pH 4 und 5 auf. *Acidiphil* sind auch manche Ericaceen (z. B. *Calluna*, viele *Rhododendron*-Arten) und Arten, die auf extrem nährstoffarmen Standorten wachsen (Hochmoorpflanzen, Flechten auf sauren Baumrinden).

Unter den *Mikroorganismen* bevorzugen viele Bakterien neutrales bis schwach alkalisches, viele Pilze neutrales bis schwach saures Milieu. Es gibt aber auch Arten mit einer breiten Toleranzspanne von pH 2–10 (z. B. unter den Pilzen *Aspergillus*-, *Penicillium*- und *Fusarium*-Arten) und solche, die auf extrem saure oder basische Substrate spezialisiert sind. In sauren Thermalquellen leben bei pH

1–3 Schwefelbakterien der Gattungen *Thiobacillus* und *Sulfolobus* und Pilze der Gattungen *Acontium, Cephalosporium* und *Trichosporon*. Basitolerant bis pH 11 sind nitrifizierende und manche ammonifizierende Bakterien. Auch Algen kommen sowohl in stark sauren (*Cyanidium caldarium* mit Optimum bei pH 2–3, *Dunaliella acidiphila* bei pH 1–2) als auch in stark alkalischen Gewässern (*Dunaliella salina* bei pH 11, *Plectonema nostocorum* bis pH 13) vor[625].

Die externe Wasserstoffionenkonzentration beeinflußt unmittelbar den Stoffwechsel der *Pflanzenzellen*. Viele biochemische Prozesse verlaufen nur in engen pH-Bereichen optimal (meist um pH 6–7). Zur Aufrechterhaltung eines günstigen intrazellulären Milieus müssen daher pH-Unterschiede zwischen außen und innen durch dauernden Protonentransport mit entsprechendem Energieaufwand bewältigt werden. Unter Umständen entstehen pH-Gradienten bis zu 4 Stufen, d. h. im Umfang von $1:10^4$.

Die Bodenreaktion wirkt sich auf die Pflanzen vor allem auch über ihren Einfluß auf die *Nährstoffverfügbarkeit* (Verwitterung, Humifizierung, Nährstoffmobilisierung, Ionenaustausch) aus. Die wichtigsten derartigen Zusammenhänge sind in der Abb. 3.20 zusammengestellt. In sehr sauren Böden werden vermehrt Al-, Fe- und Mn-Ionen freigesetzt, Ca^{2+}, Mg^{2+}, K^+, PO_4^{3-} und MoO^{2-} verarmen und liegen in schlecht aufnehmbarer Form vor (Abb. 3.21). Häufig verschiebt sich in sauren Böden das Verhältnis NH_4^+/NO_3^- zugunsten des Ammonstickstoffs. In alkalischen Böden werden Fe, Mn, Phosphat und einige Spurenelemente (besonders Zn) in schwerlöslichen Verbindungen gebunden, wodurch die Pflanzen unzureichend mit diesen Nährstoffen versorgt sind. In Alkaliböden wirken außerdem Borate toxisch.

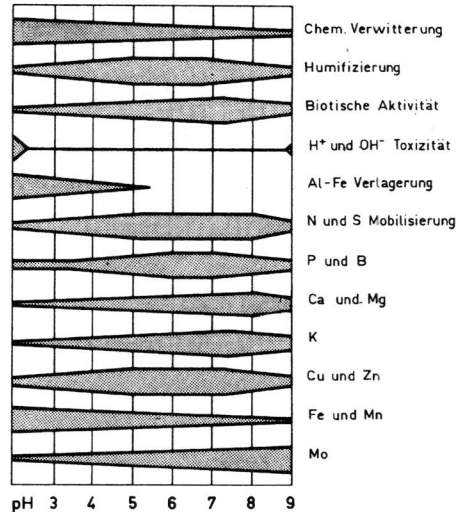

Abb. 3.20. Einfluß der Bodenreaktion auf die Bodenbildung, die Freisetzung und Verfügbarkeit von mineralischen Nährstoffen und auf die Lebensbedingungen im Boden. Die Breite der Bänder gibt die Intensität der Vorgänge bzw. die Verfügbarkeit der Nährstoffe an. Nach Truog aus Schroeder (1969), verändert.

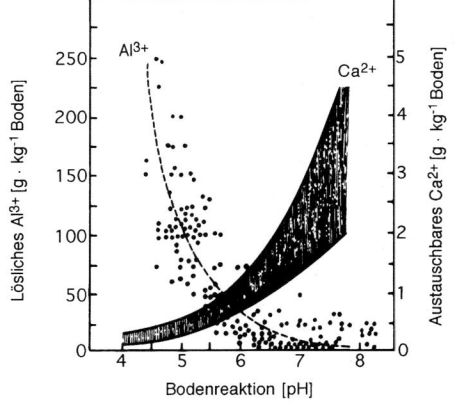

Abb. 3.21. Löslichkeit von Al^{3+} in Tonböden und Ca^{2+} in Heideböden in Abhängigkeit vom pH. Nach Bannister (1976) und nach Lathwell und Peech aus Mengel und Kirkby (1982).

3.6.2 Kalkbodenpflanzen und kalkmeidende Pflanzen

Verschiedene Pflanzenarten sind nur auf Kalk- und Carbonatböden, andere nur auf kalkarmen Silikat- und Sandböden anzutreffen. Je nach ihrer **Standortpräferenz** spricht man von *calcicolen* (kalkholden) und *calcifugen* (kalkmeidenden) Arten. Aus der Tabelle 3.9 geht hervor, daß nah verwandte Arten getrennte Areale besetzen (vikariierende Arten); auch innerhalb einer Art können Ökotypen auftreten. Der Versuch, die Ursachen die-

Tab. 3.9 Beispiele für Standortpräferenz vikariierender Pflanzensippen in den Alpen. Nach LANDOLT (1971) und ELLENBERG (1986).

Gattung	Kalkholde Art	Kalkmeidende Art
Achillea	*atrata*	*moschata*
Doronicum	*grandiflorum*	*clusii*
Gentiana	*clusii*	*kochiana*
Hutchinsia	*alpina*	*brevicaulis*
Primula	*auricula*	*hirsuta*
Pulsatilla	*alpina*	*sulphurea*
Ranunculus	*alpestris*	*glacialis*
Rhododendron	*hirsutum*	*ferrugineum*
Saxifraga	*moschata*	*exarata*
Sesleria	*caerulea*	*disticha*
Soldanella	*alpina*	*pusilla*

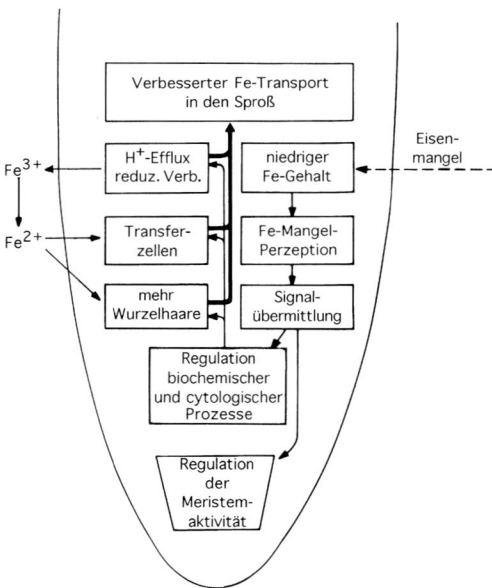

Abb. 3.22. Ablauf von Anpassungsreaktionen in Dicotylenwurzeln bei Eisenmangel. Nach LUCAS (1987).

ser auffälligen Standortabhängigkeit der Pflanzenverbreitung aufzudecken, ist eine der ältesten kausalökologischen Fragestellungen[819].

Kalkböden unterscheiden sich von kalkarmen Böden durch folgende Merkmale: sie sind meist wasserdurchlässiger, daher trockener und wärmer als Silikatböden, vor allem aber ist der Gehalt an Ca^{2+} und HCO_3^- auf Kalkböden stark erhöht. Kalkböden sind dadurch auf einen höheren pH-Wert eingepuffert, sie reagieren neutral bis schwach alkalisch. Stickstoff wird auf Kalkböden rascher mineralisiert, P, Fe, Mn und die meisten Schwermetalle sind schlechter verfügbar als auf sauren Böden. Kalkböden sind immer auch *Carbonatböden*. Es gibt außerdem carbonatreiche Böden (z. B. auf $MgCO_3$-haltigen dolomitischem Gestein), auf denen manche Kalkpflanzen nicht vorkommen (z. B. *Helianthemum nummularium*, *Plantago media*) und wo auch kalkmeidende Pflanzen (z. B. *Anthyllis montana*, *Saxifraga longifolia* in den Pyrenäen) anzutreffen sind.

Silikatböden und andere basenarme Substrate sind sauer, bei hohem Tongehalt dicht, feucht und daher kühler als Lockerböden. Eisen und Mangan sind reichlich verfügbar und Aluminiumverbindungen gehen leicht in Lösung. Alle diese Bodeneinflüsse wirken sich auf den Mineralstoffwechsel und das Wachstum der Pflanzen aus, die je nach Art unterschiedliche und bezeichnende Ansprüche an ihr Substrat stellen und deren Stoffproduktion, Konkurrenzfähigkeit und Widerstandskraft schwächer wird, wenn ihre spezifischen Bedürfnisse nur ungenügend oder nicht erfüllt sind.

Die **Reaktion der Pflanzen** auf ungeeignetes Substrat ist vielfältig. *Calcicole Pflanzen* müssen befähigt sein, aus dem Kalkboden Phosphor und schlecht erschließbare Spurenelemente aufzunehmen. Dank einer besonderen *Eiseneffizienz* sind viele Pflanzen (z. B. aus den Familien Fabaceen, Brassicaceen, Solanaceen und Cucurbitaceen, darunter nur bestimmte Sorten einer Art) in der Lage, durch gesteigerten Protonenefflux im Wurzelbereich das Eisen zur zweiwertigen Transportform zu reduzieren und durch verstärkte Ausbildung von Transferzellen die Aufnahme zu verbessern (Abb. 3.22, siehe auch Abb. 3.2). Verpflanzt man *calcifuge* Arten auf einen Kalkboden, dann kommt es zu Phosphormangelerscheinungen und Eisenmangelchlorosen („Kalkchlorose"; Tab. 3.10). Davon sind besonders Kultur- und Zierpflanzen betroffen, von denen z. B. *Citrus*-Arten und viele

Ericaceen (*Rhododendron*-Arten) sehr anfällig sind. Die Kalkchlorose ist eine höchst komplexe Stoffwechselstörung, an der auch der Nitrat-, Phosphat- und Säurestoffwechsel beteiligt ist. Streng kalkmeidende Pflanzen sind außerdem gegen HCO_3^- und Ca^{2+} überempfindlich. Torfmoose und kalkmeidende Gräser wie z. B. *Avenella flexuosa* erzeugen in ihren Wurzeln bei Anreicherung von HCO_3^- große Mengen von Malat, das wachstumshemmend wirkt und zu Wurzelschäden führen kann.

Auf kalkarmen, sauren Böden würden die im Überschuß freigesetzten Eisen-, Mangan- und besonders Aluminiumionen die Kalkbodenpflanzen überfordern. Übermäßige Aufnahme von Al^{3+} in sauren Böden schädigt calcicole Pflanzenarten (Tab. 3.10). Aluminiumionen besetzen die Ca-Ionenkanäle, worauf Funktionen des Ca-Calmodulin-Systems behindert werden, z. B. wird dadurch der Ablauf von Mitosen und der polaren Zellstreckung unterdrückt. Kalkmeidende Pflanzen hingegen sind befähigt, die Schwermetallionen komplex anzubinden und ein Überangebot an Al^{3+} schadet ihnen nicht.

Aus vergleichend physiologischer Sicht kann man zwischen zwei **Ca-Stoffwechseltypen** („Physiotypen"[357]) unterscheiden. *Calcitrophe* Arten speichern wasserlösliches, an Malat und Citrat gebundenes Calcium; der Zellsaft enthält daher mehr Ca^{2+} als K^+. Calcitroph sind viele Brassicaceen, Fabaceen, Geraniaceen, Euphorbiaceen und, soweit bekannt, alle Crassulaceen. *Calciphobe* Arten vermeiden hohe Calciumkonzentrationen durch Ausfällung in Form von Calciumoxalat und Bindung an Pektin (Abb. 3.23). Zum Oxalattyp gehören Cactaceen, Polygonaceen, Chenopodiaceen, Lamiaceen und die meisten Caryophyllaceen; Calciumaufnahme stimuliert die Oxalsäurebildung. Vertreter dieser Familien können sich auf Kalkböden nur behaupten, wenn ihr Säurestoffwechsel eine ausreichende Oxalatausschüttung erlaubt. Ein weiterer Mechanismus zur Ca-Regulation ist Rekretion, die bei einigen Saxifragaceen und Plumbaginaceen aktiv durch Hydathoden erfolgt.

Zwischen den Ca-Physiotypen und dem Vorkommen der Pflanzen besteht in vielen

Tab. 3.10 Beispiele für Pflanzenarten, die auf ungeeigneten Standorten zu Kalkchlorose und Aluminiumvergiftung neigen. Nach GRIME und HODGSON (1969).

Eisenmangelchlorose auf Kalkböden (calcifuge Arten)	Empfindlich gegen Al-Toxizität auf Silikatböden (calcicole Arten)
Avenella flexuosa	*Hordeum vulgare*
Holcus mollis	*Agrostis stolonifera*
Paspalum dilatum	*Festuca pratensis*
Lathyrus montanus	*Beta vulgaris*
Galium saxatile	*Medicago sativa*
Eucalyptus dalrympliana	*Asperula cynanchica*
Eucalyptus gomphocephala	*Scabiosa columbaria*
Eucalyptus gunnii	*Lactuca sativa*

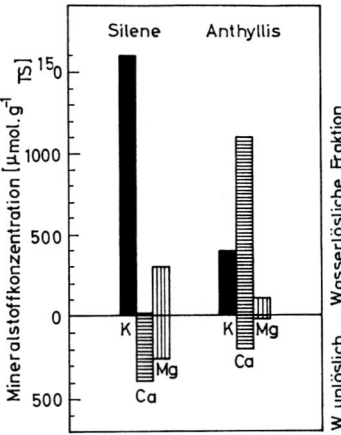

Abb. 3.23. Mineralstoffgehalt der Blätter von *Silene vulgaris* und *Anthyllis vulneraria* auf kalkreichen Standorten. Die calciphobe Art *Silene vulgaris* bindet das aufgenommene Ca als Oxalat in wasserunlöslicher Form ab (Oxalattyp), außerdem enthält diese Pflanze viel K. Die calcitrophe Art *Anthyllis vulneraria* verträgt einen hohen Ca-Spiegel, in der wasserlöslichen Fraktion ist mehr Ca als K enthalten. Nach KINZEL (1969) und HORAK und KINZEL (1971).

Fällen ein Zusammenhang (Abb. 3.24), jedoch keine generelle Übereinstimmung. Unter den calcitrophen Familien und Gattungen gibt es Arten, die sich geobotanisch calcicol

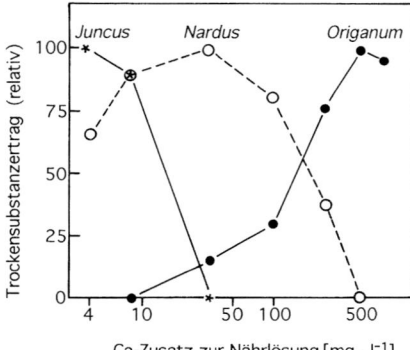

Abb. 3.24. Wachstum von *Juncus squarrosus* (acidi-phile, calcifuge Pflanze), *Nardus stricta* (calcifug) und *Origanum vulgare* (calcicol) in Nährlösungskultur mit unterschiedlicher Ca-Zugabe. Diese Arten verhalten sich unter physiologischen Bedingungen tendenziell gleich wie unter ökologischen Bedingungen am Standort. Nach Jefferies und Willis aus Kinzel (1982).

oder calcifug verhalten. Dieses Beispiel zeigt, daß ökologische Gegebenheiten selten auf *einzelne* physiologische Reaktionsweisen zurückzuführen sind. Es müssen alle Aspekte beachtet werden. So ist die Verbreitung von Pflanzenarten und Ökotypen auf kalkreichen, basischen Standorten nicht nur durch den zellulären Calciumstoffwechsel bedingt, sondern auch durch genetisch fixierte Unterschiede in der Aufnahmefähigkeit für andere essentielle Bioelemente (z. B. Eisen).

3.6.3   Pflanzen auf nährstoffarmen Standorten

Oligotrophe Standorte sind Habitate, auf denen ein *allgemeiner Mangel an Nährstoffen* als dominierender Umweltfaktor das Pflanzenwachstum und das Formenspektrum der Pflanzendecke bestimmt. Insbesondere besteht ein Mangel an verfügbaren organogenen Elementen, vor allem Stickstoff und Phosphor. Die Ursachen dafür sind primär mineralstoffarme Böden (z. B. Quarzsande), ausgelaugte degradierte Böden, vornehmlich aber ein langsamer und unvollständiger Abbau der organischen Abfälle. Auf mageren, oft auch gleichzeitig sauren und sandigen Bö-

den entwickeln sich Heiden und sklerophylle Buschformationen (Macchien, Chaparral, Mattoral, Fynbos, Campos Cerrados). Kalte Böden der arktischen Tundra und im Hochgebirge sind wegen der verzögerten Streumineralisierung, der Versauerung von Rohhumusauflagen und häufiger Vernässung stickstoff- und phosphorarme Standorte (Abb. 3.25). Besonders mineralstoffarm sind Hochmoore und Torfböden, in denen, wegen des hohen Gehalts an Huminstoffen sehr niedrigen pH-Werts und des stagnierenden Grundwassers, äußerst geringe Nährstoffkonzentrationen herrschen. Daher spielen Mineralstoffeinträge durch Flugstaub und über den Regen eine große Rolle („*Ombrotrophie*"; Tab. 3.11).

Die **Besiedler mineralarmer Standorte** gehören vorwiegend bestimmten Organisations- und Lebensformen an: Flechten in kalten Regionen (teilweise mit N_2-fixierenden Phycobionten) und als Epiphyten; Moose in der Tundra und hochmoorbildend; grasartige Pflanzen, darunter vor allem horstbildende Gräser und Seggen; kleinwüchsige, mehrjährige Dicotylenkräuter, besonders Rosettenpflanzen; Zwergsträucher und Büsche, häufig mit immergrünen, kleinen Blättern; Hartlaubpflanzen mit hohem *Skleromorphie-Index* der Blätter (%Rohfaser/%Rohprotein[480]). Als chemotaxonomischer Physiotypus scheinen Ericaceen und verwandte Familien an stickstoffarme Böden angepaßt zu sein: Die Nitratreduktaseaktivität ist extrem schwach (siehe Tab. 3.7), viele Vertreter haben derbe, ligninreiche Blätter, der Stoffwechsel tendiert stark zur Fettspeicherung und die Mineralstoffaufnahme wird durch spezifische Wurzelpilzsymbiosen (ericoide und arbutoide Mykorrhiza) zusätzlich gefördert.

Auf extrem mineralstoffarmen Standorten gibt es hochspezialisierte Lebensformen wie epiphytische Sproßpflanzen und, sowohl epiphytisch als auch in Hochmooren, die morphologisch und taxonomisch vielfältigen Carnivoren.

Epiphyten leben auf organischem Substrat und sind auf Mineralstoffzufuhr durch Atmosphärilien angewiesen. Nischen- und Urnenblätter (Heterophyllie z. B. bei *Platycerium*

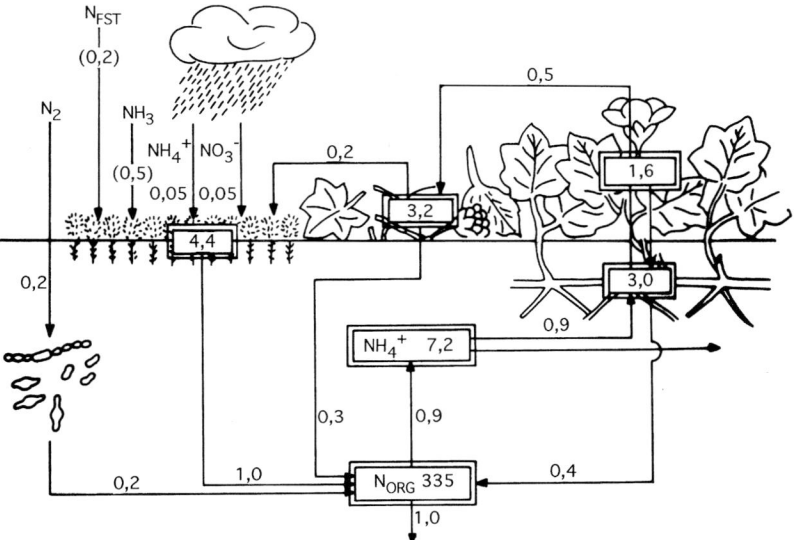

Abb. 3.25. Stickstoffhaushalt eines ombrotrophen Moorstandorts in Nordschweden. Die Vegetation besteht aus Gefäßpflanzen (hier dominierend *Rubus chamaemorus*), Flechten und Moosen. Die Stickstoffeinträge aus der Atmosphäre setzen sich aus NO_3^- und NH_4^+ im Regen (0,1 gN · m^{-2} · a^{-1}), NH_3 (0,5 gN · m^{-2} · a^{-1}), Feststoffdepositionen (N_{FST}, 0,2 gN · m^{-2} · a^{-1}) und N_2-Fixierung durch diazotrophe Mikroorganismen (0,2 gN · m^{-2}·a^{-1}) zusammen. Die Zufuhr aus Streu beträgt 1,6 gN · m^{-2} · a^{-1}. Vorratsmengen (gN · m^{-2}) sind doppelt umrandet. Nach Rosswall et al. (1975).

und *Dischidia*) und Trichterrosetten (z. B. *Asplenium*-Arten und Bromeliaceen) mit Blattzisternen sammeln Niederschläge und Detritus. Saugschuppen auf den Blättern erleichtern (z. B. bei Bromeliaceen) den Eintritt von Ionen aus Benetzungs- und Abflußwasser. Den morphologischen Ausbildungen entsprechen funktionelle Anpassungen. Epiphytische Farne und Blütenpflanzen beherbergen im angesammelten Detritus Bakterien, Pilze und Tiere, von denen das organische Substrat für die Nährstoffaufnahme durch die Pflanze aufbereitet wird.

Carnivoren sezernieren aus Drüsenzellen mit dichtem endoplasmatischem Reticulum und lyosomenartigen Bläschen Verdauungsenzyme (Proteasen, Peptidasen) und resorbieren über dieselben Drüsen Aminosäuren und Ionen. Außerdem zersetzen Bakterien die angedauten gefangenen Tiere bis zur Mineralisierung. Carnivorie ist eine Maßnahme zur Verbesserung der Stickstoff- und Phosphorversorgung von Pflanzen auf dystrophen Standorten. Durch Eiweißverdauung gewinnen hochnordische *Pinguicula*-Arten

Tab. 3.11 Mineralstoffzufuhr (g · m^{-2} · a^{-1}) durch Niederschläge. Nach Golley et al. (1975), Kallio und Veum (1975) und Likens et al. (1977).

Element	Tropischer Regenwald (Mittelamerika)	Sommergrüner Laubwald (Nordamerika)	Nordische Tundra (Skandinavien)
N		2,07	0,07–0,1
S		1,88	0,5–0,6
P	0,10	0,0004	
Ca	2,93	0,22	0,25–0,54
Mg	0,49	0,06	0,05–0,15
K	0,95	0,09	0,08–0,12
Na	3,07	0,16	0,1–0,4
Fe	0,30		

20–60% ihrer Stickstoffversorgung und 35–80% ihres Phosphoraufkommens[337]. Die unmittelbare Erschließung organischer Nahrungsquellen ermöglicht eine rasche Blatterneuerung und darüber hinaus die Speiche-

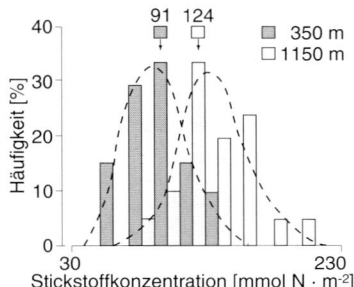

Abb. 3.26. Häufigkeitsverteilung der Stickstoffgehalte von Blättern krautiger Pflanzenarten aus Niederungen (350 m MH) und aus Höhenlagen (1150 m MH) in Nordschweden. Pfeile: Arithmetische Mittelwerte der zwei Herkünfte. Die unter klimatisch ungünstigeren Bedingungen lebenden Pflanzen aus größerer Meereshöhe haben kleinere Blätter und statistisch eine höhere Stickstoffkonzentration (bezogen auf die Blattfläche und auch auf die Trockensubstanz). Nach KÖRNER (1989).

rung wichtiger organogener Nährstoffe für Neuaustrieb und Samenbildung[700].

Pflanzen, die dauernd nährstoffarme Standorte besiedeln, setzen **Effizienzstrategien**[172] ein, um trotz Unterversorgung die notwendige Stoffwechselleistung zu erbringen und die Konkurrenzfähigkeit zu erhalten. Sie können die Wirksamkeit der Mineralstoffaufnahme erhöhen (*Absorptionseffizienz*; z. B. durch stärkeres Wurzelwachstum oder Ausbildung von Transferzellen) und die Nährstoffverfügbarkeit im wurzelnahen Bereich verbessern (*Mobilisierungseffizienz*; z. B. durch Ausscheidung von Säuren und Chelatbildnern durch die Wurzel). Auf generell mineralstoffarmen und sauren Böden ermöglicht eine ausgeprägte Gebrauchseffizienz (*Retranslokationseffizienz*), aufgenommene Nährstoffe durch Umverteilung in der Pflanze zum Aufbau neuer Organe wiederzuverwenden und dadurch längerfristig zu konservieren. Bei der Samenbildung einjähriger Pflanzen werden Makronährstoffe, besonders Phosphor, überproportional auf Kosten der vegetativen Organe den reproduktiven Teilen zugeführt. Bei mehrjährigen Pflanzen werden Bioelemente in den Überdauerungsorganen zwischengelagert; die mehrfache Retranslokation sichert dem Individuum die Grundbedürfnisse für ein Verweilen im nährstoffarmen Lebensraum.

In kalten Gebieten sind perennierende Arten den einjährigen überlegen. Die *Langlebigkeit* immergrüner Blätter hat denselben Effekt: Die Belaubung muß nicht jährlich vollständig erneuert, sondern nur teilweise ergänzt werden, wobei hohe Mineralstoffverluste durch Blattabwurf vermieden werden. Endogen programmierter *Kleinwuchs* (genotypisch, morphogenetisch über hormonell regulierte Wachstumsfähigkeit) erleichtert die Aufrechterhaltung einer ausreichenden Mineralstoffkonzentration im Gewebe und ermöglicht eine bessere Stickstoff- und Phosphornützung für die Stoffproduktion. Auf diese Weise erreichen krautige Pflanzen auf kalten und deshalb stickstoffarmen Gebirgsböden höhere Stickstoffkonzentrationen als vergleichbare Tieflandpflanzen (Abb. 3.26). Auf Standorten mit unzureichender Mineralstoffversorgung, sei es im Hochgebirge, in der Tundra oder auf Heiden, sind Pflanzen des *konservativen* Assimilathaushaltstyps (Kap. 2.3.3.3) am erfolgreichsten. Leben unter abiotisch restriktiven Umweltbedingungen muß hohe Stoffproduktion ausschließen, um durch begrenztes Wachstum eine harmonische Abstimmung aller Stoffwechselprozesse zu erlangen.

3.7 Mineralstoffhaushalt der Pflanzendecke

3.7.1 Die Mineralstoffbilanz der Pflanzendecke

Der Mineralstoffhaushalt und der Kohlenstoffhaushalt der Pflanzendecke sind aufeinander angewiesen. Die Mineralstoffaufnahme regelt den Zuwachs an Pflanzenmasse, die Kohlenstoffassimilation stellt das Material zur Verfügung, in das die Mineralstoffe eingebaut werden.

Ausgehend von der ökologischen Produktionsgleichung kann die jährliche **Mineralstoffaufnahme** durch die Pflanzendecke festgestellt werden, wenn der Aschengehalt und die Aschenzusammensetzung der Pflanzenmasse bekannt sind. Von der insgesamt durch

Tab. 3.12 Mineralstoffvorrat und Mineralstoffumsatz in Wäldern. Alle Angaben in $g \cdot m^{-2} \cdot a^{-1}$.

Bestand	Sommergrüner Eichen-Buchen-Hain-buchen-Mischwald mit Unterwuchs, 30–75 Jahre alt, Belgien[a]					Immergrüner Steineichenwald, ca. 150 Jahre alt, Südfrankreich[b]				
	N	P	K	Ca	Gesamt[c]	N	P	K	Ca	Gesamt[c]
Mineralstoffvorrat in der oberirdischen Phyto-masse	40,6	3,2	24,5	86,8	163,2	76,3	22,4	62,6	385,3	550,5
Jährliche Festlegung im Zuwachs (ΔM_B)	3,0	0,22	1,6	7,4	12,78	1,32	0,26	0,89	4,27	6,83
Mineralstoffgehalt des jährlichen Abfalls (M_{VA})	6,1	0,41	3,6	12,0	22,8	3,28	0,28	1,62	6,39	12,03
Mineralstoffinkorpora-tion $M_i = \Delta M_B + M_{VA}$	9,1	0,63	5,2	19,4	35,57	4,6	0,54	2,51	10,66	18,86
Auswaschung M_r	0,09	0,06	1,7	0,71	3,18	0,05	0,08	2,57	1,94	4,87
Jährliche Mineralstoff-absorption $M_a = M_i + M_r$	9,19	0,69	6,9	20,11	38,75	4,65	0,54	5,08	12,6	23,73
Umsatzfaktor $k_M = \dfrac{M_{VA} + M_r}{M_a}$	*0,68*	*0,68*	*0,77*	*0,63*	*0,67*	*0,72*	*0,67*	*0,83*	*0,66*	*0,71*

a Duvigneaud et al. (1969)
b Rapp (1969, 1971)
c Gesamtmenge der Mineralstoffe in der Trockensubstanz; dieser Wert ist größer als die Summe von N, P, K und Ca, weil auch die übrigen Aschenelemente inbegriffen sind.

die Vegetation pro Grundflächeneinheit im Laufe des Jahres *aufgenommenen Mineral-stoffmenge* M_a, wird ein Teil noch während desselben Jahres in mineralischer Form durch *Rekretion* (M_r) ausgeschieden und durch die Niederschläge aus den oberirdischen Pflanzenteilen ausgewaschen. In der Pflanzenmasse verbleibt die *inkorporierte Mineralstoffmenge* M_i.

$$M_a = M_i + M_r \quad [kg \cdot ha^{-1} \cdot a^{-1}] \qquad (3.1)$$

Die in der Pflanzenmasse festgelegten Mineralstoffe verteilen sich entsprechend der Produktionsgleichung (2.21) auf eine allenfalls sich ergebende jährliche *Biomassezunahme* +B und die jährlichen *Verluste* an pflanzlicher Trockenmasse durch *Abfall* (V_A) und *Entzug durch Konsumenten* (V_K).

$$M_i = \Delta M_B + M_{VA} + M_{VK} \quad [kg \cdot ha^{-1} \cdot a^{-1}] \qquad (3.2)$$

Die Berechnung erfolgt über den Gehalt der Trockensubstanz an Mineralstoffen bzw. über den Aschengehalt. Da die verschiedenen Bioelemente in der Pflanze nicht gleichmäßig verteilt, festgelegt und ausgeschieden werden und da außerdem die Mineralstoffkonzentration vom Vegetationszustand abhängt, kann die **Mineralstoffbilanz** für einen Pflanzenbestand nicht einfach durch Multiplikation der Glieder der Produktionsgleichung mit dem durchschnittlichen Aschengehalt der Pflanzenmasse ermittelt werden. So wie bei der Erstellung der Kohlenstoffbilanz, muß auch hier von den Einzelposten (getrennt nach Organen) zu den verschiedenen Entnahmeterminen ausgegangen werden. In der Tabelle 3.12 sind Mineralstoffbilanzen für einen sommergrünen und einen immergrünen Laubwald ausgewiesen.

Der Anteil, der im jährlichen Holzzuwachs inkorporierten Mineralstoffmenge und der Mineralstoffverluste durch Auswaschung

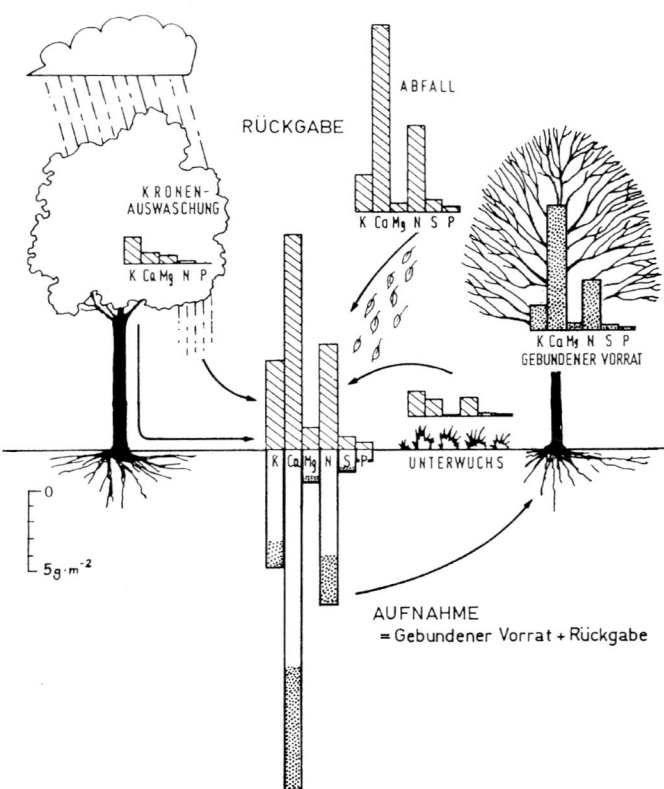

Abb. 3.27. Mineralstoffkreislauf in einem Eichen-Hainbuchen-Buchenmischwald in Belgien. Die Länge der Balken deutet das Ausmaß der in der Phytomasse gebundenen Vorräte (gerastert; $g \cdot m^{-2}$) und der Flußmengen (schraffiert; $g \cdot m^{-2} \cdot a^{-1}$) an. Vgl. dazu den Kohlenstoffumsatz desselben Bestandes in Abb. 2.81. Nach DUVIGNEAUD und DENAEYER-DE SMET (1970).

und Abwurf von Pflanzenteilen an der aufgenommenen Menge mineralischer Nährstoffe läßt sich durch den *Umsatzfaktor* k_M ausdrücken[815]:

$$k_M = \frac{M_{VA} + M_r}{M_a} \qquad (3.3)$$

In einem Fichtenforst mit kargem Unterwuchs wurden 80% des aufgenommenen Kaliums, 70–75% des Stickstoffs, Phosphors und Calciums und etwa 60% des Magnesiums jährlich dem Boden zurückgegeben[816]. Nährstoffumsätze von rund 90% für Stickstoff, Phosphor, Kalium und von rund 80% für Calcium und Magnesium sind in einem krautreichen Kalkbuchenwald erhoben worden[817].

Für tropische Regenwälder lassen sich Umsatzfaktoren für Calcium und Magnesium von 95–100% (1/3 davon durch Kronenauswaschung), für Kalium von 85% (die Hälfte davon durch Auswaschung) und für Eisen von 50% berechnen[228,565].

3.7.2　Der Mineralstoffumsatz am Pflanzenstandort

Die Pflanzendecke erfüllt eine wichtige Aufgabe im **Kreislauf der Mineralstoffe**. Diese werden den tiefen Bodenschichten durch die Wurzeln entzogen, in der Pflanze über Bodenniveau gehoben und durch den Laubfall dem Boden wieder zurückgegeben. Besonders Bäume vermögen durch ihr ausgreifendes Wurzelwerk in größere Bodentiefe abgesunkene Nährsalze zu heben, die nach dem Streuabbau auch den flacher wurzelnden Pflanzen der Krautschicht zugute kommen (Abb. 3.27).

Die entscheidende Komponente im Mineralstoffumsatz zwischen Pflanzengesellschaften und Boden ist der **Rücklaufmechanismus**. Es ist wichtig, daß die organischen Abfälle (deren Menge mit der Produktivität der Pflanzendecke zunimmt) dem Ökosystem erhalten bleiben. Eine ökologisch fundierte Düngelehre muß auf dieser Erkenntnis auf-

Tab. 3.13 Stickstoffmineralisationsraten im Oberboden und potentielle Freisetzung von Mineralstickstoff aus Laubstreu während der Vegetationsperiode (g N · m^{-2}). Nach Datenübersichten bei RODIN und BAZILEVICH (1967), ELLENBERG (1977) und Angaben bei LOSSAINT und RAPP (1971), JANIESCH (1978), REHDER und SCHÄFER (1978).

Pflanzendecke	Nettomineralisationsrate	Mineralstickstoff-freisetzung (potentiell)
Tropen		
Regenwälder	12,5–21,5	26
Saisongrüne Wälder	14–19	22,5
Galeriewälder	7	
Savanne	0,3–0,5	
Agrarland (Wanderfeldbau)	7–10	
Gemäßigte Zone		
Mediterrane Hartlaubgehölze		2–2,5
Immergrüne Nadelwälder	3–8(12,5)	5–18
Sommergrüne Laubwälder	(4)10–20(24)	
Schluchtwald (Fraxino-Aceretum)	15–38	
Auengehölze	(2,5)10–20(50)	
Atlantische Ericaceenheiden	(0,5)1–3(5)	
Gedüngte Mähwiesen	13,5–26	
Wiesen		13–23
Naßwiesen, Seggenrieder	(0)0,2–1(4)	
Trockenrasen, Trockensteppe	1–3	2–6,5
Ruderalstandorte	4–30	
Dünenvegetation	1–2,5	
Halophytenvegetation	0,2–1	1–1,5
Kalte Gebiete		
Bergwälder und Taiga	3	1,5–2,5(8)
Krummholz	1–2	
Grünerlengebüsche	15	
Alpine Zwergstrauchheiden	0,1–1	
Alpine Grasheiden	(0,5)2–9,5	
Lägerfluren	18–20	
Tundra		2–5
Moore	0–0,5	

bauen: Der Nährstoffentzug durch Abernten von Pflanzen oder eine Streuentnahme muß durch Düngergaben ersetzt werden, die in der Größenordnung des jährlichen Nährstoffabganges liegen sollten. Berechnungen des Mineralstoffumsatzes stellen dafür eine objektive Grundlage dar.

Ein Richtmaß für die Rücklaufgeschwindigkeit in einem gegebenen Ökosystem ist die **Nettomineralisierungsrate** der organischen Stickstoffverbindungen in der Streu (Tab. 3.13). Die Nettomineralisierungsrate entspricht dem Überschuß an mineralischem Stickstoff, der nach Abzug gasförmiger Verluste durch Denitrifikation und dem Eigenbedarf der Mikroorganismen verbleibt.

Mineralstofftransporte führen dem Funktionsgefüge Pflanzen-Mikroorganismen-Boden regelmäßig Mineralstoffe von außen zu und ständig gehen solche verloren. Durch *Verwitterung* werden schwer abschätzbare, aber zweifellos bedeutende Mengen von mineralischen Nährstoffen ständig dem Boden und den Pflanzen nachgeschafft. Durch Grundwasser, Hangwasser und kapillar aufsteigendes Wasser können Mineralstoffe verlagert werden. *Niederschläge* bringen anorganische Stoffe auf die Pflanze und in den Boden, die in der Atmosphäre als Gase, Staub, Nebel oder Aerosol enthalten waren. *Mineralstoffexporte* erfolgen durch Entnahme von Phytomasse (Tierfraß, Abernten, Streunutzung), durch Erosion, Verwehung von organischen Abfällen und Humus sowie durch Auswaschung und Versickerung löslicher Mineralstoffe.

4 Der Wasserhaushalt

Das Leben ist im Wasser entstanden, und alles Leben ist an Wasser gebunden. Wasser ist das Milieu, in dem die biochemischen Prozesse ablaufen. Nur im wasserdurchtränkten Zustand weist das Protoplasma Lebenserscheinungen auf, trocknet es aus, so braucht es nicht unbedingt abzusterben, es geht aber auf jeden Fall in einen latenten Lebenszustand über.

Die Pflanze besteht größtenteils aus Wasser. Das Protoplasma enthält im Durchschnitt 85–90% Wasser, eiweiß- und lipidreiche Zellkompartimente wie Chloroplasten und Mitochondrien immerhin noch 50%. Besonders wasserreich sind fleischige Früchte (85–95% des Frischgewichts), weiches Laub (80–90%) und Wurzeln (70–95%). Saftfrisches Holz enthält etwa 50% Wasser. Am wasserärmsten sind reife Samen (meist 10–15%), manche fettspeichernde Samen enthalten nur 5–7% Wasser[381].

4.1 Grundtypen des Wasserhaushalts im Pflanzenreich

Bei den Landpflanzen, deren Vegetationskörper in den Luftraum ragt und ständig Wasser verdunstet, ist ein ausgeglichener Wasserhaushalt die Voraussetzung für einen geregelten Ablauf der Lebensvorgänge. Nach der Fähigkeit, kurzfristige Schwankungen in der Wasserversorgung und der Verdunstungsbeanspruchung abzupuffern, werden wechselfeuchte (*poikilohydre*) von eigenfeuchten (*homoiohydren*) Pflanzen unterschieden[835].

Poikilohydre Pflanzen gleichen ihren Wassergehalt weitgehend dem Feuchtigkeitszustand ihrer Umgebung an (*Quellkörperorganisation*). Prokaryonten, Pilze, manche Algen und Flechten besitzen kleine Zellen ohne

Tab. 4.1 Gleichgewichtseinstellung zwischen der relativen Wasserdampfkonzentration in der Luft (% relative Luftfeuchte, RLF) und dem potentiellen osmotischen Druck (MPa) einer Lösung bei 20 °C im geschlossenen System (umgerechnet nach WALTER 1931).

RLF [%]	MPa	RLF [%]	MPa
100	0	93,0	9,8
99,5	0,67	92,0	11,2
99,0	1,35	91,0	12,6
98,5	203	90,0	14,1
98,0	2,72	80,0	30,1
97,5	3,41	70,0	48,1
97,0	4,10	60,0	68,7
96,0	5,50	50,0	93,3
95,0	6,91	0	∞
94,0	8,32		

Zentralvakuole, die beim Austrocknen sehr gleichmäßig und ohne nachhaltige Störung der Feinstruktur des Protoplasmas, also ohne Verlust der Lebensfähigkeit schrumpfen. Mit abnehmendem Wassergehalt erlahmen die verschiedenen Lebensfunktionen, wie z. B. Photosynthese und Atmung. Nach dem Wiederaufquellen nehmen diese Pflanzen ihre Stoffwechseltätigkeit auf.

Das minimale Wasserpotential, das für die einzelnen Arten eine Aktivitätsgrenze setzt, ist spezifisch und für die Standortverbreitung ausschlaggebend. Bodenbakterien und -pilze sind zumeist nur dann stoffwechsel- und teilungsaktiv, wenn das Wasserpotential im Substrat besser als −5 bis −30 MPa ist (entspricht etwa 80–95% relativer Luftfeuchte; siehe Tab. 4.1). Schimmelpilze wachsen ab 75–85% relativer Luftfeuchte, es gibt aber auch Pilze, z. B. *Xeromyces*-Arten, die schon bei 60% relativer Luftfeuchte gut wachsen[604,894]. Halophile Bakterien sind noch bis ca.

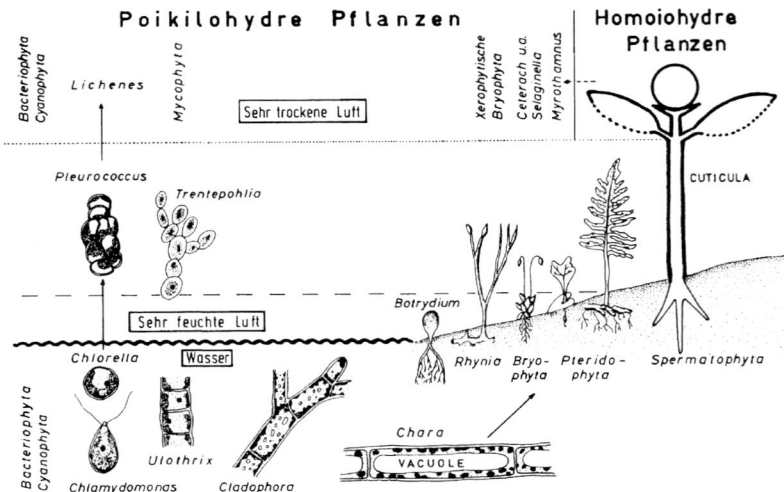

Abb. 4.1. Anpassung des Wasserhaushaltes von Pflanzen an das Landleben. Von links nach rechts: Übergang von wasserlebenden niederen Algen mit nicht vakuolisierten Zellen zu primär poikilohydren Luftalgen, Ausbildung der Vakuole bei wasserlebenden Grünalgen und Characeen, Übergang von vakuolenführenden Thallophyten zu homoiohydren Kormophyten. Hygrophytische Moose sind noch an Standorte mit hoher Luftfeuchtigkeit gebunden, auf Trockenstandorten werden sie sekundär poikilohyder; auch bei Farnen und bei Angiospermen, nicht hingegen bei Gymnospermen, gibt es sekundär poikilohydre Formen. Die meisten Sproßpflanzen sind dank ihrer Ausstattung mit einem cuticulären Transpirationsschutz und starker Vakuolisierung ihrer Zellen homoiohyder. Nach WALTER (1967).

−40 MPa aktiv. Viele *Flechten* bleiben photosynthesefähig, solange das Wasserpotential im Thallus nicht wesentlich tiefer als −3 MPa sinkt. Außer bei Thallophyten kommt poikilohydre Lebensweise auch bei *Moosen* trockener Standorte, bei *Gefäßkryptogamen* (besonders *Selaginella*-Arten und verschiedene Farne) und bei einigen *Angiospermen* vor (siehe Kap. 6.2.4.3). Pollenkörner und die Keimlinge in den Samen sind poikilohydre Stadien homoiohydrer Pflanzen.

Die **homoiohydren Pflanzen** leiten sich von Grünalgen mit vakuolisierten Zellen ab. Eine große Zentralvakuole ist das gemeinsame Merkmal aller homoiohydren Pflanzen. Durch das innere wäßrige Milieu wird das Protoplasma von den wechselhaften Außenbedingungen weniger abhängig, sein Wasserzustand ist durch den Wasservorrat in der Vakuole stabilisiert. Die große Vakuole hat aber den Verlust der Austrocknungsfähigkeit der Zelle zur Folge, daher findet man die Vorläufer der homoiohydren Landpflanzen eng dem nassen Boden angepreßt oder auf dauernd feuchten Standorten (Abb. 4.1). Erst durch die Abdichtung der Sproßoberfläche mit einer verdunstungsbehindernden Cuticula und die Regulierbarkeit der Transpiration durch Spaltapparate, brachten die Pflanzen ihren Wasserhaushalt so gut unter Kontrolle, daß das Protoplasma, ungestört durch jähe Feuchtigkeitsänderungen, anhaltend aktiv bleiben konnte. Dadurch war die ergiebige Produktionsleistung gewährleistet, die zur Ausbildung einer über weite Flächen geschlossenen Pflanzendecke und zur beachtlichen Massenentwicklung des Pflanzenkleides auf dem Festland führte.

4.2 Der Wasserhaushalt der Zelle

4.2.1 Das Wasser in der Zelle

In der Zelle kommt Wasser als *Konstitutionswasser* in chemischer Bindung vor, als *Quellungswasser* (Hydratationswasser) ist es an Io-

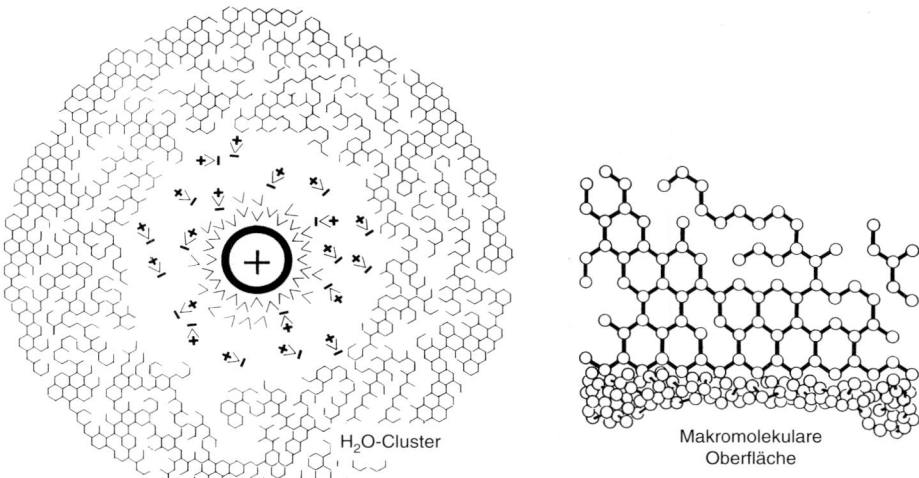

H₂O-Cluster

Makromolekulare
Oberfläche

Abb. 4.2. Wasserstruktur und Wasserbindung. *Links:* Anordnung der Wasserdipole um ein positiv geladenes Ion mit innerer, stark gebundener Hydrathülle, lockerem Schwarmwasser im Bereich nachlassender Feldstärke des Ions und über Wasserstoffbrücken strukturierte Wassermoleküle (fluktuierende Cluster). *Rechts:* Orientierte Anlagerung von vernetzten Wassermolekülen auf makromolekularen Oberflächen, z. B. Biomembranstrukturen. Nach KAROW und WEBB (1965).

nen, gelöste organische Substanzen und Makromoleküle angelagert und dringt in die Zwischenräume zwischen Feinstrukturen des Protoplasmas und der Zellwand ein, als *Depotwasser* füllt es die Vakuole(n) aus und als *interstitielles Wasser* übernimmt es Transportfunktionen in den Zellwänden, in Zellzwischenräumen und in Leitbahnen des Gefäß- und Siebröhrensystems (*vasculäres* Wasser).

Quellungswasser. Bedingt durch ihren *Dipolcharakter* heften sich Wassermoleküle in flexiblen Molekülschwärmen (*strukturiertes Wasser*) aneinander und an geladene Oberflächen (Abb. 4.2). Stark geladene Ionen in der Größenordnung von Wassermolekülen binden diese um so fester, je größer die Ladung und je kleiner der Radius des Ions ist. Unmittelbar an der Ionenoberfläche sind die Wassermoleküle durch das elektrostatische Feld des Ions stark gebunden und nahezu unbeweglich. Ganz ähnliche Verhältnisse herrschen an der Oberfläche von Eiweißmolekülen und Polysacchariden. Die Wassermoleküle lagern sich an polare Gruppen (Hydroxyl-, Carboxyl-, Aminogruppen) an und bauen mehrere übereinander liegende, nach außen hin immer leichter verschiebliche

Schichten strukturierten Wassers auf. Das Hydratationswasser macht nur 5–10% des gesamten Wassers der Zelle aus, doch diese Menge ist unbedingt lebensnotwendig. Schon bei geringer Abnahme des Hydratationswassers kommt es zu schwerwiegenden Strukturstörungen des Protoplasmas.

Der größere Teil des Quellungswassers im Protoplasma und in der Zellwand ist *kapillar* gebunden. Pflanzenzellwände ziehen je nach der Dichte der Fibrillenlagerung Wasser mit einem Sog von 1,5–15 MPa an sich. Der Druck, mit dem das Wasser an der Oberfläche der Strukturelemente einer Matrix (Zellwand, Plasmakolloide) haftet, wird Quellungsdruck (matrikaler Druck τ) genannt.

Depotwasser. Am leichtesten beweglich ist das Wasser in den Kompartimenten der Zelle, die als Lösungsreservoire dienen. In Blättern ist mehr als die Hälfte des vorhandenen Wassers auf diese Weise gespeichert. Auch dieses Wasser ist nicht vollkommen frei verfügbar, es ist osmotisch an gelöste Stoffe wie Zucker, organische Säuren, sekundäre Pflanzenstoffe und Ionen gebunden. Der *potentielle osmotische Druck* π^* einer Lösung ist durch das Van't Hoffsche Gesetz definiert:

$$\pi^* = n \cdot R \cdot T = 2,27 \cdot n \, \frac{T}{273} \, [\text{MPa}] \quad (4.1)$$

Der potentielle osmotische Druck nimmt mit der absoluten Temperatur T und mit der Zahl der gelösten Teilchen n zu. Einer idealen Lösung von 1 osmol · kg^{-1} entspricht bei 25 °C ein osmotischer Druck von 2,48 MPa (oder eine Gleichgewichtseinstellung bei 98,2% relativer Luftfeuchte). Makromolekulare Stoffe können gewichtsmäßig stark angereichert werden, ohne daß sie den osmotischen Druck nennenswert erhöhen. Durch Polymerisation osmotisch stark wirksamer kleinerer Moleküle zu Makromolekülen, z. B. von Zucker zu Stärke, und durch die Umkehrung dieses Vorganges durch Hydrolyse, ändert sich erheblich und schnell das Ausmaß der osmotischen Bindung des Wassers in der Zelle. In Protoplasten mit Zentralvakuole besteht ein enger Zusammenhang zwischen der osmotischen Wasserbindung im Zellsaftraum und der Wasserverfügbarkeit im Protoplasma. Der potentielle osmotische Druck des Zellsaftes kann daher als Indiz für den Wasserzustand im Zellinneren und damit des Protoplasmas angesehen werden.

4.2.2   Das Wasserpotential der Zelle

Für die biochemische Aktivität des Protoplasmas ist nicht die vorhandene Wassermenge, sondern der *thermodynamische Zustand des Wassers* wichtig. Der thermodynamische Zustand des Wassers in der Zelle kann mit dem chemischen Potential reinen Wassers (freie Enthalpie) verglichen und als Arbeitsvermögen ausgedrückt werden. Das relative *Wasserpotential* Ψ ist die Arbeit, die nötig ist, um gebundenes Wasser auf das Potentialniveau reinen Wassers zu heben[728]. Relative Wasserpotentiale werden in Energieeinheiten (J · kg^{-1}) angegeben, die über die Beziehung 1 J · g^{-1} = 1 MPa in Druckgrößen übertragbar sind. Ein weiteres Maß für die Wasserverfügbarkeit ist die Hydratur[842], die in Prozent relativer Feuchte oder MPa angegeben wird.

In Lösungen ist Wasser osmotisch gebunden, es muß Energie zugeführt werden, um dieses Wasser verfügbar zu machen. Das *os-*motische Wasserpotential Ψ$_\pi$ ist niedriger als jenes des reinen Wassers, es ist daher stets negativ. Das an Kolloide und hydrophile Oberflächen gebundene Wasser besitzt ebenfalls ein negatives Potential (*matrikales Wasserpotential* Ψ$_\tau$). Setzt man Wasser unter Druck, so wird seine freie Energie erhöht, das *Druckpotential* Ψ$_P$ ist gegenüber druckfreiem Wasser positiv. Zur Kennzeichnung der Wasserverfügbarkeit (d. h. des Arbeits- und Translokationsvermögens) wird das Wasserpotential des wäßrigen Systems (Zelle, Zellkompartimentinhalt, Außenlösung) bezogen auf das Potential reinen Wassers angegeben; die Wasserverfügbarkeit ist um so schlechter, je negativer das Potential des in Betracht gezogenen Systems ist.

4.2.3   Der Wasserzustand der Zelle als Fließgleichgewicht

Zwischen Orten ungleichen Wasserpotentials besteht eine *Potentialdifferenz* ΔΨ. In Analogie zur elektrischen Spannung, die zwischen Orten verschiedenen elektrischen Potentials auftritt, kann man auch hier von einer Spannung sprechen, der *Saugspannung*. Diese geht vom System mit dem relativ negativeren (niedrigeren) Wasserpotential aus.

Jede Potentialdifferenz schafft die Voraussetzung für einen Potentialausgleich. Im Wasserhaushalt der Zelle wird dieser durch den Wasser- oder Stofftransport bewerkstelligt; Wassertransport erfolgt immer in Richtung auf das System mit dem niedrigeren Wasserpotential. Wenn kein Diffusionshindernis vorliegt, stellt sich innerhalb der Zelle und zwischen den Zellen und ihrer Umgebung sofort ein thermodynamisches Gleichgewicht ein. Hohes Dampfdruckdefizit der Luft oder ein hypertonisches Umgebungsmedium (z. B. Meerwasser oder salzhaltiges Bodenwasser) entziehen den Zellen Wasser und erniedrigen das Wasserpotential des Systems. Umgekehrt strömt den Zellen mit stärker negativem Wasserpotential durch *Wasserverschiebung* aus der Umgebung Wasser zu.

Die Gesetzmäßigkeiten des zellulären Wassertransports sind schon seit dem vorigen Jahrhundert bekannt. Die grundlegenden

Abb. 4.3. Wasserpotentialdiagramme für (a) eine vakuolisierte Pflanzenzelle in einem hypertonischen Medium und (b) für Zellen eines in Luft austrocknenden Blattes. Mit zunehmendem Wasserentzug wird das osmotische Potential Ψ_π stärker negativ, das Druckpotential Ψ_P fällt von positiven Werten auf Null; das Wasserpotential der Zelle ergibt sich aus der Summation für Ψ_π und Ψ_P. Schematische Darstellungen nach HÖFLER (1920), BARRS (1968), KYRIAKOPOULOS und LARCHER (1975) und POSPIŠILOVÁ (1975).

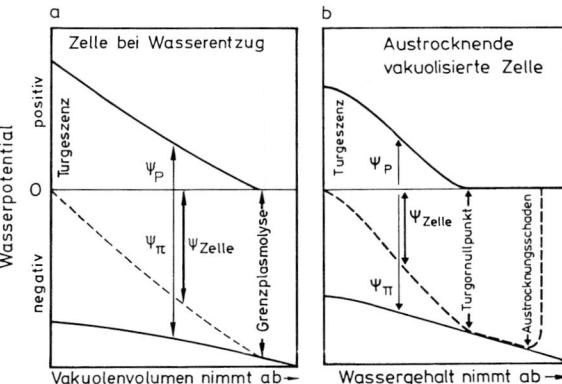

Vorgänge zeigt die Abb. 4.3: Die Gleichgewichtslage für einen gegebenen Wasserzustand (Gesamtwasserpotential der Zelle Ψ_Z) ergibt sich aus der Differenz zwischen dem *osmotischen Wasserpotential* Ψ_π und dem *Wandspannungspotential* Ψ_P[286].

$$\Psi_Z = (-)\Psi_\pi + (+)\Psi_P \qquad (4.2)$$

Das osmotische Potential Ψ_π ist stets negativ, das Druckpotential Ψ_P kann positiv, null oder in Sonderfällen negativ sein. Ein negatives Wasserpotential Ψ_Z besagt, daß die Zelle als Ganzes unter Saugspannung steht. In der Zelle sind auch Quellungskräfte wirksam. Die Formel 4.2 müßte daher noch um den Betrag des *matrikalen Potentials* $(-) \Psi\tau$ von Plasma und Zellwand erweitert werden. Das matrikale Potential ist aber in den meisten Fällen vernachlässigbar klein (Ausnahme: Zellen ohne Zentralvakuole).

Im **wassergesättigten (turgeszenten) Zustand** erreicht der Protoplast sein größtes Volumen und übt auf die Zellwand den stärksten Druck aus. Durch den Binnendruck (*Turgor*) wird die Zellwand maximal gedehnt. Im turgeszenten Zustand kompensiert daher der Gegendruck der Zellwand die Saugwirkung des Zellsaftes, so daß die Wasseraufnahme zum Stehen kommt. Bei Wassersättigung gilt $\Psi_Z = 0$ und $\Psi_\pi = \Psi_P$. Die *Wasserspeicherungskapazität der Zelle* (C_Z; hydraulische Kapazität) ist groß, wenn sich bei nur geringer Veränderung des Wasserpotentials das Zellvolumen (V_Z) stark ausdehnen kann.

$$C_Z = \frac{dV_Z}{d\Psi_Z} \ [m^3 \cdot MPa^{-1}] \qquad (4.3)$$

Diese Eigenschaft hängt von der *Zellwandelastizität* ab. Diese ist durch den volumetrischen *Elastizitätsmodul* $\in$ definiert[137],

$$\in = \frac{dP}{dV / V} \ [MPa] \qquad (4.4)$$

wobei dP die Änderung des Turgordrucks angibt, die mit einer relativen Volumenänderung (dV/V) der Zelle verbunden ist. Ein niedriger Elastizitätsmodul (bis 5 MPa, z. B. in weichen Blättern krautiger Pflanzen) besagt, daß bei Veränderungen des Zellvolumens die Zellwände leicht nachgeben und daher der Turgordruck nur allmählich zunimmt; solche Zellen können viel Wasser speichern. An Blättern von Bäumen und Sträuchern, die in der Regel steifer als die Blätter von Kräutern sind, wurden bei hohem Gewebeturgor maximale Elastizitätsmodule von 10–20 (saisongrüne Blätter) und 30–50 MPa (immergrüne Blätter) gemessen.

Wasserverlust hat eine Verkleinerung des Vakuolenvolumens und Erhöhung der Zellsaftkonzentration zur Folge. Die Zellwand übt immer weniger Druck auf den Protoplasten aus, bis das Zellvolumen auf einen Grenzwert schrumpft, von dem ab die Zellwand sich nicht mehr weiter zusammenziehen kann (*Turgornullpunkt*). Befindet sich die Zelle in flüssigem Medium, so löst sich der Protoplast von der Zellwand ab (*Grenzplasmolyse*; Abb. 4.3a). In diesem Zustand gilt $\Psi_P = 0$ und daher $\Psi_Z = \Psi_{\pi^*}$. Zellen von Landpflanzen verlieren Wasser durch die Verdunstung von der Außenfläche der Zellwände. In die austrocknenden Zellwände

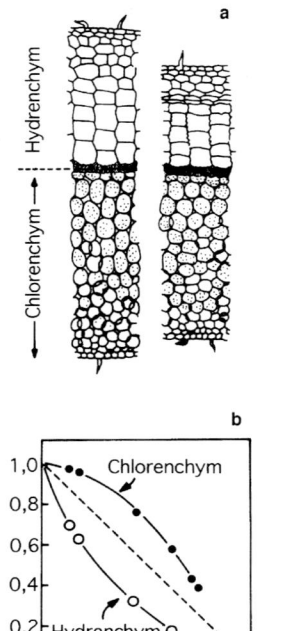

Abb. 4.4. Wasserverlagerung von einem wasserspeichernden Gewebe (Hydrenchym) zum Assimilationsgewebe (Chlorenchym) in sukkulenten Blättern von *Peperomia* während der Austrocknung. a) Blattquerschnitte von *P. trichocarpa* im wassergesättigten Zustand (links) und nach viertägiger Austrocknung (rechts). Das Wassergewebe schrumpft stärker als das Chlorenchym (punktiert: Assimilationsgewebe, homolog zum Palisadenparenchym. b) Ungleiche Abnahme des relativen Wassergehalts des Hydrenchyms und des Chlorenchyms von *P. obtusifolia*, bezogen auf den Wasserverlust (ausgedrückt als Wassersättigungsdefizit; siehe Formel [4.14]) des gesamten Blattes im Laufe der Austrocknung. Wenn das Blatt 50% des Wassers verloren hat, verbleibt dem Hydrenchym nur 25%, dem Chlorenchym aber noch 75% des jeweiligen Sättigungswassergehalts. Nach Haberlandt (1924) und Schmidt und Kaiser (1987).

fließt Wasser aus den Protoplasten nach, die Zellen beginnen zu *welken*. Eine Plasmolyse tritt bei Landpflanzen nicht ein, weil die Zellwände für Luft undurchlässig sind. Die Wände folgen daher dem Protoplasten, sie werden nach innen gezogen und können sich dabei fälteln (*Cytorrhyse*). Werden bei extre-

mer Austrocknung die Biomembranen geschädigt, dann bricht das osmotische System und damit das Saugvermögen der Zellen jäh zusammen (Abb. 4.3b).

Im **Gewebeverband** wird der Wanddruck durch Nachbarzellen verstärkt oder vermindert, es muß daher die Gewebespannung mitberücksichtigt werden. Wenn die Nachbarzellen *gleichsinnig* mit dem Wanddruck wirken, wird der Zustand der Turgeszenz schon bei niedrigen Wassergehalten (bei einem kleineren Vakuolenvolumen) erreicht. Das ist wichtig für zartwandige Gewebe, die auf diese Weise eine Turgorfestigkeit ohne allzu große Wasserfüllung erlangen. Bei flächig verwachsenen und starren Zellwänden können diese den schrumpfenden Protoplasten nicht ausreichend folgen. Es tritt dann ein negatives Turgorpotential ($-\Psi_P$) bzw. eine Gewebespannung auf, die bis zu −1 bis −2 MPa erreichen kann (z. B. Palmenblätter, *Zygophyllum dumosum*[568]). Zwischen aneinandergrenzenden Zellen mit unterschiedlicher Wanddicke und -elastizität kann dadurch bei schlechter Wasserversorgung eine Wasserverschiebung von Zellen mit weicher Wand (z. B. wasserspeichernde Gewebe in sukkulenten Blättern und Sprossen) zu solchen mit weniger elastischer Wand (z. B. Palisadenparenchymzellen) begünstigt werden, wenn ein entsprechender osmotischer Gradient vorhanden ist (Abb. 4.4).

Das charakteristische Verhalten des **Wasserpotentials von Pflanzenteilen** in Abhängigkeit vom Wasserzustand läßt sich durch Druck-Volumen-Diagramme (P/V-Diagramme) darstellen, indem entsprechend dem Boyle-Mariotte'schen Gesetz (P · V = const) die Abnahme des zellulären Druckes bei fortschreitendem Wasserverlust auf die Volumensverminderung bezogen wird. Als Druck wird das Wasserpotential Ψ_Z, als Volumen der relative Wassergehalt (RWC, siehe Formel 4.13) eingesetzt (Abb. 4.5). Aus dem P/V-Diagramm sind das osmotische Wasserpotential bei Wassersättigung (durch Extrapolation des linearen Astes bis RWC = 1) und das Wasserpotential am Turgornullpunkt (an der Stelle, an der der lineare Ast beginnt) abzulesen. Aus der Form und Steilheit der Kurve zwischen voller Turgeszenz und dem

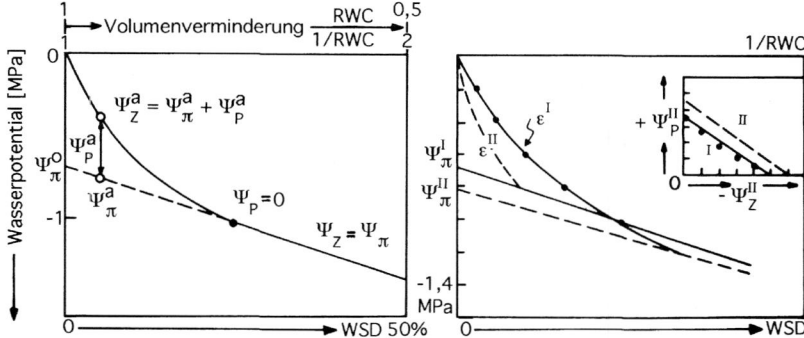

Abb. 4.5. Schematisches Druck-Volumen-Diagramm zur Bestimmung charakteristischer Parameter der Wasserzustandsgleichung. *Links*: Abnahme des Wasserpotentials im Gewebe mit fortschreitender Volumenverminderung der Zellen (quantitativ erfaßbar über die Bestimmung des relativen Wassergehaltes RWC oder des Wassersättigungsdefizits WSD; siehe Formeln [4.13] und [4.14]). Ψ_Z^a = zelluläres Wasserpotential für den aktuellen Zustand; Ψ_P^a = aktuelles Turgorpotential; Ψ_π^a = aktuelles osmotisches Potential. Ab dem Turgornullpunkt ($\Psi_P = 0$) entspricht das gemessene Wasserpotential dem jeweiligen osmotischen Potential. Verlängert man die Steigung der Geraden vom Abszissenursprung, dann ist am Schnittpunkt mit der Ordinate das osmotische Potential bei Turgeszenz, Ψ_π^o, abzulesen. *Rechts*: Varianten des Wasserzustandes. Gewebe mit starrer Zellwand (hoher Elastizitätsmodul $\in^{II}$) erreichen rascher den Turgornullpunkt als solche mit elastischeren Wänden (niedriger $\in^I$). Durch Verschiebungen im Druck-Volumen-Diagramm ist auch eine aktive Erniedrigung des osmotischen Wasserpotentials (z. B. durch enzymatische Umwandlung von Stärke zu Zucker oder durch Ionentransporte) nachzuweisen. Wenn das osmotische Wasserpotential von Ψ_π^I auf Ψ_π^{II} gesenkt wird, erweitert sich die Turgoramplitude (Differenz Ψ_Z-Ψ_π). Das Ausmaß aktiv osmotischer Vorgänge zeigt sich im Vergleich von Ψ_P mit Ψ_Z (kleine Graphik). Nach Vorlagen und Angaben bei RICHTER (1978), SCHULTE und HINCKLEY (1985), RICHTER und KIKUTA (1989).

Turgornullpunkt läßt sich der *Elastizitätsmodul* ableiten: In Geweben mit starren Zellwänden ist $\in$ hoch, d. h. für die Zellwanddehnung bei Wasseraufnahme ist ein hoher Turgordruck notwendig, andererseits sinkt Ψ_P bei nur geringem Wasserverlust rasch. Auch osmotische Anpassungsvorgänge erkennt man aus P/V-Diagrammen: Nach aktiver Zunahme osmotisch wirksamer Zellsaftbestandteile verschiebt sich der Turgornullpunkt gegen niedrigere RWC-Werte.

4.3 Der Wasserhaushalt der Pflanze

Das Sproßsystem der Landpflanzen ragt in den Luftraum, an den es durch Verdunstung ständig Wasser verliert, das aus dem Boden nachgeliefert werden muß. Transpiration, Wasseraufnahme und Wasserleitung von den Wurzeln zu den transpirierenden Flächen sind die untrennbar miteinander gekoppelten *Grundvorgänge des Wasserhaushaltes*. Das Wasserdampfdruckdefizit der Luft ist dabei die antreibende Kraft für die Verdunstung, das Wasser im Boden die entscheidende Versorgungsgröße. Der Wasserhaushalt wird durch einen ständigen Nachstrom von Wasser aufrechterhalten, seine Gleichgewichtslage ist somit ein *Fließgleichgewicht* im wörtlichen Sinn.

4.3.1 Die Wasseraufnahme

Die Pflanzen können Wasser über ihre ganze Oberfläche aufnehmen, in bevorzugtem Maß erfolgt die Wasserversorgung der Pflanze jedoch aus dem Boden. Bei den Höheren Pflanzen übernimmt diese Aufgabe die Wurzel als spezialisiertes Absorptionsorgan. Niedere Pflanzen sind wurzellos und daher auf direkte Wasseraufnahme durch ihre oberirdischen Teile angewiesen.

4.3.1.1 Direkte Wasseraufnahme durch Thalli und Sprosse

Thallophyten saugen Wasser aus feuchten Unterlagen und nach Benetzung mit Regen, Tau und Nebel kapillar an und quellen dabei. Vollgesogen enthalten Pilzfruchtkörper, Gallertflechten und Torfmoose bis zu 15 mal so viel Wasser wie im trockenen Zustand, die meisten Moose drei- bis siebenmal, Flechten zwei- bis dreimal so viel[756]. Die Wasseraufnahme erfolgt meist schnell, schon nach einigen Minuten sind die Thalli mancher Arten gequollen, nach einer halben Stunde aufgesättigt. Bakterien, niedere Pilze, Pilzhyphen, manche Algen und manche Flechten sind auch imstande, *feuchter Luft* Wasser zu entziehen und dabei ihren Quellungsgrad zu erhöhen. Die aufgenommene Wassermenge ist aber nie so groß wie bei Benetzung und der Feuchteangleich an die Umgebung dauert in der Regel mehrere Tage.

Die Sproßoberfläche der *Kormophyten* ist durch einen cuticulären Verdunstungsschutz abgedichtet. In demselben Maße, in dem die *Cuticula* und cutinisierte Schichten den Wasseraustritt durch die Oberfläche des Sprosses behindern, erschweren sie auch einen Wassereintritt nach Benetzung. Eine nennenswerte direkte Wasseraufnahme erfolgt bei terrestrischen Sproßpflanzen, wenn überhaupt, dann hauptsächlich an bevorzugten Durchtrittstellen wie *Hydathoden* (wasserdurchlässige Stellen der Epidermis) und nichtcutinisierte Ansatzstellen benetzbarer Haare. Bei epiphytischen Bromeliaceen sind quellbare *Saugschuppen* für die Wasserversorgung von Bedeutung. Blätter von Schwimmpflanzen benützen umgestaltete Spaltapparate (*Hydropoten*) als bevorzugte Eintrittstellen für Wasser und Mineralstoffe.

4.3.1.2 Die Wasseraufnahme aus dem Boden

Das Wasser im Boden
Das Wasser gelangt durch die Niederschläge in den Boden und sickert allmählich tiefer bis zum Grundwasserspiegel. In gut durchlässigen Böden beträgt die Versickerungsgeschwindigkeit einige Meter pro Jahr, in Lehmböden 1–2 m, in sehr dichten Böden nur einige Dezimeter pro Jahr. Ein Teil des eindringenden Wassers, das *Haftwasser*, wird im Hohlraumgefüge des Bodens abgefangen und gespeichert. Wieviel Wasser als Haftwasser in den oberen Bodenschichten bleibt und wieviel als *Senkwasser* absinkt, hängt vor allem von der Bodenart und der Porengrößenverteilung des Bodens ab (Abb. 4.6). Poren bis etwa 10 µm halten das Wasser durch Kapillarkräfte fest, gröbere Poren über 60 µm lassen es rasch versickern.

Das Wasserspeicherungsvermögen des Bodens. Der Sättigungswassergehalt natürlich gelagerter Böden nach Durchsickern des rasch beweglichen Senkwassers wird *Feldkapazität* genannt und in g H_2O pro 100 ml Bodenvolumen angegeben. Feinkörnige Böden und solche mit hohem Gehalt an Kolloiden und organischer Substanz speichern mehr Wasser als grobkörnige Böden, die Feldkapazität nimmt daher in der Reihenfolge Sand, Lehm, Ton, Moor zu. Nach längeren Regenperioden und nach der Schneeschmelze im Frühjahr staut sich Senkwasser in den oberen Bodenschichten, so daß auch dieses vom Wurzelfilz der Vegetation ausgenützt werden kann (*nutzbares Senkwasser*). Für die Pflanzen ist ein großes Wasserspeicherungsvermögen des Bodens von Vorteil, weil dadurch niederschlagsfreie Perioden besser überbrückt werden.

Die Wasserbindung im Boden. Das Haftwasser ist durch Oberflächenkräfte an Bodenkolloide angelagert, es wird kapillar in Bodenporen festgehalten und kann (besonders in Salzböden) durch Ionen osmotisch gebunden sein. Das Bodenwasser ist also, ebenso wie das Wasser in der Pflanze, nicht völlig frei beweglich. In den meisten Böden ist die osmotische Wasserbindung durch Ionen in der Bodenlösung vernachlässigbar klein, desgleichen der hydrostatische Druck Ψ_P des Porenwassers. Das maßgebliche Wasserpotential im Boden ist das *matrikale* (auch „kapillare") *Wasserpotential* Ψ_τ, die Energie, mit der das Haftwasser durch Oberflächenkräfte gebunden ist. Das matrikale Potential ist besonders groß in feinporigen Böden. Für den kapillaren Anteil des matrikalen Potentials gilt die Beziehung[207]

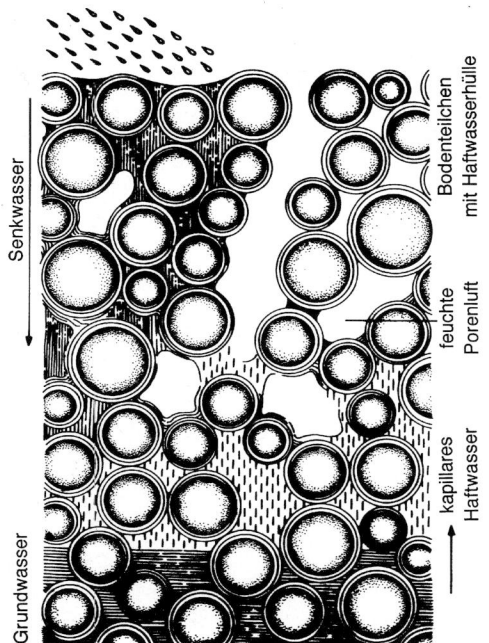

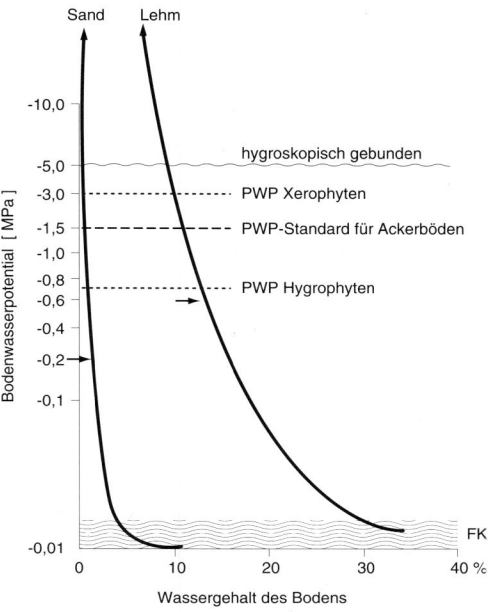

Abb. 4.6. Bindung und Verteilung des Wassers im durchtränkten (linke Hälfte) und lufthaltigen Boden (rechte Hälfte). Nach LERCH (1991), verändert.

$$\Psi_{cap} = -\frac{4\sigma}{q} \approx -\frac{290}{q} \; [\text{J} \cdot \text{kg}^{-1}] \qquad (4.5)$$

wobei σ die *Oberflächenspannung* des Wassers und q den *Porendurchmesser* (in μm) bezeichnet. Die Wasserbindung nimmt stark zu, wenn bei Bodenaustrocknung die weitlumigen Poren entleert sind und nur noch die Feinporen unter 0,2 μm Kapillarwasser enthalten. In sandigen Böden mit grober Kornstruktur erfolgt dieser Umschlag besonders unvermittelt, in Lehm- und Tonböden mit allen Übergängen zwischen mittleren und feinsten Poren verschlechtert sich das Wasserpotential weniger abrupt (Abb. 4.7).

Die Wasseraufnahme durch die Wurzel
Die Pflanze entnimmt dem Boden nur so lange Wasser, als ihre Feinwurzeln ein niedrigeres Wasserpotential als der Boden in ihrer unmittelbaren Umgebung aufweisen. Die Wasseraufnahme ist um so ergiebiger, je größer die absorbierende Oberfläche des Wurzel-

Abb. 4.7. Schema der Abhängigkeit des Wasserpotentials eines Sandbodens und eines Lehmbodens vom Wassergehalt des Bodens. Konventionelle Grenzwerte für Ackerböden: Feldkapazität (FK) bei –0,015 MPa, standardisierter Grenzwert für permanentes Welken (PWP) bei –1,5 MPa, hygroskopisch gebundenes Wasser –5 MPa und tiefer. Die für die Pflanzentypen angegebenen durchschnittliche Werte hängen von der Bodenart (Körnung, Porengröße) und der Art der Vegetation ab, sie können durch Anpassung an Wassermangel auch niedriger sein. Die Pfeile beziehen sich auf Hinweise im Text. Nach KRAMER (1949), LAATSCH (1954) und SLAVIKOVÁ (1965).

systems ist und je leichter die Wurzeln dem Boden Wasser entziehen können.

$$W_a = A \frac{\Psi_{Boden} - \Psi_{Wurzel}}{\Sigma r} \qquad (4.6)$$

Die vom Wurzelsystem pro Zeiteinheit absorbierte Wassermenge W_a ist proportional der *Austauschfläche* A im durchwurzelten Raum (aktive Wurzelfläche) und dem *Potentialunterschied* zwischen Wurzel und Boden, sie ist umgekehrt proportional den *Transferwiderständen* für das Wasser im Boden (Nachleitwiderstand) und beim Übergang vom Boden in die Pflanze (Permeationswiderstand). Im Laufe der Vegetationsperiode verkorken

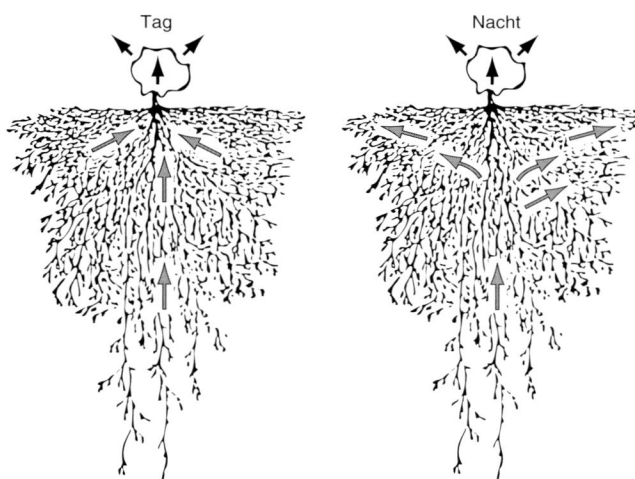

Tag   Nacht

Abb. 4.8. Wassertransport im Wurzelsystem von *Artemisia tridentata* am Tag und Richtungsumkehr in der Nacht. Erklärung im Text. Nach RICHARDS und CALDWELL (1987).

die älteren (proximalen) Abschnitte des Wurzelsystems, wodurch sich die Diffusionseigenschaften der Wurzel ändern, vor allem aber dehnt sich die Wurzeloberfläche durch das fortwährende Wachstum der Wurzelspitzen aus. Es muß daher die zeitliche Dynamik des Aufnahmevermögens des Wurzelsystems stets berücksichtigt werden.

Die Wurzeln entwickeln meist **negative Wasserpotentiale** von wenigen Zehnteln MPa, die aber völlig ausreichen, um aus den meisten Böden den größten Teil des Haftwassers zu entnehmen. Das läßt sich aus der Abb. 4.7 ablesen: Durch eine Potentialerniedrigung von nur –0,2 MPa entnehmen die Wurzeln mehr als 2/3 des in einem Sandboden speicherbaren Wassers; ein Lehmboden, der durch seine Feinporigkeit das Wasser stärker festhält, gibt die Hälfte seines Haftwasservorrats bei einer Saugspannung der Wurzeln von nur –0,6 MPa her. Manche Pflanzen können in begrenztem Ausmaß ihr Wurzelpotential aktiv erniedrigen und so dem Boden etwas mehr Wasser entziehen. *Hygrophyten* (d.s. Arten, die dauernd feuchte Standorte besiedeln) sind imstande, das Wasserpotential ihrer Wurzeln bis auf –1 MPa abzusenken, Kulturpflanzen humider Gebiete auf –1 bis –2 MPa, *Mesophyten* bis –4 MPa[730]. Pflanzen der Trockengebiete (*Xerophyten*) entwickeln Saugpotentiale bis –6 MPa und darunter. Für Waldbäume gelten Werte von –2 bis – 4 MPa als äußerste Grenze.

Durch die Wasserentnahme im Nahbereich der Wurzeln wird Wasser aus feuchteren Bodenbezirken angezogen. Die **Wassernachleitung** erfolgt kapillar, langsam und nur über kurze Strecken (einige mm bis cm). Mit zunehmender Ausschöpfung des Wassers im Porensystem nimmt der *Nachleitwiderstand*, vor allem in tonigen Böden, stark zu. In grobporigen Sandböden reißen die Wasserfäden des Kapillarsystems schon bei geringer Spannung ab, so daß die Nachleitung jäh zusammenbricht.

Wasser kann im Boden auch in *Dampfform* verschoben werden. Während der nächtlichen Auskühlung der obersten Bodenschichten diffundiert Wasserdampf aus dem wärmeren Unterboden an die Oberfläche und kondensiert im Wurzelraum (*Thermokondension*). Durch diesen Vorgang und durch Tau wird in Trockengebieten dem Oberboden so viel Wasser zugeführt, daß dieses stellenweise für Trockenfeldbau genügt. Eine vertikale Wasserverlagerung kommt bei Trockenheit auch durch *innere Wasserleitung im Wurzelsystem* von Pflanzen zustande. In der Nacht wird Wasser, das den tiefen, feuchten Bodenhorizonten entnommen wurde, nicht nur dem Sproß, sondern auch den oberflächlichen Wurzeln zugeleitet. Wenn das Wasserpotential der obersten Bodenschichten niedriger ist als jenes der Wurzeln, tritt Wasser in die Umgebung aus (Abb. 4.8). Durch diese *diurnale Wasserhebung* können

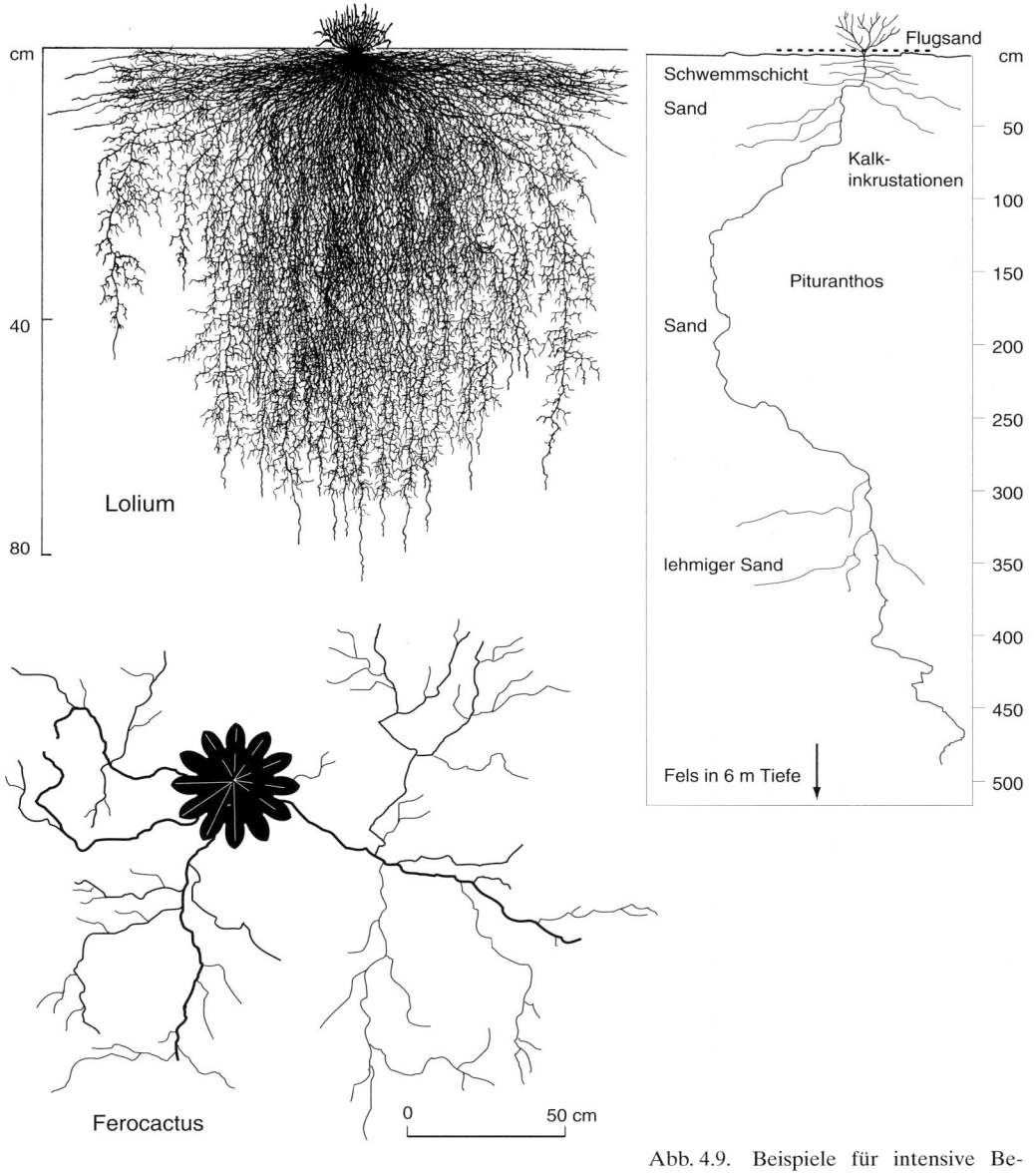

cm

40

80

Lolium

Ferocactus

0   50 cm

Flugsand

Schwemmschicht

Sand

Kalk-
inkrustationen

Pituranthos

Sand

lehmiger Sand

Fels in 6 m Tiefe

cm

50

100

150

200

250

300

350

400

450

500

cm
0

20

40

60

80

100

Salzkruste

Sand

Geröll + Kies

Sand

Geröll

Zygophyllum

Sandsteinfels

50   0   50   100   150   cm

Abb. 4.9. Beispiele für intensive Bewurzelung (*Lolium multiflorum*) und für
extensive Wurzelsysteme: Vertikale Ausdehnung der Pfahlwurzel von *Pituranthos tortuosus* in einem Wadi in Ägypten, horizontale Ausbreitung des Wurzelsystems von *Zygophyllum album* in einer versalzten Senke in der algerischen
Wüste und von *Ferocactus wislizenii*
(Grundriß horizontal streichender Wurzeln) in Arizona. Nach CANNON aus KUT-
SCHERA (1960), WALTER (1960) und
KAUSCH (1959, 1968).

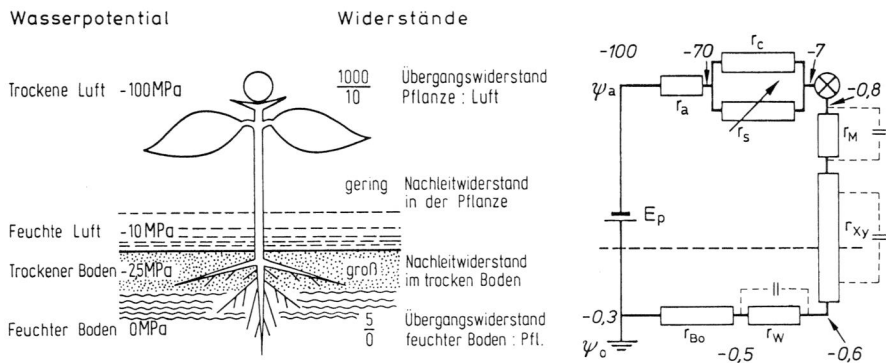

Wasserpotential   Widerstände

Trockene Luft -100MPa $\frac{1000}{10}$ Übergangswiderstand
                                    Pflanze : Luft

                                gering Nachleitwiderstand
                                        in der Pflanze

Feuchte Luft -10MPa

Trockener Boden -25MPa   groß   Nachleitwiderstand
                                        im trocken Boden

Feuchter Boden 0MPa $\frac{5}{0}$ Übergangswiderstand
                                        feuchter Boden : Pfl.

Abb. 4.10. Wasserpotentialgefälle und Transportwiderstände zwischen Boden, Pflanze und Atmosphäre. *Links:* Größenordnung des Potentialgradienten zwischen Boden und Atmosphäre und der Übergangswiderstände im System. Nach KAUSCH (1955). *Rechts* in Schaltbilddarstellung: E_P = Potentielle Evaporation (Spannungsquelle); Ψ_o = Wasserpotential der flüssigen Phase; Ψ_a = Wasserpotential der Atmosphäre; Kursive Zahlen = Wasserpotential in MPa. Widerstände: r_{Bo} = Nachleitwiderstände im Boden, r_W = Transportwiderstand in Saugwurzeln und in der Wurzelrinde, r_{Xy} = Leitungswiderstand im Xylem von Wurzeln, Sproß, Blattstielen und Blattadern, r_M = Transportwiderstand im Mesophyll, r_c = cuticulärer Widerstand, r_s = regulierbarer stomatärer Diffusionswiderstand, r_a = Grenzschichtwiderstand an der Sproßoberfläche. Kondensatorsymbol: Speicherkapazitäten im Apoplast und Symplast der Wurzel, in Holz und Rinde und in den Blättern. $\otimes$ = Phasenübergang flüssig-dampfförmig. Nach COWAN (1965), BOYER (1974), KREEB (1974a), SCHULZE (1986) und NOBEL (1991a).

Arten mit oberflächlicher Bewurzelung in Gemeinschaft mit Tiefwurzlern besser Dürreperioden überdauern.

Das **Wurzelsystem der Pflanzen** entwickelt entsprechend dem artspezifischen Bauplan nach Maßgabe der örtlichen Möglichkeiten (Bodenstruktur, Tiefgründigkeit) ein oberflächliches, tiefgreifendes oder stockwerkartiges Wurzelsystem (Abb. 4.9). Zwischen der Ausgestaltung des Wurzelsystems und dem Funktionsverhalten der Pflanze bestehen enge Zusammenhänge. *Intensivwurzler* (z. B. Palmen, viele, aber nicht alle grasartigen Pflanzen) vergrößern ihre aktive Wurzeloberfläche durch Verdichtung des Wurzelfilzes, *Extensivwurzler* erschließen durch ein weit ausgebreitetes Wurzelwerk (z. B. viele Pflanzen offener Standorte, Kakteen) oder tiefgreifende Senkwurzeln (z. B. grundwasserschöpfende Wüsten- und Felspflanzen) große Bodenvolumina und entfernte feuchte Bodenbereiche.

Die Wurzeln sind auf der Suche nach Wasser ständig in Bewegung. Bei fortschreitender Bodenaustrocknung sterben stellenweise Wurzelteile ab, während Wurzeln an anderen Stellen einige Meter weiterwachsen und sich dicht verzweigen. Diese Fähigkeit ist bei den

Pflanzen der Trockengebiete besonders ausgeprägt. Ununterbrochenes *Wurzelwachstum* ist eine wichtige Voraussetzung für eine ausgiebige Erschließung des Wasservorrats im Boden. Flachgründige, verdichtete, vernäßte Böden behindern, kalte Böden verzögern das Wachstum und die Ausbreitung der Wurzeln. Auf solchen Standorten ist die Wachstumshemmung die Hauptursache einer unzulänglichen Wasserversorgung.

Für die Beurteilung der Absorptionsbedingungen genügt daher die Kenntnis bodenkundlicher Parameter allein nicht. Obgleich konventionelle Grenzwerte für die Wasserverfügbarkeit im Boden (z. B. „*permanenter Welkungspunkt*") für landwirtschaftliche Belange als brauchbare Richtwerte weiterhin dienen, sollte für kausalanalytische Fragestellungen, insbesondere im Bereich der Geobotanik, jedenfalls auch der *Wasserzustand der Pflanze* erfaßt werden. Hierfür ist besonders das Blattwasserpotential unter Gleichgewichtsbedingungen (z. B. das Basispotential am Ende der Nacht oder bei künstlich unterdrückter Transpiration) aufschlußreich, das annähernd jenem in der Rhizosphäre entspricht.

4.3.2 Die Pflanze im Wasserpotentialgefälle zwischen Boden und Luft

Die Pflanze überbrückt das steile Wasserpotentialgefälle zwischen Boden und Luft. Dadurch, daß der Sproß dem Dampfdruckdefizit der Luft (also einem niedrigen Wasserpotential) ausgesetzt ist, wird ein Wasserstrom durch die Pflanze in Gang gesetzt. Das steilste *Potentialgefälle* herrscht zwischen der Sproßoberfläche und trockener Luft, dort befindet sich zugleich der größte Übergangswiderstand bei homoiohydren Pflanzen (Abb. 4.10). Der hohe Übergangswiderstand ergibt sich aus dem großen Energiebedarf für die Wasserverdunstung (2,45 kJ · g^{-1} H$_2$O bei 20 °C) und dem Durchtrittswiderstand für Wasserdampf durch die Abschlußgewebe.

Für den *Wasserdurchsatz* gelten die Gesetzmäßigkeiten, wie sie für den elektrischen Stromfluß durch das Ohm'sche Gesetz beschrieben werden. Es ist daher durchaus sinnvoll, die Verhältnisse im System Boden-Pflanze-Atmosphäre anhand von Analogschaltbildern schematisch darzustellen. Das Potentialgefälle im **Kontinuum Boden-Pflanze-Atmosphäre** ist der Motor des Wassertransports durch die Pflanze. Das Wasserpotential Ψ_Z an einer bestimmten Stelle in der Pflanze ist um so negativer, je niedriger das Wasserpotential im Boden ist, je mehr die Schwerkraftwirkung (Ψ_g) zur Geltung kommt, je größer die verschiedenen Übergangs- und Nachleitwiderstände r_i zwischen dem Boden und dem Bezugspunkt z im Sproß sind und je stärker die Pflanze durchströmt wird (Summe der Teilfluxe Σj_i)[635].

$$\Psi_z = \Psi_{\text{Boden}} + \Psi_g + \Sigma^Z_{\text{Boden}} \; j_i \cdot r_i \qquad (4.7)$$

Aus dieser Formel ist abzuleiten, daß ein steiles Potentialgefälle in der Pflanze nur bei starkem Wasserdurchfluß, also bei großer Transpirationsintensität zu erwarten ist (Abb. 4.11 und Abb. 4.12).

Der Weg des Wassers in der Pflanze

Wasser wird in der Pflanze durch Wasserverschiebung von Zelle zu Zelle (*Nahtransport*) und durch Wasserleitung in Xylembahnen

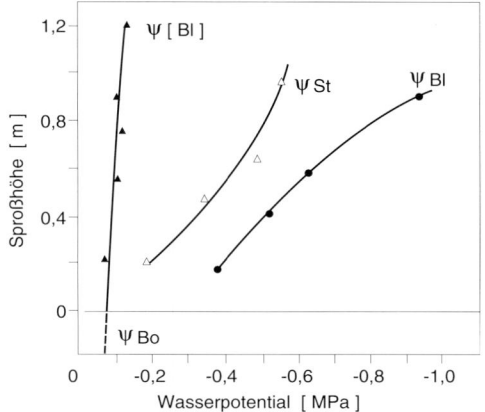

Abb. 4.11. Vertikalgradienten des Blattwasserpotentials (Ψ_{Bl}) und des Wasserpotentials der Sproßachse (Ψ_{St}) in einer Tabakpflanze. Bei hoher Transpirationsintensität herrscht ein breiter, hydrodynamisch bewirkter Gradient entlang des Sprosses. Wird die Transpiration durch Einschließen des Sprosses in eine Plastikumhüllung behindert, so stellt sich ein schmaler hydrostatischer Gradient zwischen dem Boden (Ψ_{Bo}) und den eingeschlossenen Blättern ($\Psi_{[Bl]}$) ein. Nach Begg und Turner (1970).

(*Ferntransport*) entlang dem Wasserpotentialgefälle befördert.

Die **Wasserverschiebung** im Gewebeverband erfolgt entlang dem hydrostatischen Gradienten von Zelle zu Zelle und nach dem Dochtprinzip in den Zellwänden. Mit geeigneten Indikatoren lassen sich der Weg und die Wanderungsgeschwindigkeit des Wassers (Abb. 4.13) sowie eventuelle Ausbreitungshindernisse feststellen. Über das Rindenparenchym der Wurzel gelangt das Wasser bis an die Endodermis. Die Wurzelrinde übernimmt die Aufgabe eines Staubeckens, das kurzfristige Zuflußschwankungen aus dem Boden angleicht. In der Endodermis wird der apoplastische Wandtransport durch hydrophobe Einlagerungen (Caspary'scher Streifen) oder Verholzung der Zellwände unterbunden. Auf diese Weise wird der gesamte Wassereinstrom auf Durchlaßstellen der Endodermis kanalisiert.

Im Zentralzylinder der Wurzel fließt das Wasser in das Fernleitsystem der Pflanze ein, hier geht die Wasserverschiebung in **Wasserleitung** über. Die Parenchymzellen des Zentralzylinders sind der Ursprungsort des *Wur-*

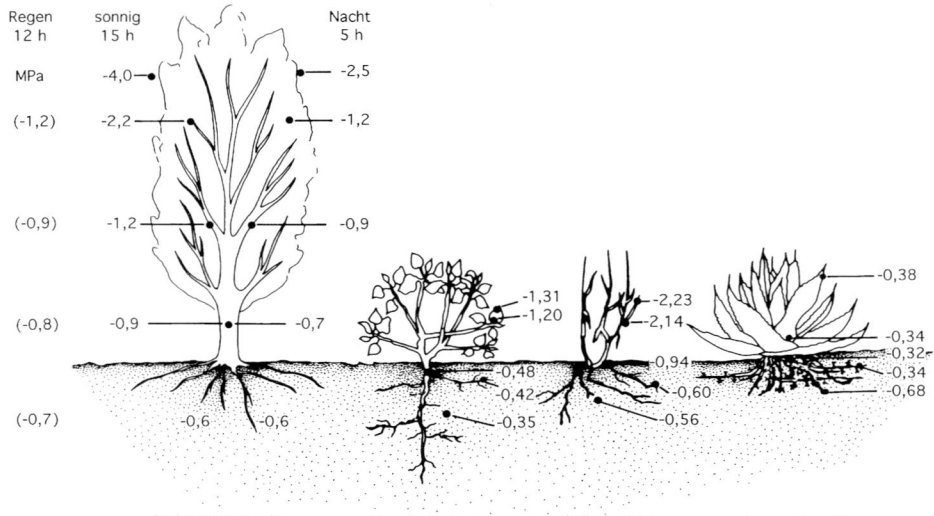

Abb. 4.12. Räumliche Unterschiede im Wasserpotential (MPa) verschiedener Pflanzentypen. *Juniperus scopulorum:* baumförmiger Wacholder in trockenen Gebieten des westlichen Nordamerika im September an einem sonnigen und einem Regentag und bei Nacht. *Encelia farinosa* ist ein C_3-Halbstrauch, *Hilaria rigida* ein C_4-Horstgras und *Agave deserti* eine Blattsukkulente aus Halbwüsten in Kalifornien. Die Wasserpotentiale wurden zur Zeit stärkster Transpiration gemessen. Nach WIEBE et al. (1970), NOBEL und JORDAN (1983).

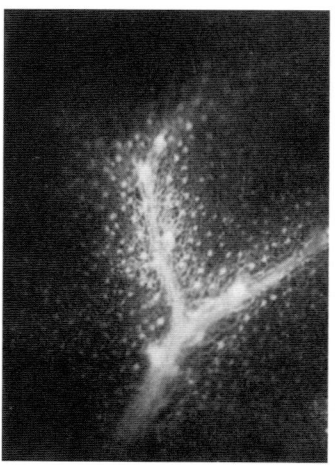
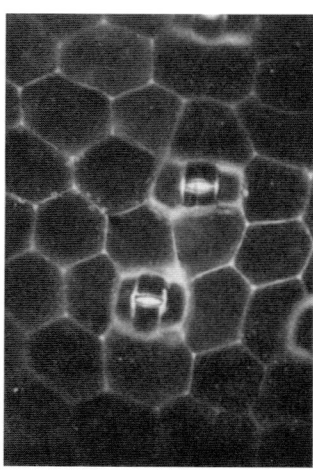

Abb. 4.13. Extrafaszikulärer Wassertransport. *Links:* Aussickern des Wassers vom Gefäßbündel und Wasserverschiebung in die unterseitige Blattepidermis von *Soleirolia soleirolii. Rechts:* Wassertransport in den Antiklinalwänden der unteren Epidermis und in den Wänden der Spaltapparate von *Tradescantia albiflora.* Der Wassertransport in Zellwänden wurde durch apoplastisch wandernde Fluoreszenzfarbstoffe sichtbar gemacht (Berberinsulfat). Nach STRUGGER (1938).

zeldruckes, der entsteht, wenn Wasser (zusammen mit Ionen) in das Gefäßsystem eingeschleust wird. Das Gefäßsystem ist auf rasche Weiterleitung und Verteilung des Wassers in der gesamten Pflanze eingerichtet. Das Wasser wird hauptsächlich als Massenströmung im Gefäßlumen befördert (*vasculäre Gefäßleitung*). Ein Wassertransport in den Zellwän-

den ist auch im Fernleitsystem nachweisbar, er ist aber mengenmäßig unbedeutend. In den Blättern teilen sich die Xylembahnen auf feine Verästelungen auf, an deren tracheidalen Enden das Wasser vom Gefäßbündelparenchym übernommen wird; von dort aus verteilt es sich durch Wasserverschiebung auf die Mesophyllzellen.

Die Durchflußleistung des Transpirationsstromes

Die Wassermenge, die in der Zeiteinheit durch das Leitungssystem befördert wird, hängt ab von spezifischen Eigenschaften des Leitungssystems, wie Leitfläche und Leitungswiderstände, vom physiologischen Zustand der Pflanze (z. B. dem Spaltöffnungszustand) und von den Umweltbedingungen. Der *Wasserdurchsatz* (J^{H_2O}) ist um so größer, je größer die durchströmte Leitfläche (A) und je höher die Strömungsgeschwindigkeit (v) ist

$$J^{H_2O} = v \cdot A \; [kg \cdot s^{-1}] \qquad (4.8)$$

Die **Leitfläche** einer Sproßachse oder eines Blattstiels ist die Summe der Querschnittsflächen aller wasserleitenden Xylemelemente. In den Stämmen und dicken Ästen von Coniferen und Laubbäumen mit zerstreutporigem und kleinporigem (mikroporem) Holz leitet ein breiter Splintholzmantel das Wasser, in der Kernholzzone fließt kein Wasser mehr. Auch die großporigen (makroporen) Hölzer tropischer Bäume verhalten sich so. Im ringporigen (cycloporen) Holz von Eschen, Robinien, Ulmen, Edelkastanien und Eichen der gemäßigten Zone sind nur wenige Jahrringe voll funktionsfähig (Abb. 4.14), der Großteil der Wassermenge wird überhaupt nur im äußersten Jahrring transportiert.

Für den Wasserhaushalt der Gesamtpflanze ist die Angabe der *relativen* Leitfläche aussagekräftiger als jene der Querschnittsfläche. Die **relative Leitfläche** gibt das Verhältnis zwischen der Xylemleitfläche (A_{Xyl}) und der Oberfläche (Blattfläche A_{Bl}) bzw. der Masse (z. B. Frischgewicht der Blätter FG_{Bl}) jener transpirierender Pflanzenteile an, die durch dieses Leitgewebe mit Wasser versorgt werden. Die relative Leitfläche (A_{Xyl}/FG_{Bl})[189,299] ist besonders groß in Pflanzen, die sehr viel Wasser verdunsten: Wüstenpflanzen besitzen durchschnittlich relative Leitflächen von 2–3, extrem auch bis 5–7 mm$^2 \cdot$ g^{-1}. Steppenpflanzen, Kräuter auf sonnigen Standorten, Ericaceenzwergsträucher und mediterrane Holzpflanzen kommen auf Werte zwischen 0,5–2 mm$^2 \cdot$ g^{-1}. Die meisten Bäume der gemäßigten Zone weisen rund 0,5 mm$^2 \cdot$ g^{-1}, Schattenpflanzen rund

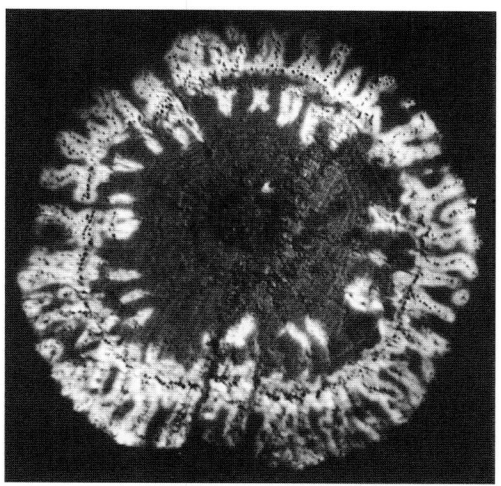

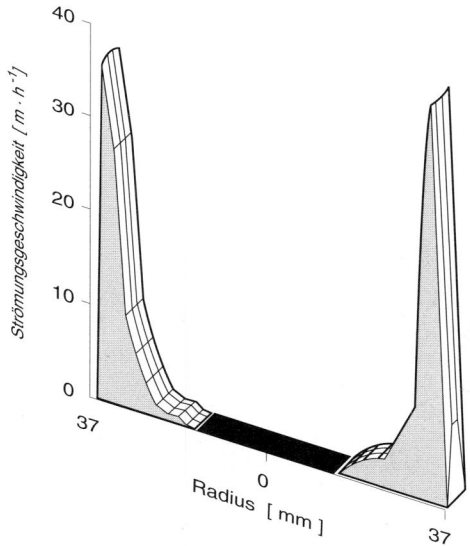

Abb. 4.14.   Vasculäre Wasserleitung im ringporigen Holz der Eiche. *Oben:* Die wasserdurchströmten Bereiche des Hydrosystems der Zweige wurden durch den Fluoreszenzfarbstoff Berberinsulfat markiert. Nach Braun (1970). *Unten:* Geschwindigkeitsprofil des aufsteigenden Transpirationsstroms in einem 8 cm dicken Eichenstamm. Nach Čermák et al. (1992).

0,2 mm$^2 \cdot$ g^{-1} Leitfläche auf. Wasserpflanzen, aber auch Sukkulenten, besitzen besonders kleine Leitflächen von 0,02–0,1 mm$^2 \cdot$ g^{-1}. Die relative Leitfläche ist außerdem auf die Größe der Pflanze abgestimmt und sie paßt sich während des Wachstums modifikativ an die Feuchtigkeitsbedingungen an.

Tab. 4.2 Spezifische Wasserleitfähigkeit des Xylems verschiedener Pflanzentypen (cm² · s⁻¹ · MPa⁻¹). Nach Angaben bei BERGER (1931), HUBER (1956), ZIMMERMANN und BROWN (1974), RAVEN (1977), OGINO et al. (1986) und LÖSCH (1990).

Coniferenholz	5–10
Ericaceenholz	2–10
Immergrüne Laubbäume mit mikroporem Holz	(2)3–15
Sommergrüne Laubbäume mit mikroporem Holz	18–50
Makropore und zyklopore Angiospermenhölzer	100–350
Lianenholz	300–500
Wurzelhölzer sommergrüner Laubbäume	200–1500
Faserwurzeln	1–2
Leitbündel krautiger Pflanzen	30–60(250)

Tab. 4.3 Höchstgeschwindigkeit des Transpirationsstromes (m · h⁻¹) verschiedener Pflanzentypen. Nach Angaben bei BERGER (1931), ROUSCHAL (1938), HUBER (1956), ZIMMERMANN und BROWN (1974), HINCKLEY et al. (1978), RYCHNOVSKÁ et al. (1980), YOSHIKAWA et al. (1986).

Nadelhölzer	1–2
Hartlaubgehölze	1,5–3
Breitlaubige Bäume humider Tropenwälder	(9)18–34
Sommergrüne mikropore Laubhölzer	1–4(6)
Zyklopore Laubhölzer	(6)20–45(60)
Krautige Pflanzen	10–60
Lianen	150

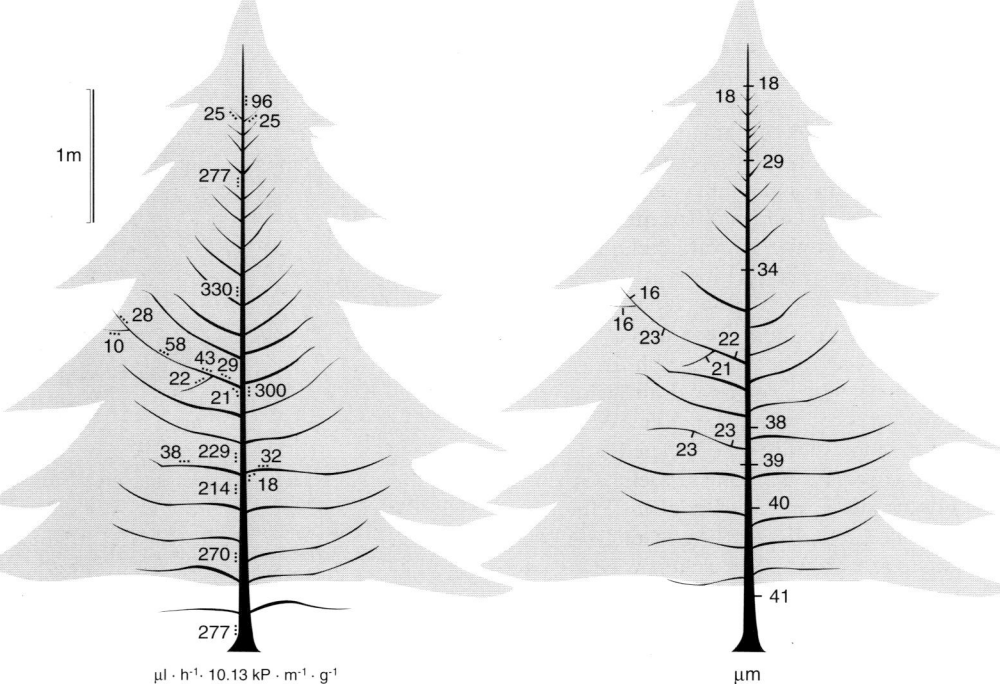

Abb. 4.15.   Räumliche Unterschiede in der blattspezifischen Wasserleitfähigkeit des Xylems (*links*: als µl·h⁻¹ Wasserdurchsatz bei 10 kPa · m⁻¹ · gTS Nadelmasse) und Unterschiede im Durchmesser der Tracheidenlumina (*rechts*: µm) in *Abies balsamea*. Höhenmaßstab: 1 m. Nach EWERS und ZIMMERMANN (1984).

Abb. 4.16. Konstitutionstypen der Transpirationsstromgeschwindigkeit. In der sommergrünen Mannaesche (*Fraxinus ornus*) mit ringporigem Stamm- und Astholz ist die Geschwindigkeit des Transpirationsstromes im Stamm (dicke, durchgehende Linie) sehr hoch und höher als in den Zweigen (strichlierte Linie) und in der zerstreutporigen Wurzel (*). Diese Reihenfolge in den Strömungsgeschwindigkeiten (Stamm >Zweige) hat HUBER (1956) als „Eichentyp" bezeichnet. Der Ölbaum (*Olea europaea*) gehört ebenfalls diesem Typ an, jedoch fließt der Transpirationsstrom durch das zerstreutporige und englumige Holz sehr viel langsamer als in ringporigen Bäumen. Der Lorbeer (*Laurus nobilis*) gehört zum „Birkentyp" nach HUBER (Strömungsgeschwindigkeit: Stamm <Zweige). Alle Messungen an sonnigen Julitagen in Istrien. Nach ROUSCHAL (1938).

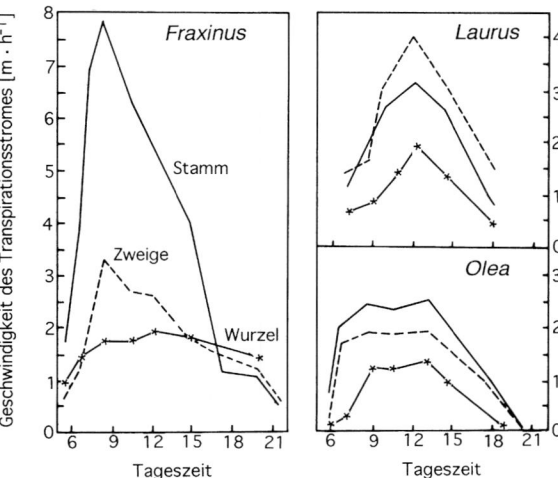

Bei gleicher Leitfläche hängt die **spezifische Leitfähigkeit** von den Gefäßdurchmessern und von der Art der Gefäßdurchbrechungen ab. Entsprechend dem Hagen-Poiseuille'schen Gesetz ist die Leitfähigkeit der vierten Potenz des Radius einer Röhre proportional. Gefäßbahnen mit engem Lumen und hohen Filtrationswiderständen (Coniferentracheiden, Gefäße mit leiterförmigen und blendenförmigen Durchbrechungen) verringern die spezifische Leitfähigkeit. Die spezifische Wasserleitfähigkeit von Nadelhölzern ist daher halb so groß wie die von immergrünen Laubhölzern und diese wieder halb so groß wie die sommergrüner Laubhölzer (Tab. 4.2). Die Wurzeln mit ihren weitlumigen Gefäßen und Lianen leiten Wasser besonders gut. Auch die spezifische Leitfähigkeit kann auf die zu versorgenden Blätter bezogen werden (*blattspezifische Leitfähigkeit*[299,895]). In Bäumen ist die blattspezifische Leitfähigkeit im Stamm am größten, in Ästen wird sie ab der Ansatzstelle stark verringert (Abb. 4.15). Der Wasserfluß durch das Achsensystem der Bäume wird somit durch anatomische Differenzierung des Holzkörpers wie über Reduzierventile eingestellt.

Die maximal mögliche **Geschwindigkeit des Transpirationsstromes** ist je nach Pflanzentyp und anatomischer Ausstattung des Gefäßsystems verschieden (Tab. 4.3 und Abb. 4.16). Zwischen verschiedenen Stellen der

Pflanze (Zweige, Stamm und Wurzel) und auch innerhalb des Achsenquerschnitts (Spitzenstrom in den weitlumigen Gefäßen, langsamerer Massenstrom im übrigen Xylem) gibt es Unterschiede in der Strömungsgeschwindigkeit. Solange die Wasseraufnahme nicht behindert ist, nimmt die Geschwindigkeit des Xylemstroms mit der Transpirationsintensität zu. In größeren Bäumen beginnt die Wasserbewegung am Morgen im Wipfel und an den Zweigspitzen und zieht die Wasserfäden an der Stammbasis nach. Dann beginnt der Transpirationsstrom rasch zu fließen und erreicht bald nach Sonnenaufgang Höchstwerte. Am Abend wird der Transpirationsstrom langsamer, doch bis tief in die Nacht hinein kann ein schwacher Wasserzufluß in die Stämme erfolgen, durch die sie ihre Wasserreserven wieder auffüllen.

Entsprechend der Formel 4.8 verhält sich die *aktuelle* Transpirationsstromgeschwindigkeit (v) linear proportional zur flächenbezogenen Transpirationsintensität (Tr, als Wasserdurchsatz J^{H_2O} durch das Blatt) und reziprok zur relativen Leitfläche (A_{Xyl}/A_{Bl}):

$$v = \frac{Tr}{A_{Xyl}/A_{Bl}} \ [m \cdot s^{-1}] \qquad (4.9)$$

Der Transpirationsstrom stellt sich außerordentlich schnell auf die Transpirationsintensität ein, so daß er auch kurzfristige Verdun-

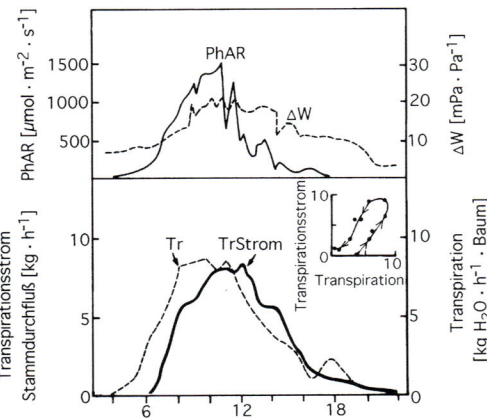

Abb. 4.17. Verlauf des Wasserdurchflusses durch eine 16 m hohe Fichte in Mähren an einem Sommertag. Stammdurchfluß (*TrStrom*): Wasservolumen pro Zeiteinheit, entsprechend dem Produkt aus Transpirationsstromgeschwindigkeit und durchströmter Querschnittsfläche. Kronentranspiration *Tr* (südseitig) in Abhängigkeit von der Strahlung (PhAR) und der Wasserdampfdruckdifferenz (ΔW) zwischen den Nadeln und der Atmosphäre. Die Schleifenkurve in der eingefügten Abbildung zeigt eine Verzögerung des Wasserdurchflusses im Stamm gegenüber der Wasserverdunstung durch die Nadeln. Nach Schulze et al.(1985).

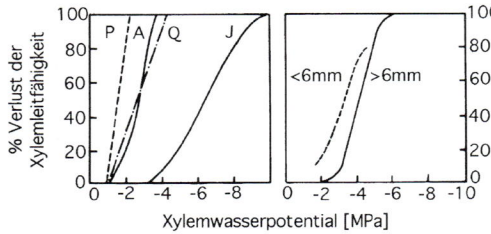

Abb. 4.18. Verminderung der Wasserleitfähigkeit des Holzkörpers von (P) *Populus deltoides,* (A) *Abies balsamea,* (Q) *Quercus rubra* und (J) *Juniperus virginiana* durch Luftembolien bei Verschlechterung des Xylemwasserpotentials. Rechte Abbildung: Größere Anfälligkeit der dünneren Zweige von *Acer saccharum.* Nach Tyree und Sperry (1989) und Tyree und Ewers (1991).

stungsschwankungen widerspiegelt und man aus Registrierung der Strömungsgeschwindigkeit in Baumstämmen auf das Transpirationsverhalten der gesamten Baumkrone schließen kann (Abb. 4.17).

Unter erhöhter Anspannung des Wassertransportsystems (z. B. bei Nachleitschwierigkeiten aufgrund von Dürre und Bodenfrost), durch mechanische Belastungen (z. B. Schütteln und Verbiegen der Sprosse im Wind), beim Gefrieren und Auftauen des Wassers in den Leitbahnen und infolge von Verletzungen, kann der **Kohäsionszug** plötzlich abreißen. Es tritt dann durch den Zusammenbruch des Unterdruckes (*Cavitation*) Luft in die Gefäße ein, die lokale Unterbrechungen (*Embolien*) im Xylemstrom verursachen (Abb. 4.18). Bis zu ihrer Auflösung durch erneutes Auffüllen des Gefäßbereiches behindern Embolien den Wassernachschub. Hölzer mit hoher spezifischer Xylemleitfähigkeit sind für Embolien anfälliger als solche mit englumigen Leitelementen: In großporigen und ringporigen nordamerikanischen Hölzern verringerte sich im Spätwinter die hydraulische Leitfähigkeit im Durchschnitt um 55% der sommerlichen Kapazität, in zerstreutporigen um 17% und in Coniferenhölzern nur geringfügig (0–8%)[846]. Auch in krautigen Arten treten Embolien auf.

Eine **Wasserbewegung im Holzkörper** der Bäume kann auch durch osmotisch bedingte Wasserverschiebung in Gang gehalten werden, wenn das Potentialgefälle zwischen Pflanze und Atmosphäre äußerst flach ist. Solche Situationen treten beim Saftsteigen vor der Laubentfaltung sommergrüner Bäume im Frühjahr auf, außerdem in Bäumen der Regen- und Nebelwälder bei feuchtegesättigter Luft. Durch die Mobilisierung der in Holzstrahlen und im Kontaktparenchym gespeicherten Stärke und die Ausschüttung löslicher Kohlenhydrate in die Gefäße setzt sich ein Wasserfluß entlang von osmotischen Gradienten in Bewegung.

4.3.3 Die Wasserabgabe

Die Pflanze entläßt Wasser in Dampfform (*Transpiration*) und gelegentlich auch in flüssiger Form (*Guttation*). Als Haushaltsgröße ist die Guttation mengenmäßig bedeutungslos, im folgenden ist daher unter Wasserabgabe stets die Transpiration gemeint.

4.3.3.1 Evaporation: Die Verdunstung von feuchten Oberflächen

Eine freie Wasserfläche gibt in der Zeiteinheit pro Flächeneinheit um so mehr Wasserdampf ab, je steiler das *Dampfdruckgefälle* zur Luft ist. Ein Dampfdruckgefälle entsteht, wenn an der Verdunstungsfläche der Wasserdampfgehalt der Luft ($mol \cdot m^{-3}$ oder $g \cdot m^{-3}$) höher ist als in einiger Entfernung von dieser Fläche. Er ist hoch, wenn die verdunstende Fläche gut wasserversorgt und wärmer als die Luft ist. Starke Sonneneinstrahlung und die damit verbundene *Oberflächenerwärmung* führt also zu einem steileren Dampfdruckgradienten und damit zu rascherer Verdunstung (Abb. 4.19).

Eine Verdunstung bei unbegrenzter Wassernachführung und unbehinderter Abdiffusion des Wasserdampfes nennt man *potentielle Verdunstung* oder *Evaporationsvermögen*. Die potentielle Verdunstung erreicht in den subtropischen Trockengebieten 10–15 $mm \cdot d^{-1}$ (= kg $H_2O \cdot m^{-2}$ Grundfläche $\cdot d^{-1}$), in Gebieten mit mediterranem Klima während der Trockenzeit 5–6 $mm \cdot d^{-1}$, in der Äquatorialzone 3–4 $mm \cdot d^{-1}$. In der gemäßigten Zone beträgt die potentielle Verdunstung an Schönwettertagen im Sommer bis zu 4 $mm \cdot d^{-1}$, im Durchschnitt über die Vegetationsperiode rund 2 $mm \cdot d^{-1}$ und im Winter nur 0,1–0,2 $mm \cdot d^{-1}$.

Die tatsächliche, *aktuelle Verdunstung* von feuchten Oberflächen (Boden) ist meist geringer als die potentielle Verdunstung, weil Wasser kaum jemals völlig ungehindert nachströmt.

4.3.3.2 Transpiration als physikalischer Vorgang

Die Transpiration der Pflanzen folgt den Gesetzmäßigkeiten der Wasserverdunstung von feuchten Oberflächen. Wasser verdunstet von der gesamten äußeren und von allen inneren Oberflächen der Pflanze, die mit Luft in Berührung kommen. Diese sind bei Thallophyten die Außenflächen des Vegetationskörpers, bei Sproßpflanzen die cutinisierten Epidermisaußenwände (*cuticuläre Transpiration*) und verkorkte Oberflächen (*perider-*

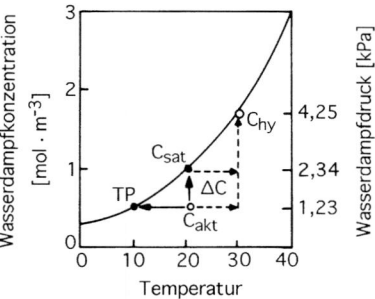

Abb. 4.19.   Wasserdampfgehalt der Luft bei verschiedenen Temperaturen und Dampfdruckgradienten zwischen ungesättigter und gesättigter Luft bei gleicher Temperatur ($\Delta C = C_{sat}-C_{akt}$) und zwischen einer besonnten feuchten Oberfläche (z. B. hydratisierter Thallophyt oder Blattmesophyll) und der umgebenden Luft. Ablesebeispiel: Bei 20 °C enthält dampfgesättigte Luft (C_{sat}) 0,96 mol$H_2O \cdot m^{-3}$ bzw. 17,3 g$H_2O \cdot m^{-3}$. Die aktuelle Wasserdampfkonzentration (C_{akt}) bei dieser Temperatur sei 0,52 mol $\cdot m^{-3}$, somit beträgt die relative Luftfeuchte 53,7%. Bei Abkühlung auf 10 °C genügt diese Wasserdampfkonzentration für die Sättigung (Taupunkt TP). Werden Pflanzen durch Strahlungsabsorption gegenüber der umgebenden Luft um 10 K überwärmt, so vergrößert sich der Konzentrationsgradient zwischen der verdunstenden Oberfläche (C_{hy}) und der ungesättigten Luft (C_{akt}). Pflanzen, die bei Isothermie in dampfgesättigter Luft nicht transpirieren, verdunsten bei Überwärmung nach Maßgabe des Wasserdefizits $C^{30}_{hy}-C^{20}_{sat}$.

male Transpiration). Im Inneren der Pflanzenorgane verdunstet Wasser von der Oberfläche der Zellen, die an Interzellularen grenzen. Dort geht das Wasser zunächst von der flüssigen Phase in die Dampfphase über, dann entweicht der Wasserdampf durch die Spaltapparate ins Freie (*stomatäre Transpiration*). Von der Körperoberfläche der Pflanzen diffundiert der Wasserdampf in die anliegende Luftschicht (Grenzschicht) und in den freien Luftraum (Abb. 4.20).

Außenfaktoren beeinflussen die Transpiration in dem Maße, in dem sie die *Steilheit des Wasserpotentialgefälles* zwischen Pflanzenoberfläche und umgebender Luft verändern. So steigt die Transpirationsintensität mit zunehmender *Lufttrockenheit* und *Temperatur* an (Abb. 4.21 und Abb. 4.22). Durch strahlungsbedingte Überwärmung der Blätter kommt eine beachtliche Transpiration auch bei hoher Luftfeuchtigkeit, ja sogar bei Feuch-

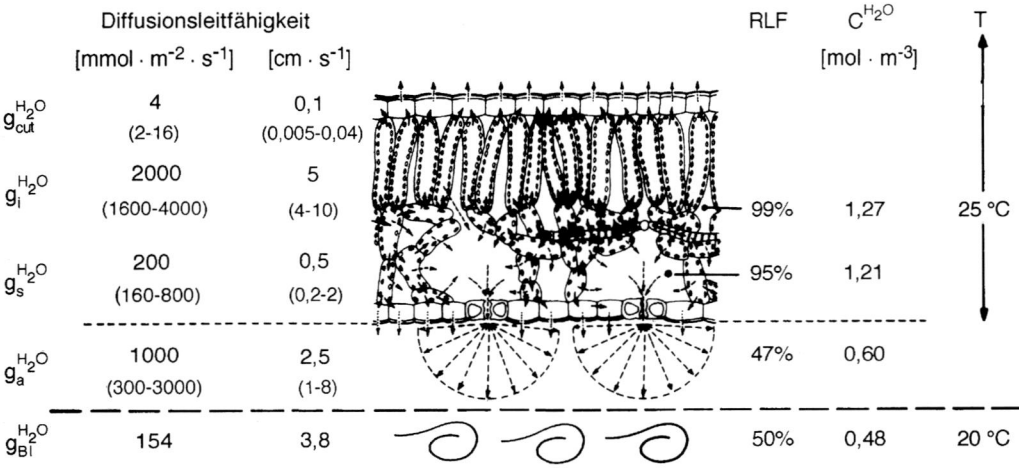

Abb. 4.20.   Schema der Vorgänge bei der Transpiration eines Blattes. Pfeile: Verteilung des Wassers im Gewebe, Verdunstung in die Interzellularen und durch die Cuticula, Wasserdampfaustritt durch die Spaltapparate, Wasserdampfkuppen in der blattnahen Grenzschicht. *Rechts:* Relative Luftfeuchtigkeit (RLF) und Wasserdampfkonzentration (C^{H_2O}) im Interzellularensystem, in der Atemhöhle, in der Grenzschicht und im Bereich turbulenter Luftbewegung. *Links:* Typische Durchschnittswerte und Variationsbreiten der Diffusionsleitfähigkeit für Wasserdampf: $g^{H_2O}_{cut}$ = cuticulare, $g^{H_2O}_i$ = interzellulare, $g^{H_2O}_s$ = stomatäre, $g^{H_2O}_a$ = blattnahe und $g^{H_2O}_{Bl}$ = gesamte Blattleitfähigkeit. Nach NULTSCH (1991) und NOBEL (1991a).

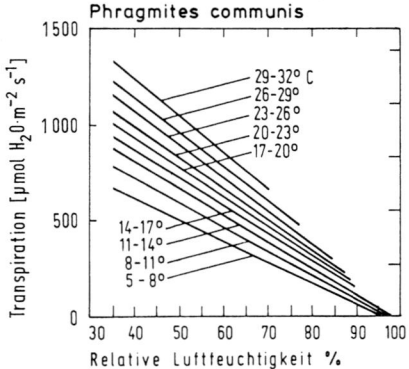

Abb. 4.21.   Uneingeschränkte   Transpiration   der Blätter von Schilfpflanzen in Abhängigkeit von der relativen Luftfeuchtigkeit und der Lufttemperatur. Nach BURIAN (1973).

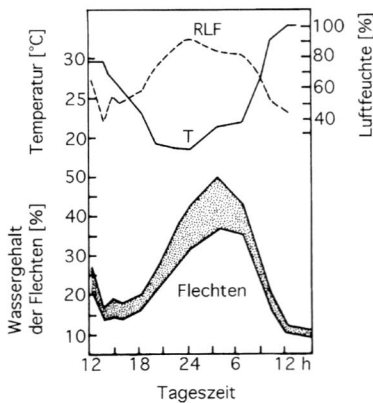

Abb. 4.22.   Wassergehaltsänderungen in einer Flechtengesellschaft und Verlauf der Thallustemperatur und der relativen Luftfeuchte während des Tages und in der Nacht. Die Bandbreite umfaßt Werte für fünf nordische *Cladonia*-Arten. Nach HEATWOLE aus KERSHAW (1985).

tesättigung der Luft zustande, was in humiden Regionen für den Wasser- und Stofftransport in der Pflanze wichtig ist. *Wind* trägt die stark überfeuchtete Dampfhaut, die der Epidermis anhaftet, ab und bringt neue, ungesättigte Luft an die verdunstende Oberfläche

heran. Der Grenzschichtwiderstand (siehe Abb. 2.15) ist bei Windstille für großflächige Blätter, z. B. Bananenblätter, dreimal so hoch wie für kleine, zerteilte oder nadelförmige Blätter. Diese Unterschiede gleichen sich mit zunehmender Windstärke aus: Ab einer

Windgeschwindigkeit von etwa 2 m · s⁻¹ ist der Grenzschichtwiderstand kleiner als 0,5 s · cm⁻¹; er fällt dann gegenüber dem stomatären Diffusionswiderstand nur wenig ins Gewicht. In geschlossenen Pflanzenbeständen, dichten Baumkronen, Horsten und Polstern ist der Wind weitgehend abgeschwächt und die Transpiration herabgesetzt.

Maximale Transpiration
Die maximale Transpiration ist die uneingeschränkte Verdunstungsintensität von Pflanzen unter der am natürlichen Standort *regelmäßig vorkommenden Evaporationsbelastung.* Durchschnittliche Höchstwerte der Transpiration von Kormophyten bei geöffneten Spalten sind in der Tab. 4.4 zusammengestellt. In Tangen, Flechten und Moosen hängt die Verdunstung bei vollständiger Durchtränkung hauptsächlich von morphologischen Eigentümlichkeiten ab, z. B. vom Oberflächen / Volumen-Verhältnis, von der Oberflächenstruktur, der Verzweigungsdichte und einer Polsterbildung.

Die Maximalwerte der Transpiration lassen Zusammenhänge mit Wuchs- und Lebensformen (krautige Dicotylen und Gräser, immergrüne und laubabwerfende Holzpflanzen, Sukkulenten) und standortsökologischen Verbreitungstypen (Schwimmpflanzen, Sumpfpflanzen, Schattenpflanzen und Pflanzen sonniger und trockener Standorte) erkennen. Höchste Transpirationsintensitäten zeigen Hochstauden in Flußauen des nordöstlichen Asiens und Sumpf- und Schwimmpflanzen. Auch krautige Pflanzen sonniger Standorte verbrauchen viel Wasser. Schattenkräuter und laubabwerfende Bäume transpirieren nur halb so stark, Nadelbäume und Hartlaubgewächse noch schwächer. Unter gleichen Evaporationsbedingungen wären die meisten Sukkulenten an das Ende der Reihe zu stellen; auf ihren natürlichen, strahlungsreichen Standorten sind sie jedoch einer viel größeren Verdunstung ausgesetzt als Pflanzen in geschlossenen Beständen und in luftfeuchteren Gebieten. Die auffallend niedrigen Transpirationsmaxima der Regen- und Nebelwaldbäume im Vergleich zu temperaten Waldbäumen beruhen ebenfalls auf den speziellen Verdunstungsbedingungen, in die-

Tab. 4.4 Maximale Gesamttranspiration von Blättern morphologisch und ökopysiologisch verschiedener Pflanzentypen und von Sproßoberflächen blattloser Sukkulenten unter standörtlichen Evaporationsbedingungen. Richtwerte nach Angaben in Originalarbeiten zahlreicher Autoren. Die Transpirationsintensität ist auf die einfache Oberfläche bezogen und in μmol H_2O · m⁻²·s⁻¹ angegeben.

Pflanzentyp	Gesamttranspiration bei geöffneten Spalten
Humide Tropen	
Regenwaldbäume	bis 1800
Nebelwaldbäume	400(2000–3000)
Lianen	bis 2000
Semiaride Tropen	
Palmen	1200–1800(2800)
Trockenbüsche	800–1400(2000)
Mangrovesträucher	600–1800
Sträucher und Halbsträucher subtropischer Wüsten	2800–7000(10000)
Mediterrane Hartlaubarten	(600)1500–3000(4000)
Sommergrüne Waldbäume der gemäßigten Zone	
Lichtholzarten	(1500)2500–3700
Schattholzarten	(780)1200–2200
Immergrüne Coniferen	1400–1700
Zwergsträucher	
Tundra	150–450
Alpine Heiden	1800–3000
Krautige Dicotyledonen	
Hochstauden	9000–11000(16000)
Sonnenkräuter	5200–7500
Schattenkräuter	1500–3000
Gebirgspflanzen	(1500)3000–6000
Gräser, Seggen und Binsen	
der Tundra	200–350
in Wiesen	3000–4500
Schilf, Röhricht	5000–10000
auf trockenen Standorten	(1800)4500(9300)
auf Küstendünen	2000–4000
Wüstenpflanzen	1000–5000(8000)
Halophyten	1200–2500(4500)
Sukkulenten	
Blattsukkulenten	800–1800
Kakteen	600–1800
Schwimmpflanzen	5000–12000

sem Fall auf besonders geringer Evaporationsbelastung in ihrem Lebensraum.

Die Transpiration als Diffusionsprozeß

Der Wasserdampf entweicht aus den Geweben der Pflanze durch Diffusion und durch Massenfluß (bei Luftdruckunterschieden in den Interzellularen). Faßt man den Verdunstungsvorgang als Diffusionsprozeß auf, so ergibt sich die Transpirationsintensität (Tr als *Durchsatz* J^{H_2O}) aus dem Produkt von *Dampfdruckdifferenz* (ΔC^{H_2O}, ausgedrückt als Menge H_2O pro Volumen, $g \cdot m^{-3}$ oder $mol \cdot m^{-3}$) und *Diffusionsleitfähigkeit* für Wasserdampf (g^{H_2O}, ausgedrückt als $cm \cdot s^{-1}$ oder $mmol \cdot m^{-2} \cdot s^{-1}$):

$$J^{H_2O} = g^{H_2O} \cdot \Delta C^{H_2O} \quad [mmol\, H_2O \cdot m^{-2} \cdot s^{-1}] \quad (4.10)$$

Die Transpirationsintensität wird als Wasserabgabe pro Oberflächeneinheit (bei Blättern oft auf die gesamte, also oberseitige *und* unterseitige Blattoberfläche und nicht nur auf die projizierte Blattfläche bezogen) und Zeiteinheit angegeben.

Die Diffusionsleitfähigkeit g^{H_2O} ist der Kehrwert zu den Diffusionswiderständen („Transpirationswiderstände"[718]). In Blättern setzt sich der Diffusionswiderstand für Wasserdampf aus dem Grenzschichtwiderstand, dem cuticulären und dem stomatären Diffusionswiderstand zusammen (siehe Abb. 4.20). Die parallel angeordneten stomatären und cuticulären Widerstände werden als *Blattwiderstand* (r_{Bl}) zusammengefaßt. Daraus ergibt sich:

$$\frac{1}{r_{Bl}} = \frac{1}{r_s} + \frac{1}{r_{cut}} \quad (4.11)$$

oder

$$g^{H_2O}_{Bl} = g^{H_2O}_s + g^{H_2O}_{cut}$$

$$[mmol \cdot m^{-2} s^{-1} \text{oder } cm \cdot s^{-1}] \quad (4.12)$$

Die Blattleitfähigkeit für Wasserdampf, $g^{H_2O}_{Bl}$, nimmt mit der Spaltweite linear zu. Die **maximale stomatäre Leitfähigkeit** ist auf anatomische Besonderheiten wie Größe, Bau (Abb. 4.23), Anordnung und Dichte der Spaltapparate der einzelnen Pflanzen (Arten, Sorten, Provenienzen, auch Individuen) rückführbar und daher eine spezifische Kenngröße für das maximale Transpirationsvermögen. Besonders hohe Diffusionsleitfähigkeit ist bei Kulturpflanzen und Heliophyten zu finden ($1–2,5\ cm \cdot s^{-1}$), Gräser weisen Werte zwischen 0,8 und $2\ cm \cdot s^{-1}$ auf (C_4-Gräser eher höher als C_3-Wildgräser), es folgen Laubbäume und Sträucher ($0,3–1\ cm \cdot s^{-1}$), die geringsten Leitfähigkeitswerte bei offenen Spalten zeigen skleromorphe und sukkulente Blätter sowie Coniferennadeln ($0,2–0,5\ cm \cdot s^{-1}$)[371]. In Coniferennadeln setzt der lockermaschige Wachspfropf im Vorhof der Spaltapparate die Wasserdampfdiffusion auf ein Drittel der sonst möglichen herab. Blüten haben in der Regel wenige oder gar keine (z. B. tropische Orchideen, Rosensorten) oder funktionslose Stomata, sie verlieren langsamer Wasser als die Laubblätter.

Bei der **cuticulären** Transpiration diffundieren die Wassermoleküle durch die cutinisierten Schichten der Epidermisaußenwand durch die Cuticula und durch epicuticulare Wachsschichten. Man kann die cuticuläre Transpiration daher als eine Diffusion durch hydrophobes Medium auffassen. Die cuticuläre Durchlässigkeit für Wasserdampf, $g^{H_2O}_{cut}$, ist sehr gering. Richtwerte für zarte Blätter sind $0,01–0,03\ cm \cdot s^{-1}$, für Blätter und Nadeln mit dichtem Transpirationsschutz $0,002–0,005\ cm \cdot s^{-1}$. Auf die Ausbildung und Wirksamkeit der Oberflächenabdichtung haben die Wachstumsbedingungen und Umwelteinflüsse großen Einfluß: Bei Luft- und Bodentrockenheit herangewachsene Pflanzen besitzen Blätter mit dickeren Cuticularschichten und dichteren Wachsauflagen als bei hoher Luftfeuchtigkeit entwickelte Pflanzen. Bei Entquellung und Austrocknung der Epidermisaußenwand rücken die hydrophoben Schichten dichter aneinander, wodurch sich der cuticuläre Diffusionswiderstand verdoppelt. Bei niedrigen Temperaturen sinkt, bei höheren Temperaturen erhöht sich die Durchlässigkeit der cuticularen Schichten als Folge von Dichteveränderungen und Phasenübergängen. Saure Niederschläge zerstören Wachsschichten und den cuticularen Schutz der Blätter und Nadeln.

Die Intensität der **peridermalen** Transpiration durch die Oberfläche *verkorkter* Sproßachsen und Wurzeln hängt vom Aufbau des

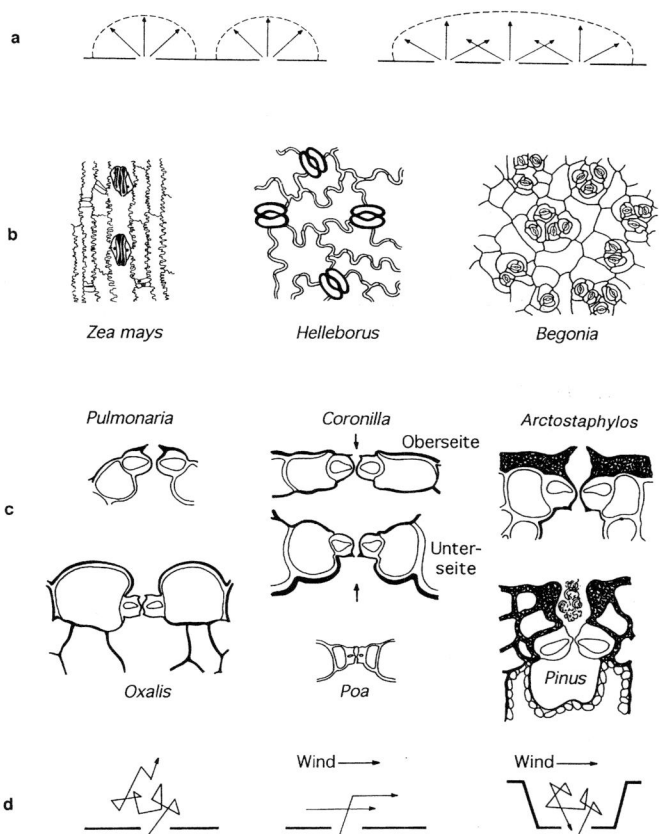

Abb. 4.23. Variabilität der Spaltapparate und Wasserdampfdiffusion. **a**: *Oben links*: Über einzelne Spaltapparate mit weitem Abstand bilden sich Wasserdampfkuppen, aus denen die Wassermoleküle leicht in alle Richtungen hinausdiffundieren. *Oben rechts*: Über eng angeordnete Stomatagruppen verfließen die Diffusionshöfe ineinander, daher ist der Übertritt der Wassermoleküle in die freie Atmosphäre behindert. **b**: Verteilung der Spaltapparate an der Blattoberfläche: *Zea mays*, Grastyp mit serialer Anordnung der Stomata; *Helleborus foetidus*, häufigster Dicotyledonentyp mit gleichmäßig verteilten Spaltapparaten; *Begonia semperflorens* mit gehäuft gruppierten Spaltapparaten. **c**: Mediane Querschnitte durch Spaltapparate verschiedener Pflanzentypen: *Pulmonaria officinalis*, Schattenpflanze mit erhöhten Schließzellen (häufig auch bei Hygrophyten und Schwimmpflanzen); *Oxalis acetosella*, Schattenpflanze mit gutem An-passungsvermögen an helle Standorte, Schließzellen in sukkulenter Epidermis eingesenkt; *Coronilla varia*, heliophiler Wiesenmesophyt mit amphistomatisch verteilten Stomata und unterschiedlicher Ausgestaltung an der Blattoberseite und der Blattunterseite; *Poa annua*, charakteristische Gestalt des Spaltapparates der Gräser und Seggen mit parallel gestellten Schließzellen (englumiges Mittelstück) und breiten, dünnwandigen Nebenzellen; *Arctostaphylos uva ursi*, wandverdickter Spaltapparat skleromorpher Blätter; *Pinus merkusii*, Koniferentyp mit tief versenkten Schließzellen und Wachspfropfen im Stomataeingang. **d**: Diffusionswege der Wassermoleküle nach Verlassen des Zentralspalts bei Windstille (links), bei Wind (Mitte) und bei Bewindung von Blättern mit vertieften Spalten (rechts). Nach HABERLANDT (1924), ESAU (1953), OEHLKERS (1956), PISEK et al. (1970), BRAUNE et al. (1987) und MAUSETH (1988).

Periderms, der Häufigkeit und Durchlässigkeit der Lentizellen und von eventuell vorhandenen Rissen in der Borke ab. Deshalb geben Äste und Stämme von Pappel, Eiche, Ahorn und Kiefer mehr Wasser ab als jene von Fichte, Buche und Birke mit glatter und dichter Borke (Abb. 4.24). Für Bäume der gemäßigten Zone liegt die peridermale Transpi-

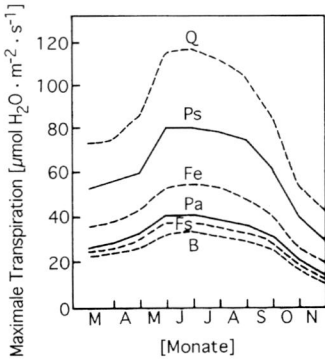

Abb. 4.24.   Peridermale Transpiration von Waldbäumen der gemäßigten Zone mit unterschiedlichem Bau der Rinde und des Abschlußgewebes. Q = *Quercus robur*, Ps = *Pinus sylvestris*, Fe = *Fraxinus excelsior*, Pa = *Picea abies*, Fs = *Fagus sylvatica*, B = *Betula pendula*. Die Transpirationswerte gelten für Temperaturverhältnisse am Standort und vollkommen trockene Luft (maximales Evaporationsvermögen). Nach GEURTEN (1950).

ration im Sommer in der Größenordnung von 15–150 μmol H_2O · m^{-2} · s^{-1}, d.i. etwa 1% der freien Verdunstung. Über die peridermale Transpiration glattrindiger Bäume der feuchten Tropen und von dickborkigern Holzpflanzen der Trockengebiete fehlen noch vergleichende Untersuchungen.

4.3.3.3 Die Transpiration als physiologisch regelbarer Vorgang

Eine strenge Abhängigkeit der Transpiration von den Verdunstungsbedingungen besteht nur, solange die Spaltapparate ihre Öffnungsweite nicht ändern, also bei *konstant* offenen oder bei geschlossen bleibenden Spalten. Nur unter diesen Voraussetzungen ist die abgegebene Wassermenge dem Evaporationsvermögen proportional. Durch **Regulation der Spaltöffnungsweite** ist die Pflanze imstande, ihre Transpiration entsprechend den Möglichkeiten und Bedürfnissen ihres Wasserhaushaltes modulativ zu adaptieren. Spaltweitenänderungen sind *porometrisch* quantitativ nachweisbar.

Ein Eingreifen physiologischer Regelmechanismen läßt sich auch daran erkennen, daß die Transpirationsintensität der Evaporationsbelastung nicht mehr folgt (Abb. 4.25).

Auslöser für temporäre Spaltenreduktionen sind Helligkeitsabfall, trockene Luft (vor allem in Verbindung mit Wind), mangelnde Wasserversorgung, extreme Temperaturen und toxische Gase.

Die *Ansprechschwelle*, die *Geschwindigkeit* und die *Wirksamkeit* der stomatären Regulation ist pflanzenspezifisch und je nach Standortsanpassung verschieden. Schattenpflanzen verengen schon bei geringem Wassermangel die Spaltöffnungen und vollziehen den Schließvorgang schnell. Krautige Sonnenpflanzen drosseln die stomatäre Transpiration erst viel später und auch dann erfolgt der Schließvorgang zögernd.

Verschiedene Arten und Genotypen, aber auch die Blätter der selben Pflanze reagieren je nach Alter (abweichendes Spaltenverhalten während der Entfaltung und in der Seneszenz), Ausprägung (abnormes Verhalten bei Aufwuchs unter dauernd hoher Luftfeuchtigkeit) und ihrer Lage am Sproß recht unterschiedlich.

Die spezifische **Wirksamkeit des Schließvorganges** wird durch die *Modulationsamplitude der Transpiration*, d. i. das Verhältnis zwischen uneingeschränkter Gesamttranspiration und cuticulärer Transpiration, erfaßt. Bei Pflanzen schattiger und feuchter Standorte macht die cuticuläre Transpiration im Durchschnitt ein Drittel der Gesamttranspiration aus. Bei Hartlaub, immergrünen Coniferennadeln und Wüstensträuchern wird durch das Schließen der Spalten die Wasserabgabe auf 3–10%, bei Sukkulenten auf 1–2% der maximalen Transpiration gedrosselt. Das bedeutet, daß bei den mit dem besten Transpirationsschutz ausgestatteten Pflanzenformen das cuticuläre Transpirationsvermögen auf 0,1–0,05% der potentiellen Evapotranspiration einer feuchten Oberfläche herabgesetzt wird[600]. Diese Verhältniszahlen ergeben sich aus Bestimmungen unter den standörtlichen Verdunstungsbedingungen. Zu einer von momentanen Witterungsbedingungen unabhängigen Charakterisierung bestimmter Pflanzenarten, -sorten und Anpassungszustände wird die Wirksamkeit des Spaltenschließens besser durch das Verhältnis der cuticulären Diffusionsleitfähigkeit zur Gesamtleitfähigkeit $g_{cut}^{H_2O}/g_{Bl}^{H_2O}$ ausgedrückt.

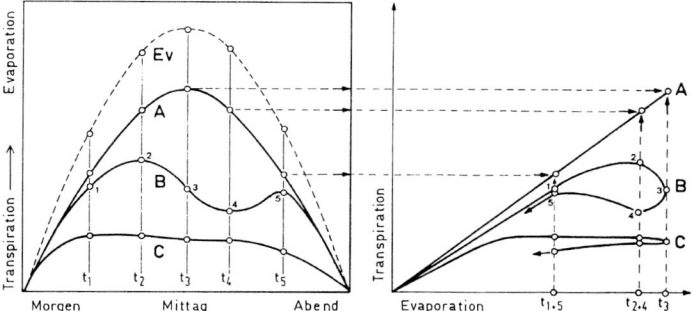

Abb. 4.25. *Links:* Schema des Tagesverlaufs der (A) uneingeschränkten Transpiration einer gut wasserversorgten Pflanze, (B) einer Pflanze bei mittags angespannter Wasserversorgung und (C) einer Pflanze mit gleitender Regulation der stomatären Transpiration, im Vergleich zur potentiellen Evaporation (Ev). *Rechts:* Transpiration-Evaporation-Diagramm zur linken Abbildung. Zu jedem Evaporationswert ist die zeitlich zugehörige Transpirationsintensität eingetragen. Bei uneingeschränkter Transpiration folgt diese dem Verlauf der potentiellen Evaporation, es ergibt sich eine Gerade. Bei eingeschränkter Transpiration sinkt der Transpirationswert vom Zeitpunkt t_2 zum Zeitpunkt t_3, obwohl die Evaporation gleichzeitig ansteigt; dadurch ergibt sich eine Schleifenkurve. Jede Ablenkung im Tr-Ev-Diagramm von der Diagonalen weist auf eine stomatäre Regulation der Transpiration hin. Die potentielle Evaporation ist im Verhältnis 1:10 verkleinert dargestellt (W. Larcher).

4.3.4 Die Wasserbilanz der Pflanze

4.3.4.1 Die Bilanz als Fließgleichgewicht

Wasseraufnahme, Wasserleitung und Wasserabgabe sind die Grundvorgänge des Wasserhaushalts, die – wenigstens langfristig – aufeinander abgestimmt sein müssen. Wie sehr Einnahmen und Ausgaben zu einem gegebenen Zeitpunkt ausgeglichen sind, erkennt man aus dem Vergleich zwischen den in einem bestimmten Zeitintervall aufgenommenen und verdunsteten Wassermengen. Die Differenz zwischen Absorption minus Transpiration zeigt als **Wasserbilanz** die Richtung und das Ausmaß einer Ablenkung vom Gleichgewicht an. Die Wasserbilanz wird *negativ*, sobald der Wassernachschub den Wasserbedarf der Transpiration nicht mehr deckt. Verengen sich infolge der Unterbilanz die Spaltöffnungen und nimmt die Transpiration bei gleichmäßig weiterbestehender Wasseraufnahme ab, so wird die Wasserbilanz *ausgeglichen*, nachdem sie vorübergehend in *positive* Werte ausgeschwungen ist.

Die Wasserbilanz einer Pflanze pendelt also ständig zwischen einer positiven und einer negativen Abweichung hin und her, wobei zwischen kurzzeitigen Oszillationen und langfristigen Bilanzstörungen zu unterscheiden ist. Durch *kurzfristige Schwankungen* drückt sich das Einschwingen der verschiedenen Regelmechanismen des Wasserhaushalts, vor allem das Spiel der Spalten, aus (Abb. 4.26). Stärkere Abweichungen erfährt die Wasserbilanz im *Tagesablauf*, vor allem aber im Wechsel von Tag und Nacht (Abb. 4.27). Während des Tages kommt es fast immer zu einer Verschlechterung der Wasserbilanz, die erst abends oder im Laufe der Nacht wieder ausgeglichen wird. Bei beginnender Unterbilanz in den Blättern wird vorübergehend durch Wasserverschiebung aus wasserreichen Geweben in anderen Planzenteilen (z. B. Rindenparenchym) eine erste Abhilfe geboten. An Baumstämmen lassen sich dann tageszeitliche Dickenschwankungen messen (Abb. 4.28). Auch saftreiche Früchte (z. B. *Citrus*-Früchte) dienen der Pflanze als Wasserspeicher, sie schrumpfen und schwellen synchron zum Verlauf der Wasserbilanz. In Trockenzeiten erholt sich der Wasserhaushalt über Nacht nicht mehr vollständig, die Unterbilanz wächst von Tag zu Tag bis der nächste Regen fällt (*jahreszeitliche* Wasserbilanzschwankungen; siehe Abb. 4.37).

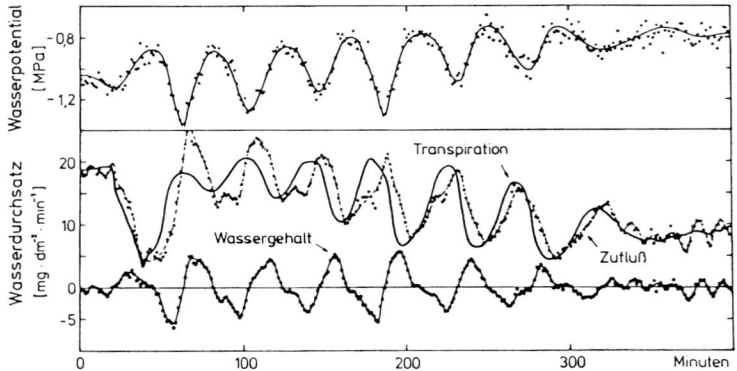

Abb. 4.26.　Kurzfristige Schwankungen des Wasserumsatzes, des Wassergehalts und des Wasserpotentials von Baumwollblättern. Während der Phase stärkerer Transpiration sinkt der Wassergehalt des Blattes und das Blattwasserpotential wird stärker negativ. Der Wasserdurchsatz durch den Blattstiel (*Zufluß*) erfolgt gegenläufig zu den Wasserpotentialschwankungen. Die kurzfristigen Transpirationsschwankungen werden durch das Oszillieren der Öffnungsweite der Stomata ausgelöst. Nach Lang et al.(1969).

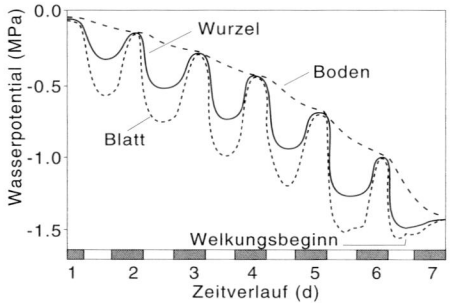

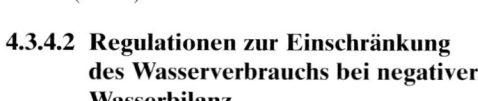

Abb. 4.27.　Schematischer Verlauf der allmählichen Verschlechterung des Wasserpotentials in den Blättern, im Wurzelxylem und im Boden während einer einwöchigen Trockenheit. Die größte Tagesschwankung findet in den Blättern statt, die tagsüber der Transpirationsbelastung voll ausgesetzt sind. Nachts (dunkle Balken) erholt sich die Wasserbilanz nicht mehr vollständig, so daß von Tag zu Tag der Morgenwert des Wasserpotentials absinkt. Nach Slatyer aus Nobel (1991a).

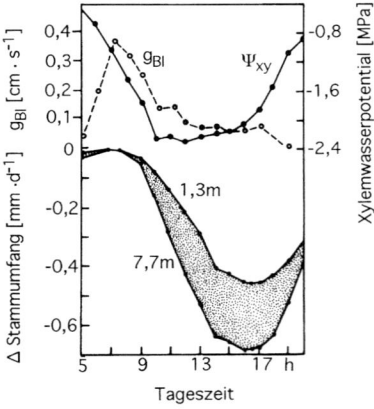

Abb. 4.28.　Stammschrumpfung in 1,3 m und 7,7 m über dem Boden und Verlauf des Xylemwasserpotentials (Ψ_{xy}) und der Blattleitfähigkeit (g_{Bl}) von *Quercus alba* an einem Sommertag. Nach Hinckley et al. (1978).

4.3.4.2　Regulationen zur Einschränkung des Wasserverbrauchs bei negativer Wasserbilanz

Pflanzen *humider* Gebiete verringern, wenn sich die Wasserbilanz verschlechtert, zunehmend ihren Wasserverbrauch, indem sie ihre Spalten weniger weit öffnen und weniger lang geöffnet halten. In der Abb. 4.29 ist dieser Vorgang dargestellt: Zunächst wird die Transpiration während der heißesten Stunden herabgesetzt, dann entfällt die Erholungsphase am Nachmittag, schließlich öffnen sich die Stomata nur noch am Morgen. Zuletzt transpirieren die Pflanzen ausschließlich cuticulär. Dank dieser Maßnahmen wird der Wasserhaushalt geschont. Beispiele für die Auswirkung mehrtägiger Trockenperioden bringen die Abb. 4.30 und 4.38.

Pflanzen der *Trockengebiete* besitzen in der Regel ein tiefgreifendes Wurzelwerk oder wasserspeichernde Gewebe und sind daher nicht so schnell zu radikaler Drosselung

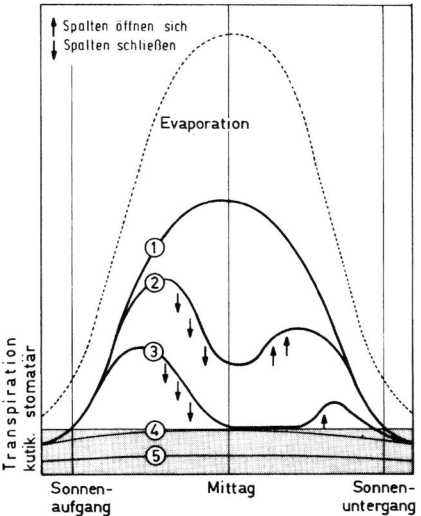

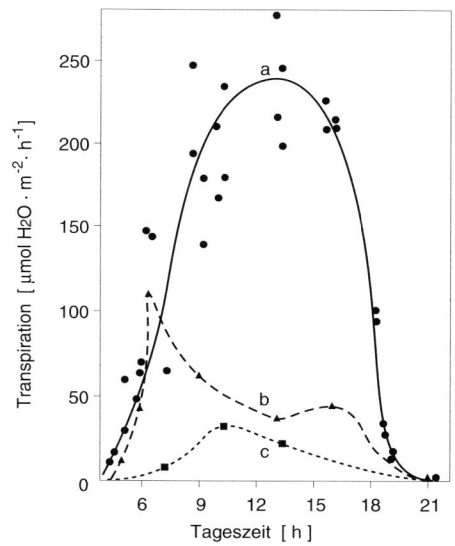

Abb. 4.29. Schema des Tagesverlaufs der Transpiration bei zunehmend erschwerter Wasserversorgung. Die Pfeile weisen auf Spaltöffnungsbewegungen hin, die durch einen veränderten Wasserzustand ausgelöst werden. Durch die gerasterte Fläche ist der Bereich der ausschließlich cuticulären Transpiration gekennzeichnet. 1 = uneingeschränkte Transpiration, 2 = Mittagseinschränkung der Transpiration durch Spaltenregulation, 3 = vollständiger Spaltenschluß während der Mittagszeit, 4 = vollständige Ausschaltung der stomatären Transpiration durch dauernden Spaltenschluß (nur cuticuläre Transpiration), 5 = stark herabgesetzte cuticuläre Transpiration durch Membranentquellung. Nach STOCKER (1956a).

Abb. 4.30. Tagesverlauf der Transpiration zweijähriger Sämlinge von *Pinus radiata* bei (a) guter Wasserversorgung, nach (b) neun und (c) zwölf Tagen Trockenheit. Nach KAUFMANN (1977).

Abb. 4.31. Maximale stomatäre Diffusionsleitfähigkeit (g_s) und Andauer (t) der täglichen Öffnungsperiode der Spaltapparate von Blättern immergrüner Steineichen (*Quercus ilex*) in Südfrankreich während des Jahres. In der Trockenzeit von Juli bis September öffnen sich die Stomata weniger weit und für kürzere Zeit. Nach LOSSAINT und RAPP (1978).

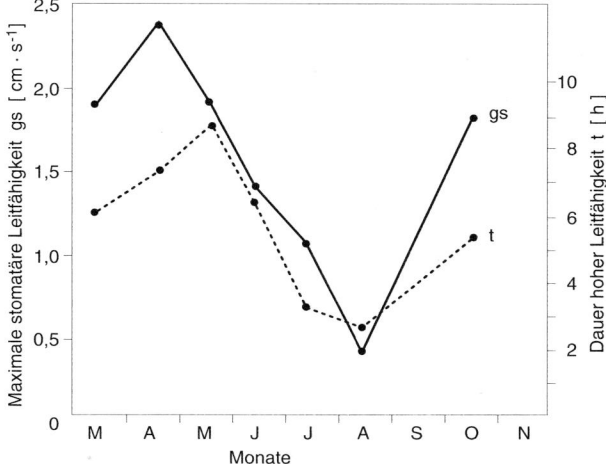

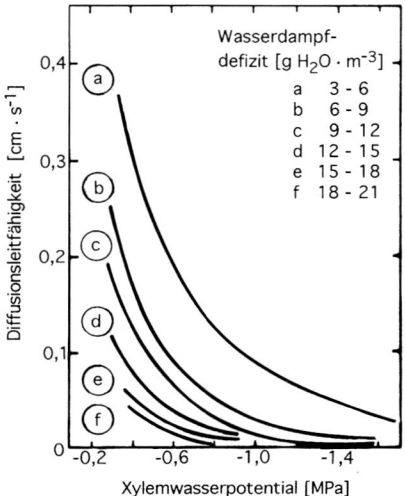

Abb. 4.32. Verringerung der Diffusionsleitfähigkeit der Nadeln von Douglasiensämlingen (*Pseudotsuga menziesii*) mit abnehmendem Xylemwasserpotential (Morgenwert) und zunehmendem Wassersättigungsdefizit der Luft (a bis f). Nach HALLGREN aus LASSOIE et al. (1985).

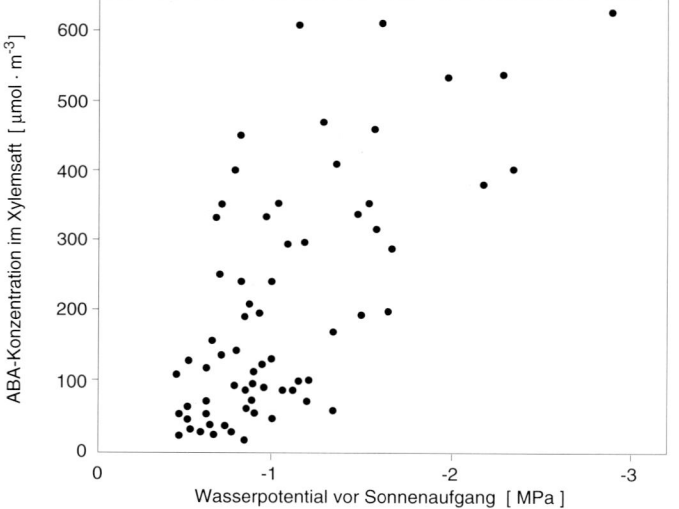

Abb. 4.33. Zunahme der Abszisinsäurekonzentration im Gefäßwasser von Mandelbäumen mit Absinken des Wasserpotentials bei fortschreitender Bodenaustrocknung. Nach WARTINGER et al. (1990), HARTUNG und DAVIES (1991).

der Transpiration (und damit zugleich der CO_2-Aufnahme) gezwungen. Darin äußert sich ihre Leistungsanpassung an trockene Standorte. Wenn wochenlang kein Regen fällt und die Wasserreserven im Boden knapp werden, drosseln sie immer mehr ihre Transpiration, indem sich die Spalten weniger weit und während des Tages für kürzere Zeit öffnen (Abb. 4.31).

Der Spaltenschluß bei Trockenheit wird durch das Zusammenwirken einer Reihe von Vorgängen veranlaßt. Bei Trockenheit wird der Epidermisturgor erniedrigt und vom blattinternen Wasserfluß nicht mehr ausreichend bedient. Ein höheres Dampfdruckdefizit verstärkt die Neigung zum Spaltenschluß (Abb. 4.32). Der Turgorverlust und die Erhöhung der Zellsaftkonzentration hemmen die Photosyntheseaktivität, wodurch indirekt ein Spaltenschluß über den CO_2-Regelkreis ausgelöst wird. Für die Koordination in der Gesamtpflanze sind hormonelle Signale aus der Wurzel und im Blatt, die das Stomataverhalten steuern, von besonderer Bedeutung: Bei beginnender Bodenaustrocknung gelangt über den Xylemstrom ein von der Wurzel aus-

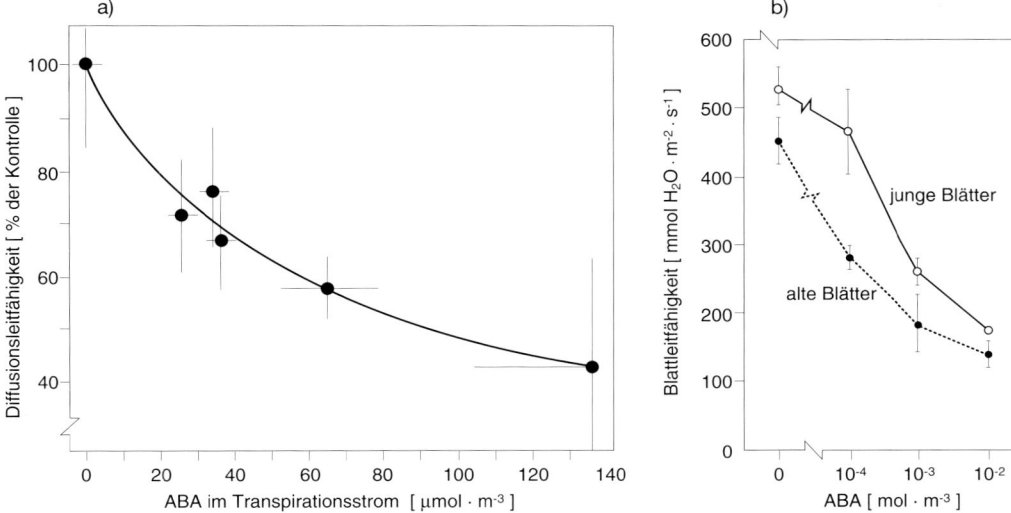

Abb. 4.34. Abnahme der stomatären Diffusionsleitfähigkeit für Wasserdampf mit ansteigender Abszisinsäurekonzentration im Transpirationsstrom. *Links:* Relative Blattleitfähigkeit in Abhängigkeit von der Zunahme der ABA im Xylemsaft von Maispflanzen während fortschreitender Bodentrockenheit. *Rechts:* Auswirkung von experimentell applizierter ABA über den Transpirationsstrom auf $g_s^{H_2O}$ junger und alter Blätter von *Lupinus lutens*. Nach Zhang und Davies (1990) und Henson und Turner (1991).

gesandter Hormonstoß (Abszisinsäure) rasch in die Blätter und löst dort Spaltenschlußreaktionen aus (Abb. 4.33 und 4.34).

4.3.4.3 Die Ermittlung der Wasserbilanz

Die Wasserbilanz läßt sich *berechnen*, wenn die durch die Pflanze aufgenommene und transpirierte Wassermenge zahlenmäßig bekannt ist. Unter Freilandbedingungen sind derartige Messungen, insbesondere die genaue Erfassung der Wasseraufnahme durch die Wurzeln, immer noch schwierig und ungenau. Daher wird die Bilanzlage *indirekt* über ihre Auswirkungen auf den Wassergehalt oder den Wasserzustand *ermittelt*. Eine negative Wasserbilanz macht sich stets als Abnahme der Wasserfüllung und des Wasserpotentials der Pflanzenzellen bemerkbar.

Veränderungen des Wassergehalts als Bilanzindikator: Eine Verschlechterung der Wasserbilanz ist durch fortlaufende Wassergehaltsbestimmungen nachweisbar. Der jeweils aktuelle Wassergehalt W_{akt} muß auf eine Standardgröße bezogen werden, die einen definierten Wasserzustand kennzeich-

net. Eine solche Größe ist beispielsweise der Wassergehalt der Blätter im Zustand der Sättigung W_{sat}. Der Wassergehalt zu einem bestimmten Beobachtungszeitpunkt kann als *Wassersättigungsgrad* (RWC; relative water content[562]) in Prozent des Sättigungswassergehalts angegeben werden:

$$RWC = \frac{W_{akt}}{W_{sat}} \cdot 100 \; [\%] \qquad (4.13)$$

Ein Maß für Wasser*mangel* ist das *Wassersättigungsdefizit* WSD[750]. Das Wassersättigungsdefizit besagt, wieviel Wasser einem Gewebe auf volle Sättigung fehlt.

$$WSD = \frac{W_{sat} - W_{akt}}{W_{sat}} \cdot 100 \; [\%] \qquad (4.14)$$

Veränderungen des Wasserzustandes: Wassergehaltsschwankungen wirken sich immer auf die Zellsaftkonzentration und den Turgor der Zellen aus. Der *potentielle osmotische Druck* steigt bei negativer Wasserbilanz an. Allerdings ist zu berücksichtigen, daß sich π^* nicht nur durch Veränderungen im Wassergehalt, sondern auch durch osmoregulatori-

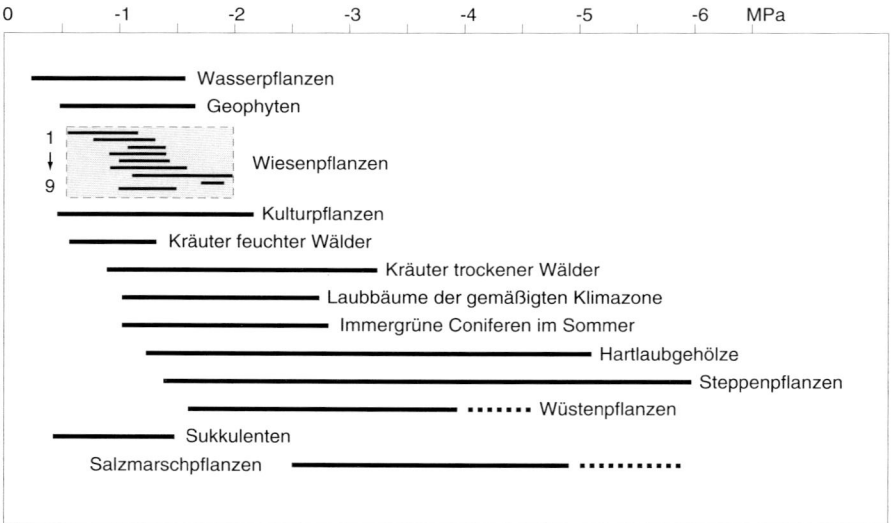

Abb. 4.35. Amplitude des osmotischen Potentials des Preßsaftes von Blättern ökologisch verschiedener Pflanzentypen (Osmotisches Spektrum). Am Beispiel der Wiesenpflanzen ist aufgezeigt, wie die osmotische Spanne bei den einzelnen Pflanzengruppen zu verstehen ist; sie ergibt sich aus der Amplitude zwischen den niedrigsten und den höchsten gefundenen osmotischen Werten der einzelnen zu dieser ökologischen Gruppe gehörigen Pflanzenarten. 1 = *Polygonum bistorta*, 2 = *Taraxacum officinale*, 3 = *Galium mollugo* und *Campanula rotundifolia*, 4 = *Achillea millefolium*, 5 = *Tragopogon pratensis*, 6 = *Poa pratensis*, 7 = *Melandrium album*, 8 = *Cynodon dactylon* und *Lolium perenne*, 9 = *Arrhenatherum elatius*. Aus WALTER (1960), ergänzt durch Angaben von SVEŠNIKOVA (1979) und NOBEL (1988).

sche Vorgänge (Anreicherung von Zuckern, Prolin und aktiv kompartimentierten Ionen) ändern kann. Als Bilanzindikator wird der aktuelle Wert mit jenem bei ausgeglichener Wasserbilanz (π^*-Optimum) und dem osmotischen Maximum bei stärkster Trockenheitsbelastung verglichen (Abb. 4.35).

Empfindlicher als der potentielle Druck zeigt das Gesamtwasserpotential der Blätter Ψ_{Bl} Veränderungen in der Wasserbilanz an (Abb. 4.36). Eine Anspannung der Bilanz führt unverzüglich zur Turgorabnahme, dadurch sinkt das Wasserpotential der Gewebe, vor allem im Bereich geringer Wasserdefizite, schneller als das osmotische Potential ab.

4.3.5 Die Variabilität des Wasserhaushalts

4.3.5.1 Grundtypen der Wasserbilanz

Nach Standortsverteilung und funktionellem Verhalten lassen sich unter den verschiede-

nen Pflanzen zwei kontrastierende Varianten der Wasserbilanz unterscheiden, einen hydrostabilen und einen hydrolabilen Typus[740].

Hydrostabile Arten halten ihre Bilanz weitgehend unter Kontrolle, weil ihre Spalten sehr empfindlich auf Wassermangel reagieren und weil sie in der Regel ein weit ausgreifendes und leistungsfähiges Wurzelwerk besitzen. Bilanzstabilisierend wirken auch Wasservorräte in Speicherorganen, in Wurzeln, im Holz und in der Rinde der Stämme, die im System Boden-Pflanze-Atmosphäre als kapazitive Elemente (Kondensatoren im Analogschaltbild, siehe Abb. 4.10) einen internen Ausgleich möglich machen. Die tägliche und jahreszeitliche Schwankung des potentiellen osmotischen Druckes und des Blattwasserpotentials bleibt in engen Grenzen. Zu diesem Typus gehören Wasserpflanzen, Sukkulenten, Schattenkräuter, manche Gräser und Bäume humider Gebiete (Tab. 4.5).

Hydrolabile Arten riskieren größere Wasserverluste und eine stärkere Zunahme der Zellsaftkonzentration. Solche Pflanzen sind

Abb. 4.36. Tageszeitlicher Verlauf des Wasserpotentials und des osmotischen Potentials in den Blättern von dürrebelasteten und von bewässerten Individuen des Wüstenstrauchs *Hammada scoparia* zu Ende der Trockenzeit. Nach KAPPEN et al. (1976).

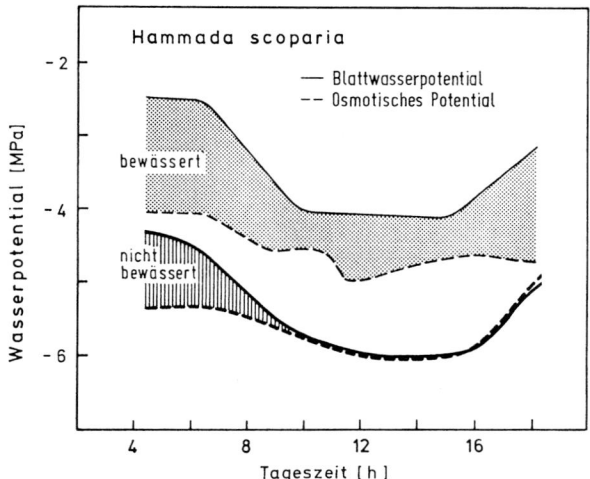

tolerant gegen starke Schwankungen des Wasserpotentials (sie sind *euryhyder*) und gegen temporäres Welken. Sie erholen sich aber auch schnell, weil sie in der Regel ein günstiges Wurzel/Sproß-Verhältnis entwickeln und ein leistungsfähiges Wasserleitungssystem besitzen. Hydrolabil sind viele krautige Pflanzen sonniger Standorte, Steppengräser, aber auch Holzpflanzen, besonders Vertreter von Pioniergehölzen. Extrem hydrolabil sind die poikilohydren Sproßpflanzen, Moose und Flechten.

4.3.5.2 Konstitutionstypen des Wasserhaushalts

Die typologisch vergleichende Phänomenanalyse des Wasserhaushalts der Pflanzen stand an den Anfängen der Freilandphysiologie im Mittelpunkt der Fragestellungen. Dies soll hier zum Ausdruck kommen, indem in diesem Kapitel frühe Ergebnisse der ökophysiologischen Forschung in einigen Abbildungen vorgestellt werden.

Schon um die Mitte dieses Jahrhunderts hatte sich viel Wissen über bezeichnende Eigenheiten der meisten morphologisch und funktionell unterschiedlichen Pflanzengruppen aus allen Klimazonen und Vegetationstypen angesammelt. Es stellte sich bald heraus, daß die Mannigfaltigkeit der Formen und der Lebensweisen größer ist als die Mannigfaltigkeit der Lebensräume[226]: Innerhalb

Tab. 4.5 Minimalwerte des Wasserpotentials (MPa) von Assimilationsorganen ökologisch verschiedener Pflanzengruppen. Nach RICHTER et al. (1976), DOLEY (1981) und NOBEL (1988).

Pflanzengruppe	Ψ_{min}
Wasserpflanzen	−1,2
Krautige Mesophyten	−1,5 bis −2,5
Grasförmige Mesophyten	−2 bis −3(−4,5)
Bäume tropischer Regenwälder	−1,5 bis −4
Holzpflanzen der gemäßigten Zone	
Laubbäume und Sträucher	−1,5 bis −2,5
Coniferen	−1,5 bis −2,2(−6)
Pflanzen periodisch trockener Gebiete	
Hartlaubgewächse	−3,5 bis −5
Trockenbüsche	−3,5 bis −8,5
Garriguepflanzen	−4 bis −8
Xerophyten	
Wüstensträucher	−5 bis −8(−16)
Sukkulenten	−0,8 bis −2
Mangrove	−5 bis −6
Halophyten	−3 bis −6 (−9)
In Klammern Extremwerte	

des Artenbestandes eines Gebietes findet man vielerlei Möglichkeiten der Anpassung an die standörtlichen Gegebenheiten. Daneben bleiben indifferente, genotypisch veran-

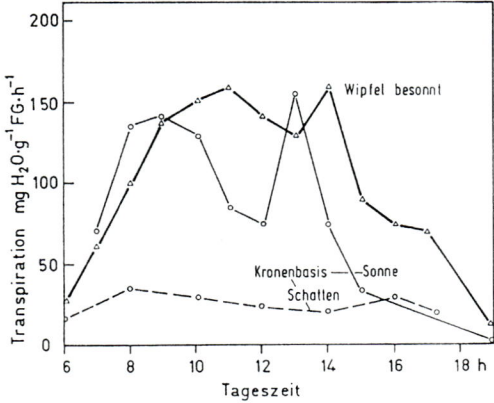

Abb. 4.37. Tagesgang der Transpiration von Fichtentrieben an einem sonnigen Augusttag. Bei unzureichender Wasserversorgung schränken zuerst die Schattenzweige an der Kronenbasis die Wasserabgabe ein, dann die besonnten Zweige am Unterrand der Krone und zuletzt die besonnten Wipfeltriebe. Nach Pisek und Tranquillini (1951).

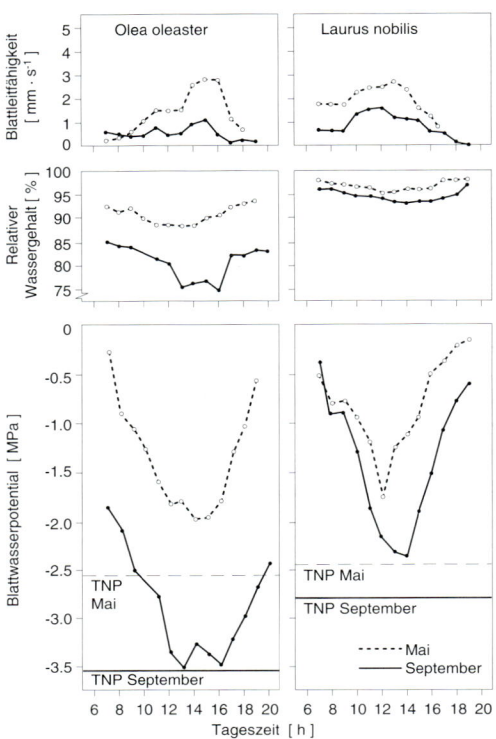

Abb. 4.38. Tagesgänge der Diffusionsleitfähigkeit für Wasserdampf, des relativen Wassergehalts und des Wasserpotentials der Blätter von *Olea oleaster* und *Laurus nobilis* vor (Mai) und zu Ende der Sommertrockenheit (September) in Sizilien. TNP = Turgornullpunkt im Mai (gestrichelt) und im September (ausgezogene Linie). Nach LoGullo und Salleo (1988).

kerte Merkmale bestimmter Arten, Gattungen und Familien ebenfalls erhalten. „Dies erfordert eine kritische Überprüfung der notwendigen Bedeutung jedes als ökologisch relevant aufgefaßten Merkmales für die Existenz einer Pflanze auf einem bestimmten Standort" (O. Stocker[762]). Unter der Vielfalt von Verhaltensmustern ist es jedoch möglich, *ökophysiologische Konstitutionstypen*[751] abzuleiten, die sich durch bezeichnende Gemeinsamkeiten in ihrer Reaktion auf die vorherrschenden Umweltbedingungen und in ihrer Standortsbindung auszeichnen. Eine Auswahl von Beispielen wird nachfolgend behandelt: Bäume, Hartlaubsträucher, Zwergsträucher und Polsterpflanzen, krautige Dicotyledonen, Gräser, Hemiparasiten und epiphytische Sproßpflanzen. Darüber hinaus gibt es andere charakteristische Konstitutionstypen, wie Sukkulenten, Rutensträucher, Lianen und Palmen, über deren Wasserhaushalt Untersuchungen vorliegen.

Bäume

Erwachsene Bäume mit ihrer ausgedehnten verdunstenden Oberfläche und dem weiten Weg des Wassers von der Wurzel in die Blätter sind geradezu das Musterbeispiel einer Organisationsform, die es sich nicht leisten kann, größere Wasserverluste abzuwarten, sondern die von Anfang an einer unausgeglichenen Wasserbilanz entgegenwirken muß. An sonnigen Tagen entsteht bei vielen Waldbäumen um die Mittagszeit eine Unterbilanz, so daß allein schon dadurch die Schließzellen, die bei den meisten Bäumen schon auf sehr niedrige Wassersättigungsdefizite ansprechen, vorübergehend die Wasserabgabe drosseln. Später, wenn sich die Bilanz erholt hat, öffnen sich die Stomata wieder und die Transpiration nimmt zu (Abb. 4.37). Die Transpirationsminderung setzt nicht in allen Kronenbereichen gleichzeitig ein, häufig reagieren die Wipfelblätter später. Nicht alle Bäume sind im gleichen Maße hydrostabil wie Nadelbäume und Schattholzarten unter den Laubbäumen der gemäßigten Zone. Es gibt auch Baumarten (z. B. Esche und Robinie), die in stark negative Bilanz geraten.

Sklerophylle Bäume und Sträucher

In Gebieten mit Sommerdürre und äquinoktialen Regenfällen oder Winterregen (aridohumides Klima im Mittelmeergebiet, Kapland, Californien, Chile, Südwestaustralien) aber auch in semiariden Randbezirken der Tropen, stellt sich ein Vegetationstyp ein, in dem Sträucher und niederwüchsige Bäume mit immergrünen, zumeist derben („skleromorphen") und mittelgroßen bis kleinen Blättern dominieren. Ganzjährig belaubte Holzpflanzen sind auf mäßige aber andauernde Assimilationstätigkeit unter jahreszeitlich stark wechselnden Klimaverhältnissen eingerichtet. Hartlaubsträucher des mediterranen Typs nützen hauptsächlich die Monate mit genügender Bodenfeuchtigkeit nach den Herbstregen bis in den Frühsommer für ihre Stoffproduktion aus, im Hoch- und Spätsommer begrenzt Wassermangel die metabolische Aktivität.

Unter den Hartlaubsträuchern kommen sowohl hydrostabile als auch hydrolabile Funktionsweisen vor. Immergrüne *Quercus*-Arten, *Laurus* und *Arbutus* regulieren ihre Transpiration stark, *Olea, Phillyrea, Myrtus* und *Ceratonia* schränken den Wasserverbrauch später ein. Schattenblätter halten ihre Spalten in der Regel länger offen als starklichtausgesetzte periphere Blätter.

Das Ausmaß der Wassergehalts- und Wasserpotentialschwankungen hängt nicht nur von Reaktionsbereitschaft der Stomata ab, sondern vor allem von der Ausgestaltung des Wurzelsystems. An günstigen Standorten steigt bis zum Ende der Sommerdürre in den meisten Hartlaubsträuchern der potentielle osmotische Druck um 2–3 MPa an, auf trockenen Standorten entstehen viel erheblichere Wasserdefizite (Abb. 4.38), denen besonders die euryhydren Arten mit einer Zunahme der Austrocknungsresistenz begegnen (siehe Abb. 6.68). Auffallend ist die hohe Geschwindigkeit des Transpirationsstroms, sobald und solange die Wurzeln genug Wasser aufnehmen. Alle sklerophyllen Sträucher

und Bäume haben zerstreutporiges Holz mit sehr engen Gefäßen, wodurch auch bei extremen Saugspannungen die Cavitationsgefahr gering gehalten wird.

Zwergsträucher und Polsterpflanzen kühler Gebiete

Zwergsträucher der Heiden und Tundren und Polsterpflanzen alpiner und arktischer Regionen besiedeln offene, *windausgesetzte* Standorte. Dichte Verzweigung, enggestellte, kleine, oft eingerollte oder schuppen- und nadelförmige Blätter, vor allem aber flach dem Boden anliegender Wuchs ist für diese Pflanzen bezeichnend. Es sind Pflanzentypen, deren Standortsverbreitung weniger durch hydrophysiologische Eigenschaften, sondern vielmehr durch den Wärmehaushalt, die Höhe der winterlichen Schneedecke und die Stickstoffverfügbarkeit bestimmt ist. Doch hat diese Kombination von erblich vorgegebenem Bauplan und der Ausformung unter dem vom Wind beherrschten Bioklima bezeichnende Auswirkungen auf den Wasserhaushalt.

Niederliegende Zwergsträucher wie *Loiseleuria procumbens* und Spalierweiden (z. B. *Salix serpyllifolia*) schaffen sich durch teppichartigen Wuchs ein ausgeglichenes Phytoklima. Obwohl die Spaltapparate dieser Arten sehr empfindlich auf trockene Luft reagieren, bleiben sie dank der Abschirmung und Überfeuchtung der Luft in ihrer Nähe weitgehend offen, ohne durch allzu große Transpiration die Wasserbilanz zu überfordern.

Ein ähnlicher Effekt (hoher aerodynamischer Diffusionswiderstand) tritt auch in *Polsterpflanzen* auf. Dazu kommt eine günstige Wasserversorgung durch tiefe Pfahlwurzeln und die intensive sproßbürtige Bewurzelung im Detritus und angewehtem Flugstaub, der im Inneren des Polsters gesammelt wird und als Feuchtigkeitsspeicher fungiert. In Halbkugelpolstern wird der Wasserhaushalt allein schon durch das günstigere Verhältnis zwischen transpirierender Oberfläche und feuchtekonservierendem Innenraum geschont.

Mesophytische und hygrophytische Kräuter

Unter den krautigen Pflanzen humider Gebiete findet man alle Übergänge zwischen hy-

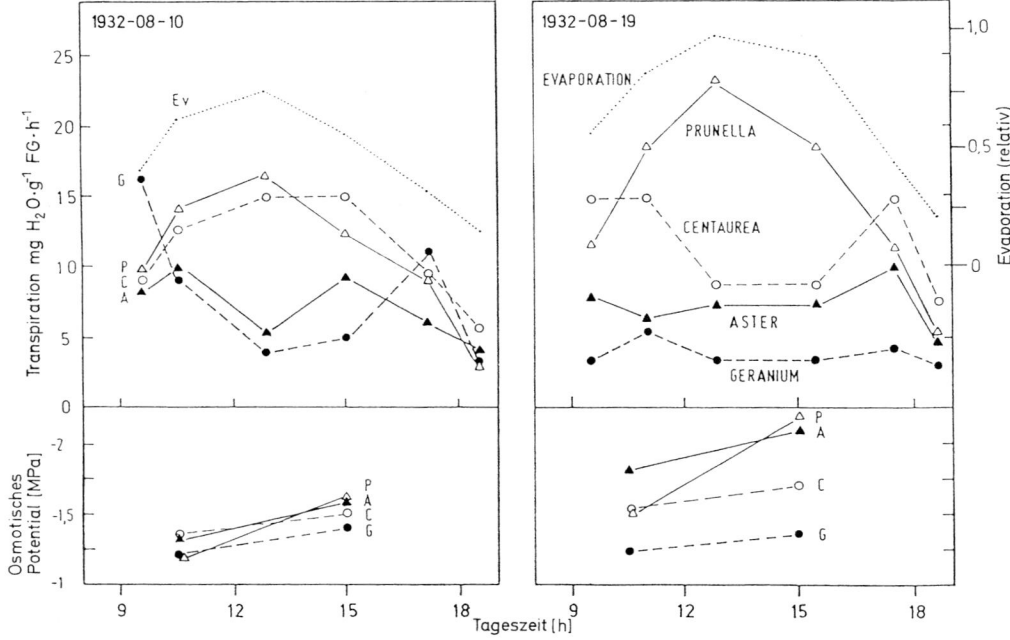

Abb. 4.39. Tagesgang der Transpiration und Tagesschwankung des osmotischen Potentials verschiedener Pflanzen auf einem xerothermen Standort zu Beginn einer Trockenperiode und nach neun Tagen Dürre. *Prunella grandiflora* ist eine flachwurzelnde Art, die ihre Transpiration kaum vermindert und dadurch eine starke Anspannung der Wasserbilanz riskiert; *Centaurea scabiosa* wurzelt mäßig tief, und setzt die stomatäre Transpiration erst herab, wenn die Wasserversorgung erheblich schwieriger wird; *Aster amel-* *lus* wurzelt ebenfalls mäßig tief, reagiert aber sehr empfindlich auf gestörte Wasserbilanz und schränkt die Transpiration frühzeitig ein; *Geranium sanguineum* ist ein Flachwurzler, der die Spalten schon bei geringster Anspannung der Wasserbilanz drastisch verengt und dadurch auch nach mehrtägiger Trockenheit ein Ansteigen des potentiellen osmotischen Druckes weitgehend vermeidet. Nach MÜLLER-STOLL (1935).

drostabilem und äußerst hydrolabilem Verhalten. Die Vielfalt der Typen zeigt sich besonders deutlich auf sonnigen und zur Bodentrockenheit neigenden Standorten (Abb. 4.39).

Bei ausreichender Wasserversorgung transpirieren **Mesophyten**, dem Verlauf des Evaporationsvermögens folgend, uneingeschränkt den ganzen Tag hindurch. Eine verschwenderische Transpiration können sich nur Pflanzenarten leisten, die entweder durch ein ausgedehntes Wurzelsystem reichlich Wasserreserven ausschöpfen und dieses Wasser den Blättern rasch zuführen oder die starke Entwässerung vertragen. Ein wichtiger Begleiteffekt ist dabei die Wärmeregulierung durch die Verdunstungskühlung. Dieser Konstitutionstyp ist daher vor allem unter Pflanzen offener und heißer Standorte (strahlungsexponierte Hänge) anzutreffen. Daneben gibt es andere, die bei beginnender Unterbilanz über Mittag oder während der zweiten Tageshälfte ihre Spalten verengen. Wenn sich durch ein günstigeres Verhältnis zwischen Wasseraufnahme und Wasserabgabe die Bilanz erholt, öffnen sich die Spalten am späten Nachmittag wieder.

Hochstaudenfluren nehmen hinsichtlich Wassergehalt und Wasserdurchsatz eine einzigartige Stellung ein. Meterhohe Rhizomstauden, die auf Halbinseln und Inseln im Einflußbereich des ochotskischen Meeres Überschwemmungsgebiete und Flußterrassen in dichten Beständen bedecken, transpirieren an sonnigen Sommertagen durchschnittlich 2 Liter Wasser pro Pflanze (z. B. *Heracleum* lanatum, *Filipendula camtschatica*), Arten mit riesigen Blättern (*Petasites amplus*) und großer Ausdehnung (*Reynoutria sachalinensis*) sogar 5–9 Liter[41]. Obwohl die Blätter außergewöhnlich wasserreich sind (90–94% des Frischgewichts) und der Boden nicht besonders stark austrocknet, können trotz Spaltenregulation mäßige Wasserdefizite (bis etwa 20%) entstehen, die die Blätter zum Welken bringen (Abb. 4.40). Dem enormen Wasserdurchsatz ist offenbar das Leitungssystem nicht immer gewachsen.

Hygrophyten, die im Unterwuchs von Wäldern auf luftfeuchten, schattigen Standorten vorkommen, beantworten das wechselhafte Spiel der vorüberziehenden Lichtflecken mit stark fluktuierenden Spaltenbewegungen. Innerhalb kurzer Zeit schwankt die Transpiration in einem Umfang von 1:3–1:5. Gegen längere Sonnenbestrahlung sind Hygrophyten empfindlich, weil sie auch nach Spaltenschluß durch eine hohe cuticuläre Transpiration den Wasserverlust nicht wirksam eindämmen und wegen der i. d. R. schwachen Bewurzelung und des dürftigen Leitungssystems die Blätter nicht ausreichend versorgen können. Bei starker Verdunstungsbelastung neigen sie daher zu Cavitation (z. B. auffällig bei *Impatiens*-Arten).

Frühjahrsgeophyten nehmen in ihrem Wasserhaushalt eine Zwischenstellung zwischen ausgesprochenen Schattenpflanzen und Pflanzen vollsonniger Standorte ein, sie tendieren jedoch zum hydrostabilen Typus. Auch Steppengeophyten, die ihre oberirdische Entwicklung bei noch genügender Bodenfeuchtigkeit durchlaufen, sind hydrostabil mit niedriger Transpiration und geringen Wassergehaltsschwankungen in den Blättern. Bevor höhere Wasserdefizite anwachsen, ziehen sie die Blätter ein.

Gräser und Seggen

Grasförmige Pflanzen haben in ihrer evolutiven Standortbewältigung die volle Breite von aquatischen Lebensräumen bis zu Steppen und Wüsten erobert. Dem entspricht eine funktionelle Vielfalt der Reaktionen auf den Wasserfaktor. Es gibt Arten (aber auch abweichende Sorten einer Art) mit durchgehend starkem Wasserverbrauch (vor allem

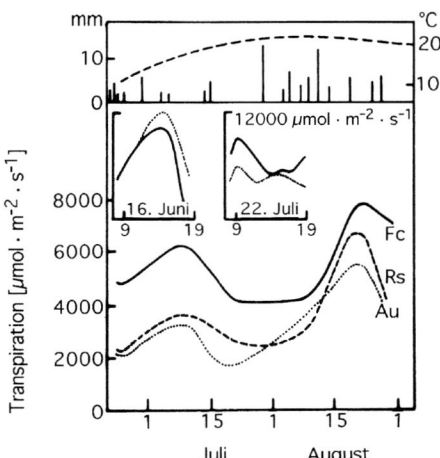

Abb. 4.40. Transpirationsverlauf von Hochstauden in Flußauen auf Sachalin. *Oben*: Niederschläge (mm) und Lufttemperatur über dem Bestand (°C). Fc = *Filipendula camtschatica* f. *typica*; Rs = *Reynoutria (Polygonum) sachalinensis*; Au = *Angelica ursina*. Eingefügte Diagramme: Tagesgänge der Transpiration im Juni mit uneingeschränkter Wasserverdunstung und geringem Wassersättigungsdefizit (bis 5% in *F.c.*, 6% in *A.u.*) und im Juli bei höherem Wassersättigungsdefizit (bis 23% in *F.c.*, bis 15% in *A.u.*). Nach Morozow und Belaja (1988).

unter den Sumpf- und Uferpflanzen) und solche mit dauernd niedriger Verdunstungsleistung (Hartgräser mit pfriemförmigen Blättern), Arten die durch frühzeitig gleitende Spaltenverengung ihre Wasserbilanz unter Kontrolle halten (Abb. 4.41) und solche, die hydrolabil und euryhyder sind (darunter besonders C_4-Gräser). Viele Gräser verkleinern bei Turgorverlust die transpirierende Oberfläche durch Falten und Einrollen der Blätter (Abb. 4.42). Dieser Mechanismus bewirkt bei *Stipa tenacissima* eine Herabsetzung der Transpiration auf 40% des Wertes ausgebreiteter Blätter. Mit zunehmendem Alter der Blätter, bei Savannengräsern zu Beginn der Trockenheit, werden die Stomata starr und die Gräser verlieren allmählich die Kontrolle über ihre Wasserbilanz. Obwohl der Boden trocken ist, transpirieren sie hemmungslos weiter, bis die Blätter verdorren.

Wüstenpflanzen

In Wüsten tritt eine besonders mannigfaltige Formenfülle zutage: Kleinsträucher mit

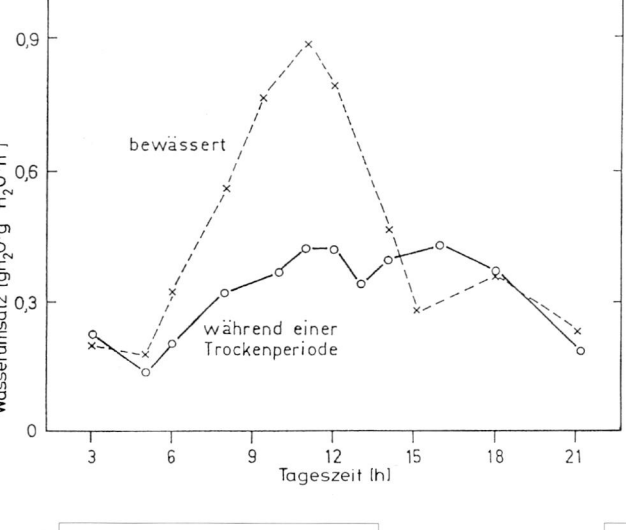

Abb. 4.41. Tagesgang der Transpiration des Steppengrases *Stipa joannis* während einer Trockenperiode im Juli, verglichen mit der Transpiration künstlich bewässerter Pflanzen. Die Transpiration ist hier als Wasserumsatz (transpiriertes Wasser bezogen auf den Wassergehalt des Blattes) angegeben. Nach RYCHNOVSKÁ (1965).

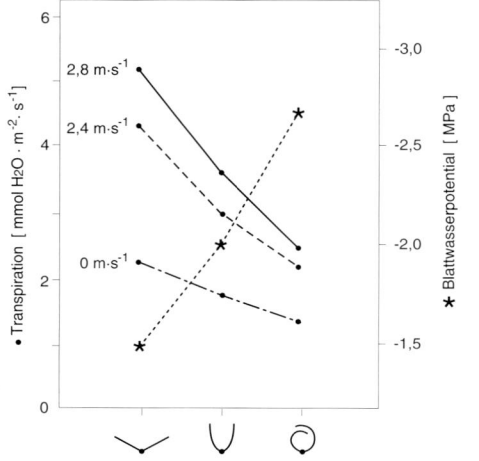

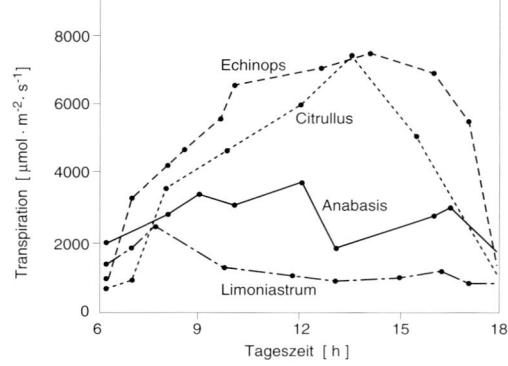

Abb. 4.42. Auswirkung des Einrollens von Reisblättern (*Oryza sativa*) auf die Transpiration in ruhender Luft und bei Windgeschwindigkeiten von 2,4 m · s⁻¹ und 2,8 m · s⁻¹. Sternsymbole: Blattwasserpotentiale, bei denen diese Einrollstadien auftreten. Nach O'TOOLE et al.(1979) und HSIAO et al.(1984).

Abb. 4.43. Tagesgang der Transpiration von Wüstenpflanzen der algerischen Sahara zu Beginn der Sommerdürre. *Citrullus colocynthis* ist ein weichlaubiger, tiefwurzelnder Rübengeophyt; *Echinops spinosus* ist ein hartlaubiger Zwergstrauch; *Anabasis aretioides* bildet dichte Kugelpolster und ist mit tiefgreifendem Wurzelsystem ausgestattet; *Limoniastrum feei* ist eine blattsukkulente Rosettenpflanze auf extrem trockenen Standorten. Nach STOCKER (1974b).

schmalen, schuppenförmigen und / oder wasserspeichernden Blättern, Rutensträucher mit assimilationsfähigem und häufig sukkulentem Rindengewebe, bodenanliegende Polster- und Halbsträucher, Rhizomstauden, Horstgräser, Sukkulenten und ephemere (kurzlebige) Therophyten der Regenflora (siehe Abb. 6.64).

Manche *Ephemeren* reduzieren ihre Verdunstung überhaupt nicht und transpirieren ausgiebig, bis sie vertrocknen. Für die *ausdauernden* Pflanzen sind zwei zeitlich aufeinanderfolgende Verhaltensweisen unterscheidbar: eine hydrolabile Phase im Frühjahr, solange der Boden noch feucht ist, und eine Sommerphase, in der durch größtmögliche

Tab. 4.6 Tagessummen der Transpiration von Wüstenpflanzen bei ausreichender Wasserversorgung und bei länger andauernder Dürre unter den jeweils am Standort herrschenden Evaporationsbedingungen. Nach STOCKER (1970, 1974), CALDWELL et al. (1977), NOBEL (1977).

Pflanze	Transpirationstagessumme[*]		Transpirationseinschränkung [%], bezogen auf gute Versorgung
	Regenzeit	Trockenzeit	
Nordafrikanische Wüsten			
Nitraria retusa	210	165	78
Zilla spinosa	240	150	62
Zygophyllum coccineum	165	80	48
Pennisetum dichotomum	165	65	39
Haloxylon persicum	280	100	36
Hammada scoparia	(4)	(1,5)	38
Anabasis articulata	(3,1)	(1,0)	32
Retama retam	270	80	29
Artemisia herba-alba	(6)	(1,6)	27
Noea mucronata	(5,5)	(1,0)	18
Halophytenwüste in Utah			
Atriplex confertifolia (C_4)	155	30	19
Ceratoides lanata (C_3)	154	2,2	1,4
Kakteenwüste in Californien			
Ferocactus acanthodes	17	0,35	2

* Ohne Klammer: mol $H_2O \cdot m^{-1} \cdot d^{-1}$
In Klammer: g $H_2O \cdot g^{-1}$ Frischgewicht $\cdot d^{-1}$

Beschränkung der Transpiration eine gefährliche Austrocknung vermieden wird. Während und nach der Regenzeit im Winter und Frühjahr schöpfen die Pflanzen über ein metertiefes oder flächenhaft ausgebreitetes Wurzelsystem reichlich Wasser aus durchfeuchteten Bodenschichten und aus Wassernestern. Lufttrockenheit ist kein Problem, solange der Boden genügend Wasser hergibt. Zu dieser Jahreszeit wird die Transpiration nur wenig gebremst, jedenfalls nicht durch längere und stark eingreifende Spaltenreduktion unterdrückt (Abb. 4.43). Die Aufrechterhaltung einer hohen stomatären Diffusionsleitfähigkeit dient der Stoffproduktion, wobei Wasserdefizite (zu dieser Zeit nicht über 20–25%)[772] und eine vorübergehende Verschlechterung des Wasserpotentials nicht allzu sehr stören.

In der sommerlichen Trockenzeit erlangt Sicherheit Vorrang gegenüber Produktionsleistung. Die Spalten bleiben meist geschlossen und die transpirationshemmenden Einrichtungen und Strukturen (z. B. Wachsauflagen, verdickte, cutinisierte Abschlußgewebe, versenkte Spaltöffnungen, Einrollmechanismen) kommen voll zur Wirkung (Tab. 4.6), so daß ein gefährliches Ausmaß der Austrocknung trotz extremer Verdunstungsbelastung (trockene Luft und Hitze) vermieden wird.

Hemiparasiten

Hemiparasiten, die über Wirtspflanzen ihren Wasserbedarf decken, treten häufig in periodisch trockenen Gebieten und auf xerothermen Standorten auf. Wie bei jedem Parasitismus muß sich der Schmarotzer möglichst gut an seinen Wirt anpassen, damit beide überleben können. Loranthaceen, die auf Bäumen Senker in das Wasserleitungssystem setzen, „imitieren" daher das spezifische hydrische Verhalten des Trägerbaumes, zumindest in zeitlicher Hinsicht. Da der hauptsächliche Nutzen für die Mistel ein Mineralstoffgewinn

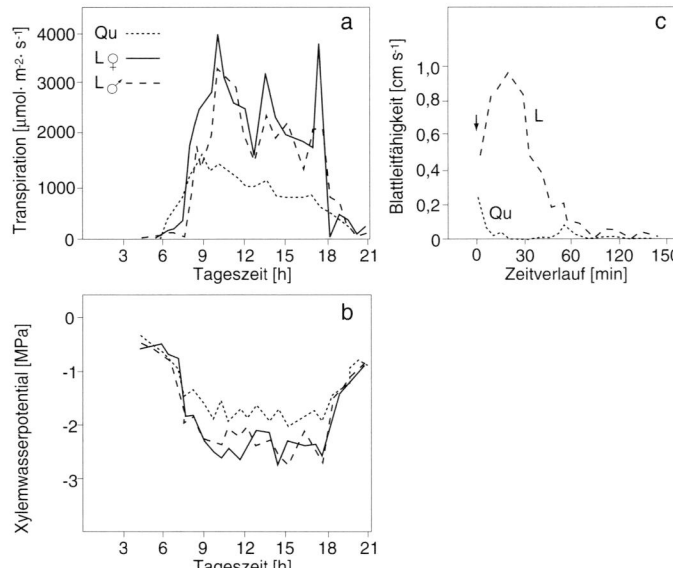

Abb. 4.44. Wasserhaushalt von Eichenmisteln (*Loranthus europaeus*) und ihrem Trägerbaum *Quercus robur*. a) Transpiration und b) Xylemwasserpotential weiblicher (L♀) und männlicher Misteln (L♂) und der Eiche (*Qu*) an einem sonnigen Julitag in Ostösterreich bei mäßig erschwerter Wasserversorgung aus dem Boden. Bei niedrigerem Wasserpotential transpirieren die Misteln stärker als der Wirtsbaum. c) Verlauf der Spaltenverengung in Blättern der Mistel und der Eiche nach experimenteller Drosselung des Wasserflusses in einem Eichenast. Nach GLATZEL (1983).

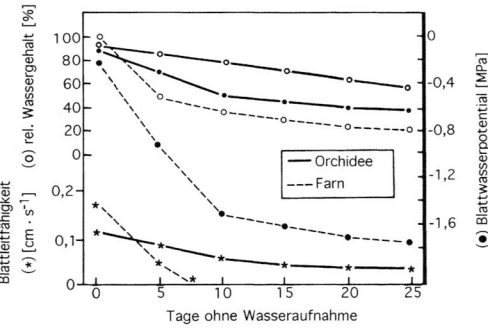

Abb. 4.45. Relativer Wassergehalt, Blattwasserpotential (minimaler Tageswert) und Blattleitfähigkeit für Wasserdampf (höchster Tageswert) in epiphytischen Sproßpflanzen während 25 Tagen ohne Wasserzufuhr unter tropischen Bedingungen. Der Farn *Pyrrosia angustata* (strichlierte Linien) verliert innerhalb einer Woche die Hälfte seines Sättigungswassergehalts und öffnet dann bis zu neuerlicher Wasseraufnahme nicht mehr seine Spalten. Die Orchidee *Eria velutina* (ausgezogene Linien) trocknet dank ihrer Wasserspeicher und ihres CAM-Verhaltens (Öffnung der Spalten hauptsächlich nachts) sehr viel langsamer aus und behält über die gesamte Beobachtungsperiode die Fähigkeit, ihre Spalten zeitweise zu öffnen. Nach SINCLAIR (1983).

über den Transpirationsstrom ist, muß der Schmarotzer immer etwas hydrolabiler und verschwenderischer sein als der Wirt, damit genügend Mineralstoffe durch einen üppig fließenden Wasserstrom herangebracht werden. Der Hemiparasit verdunstet mehr Wasser als die Trägerpflanze, indem seine Spalten weiter geöffnet sind und sich bei negativer Bilanz später schließen (Abb. 4.44). Hemiparasiten, die wie *Rhinanthus* und *Striga* die Wurzeln von Kräutern und Gräsern schröpfen, sind für den Wasserhaushalt ihrer Wirte gefährlicher: Sie verbrauchen viel mehr Wasser als der Wirt, weil ihre Stomata selbst dann nicht schließen, wenn die Blätter welken.

Epiphytische Sproßpflanzen

In ihrem Lebensraum sind Epiphyten auf gelegentliche Regengüsse angewiesen, um Wasser aufzusaugen, dazwischen sind sie einer allmählichen Austrocknung ausgesetzt. Poikilohydre Epiphyten wie Flechten, Moose, Hymenophyllaceen und Farne trocknen schnell aus, sie sättigen sich aber bei Nebel und Regen auch schnell auf. Viele Epiphyten (besonders homoiohydre Sproßpflanzen) haben Vorkehrungen entwickelt, die eine Aufnahme und Speicherung von Niederschlags- und Ablaufwasser begünstigen: Nestform bei

Farnen, trichterförmige Blattbasen mit Saugschuppen bei Bromelien, das saugfähige Velamen radicum von Araceen- und Orchideenwurzeln, wasserspeichernde Gewebe in Achsenorganen, Blattstielknollen und in Blättern. In submontanen tropischen Regenwäldern bleibt mehr als die Hälfte des Interzeptionswassers (siehe Kap. 4.4.1.2) an den Epiphyten hängen, obwohl deren Biomasse nur rund 7% der gesamten Phytomasse beträgt[605]. Die hohe Wasserspeicherungskapazität verzögert einen Rückgang des Wassergehalts und des Wasserpotentials in metabolisch wichtigen Geweben z. B. im Mesophyll (siehe Abb. 4.4). Bei Orchideen, Bromeliaceen und anderen Familien mit epiphytischen Arten, die CAM einsetzen, wird durch die diurnale Spaltendynamik zusätzlich die Wasserverdunstung gering gehalten. Diese Pflanzen sind dadurch imstande, längere niederschlagslose Zeiträume unbeschadet zu überdauern (Abb. 4.45).

4.4   Der Wasserhaushalt der Pflanzendecke

4.4.1   Die Wasserbilanz von Pflanzenbeständen

4.4.1.1 Die Wasserbilanzgleichung

Der Wasserhaushalt eines Pflanzenbestandes und des durchwurzelten Bodens läßt sich über die *Wasserbilanzgleichung* erfassen, die in ihrer Form den Bilanzgleichungen für den Kohlenstoffhaushalt (2.21) und den Mineralstoffhaushalt (3.2) von Ökosystemen entspricht. Alle Größen des Bestandeshaushaltes werden auf die Grundflächeneinheit bezogen und als Niederschlagsäquivalente in mm H_2O, d.s. Liter pro m^2, angegeben.

Unter der vereinfachenden Voraussetzung, daß der Wasserhaushalt der Pflanzendecke ausschließlich durch die Niederschläge versorgt sei und keine seitlichen Zuflüsse erfolgten, wird im Mittel über Jahre und Jahrzehnte die Wassereinnahme (mittlere *Niederschlagssumme* N) für die Verdunstung aus

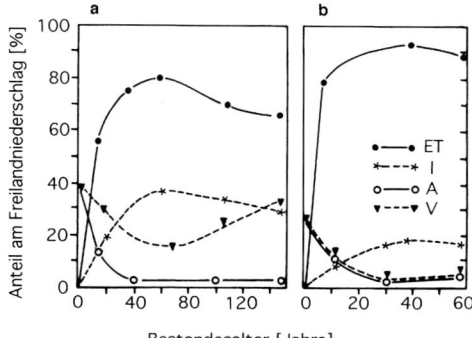

Abb. 4.46.   Wasserbilanz für einen (a) Fichtenwald der Taigazone und für (b) Eichenbestände in der osteuropäischen Waldsteppe. ET = Evapotranspiration; I = Interzeption; A = Abfluß; V = Versickerung. Nach MOLCHANOV (1971).

Pflanzen und Boden (*Evapotranspiration* V_{ET}) und durch Verluste über den *oberirdischen Abfluß* und die *Versickerung* (V_{AV}) verbraucht (Abb. 4.46). Während kürzerer Frist nimmt der *Wasservorrat im Ökosystem* zu (+ΔW) oder ab (−ΔW), weil zeitweise mehr Regenwasser anfällt als verdunstet und abfließt oder weil die Niederschläge vorübergehend den Bedarf nicht decken. Die Bilanzgleichung lautet somit:

$$N = \Delta W + V_{ET} + V_{AV} \ [mm] \qquad (4.15)$$

In der hydrologischen Literatur werden als ΔW nur die Wasserreserven im Boden, also die Menge des Haftwassers und des verwertbaren Sickerwassers berücksichtigt. Die *höchsten Wassergehalte im Boden* treten in der gemäßigten Klimazone im Frühjahr nach der Schneeschmelze auf. Im Laufe des Sommers sinkt der Wassergehalt trotz gelegentlicher Ergänzung durch Niederschläge stetig ab, so daß er im Spätsommer sein Minimum erreicht. In Trockengebieten erfolgt die Auffüllung der Wasserreserven in der Regenzeit, wobei es Wochen dauert, bis auch die tieferen Bodenschichten durchnäßt sind.

Aus ökosystemarer Betrachtungsweise ist das in der Pflanzenmasse und in der Streuschicht gespeicherte Wasser dazuzurechnen. Mehr als 3/4 des Gewichts der Grünmasse in krautigen Pflanzengesellschaften und die Hälfte des Frischgewichts der Phytomasse von Wäldern ist Wasser; der Wassergehalt

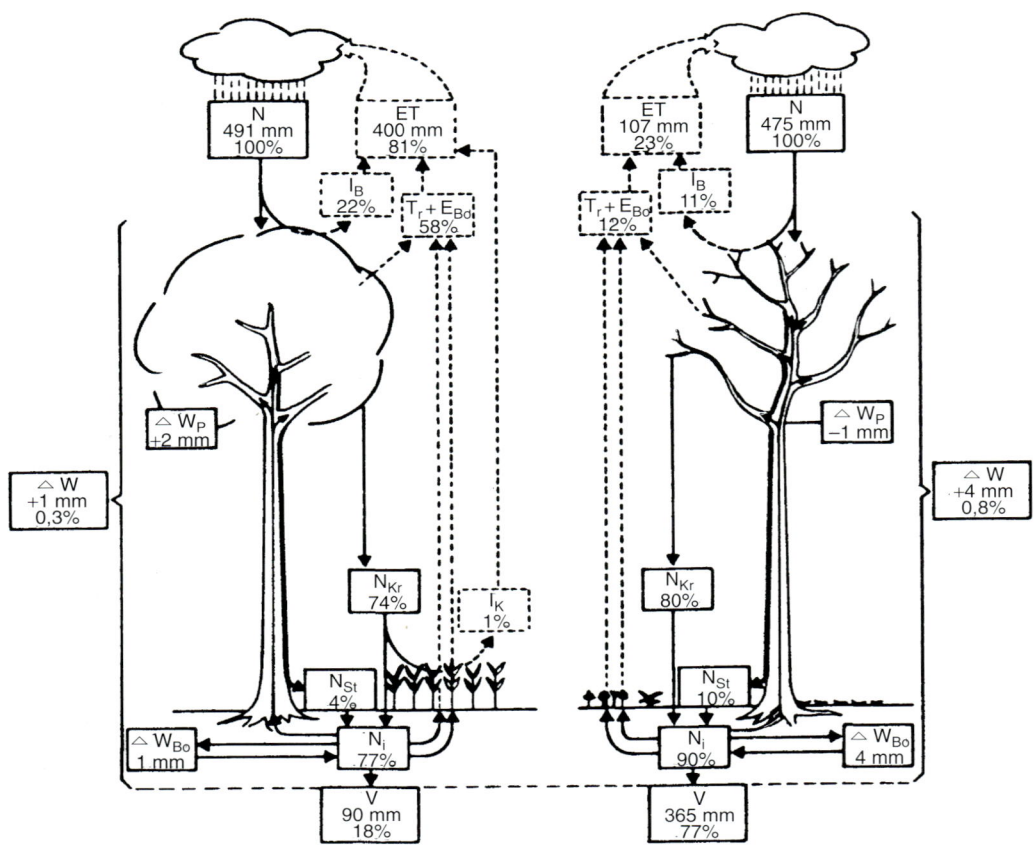

Abb. 4.47.   Wasserbilanz eines Eichenwaldes im belaubten und im winterkahlen Zustand. N = Freilandniederschlag, N_{Kr} = Kronentrauf, N_{St} = Stammablauf,
N_i= Infiltration (in den Boden einsickerndes Wasser),
V = Versickerung, ET = Evapotranspiration, T_r = Bestandestranspiration, E_{Bo} = Bodenverdunstung, I_B =
Interzeption durch die Baumschicht, I_K = Interzeption durch die Krautschicht, W = gesamter Wasservorrat im Ökosystem, W_p = Wasservorrat in der Phytomasse, W_{Bo} = Wasservorrat im Boden. Im Jahresdurchschnitt fallen 966 mm Niederschlag auf diesen
Wald, 52,5% davon gehen durch Interzeptionsverdun-
stung, Transpiration und Bodenverdunstung an die Atmosphäre zurück, 47% versickern, 0,5% wird im Biomassezuwachs gespeichert. Nach SCHNOCK (1971), vereinfacht.

der Vegetationsschicht schwankt tageszeitlich und jahreszeitlich mit einem Maximum
in der Belaubungsphase. In der Abb. 4.47
sind für einen Laubwald der gemäßigten
Zone im belaubten und im winterkahlen Zustand alle Bilanzposten des Wasserhaushalts
ausgewiesen.

4.4.1.2 Der Bestandesniederschlag

In dichten Pflanzenbeständen kommt nicht
die gesamte auf eine freie Fläche auftreffende Niederschlagsmenge (*Freilandniederschlag*) am Boden an, sondern nur jene
Menge, die durch Lücken der Pflanzendecke
fällt (*Kronendurchlaß*), die nach Benetzung
der Pflanzen von den Blättern abtropft (*Kronentrauf*) und am Sproß abrinnt (*Stammablauf*). Diese Niederschlagsmenge, die den
Pflanzen für ihren Wasserhaushalt zur Verfügung steht, wird *Bestandesniederschlag* genannt. Vor allem in Wäldern verteilt sich der
Bestandesniederschlag ungleichmäßig. Die
größere Niederschlagsmenge unter Kronen-

lücken und im äußeren Bereich der Krone hat einen bedeutenden Einfluß auf die Wurzelausdehnung der Bäume und den Unterwuchs (Abb. 4.48). Der Stammablauf ist um so ergiebiger, je steiler die Äste stehen und je glatter die Borke ist; am Fuß von Buchenstämmen dringt mehr als 1,5 mal so viel Wasser in den Boden als im Freien.

Der allergrößte Teil des Niederschlagswassers, das an der Pflanzenoberfläche haften bleibt (*Kronenauffang*), verdunstet; nur ein verschwindend kleiner Teil des Benetzungswassers wird direkt durch die Blätter und die Rinde aufgenommen. Man behandelt den Kronenauffang durch die Vegetation daher als Verlustposten (*Interzeptionsverlust*). In nebelreichen Zonen (Gebirgslagen, Küsten im Bereich kalter Meeresströmungen) kann der Bestandesniederschlag infolge Auskämmung von Hangwolken und ziehenden Nebelschwaden jedoch größer als der Freilandniederschlag sein (*Interzeptionsgewinn*).

Die Höhe des *Interzeptionsverlustes* hängt von der Zusammensetzung und Dichte der Pflanzendecke und von den meteorologischen Bedingungen während des Niederschlags ab. Dichte Baumkronen mit kleinen, leicht benetzbaren Blättern oder Nadeln halten mehr Niederschlag zurück als lockerkronige Bäume mit weichen, großen Blättern; selbstverständlich spielt auch der Belaubungszustand eine große Rolle. Im Durchschnitt beträgt der Interzeptionsverlust in Nadelwäldern 20–35%, in sehr dichten Beständen 50%, in Laubwäldern der gemäßigten Zone 15–30%, in subtropischen, lockeren Gehölzformationen 5–15%, in Palmenhainen 10–15% und in Tropenwäldern 15–70% des Freilandniederschlags[146,151,522]. Der Waldunterwuchs fängt durchschnittlich 10% (5–20%) des Niederschlags auf, Zwergstrauchheiden bis zu 50%, Grasland 3–5%. Auf landwirtschaftlich genutzten Flächen und auf Ödland beträgt die Interzeption weniger als 10%. Unter den wechselnden Wetterbedingungen schwankt der Interzeptionsanteil je nach Stärke und Art der Niederschläge (Regen, Tau oder Schnee), nach der herrschenden Temperatur und den Windverhältnissen in weitem Rahmen. Im allgemeinen wird um so mehr Niederschlag zurückgehalten, je ge-

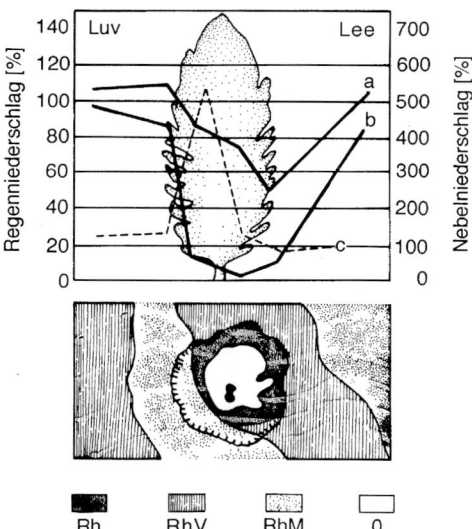

Abb. 4.48. Kleinräumige Ungleichverteilung im Bereich einer einzeln stehenden Zirbe (*Pinus cembra*) an der Waldgrenze und Auswirkung auf den Unterwuchs. Regenniederschlag (a) bei Starkregen (100% = 35,5 mm innerhalb 6 Stunden) und (b) bei schwachem Dauerregen (100% = 14 mm in 20 Stunden). (c) Nebelniederschlag bei schwachem Wind (100% = 1,8 mm Niederschlag). Luv: vorwiegende Windrichtung. Unterwuchs: Rh = *Rhododendron ferrugineum*-Gebüsch; RhV = Rhododendro-Vaccinietum; RhM = moosreiches, feuchtes Rhododendro-Vaccinietum; O = vegetationslos. Nach AULITZKY et al. (1982).

ringer seine Ergiebigkeit ist und je feiner verteilt die Tropfen sind (Abb. 4.49). Es braucht eine gewisse Wassermenge, um die Pflanzendecke durchgehend zu benetzen, erst dann kann das Wasser von Blättern und Zweigen abtropfen. Die *Benetzungskapazität* als Durchlaßgrenzwert ist in Nadelwäldern etwa doppelt so hoch wie in Laubwäldern (belaubt: um 1 mm, kahl: um 0,5 mm), Heide und Grünland halten 1–2 mm zurück und eine Torfmoosdecke etwa 15 mm, ehe die Niederschläge den Boden erreichen.

4.4.1.3 Die Bestandesverdunstung

Der Wasserverbrauch von Pflanzenbeständen wächst proportional mit der Grünmasse (Abb. 4.50), obgleich die Transpirationsintensität der Einzelblätter infolge der verdun-

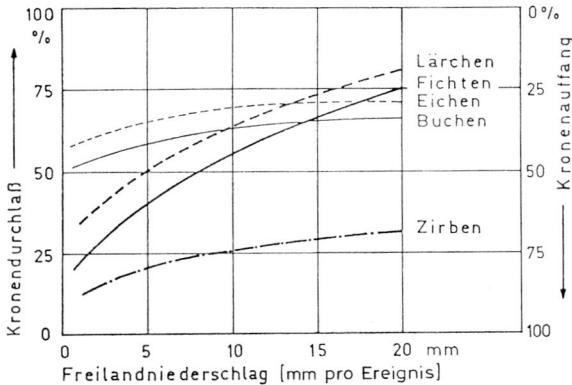

Abb. 4.49. Kronendurchlaß und Kronen- auffang von Wäldern bei verschiedenen Niederschlagsintensitäten. Relativwerte in % des Freilandniederschlages. Zirben- kronen sind sehr dicht und halten selbst bei stärkeren Regenfällen einen großen Teil der Niederschlagsmenge zurück. Nach OVINGTON (1954) und AULITZKY (1968).

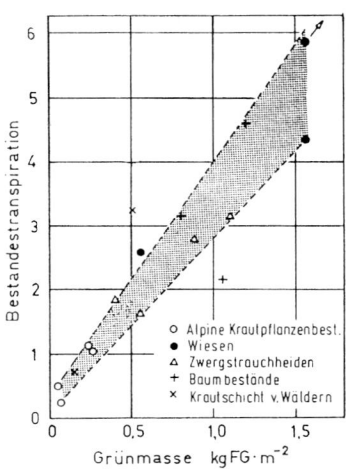

Abb. 4.50. Durchschnittlicher täglicher Wasserver- brauch verschiedener Pflanzenbestände in Abhängig- keit von der Grünmasse (Frischgewicht der unverholz- ten oberirdischen Teile). Nach PISEK und CARTELLIERI (1941) und POLSTER (1967).

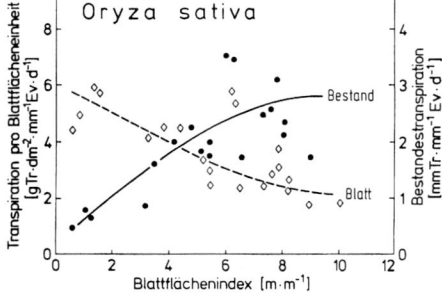

Abb. 4.51. Relative Transpiration (Tr/Ev) von Reis- pflanzungen in Abhängigkeit von der Belaubungs- dichte (LAI), und Bestandeseffekt auf die relative Transpirationsintensität der Blätter. Nach SUGIMOTO (1973).

stungsdämpfenden Wirkung des Bestandes- klimas (vor allem Strahlungsabschirmung, Überfeuchtung des Luftraums im Bestand und Abbremsung des Windes) mit zunehmen- der Pflanzendichte abnimmt. Erst in sehr dichten Beständen wird die Steigerung der Bestandestranspiration deutlich geringer (Abb. 4.51).

Die Transpirationsbehinderung durch Ei- genheiten der Bestandesstruktur wird durch den *aerodynamischen Austauschwiderstand* R_{ae} ausgedrückt. Als *Bestandeswiderstand* R_{Bst} werden alle Transpirationswiderstände im Bestand, nämlich R_{ae} und die Summe der Blattdiffusionswiderstände (R_{Bl}; vgl. Formel 4.11) zusammengefaßt:

$$R_{Bst} = R_{Bl} + R_{ae} \ [cm \cdot s^{-1}] \qquad (4.16)$$

Die *Bestandestranspiration* verhält sich analog zur Formel 4.10, wobei als ΔC der Kon- zentrationsgradient für Wasserdampf zwi- schen den Pflanzen und dem freien Luftraum über dem Bestand eingesetzt wird. Alle Para- meter werden auf die Grundflächeneinheit des Bestandes bezogen. Repräsentative Da- ten für verschiedene Pflanzenbestände sind der Abb. 4.52 zu entnehmen.

Ähnliche Gesetzmäßigkeiten gelten auch für *Baumkronen* bzw. für die Transpiration von einzelnen Bäumen. Die uneinge- schränkte, nicht durch Spaltenregulation ver- minderte Gesamttranspiration eines Baumes korreliert grob mit der gesamten Laubober- fläche oder der Laubmasse (Tab. 4.7), sie wird beeinflußt durch die gestaltsabhängige gegenseitige Abschirmung der einzelnen Kro-

Tab. 4.7 Wasserverbrauch von Bäumen verschiedener Größe unter Freilandbedingungen.

Bäume	Höhe [m]	Basaler Stammdurchmesser [m²]	Blattfläche [m²]	Laubmasse [kg TS]	Transpirierte Wassermenge		
					Maximal pro Stunde kg H₂O·h⁻¹	Tagessumme [kg H₂O·d⁻¹]	kg H₂O im Laufe der Vegetationszeit
Tropische Regenwaldbäume[a]							
Oberschicht	ca. 20	0,5			20–100		
		0,1–0,2			10–12	400–1000	
Unterholz	ca. 5–10	0,002			0,5	2–3	
Eucalypten[b]	20–23	0,06–0,09				50–100(200)	
Laubabwerfende Bäume der gemäßigten Zone[c]							
Lichtholzarten	ca. 12		60–70	4,5–5,5		130–140	>5000
Waldbäume	ca. 12		30–55	2,5–3,5		30–70	<4000
Heister	ca. 3		3–5			3–4(9)	130–350
Polykorme Weide[d]	ca. 10	0,4	190	13	76	463	
Coniferen[c]	ca. 15			4–10		30	2500–3000

[a] Kline et al. (1970), Jordan and Kline (1977), Ogino et al. (1986)
[b] Doley und Grieve (1966)
[c] Ladefoged (1963), Braun (1977), Künstle und Mitscherlich (1977)
[d] *Salix fragilis:* Čermák et al. (1984)

nenteile und durch die blattspezifische Leitfähigkeit des Xylems.

Die Berechnung von Durchschnittswerten der **Bestandestranspiration für die Vegetationsperiode** oder das ganze Jahr muß die zeitliche Variabilität der Verdunstungsbelastung und der Wasserverfügbarkeit berücksichtigen. Hierfür gibt es sehr detaillierte Simulationsmodelle, in die alle hydrologischen Grundgrößen und durch Fernerkundung erfaßte Blattflächenindices eingehen. Für homogene Pflanzenbestände begrenzter Ausdehnung können aufgrund von Daten der Energiebilanz oder durch Summierung von Lysimeterwägungen *Tages- und Jahresgänge der Evapotranspiration* berechnet werden. Als Beispiel ist der Jahresverlauf der Bestandestranspiration eines Röhrichts in der Abb. 4.53 wiedergegeben. Diese Pflanzengesellschaft ist stets *ausreichend mit Wasser versorgt*, die Transpirationssummen folgen den von Tag zu Tag veränderlichen Verdunstungsbedingungen. Wenn bei *Wassermangel* stoma-

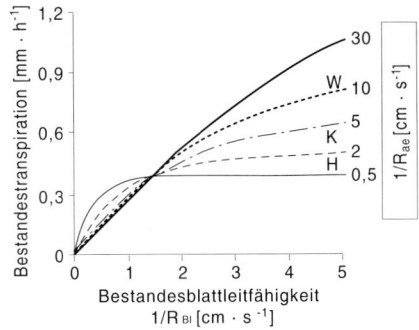

Abb. 4.52. Simulationsmodell für die Abhängigkeit der Bestandestranspiration von der Bestandesblattleitfähigkeit für Wasserdampf (1/R_{Bl}) bei vegetationstypischen Austauschverhältnissen (1/R_{ae}). Annahme für die Berechnung: Verfügbare Energie 400 W·m⁻², Dampfdruckdefizit 1 kPa, Lufttemperatur 15 °C W: Laubwälder, K: Landwirtschaftliche Kulturen, H: Heide und Rasen. Nach Jarvis (1981).

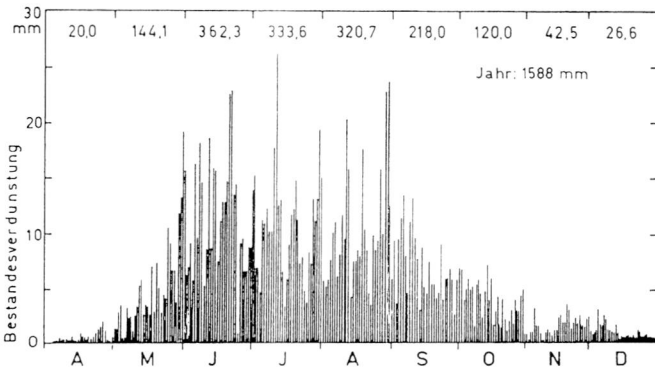

Abb. 4.53. Tages- und Monatssummen der Bestandestranspiration eines Röhrichts (Glycerietum aquaticae) in Norddeutschland während einer Vegetationsperiode. Der tägliche Wasserverbrauch schwankt je nach Witterungscharakter. Nach Kiendl (1953).

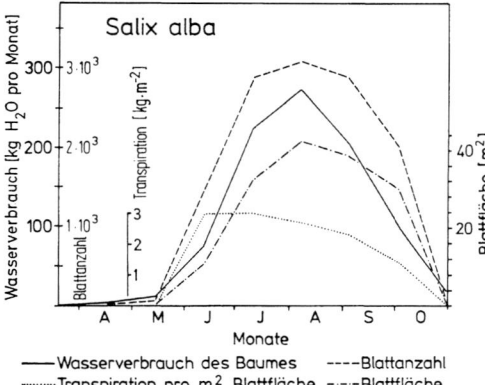

Abb. 4.54. Jahresgang des Wasserverbrauchs einer dauernd reichlich mit Wasser versorgten 3 m hohen Weide (*Salix alba*) und jahreszeitliche Variabilität der Transpiration pro Blattflächeneinheit, pro Gesamtblattfläche und pro Anzahl der Blätter. Der Wasserverbrauch des Baumes ist am größten im Hochsommer, wenn die Blattflächenausbildung und die Blattzahl ihren Höchstwert erreichen. Die blattflächenbezogene Transpiration ist am höchsten im Frühsommer, wenn die Blätter noch unreif sind. Nach Braun (1974), verändert.

täre Regulationen dazukommen, mit denen bei Landpflanzen jedenfalls zu rechnen ist, werden die Schwankungen viel größer. Dann muß zu den durchschnittlichen Tagestranspirationssummen auch noch der minimale Wasserumsatz bei schlechter Wasserversorgung ermittelt werden. Diese Grenzwerte sind besonders wichtige Daten, wenn der Jahreswasserverbrauch der Vegetation von Ländern mit Trockenzeiten erfaßt werden soll.

In Wäldern wird der Jahresgang der Transpiration durch die Laubmassenentwicklung, die Blattdifferenzierung und Blattalterung sowie durch Wachstumsvorgänge im Sproß- und Wurzelsystem beeinflußt. Die Kronenverdunstung von Bäumen mit periodischer Belaubung nimmt im Frühjahr mit der Laubentfaltung rasch zu, gegen Ende der Hauptwachstumsperiode ist sie maximal (Abb. 4.54). Ähnliches gilt auch für immergrüne Bäume der gemäßigten Zone, deren neu zuwachsende Triebe stärker transpirieren als die vorjährigen Blätter und Nadeln. Im Herbst und Winter sinkt die Transpiration auf minimale Werte. Hauptsächlich ist das der geringen Verdunstungskraft der Atmosphäre zuzuschreiben; dazu kommt, daß die immergrünen Holzpflanzen während der Winterruhe und vor allem bei Frost ihre Stomata nicht dauernd und voll geöffnet halten.

Angaben über den **Wasserverbrauch verschiedener Pflanzenbestände** in verschiedenen Klimagebieten sind in der Tab. 4.8 zusammengestellt. Unter ähnlichen klimatischen Verhältnissen transpirieren Wälder wegen ihrer größeren Massenentwicklung erkennbar mehr als Grasland und dieses wieder stärker als Heide. An der Spitze im Wasserverbrauch stehen Pflanzenbestände, die stets Zugang zum Grundwasser haben; sie geben manchmal mehr Wasser ab als der Niederschlag bringt (siehe Tab. 4.9). In Trockengebieten lockern sich mit zunehmendem Wassermangel die Bestände auf. Der Abstand zwischen den einzelnen Pflanzen vergrößert sich aber nur oberhalb der Bodenoberfläche, im Boden breitet sich das Wurzelwerk weitläufig aus, so daß der Baumabstand nicht durch den Kronenschluß, sondern durch den Radius des Wurzelsystems der einzelnen Bäume bedingt ist. In Gebieten mit Dürreperioden hat es keinen Sinn mehr, Jahreswerte anzugeben, wohl aber einen Durchschnittswert für die Regenzeit und den Minimalwert für die Trockenzeit.

Zahlenangaben über den durchschnittlichen und den minimalen Wasserverbrauch von Pflanzenbeständen sind wertvolle Unterlagen für forstliche und landschaftsgestalterische Maßnahmen und für Bewässerungsprojekte, wenn man sie in Zusammenhang mit dem Niederschlagsaufkommen sieht. So läßt sich berechnen, daß schüttere Baumbestände nur bestehen können, wo ihnen wenigstens 110 mm Niederschlag im Jahr (10–12 mm pro Monat während der Vegetationszeit) geboten ist. Die Wasserhaushaltsgleichung (4.15) zeigt auf, wo Waldbau und Aufforstung unrentabel werden. Umgekehrt läßt sich das enorme Transpirationsvermögen grundwasserschöpfender Bäume (z. B. Pappeln, Eucalypten) ausnützen, um Stauwasser abzusenken und die Luftfeuchtigkeit zu erhöhen.

4.4.1.4 Abfluß und Versickerung

Das Niederschlagswasser steht nicht in vollem Umfang für die Verdunstung zur Verfügung. Ein Teil davon fließt *oberflächlich* ab, ein weiterer Teil *versickert* als unterirdischer Abfluß in tiefere Bodenschichten und mündet in das Grundwasser, das in humiden Gebieten stellenweise an Quellhorizonten zutage tritt, in Fließgewässer driftet und sich in breiter Front zum Meeresspiegel absetzt. Der oberirdische Abfluß ist verhältnismäßig gut meßbar, vor allem, wenn geschlossene Einzugsgebiete eines Flusses untersucht werden. Der unterirdische Abfluß muß auf indirektem Wege geschätzt werden.

Die *Abflußmenge* hängt vor allem von der Geländeneigung und der Art und Dichte des Pflanzenbewuchses ab. In der Tab. 4.9 sind Niederschlagsangebot, Verdunstung und Abfluß von Landschaftsausschnitten mit jeweils einheitlicher Vegetation gegenübergestellt. In Trockengebieten wird das Wasser vom Boden aufgesogen und der Abfluß bleibt bescheiden, in niederschlagsreichen Gebieten ist es wichtig, daß die Niederschläge rasch in

Tab. 4.8 Transpiration von Pflanzenbeständen. Nach Angaben zahlreicher Autoren.

Vegetationstyp	Bestandes-verdunstung	
	mm pro Jahr	mm pro Tag
Holzpflanzenbestände		
Tropische Baumplantagen	2000–3000	
Tropische Regenwälder	1500–2000	
Laubabwerfende Wälder der gemäßigten Zone	500–800	4–5
Immergrüne Nadelwälder	300–600	2,5–4,5
Hartlaubgehölze	400–500	
Waldsteppe	200–400	
Ericaceenheiden	100–200	2–5
Grasland und krautige Vegetation		
Schilfbestände und Röhricht	1300–1600	6–12(20)
Hochstaudenfluren	800–1500	
Naßwiesen	1100	8–15
Getreidefelder	400–500	
Grünland, Mähwiesen und Weiden	300–400	3–6
Trockenrasen und Steppen	um 200	0,5–2,5
Offene Vegetation		
Halophyten-gesellschaften		2–5
Alpine Schuttfluren	10–20	0,3–0,4
Flechtentundra	80–100	
Trockenwüsten		0,01–0,4

die Bodenauflage und in den Boden eindringen. In lockeren Waldböden mit dicker Streuschicht versickert das Wasser am schnellsten. Beträchtlich langsamer dringt das Niederschlagswasser in Graslandböden mit dichtem Wuchsfilz und in trittverdichtete Weideböden ein. Auch Bodenfrost verhindert das Einsickern des Schmelzwassers, das sich in Senken sammelt oder vermehrt abrinnt, wenn das Gelände geneigt ist.

Bei starker *Geländeneigung* fließt mehr als die Hälfte des Niederschlags oberflächlich ab, bei großen Niederschlagsmengen und geringem Waldanteil können es sogar 2/3–3/4

Tab. 4.9 Wasserhaushalt ausgedehnter Pflanzenbestände. Nach Zusammenstellungen bei DUVIGNE-AUD(1967), STANHILL (1970), MITSCHERLICH (1971), GRIN (1972) und DOLEY (1981).

Vegetationstyp	Gebiet	Niederschlag mm pro Jahr	Evapo-transpiration V_{ET} in % des Niederschlags	Abfluß V_{AV} (Oberflächen- und Grundwasser) in % des Niederschlags
Waldgebiete				
Tropischer Regenurwald	Nordaustralien	3900	38	62
Tropische Regenwälder	Afrika, Südostasien	2000–2000	50–70	30–50
Wechselgrüne Tropenwälder	Südostasien	2500	70	30
Bambusdickicht	Kenia	2500	43	57
Baumsavanne	Kongobecken	1250	82	18
Laubwälder (Flachland)	Mitteleuropa	600	67	33
	Nordostasien	700	72	28
Nadelwälder (Flachland)	Mitteleuropa	730	60	40
	Nordosteuropa	800	65	35
Bergwälder	Südliche Anden	2000	25	75
	Alpen	1640	52	48
	Mitteleuropa	1000	43	57
	Nordamerika	1300	38	62
Grasland				
Savannen	Tropen	700–1800	77–85	15–23
Schilfbestände	Mitteleuropa	800	>150	–
Grünland	Mitteleuropa	700	62	38
Almweiden Alpen	*Jahr:*	1000–1700	10–20	80–90
	Veg.Periode:	500–600	25–40	60–75
Steppen	Osteuropa	500	95	5
Ödland				
Halbwüsten	Subtropen	200	95	5
Trockenwüsten	Subtropen	50	>100	0
Tundra	Nordamerika	180	55	45
Puna	Nordargentinien	370	70–80	20–30

sein. Durch die hohe Gravitationsenergie auf Steilflächen in Gebirgsländern löst ein vermehrter Wasserabfluß bei vermindertem Wasserspeichervermögen des Bodens und des Pflanzenkleides flächige Erosionen, Wildwässer und Muren aus.

4.4.1.5 Wasserzufuhr zum Bestand

Die Pflanzendecke wird nicht ausschließlich durch die Niederschläge mit Wasser versorgt. Zusätzliches Wasser wird aus der Umgebung mit dem Grundwasser, aus Bächen und über künstliche Bewässerung herangeführt. In ariden Gebieten kommt eine ausdauernde Vegetation nur durch Grundwasserschöpfung oder Zufluß aus Oberhängen zurecht, aber auch unter humiden Klimabedingungen saugen Bäume sehr ausgiebig Grundwasser auf. Durch die Ausbeutung tiefer liegender Wasservorräte beschleunigen die Pflanzen den Wasserumlauf in der Ökosphäre, denn sie pumpen einen Teil des Niederschlagswassers gleich wieder in die Atmosphäre, bevor dieses zum Meer abfließt und über den großen Wasserkreislauf zurückkehren müßte.

5 Pflanzenentwicklung und Umwelt

Das Wesensmerkmal der Pflanze ist lebenslanges Wachstum. Während des ganzen Pflanzenlebens bleiben *Wachstumszonen* in Knospen und Wurzelspitzen (apikale Meristeme) erhalten, die für einen Zuwachs neuer Sprosse mit neuen Blättern und Blüten und für die ständige Ausbreitung des Wurzelsystems sorgen. Sekundäre Meristeme sichern die fortlaufende Erweiterung des Leitungssystems und die Abdichtung des Rindenmantels. Zwar wächst die Pflanze nicht in allen ihren Teilen und auch nicht zu jeder Zeit, doch bleibt ihre Wachstumsfähigkeit zeitlebens erhalten. Selbst nach einer Zerstörung der Sproßspitzen ist die Pflanze imstande, dank ihrer ausgezeichneten Regenerationsfähigkeit aus ruhenden Knospen, verbleibenden Meristemnestern und Rückdifferenzierung ausgestalteter Zellen immer wieder auszutreiben.

Entwicklung ist Wandel in der Struktur und Funktion der Pflanze und ihrer Teile, Werden und Vergehen im einzelnen Pflanzenleben (Ontogenie) und in der Abfolge der Generationen (Phylogenie). Ein Teilaspekt der Pflanzenentwicklung ist Zellvermehrung (Teilungswachstum), Volumenausdehnung (Streckungswachstum) und Differenzierung der Gewebe und Organe. **Wachstum** ist bleibende Substanz- und Volumenzunahme lebender Teile. Dieser nicht umkehrbare Vorgang schafft im Laufe der Zeit Großformen (Mammutbäume, Brauntange) und führt in der Gesamtheit der Pflanzen zur Erzeugung und Erhaltung des riesigen Phytomassevorrats in der Biosphäre.

Die Entwicklungsphysiologie hat eindrucksvolle Erfolge in der Aufklärung kausaler Mechanismen von endogenen und von induzierten Wachstums- und Gestaltungsprozessen erbracht, die für das Verständnis ökophysiologischer Fragestellungen eine wichtige Grundlage bieten. Doch ist noch immer zu wenig über den tatsächlichen Verlauf der Entwicklungsvorgänge unter den Bedingungen am natürlichen Standort bekannt. Die Interaktion mehrerer gleichzeitig einwirkender Auslöser und die vielfältigen Variationen in der Reaktion der Pflanze auf innere und äußere Stimuli erschwert den Durchblick. Im Gegensatz zum Laboratoriumsphysiologen, der unter notwendigerweise überschaubaren Bedingungen sein Experiment plant, durchführt und somit über den Verlauf der Untersuchung regiert, ist der Ökophysiologe gezwungen, auf das Gesamtverhalten der Pflanze und die Wechselhaftigkeit der Ereignisse messend zu reagieren. Angesichts der höchst diffizilen Methoden der Entwicklungsphysiologie hat eine anspruchsvolle, streng kausalanalytische Freilandforschung auf diesem Gebiet große Schwierigkeiten zu überwinden. Bisherige Bemühungen haben daher das phänomenanalytische Stadium kaum überschritten. Auf dieser Erfahrungsebene jedoch ist über Wirkungen von Außenfaktoren auf Wachstum und Entwicklung, besonders von Kultur- und Forstpflanzen wegen ihrer großen Bedeutung für angewandte Belange des Pflanzenbaus und der Ertragskunde, vieles bekannt. Über Wildpflanzen liegen freilandorientierte experimentelle Untersuchungen vor allem für das Keimungsverhalten, das Streckungswachstum und Gestaltsausprägungen vor.

Die Auswirkungen von Strahlung, Temperatur, Schwerkraft und chemischen Gradienten auf das Entwicklungsgeschehen und die zugrundeliegenden Mechanismen werden in den Lehrbüchern der allgemeinen Pflanzenphysiologie und der Entwicklungsphysiologie ausführlich behandelt. Im folgenden werden daher nur einige, z.T. wenig beachtete Vorgänge aus ökophysiologischer Sicht vorgestellt.

5.1 Steuerung von Wachstum und Entwicklung

5.1.1 Die Bedeutung der Phytohormone

Das Wachstum und die Entwicklung der Pflanze wird durch innere und äußere Faktoren reguliert. Endogene Faktoren wirken auf der molekularen und zellulären Ebene (durch Genexpression über Transkription und Translation auf Stoffwechselprozesse) und koordinativ innerhalb des Gesamtorganismus (durch Phytohormone). Die ökophysiologische Bedeutung der Phytohormone beruht auf ihrer Rolle als Botenstoffe. Nach Perzeption eines Umweltreizes werden durch die Synthese oder durch die Konzentrationsänderung eines oder mehrerer Phytohormone alle Teile der Pflanze über die Umweltsituation benachrichtigt. Je nach Entwicklungs- und Aktivitätszustand der Pflanze und Art, Ort und Zeitpunkt des Eintreffens eines Außenreizes werden Phytohormone wirksam (Abb. 5.1). Sie lösen synergistisch oder antagonistisch, je nach Erfolgsorgan und Vorbedingungen, recht unterschiedliche Reaktionen aus. Im Zusammenhang mit Außenfaktoren geben Phytohormone den Anstoß zu Wachstumsvorgängen und Differenzierungen, sie synchronisieren dadurch die Pflanzenentwicklung mit zeitlichen Veränderungen in der Umwelt, und sie regulieren die Intensität und Richtung des Wachstums, der Stoffwechselaktivität, der Stofftransporte, der Stoffspeicherung und -mobilisierung.

5.1.2 Die Wirkung von Außenfaktoren

Außenfaktoren wie Intensität, Dauer und spektrale Verteilung der Strahlung, die Temperatur, Schwerkraft und Druckwirkungen (Wind, Wasserströmung, Schneedruck), das Wasserpotential im Boden und vielfältige chemische Einflüsse wirken in verschiedener Weise auf Wachstums- und Entwicklungsprozesse der Pflanze: *Induktiv*, durch Auslösung oder Beendigung von Entwicklungsvorgängen und dadurch zeitlich regulierend; *quantitativ*, durch ihre Auswirkung auf die Geschwindigkeit und das Ausmaß der Wachstumsprozesse; *formativ*, durch die Beeinflussung der Gestaltsbildung (Morphogenese) und des Richtungswachstums (Tropismus). Diese Wirkungsweisen greifen ineinander, so daß am Endergebnis viele Vorgänge beteiligt sind.

5.1.2.1 Lichtwirkungen auf Entwicklungsprozesse

Strahlung wirkt bei der *Photostimulation* von Biosynthesen (z. B. Chlorophyllbildung aus Protochlorophyllid, Enzymsynthesen, Anthocyansynthese), bei der Einstellung der Wachstumsrichtung (*Phototropismus* und *Nachlaufbewegungen*), als Zeitschalter für Bewegungsabläufe (*Photonastien*) und als Auslöser von Entwicklungsschritten im Lebensablauf (*Photoinduktion*). Strahlung beeinflußt die Differenzierung und Gestaltsausprägung im subzellulären (z. B. Chloroplastendifferenzierung), im zellulären und im gesamtorganischen Bereich (*Photomorphogenese*, siehe Abb. 1.34 und Tab. 2.9) und sie ist im Zusammenwirken mit endogenen Rhythmen der wichtigste Zeitgeber für den Entwicklungsablauf und die Vegetationsrhythmik im Laufe der Tages- und Jahreszeiten (*Photoperiodismus*).

Photokybernetisch wirksam ist blaue bis ultraviolette Strahlung und Rotlicht bis ins nahe Infrarot (Tab. 5.1). Als **Photorezeptoren** fungieren die Pigmente Phytochrom und Cryptochrom. Die *Phytochrome* sind photokonvertierbare Chromoproteine, die als chromophore Gruppe ein den Phycobilinen nahestehendes offenkettiges Tetrapyrrol enthalten. Sie kommen in verschiedenen Formen vor, die durch entsprechende Lichteinwirkung ineinander umgewandelt werden können: Die hellrotabsorbierende Form P_{660} wird durch Absorption im Spektralbereich 620–680 nm auf die biochemisch aktive dunkelrotabsorbierende Form P_{730} umgeschaltet, dunkelrotes Licht (700–800 nm) revertiert instabiles P_{730} in P_{660}. Je nach dem Anteil von Hellrot zu Dunkelrot am Strahlungsangebot

Abb. 5.1.   Umweltfaktoren als Auslöser von Phytohormonwirkungen. I = Qualität, Intensität, Richtung und Dauer der Strahlung; IP = Photoperiode (Kurztag- und Langtagbedingungen); T = Temperatur; G = Stellung zur Schwerkraft; St = Streß (Kälte, Hitze, Dürre, Überflutung). Phytohormone: IES = Auxin, CK = Cytokinine, GA = Gibberellin, ABA = Abszisinsäure, JA = Jasmonsäure, ET = Ethylen. Sterne: Ort der Synthese, Pfeile: Hormontransporte. Nach MATTHYSSE und SCOTT (1984) und PARTHIER (1991), verändert.

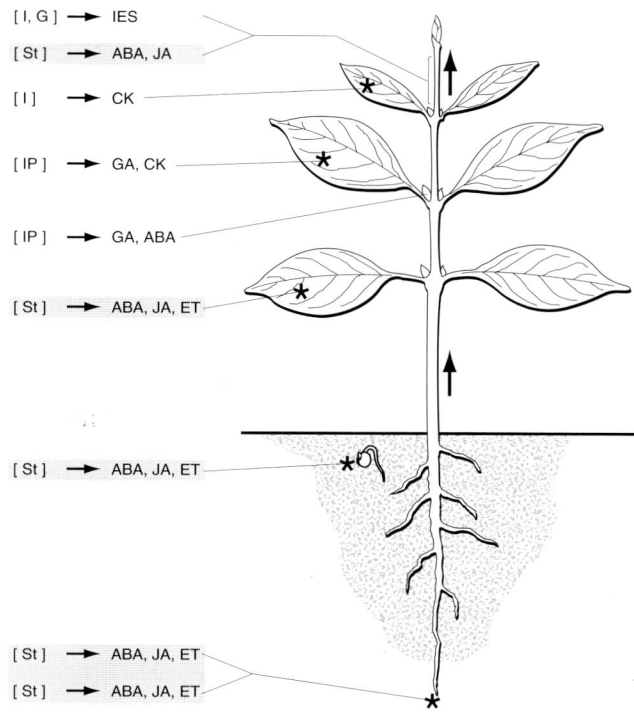

[I, G]	→	IES
[St]	→	ABA, JA
[I]	→	CK
[IP]	→	GA, CK
[IP]	→	GA, ABA
[St]	→	ABA, JA, ET
[St]	→	ABA, JA, ET
[St]	→	ABA, JA, ET
[St]	→	ABA, JA, ET

Tab. 5.1 Wirkung von Strahlung auf Entwicklungsvorgänge und Regulationen. Nach SALISBURY (1985) und KRONENBERG und KENDRICK (1986), verändert.

Vorgang	Wirkungs-weise[a]	Spektral-bereich[b]	Schwankung[c]	Latenz[d]
Samenkeimung und Knospen-öffnung	I	HR / DR, B	P	h-d
Streckungswachstum	Q, F	HR / DR	P	min
Axiales Richtungswachstum	Q, F	B		min
Blattorientierung	Q	HR / DR	C	min
Blühprozeß	I	HR / DR	C	h-Wochen
Anlage und Füllung von Speicherorganen	I	HR / DR	P	
Winterruhe	I	HR / DR	P	
Enzymsynthesen	I	HR / DR		h
Enzymaktivierung	I	HR / DR		min
Membranpotentiale	I	HR / DR		s

[a] I = Induktiv; Q = quantitativ; F = formativ
[b] B = Blaulicht; HR / DR = Hellrot / Dunkelrot-Verhältnis
[c] P = Photoperiodismus; C = circadianer Rhythmus
[d] Zeit zwischen Belichtungsbeginn und Reaktion

stellt sich ein bestimmtes Mengenverhältnis zwischen den Zustandsformen des Phytochroms ein. *Cryptochrom* ist ein Blaulichtrezeptor vom Chemismus der Flavone, der in Pilzhyphen und Moosprotonema wirksam ist.

Die Photorezeptoren sind im peripheren Protoplasma (Biomembranen) eingebaut. Rezeptororgane der Sproßpflanzen sind vor allem die Blätter, aber auch Knospen, Blütenteile, Fruchthüllen und Samen. Dank der orientierten Anordnung der Rezeptormoleküle erkennt die Pflanze die Einfallsrichtung des Lichtes und kann dadurch **Photomodulationen**, d.s. reversible Reaktionen auf Veränderungen des Lichtfeldes, steuern. Die Bewegung wird über Turgoränderungen in den Zellen der Blatt- und Blütenstiele betrieben. Phototrope *Nachlaufbewegungen* ermöglichen eine optimale Stellung von Blättern zum Lichteinfall, wodurch ein günstiger Kompromiß zwischen genügender Strahlung für eine möglichst lange und auskömmliche Photosyntheseleistung und gleichzeitiger Vermeidung von Überstrahlung und Überhitzung erreicht wird. Blüten führen ebenfalls heliotropische Nachlaufbewegungen aus. In der Arktis ist die dadurch bewirkte Erwärmung für die Blütenöffnung (und damit für den Bestäubungsvorgang) und das Samenwachstum förderlich.

Photomorphogenetische Vorgänge kommen über Aktivierung von Enzymen und die Regulation der Genaktivität zustande. Dabei wirken Mediatoren mit, die extrazelluläre Signale so übersetzen, daß die Information von intrazellulären Strukturen verstanden werden. Ein wichtiger sekundärer Messenger für die Vermittlung von Rotlichtsignalen ist das Ca^{2+}-bindende Protein *Calmodulin*. Lichtänderungen bewirken eine Zunahme des Ca^{2+} im Cytoplasma und dadurch eine Aktivierung des Calmodulin, das seinerseits bestimmte Enzyme aktiviert.

Ökologisch wichtige **Regulationen von Entwicklungsprozessen** an wichtigen Schaltstellen des Lebenszyklus unter Beteiligung des Phytochromsystems sind die Photoinduktion der Keimung und die photoperiodische Steuerung von Differenzierungsprozessen.

Samen zahlreicher Pflanzenarten, vor allem solcher, die offene Standorte besiedeln oder auf Waldblößen auftreten, keimen nur nach Belichtung mit überwiegendem Hellrotanteil (*Lichtkeimer*). Im Freien herrscht ein Hellrot/Dunkelrot-Verhältnis (660/730 nm) von 1,2–1,3 vor, unter geschlossener Vegetation kann der Dunkelrotanteil am natürlichen Licht zwei- bis zehnmal so hoch sein wie der Hellrotanteil[149]. Lichtkeimer bleiben dort keimgehemmt, bis sich durch Laubfall oder Auflockerung der Oberschicht die Lichtqualität ändert. Auch Samen, die unter einem Kronendach dem Dunkelrotschatten ausgesetzt waren und dann im Boden begraben lagern, keimen erst, wenn sie an helles Licht gelangen. Die Verzögerung des Keimungsvorgangs wirkt sich hier nachwuchsregulierend, also populationsökologisch aus. Im Einzelnen gibt es viele Varianten, auch können Samen, die längere Zeit im Laubschatten verweilten, bei geringerer Beleuchtung auskeimen. Außerdem beeinflußt die Temperatur das Lichtbedürfnis für die Keimung, z. B. werden Samen mancher Lichtkeimer durch Kälte sensibilisiert, so daß sie weniger Induktionslicht benötigen.

Das Phytochromsystem ist imstande, die Phasendauer im Tag/Nacht-Zyklus zu registrieren. Der *Taglängenperiodismus* stellt für die Pflanze ein astronomisches, witterungsunabhängiges Signal dar, das die endogene circadiane Rhythmik abstimmt und eine Vielfalt von Entwicklungsprozessen von der Keimung über Knospenaustrieb, Blattentfaltung, Verzweigungsmodus, bis hin zur Anlage von Speicherorganen und vor allem die Blühinduktion steuert (Tab. 5.2). Alle photoperiodischen Phänomene dienen der frühzeitigen Umstimmung auf zwangsläufig zu erwartende Veränderungen der Außenbedingungen. Pflanzen in Gebieten mit abwechselnden Regen und Trockenzeiten bilden strukturell und funktionell deutlich unterschiedliche Blätter aus (*Saisondimorphismus*). Die größeren, weicheren Winterblätter von *Phlomis fruticosa* und *Sarcopoterium spinosum* im Mittelmeergebiet und von *Prosopis glandulosa* auf Flußbanketten nordamerikanischer Trockengebiete sind photosynthetisch leistungsfähiger als die kleinen Sommerblätter, die dafür sparsamer mit dem Wasser umgehen.

Tab. 5.2 Beispiele für Reaktionen auf Photoperiodismus. Nach SALISBURY (1982), vereinfacht.		
Entwicklungsprozeß	Pflanzen (Beispiele)	Förderung durch
Pränatale Induktion für Keimung	*Chenopodium album*	KT
Samenkeimung	*Betula pubescens*	LT
	Nemophila menziesii	KT
Streckungswachstum	Meiste Sproßpflanzen	LD
	Alstroemeria 'Regina'	KT
Blattentfaltung	*Glycine max*	LT
Sukkulenz	*Kalanchoe blossfeldiana*	KT
Bestockung	*Hordeum vulgare*	KT
	Oryza sativa	LT
Verzweigung	*Oenothera biennis*	KT
Ausbildung von Speicherorganen	*Solanum tuberosum*	KT
	Allium cepa	LT
Blühen	*Rudbeckia hirta*	LT
	Cosmos sulphureus	KT
Förderung weiblicher Blüten	*Cannabis sativa*	KT
	Spinacia oleracea	LT
Vegetative Fortpflanzung	*Bryophyllum*-Arten	LT
Herbstlaubfall	Laubbäume mittlerer und höherer Breiten	KT
Knospenaustrieb	Laubbäume mittlerer und höherer Breiten	LT

KT = Kurztagbedingungen   LT = Langtagbedingungen

Von besonderer ökologischer Bedeutung ist die präzise Zeitwahl für die Fortpflanzung. Die vielen, z. T. komplizierten Verhaltensweisen der *photoperiodischen Blühinduktion* und ebenso der Anlage von Sporangien und Gametangien der Kryptogamen dienen einer Feineinstellung der reproduktiven Phase. Vom Blühzeitpunkt hängt es ab, ob die Blütenbestäubung unter günstigen klimatischen Bedingungen und in Abstimmung mit der Aktivität der Blütenbesucher verlaufen wird, ob genügend Zeit für die Samenreifung zur Verfügung steht und dann auch die geeigneten Fruchtverbreiter vorhanden sein werden. Es gibt mehr als 20 Varianten von qualitativen und quantitativen Verlaufsformen der Blütenentwicklung unter Langtag- und Kurztagpflanzen, in denen sich Pflanzenarten, Rassen und Ökotypen hinsichtlich ihrer kritischen Tageslänge und der Abfolge der Periodenlänge unterscheiden[668]. Diese Vielfalt fördert Differenzierungen innerhalb der Population und eine selektive Coevolution von Pflanzen und deren Besuchern.

5.1.2.2 Temperaturwirkungen auf Entwicklungsvorgänge

Ausreichende und angemessene Wärme ist eine Grundvoraussetzung für das Leben. Jeder einzelne Lebensprozeß ist auf eine bestimmte Temperaturspanne eingestellt, wobei für optimales Gedeihen alle Stoffwechsel- und Entwicklungsvorgänge harmonisch abgestimmt sein müssen. Die Temperatur beeinflußt die Wachstumsaktivität und den Entwicklungsablauf indirekt (*quantitative* Wirkung über die Energiebelieferung durch den Betriebsstoffwechsel und die Biosynthesen des Baustoffwechsels) und direkt durch regulative Vorgänge (*Thermoinduktion, Thermoperiodismus, Thermomorphosen*).

Verbreitungsökologisch ist der **Temperatureinfluß auf die Keimung** von größter Bedeutung. Die *Temperaturkardinalpunkte* für die Sporen und Samenkeimung müssen mit jenen Außenbedingungen zusammenstimmen, die eine zügige Weiterentwicklung der Jungpflanze gewährleisten. Die Temperatur-

Tab. 5.3 Temperaturminimum, -optimum und -maximum [°C] für die Keimung von Samen und Sporen. Alle Daten sind Rahmenangaben, die durch verschiedene äußere (Licht, Feuchtigkeit, Thermoperiode) und innere Faktoren (Ausreifungsgrad, Alter und Keimwilligkeit der Samen) mitunter erheblich verändert werden. Nach Angaben zahlreicher Autoren.

Pflanzengruppe	Minimum	Optimum	Maximum
Pilzsporen			
Pflanzenpathogene Pilze	0–5	15–30	30–40
Meiste Bodenpilze	um 5	um 25	um 35
Thermophile Bodenpilze	um 25	45–55	um 60
Gräser			
Wiesengräser	3–4	um 20	um 30
Getreide der gemäßigten Zone	(0)2–5	20–25	30–37
Reis	10–12	30–37	(35)40–42
C$_4$-Gräser der Subtropen und Tropen	(8)10–20	32–40	(40)45–50
Krautige Dicotyledonen			
Pflanzen der Tundra und Gebirgspflanzen	(3)5–10	um 20	
Wiesenkräuter	(1)2–5	15–20	35–45
Kulturpflanzen der gemäßigten Zone	1–3(6)	15–25(30)	30–40
Kulturpflanzen der Tropen und Subtropen	10–20	um 30	45–50
Wüstenpflanzen			
Sommerkeimer	10	20–30(35)	
Winterkeimer	0	10–20	um 30
Kakteen	10–20	20–30	30–40
Bäume der gemäßigten Zone			
Coniferen	4–10	15–25	35–40
Laubbäume	unter 10*	20–30	

* Nach Kaltstratifikation

spanne für die Keimfähigkeit ist breit bei Arten mit weitem Verbreitungsgebiet und dann, wenn starke Temperaturschwankungen im Lebensraum der Art auftreten (Tab. 5.3). Nach Überschreitung der Minimumtemperatur nimmt die Keimungsrate mit der Temperatur exponentiell zu[55]. Die *Keimungsgeschwindigkeit* zeigt häufig einen ökologisch interpretierbaren Zusammenhang mit den klimatischen Bedingungen. Sommerkeimer (meist Arten nördlicher Herkunft) keimen im Gegensatz zu Winterkeimern (aus wintermilden Gebieten) bei niedrigen Temperaturen außerordentlich langsam, erst wenn sich ihr Keimbett über 10 °C erwärmt hat, holen sie das Versäumte schnell nach (Abb. 5.2). Durch die zeitliche Einpassung in die für die Entwicklung der Jungpflanzen günstigste Jahreszeit

wird ein besserer Ansiedlungserfolg erzielt. Zusätzlich können komplizierte *thermoregulative Sperrmechanismen* dafür sorgen, daß die Samen nicht zu ungünstigen Zeiten auskeimen. Die Samen vieler Rosaceen, Primulaceen, Iridaceen und von manchen Waldbäumen (Birken, Buchen, Linden, Eschen, Fichten, Föhren, Thujen) keimen leichter, wenn sie in angequollenem Zustand längere Zeit niedrigen Temperaturen oder mildem Frost ausgesetzt waren (*Kaltstratifikation* bei 0 bis 8 °C). Auf manche Samen wirken *hohe Temperaturen* keimungsauslösend: Bei Reis und Ölpalme wird die Keimruhe durch Einwirkung von 40 °C auf die trockenen Samen rasch beendet.

In der **vegetativen Entwicklung** setzt das *Teilungs- und Streckungswachstum* der oberirdischen Organe bei Pflanzen der gemäßigten Zone unter 10 °C, bei Tropenpflanzen um 12–15 °C ein[54]; Pflanzen der Arktis, Gebirgspflanzen und Frühjahrsblüher lassen bereits nahe 0 °C Wachstumsvorgänge erkennen[354]. *Reges Teilungswachstum* benötigt viel Wärme. Die Optimumtemperatur für Zellteilungen, bei der die Dauer eines Teilungszyklus am kürzesten ist, liegt bei den meisten krautigen Kulturpflanzen um 30 °C und damit nahe dem Temperaturmaximum für das Wachstum[194]. Das Streckungswachstum verläuft am schnellsten bei Pflanzen der Tropen und Subtropen zwischen 30–40 °C[774], bei den übrigen Pflanzen zwischen 15–30 °C. Der Temperaturbereich, der ein Längenwachstum der Wurzeln zuläßt, ist meist sehr breit. Die minimale Grenztemperatur für das Wurzelwachstum liegt bei Holzpflanzen der gemäßigten Zone zwischen 2 und 5 °C, also ziemlich tief. Es überrascht daher nicht, daß die Wurzeln schon vor dem Knospenaustrieb zu wachsen beginnen und daß sie ihr Wachstum bis spät in den Herbst hinein fortsetzen (siehe Abb. 5.16). Pflanzen wärmerer Länder stellen höhere Temperaturansprüche, z. B. *Citrus*-Wurzeln wachsen nur über 10 °C. Das Vordringen tropischer und subtropischer Arten in kühlere Regionen dürfte hauptsächlich am Wärmemangel für das Wurzelwachstum scheitern. Die *Zelldifferenzierung* hingegen kann, freilich sehr langsam, auch bei niedriger Temperatur erfolgen. Die Differenzierung der Knospenmeristeme in histogene Bereiche und Anlage floraler Primordien wird im Winter nur während besonders kalter Perioden stillgelegt.

Die **Blütenbildung** wird innerhalb bestimmter Temperaturschwellen induziert, wieder andere Temperaturen sind für die Ausbildung und die Entfaltung der Blüten wirksam. Wintergetreide und zweijährige Rosettenpflanzen, aber auch die Knospen gewisser Holzpflanzen (z. B. Pfirsich) bedürfen einer kalten Jahreszeit, um normal blühen zu können. Sie werden erst blühbereit, wenn ihre Apikalmeristeme wochenlang Temperaturen zwischen −3 und +13 °C, vornehmlich zwischen +3 und +5 °C ausgesetzt waren[542] (*Vernalisation, Kältebedürfnis*). Ist die Kühlperiode zu kurz, nicht zeitgerecht oder wird sie

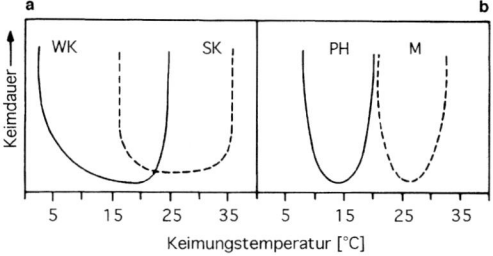

Abb. 5.2. Temperaturabhängigkeit der Keimungsgeschwindigkeit (Dauer bis 50% der Samen keimen) von Pflanzenarten mit unterschiedlichem Verbreitungsareal und jahreszeitlichem Keimungsverhalten. a) Unter den Caryophyllaceen sind nördliche Arten Sommerkeimer (SK; *Lychnis flos-cuculi*), sie keimen bei höheren Temperaturen schneller; südliche Arten sind Winterkeimer (WK; *Silene secundiflora* aus Südspanien), die bei niedrigeren Temperaturen rascher auflaufen. b) Im östlichen Mittelmeergebiet keimen die Samen von Kleinsträuchern und Halbsträuchern der Phrygana (PH; *Cistus, Sarcopoterium, Phlomis*) bei kühleren Temperaturen, die Samen von sklerophyllen Holzpflanzen der Macchien (M; *Myrtus, Nerium, Ceratonia*) bei höheren Temperaturen. Nach Thompson aus Bannister (1976) und nach Mitrakos (1981).

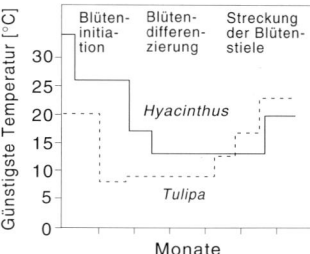

Abb. 5.3. Günstigste Temperaturen für die Anlage, die Ausbildung und die Entfaltung des Blühsprosses in Tulpen- und Hyacinthenzwiebeln. Nach Hartsema et al. 1930 und Luyten et al. (1932).

durch Erwärmung über 15 °C unterbrochen, dann bleibt der Effekt aus. In Zwiebeln von Geophyten der vorderasiatischen Steppen und deren Zuchtformen wie Gartentulpen und Hyazinthen werden die Blatt- und Blütenprimordien bei Temperaturen über 20 °C angelegt, für die endgültige Ausdifferenzierung des floralen Vegetationsscheitels sind aber niedrige Temperaturen um 10 °C günstiger, wie sie im natürlichen Verbreitungsgebiet dieser Arten im Winter im Boden herrschen (Abb. 5.3). Die Streckung der Inflores-

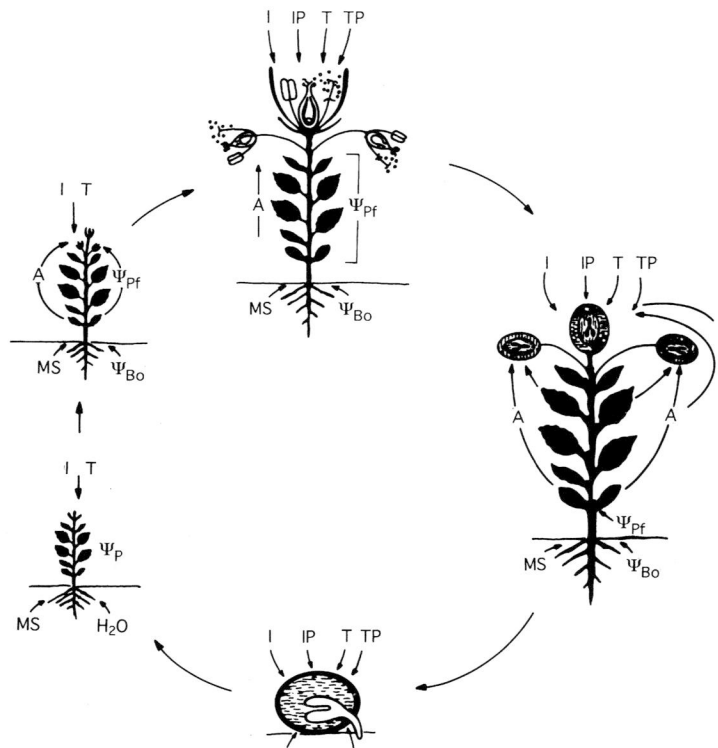

Abb. 5.4. Lebenszyklus einjähriger Pflanzen und Umwelteinflüsse auf ihre Entwicklung. I = Qualität, Intensität und Dauer der Lichteinwirkung, IP = Photoperiode, T = Temperatur, TP = Thermoperiode, MS = Mineralstoffe, MO = Einwirkung von Mikroorganismen auf Keimsperren, Ψ_{Bo} = Wasserpotential des Bodens, Ψ_{Pf} = Wasserpotential der Pflanze, Ψ_P = Turgorpotential, A = Assimilatbildung und Assimilatverteilung in Abhängigkeit von Außenfaktoren. In jeder Lebensphase ist die Pflanze veränderten Umwelteinflüssen ausgesetzt und reagiert auf diese unterschiedlich. So ändert sich z. B. das Strahlungsangebot mikroklimatisch und im Verlauf des Entwicklungsfortschritts vom Samenstadium bis zur fruchtenden Pflanze. Nach EVENARI (1984), verändert.

zenzachse beim Aufblühen benötigt wieder höhere Temperaturen. Ganz allgemein gilt, daß für den Entwicklungsablauf einer Pflanze nicht ein bestimmter optimaler Temperaturbereich, sondern ein optimaler Temperatur*verlauf* wesentlich ist.

Früchte und Samen benötigen in der Regel zum Ausreifen mehr Wärme, als für das Wachstum der vegetativen Pflanzenteile erforderlich ist. Auf Standorten mit kurzer und zugleich kühler Vegetationsperiode ist es daher für den Weiterbestand einer Pflanzenart von Vorteil, wenn sie durch *vegetative Fortpflanzung* (Ausläuferbildung, Brutknospen, Fragmentation von oberirdischen und unterirdischen Sproßteilen) einen Ausweg findet.

Ein *Wechsel der Tages und Nachttemperatur* ist für Wachstum und Entwicklung fast immer förderlich, wobei eine Anpassung an die diurnale Temperaturamplitude am Standort deutlich erkennbar ist[865]. Pflanzen kontinentaler Gebiete, für die ein ausladender Tages-

gang der Temperatur bezeichnend ist, entwikkeln sich am besten, wenn die Nacht um 10 bis 15 K kühler ist als der Tag, Kakteen und andere Wüstenpflanzen sogar bei einer Amplitude von 20 K. Für die meisten Pflanzen der gemäßigten Zone ist eine diurnale Thermoperiode von 5–10 K optimal. Tropenpflanzen sind, entsprechend dem ausgeglichenen Temperaturregime in den Äquatorialgebieten, auf eine flache Amplitude (etwa 3 K) eingestellt.

5.2   Die Entwicklungsphasen im Lebensablauf der Pflanzen

Das Leben eines jeden Organismus beginnt mit einem Fortpflanzungsprozeß, auf diesen folgen vegetative Entwicklungsvorgänge wie Wachstum und Organbildung, und auf diese

Tab. 5.4 Lebensdauer und Beginn der Blühreife von Pflanzen. Nach ALTMAN und DITTMER (1973), VAN VALEN (1975), WAREING und PHILLIPS (1981), KRAMER und KOZLOWSKI (1979), HARPER (1977), TOMLINSON (1990) und LYR et al. (1992).

Pflanzen	Blühreife	Lebensdauer
Annuelle Kräuter	Wochen	Monate
Perennierende Kräuter	(1)2–10	10–40 Jahre
Zwergsträucher	5–10	50 Jahre und länger
Sträucher	5–20	50–100 Jahre
Pionierhölzer		
Erlen	um 10	80–150 Jahre
Pappeln, Weiden	5–15	80–150 Jahre
Robinien	10–20	100–200 Jahre
Eschen	10–40	100–250 Jahre
Birken	5–20	100–120 Jahre
Sommergrüne Waldbäume		
Ulmen	15–30	200–400 Jahre
Ahorn	15–30	150–500 Jahre
Buchen	30–50(70)	300–900 Jahre
Linden	15–25	700–1200 Jahre
Eichen	20–40(75)	500–1400 Jahre
Coniferen		
Wacholderarten	10–20	300–2000 Jahre
Cupressaceen	10–20	300–2000 Jahre
Sequoiadendron giganteum	15–50	2000–4000 Jahre
Eiben	ab 10	bis 2000 Jahre
Lärchen	10–15	200–400 Jahre
Tannen, Fichten	20–40	200–500 Jahre
Douglasien	15–20	500–1500 Jahre
Kiefern (subtropisch)	5–8	100–300 Jahre
Kiefern (temperat)	10–20(40)	300–500 Jahre
Pinus longaeva	?	>4000 Jahre
Palmen	bis 50–80	50–100 Jahre

wieder die reproduktiven Vorgänge, die zur nächsten Generation führen. Damit schließt sich der Kreislauf des Geschehens. Alle diese Entwicklungsphasen laufen nach genetisch vorgegebenen Normen ab, der Übergang von einem Entwicklungsstadium zum nächsten ist hormonell koordiniert und wird durch Umwelteinflüsse induziert und modifiziert (Abb. 5.4). Jede Entwicklungsphase beansprucht eine bestimmte Spanne der Lebenszeit (Tab. 5.4, Abb. 5.5) und hat ein eigenes Erscheinungsbild und Funktionsverhalten, das durch differentielle Genaktivität in Wechselwirkung mit den unmittelbaren Umgebungseinflüssen gesteuert wird. In jeder Entwicklungsphase hat die Pflanze besondere Ansprüche an die Umwelt, und sie ist unterschiedlich beanspruchbar durch äußere Belastungen. Allerdings dürfen die aufeinanderfolgenden Entwicklungsstufen nicht isoliert betrachtet werden, weil Ereignisse in einer vorangegangenen Phase auch den Verlauf der nachfolgenden Phasen präkonditionieren. So hängt die Reservestoffversorgung der Samen vom Ernährungszustand der Mutterpflanze aus, die Temperatur und Lichtverhältnisse beeinflussen vor, bei und kurz nach der Keimung den Verlauf der Gestalts- und Blütenentwicklung, die Nährstoff und Wasserversorgung im vegetativen Zustand wirkt sich wiederum auf die Üppigkeit des Blühens und die Lebenskraft der Folgegeneration aus.

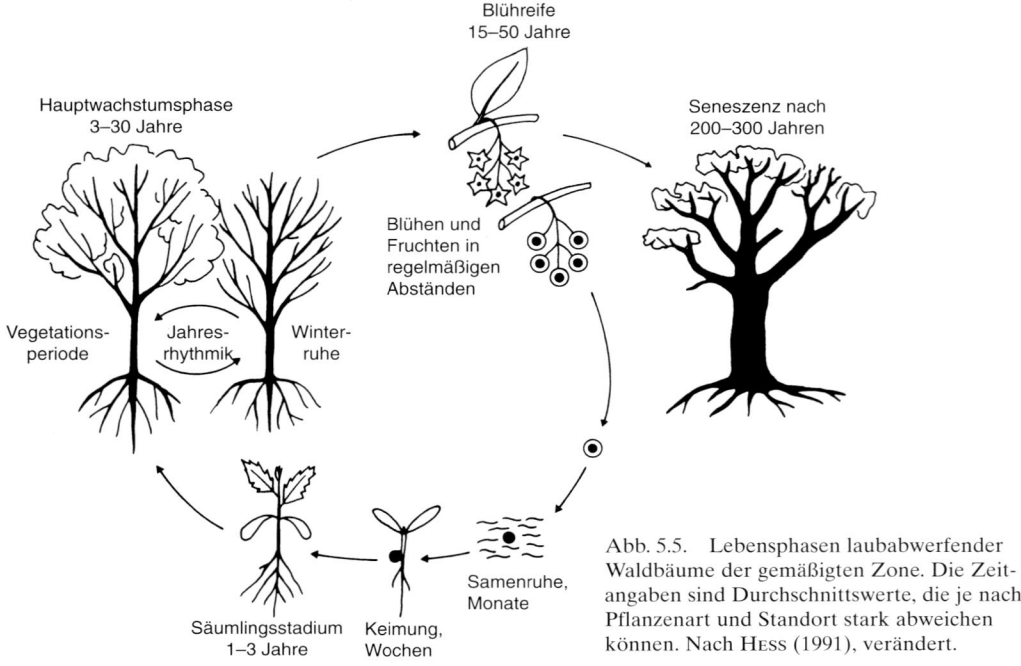

Abb. 5.5. Lebensphasen laubabwerfender Waldbäume der gemäßigten Zone. Die Zeitangaben sind Durchschnittswerte, die je nach Pflanzenart und Standort stark abweichen können. Nach Hess (1991), verändert.

5.2.1 Die embryonale Phase: Prägung durch die Mutterpflanze

Die embryonale Phase von der Befruchtung bis zur Samenreife ist gekennzeichnet durch intensive Teilungstätigkeit, Differenzierung der Primordialorgane und Speicherung von Eiweiß, Kohlenhydraten, Fetten und Mineralstoffen im Keimlingsgewebe und im Endosperm. Für die Regulation dieser Vorgänge, vor allem auch für den Stofftransfer in die wachsenden Samen, sind die Phytohormone Indolessigsäure (IES), Gibberellinsäure (GA), Cytokinine (CK) und Abszisinsäure (ABA) in zeitlich wechselnder Menge und Aktivität maßgeblich beteiligt.

Die Keimlingsentwicklung ist auch eine Phase der *pränatalen Beeinflussung* durch die Mutterpflanze. Schon der Zustand der Mutterpflanze während der Blütenbildung, insbesondere der *Megasporogenese*, bestimmt teilweise das Schicksal der Nachkommenschaft.

Schmächtige, überalterte und umweltbelastete Pflanzen bilden unterentwickelte oder wenig entwicklungsfähige Samenanlagen aus. So können an immissionsbelasteten Fichten Zapfen mit abnorm geringer Anzahl von Embryosäcken entstehen. Im übrigen kann auch die *Mikrosporogenese* gestört sein, so daß unzureichender oder befruchtungsunfähiger Pollen produziert wird; z. B. wird in kälteempfindlichen Reissorten in kühlen Sommern die Pollenentwicklung im Tetradenstadium unterbrochen (Kaltsommersterilität[777]). Die Bestäubungsdichte und das Pollenschlauchwachstum ist ein wichtiger Faktor, nicht nur für die *Befruchtung* als solche, sondern auch für den weiteren Verlauf der Embryogenese. Befruchtungsprobleme wegen ungünstiger Witterung sind im Gartenbau, der Landwirtschaft und im Forstwesen längst bekannt. An Linden nahe ihrer nördlichen Arealgrenze ist bei zu niedrigen Temperaturen verzögertes und unvollständiges Pollenschlauchwachstum beobachtet worden[592]. Klimaorientierte embryologische Untersuchungen an Wildpflanzen liefern daher wertvolle Aufschlüsse über Fortpflanzungsmöglichkeiten und -schwierigkeiten.

Nach der Befruchtung steuert die in der Zygote vorhandene genetische Information die *Keimlingsentwicklung*, im übrigen unterliegt der Embryo weiterhin dem Einfluß der Mutterpflanze. Der Keimling ist umgeben von einem triploiden Endosperm (in dessen Genom nur ein Drittel vom Pollen stammt), von den Integumenten und der Fruchtwand, die ausschließlich mütterliche Gewebe sind. Während der Embryogenese bestimmt diese Umhüllung die relative Einstellung des Phytochromsystems im Samen. Auch die mechanischen und chemischen Keimsperren werden größtenteils von der Mutterpflanze geliefert. Vor allem aber versorgt die Mutterpflanze, nach Maßgabe der Lebensbedingungen und ihrer Anpassung an die dominierenden Außenfaktoren, den heranwachsenden Samen mit Aufbaustoffen und Reserven für die spätere Keimung.

Die Größe des *Samens*, der Differenzierungsgrad des Keimlings und die Auffüllung mit Speicherstoffen sind wesentliche Voraussetzungen für eine gute Keimfähigkeit und Keimkraft. Dabei spielen schon geringe Einflüsse eine Rolle, wie z. B. die Entstehungszeit des Samens oder die Insertionsstelle an der Infloreszenz; so werden an ährig-traubigen Fruchtständen krautiger Pflanzen, aber auch in verschiedenen Baumbezirken, unterschiedlich große Samen ausgestaltet. Gleichzeitig steht der Embryo über *seine* Hormonausschüttung mit der Mutterpflanze im Informationskontakt, wodurch deren Stoffwechsel auf die Bedürfnisse der heranreifenden Früchte eingestellt wird. Die hormonelle Koordination bewirkt auch eine Selektion unter den heranreifenden Samen und Früchten, indem durch den Abwurf kümmerlicher Früchte eine bessere Versorgung der verbleibenden Samen gewährleistet wird. Zur Reifezeit erlangt der Samen seine Unabhängigkeit, indem die Leitbündelverbindung obliteriert. Zu dieser Zeit sind die Informationen bereits eingespeichert, die für die Regulation der Samenruhe und deren Beendigung notwendig sind.

5.2.2 Keimung und Ansiedlung: Sein oder Nichtsein

Die *Keimungsphase* beginnt mit der Aktivierung des Stoffwechsels im embryonalen Gewebe. Zunächst wird Energie über Glykolyse gewonnen; Reduktionsäquivalente und Ausgangsmaterial für Synthesen stellt der oxidative Pentosephosphatzyklus zur Verfügung. Den Anstoß zur *de novo* Synthese von Enzymen geben Phytohormone (z. B. GA in der Aleuronschicht von Gerstenkaryopsen), worauf Reservestoffe im Endosperm mobilisiert werden. Es folgen die Synthese der teilungs- und streckungsfördernden Hormone (CK, IES), die Reorganisation der Ultrastruktur des Protoplasmas, die Intensivierung der mitochondrialen Atmung und der Proteinsynthese, und schließlich die Wachstumsvorgänge, die äußerlich am Austritt der Keimwurzel erkennbar werden. Dieses Ereignis gilt definitionsgemäß als Beginn der Keimung.

Mit dem Übergang von der reservestoffabhängigen zur autotrophen Ernährung ist der Keimungsvorgang abgeschlossen. Der Sämling hat nach der Verankerung der Wurzel und der Entfaltung der Keimblätter bzw. der Primärblätter (bei hypogäischer Keimung) die Selbständigkeit erlangt. Für die *Ansiedlung* einer Pflanze ist dieser Vorgang die erste Voraussetzung.

Die Zeitdauer zwischen der Samenquellung und dem Austritt der Keimwurzel wird *Keimdauer* genannt, unter *Keimungsgeschwindigkeit* (Keimungsrate) versteht man die prozentuale Zunahme keimender Samen pro Zeiteinheit. Es gibt Pflanzenarten, deren Samenpopulation sehr gleichmäßig keimt und in ungefähr gleicher Zeit ausgekeimt ist. Hiezu gehören besonders die Schnellkeimer (viele Kräuter und Gräser, unter den Bäumen Weiden, Pappeln und andere Pionierhölzer). Dieses Verhalten erlaubt eine rasche Ausnützung günstiger Keimungsbedingungen.

Die Keimlinge mancher Pflanzenarten sind unentwickelt, wie jene in Orchideen- und Palmensamen. Häufig enthalten die frisch ausgestreuten Samen unterentwickelte und daher nachreifebedürftige Keimlinge

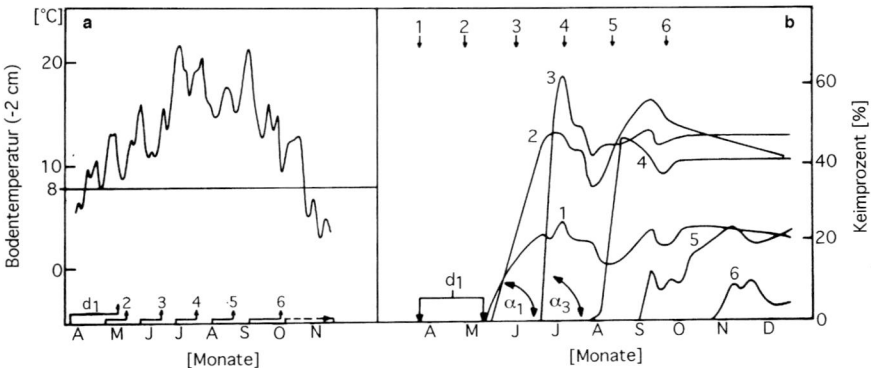

Abb. 5.6. Keimungsverhalten der Samen von *Scabiosa columbaria* am natürlichen Standort. Die Samen wurden vom Frühjahr bis zum Spätherbst in monatlichen Zeitabständen (Ziffern 1–6) auf einem südgeneigten, xerothermen Wiesenhang in England ausgesät. a) Temperaturverlauf in 2 cm Bodentiefe (Dreitagemittel) und Dauer (d) bis zum Keimungsbeginn.

b) Keimungsgeschwindigkeit (α) und Keimungserfolg (%) in Abhängigkeit von der Jahreszeit. Das Temperaturminimum für die Keimung ist 8 °C. Bei wärmeren Bodentemperaturen und hoher Bodenfeuchte im Frühsommer keimen die Samen schneller ($\alpha_3 > \alpha_1$) und mit größtem Prozentsatz. Nach RORISON und SUTTON (1974).

(*Anemone, Caltha, Ficaria, Heracleum, Gentiana, Fraxinus*). In vielen Samen wird die Keimung durch Keimsperren (harte Schalen, Hemmstoffe) und oft auch durch Außenfaktoren (z. B. Dunkelrotschatten) verhindert. Alles das erzwingt eine *Keimruhe*. Samen dieser Arten keimen sehr ungleichmäßig, so daß über einen langen Zeitraum jeweils nur kleinere Portionen der Samenreserve auflaufen. Dieser Keimungstypus ermöglicht eine zeitlich gestaffelte Ansiedlung und erlaubt einem Teil der Nachkommenschaft, ungünstiger Witterung und Schädlingskalamitäten zu entweichen.

Zur *Aufhebung der Keimruhe* bedarf es bestimmter Einwirkungen wie Zutritt von Licht zu vorher überdeckten oder begrabenen Samen (Schneisen in Wäldern, Tätigkeit von Bodenwühlern in Steppen), Kaltstratifikation (Samen vieler Bäume winterkalter Gebiete und von Gebirgspflanzen), Auslaugen löslicher Hemmstoffe oder Salze aus Frucht- und Samenhüllen durch starke Regengüsse (z. B. aus Samen von Wüstenpflanzen), Zersetzung dichter Samenschalen (durch Mikroorganismen) und Abbau keimungshemmender Stoffe im Verdauungstrakt von Tieren (bei endozoochorer Verbreitung). In manchen Fällen keimen Samen spontan in peri-

odischen Zeitabständen, wofür ein molekularer Zeitgeber als Auslöser vermutet wird. In der Natur wirken sich viele Faktoren auf den Keimungsbeginn und -verlauf aus, so daß Samen derselben Pflanzenart unter wechselnden Bedingungen sehr unterschiedlich keimen (Abb. 5.6).

Der Keimungsvorgang und das *Keimpflanzenstadium* ist ein besonders empfindlicher Lebensabschnitt. In dieser Phase benötigt der Sämling reichlich Grundstoffe zur Deckung des erhöhten Bedarfs an Energie und Metaboliten für Biosynthesen sowie genügend Wasser zur Aufrechterhaltung des Turgors für rasches Streckungswachstum und die Wanddifferenzierung. Keimpflanzen sind häufig nicht nur besonders anfällig gegen Dürre, extreme Temperaturen und biotische Stressoren, sondern sie sind auch allerlei Gefahren stärker ausgesetzt. Die Kontaktzone zwischen der Bodenoberfläche und der bodennahen Luftschicht ist ja der Bereich größter klimatischer Extreme und, in Trockengebieten, höchster Salzbelastung. Dementsprechend ist der Verlust von Nachkommen während dieses Lebensabschnittes am höchsten (Abb. 5.7). Das Sämlingsalter ist also für das Überleben der Einzelpflanze und die Verbreitung einer Population die entscheidende Le-

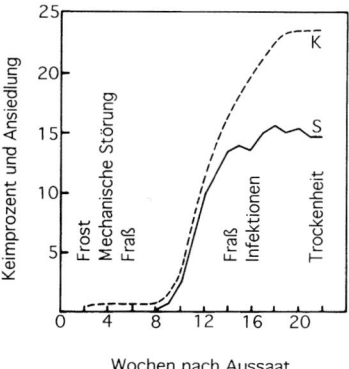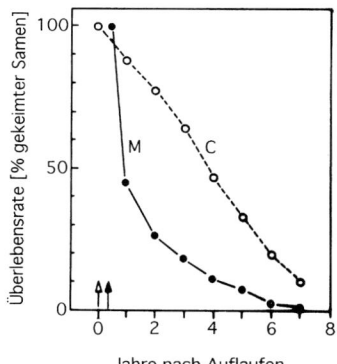

Abb. 5.7. Keimung, Ansiedlung, Gefährdung und Überleben von Baumjungwuchs. *Links*: Keimprozent (K) und kumulative Ansiedlung der Sämlinge (S) von *Pseudotsuga menziesii* in Nordamerika nach Aussaat im Februar. *Rechts*: Überlebenskurve von Jungpflan-zen der immergrünen Fagaceen *Machilus thun-bergii*(M) und *Castanonopsis cuspidata* (C) in einem Breitlaubwald in Südjapan. Nach Lawrence und Rediske aus Kozlowski (1971) und nach Tagawa (1979).

bensphase, denn eine Art kann nur solche Ha-bitate dauerhaft besetzen, auf denen sich die anfälligsten Lebensstadien durchsetzen.

5.2.3 Die vegetative Phase: Große Periode des Wachstums

Jungpflanzen und Pflanzen im Aufbausta-dium vor dem Erreichen der Blühreife zeich-nen sich durch rasches Längen- und Dicken-wachstum aus. Mit dem Heranwachsen erlan-gen sie ihren typischen Habitus und ein har-monisches *Sproß/Wurzel-Verhältnis* (Ge-staltsbildung). Solange keine drastischen Ver-änderungen zwischen den Lebensbedingun-gen im Wurzelraum und Luftraum gesche-hen, wird eine logarithmisch-lineare Korrela-tion zwischen Sproß- und Wurzelmasse beibe-halten *(allometrisches Wachstum)*. Der dyna-mische Ausgleich zwischen Sproß und Wur-zel ist eine morphogenetische Regulation im Dienste der Mineralstoffversorgung und des Wasserhaushalts der Pflanze, die über hormo-nelle Signale aus der Wurzel in Gang kommt.

In der *Hauptwachstumsphase* befinden sich die Pflanzen auf dem Höhepunkt ihrer metabolischen Aktivität (Photosynthesever-mögen, Atmungsaktivität, Mineralstoffauf-nahme). Unter der Raumkonkurrenz in Pflanzengesellschaften ist eine frühe und

schnelle Wuchsleistung, sowohl des Sproßsy-stems als auch der Wurzeln und von vegetati-ven Vermehrungskörpern (Ausläufer, Able-ger, Wurzelbrut), für das weitere Schicksal des Individuums entscheidend. In der vegeta-tiven Phase prägen sich die Merkmale phäno-typischer Plastizität und vor allem die modifi-kativen Anpassungen an die Standortbedin-gungen aus.

Für die Anlage, die Größe und die Ausge-staltung von Organen mit begrenztem Wachs-tum wie Blätter, Blüten und Früchte ist in er-ster Linie die entwicklungsbiologische Steue-rung der Mitoseaktivität in den Knospenpri-mordien, die Zeitdistanz zwischen der An-lage aufeinanderfolgender Blätter (Plasto-chrone), der Verlauf der Zellstreckung und die Geschwindigkeit der Differenzierung un-ter den dabei direkt (z. B. Licht, das die plasti-sche Dehnbarkeit der Zellwände fördert) und indirekt eingreifenden Außenfaktoren wichtig. Die *Zellenzahl* der Blätter hängt von der Teilungshäufigkeit und der Größe der Blattprimordien ab. Nach einer Ausdehnung auf die zehn- bis fünfzigfache Größe der im Primordium angelegten Zellen wird die Blatt-entfaltung abgeschlossen. In Blättern, die we-gen zu niedriger Temperatur, mangelnder Er-nährung oder durch permanente Unterdrük-kung (durch Verbiß, Windschur, Anzucht als Bonsaipflanzen) während der Wachstums-

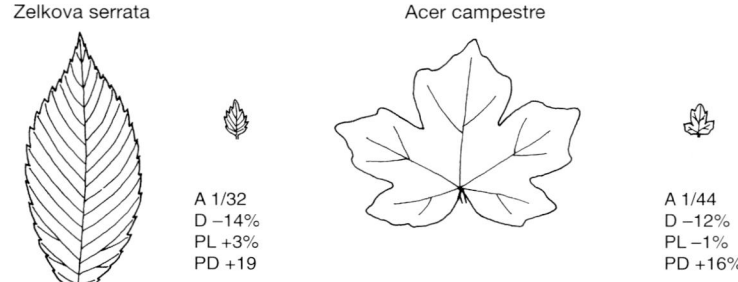

Zelkova serrata

A 1/32
D −14%
PL +3%
PD +19

Acer campestre

A 1/44
D −12%
PL −1%
PD +16%

Abb. 5.8. Vergleich zwergwüchsiger Blätter von Bonsaipflanzen mit normalwüchsigen Blättern derselben Pflanzenart. A = Blattfläche (Bonsaiblatt, verglichen mit normal großem Blatt), D = Blattdicke (angegeben in % des normalen Blattes), PL = Länge der Palisadenzellen, PD = Durchmesser der Palisadenzellen. Nach KÖRNER et al.(1989).

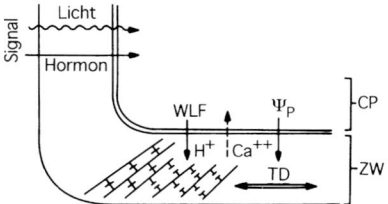

Abb. 5.9. Vorgänge beim Streckungswachstum. Durch Signalreize (direkte Lichtwirkung, Phytohormone), wird das Cytoplasma (CP) zur Bildung und Exkretion von zellwandlockernden Faktoren (WLF) angeregt. Dadurch werden die Verknüpfungsstellen zwischen den Zellulosesträngen gelockert. Unter der Wirkung des Turgors (Ψ_P) kommt es zur Dehnung (TD) und zur plastischen Erweiterung der Wand. Nach CLELAND (1986).

zeit klein geraten sind, müssen die Zellen nicht kleiner sein als in normal großen Blättern derselben Art (Abb. 5.8). Die spezifische Maximalgröße der Zellen wird genetisch kontrolliert, ein höherer DNS-Gehalt pro Zellkern, wie er bei Pflanzen feuchter und kühlerer Gebiete häufiger zu finden ist, scheint größere Zellen hervorzubringen[301].

In der *Zellstreckung* wirken Turgordruck, Phytochrom und Blaulichtrezeptoren, die hormonell (IES, CK, GA) regulierte Deformierbarkeit der Zellwand und zellwandlockernde Faktoren (z. B. H⁺-Ionen) zusammen (Abb. 5.9). Die relative Volumenvergrößerung der Zelle (dV / dt) · 1 / V verläuft proportional zum Plastizitätsmodul der Zellwand (m), der Wasserpermeabilität der Zelle und der Differenz zwischen dem herrschenden

Turgorpotential (Ψ_P) und dem Turgorgrenzwert ($\Psi_P{}^{lim}$), der für die Dehnung der Wand notwendig ist (z. B. in Sonnenblumen, Soja, Reis und Mais 0,4–0,7 MPa[784]). In vereinfachter Form läßt sich dieser Zusammenhang ausdrücken[470] als

$$\frac{dV}{dt} \cdot \frac{1}{V} = m\,(\Psi_P - \Psi_P{}^{lim})\ [s^{-1}] \qquad (5.1)$$

Bei Wassermangel kommt die Zelldehnung mangels Turgordruck nicht zustande oder der Streckungsvorgang wird, etwa durch einen erhöhten ABA-Spiegel, verlangsamt und vorzeitig beendet. Bei Dürre erlangen daher die Zellen nicht ihre mögliche Größe (Abb. 6.65). Photosyntheseertrag und Assimilatverteilungsmodus (siehe Kap. 2.3.3) sind insofern von Bedeutung, als die Wachstumstätigkeit durch genügende Anlieferung von Kohlenhydraten für den Betriebs- und Baustoffwechsel darauf angewiesen ist.

5.2.4 Die generative Phase: Blühen und Fruchten

Der Übergang von der vegetativen Lebensphase zur *Blühreife* (adulte oder Maturitätsphase) wird durch die Umsteuerung der Apikalmeristeme in den Knospen vollzogen. Der Fähigkeit, Blüten auszubilden, geht eine *Determination* voraus, die sich in selbstinduzierenden Pflanzen entweder nach Erlangen eines genetisch festgelegten Blühalters (endonomer Zeitgeber), nach Ausbildung einer be-

Abb. 5.10. Jahreszeitlicher Entwicklungsverlauf der Blütenknospen von Obstbäumen in Mitteleuropa. 1 = Anlage der Blatt- und Achseltriebprimordien; 2 = Bildung der vegetativen Knospe; 3 = Beginn der Blütendifferenzierung durch die Verbreiterung des Apikalmeristems; 4 = Einwölbung des Blütenbechers und Differenzierung der Staubblattanlagen; 5 = Anlage des Gynoeceums und Weiterentwicklung der Staubblätter; 6 = Beginn der Winterruhe; 7 = tiefste Winterruhe; 8 = Erlangung rascher Entwicklungsbereitschaft; 9 = weitgehende Differenzierung der Blütenorgane, Tetradenbildung in den Antheren; 10 = aufblühbereite Knospe. Nach Angaben und Abbildungen in ZELLER (1958,1960).

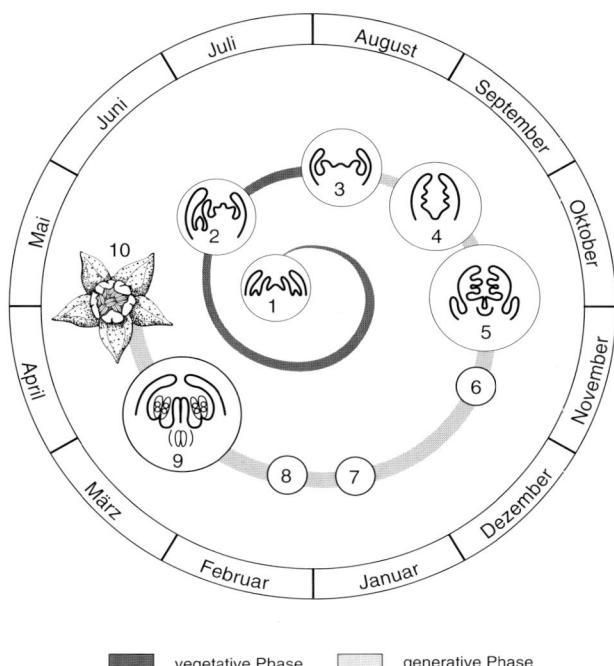

vegetative Phase   generative Phase

stimmten Zahl von Blattprimordien, nach Erreichen einer entsprechenden Größe des Vegetationskörpers (vor allem von Speicherorganen) und bei einem ausgewogenen Kohlenstoff/Protein-Haushalt von selbst einstellt. In vielen Pflanzen muß jedoch die Anlage von Blüten durch Umweltsignale wie Licht, Temperatur oder beginnenden Wassermangel induziert werden. An der Aktivierung oder Dereprimierung von Blühgenen, die die Ausbildung von Blütenprimordien veranlassen, sind Phytohormone (darunter noch unbekannte blüteninduzierende Wirkstoffe) und Nukleotide beteiligt. Nach erfolgter Blühinduktion werden die Blütenanlagen zügig oder mit längeren Unterbrechungen, etwa während des Winters oder in Trockenzeiten, ausgestaltet (Abb. 5.10). Mit der Blütenentfaltung ist der Blühprozeß abgeschlossen.

Umwelteinflüsse auf die Blühhäufigkeit, den Fruchtansatz, die Menge und Ausreifung der Samen wirken sich, zusammen mit endogenen Steuerungsmechanismen, über den Stoffhaushalt aus. Der Energieaufwand und die Baustoffe für Blühen und Fruchten werden durch die zu gleicher Zeit laufende Photosynthese und Mineralstoffinkorporation sowie durch die Mobilisierung gespeicherter Reservestoffe und die Wiederverwertung von Abbauprodukten aus alternden Blättern aufgebracht. Üppiges Blühen und Fruchten konkurriert daher mit dem vegetativen Wachstum und der Stoffspeicherung für allfälligen Neuaustrieb nach Biomasseverlust (durch Abfressen und Abfallen geschädigter Pflanzenteile). Dies wiederum führt bei ausdauernden Pflanzen in der Folge zu verminderter Reproduktionskapazität. Die kältesten Gebiete werden ebenso wie die trockensten fast nur noch von Kryptogamen besiedelt, die einen minimalen Aufwand für Reproduktionsorgane haben.

Einjährige Pflanzen beziehen die Kohlenstoffverbindungen für reproduktive Bedürfnisse zum allergrößten Teil aus laufenden Einnahmen (in einjährigen Getreiden bis zu 65% aus der Photosynthese grüner Spelzen und des Fahnenblattes), Stickstoffverbindungen und Phosphor werden zu 50–90% aus vorhandenen vegetativen Teilen abgezogen[118]. Da bei vielen Annuellen nach Beginn der Samenentwicklung das vegetative Wachstum zu

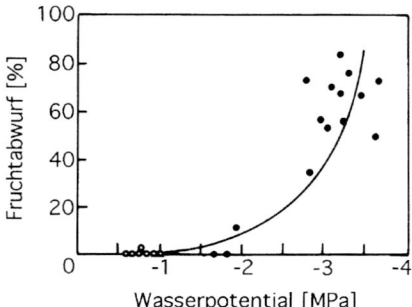

Abb. 5.11. Abwurf unreifer Schötchen (in Prozent der angesetzten Früchte) von *Capsella bursa-pastoris* in Abhängigkeit vom Blattwasserpotential (Morgenwerte) nach einer Trockenperiode. Offene Kreise: Kontrollen. Nach PYKE (1989).

Ende geht, wird die Quantität und Qualität der Samen durch Umweltfaktoren bestimmt, die kurz vor und während der generativen Phase herrschen. Unter restriktiven Lebensbedingungen werden, je nach Pflanzentyp, überhaupt keine Blütenprimordien angelegt, oder die reproduktiven Organe werden zugunsten der vegetativen Entfaltung unterversorgt, so daß heranwachsende Früchte abgeworfen werden (Abb. 5.11).

Zweijährige Stauden, die im ersten Jahr eine Rosette und unterirdische Speicher für einen raschen Entwicklungsstart im zweiten Jahr aufbauen, stellen den Großteil der Energie und der Aufbaustoffe für Blühen und Fruchten aus den Vorräten zur Verfügung. Die Größe der überwinternden Rosetten und der Speicherorgane korreliert gut mit der Zahl der Blüten und der Früchte. Auch *perennierende* Stauden verhalten sich so. Auf Standorten mit begrenzter Vegetationszeit stellt sich ein Kompromiß zwischen Stoffproduktion, Reproduktionsleistung und Nachkommenssicherung ein: Zwar werden weniger Blüten ausgebildet, doch wird von dem geringeren Assimilatgewinn ein höherer Prozentsatz in reproduktive Strukturen investiert (Abb. 5.12). Immerhin wird durch Verkürzung der Infloreszenzstiele (siehe Abb. 2.70) der Aufwand verringert, so daß genügend Reserven für die Überdauerungsorgane, den Neuaustrieb, für notwendige Regenerationsvorgänge und für vegetative Vermehrung verbleiben. In vielen ausdauernden

Pflanzen der Polargebiete und des Hochgebirges zieht sich die Blütendifferenzierung lange hin, so daß es ein oder gar zwei Jahre dauert, bis die Blüten öffnungsbereit sind (siehe Abb. 5.17). Auf diese Weise reicht der karge Assimilatgewinn sowohl für das vegetative als auch für ein reproduktives Wachstum.

In *Holzpflanzen* regelt die Ernährung und die Assimilatzuteilung, zusammen mit endogenen Steuerungsmechanismen, die Blütenbildung, die Blühhäufigkeit, den Fruchtbehang und die Ausreifung der Samen. Das hat zur Folge, daß reichlicher Fruchtansatz mit dem Erstarkungswachstum konkurriert und bei dürftiger Assimilatproduktion wohl vegetative, aber keine reproduktiven Knospen für das nächste Jahr ausgebildet werden.

Der *Assimilataufwand für die Reproduktion* kann erheblich sein[452,453,793], bei Kiefern beansprucht er 5–15%, bei mediterranen Steineichen 12%, bei Buchen 20% und mehr, bei der Palme *Corypha elata* 16%, bei Apfelbäumen 35% und bei *Citrus*-Arten bis zu 50% der Trockensubstanzproduktion. Ein unterschiedlicher Bedarf an Assimilat für reproduktive Prozesse zeigt sich in zweihäusigen Arten. Bei vollem Fruchtansatz leiten weibliche Exemplare des immergrünen Strauches *Simmondsia chinensis* 30–40% der Assimilate in die Blüten und Früchte ab, männliche Exemplare benötigen hingegen nur 10–15% der Assimilate für das Blühen. Unter Wüstenbedingungen wirkt sich dieser Unterschied auf das Sproßwachstum aus, so daß weibliche und männliche Individuen durch ihren *Geschlechtsdimorphismus* zu erkennen sind[832].

Unter üppiger Versorgung mit Assimilaten fruchten Bäume der Tropen und Subtropen wie Kaffee, Kakao, Brotfruchtbaum, Melonenbäume, Kokospalmen und auch Zitronenbäume fortlaufend während des Jahres. Auch in Gebieten mit Jahreszeitenklima gibt es Baumarten, die jedes Jahr voll blühen und fruchten, wie z. B. Pappeln, Weiden, Erlen, Hainbuchen, Linden, Ahorn und viele mehr. Andere Bäume der gemäßigten Zone können nur in mehrjährigen Abständen (*Alternanz*) reichlich fruchten: Laubbäume in der Regel alle 2–3(5) Jahre, Nadelbäume jeweils nach 2–6(10) Jahren. Nahe der polaren Verbreitungsgrenze und in Gebirgslagen werden

Abb. 5.12. Anteil der reproduktiven Organe (in %) an der gesamten Biomasse (Trockensubstanz) der immergrünen Liliacee *Helionopsis orientalis* in verschiedenen Meereshöhen. Eingefügte Grafik: Samenmenge (M) und Aufwand für Blüten (B) und Früchte (F) in Abhängigkeit von der Vegetationszeit. Nach Kawano und Masuda (1980).

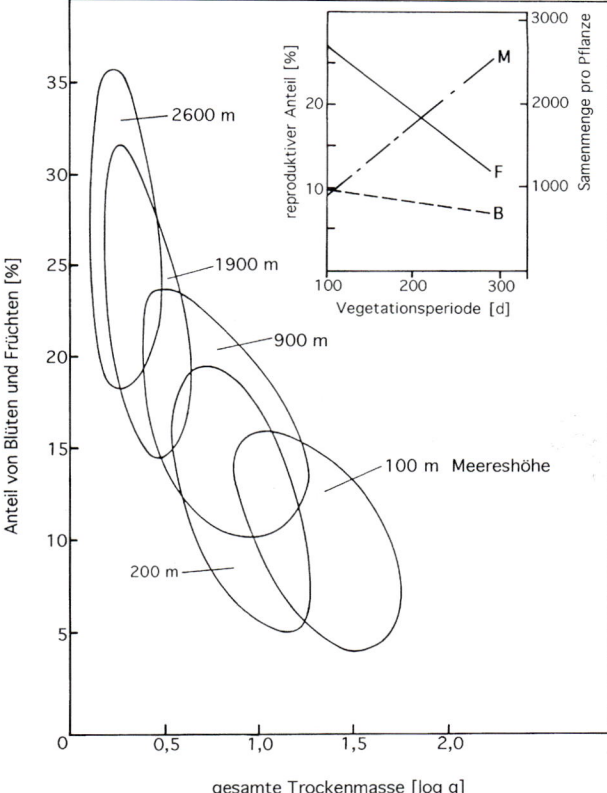

die Fruktifikationsintervalle sehr viel länger. Unter chronischem Streß entwickeln sich wenige Samen und diese mit verringerter Keimkraft.

5.2.5 Seneszenz: Geordneter Rückzug

Alter ist die Lebensphase, in der die metabolische Aktivität abnimmt, das apikale und das Dickenwachstum nachläßt, kleinere Blätter, weniger Blüten und Samen und diese mit geringerer Keimkraft ausgebildet werden, die Empfindlichkeit gegenüber abiotischen Stressoren und die Anfälligkeit gegen Parasitenbefall zunimmt. Einjährige und einmal blühende (monokarpe) Pflanzen beginnen nach der Blüte als Ganzes zu altern. In mehrjährigen Pflanzen mit abwechselnden Wachstums und Blühperioden verfallen zu Ende der Vegetationsperiode jene Pflanzenteile, die regelmäßig erneuert werden. Erst wenn auch die Apikalmeristeme nach Ablauf vieler Zellzyklen degenerieren, gehen ausdauernde Gräser und Stauden, Sträucher und Bäume in das generelle Altersstadium über. Bäume können ein Drittel und mehr ihrer Lebensspanne in diesem Zustand verweilen, so daß man in Urwäldern stets einen hohen Prozentsatz überalterter und teilweise abgestorbener Bäume findet. Die Grenzen des Wachstums der Bäume werden durch das Erlahmen der Trieberneuerung und der kambialen Teilungstätigkeit gesetzt. Das ungünstige Verhältnis zwischen produktiver Blattmasse zur Gesamtmasse bewirkt, daß die Kohlenstoffbilanz zunehmend unergiebig wird, und bei schmäleren Holzzuwächsen wird der Wasserferntransport in den hohen Bäumen insuffizient.

Als Vorgang ist Altern und Vergehen eine *lebensbegleitende* Erscheinung. In jeder

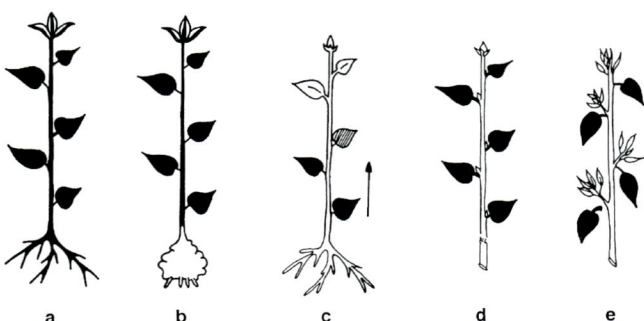

Abb. 5.13. Verhaltenstypen der Seneszenz von Pflanzen. a = Gleichzeitige Alterung und Absterben der ganzen Pflanze (Beispiel: Regenephemere Wüstenannuelle), b = Simultanes Einziehen des krautigen Sprosses (Beispiel: Geophyten), c = Sukzedane Blattalterung (Beispiele: viele einjährige Kräuter und Gräser, manche Holzpflanzen der humiden Tropen), d = Simultane Laubalterung und vollständiger Laubabwurf *vor* dem Austrieb der Erneuerungsknospen (Beispiel: Laubabwerfende Bäume in Gebieten mit markanten thermischen oder hygrischen Jahreszeiten), e = Laubalterung und Laubfall bei und kurz *nach* Knospenöffnen und Entfaltung neuer Seitentriebe (Beispiel: Laubwechselverhalten mancher ganzjahrsgrüner Holzpflanzen und wintergrüner Kräuter). Nach WAREING und PHILLIPS (1981) und LONGMAN und JENIK (1987), verändert.

Pflanze mit offenem Wachstum gibt es Teile, in denen alle Gewebe ausdifferenziert werden und anschließend altern. Schon im Sämlingsstadium und in der Jugendphase werden kurzlebige Zellen und Gewebe (z. B. Wurzelhaare, primäre Abschlußgewebe) bald abgestoßen, abgeteilte Initialzellen bald durch Differenzierung in tote Leit- und Stützelemente umgewandelt. Keimblätter und Primärblätter vergilben und fallen früh ab. Auch die übrigen Laubblätter sowie Blüten und Früchte unterliegen einer schnellen Alterung, die mit der Ablösung von der Pflanze endet. Die Funktionsbegrenzung stoffwechselaktiver Pflanzenteile durch programmierte Alterung ist eine ökonomische Maßnahme zur zeitgerechten Umstellung auf Überdauerungsperioden in Gebieten mit begrenzter Vegetationszeit.

Die *Alterung von Blättern* zeigt verschiedene Verlaufsformen (Abb. 5.13): Bei fortschreitender (sukzedaner) Abfolge vergilben die Blätter in der Reihenfolge ihrer Entfaltung, bei schubweiser (simultaner) Seneszenz altern alle Blätter einer Austriebsperiode gemeinsam. Kontinuierlich wachsende Pflanzen (viele Kräuter, manche tropische Phanerophyten) gehören in der Regel dem sukzedanen Typus an, simultan ziehen Geo-

phyten ihr Laub ein. Unter den Holzpflanzen gibt es alle Übergänge zwischen fortlaufender und schubweiser Blattalterung.

Die *Regulation der Seneszenz* erfolgt über genetische Programmierung (z. B. bei der Differenzierung von Sklerenchymzellen, es gibt auch Seneszenzgene). Bei monokarpen Pflanzen geht das Signal für den Beginn der Alterung von den heranreifenden Samen aus; entfernt man die Blüten, so verlängert sich die Lebensdauer der Pflanze. Bei ausdauernden Pflanzen erfolgt der Anstoß häufig durch Außenfaktoren wie Kurztage, Eintritt bestimmter Schwellentemperaturen oder durch Belastungssituationen (Tab. 5.5). Die organismische Koordination besorgen wieder Phytohormone, vor allem Abszisinsäure (die auch die Vorbereitung des Blattabwurfs einleitet), Ethylen (als Beschleuniger der Seneszenz) und Jasmonsäure. Seneszenzverzögernd wirken vor allem hohe Cytokininkonzentrationen in den Blättern, außerdem in manchen Pflanzen auch Auxine und Gibberelline.

Alternde Zellen verändern sich in charakteristischer Weise: In Chloroplasten werden schon früh Stromaproteine (RuBP-Carboxylase) und dann auch Chlorophyll abgebaut, die Thylakoidstrukturen schwinden und große Plastogloboli treten in den Geron-

Tab. 5.5 Einfluß von Umweltfaktoren auf den Laubabwurf der Bäume. Nach ADDICOTT (1968).

Faktor	Beschleuni-gung	Verzöge-rung
Strahlung		
Mangel, Überschuß		x
Photoperiode länger		x
Photoperiode kürzer	x	
Temperatur		
Wärme	x	
Leichter Frost	x	
Hitze, strenger Frost		x
Wasser		
Dürre	x	
Überschuß	x	
Mineralstoffe		
Stickstoffdüngung		x
Mineralstoffmangel	x	
Überschuß an Zn, Fe, Cl	x	
Bodenversalzung	x	x
Gase		
Ethylen	x	
Schadgase	x	

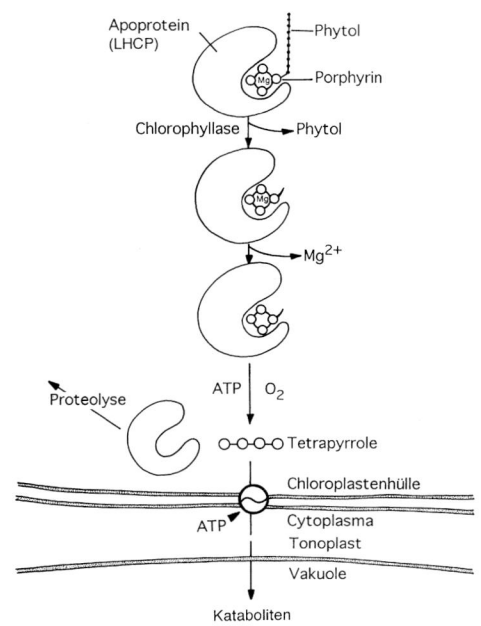

Abb. 5.14. Abfolge des Abbaus des Pigment-Protein-Komplexes in alternden Chloroplasten vergilbender Blätter und Ablagerung der Zerfallsprodukte des Chlorophylls in der Vakuole. Nach MATILE et al.(1989) und MATILE (1991).

toplasten auf. Das Cytoplasma und insbesondere das Endomembranensystem schrumpft, durch physikalische und chemische Veränderungen der Phospholipide werden die Biomembranen für Ionen, lösliche Kohlenhydrate und Aminosäuren durchlässig, die Aktivität von Hydrolasen, Peroxidasen, Polyphenoloxidasen und Proteasen ist gesteigert und durch die Anreicherung katalytischer Enzyme nimmt die Vakuole den Charakter eines Lysosoms an. Noch vor dem Zusammenbruch der Kompartimentierung kann in Blättern und Früchten die Atmung klimakterisch zunehmen.

Diese Ereignisse führen zu einem *Mißverhältnis im Proteinmetabolismus*. Durch Überwiegen des Eiweißabbaus gegenüber der Synthese stauen sich lösliche Aminoverbindungen auf, die in Attraktionszentren (Samen, jüngere Sproßteile) abgeleitet werden können. Auf diese Weise werden bis zu 60% des Blatteiweißes zur Wiederverwertung abgezo-

gen und wertvolle Bioelemente wie Stickstoff, Phosphor und Schwefel zurückgewonnen. Der schrittweise Abbau der Blattproteine zugunsten verbleibender Pflanzenteile vor Abschluß des Lebenszyklus und vor Eintritt ungünstiger Lebensbedingungen (Dürrezeiten, Winter) ist von großer ökonomischer Bedeutung für den Stoffhaushalt der Pflanze. Aus dieser Sicht ist auch das Vergilben der Blätter zu verstehen, durch das auf der Erde alljährlich $1{,}2 \cdot 10^9$ t Chlorophyll verschwindet[273]. Es geht dabei nicht um die Konservierung der Pigmente, sondern um den Stickstoff der chlorophyllbindenden Proteine. Durch die Zerlegung der Proteine würden photodynamische Chlorophyllide befreit. Die Folge wären Photooxidationen und Zelltod vor Abzug der wertvollen Stickstoffverbindungen. Daher müssen die Pigment-Proteinkomplexe in geordneter Abfolge enzymatisch abgebaut werden (Abb. 5.14). Die Porphyrinringe werden aufgebrochen und die

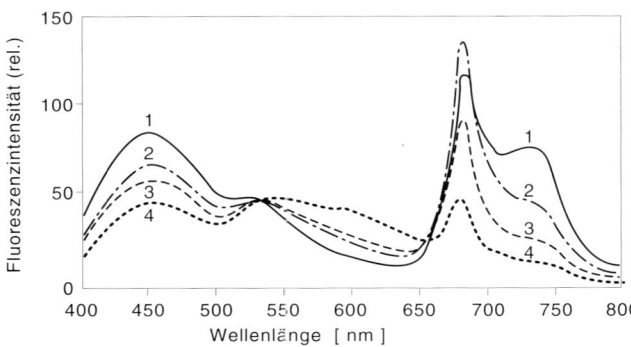

Abb. 5.15. Spektrale Änderung der Fluoreszenzemission von Buchenblättern im Zuge des seneszenten Chlorophyllabbaus. 1: normal grüne Blätter (Verhältnis Chlorophylle / Xanthophylle + Carotine = 4,6); 2: hellgrüne Blätter (Chl / X+C=3,5); 3: gelbgrüne Blätter (Chl / X+C=1,9); 4: gelbe Blätter (Chl / X+C=0,4). Die Veränderungen beruhen auf einer Abnahme des Chlorophylls und der Zunahme fluoreszierender Kataboliten. Nach LANG und LICHTENTHALER (1991).

harmlosen Abbauprodukte (z. B. lineare Tetrapyrrole, lipofuscinartige Verbindungen) werden in die Vakuole aktiv transportiert. Diese wasserlöslichen Kataboliten sind farblos, daher verschwindet die grüne Blattfarbe so spurlos. Manche Abbauprodukte fluoreszieren blau und grün, so daß die Umwandlung im Zuge der Chloroplastenseneszenz fluorometrisch verfolgt werden kann (Abb. 5.15).

5.3 Der jahreszeitliche Ablauf von Wachstum und Entwicklung

Die Pflanzen stellen sich in ihrer Entwicklung auf den jahreszeitlichen Periodismus der Einstrahlung, der Tageslänge, der Temperatur und der Niederschläge (nach Eintritt und Ergiebigkeit) flexibel ein. Dabei dienen Phasenübergänge als Schaltstellen für die zeitliche Anpassung des Lebenslaufs an vegetationsgünstige oder ungünstige Perioden. Häufig sind zu Ende oder vor Beginn einer Entwicklungsphase Wartezeiten eingeschaltet, wie z. B. die Keimruhe der Samen oder der Induktionsbedarf für die Blütenbildung. Nur Pflanzen, die in kurzer Zeit ihren Lebenszyklus vollenden und solche, die unter stets förderlichen Umweltbedingungen wachsen, können ohne vorprogrammierte Unterbrechungen gedeihen.

5.3.1 Varianten des Entwicklungsablaufs

5.3.1.1 Lebenszyklus kontinuierlich wachsender Pflanzen

In Gebieten mit ausgeprägtem *Jahreszeitenklima* (Sommer-Winter, Regenzeit-Trockenzeit) müssen kontinuierlich wachsende Pflanzen kurzlebig sein: sommerannuell in der gemäßigten Zone, winterannuell in Winterregengebieten und besonders kurzlebig in Wüsten (regenzeitephemere Kräuter). Bei allen diesen einjährigen Pflanzen fügen sich die einzelnen Lebensabschnitte in ununterbrochener Folge gleitend aneinander. Sogleich nach der Keimung wächst der Primärsproß mit einigen Blättern heran und es können bereits erste Blüten erscheinen. Das Wachstum des Sprosses wird dann fortgesetzt, wobei abwechselnd vegetative und reproduktive Organe ausgestaltet werden. Bei manchen Arten erfolgt die Blütenbildung erst nach Abschluß des intensiven Sproßwachstums. Während der Fruchtreifung machen sich im Vegetationskörper bereits Alterungserscheinungen bemerkbar. Schließlich geht die ganze Pflanze zugrunde, nur die Samen bleiben übrig und verweilen in einem Ruhezustand, bis sie durch günstige Keimungsbedingungen aus diesem geweckt werden.

In Gebieten mit *ganzjährig günstigen* Wachstumsbedingungen wie in den immerfeuchten Tropen und in wintermilden Bereichen der warmgemäßigten Zone gibt es auch ausdauernde Pflanzen mit kontinuierlichem Wachstum, die baumhoch werden können,

Abb. 5.16. Zeitverlauf des Längenwachstums des Sprosses (nach oben aufgetragen, punktiert) und der Wurzeln (nach unten aufgetragen, schwarz) verschiedener Baumarten in Mitteleuropa. Nach HOFFMANN (1972).

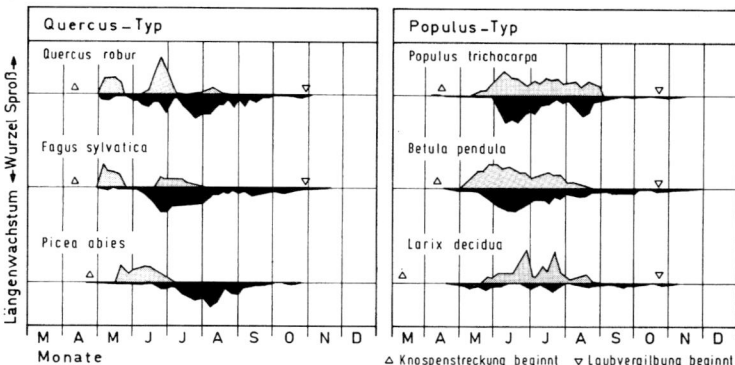

wie Baumfarne, Cycadeen, Palmen, manche Großstauden (z. B. *Musa*-Arten) und Bäume (z. B. *Carica papaya*). In monokarpen Pflanzen wächst der Sproß ohne deutliche Unterbrechung, bis sich der Vegetationsscheitel in Blütenbildung erschöpft, nach der Fruchtreife geht die ganze Pflanze zugrunde (z. B. *Coryha*-Palmen). Häufig bleiben aber Ableger und Reste des Vegetationskörpers erhalten, aus denen sich Nachkommen entwickeln (z. B. bei Agaven).

5.3.1.2 Pflanzen mit schubweisem Wachstum

Vielen Pflanzen ist ein Wechsel zwischen *Aktivitäts- und Ruheperioden* eigen (*endonome Rhythmik*). Dieser äußert sich im schubweisen Längen- und Dickenwachstum des Sprosses, im schubweisen (und nicht gleitenden) Laubwechsel und im rhythmischen Auffüllen und Entleeren von Reserveorganen. In auffälliger Weise tritt *intermittierendes* Wachstum bei manchen Fagaceen (Abb. 5.16: Eichentyp) und Coniferen (Fichte, Kiefer, Tanne) zutage. Bei diesen Arten wird das Längenwachstum der Sproßzuwächse nach dem Frühjahrsaustrieb unterbrochen und später durch einen zweiten Schub fortgesetzt. Manchmal wird im Hochsommer noch ein zusätzlicher Johannistrieb ausgebildet. Pappeln, Birken, Linden und Robinien vollenden das Sproßwachstum ohne Wachstumspausen (Abb. 5.16: Pappeltyp). In Gebieten mit Jahreszeitenklima werden die Entwicklungsschübe über das Phytochromsystem und Phytohormone zeitlich geregelt, so daß die Vegetationstätigkeit der Pflanzen desselben Gebietes ziemlich gleichzeitig verläuft. Das Wurzelwachstum beginnt häufig vor dem Sproßaustrieb und setzt sich bis spät in den Herbst fort, es wird weitgehend durch die Bodentemperatur, die Wasserverfügbarkeit und die Nährstoffverteilung geregelt.

Unter tropischen und subtropischen Klimabedingungen reagieren Holzpflanzen schon auf geringe Temperaturschwankungen und ausgiebige Regengüsse mit Wachstumsschüben oder anderen Entwicklungsvorgängen. Selbst in dauerfeuchten Tropengebieten wachsen nur 20% aller immergrünen Bäume das ganze Jahr hindurch gleichmäßig, die übrigen legen *Entwicklungspausen* ein. Obgleich Tropenwälder ganzjährig grün sind, weisen die einzelnen Bäume des Waldes Laubwechselperioden oder sogar Kahlzeiten auf. Meist bilden die Bäume oder einzelne Äste im Laufe einiger Tage neues Laub aus, dann erfolgt auch der Neuzuwachs der Sprosse. In den immerfeuchten Tropen erfolgen Wachstumsschübe mehr als einmal im Jahr und innerhalb der Baumpopulation, ja sogar innerhalb der Krone des einzelnen Baumes, nicht selten *ungleichzeitig*. Durch den zeitlich gestaffelten und mehrfachen Austrieb wird die Gefahr des Kahlfraßes und der Massenvermehrung von spezialisierten Herbivoren und Parasiten in dem ganzjährig fortpflanzungsgünstigen Klima herabgesetzt.

5.3.1.3 Reproduktive Zyklen

Wenn die Pflanze ihre Blühreife erlangt hat, dann gesellt sich zu den Wachstumsschüben

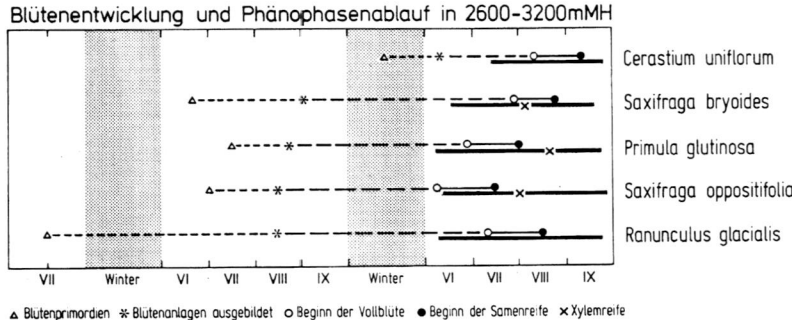

Abb. 5.17. Blütenentwicklung, Blühen und Fruchten von Hochgebirgspflanzen der Zentralalpen (2600 bis 3200 m Meereshöhe) in günstigen Jahren. Dicke Linie: Zeitraum für vegetative Entwicklung, Stoffproduktion und Stoffspeicherung. Nach MOSER und ZACHHUBER aus LARCHER (1980).

des Vegetationskörpers der reproduktive Zyklus. Je nach Pflanzenart laufen vegetatives Wachstum und reproduktive Entwicklung gemeinsam oder alternierend ab. Nebeneinander verlaufen diese Vorgänge bei Annuellen und vielen Tropenpflanzen mit kontinuierlicher Entwicklung. Abwechselndes Umschalten von hauptsächlich vegetativem Wachstum auf Blühen und Fruchten ist für die ausdauernden Pflanzen der mittleren und höheren Breiten und die Trockengebiete bezeichnend, dieses Verhalten ist aber auch in den Tropen anzutreffen. Sehr ausgeprägt ist der Wechsel von vegetativer und reproduktiver Phase bei den zweijährigen Rosettenstauden und bei Geophyten.

In tropischen und subtropischen Trockengebieten gibt es Bäume und Sträucher, die erst *nach* dem Laubabwurf, also auf schon kahlen Zweigen ihre Blüten tragen. Beispiele sind *Erythrina*, *Bombax* und *Tabebuia* sowie viele Caesalpiniaceen. Bleiben die bereits ausdifferenzierten Blütenanlagen auch über die nun folgende Ruhezeit hinweg in ihrer Entfaltung gehemmt, dann ergibt sich der Typus des *Frühblühers*, der *vor* dem Laubaustrieb, also auf noch kahlen Zweigen blüht. Diesem Typus gehören viele laubabwerfende Waldbäume, Obstbäume und Beerensträucher der gemäßigten Zone an. Frühjahrsephemeroide (verschiedene Ranunculaceen und Liliales) überwintern mit entfaltungsbereiten Blütenknospen, sie nützen so die kurze Zeit zwischen dem Winterende und der vollen Belaubung der Baumschicht für Blühen und Fruchtansatz aus. Zahlreiche krautige Pflanzen und Zwergsträucher der Arktis und des Hochgebirges öffnen sofort nach der Schnee-

schmelze ihre im Vorjahr präformierten Blüten (Abb. 5.17). Dadurch reicht der kurze Sommer für die Fruchtreifung und auch für die anschließenden Reservestoffspeicherung aus, bevor die Pflanzen eingeschneit werden.

5.3.2 Die Synchronisation der Vegetationsrhythmik mit der Klimarhythmik

Der zeitliche Ablauf der Vegetationsaktivität der Pflanzen ist auf die örtliche Dauer der vegetationsgünstigen Zeit abgestimmt. Die *Vegetationszeit* wird in den Tropen und Subtropen durch zunehmenden Wassermangel in Trockenperioden begrenzt, in Pflanzen der gemäßigten und kalten Klimazonen erfolgt die Synchronisation mit dem Jahreszeitenwechsel durch den jahreszeitlichen Photo- und Thermoperiodismus. Nicht selten leitet der Helligkeitswechsel als Schrittmacher die Umstellung ein, die durch den Temperaturwechsel verstärkt wird.

Ab dem 40. Breitengrad sind die Tage während der ganzen Vegetationszeit länger als die Nächte, ab dem 50. Breitengrad sogar erheblich länger (siehe Abb. 1.43). Pflanzensippen mit Genzentrum in hohen und mittleren Breiten sind darauf eingestellt; in ihrem Austriebs- und Blühverhalten sind sie zumeist Langtagpflanzen, in ihrer vegetativen Wachstumsrhythmik sind sie Kurztagpflanzen. Auch *Ökotypenunterschiede* sind bekannt: In Fichten aus subarktischen Herkünften wird die Bildung der Terminalknospe und damit der Abschluß des Längenwachstums bereits bei Unterschreiten einer kritischen Taglänge

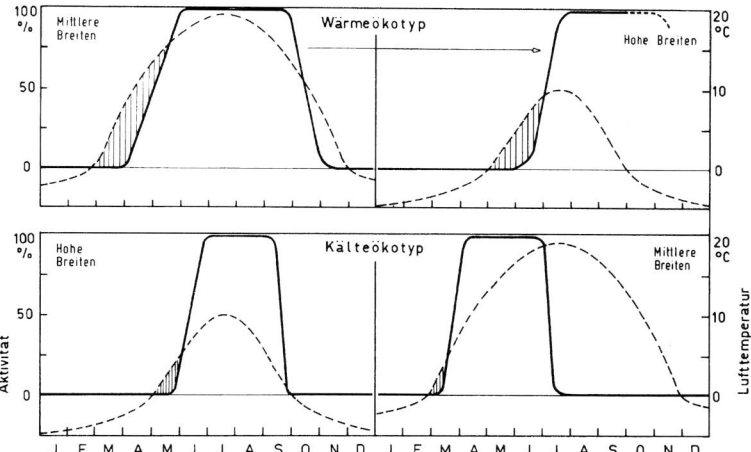

Abb. 5.18. Schema zur Erläuterung der zeitlichen Koordination von Klimarhythmik und Vegetationsrhythmik bei Bäumen. *Jeweils linke Abbildungshälfte*: Gute Übereinstimmung zwischen dem Jahresgang der Temperatur (gestrichelte Kurve) und der physiologischen Aktivität (ausgezogene Kurve). *Rechte Abbildungshälfte*: Folgen fehlender Anpassung. Wärmeangepaßte Ökotypen aus mittleren Breiten treiben erst aus, wenn die Temperatur erheblich angestiegen ist (breites schraffiertes Feld), kälteadaptierte Ökotypen höherer Breiten beenden ihre Winterruhe schon bei einem geringen Temperaturanstieg (schmales schraffiertes Feld).

Bringt man Wärmeökotypen in hohe Breiten, so behalten sie ihre Neigung zum verzögerten Entwicklungsbeginn bei; sie treiben zu spät aus und ihr Jahreszuwachs reift nicht voll aus. Dadurch können sie noch vor Eintritt in die Winterruhe von Frösten überrascht und geschädigt werden. Kälteökotypen, die in ein wärmeres Gebiet versetzt werden, treiben verfrüht aus und sind daher durch Frühjahrsfröste gefährdet, außerdem schließen sie ihr Wachstum, das auf eine kurze Vegetationszeit eingestellt ist, viel zu früh ab und nützen einen großen Teil der günstigen Jahreszeit nicht aus. Nach Verpflanzungsversuchen von LANGLET aus BÜNNING (1953).

von 20 Stunden (gegenüber 14 Stunden bei mitteleuropäischen Herkünften) induziert[148]; nördliche **Rhythmoökotypen** von *Liquidambar styraciflua* in Nordamerika sind photoperiodisch auf eine kürzere Vegetationsperiode einreguliert als südliche[870]. Bei Ananaserdbeeren ist die Umschaltung der vegetativen Vermehrungsphase (Ausläuferbildung) auf die reproduktive (Blütenbildung) durch die Temperatur und die Tageslänge gesteuert; südliche Sorten vermehren sich in nördlichen Anbaugebieten lange Zeit durch Ausläufer und setzen erst spät spärlich Blüten an, nördliche Sorten kommen dagegen in niederen Breiten zu früh zum Blühen und bilden nur wenige Ausläufer aus[731].

Eine Pflanzenart, eine Sorte oder auch ein Ökotyp ist dann gut akklimatisiert, wenn die Vegetationsperiode in ihrer vollen Länge ausgenützt wird, ohne daß die Pflanze Schäden durch die hereinbrechende ungünstige Jahreszeit riskiert. Dies wird bei Holzpflanzen dadurch sichergestellt, daß das Resistenzniveau mit Entwicklungsvorgängen gekoppelt ist. Schlecht angepaßte Pflanzen würden entweder zu spät austreiben, zu langsam sich weiter entwickeln und durch die ersten Winterfröste geschädigt werden oder umgekehrt bei voreiligem Wachstumsbeginn durch Spätfröste gefährdet sein und bei zu raschem Abschluß der Entwicklungsvorgänge die günstige Zeit nur unvollständig ausnützen (Abb. 5.18). Fehlende Synchronisation von Vegetationsrhythmik und Klimarhythmik stellt daher eine Verbreitungsschranke dar, die jedoch evolutiv durch Ökotypendifferenzierung überwunden werden kann.

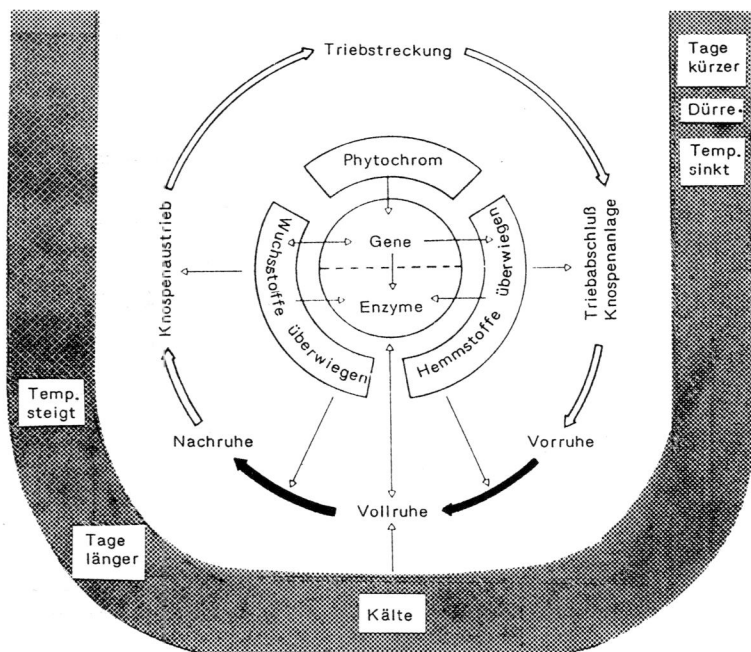

Abb. 5.19. Vereinfachtes Schema der Umwelteinflüsse (graugerastertes U), der zellulären Steuerung und der hormonellen Koordination der Entwicklungsrhythmik von Holzpflanzen winterkalter Gebiete. Den Phytohormonen fällt die Aufgabe zu, zwischen erblich fixierten Funktionsanweisungen und Umwelteinflüssen zu vermitteln und über die Koordination der verschiedensten Lebensfunktionen – nicht nur Wachstum und Entwicklung, sondern ebenso Kohlenstofferwerb und Assimilathaushalt, Wasserhaushalt und Klimaresistenz – den Lebensablauf möglichst harmonisch an die Lebensbedingungen anzupassen.

5.3.3 Der Wechsel von Vegetationstätigkeit und Vegetationsruhe in winterkalten Gebieten

An den Jahreszeitenwechsel passen sich **Holzpflanzen** durch periodische Veränderungen im Protoplasmazustand, der Stoffwechselaktivität, der Entwicklungsvorgänge und des Resistenzverhaltens an (Abb. 5.19).

Gegen Ende des Sommers werden in den Achseln der Blätter Seitenknospen angelegt, der Sproßscheitel bildet sich zur Winterknospe um oder er verkümmert und stirbt ab. Bevor das Laub zu vergilben beginnt, werden alle Knospen hormonell stillgelegt (*korrelative Knospenruhe*), so daß sie bei Wärme nicht vor dem Winter austreiben. Auch andere Pflanzenteile gehen in *Winterruhe* über, so das Kambium und die übrigen Sproßgewebe, die dabei die Fähigkeit zur Abhärtung gegen Frost und Dehydratation erwerben. Der Gibberellinspiegel sinkt ab, Wachstumsinhibitoren wie Abszisinsäure beginnen zu dominieren (Abb. 5.20), die Genaktivität wird selektiv unterdrückt, Translationsvorgänge sind gehemmt und die Teilungstätigkeit der Meristeme wird stark herabgesetzt oder völlig eingestellt. Die Zellkerne verweilen in der G1-Phase des Zellzyklus, d. h. es wird die Reduplikation der DNS vorbereitet, die gegen Ende der Winterruhe stattfindet. In diesem Zustand dürfte das Genom am besten gegen Einwirkung niedriger Temperaturen geschützt sein.

Der Übergang zur Winterruhe gibt sich im mikroskopischen und submikroskopischen Bild der Zellen zu erkennen, z. B. durch Einziehung endoplasmatischer Membransysteme und der Plasmodesmen (Protoplastenisolierung), durch Verkleinerung der Mito-

Abb. 5.20. Spiegelschwankungen von Phytohormonen im Laufe des Jahres in Obstbäumen der gemäßigten Zone. Nach LUCKWILL, SEELEY und POWELL aus SEELEY (1990).

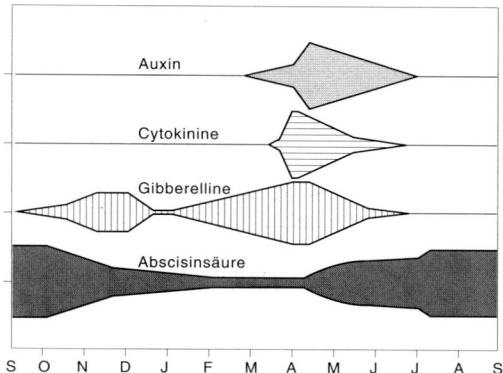

chondrien, durch eine Reduktion des Thylakoidsystems in den Chloroplasten mancher Pflanzen und Gewebe (vor allem Rindenchlorenchym) und durch die Zerteilung von Vakuolen (Abb. 5.21). Die Aktivität des Betriebsstoffwechsels nimmt ab und die Enzymausstattung wird verändert (Abb. 5.22). Diese Umstellungen zum Winterzustand erfolgen nicht abrupt, sondern allmählich, manche etwas früher, andere später, und nicht überall im Pflanzenkörper zu gleicher Zeit.

Vegetationsruhe (Dormanz) ist eine vorübergehende Unterbrechung des Wachstums unter endogener Kontrolle. Es gibt viele Formen und Stadien der Dormanz, je nach Wuchsform der Pflanze, dem hauptsächlich

in Betracht gezogenem Organ oder Gewebe (meist Knospen und Meristeme) und dem maßgeblich ruhestellenden Auslöser (zellinterne Regulation, hormonelle Koordination, Außenfaktoren). Im typischen Verlauf beginnt die Ruhigstellung mit der *Vorruhe*, die durch kürzer werdende Tage und absinkende Nachttemperaturen (um und unter +5 °C) eingeleitet wird. Die *Vollruhe* wird in mittleren und nördlichen Breiten im November und Dezember erreicht (Abb. 5.23). Zu dieser Zeit können die Pflanzen durch vorübergehende Erwärmung nicht aktiviert werden. Die Unfähigkeit der Pflanzen, in ihrer Vollruhe den Ruhezustand vorzeitig aufzugeben, ist resistenzökologisch bedeutungsvoll. Die

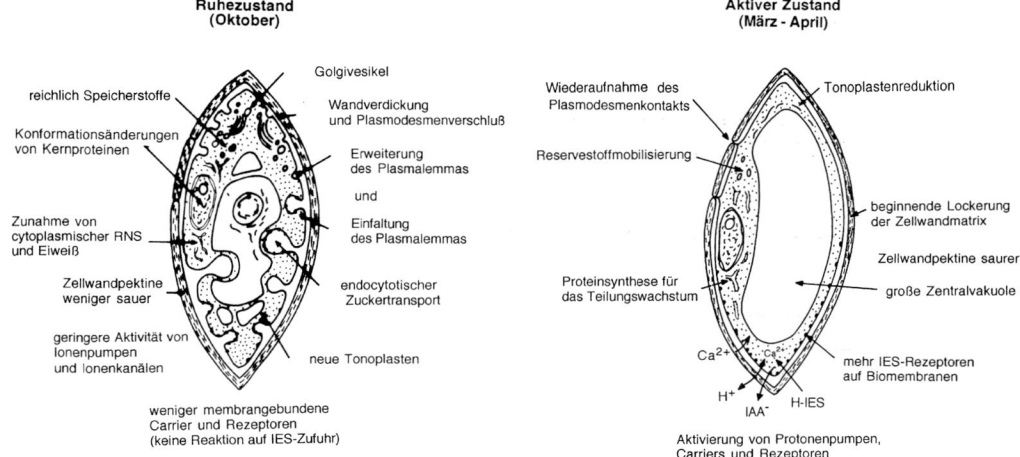

Abb. 5.21.   Cytologische Unterschiede zwischen ruhenden und aktiven Kambiumzellen von Bäumen der temperaten Zone. Nach LACHAUD (1989).

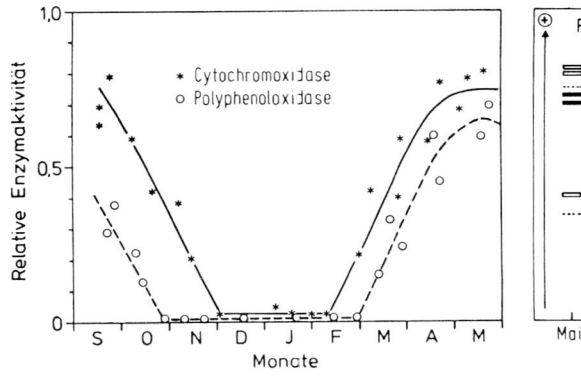

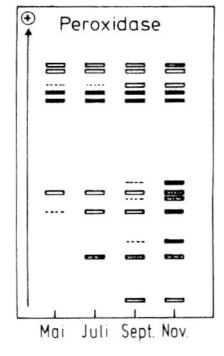

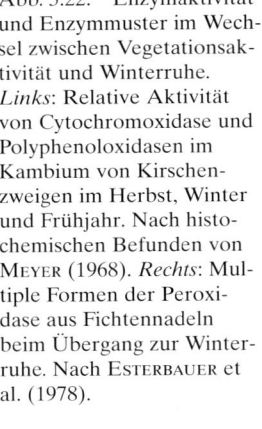

Abb. 5.22. Enzymaktivität und Enzymmuster im Wechsel zwischen Vegetationsaktivität und Winterruhe. *Links*: Relative Aktivität von Cytochromoxidase und Polyphenoloxidasen im Kambium von Kirschenzweigen im Herbst, Winter und Frühjahr. Nach histochemischen Befunden von MEYER (1968). *Rechts*: Multiple Formen der Peroxidase aus Fichtennadeln beim Übergang zur Winterruhe. Nach ESTERBAUER et al. (1978).

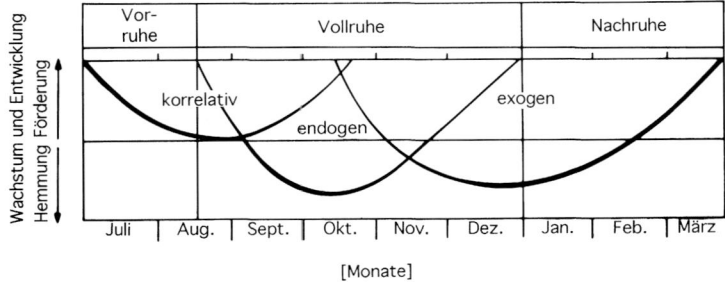

Abb. 5.23. Schematischer Verlauf der Winterruhe von Holzpflanzen in winterkalten Gebieten. Nach SAURE (1985).

Pflanzen winterkalter Gebiete dürfen auf milde Tage im Mittwinter nicht ansprechen, sie kämen sonst in der nächstfolgenden Frostserie zu Schaden.

Für die *Aufhebung der Winterruhe* ist bei vielen Holzpflanzen die Erfüllung eines Kältebedürfnisses notwendig. Meist müssen dazu Temperaturen zwischen 2–7 °C mehrere Wochen (z. B. bis zu fünf Wochen bei Mandelbäumen, bis zu acht Wochen bei Apfel- und Birnbäumen, bis zu zehn Wochen bei Kirschbäumen[674]) einwirken. Zu Ende der Ruhezeit, in der *Nachruhe*, nimmt die Konzentration der aktivitätsfördernden Phytohormone (zunächst GA und CK, dann IES) zu, durch Genaktivierung und Enzymaktivierung werden der Betriebsstoffwechsel, die Reservestoffmobilisierung und die Biosynthesen angekurbelt und die Teilungstätigkeit in Gang gebracht. Sobald die Entwicklungsbereitschaft herbeigeführt ist, wird der Knospenaustrieb und das Sproßwachstum nur noch durch ungünstige Witterung, vor allem Kälte behindert. Wärme und länger wer-

dende Tage lösen die rasche Weiterentwicklung aus. In mittleren Breiten endet die Vollruhe um die Wintersonnwende, von da an entscheidet der Witterungscharakter über den Austriebstermin.

Dormanz kommt auch in manchen **krautigen Pflanzen** vor. Besonders *Geophyten* überwintern in einem Ruhezustand, aus der sie erst nach vielen Wochen bis Monaten erwachen. Viele Geophyten haben ein Kältebedürfnis, dessen Erfüllung die Aufhebung der Winterruhe beschleunigt. Die meisten ausdauernden Kräuter und Gräser werden nicht durch einen endogen programmierten Ruhezustand während des Winters stillgestellt, ihnen wird nur bei strenger Kälte vorübergehend eine Unterbrechung des Wachstums aufgezwungen (*aitionome* Entwicklungsunterbrechung). Sobald die Temperaturen ansteigen, werden diese Pflanzen wieder aktiv.

5.3.4 Phänologie: Pflanzenentwicklung als Indikator für den Witterungsverlauf und für klimatische Veränderungen

Der Eintritt und die Dauer bestimmter Entwicklungsphasen sind je nach dem Witterungscharakter von Jahr zu Jahr verschieden. Phänologische Beobachtungen über das Eintreffen markanter Ereignisse wie Blattaustrieb, Blühen und Vergilben wurden von naturverbundenen Menschen schon früh vorgenommen und ausgenützt. Viele Bauernregeln zeugen von scharfem Beobachtungsvermögen und tiefem Einblick in den Zusammenhang zwischen Witterungs- und Vegetationsablauf. Vor über 2000 Jahren gab es in China schon einen phänologischen Kalender, seit 705 n. Chr. wird in Kyoto der Eintritt der Kirschblüte notiert, seit 1736 wurden phänologische Daten in England registriert[442]. Alte phänologische Beobachtungsreihen finden zunehmendes Interesse als wichtige Quellen für klimahistorische Untersuchungen.

Die *korrelativ* auswertende Phänologie verbindet Interessen der angewandten Botanik mit jenen der Meteorologie. Sie stützt sich auf die Datierung des Eintritts und der Dauer von sichtbaren Veränderungen im Lebenslauf der Pflanzen und sucht statistische Zusammenhänge zwischen klimatischen Faktoren und definierten Entwicklungszuständen bestimmter Zeigerpflanzen. Dabei hat sich herausgestellt, daß solche Korrelationen nur für begrenzte Gebiete und gleiche Typen von Witterungsverläufen gelten.

Als *kausalanalytische* Wissenschaft steht die Phänologie in ihren Anfängen. Die Aufdeckung von Auslösern phänologischer Ereignisse ist immer noch schwierig. Allzuviele Auslöser überlagern sich, ein wirksamer Impuls, etwa die Überschreitung einer Temperaturschwelle, wird durch eine Vielzahl von inneren und äußeren Gegebenheiten modifiziert, auch die Witterung und der Stoffertrag der Pflanze im Vorjahr wirken nach (Abb. 5.24). Phänologische Gärten, in denen über einen Kontinent verteilt, gleicherbige Abkommen phänologisch aussagekräftiger Zeigerpflanzen (z. B. bestimmte Phänoökotypen von Fichte, Buche, Eiche, verschiedene Arten von Pappeln und Weiden, Linden, Rosaceen) jahrelang beobachtet werden, könnten ein geeignetes Versuchsmaterial für entwicklungsanalytische Untersuchungen liefern.

5.3.4.1 Phänophasen und phänologische Termine

Phänologische Erscheinungen sind definierte Entwicklungsvorgänge (*Phänophasen*), wie Auflaufen der Saaten, Knospenöffnen, Blatt und Blütenentfaltung, Laubverfärbung und Einziehen der Kräuter. Die Beobachtungen könnten wesentlich verfeinert werden, wenn nicht nur diese Ereignisse, sondern auch Wachstumsparameter, anatomische (Zelldifferenzierung), embryogenetische, histochemische (z. B. Speicherungsverlauf) und biochemische Kriterien (Enzymaktivitäten) berücksichtigt würden (Abb. 5.25).

Ökologisch aufschlußreich sind standorts- und witterungsbedingte Unterschiede im Zeitpunkt des Eintreffens der Phänophasen. Auskunft darüber gibt die Erfassung *phänologischer Termine* bezeichnender Pflanzenarten. Der Entwicklungsrhythmus von Pflanzengesellschaften kann in *phänologische Spektren* (Abb. 5.26) zusammengefaßt und in phänologische Aspekte gegliedert werden. Großräumige Ereignisse wie Laubaustrieb, Getreidereife oder Laubverfärbung lassen sich durch das Maß der Sättigung des Farbtones der Pflanzen für ganze Landschaftsbereiche über Luftbildauswertung erkennen. Der räumliche Verlauf gleicher phänologischer Zustände (*Isophanen*) und die daraus abzuleitende örtliche Dauer der Vegetationsperiode wird dann kartographisch (Abb. 5.27) oder durch Höhenprofile (Abb. 5.28) dargestellt.

Phänophasenablauf in der gemäßigten Klimazone. Der Zeitpunkt des Eintritts von Phänophasen des *ersten Halbjahres* hängt häufig vom Überschreiten spezifischer *Temperaturschwellen* ab. Das läßt sich durch den Vergleich der Temperaturverteilung im Gelände mit phänologischen Terminen aufzeigen. Das Aufbrechen der Knospen, der Laubaustrieb, der Blühbeginn von Bäumen und Sträuchern

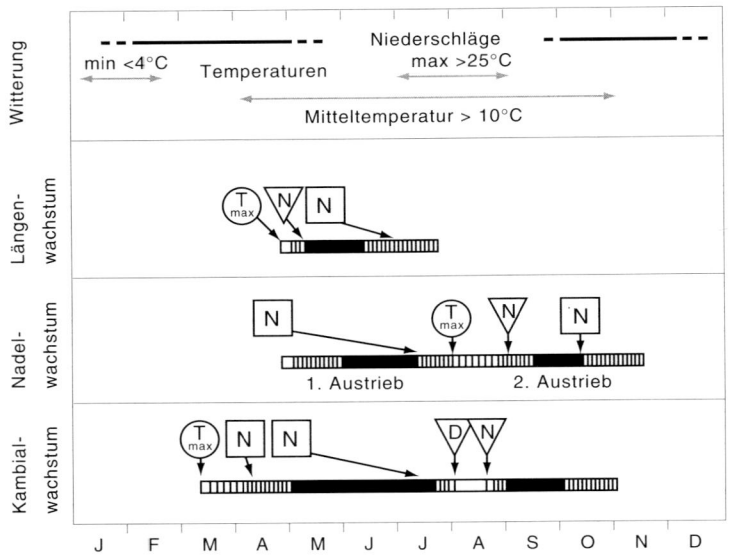

Abb. 5.24. Einfluß klimatischer Faktoren auf Wachstumsprozesse in *Pinus halepensis* im nördlichen Mittelmeergebiet. T=Temperatur; N=Niederschlag; D=Dürre. Dreiecke stehen für Auslösereffekte (z. B. gewitterartige Starkregen), Quadrate für quantitativ wirkende Ereignisse (z. B. Abhängigkeit des Wachstums von der Wassermenge im Boden). Schwarze Balken: Zeitraum höchster Aktivität. Die wichtigsten Faktoren für den zeitlichen Ablauf und das Ergebnis von Wachstumsprozessen sind im *Winter und Frühjahr* die durchschnittlichen Minimumtemperaturen, während der *Hauptwachstumsperiode* die Regenmenge, im *Sommer* Hitze und Trockenheit und im *Herbst* das Eintreffen der Äquinoktialregenfälle. Darüberhinaus beeinflußt auch der Witterungscharakter des Vorjahrs die weitere Entwicklung (in dieser Abbildung nicht eingetragen). Nach SERRE (1976a,b), vereinfacht.

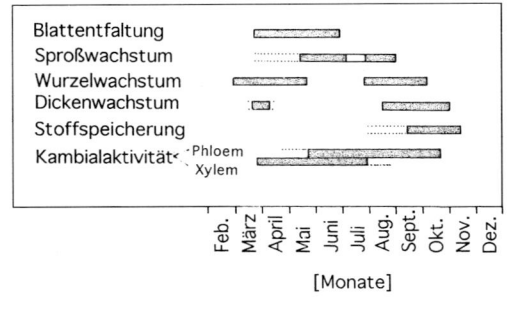

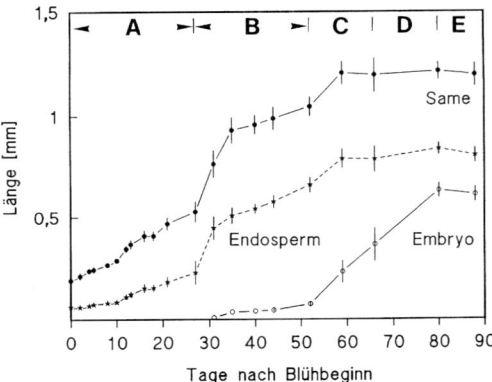

Abb. 5.25. Jahreszeitlicher Verlauf verschiedener Wachstumsvorgänge. *Links:* Wachstumsschübe und Speicherung in Bäumen der gemäßigten Zone. Nach WARDLAW (1990). *Rechts:* Verlauf der Samenentwicklung der arktisch-alpinen Polsterpflanze *Saxifraga opositifolia:* A = Zygotenstadium, B = frühe Embryonalentwicklung und schnelles Endospermwachstum, C = Anlage der Keimblätter, Endosperm weitgehend ausdifferenziert, D = Streckung der Embryonalachse, E = Samenreife. Nach WAGNER und TENGG (1993).

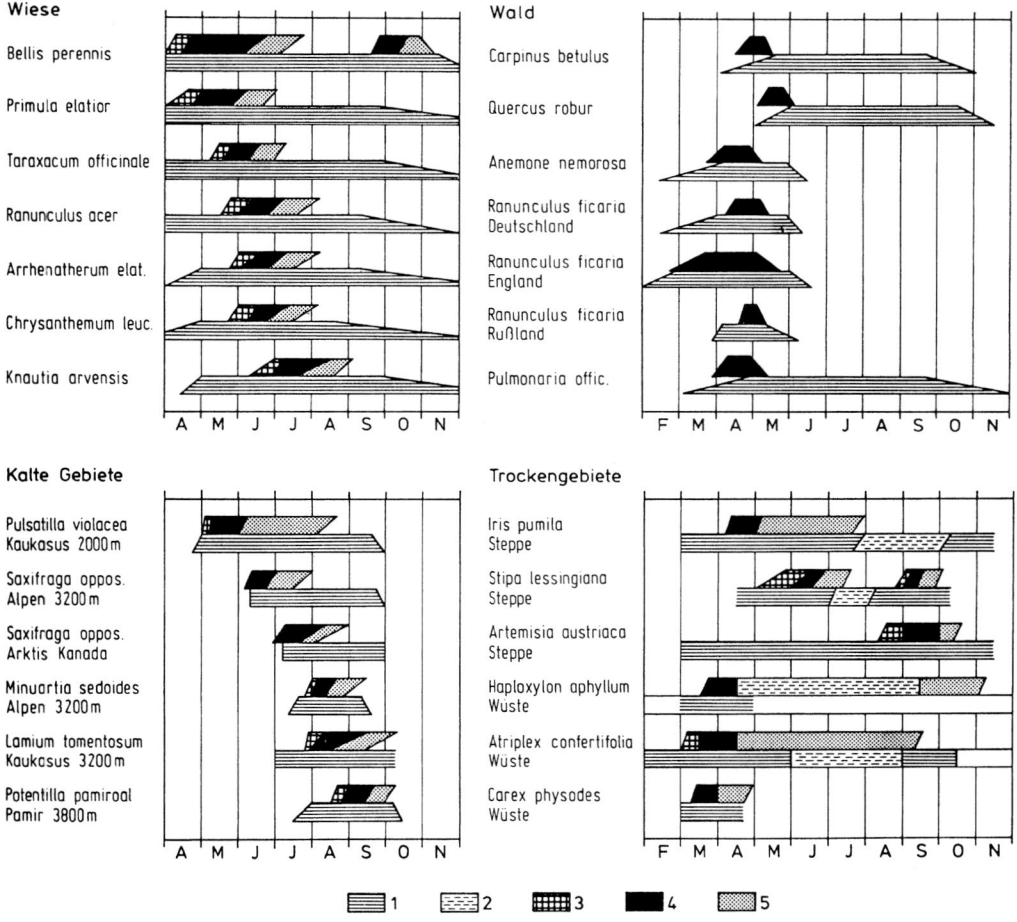

Abb. 5.26. Phänophasendiagramme für *Wiesenpflanzen* (Glatthaferwiese in Polen), für Bäume und Kräuter eines *Eichenmischwaldes* in Nordwestdeutschland (zum Vergleich: *Ranunculus ficaria* in England und Rußland), für Pflanzen aus Gebieten mit kältebedingt (*Hochgebirge, Arktis*) und trockenheitbedingt (*Steppe, Wüste*) eingeengter Vegetationszeit. Streifendarstellung nach SCHENNIKOW (1932): Im unteren Teil ist die vegetative, im oberen Teil die reproduktive Entwicklung eingetragen; 1 = Vegetationszeit, bei Bäumen Belaubungszeitraum, 2 = Trockenstarre, 3 = Blütenknospen sichtbar, 4 = Blütezeit, 5 = Fruchtreife und Samenauswurf. Nach Angaben und Vorlagen bei ACKERMANN und BAMBERG (aus LIETH 1974), BORISSOVAJA (aus WALTER und BRECKLE 1986), ELLENBERG (1939), NACHUCRIŠVILI und GAMCEMLIDZE (1984), JANKOWSKA (aus LIETH 1970), MICHELSON und TOGYZAEV (aus VOZNESENSKY 1977), MOSER et al.(1977), SALISBURY (1916), ŠALYT (aus BEIDEMAN 1974), ŠTĚSTĚNKO (1969) und SVOBODA (1977).

und das Auflaufen der Saaten sind erst möglich, wenn die Luft- und auch die Bodentemperatur regelmäßig einen jeweils spezifischen Grenzwert überschritten hat. Im allgemeinen liegt die Temperaturschwelle für das Öffnen der Knospen[445,684] und das Aufblühen bei 6–10 °C, bei Frühjahrsblühern und Gebirgspflanzen tiefer (um 0–6 °C), bei spätblühenden Pflanzen höher (z. B. bei vielen ringporigen Bäumen zwischen 10 und 15 °C, bei den Getreiden um 15 °C). Pappeln, Birken und einige Coniferenarten treiben schon knapp über 0 °C aus. Austrieb und Blühen können durch Wärme jedoch nur ausgelöst werden,

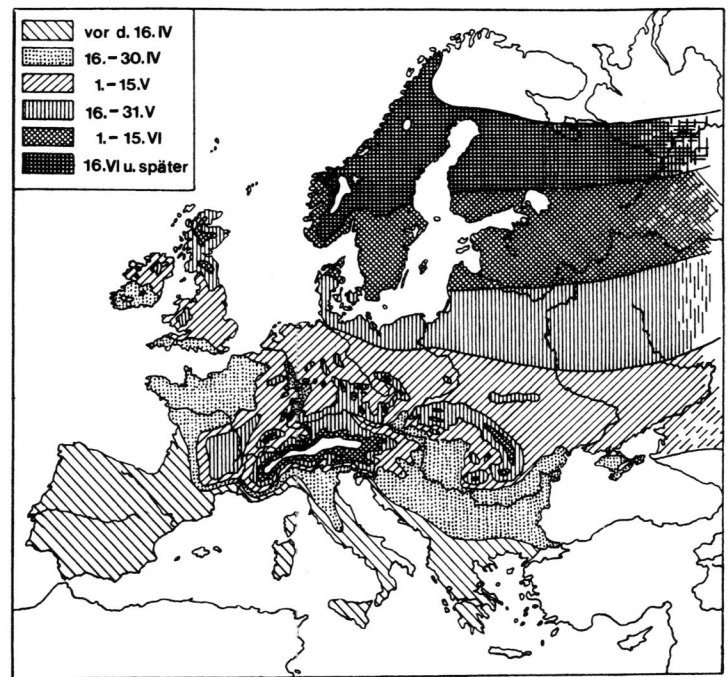

Abb. 5.27. Beginn der Fliederblüte in Europa als phänologisches Signal für den Frühlingseinzug. Im Norden schreitet der Frühlingseinzug zonal fort, in Gebirgslagen vertikal von den Tälern hangaufwärts. Nach IHNE (1905).

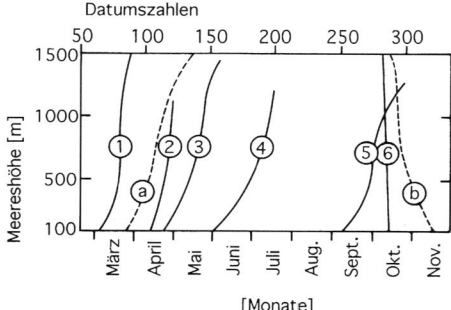

Abb. 5.28. Höhenverschiebung phänologischer Termine in den Ostalpen (siehe auch Abb. 1.37). 1 = Huflattich blüht, 2 = Süßkirsche blüht, 3 = Flieder blüht, 4 = Süßkirsche reif, 5 = Roßkastanie reif, 6 = Buche Laubverfärbung. a = letzter Bodenfrost, b = erster Bodenfrost. Eine weite Terminverschiebung nach höheren Datumszahlen mit zunehmender Meereshöhe deutet auf einen dominierenden Temperatureinfluß hin, geringe Veränderungen zeigen überwiegend photoperiodische Regulation an. Nach ROLLER (1963).

wenn vorher schon die Entwicklungsbereitschaft vorhanden war, d. h. die Pflanzen aus ihrer Winterruhe erwacht sind.

Phänologische Termine, die in das *zweite Halbjahr* fallen, wie Fruchtreife, Laubverfär-

bung, Blattfall und Erntezeitpunkte von Feldfrüchten, sind von allen jenen Umweltbedingungen beeinflußbar, die den Reifungs- und Alterungsprozeß verzögern oder beschleunigen. Wiederum fällt dem Wärmeangebot größte Bedeutung zu, diesmal aber vor allem im Hinblick auf die Förderung der Stoffproduktion. Daher wird nicht so sehr auf Grenztemperaturen geachtet als auf *Wärmesummen*, d. h. das Zeitintegral (Grad-Tage), in dem eine günstige Temperatur geherrscht hat. Ausschlaggebend sind außerdem das Nährstoff- und Wasserangebot und vor allem der Einfluß der Photoperiode auf Blühzeitpunkt, Laubabwurf und Eintritt der Winterruhe. Bei verschiedenen Arten werden die Laubverfärbung und der Laubabwurf durch Kurztage vorbereitet (z. B. in Birken, Pappeln, Weiden, Buchen, Eichen und Ahorn). Sobald dann die Temperaturen unter Schwellenwerte zwischen 10 und 5 °C sinken, treten diese Abschlußphasen des phänologischen Kalenders in Erscheinung.

Phänologische Vorgänge in den Tropen und Subtropen. Wo in den Tropen und Subtropen

Abb. 5.29. Jahreszeitlicher Ablauf von Entwicklungsvorgängen in Bäumen immergrüner Tropenwälder in Ghana (6° N) und Veränderlichkeit von Klimafaktoren. Zur Zeit der Äquinoktien kommt es zu einer auffälligen Häufung neuer Sproßaustriebe, zum Laubwechsel, Blühen und Fruchten. Nach LONGMAN und JENIK (1987).

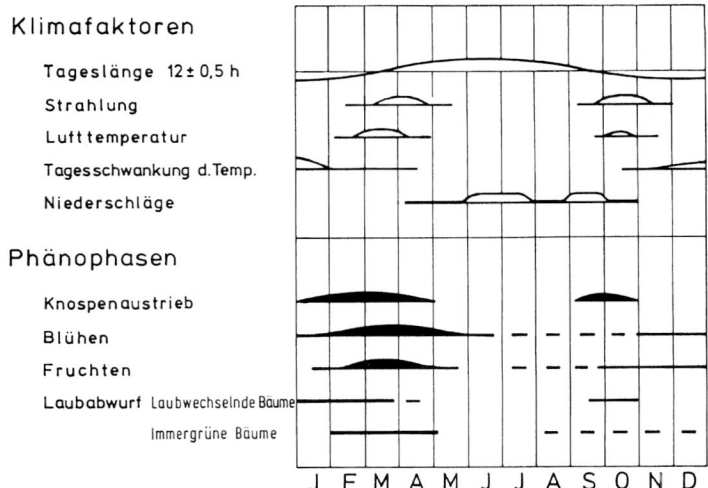

Regen- und Trockenzeiten vorkommen, steht der Phänophasenablauf mit diesem Jahreszeitenwechsel im Zusammenhang. Die Regenzeit ist die Hauptvegetationszeit. In der Trockenzeit verdorren die Gräser und krautigen Pflanzen, die regengrünen Bäume werfen ihr Laub ab, die immergrünen Gehölze verlieren in der ersten Hälfte der Trockenzeit einen großen Teil der älteren Blätter.

Auch in den ganzjährig *regenreichen Tropen* treten phänologische Aspekte auf, nur sind diese nicht so augenscheinlich wie in Gebieten mit starker jahreszeitlicher Klimarhythmik. Selbst in der Äquatorialzone ändern sich verschiedene Klimafaktoren im Laufe des Jahres (Abb. 5.29). In manchen Tropenländern geschieht dies in nur geringem Maße und zeitlich unregelmäßig, in anderen sehr beachtlich und voraussagbar. So können in der sonst niederschlagsreichen Äquatorialzone Trockenzeiten mit großer Regelmäßigkeit eintreffen. Aus den ganzjährig ziemlich konstanten Monatsmitteltemperaturen darf man nicht schließen, daß die Lufttemperatur stets gleich bliebe. Hinter den wenig variablen Monatsmitteln sind erhebliche kurzperiodische und tageszeitliche Temperaturschwankungen verborgen. Sogar die sehr geringe Änderung der Tageslänge im Laufe des Jahres wirkt sich auf Entwicklungsvorgänge aus, weil Tropenpflanzen schon auf äußerst schwache photoperiodische Reize reagieren.

Phänologische Vorgänge in immergrünen Wäldern der feuchten Tropen sind nur *statistisch* erfaßbar, d. h. wenn sie bei einer überdurchschnittlich großen Zahl von Arten und Individuen eintreten. Der Neuaustrieb, die Blattentfaltung und das Längenwachstum der Sprosse kulminieren häufig zur Zeit der Äquinoktien, viele Tropenbäume treiben also zweimal im Jahr aus (Abb. 5.30). Laubfall wird in Tropenwäldern während des ganzen Jahres, bei zunehmender Bodentrockenheit und abnehmender Tageslänge aber verstärkt beobachtet. Nach dem Periodismus des Blühens können Tropenpflanzen in immerblühende Arten (z. B. *Hibiscus, Heliconia, Cocos, Carica papaya*), zu verschiedenen Zeiten im Jahr (z. B. *Cassia fistula, Spathodea, Lagerstroemia*), episodisch (z. B. *Dendrobium*-Arten) und in mehrjährigem Zeitabstand blühende Arten (z. B. Bambusarten) eingeteilt werden. Bezeichnend für Wälder der feuchten Tropen ist das Fehlen einer Hauptblütezeit; es gibt zu jeder Zeit blühende Bäume, wobei innerhalb derselben Art und sogar zwischen verschiedenen Ästen desselben Baumes Unterschiede im Blühzeitpunkt vorkommen können. Jahreszeitlich gehäuftes Blühen wird am ehesten in Gebieten mit regelmäßigen Trockenperioden beobachtet, wo z. B. für manche Bäume eine hydroperiodische Blühinduktion nachgewiesen wurde[12,574]. Früchte sind in Tropenwäldern wäh-

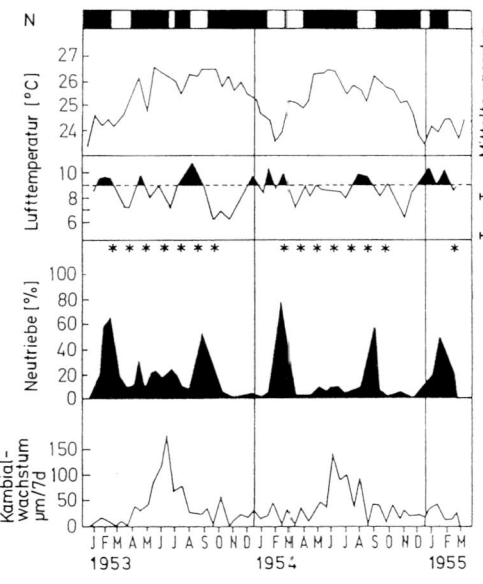

Abb. 5.30. Neuaustrieb, Dickenwachstum und Blühen von Kakaobäumen in Costa Rica (10° N) in Abhängigkeit von den Temperatur- und Niederschlagsbedingungen. Die Austriebsaktivität wird durch die relative Häufigkeit von Ästen mit Wachstumsschüben (in % aller Äste) bemessen. Der Zeitraum, an denen Blüten vorhanden sind, ist mit Sternchen angedeutet. Die geschwärzten Bereiche im oberen Balken (N) zeigen regenreiche Perioden mit mindestens 25 mm Niederschlag pro Woche an. Stärkeres Sproßwachstum tritt zu Zeiten großer täglicher Temperaturamplitude auf. Das Dickenwachstum wird durch höhere Durchschnittstemperaturen gefördert, während des lebhaften Austriebs wird die Kambialtätigkeit langsamer. In diesem Gebiet sind die Niederschläge stets ausreichend, daher begrenzen sie nicht die Wachstumstätigkeit. Nach ALVIM (1964).

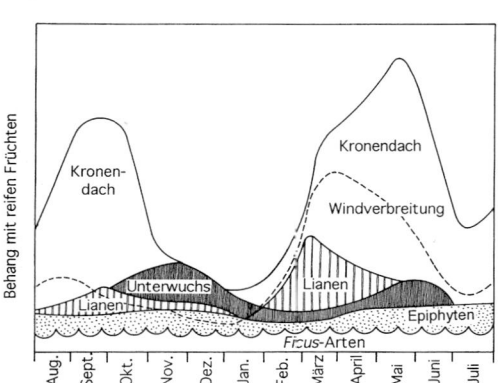

Abb. 5.31. Jahreszeitliche Schwankungen im Fruchtbehang (Anteil fruchtender Bäume) der verschiedenen Wuchsformtypen eines regengrünen Waldes in Panama. Nach FOSTER aus HOWE und WESTLEY (1986).

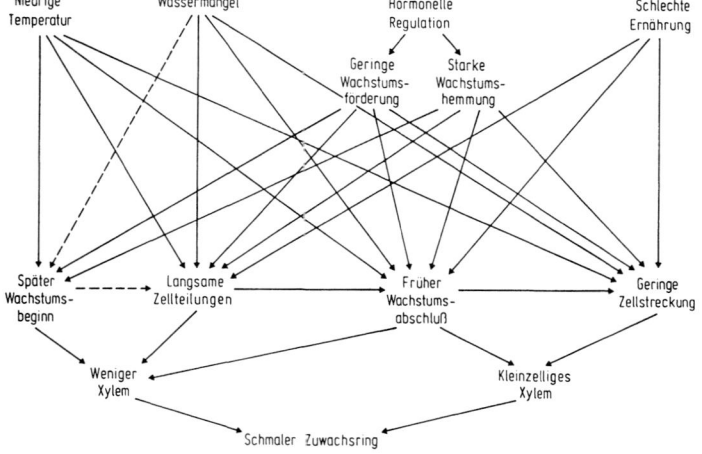

Abb. 5.32. Kausalzusammenhang zwischen Umweltbedingungen, endogenen Faktoren und Jahrringzuwachs. Nach FRITTS (1976).

rend des ganzen Jahres im wachsenden und reifenden Zustand zu finden (Abb. 5.31), obgleich fruchtende Bäume in Trockenzeiten eher anzutreffen sind als in niederschlagsreichen Zeiträumen.

5.3.4.2 Jahrringphänometrie im Dienste der Klimawandelforschung

Eine für viele Fragestellungen nützliche quantitative Methode der Phänologie ist die jahrringanalytische Dendrometrie (*Jahrringphänometrie*). Die Dauer der Kambialtätigkeit und der Differenzierungsmodus, also die Ausbildung von Frühholz oder Spätholz, werden durch Umweltfaktoren .beeinflußt. Im allgemeinen fördern alle jene Faktoren die Frühholzbildung, die auch den Knospenaustrieb und das Längenwachstum des Neuaustriebes begünstigen. Das Frühholz spiegelt sowohl die Ernährungssituation des Vorjahres als auch die Wachstumsbedingungen des Frühjahrs wieder. Alles was das Sproßwachstum verzögert und die Laubalterung beschleunigt, führt zur Differenzierung von Spätholzelementen (Abb. 5.32). Die Breite des Jahrrings, die Wanddicke und die Dichte der Wandstrukturen der Zellen des Spätholzes hängen von der Zufuhr von Assimilaten ab. Daraus sind Rückschlüsse auf die Ergiebigkeit der Stoffproduktion im gleichen Jahr möglich. Strahlungsgenuß, Temperatur, Nährstoffzufuhr, Wasserversorgung und alle möglichen schädigenden Umwelteinflüsse wie Parasitenbefall, Tierfraß, Dürre, Überflutung, Bodenverdichtung, Hitze und Frost, aber auch Immissionsbelastungen und die Dauer der Photoperiode beeinflussen direkt oder indirekt die Zuwachsbreite und die Ausprägung des Jahresringes (Abb. 5.33). Wenn das spezifische Wachstumsverhalten und die Beeinflußbarkeit der Kambialtätigkeit der betreffenden Art genau bekannt sind, stellt der Jahrringaufbau geradezu ein Archiv für wachstumsbestimmende Ereignisse vergangener Jahre dar, das zur Rekonstruktion von Klimaverläufen und Klimaexzessen geeignet ist (Abb. 5.34).

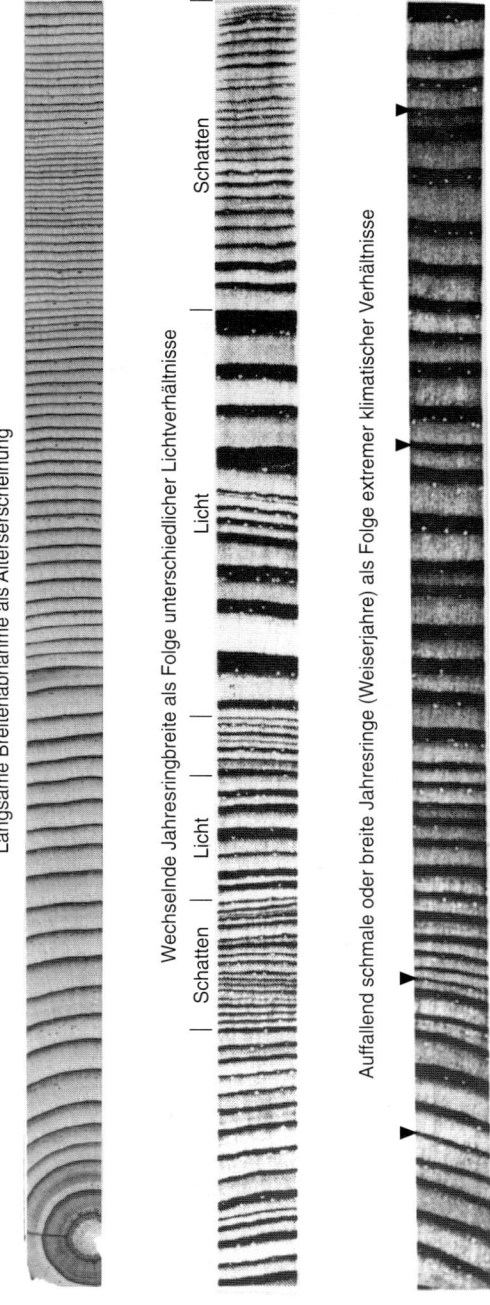

Abb. 5.33. Typische Veränderungen der Jahrringbreite im Stammholz von Coniferen als Indikatoren für endogene Entwicklungsvorgänge und Umwelteinflüsse. Nach SCHWEINGRUBER (1983) und SCHWEINGRUBER et al. (1983).

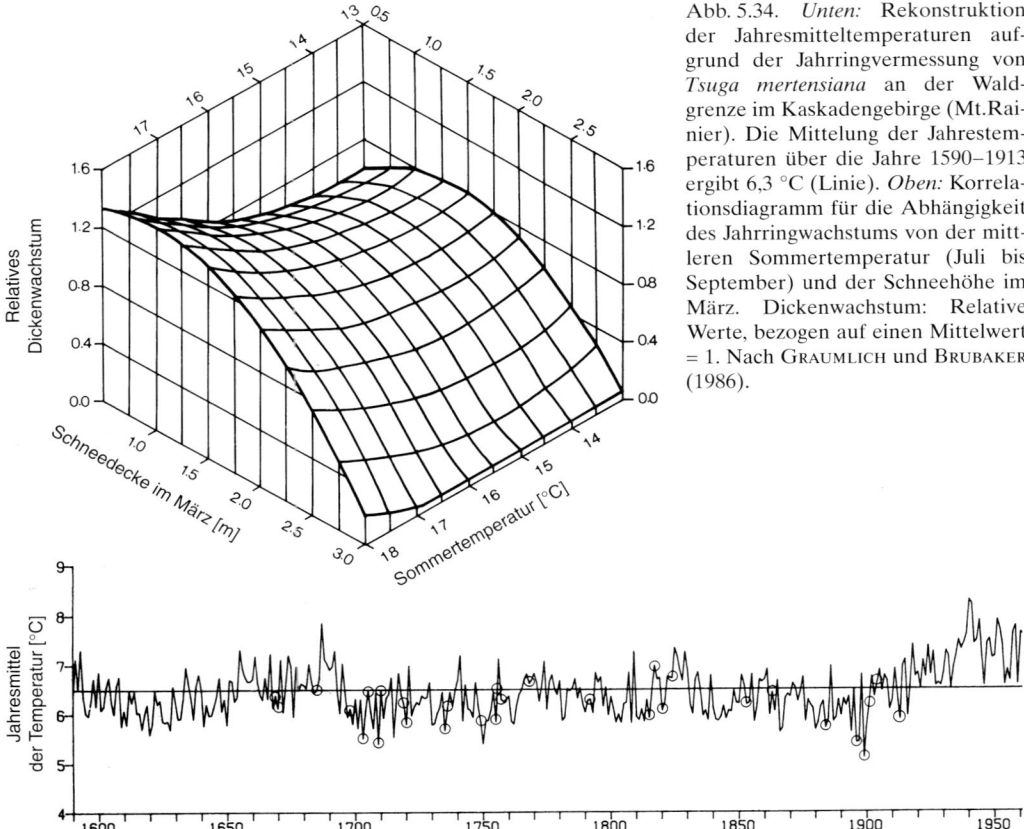

Abb. 5.34. *Unten:* Rekonstruktion der Jahresmitteltemperaturen aufgrund der Jahrringvermessung von *Tsuga mertensiana* an der Waldgrenze im Kaskadengebirge (Mt. Rainier). Die Mittelung der Jahrestemperaturen über die Jahre 1590–1913 ergibt 6,3 °C (Linie). *Oben:* Korrelationsdiagramm für die Abhängigkeit des Jahrringwachstums von der mittleren Sommertemperatur (Juli bis September) und der Schneehöhe im März. Dickenwachstum: Relative Werte, bezogen auf einen Mittelwert = 1. Nach GRAUMLICH und BRUBAKER (1986).

6 Pflanzen unter Streß

Überall auf der Erde unterliegen Pflanzen mannigfachen Belastungen, die ihren Entfaltungsspielraum einschränken. Es gibt Großregionen, wie die Dürrezonen, die Gebiete mit Bodenversalzung, die Polargebiete und die Hochgebirge, in denen günstige Bedingungen für Pflanzen nur kurzzeitig, wenn überhaupt vorkommen. Auf einem Zehntel der Festlandsoberfläche wurde die Landschaft so umgestaltet, daß viele Wildpflanzen vernichtet oder verdrängt worden sind. Selbst dort, wo für den Großteil der Pflanzen dauernd günstige Voraussetzungen gegeben sind, entstehen – gerade durch die Üppigkeit ihres Gedeihens – für manche Glieder der Lebensgemeinschaft wieder Schwierigkeiten: Extremer Lichtmangel unter dem Kronendach dichter Wälder bereitet dem Unterwuchs ein kümmerliches Dasein, Konkurrenz um Standraum und Wurzelausbreitung in geschlossenen Beständen unterdrückt wettbewerbsschwache Arten und Individuen, hohe Konzentration an Biomasse fördert den Parasiten- und Phytophagenbefall. Für alle mannigfachen, standörtlich oder zeitweise auftretenden Belastungssituationen, die nicht unmittelbar lebensbedrohend sein müssen, hat sich der Ausdruck „Streß" eingebürgert.

6.1 Streß als Störung und Syndrom

6.1.1 Was versteht man unter Streß?

Die meisten *Definitionen des Streßbegriffs* fassen den Belastungszustand als eine außergewöhnliche Abweichung vom Lebensoptimum auf, die zunächst reversible Veränderungen und Reaktionen auf allen Funktionsebenen des Organismus bewirkt, dann aber auch bleibende Folgen verursachen kann. Auch wenn ein Streßereignis nur vorübergehend war, verringert sich die Lebensleistung mit zunehmender Dauer der Beeinträchtigung (Abb. 6.1). Nach Unterschreitung der Grenzen der Anpassungsfähigkeit geht eine äußerlich nicht sichtbare Störung (latente Schädigung) in eine chronische Erkrankung oder in irreversible Schädigung über.

Im wörtlichen Sinn bedeutet „Streß" soviel wie Zwangslage (abgeleitet von lat. *stringere*) oder Bedrängnis (engl. *distress*). In der Physik wird im Englischen der Ausdruck *stress* für die in einem Körper erzeugte innere Spannung (Dimension: Pa) bei Einwirkung einer äußeren Kraft (Dimension: N) verwendet. Die sich daraus ergebende Dehnung (relative Längendifferenz) wird als *strain* bezeichnet.

Das Verhältnis zwischen Spannung und Dehnung (das ist der Elastizitätsmodul) und der Übergang von der elastischen (reversiblen) zur plastischen (irreversiblen) Verformbarkeit sind Materialeigenschaften. Auch in der Biologie wird das Begriffspaar „stress/strain" häufig in diesem Sinne verwendet[857].

Die physikalische Terminologie wurde verlassen, seit der Ausdruck „Streß" als Oberbegriff für alles, was mit Belastungssituationen einhergeht, also sowohl für das *Ereignis* als auch für den im Organismus sich einstellenden *Zustand*, von der Umgangssprache übernommen wurde.

Um Mißverständnisse zu vermeiden, sollte der Begriffsinhalt stets klar zum Ausdruck kommen: *Streßfaktor* (oder *Stressor*) bezeichnet den Störreiz und *Streßreaktion* bzw. *Streßzustand* bezeichnet die Reizantwort und den Anpassungszustand.

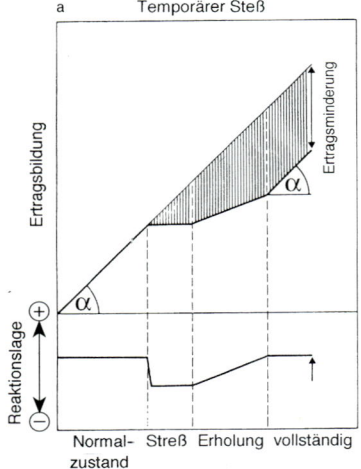
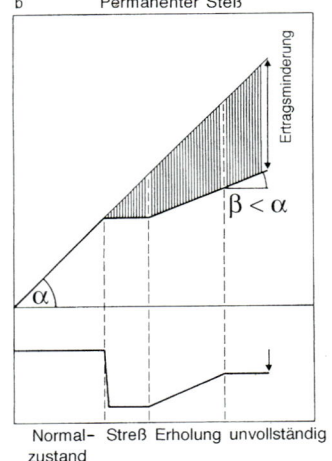

Abb. 6.1. Schematische Darstellung der Auswirkung von Umweltbelastungen auf die Stoffproduktion von Pflanzen. Bei kurzer Dauer geringer Streßintensitäten, die noch unter der Erträglichkeitsgrenze liegen, werden physiologische Prozesse nur vorübergehend verändert, bei längerer Andauer werden Lebensfunktionen bleibend gestört.

Bei reversibler Störung ist nach der Erholung die Trockensubstanzzunahme gleich groß wie vor der Belastung (Anstiegswinkel α), bei chronischer Belastung ist die Zuwachsrate andauernd vermindert (Steigungswinkel β<α), was eine entsprechend größere Ertragseinbuße zur Folge hat. Nach HÄRTEL (1976) aus LARCHER (1981).

Die Streßforschung hat in den letzten Jahrzehnten in vielen Bereichen der Biologie zunehmende Bedeutung erlangt. Dabei wurden sehr unterschiedliche Erkenntniswege beschritten, um Einblick in die Vorgänge des Streßgeschehens zu gewinnen:

Die *reizorientierte* Betrachtungsweise[456] konzentriert sich auf die Aufklärung spezifischer Wirkungsketten zwischen Reizauslöser und Reizantwort. Streß wird als ein gerichtetes, durch ganz bestimmte Faktoren ausgelöstes Ereignis aufgefaßt. Im Vordergrund des Interesses steht die Frage nach der Wirkungsweise des Störfaktors. Dieser erreicht den Ort der Streßreaktion, das Protoplasma, häufig nicht direkt und in der vollen Intensität des Außenfaktors, weil die Pflanzen über eine Vielzahl von Abschirmmechanismen verfügen, die eine Einstellung des thermodynamischen oder chemischen Gleichgewichts zwischen der Umwelt und dem Zellinneren verzögern oder verhindern. Nur jene Komponente, die tatsächlich das Protoplasma in einen Beanspruchungszustand versetzt, muß von diesem toleriert werden. Aber auch innerhalb des Protoplasmas können Vorgänge eingreifen, die eine Störung aufhalten oder abwenden. Die abpuffernden Schutzmaßnahmen werden als „*avoidance*" der eigentlichen Widerstandsfähigkeit des Protoplasmas („*tolerance*") gegenübergestellt (Beispiel: siehe Abb. 6.35). Die analytische Betrachtung der Streßwirkung und der entsprechenden Vorgänge beim Resistenzerwerb hat wichtige Einblicke in faktorspezifische Wirkungsketten eröffnet, die insbesondere für molekularbiologische, ökophysiologische und angewandte Fragestellungen von großem Wert sind.

Zustandsorientierte Betrachtungsweisen[710] fassen die Streßsituation dynamisch und umfassend als Zustand des ganzen Organismus auf, wobei neben stressorspezifischen Reaktionen auch unspezifische Effekte beachtet werden. Das bei Streß auftretende Reaktionsmuster äußert sich in einem bezeichnenden Störungsbild (*Streßsyndrom*), es umfaßt aber auch Vorgänge, die einen Widerstand des Organismus hervorrufen. Diese verlaufen kompensatorisch und führen zu einer Normalisierung der Lebensfunktionen (Homoiostase) und Steigerung der Abwehrkraft. Die Streß-

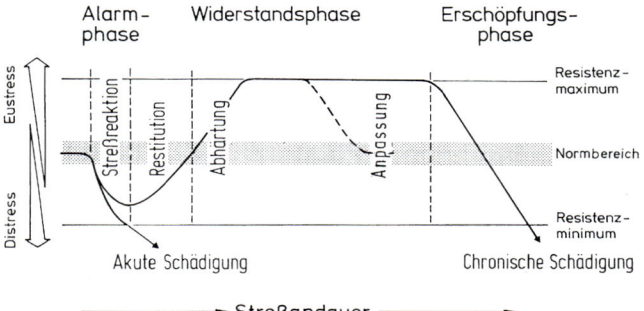

Abb. 6.2. Phasenmodell des Streßgeschehens nach H. SELYE (1936) und O. STOCKER (1947). Durch Einwirkung von Streßfaktoren werden lebenswichtige Strukturen und Funktionen destabilisiert, es kommt in der Alarmphase zu einer negativen Funktionsabweichung (*Streßreaktion*), die durch restabilisierende Gegenreaktionen aufgefangen (*Restitution*) und überkompensiert (*Abhärtung*) werden kann. Bei gleichbleibender andauernder Belastung stellt sich eine erhöhte Streßresistenz ein, die in eine Stabilisierung auf Normalniveau übergehen kann (*Anpassung*). Wird der Organismus durch eine exzessive Störung *akut* oder durch langdauernde Belastung chronisch überfordert (*Erschöpfung*), dann kommt es zu irreversiblen Schädigungen. Nach LARCHER (1987), ARNDT et al. (1987), LICHTENTHALER (1988) und TESCHE (1989).

reaktion ist der Wettlauf der Anpassungsanstrengungen mit destruktiven, zum Tod führenden Vorgängen im Protoplasma. Die *Streßdynamik* enthält somit eine destabilisierende, destruktive Komponente („distress") und entgegenwirkende, restabilisierende und resistenzfördernde Tendenzen („eustress"). Streß, Anpassung und Resistenz sind stets im Zusammenhang zu sehen. Von der relativen Wirksamkeit der negativen und der positiven Reaktionen hängt es ab, ob Streß nur geringfügige und kurzzeitige Abweichungen vom Normalverhalten oder schwerwiegende und bleibende Ausfälle verursacht (siehe Abb. 6.34).

6.1.2 Was geschieht unter Streß?

Aus der Sicht des dynamischen Streßkonzeptes erfährt der Organismus bei Belastung eine Abfolge bezeichnender Zustandsphasen (Abb. 6.2):

Die *Alarmphase*: Nach Einsetzen einer Störung kommt es zu einer Destabilisierung der strukturellen (z. B. Proteine, Biomembranen) und der funktionellen (biochemische Prozesse, Betriebsstoffwechsel) Voraussetzungen für eine normale Lebenstätigkeit. Eine zu schnelle Zunahme der Beeinträchtigung führt zum akuten Zusammenbruch der

Integrität der Zelle, bevor Abwehrmaßnahmen greifen. Innerhalb der Alarmphase läßt sich anfänglich eine *Streßreaktion* erkennen, in der die katabolen Stoffwechselprozesse gegenüber den anabolen überwiegen. Bei gleichbleibender Reizintensität schließt sich sehr bald eine *Restitution* an, in der Reparaturvorgänge wie z. B. Proteinsynthesen oder *de novo* Synthesen von Schutzstoffen einsetzen. Dieser Vorgang leitet über zur

Widerstandsphase, in der bei anhaltender Beanspruchung die Widerstandskraft gesteigert wird (*Abhärtung*). In der Folge kann sich durch die erhöhte Stabilisierung eine Normalisierung trotz Belastung einstellen (*Anpassung*). Nach Nachlassen der Störung kann für einige Zeit eine erhöhte Widerstandsfähigkeit aufrechterhalten bleiben.

Dauert der Streßzustand lange an oder nimmt die Belastung zu, so kann in der *Endphase* ein *Erschöpfungszustand* eintreten, der die Pflanze gegenüber weiteren Stressoren (z. B. Schwächeparasiten) anfällig macht und einen frühzeitigen Zusammenbruch einleitet. War jedoch die Beeinträchtigung vorübergehend, so kehrt der Funktionszustand zur Ausgangslage zurück. Nötigenfalls werden in einer *Regenerationsphase* eingetretene Schädigungen behoben.

Faßt man alle diese Beobachtungen zusammen, so ist Streß im physiologischen Sinn ein

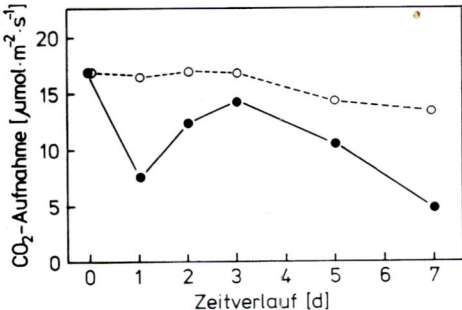

Abb. 6.3. Phasenablauf bei Photoinhibition der Photosynthese nach Überführung schattenadaptierter Pflanzen von *Oxyria digyna* in Starklicht. Pflanzen, die im Schwachlicht bei 100 μmol Photonen · m^{-2} · s^{-1} angezogen wurden, kamen nach Feststellung der Ausgangsleistung der Photosynthese unter Vermeidung von Überhitzung und Austrocknung in helles Licht (800 μmol Photonen · m^{-2} · s^{-1}). Die CO_2-Aufnahme der starklichtbelasteten (●) und der im Schwachlicht verbliebenen (o) Pflanzen wurde täglich durch Kurzzeitmessung bei 1000 μmol Photonen · m^{-2} · s^{-1} und 20 °C bestimmt. Unter Streßbedingungen fiel in der Reaktionsphase (1.Tag) die CO_2-Aufnahme stark ab, sie erholte sich aber teilweise in der Restitutionsphase am 2. und 3. Tag. Unter weiterbestehendem Streß erlahmte in der Erschöpfungsphase die Photosyntheseleistung. Nach 5 Tagen begannen die Blätter zu vergilben, die Kontrollen im Schwachlicht blieben grün. Nach ENGEL et al. (1986).

Beanspruchungszustand des Organismus, der zunächst Destabilisierung, dann Normalisierung und Resistenzsteigerung bewirkt und der bei Überschreitung der Anpassungsamplitude zu Funktionsausfällen und zum Tod führt[431].

Das hier dargestellte Phasenmodell des Streßsyndroms muß als stark abstrahierende Hypothese aufgefaßt werden, die *mögliche* Abläufe und Tendenzen aufzeigt. Man darf daher nicht erwarten, daß bei *jeglicher* Belastung die besprochenen Phänomene und Tendenzen in Erscheinung treten. Immerhin gibt es genug Befunde, die auf eine Phasenabfolge hinweisen (Abb. 6.3). Die vielleicht wichtigste Erkenntnis aus allen diesen Beobachtungen ist, daß das Streßgeschehen *zeitabhängig* ist. Vorgänge unter Streß müssen daher verlaufsbezogen betrachtet werden, was bedeutet, daß die Gesetze der Gleichgewichtsdynamik nicht immer anwendbar sind.

6.1.3 Wie erkennt man Streß?

Verschiedene Pflanzenarten sprechen nach Maßgabe ihrer genetisch vorgegebenen Reaktionsmöglichkeiten („Reaktionsnorm") auf einen bestimmten Stressor ungleich an. Zudem reagiert jedes Individuum auf denselben Streßfaktor je nach Alter, Aktivitäts- und Anpassungszustand, jahreszeitlicher und sogar tageszeitlicher Einstimmung quantitativ recht unterschiedlich. Obgleich häufig eine gute Korrelation zwischen Faktorstärke und Reizantwort besteht, darf man sich nicht darauf verlassen, daß das Ausmaß der Beeinträchtigung der Pflanze im konkreten Fall der Intensität des Störreizes proportional entspricht. Auch müssen nicht alle streßbedingten Veränderungen in der Pflanze eindeutig schädliche oder aber schützende Auswirkungen zeitigen[262]. Die Frage, ob eine Pflanze in einer gegebenen Situation Streß erfährt, kann nur durch den Vergleich mit ihrem Normverhalten beantwortet werden.

Abnorme Beanspruchung läßt sich durch vielerlei *Symptome* nachweisen. Symptome für Überbeanspruchung sind Störungszeichen, die eine Destabilisierung zu erkennen geben. **Streßkriterien** sind aber auch Veränderungen, die mit Reparatur- und Resistenzmechanismen im Zusammenhang stehen. Destruktive und konstruktive Vorgänge überlappen sich und sind nicht eindeutig voneinander zu trennen, zumal sie gleichzeitig auftreten können.

Reizspezifische Wirkungen greifen in der Regel an ganz bestimmten Angriffspunkten an, so werden Thylakoidmembranen durch starke Strahlung, Enzymproteine durch toxische Konzentrationen von Ionen und Schwermetallen unmittelbar geschädigt. Dadurch können sehr spezifische Störungszeichen auftreten. Spezifische Resistenzmechanismen schließen alle Funktionsebenen ein, häufig werden sie durch differenzielle Genaktivierung ausgelöst, wie die Synthese von Streßproteinen und von speziellen Isoenzymen (Abb. 6.4).

Bezeichnend für Streßzustände sind auch *unspezifische* Manifestationen. Diese sind in erster Linie Ausdruck des *Belastungsgrades*. Ein Vorgang wird dann als unspezifisch bea)

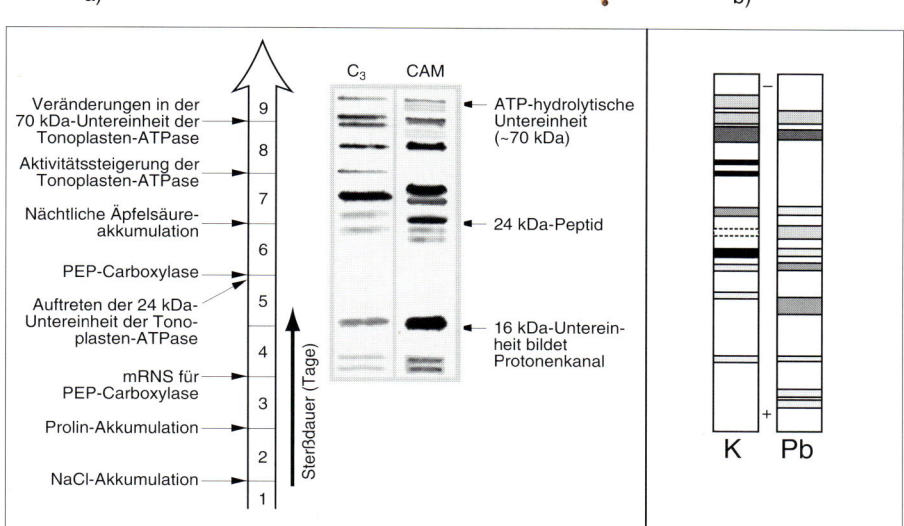

b)

Abb. 6.4.   Streßinduzierte Synthese von Polypeptiden und Isoenzymen. a) Zeitliche Abfolge des Auftretens von Proteinen des Crassulaceensäurestoffwechsels in *Mesembryanthemum crystallinum* nach Auslösung der CAM-Induktion durch Zugabe von 400 mM NaCl in das Wurzelmilieu. Nach HEUN et al. (1981) und MICHALOWSKI et al. (1989) aus BECK und LÜTTGE (1990). b) Elektrophoretisches Muster der Esterase aus Wurzeln von *Allium cepa*. K = Kontrolle, Pb = 10 Tage nach Ende einer fünftägigen Kontamination mit 200 ppm Pb. Nach MAIER (1979).

zeichnet, wenn er unabhängig von der Art des Streßfaktors in immer gleicher (stereotyper) Weise abläuft. Unspezifische Hinweise auf einen Streßzustand sind Aktivitätsänderungen von Enzymen (insbesondere Peroxidase, Glutathionreduktase, Dehydroascorbatreduktase), die Biosynthese von Polyaminen, die Neubildung und Anreicherung von Antioxidantien (Ascorbinsäure, Tocopherol), von Streßmetaboliten und kompatiblen osmotisch aktiven Substanzen (Prolin, Betaine, Polyole) sowie einer Vielzahl sekundärer Pflanzenstoffe (Polyphenole, Anthocyane), vor allem aber das Auftreten von Streßhormonen (Abszisinsäure, Jasminsäure, Ethylen). Unspezifisch sind auch Veränderungen von Membraneigenschaften (Membranpotential, Stofftransporte), Atmungssteigerung, Photosynthesehemmung, geringe Stoffproduktion, Wachstumsstörungen, mangelhafte Fertilität und verfrühte Seneszenz.

Als weiteres, früh auftretendes Indiz für einen Streßzustand gilt eine verminderte Energiebereitstellung (infolge eines gestörten Betriebsstoffwechsels) oder ein erhöhter Energieverbrauch (für reparative Synthesen) in der Zelle (Abb. 6.5). Durch Unterbindung von Phosphorylierungsreaktionen wird, selbst bei gesteigerter Atmung, weniger ATP gebildet. Der Energiestatus (AEC; adenylate energy charge[18])

$$AEC = \frac{[ATP] + 0{,}5\,[ADP]}{[ATP] + [ADP] + [AMP]} \qquad (6.1)$$

zeigt durch Absinken des ATP/ADP-Verhältnisses unter 0,6 eine Vitalitätsschwächung an. Andererseits muß die Pflanze unter Streß zusätzliche Energie zur Aufrechterhaltung normaler Lebensfunktionen aufwenden, wenn besondere Stoffwechselwege zur Kompensation des inneren Milieus nötig werden und wenn vorzeitige Abbauvorgänge einsetzen. So findet man in Halophyten einen erhöhten Energieaufwand für den Betrieb von Membran-ATPasen, welche die Salzionen ständig aus dem Cytoplasma in die Zellvakuole befördern. Daraus ist abzuleiten, daß

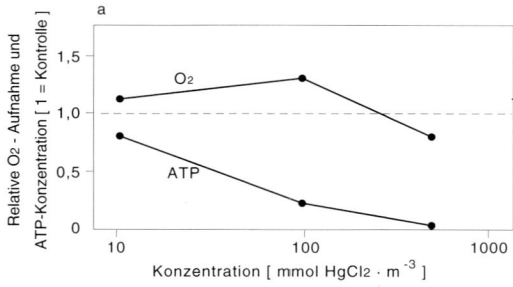
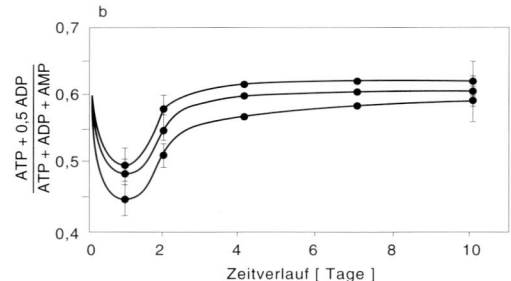

Abb. 6.5. Energieversorgung der Zelle bei Schwermetallbelastung. a) Sauerstoffaufnahme und ATP-Bildung in Geweben von *Beta vulgaris* in Abhängigkeit der Quecksilberkonzentration im Außenmedium, bezogen auf die Kontrolle. Nach LÜTTGE et al. (1984). b) Energiestatus des Adenylatsystems einer Algenkultur (*Euglena gracilis*) im Dauerlicht nach Zusatz von Metallsalzen in subletaler Konzentration. *Obere Kurve:* 50 µM ZnCl₂, *Mittlere Kurve:* 0,1 µM CdCl₂, *Untere Kurve:* 0,01 µM HgCl₂. Nach DE FILIPPIS et al. (1981).

Halophyten zwar salzresistent sind, aber gleichzeitig doch, und zwar permanent, unter einem Belastungszustand leben.

Alle Reaktionen, die einen Streßzustand anzeigen, machen es möglich, sensible Pflanzenarten als *Bioindikatoren* für Umweltbelastungen zu nützen oder lebende Pflanzen oder Pflanzenteile (z. B. immobilisierte Zellkulturen) als *Biosonden* einzusetzen. Bei deren Anwendung ist jedoch zu beachten, daß viele frühdiagnostische Streßhinweise durch die verschiedensten Anlässe ausgelöst werden, sie sind also unspezifisch und lassen daher oft keine gültige Aussage über die Art der verursachenden Faktoren zu.

6.1.4 Streß im Leben der Pflanze

6.1.4.1 Streß erfaßt den ganzen Organismus

Streß wirkt sich auf alle Organe aus, selbst wenn nur ein begrenzter Bereich der Pflanze belastet wurde. Die Koordination der Streßreaktionen innerhalb der Pflanze erfolgt durch *Phytohormone*. Sobald ein Teil der Pflanze von einer Störung betroffen ist, gibt es als unspezifische Reizantwort charakteristische Veränderungen im Hormonsystem, die kurzfristig metabolische und langfristig morphogenetische streßdämpfende und lebenserhaltende Maßnahmen bewirken. Vor allem Störungen im Wurzelbereich wie Wassermangel (siehe Abb. 6.59), Nährstoff- und Sauerstoff-

mangel (siehe Abb. 6.51) führen zu Verschiebungen in der Assimilatverteilung, im Verhältnis zwischen Sproß- und Wurzelwachstum, zu frühzeitigem Blühen („Notblüte") und Laubabwurf. Die Erkenntnis, daß bei Streß der Organismus als Ganzes in Mitleidenschaft gezogen wird, mahnt zur Vorsicht bei der Übertragung von Testergebnissen anhand von einfachen Systemen auf das Verhalten ganzer Pflanzen.

6.1.4.2 Streß bewirkt eine Umstimmung des Organismus

Pflanzen unter Streß reagieren auf gleichzeitig oder nachfolgend einwirkende Belastungen und auch auf normale Umwelteinflüsse anders als unter normalen Umständen. In der Natur tritt selten ein Streßfaktor unbeeinflußt von anderen Begleiterscheinungen ein, häufig werden Belastungssituationen durch *Stressorenbündel* verursacht: so ist starke Strahlung, Überhitzung, Dürre und dazu auch Salzbelastung eine zwangsläufig verknüpfte Kombination von Streßfaktoren. Aber auch die *Hintergrundbedingungen* wie der tageszeitliche Lichtzyklus oder der Jahreszeitenwechsel variiert das Verhalten der Pflanze gegenüber Streß: Reizreaktionen unter der klimatischen Wechselhaftigkeit im Freiland verlaufen oft heftiger als unter kontrollierten Bedingungen im Laboratorium (z. B. Prolinakkumulation in kältebelasteten Pflanzen), und mit der jahreszeitlichen Vege-

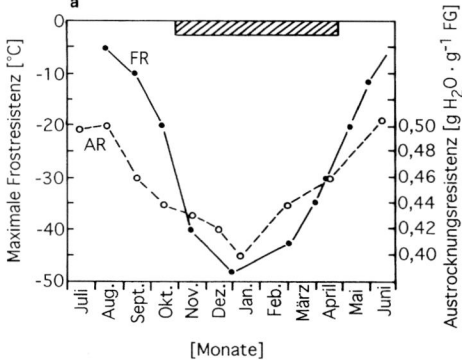

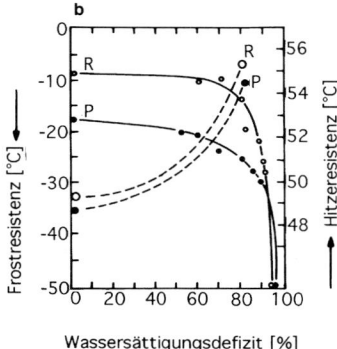

Abb. 6.6. Gekoppelter Erwerb von Frosthärte und Austrocknungsresistenz von Pflanzenarten, die während des Winters eine Gefriertoleranz entwickeln (siehe Kap. 6.2.2.3). *Links:* Synchrone Resistenzverläufe in Nadeln von *Pinus cembra* an der alpinen Waldgrenze. Frostresistenz (FR): Temperatur, bei der 5 bis 10% der Nadeln Erfrierungen aufweisen; Austrocknungsresistenz (AR): Wassergehalt der Nadeln bei 1 bis 2% Schädigung des Mesophylls. Gerasterter Balken: Zeitraum mit mehr als 15 Frosttagen pro Monat. Nach Pisek und Larcher (1954), verändert. *Rechts:* Frostresistenz (durchgezogene Kurve) und Hitzetoleranz (strichliert) der Blätter der austrocknungsfähigen Sproßpflanzen *Ramonda myconi* (R) und *Polypodium vulgare* (P) bei Entwässerung im Winterzustand. Als Resistenzmaß sind die Temperaturen angegeben, nach deren Einwirkung 10% der Blattfläche geschädigt ist. Nach Kappen (1965).

tationsrhythmik ändert sich grundsätzlich die Reaktionsweise der Pflanze nicht nur gegenüber klimatischen sondern gegenüber allen möglichen Stressoren.

Auf kombinierte und auf aneinanderfolgende Einwirkung von Störfaktoren reagieren Pflanzen durch *Verstärkung, Milderung, Überdeckung und Umkehrung* ihrer Reizantwort[94]. Verstärkte Auswirkungen im Zusammenwirken mehrerer Faktoren sind häufig nachweisbar. Zusätzliche Störungen bringen zusätzliche Beeinträchtigung, zur Grundlast kommt Überlast. Besonders chemische Noxen verstärken sich gegenseitig. Andererseits werden unter Streß Reparatur- und Resistenzmechanismen ausgelöst, die je nach Situation und oft unvorhersagbar, synergistische oder antagonistische Effekte hervorrufen: Unter der Einwirkung von Frost erwerben Holzpflanzen winterkalter Gebiete zusammen mit der Gefriertoleranz auch eine bessere Widerstandsfähigkeit gegen Austrocknung (Abb. 6.6). Salzbelastung kann, je nach Intensität, Dauer und Phase des Streßverlaufs, eine erhöhte Stabilität gegenüber Kälte-, Hitze- und Austrocknungsbelastung mitbewirken (Abb. 6.7) oder aber das Abhärtungsvermögen gegen Frost schmälern.

Der Erwerb *gekoppelter Resistenz* während der Anpassung an einen Streßfaktor beruht häufig auf Veränderungen der Struktur von Biomembranen und Proteinen, die eine generelle Stabilität des Protoplasmas erzeugen. Strukturelle Ähnlichkeiten zwischen Salzstreß-, Hitzeschock- und Dürrestreßproteinen dürften die molekulare Grundlage für derartige Co-Adaptationen sein[662]. Auch unspezifische Streßreaktionen wie die Anreicherung von Flavonoiden oder Aktivierung von Peroxidasen üben vielseitige Schutzwirkungen aus: gegen UV-Bestrahlung, gegen Pilzbefall und Fraß.

6.1.4.3 Streßbewältigung fordert ihren Preis

Streß stört funktionsgerechte Strukturen und abgestimmte Prozeßabläufe auf molekularer, zellulärer und organismischer Ebene. Die restabilisierenden und reparativen Gegenreaktionen, der Erwerb neueingestellter, angepaßter Zustände und die Aufrechterhaltung größerer Widerstandsfähigkeit erfordern einen zusätzlichen Aufwand an Energie und Metaboliten.

Die „Lebensstrategie" der Pflanzen auf streßdominierten Standorten ist daher nicht

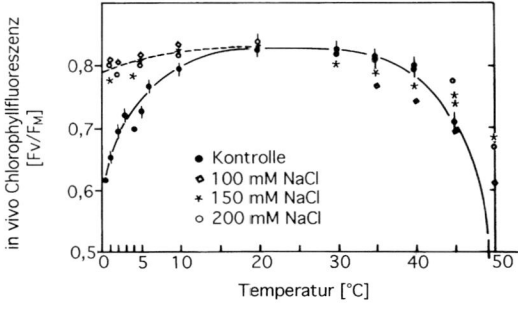
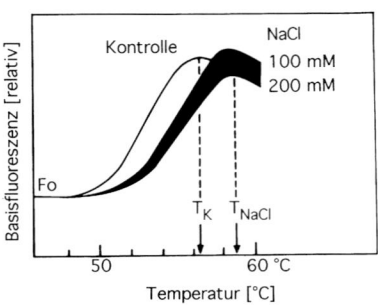

Abb. 6.7. Ausweitung der thermischen Leistungsgrenzen der Photosynthese durch Anzucht von *Vigna unguiculata* unter Salzstreß. *Links*: Leistungsfähigkeit der Primärprozesse der Photosynthese in Abhängigkeit der Temperatur, ausgedrückt durch den Fluoreszenzindikator F_v/F_M, der mit der Quantenausbeute korreliert (siehe Abb. 6.11). An Blättern der Kontrolle zeigt der Abfall der Kurve eine deutliche Beeinträchtigung der Photosynthesefunktion unter 6 °C und über 45 °C an. Vorbelastung durch NaCl im Wurzelraum versetzte die Pflanzen in eine erhöhte Abwehrlage, die sich auch bei niedrigen und hohen Temperaturen auswirkte. *Rechts*: Verlauf der Basisfluoreszenz (F_o) als Indikator für die Hitzestabilität der Thylakoidmembranen (siehe Abb. 6.23). T_K, T_{NaCl}: Grenztemperaturen für die irreversible Schädigung von Chloroplasten der Kontrollpflanzen und der salzbehandelten Pflanzen. Nach LARCHER et al. (1990). Eine Anpassung an Dürre kann ebenfalls die Sensibilität der Photosynthese gegenüber Hitze verringern (HAVAUX 1992).

auf Zuwachsmaximierung gerichtet, sondern tendiert zu einem *Kompromiß zwischen Ertragsbildung und Überlebenssicherheit.* Arten die sich auf die Besiedlung nährstoffarmer, flachgründiger und zu Trockenheit neigender Böden spezialisiert haben, wachsen langsam und bleiben häufig klein, wodurch trotz kärglicher Nahrungs- und Wasserversorgung die Mineralsalzkonzentration und das Wasserpotential des Gewebes ausreichend hoch gehalten werden kann. Manche verholzende Pflanzen arider Gebiete (z. B. Kakteen, Baobab) reduzieren durch Leichtbauweise und peripherer Anordnung der Stützelemente in den Stämmen den Aufwand für statische Festigkeit. Für die Abwehr von Herbivoren und Parasiten und den Ersatz abgefressener Pflanzenteile muß ebenfalls Energie investiert werden (Abb. 6.8a). Die spezifischen Kosten dafür können in g CO_2-Bedarf pro g Abwehrstoff bzw. Material für den Ersatz verlorener Biomasse berechnet werden. Der metabolische Aufwand für Biosynthesen von Sekundärstoffen kann sehr erheblich sein (Tab. 6.1). Auch die nötige Widerstandsfähigkeit gegen ungünstige klimatische Verhältnisse wird häufig durch Einbußen an Stoffproduktion, Wachstum und Fortpflanzungstüchtigkeit erkauft: Der regelmäßige Übergang in eine Ruhepause, der für die Ausbildung höchster Gefriertoleranz und Austrockungsfähigkeit von Pflanzen eine Grundvoraussetzung ist, verkürzt den Zeitraum, der für den Assimilaterwerb zur Verfügung steht und vermindert die Zuwachsleistung (Abb. 6.8b).

6.1.4.4 Überleben im Streß

Der Fortbestand einer Art auf streßbedrohten Standorten ist sicherer, wenn sich eine Möglichkeit ergibt, der Gefahr auszuweichen (*Streßvermeidung*), wenn die Widerstandsfähigkeit (*Streßresistenz*) des anfälligsten lebenswichtigen Teiles der Pflanze genügend hoch ist und wenn eingetretene Schädigungen möglichst vollständig verheilen (*Restitutionsvermögen*).

Streßvermeidung wird durch *räumlichen* Rückzug auf geschützte Bereiche (z. B. unterirdische Überdauerungsorgane) und *zeitliches* Ausweichen auf vegetationsgünstige Jahreszeiten (z. B. regenzeitephemere Pflanzen) erreicht. Widerstandsfähigkeit beruht auf Vorkehrungen zur Streßminderung und auf

---

Überleben = Streßvermeidung, Widerstand, Wiederherstellung   (6.2)

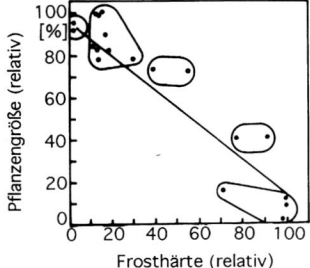

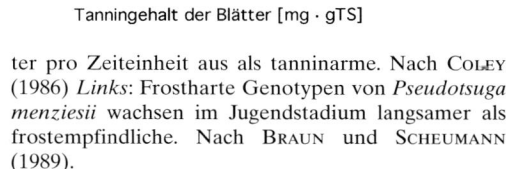

Abb. 6.8. Zuwachsminderung zugunsten höherer Resistenz. *Rechts*: Individuen der besonders fraßgefährdeten tropischen Baumart *Cecropia peltata* unterscheiden sich im Tanningehalt der Blätter. Besser geschützte, tanninreiche Genotypen bilden weniger Blätter pro Zeiteinheit aus als tanninarme. Nach Coley (1986) *Links*: Frostharte Genotypen von *Pseudotsuga menziesii* wachsen im Jugendstadium langsamer als frostempfindliche. Nach Braun und Scheumann (1989).

Streßtoleranz. Die Wiederherstellung nach Schäden geht von überlebenden Pflanzenteilen wie Erneuerungsknospen und Regenerationsgeweben aus. Auf häufig gestörten Plätzen selektieren sich Pflanzentypen heraus, die sich vorwiegend vegetativ vermehren.

6.1.4.5 Streß und Evolution

Die Erkenntnis der Humanwissenschaften, daß Streß zur Erhaltung der Funktionstüchtigkeit und zur Steigerung der Anpassungsfähigkeit beiträgt, gilt für alle Bereiche der Biologie. *Mangel an Streß führt zur Abwehrschwäche.* Extrembelastungen üben andererseits den größten Abhärtungseffekt aus. Streß als Beanspruchung und als Stimulans fördert, über seine Wirkung auf das Individuum hinaus, auch die Entfaltung besser angepaßter Genotypen, was sich entlang von Belastungsgradienten gut nachweisen läßt. In Populationen erfolgt bei langfristigem Streß mit gerichteter Selektion ein Übergang von der für optimale Bedingungen vorteilhaften *Wachstumsstrategie* (r-Strategie) zur *Erhaltungsstrategie* (K-Strategie) als evolutive Anpassung an das veränderte Belastungsmuster: Auf abiotisch günstigen Standorten herrscht Wettbewerbsdruck und somit Verdrängungsstreß, auf Grenzstandorten klimatisch-edaphischer Streß. Offenbar gibt es kaum einen Ort ohne jegliche Belastung. Streß ist daher kein Ausnahmezustand, sondern Bestandteil des Lebens.

Tab. 6.1 Assimilataufwand (angegeben in investierte Glucose-Einheiten) für Fraßabwehr und Erneuerung von Pflanzenteilen. Nach Berechnungen von Merino et al. (1984), Gulmon und Mooney (1986), Williams et al. (1987), Diamantoglou et al. (1989), Kull et al. (1992) und U. Kull (persönliche Mitteilung).

Pflanzenstoff Pflanzenteil	Aufwand [g Glucose · g⁻¹ Trockensubstanz]
Abwehrstoffe	
Gerbstoffe	1,55–1,6
Cyanogene Glykoside	1,9–2,1
Alkaloide	2,8–3,3
Monoterpenoide	2,8–3,5
Kautschuk	3,3
Wandfestigung	
Lignin (Coniferenhölzer)	2,44–2,49
Lignin (Angiospermenhölzer)	2,48–2,52
Aufwand für Organersatz	
Weiche Blätter	
mit wenig Abwehrstoffen	1,3
mit reichlich Abwehrstoffen	bis 1,8
Hartlaub	1,35–1,55
Coniferennadeln	um 1,5
Sproßachsen unverholzt	1,2–1,35
Sproßachsen verholzt	1,4–1,55

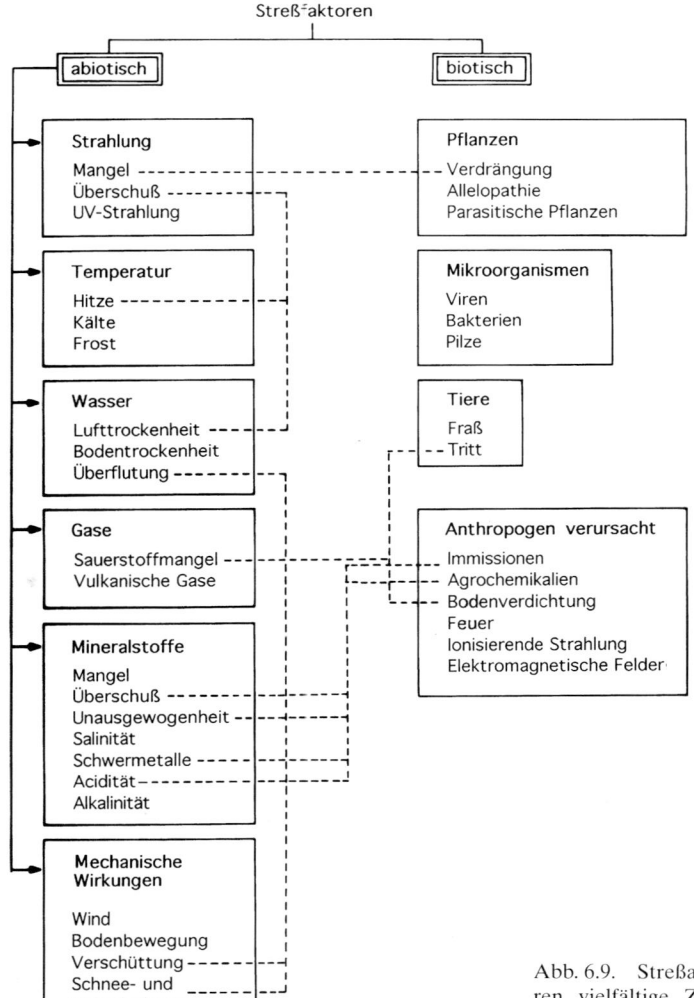

Strefffaktoren

abiotisch   biotisch

Strahlung
Mangel
Überschuß
UV-Strahlung

Pflanzen
Verdrängung
Allelopathie
Parasitische Pflanzen

Temperatur
Hitze
Kälte
Frost

Mikroorganismen
Viren
Bakterien
Pilze

Wasser
Lufttrockenheit
Bodentrockenheit
Überflutung

Tiere
Fraß
Tritt

Gase
Sauerstoffmangel
Vulkanische Gase

Anthropogen verursacht
Immissionen
Agrochemikalien
Bodenverdichtung
Feuer
Ionisierende Strahlung
Elektromagnetische Felder

Mineralstoffe
Mangel
Überschuß
Unausgewogenheit
Salinität
Schwermetalle
Acidität
Alkalinität

Mechanische Wirkungen
Wind
Bodenbewegung
Verschüttung
Schnee- und Eisbedeckung

Abb. 6.9. Streßauslösende Umweltfaktoren und deren vielfältige Zusammenhänge (Beispiele). Nach KREEB (1974a) und LEVITT (1980).

6.2 Natürliche Umweltbelastungen

Umweltstreß entsteht durch zu viel oder zu wenig Energiezufuhr, zu schnellen oder zu langsamen Stoffumsatz, durch unangemessene und fremdartige Einflüsse (Abb. 6.9).

Unter den *abiotischen* Umweltbelastungen gibt es eine Vielzahl von klimatischen Faktoren: Strahlungsstreß durch Lichtmangel und Strahlungsüberflutung; zu hohe und zu tiefe Temperaturen mit ihren Begleiterscheinun-

gen Frost, Bodenfrost, Schnee und Eisbedeckkung; Niederschlagsarmut und Dürre; Wind. Im Boden werden die Pflanzen durch zu hohe Konzentrationen von Salzen und Mineralstoffen belastet oder durch Nährstoffmangel im Wachstum behindert; zu saure und zu alkalische Böden sind für die meisten Pflanzen abweisend, unruhige Fließerden, Sande und Fließgewässer belasten Pflanzen mechanisch, verdichtete oder vernäßte Böden und manche Gewässerböden sind extrem sauerstoffarm.

Biotischer Streß herrscht besonders im Ge-

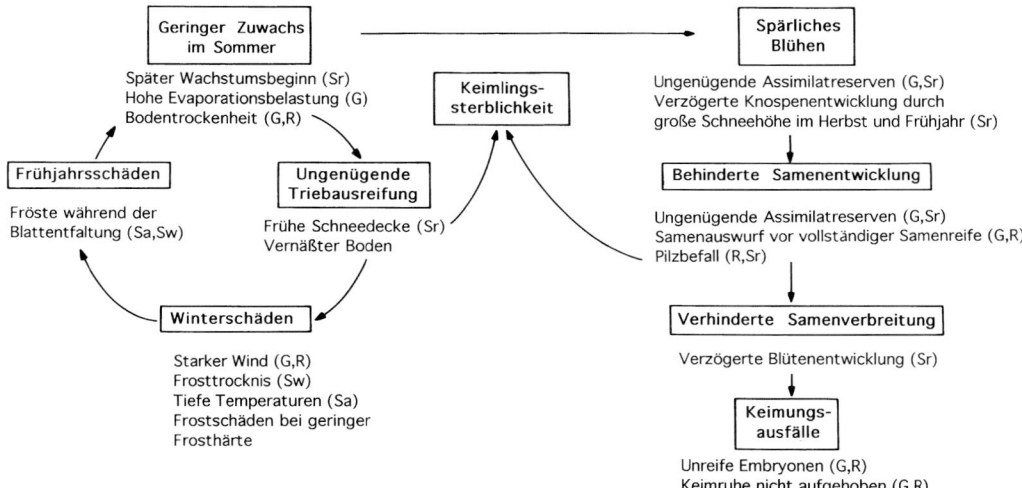

Geringer Zuwachs
im Sommer

Später Wachstumsbeginn (Sr)
Hohe Evaporationsbelastung (G)
Bodentrockenheit (G,R)

Frühjahrsschäden

Fröste während der
Blattentfaltung (Sa,Sw)

Ungenügende
Triebausreifung

Frühe Schneedecke (Sr)
Vernäßter Boden

Winterschäden

Starker Wind (G,R)
Frosttrocknis (Sw)
Tiefe Temperaturen (Sa)
Frostschäden bei geringer
Frosthärte

Keimlings-
sterblichkeit

Spärliches
Blühen

Ungenügende Assimilatreserven (G,Sr)
Verzögerte Knospenentwicklung durch
große Schneehöhe im Herbst und Frühjahr (Sr)

Behinderte Samenentwicklung

Ungenügende Assimilatreserven (G,Sr)
Samenauswurf vor vollständiger Samenreife (G,R)
Pilzbefall (R,Sr)

Verhinderte Samenverbreitung

Verzögerte Blütenentwicklung (Sr)

Keimungs-
ausfälle

Unreife Embryonen (G,R)
Keimruhe nicht aufgehoben (G,R)

Abb. 6.10. Streßfaktoren und deren Folgen, die zur Einengung des Lebensraumes der nordamerikanisch-alpinen Segge *Kobresia bellardii* führen. G = windausgesetzter Gratstandort, R = dichter Rasen, S_a = schneearme Standorte, S_w = Standorte mit wechselhafter Schneebedeckung, S_r = mäßig bis sehr schneereicher Standort mit kurzer Vegetationsperiode wegen langdauernder Winterschneedecke. Angaben aufgrund von Verpflanzversuchen. Nach BELL und BLISS (1980), verändert.

dränge dichter Pflanzenbestände und unter Bedingungen intensiver Nutzung der Pflanzen durch Tiere und Mikroorganismen. Zusätzlich zu den natürlichen Streßauslösern bringt der *Mensch* physikalische, mechanische und vor allem chemische Noxen in die Umwelt der Pflanzen ein. Viele davon sind besonders gefährlich, weil es sich um Belastungen handelt, gegen die die Pflanzen noch keine Abwehrmechanismen entwickeln konnten.

Die Aufzählung und die nachfolgende Besprechung *einzelner* Stressoren soll nicht den Eindruck erwecken, daß diese in der Natur isoliert auftreten. Auf streßexponierten Standorten führt ein kaum überschaubares Wechselspiel zwischen den mannigfachen Streßauslösern zur Einengung des Lebensraumes von Pflanzenarten (Abb. 6.10). So entstehen klimatisch und edaphisch bedingte Vegetationsgradienten und Ausbreitungsgrenzen (z. B. hygrische, polare und altitudinale Baumgrenzen) und ebenso Vegetationsinseln in Dürrewüsten, Kältewüsten, Salzwüsten, Windwüsten und Felswüsten.

6.2.1 Strahlungsstreß

Ein Überangebot photosynthetisch aktiver Strahlung und eine erhöhte Absorption von UV-Strahlung lösen in Pflanzen Strahlungsstreß aus. In beiden Fällen handelt es sich um photoenergetische Prozesse.

6.2.1.1 Starklichtstreß

Der Photosyntheseapparat der Pflanzen ist für eine möglichst effektive Absorption und Nutzung sichtbaren Lichtes ausgestattet. Starke Strahlung liefert dem Blatt allerdings mehr Energie als durch die Photosynthese verwertet werden kann. Dies hat zur Folge, daß bei Überschuß photochemischer Energie der Photosyntheseprozeß überfordert wird, was sich in einer Verringerung der Quantennutzung (Abb. 6.11) und der Assimilationsleistung äußert (*Photoinhibition*). Bei extrem starker Strahlung werden Photosynthesepigmente und Thylakoidstrukturen zerstört (*Photodestruktion*). Photodestruktion einzelner Chloroplasten in der obersten Lage des

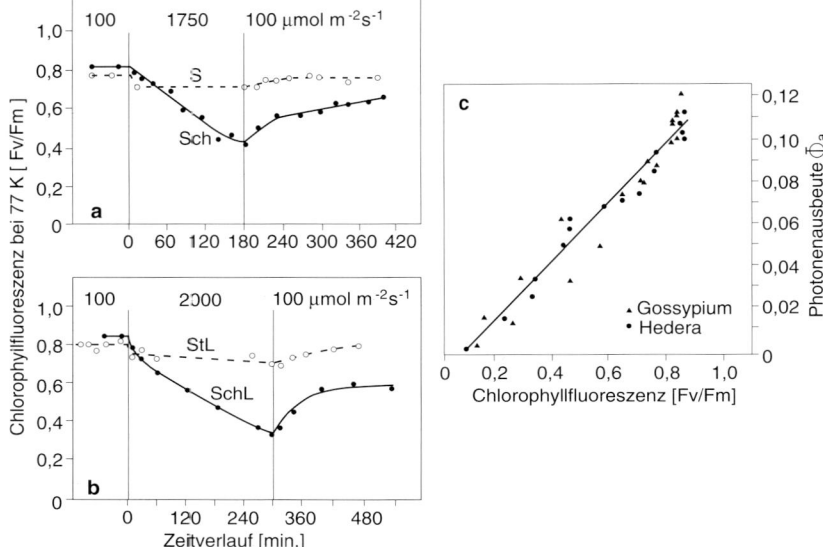

Abb. 6.11.   Zeitverlauf und Ausmaß von Photoinhibition der Photosynthese und nachfolgender Erholung. Die *in vivo* Chlorophyllfluoreszenz (als sensibles Kriterium für die Funktionsfähigkeit des Photosystems II) wurde vor und während einer Starklichtapplikation (1750 und 2000 μmol Photonen · m⁻² · s⁻¹) sowie anschließend bei schwachem Licht (100 μmol Photonen · m⁻² · s⁻¹) gemessen und ausgewertet. a) Vergleich zwischen Sonnenblättern (S) und Schattenblättern (Sch) von *Hedera canariensis*. b) Vergleich zwischen Blättern von Baumwollpflanzen, die im Starklicht (StL, bei 1000 μmol · m⁻² · s⁻¹) und im Schwachlicht (SchL, bei 150 μmol · m⁻² · s⁻¹) aufgewachsen waren. c) Lineare Beziehung zwischen der PSII-Antenneneffizienz (Quotient zwischen der variablen und maximalen Fluoreszenz, F_V/F_M) und der Photonenausbeute der photosynthetischen O_2-Abgabe (Φ_a) für die untersuchten Pflanzenarten. Nach DEMMIG und BJÖRKMAN (1987).

Palisadenparenchyms scheint häufig vorzukommen und dürfte für das Absinken der photosynthetischen Leistungsfähigkeit alternder Blätter mitverantwortlich sein. Auch ausgedehnte Schädigungen chloroplastenführender Gewebe sind nicht selten zu beobachten, sie äußern sich als Ausbleichungen an den strahlungszugewandten Stellen.

Viele Kryptogamen (Algen, Flechten, Schattenmoose, manche Farne), submerse Sproßpflanzen und alle genetischen und adaptierten Schattenpflanzen unter den Phanerogamen sind höchst starklichtempfindlich (*photolabil*) und werden schon durch mäßige und kurz einwirkende Strahlung stark gestört. Phytoplankton reagiert auf erhöhte Strahlung durch Abtauchen. Manche Aufwuchsalgen und Tange werden schon am Vormittag zunehmend photoinhibiert, so daß ihre Kohlenstoffassimilation früh am Tag zunehmend nachläßt (Abb. 6.12). Direkte Sonnenbestrahlung inhibiert die Photosynthese von Flechten im hydratisierten Zustand nach einer Reihe von bedeckten, lichtarmen Tagen. Pflanzen des Waldunterwuchses erleiden nach plötzlicher Freistellung (Windwurf, Kahlschlag) einen *Starklichtschock*. Sogar fluktuierende Sonnenstrahlen, die durch das Kronendach auf Baumsämlinge gelangen, wirken als Störreiz. Es gilt als Regel, daß eine Pflanze um so empfindlicher gegen Strahlungsüberflutung ist, je wirksamer ihre Pigmentkomplexe das eintreffende Licht sammeln.

Starklichtgewöhnte Pflanzen, die offene Standorte besiedeln, wie z. B. im Hochgebirge, in Wüsten, an Küsten, auf Brachland und auf Äckern während des Auflaufens der Saaten, vertragen hohe Einstrahlungsintensitäten besser, sie sind normalerweise *photosta-*

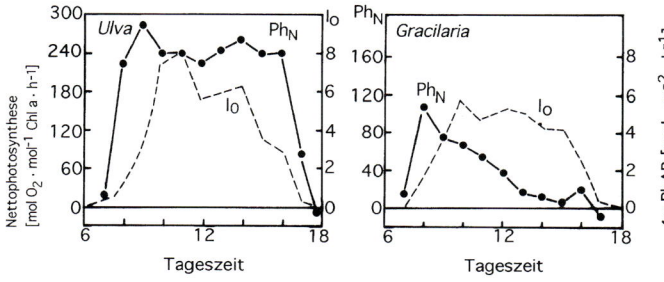

Abb. 6.12. Tageszeitliche Photoinhibierung der Photosynthese von Aufwuchsalgen am natürlichen Standort. PhN (durchgezogene Linien): Nettophotosynthese bei 70% der Freilandhelligkeit; I_o (strichliert): PhAR-Intensität, bezogen auf eine Kugeloberfläche. Die im Oberflächenwasser an größere Helligkeit gewöhnte Grünalge *Ulva curvata* zeigt nur mittags eine leichte Photosynthesedepression, die in tieferen Wasserschichten lebende Rotalge *Gracilaria foliifera* ist photolabil, die Photosynthese wird früh am Tag inhibiert und erholt sich erst über Nacht. Nach RAMUS und ROSENBERG (1980).

bil. Aber auch bei diesen Pflanzen kann Photoinhibition und sogar Photodestruktion vorkommen, wenn aus unterschiedlichen Gründen die Elektronenübertragung auf den Calvinzyklus behindert oder verzögert ist. Solche Situationen entstehen bei vorangegangenem oder zusätzlichem Streß, besonders durch Hitze, Kälte, Dürre, Salzbelastung, mangelhafte Nährstoffversorgung (insbesondere von Stickstoff und Spurenelementen), bei Intoxikationen und Infektionen. Grundsätzlich muß man davon ausgehen, daß immer Photoinhibition eintritt, wenn bei starker Strahlung die Sekundärprozesse der Photosynthese nicht auf vollen Touren laufen können. So ist auch an der häufig beobachteten Mittagsdepression der Photosynthese eine photoinhibitorische Komponente beteiligt, desgleichen an der verminderten Photosyntheseleistung während Trockenzeiten und winterlicher Ruheperioden.

Photoinhibition als dynamisches Streßgeschehen

Die Vorgänge bei Starklichtstreß bieten ein Musterbeispiel für die ineinandergreifenden destruktiven und reparativen Mechanismen, für Resistenz und Verfall im Sinne des dynamischen Streßsyndroms (siehe Abb. 6.3).

Der primäre Angriffsort der Starklichtstörung ist das Reaktionszentrum des Photosystems II, in dem bestimmte Proteinuntereinheiten (z. B. D1, das 32 kD-Protein) rasch abgebaut werden. Dadurch wird der photosynthetische Elektronentransport behindert und die Effizienz des Photosystems II vermindert. Als erste Schutzmaßnahme wird sehr schnell die überschüssige Strahlungsenergie direkt von den Photosystemen über Fluoreszenz und vor allem in Form von Wärme abgeleitet. Überschüssige Reduktionskraft im Chloroplasten wird durch den *Xanthophyllzyklus* vernichtet (Abb. 6.13). Dabei wird mit Hilfe von Ascorbat und $NADPH_2$ das Di-Epoxid Violaxanthin über das Mono-Epoxid Antheraxanthin zu Zeaxanthin reduziert. Die Umwandlung von Violaxanthin in Zeaxanthin erfolgt bei starker Strahlungsaufnahme innerhalb etlicher Minuten (Abb. 6.14). Die Rückverwandlung zum Violaxanthin, die wieder Reduktanten verbraucht, verläuft bei schwachem Licht und in Dunkelheit ebenfalls rasch. Ein weiterer protektiver Vorgang ist, als energieableitender Kreisprozeß, der Glykolatstoffwechsel.

Unter Starklichtstreß reichern sich agressive Sauerstoff-Spezies an, die Chloroplastenpigmente und Membranlipide zerstören können. Als Abfangsysteme greifen Oxidoreduktasen (Superoxiddismutase, Peroxidasen, Katalasen) ein.

Anpassungen an Starklichtstreß

Ausweichbewegungen, wie Schrägstellung der Blätter zum Licht, Einrollen der Sprosse (besonders von Moosen und Pteridophyten) und Chloroplastenbewegungen in Assimilationsgeweben, wirken einer Starklichtüber-

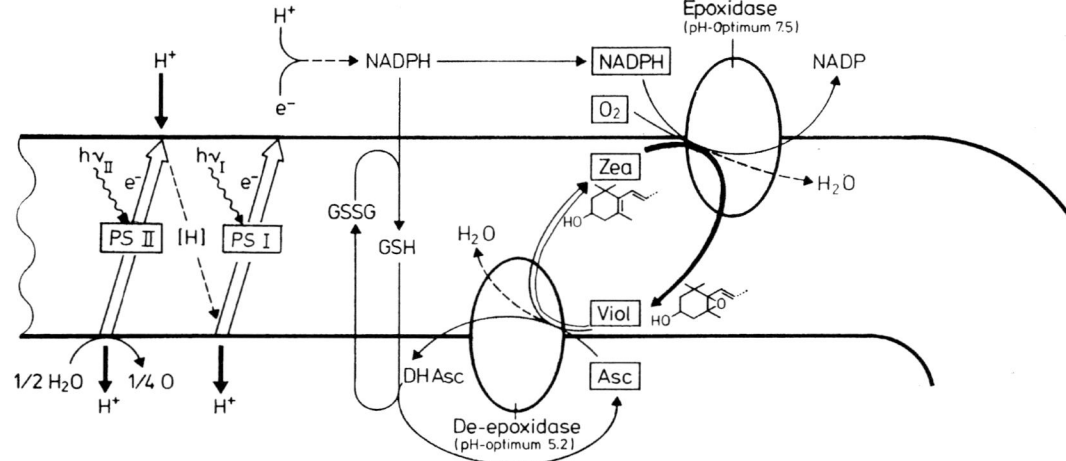

Abb. 6.13.   Vereinfachtes Schema des Xanthophyll-zyklus in Thylakoidmembranen. Bei Vorliegen eines lichtbedingten Protonengradienten quer zur Thyla-koidmembran wird die *Deepoxidase* aktiviert und Vio-laxanthin (*Viol*) unter Beteiligung der Redoxsysteme Glutathion/oxidiertes Glutathion (*GSH/GSSG*) und Ascorbinsäure/Dehydroascorbinsäure (*Asc/DHAsc*) zu Zeaxanthin (*Zea*) reduziert. Im Dunkeln oder bei schwachem Licht erfolgt unter Aufnahme von Sauer-stoff die Rückreaktion von Zeaxanthin zu Violaxan-thin, die durch *Epoxidase* katalysiert wird. *PSI*, *PSII*: Photosysteme I und II. Nach HAGER (1975,1980).

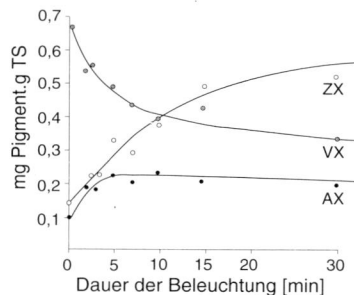

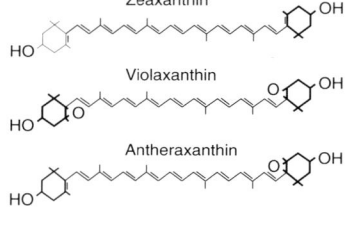

Abb. 6.14.   Schnelle Umwandlung von Violaxanthin (VX) über Antheraxanthin (AX) zu Zeaxanthin (ZX) in *Chlorella pyrenoidosa* bei hoher Beleuchtungs-stärke (ca. 2000 μmol Photonen · m⁻² · s⁻¹). Nach HAGER (1967).

flutung entgegen. Als Diffusionsfilter dämp-fen dichte Behaarung der Blattoberseite und Wandverdickungen der Epidermis und der hypodermalen Schichten (z. B. in Coniferen-nadeln, Hartlaub und Kakteen) die starke Strahlung. Anthocyan in frisch austreiben-den Blättern, besonders in den Tropen, wirkt als Absorptionsfilter und beschattet das Me-sophyll. In den Chloroplasten nehmen bei hel-lem Licht Schutzpigmente wie Carotine und Lutein zu.

6.2.1.2 Ultraviolette Strahlung

Sonnenstrahlung enthält nach dem Durch-tritt durch die Atmosphäre Ultraviolett bis etwa 290 nm, also das gesamte langwellige UV-A (315–400 nm) und einen Teil des UV-B (280–315 nm). UV-B kommt in der Natur nur in geringer Intensität vor. Mit einer Zu-nahme ist zu rechnen, wenn die Filterleistung der stratosphärischen Ozonschicht infolge Immission von Stickoxiden und Halogenkoh-

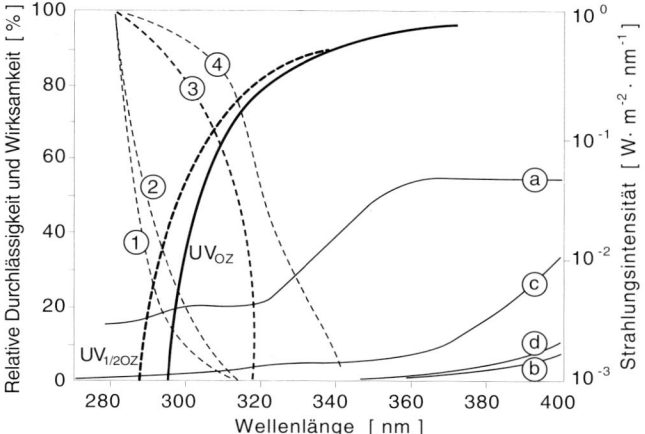

Abb. 6.15.   Angebot und Wirksamkeit ultravioletter Strahlung. UV_{OZ} = Kurzwelliges Ende der Sonnenstrahlung bei steilem Einfall, $UV_{1/2OZ}$ = UV-Strahlung auf Meeresniveau bei Verringerung der Ozondichte in der Stratosphäre auf die Hälfte. 1 = Hemmung der durch Phytochrom induzierten Anthocyansynthese in Senfkotyledonen; 2 = Mutagene Wirkung auf Lebermoossporen; 3 = Sistierung der Protoplasmaströmung in Epidermiszellen von Zwiebelschuppen; 4 = Bildung von Flavonoiden in Zellkulturen und Maiskoleoptilen. Spektrale Durchlässigkeit von (a) abgelösten Epidermisaußenwänden von *Sambucus coerulea*, (b) lebender Epidermis mit Flavonoiden im Zellsaft von *Sambucus*, (c) der Cuticula von *Atriplex hastata* und (d) der Cuticula von *Eryngium maritimum*. Nach CAPPELLETTI (1961), CALDWELL (1977), ROBBERECHT und CALDWELL (1978) und WELLMANN (1983).

lenwasserstoffen erheblich abgeschwächt wird (Abb. 6.15). Mit größerer Meereshöhe und niedrigerer geographischer Breite nimmt die UV-Intensität überproportional zu.

UV-Strahlung, die in die Zellen eindringt, wird zum Großteil absorbiert und löst wegen der hohen Quantenenergie akute Schädigungen aus. Das langwellige UV-A wirkt vor allem photooxidativ, das UV-B verursacht neben Photooxidationen auch Photoläsionen, insbesondere in Biomembranen. Der molekulare Mechanismus der UV-Schädigung des Protoplasmas besteht in der Sprengung von Disulfidbrücken in Eiweißmolekülen und in der Dimerisierung von Thymingruppen der DNS, was Transskriptionsdefekte verursacht. Außerdem hemmt UV die Violaxanthin-Deepoxidase, wodurch bei gleichzeitiger Lichtüberflutung der Xanthophyllzyklus seine Schutzfunktion nicht genügend ausüben kann. Eine Schädigung der Pflanzen durch UV erkennt man an Aktivitätsänderungen von Enzymen (gesteigerte Peroxidaseaktivität, Hemmung der Cytochromoxidase), schlechtem Energiestatus der Zelle (Sistie-

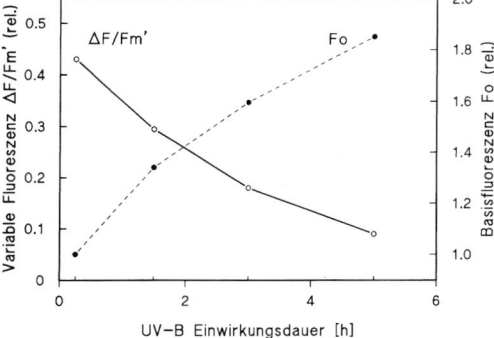

Abb. 6.16.   Veränderungen im Verlauf der Chlorophyllfluoreszenz von Zoosporen von *Haematococcus lacustris* als Anzeichen einer fortschreitenden Photosynthesestörung bei längerer Bestrahlung mit UV-B. Die angewendete Strahlungsintensität (2,13 W · m⁻²) simuliert die an einem Sommertag in Schweden zu erwartende UV-B-Dosis bei 10%iger Reduktion des stratosphärischen Ozons. Nach HAGEN et al.(1992). Die primäre Hemmung des Photosyntheseprozesses durch UV-B erfolgt am Photosystem II (BORNMAN 1989).

rung der Protoplasmaströmung), an verminderter Photosyntheseleistung (Abb. 6.16) und an Wachstumsstörungen (Streckungswachstum, Pollenschlauchwachstum).

Höhere Pflanzen sind dank der starken UV-Absorption durch Epicuticularwachse und durch die im Zellsaft gelösten Flavonoide (Abb. 6.17) weitgehend vor Schädigung geschützt. Die Synthese der Schirmpigmente wird durch UV induziert, unter zunehmender Belastung reichern sie sich an.

6.2.2 Temperaturstreß

Hitze und Kälte sind thermodynamische Zustände, die durch hohe bzw. niedrige kinetische Energie der Moleküle gekennzeichnet sind. Durch Hitze wird die Molekularbewegung beschleunigt, Bindungen innerhalb von Makromolekülen werden gelockert und die Lipidschichten der Biomembranen werden fluider. In der Kälte werden die Biomembranen starrer, außerdem wird der Energiebedarf für die Aktivierung biochemischer Vorgänge größer. Frost ist der Übergang zum festen Aggregatzustand. Das Gefrieren der Pflanzengewebe ist das einschneidendste Ereignis für die Lebensvorgänge.

Hitze und Kälte beeinträchtigen die Stoffwechseltätigkeit, das Wachstum und die Vitalität der Pflanzen und begrenzen das Vorkommen einer Art je nach Intensität und Andauer. An der *Latenzgrenze* werden die aktiven Lebensvorgänge *reversibel* auf minimale Geschwindigkeit herabgesetzt. Ruhestadien wie trockene Sporen sowie poikilohydre Pflanzen in Trockenstarre sind unempfindlich, so daß sie jede auf der Erde gemessene Temperatur ungeschädigt überleben. An der *Letalgrenze*, die für die verschiedenen Arten, aber auch für verschiedene Organe und Gewebe bezeichnend ist (Tab. 6.2 und Tab. 6.3), treten bleibende Schäden auf. Beim Unter- oder Überschreiten kritischer Temperaturschwellen können Zellstrukturen und Zellfunktionen so plötzlich geschädigt werden, daß das Protoplasma sofort abstirbt. Eine Schädigung kann sich aber auch allmählich

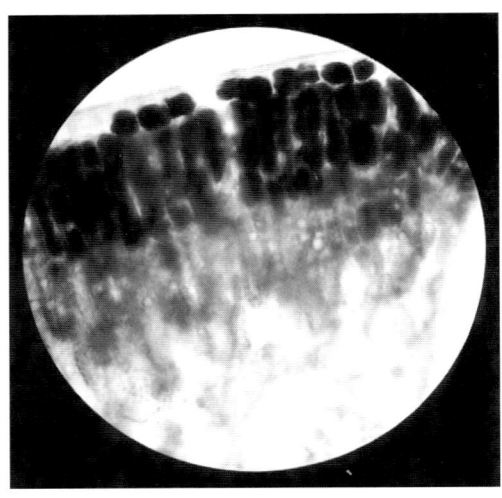

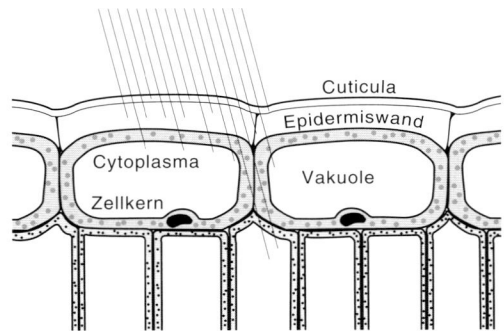

Abb. 6.17. UV-Absorption in Pflanzenzellen. *Oben:* Mikrophotographische Aufnahme eines lebenden Blattquerschnittes von *Arbutus unedo* im Wellenlängenbereich 280–220 nm. Zellvakuolen, die Flavonoide und Gerbstoffe speichern, erscheinen schwarz. *Unten:* UV wird hauptsächlich in Vakuolen der Epidermis und teilweise auch in der Epidermisaußenwand absorbiert, wodurch an der Innenwand anliegende Zellkerne geschützt sind. In die oberste Zellschicht des Mesophylls dringt nur 5–10 % der eintreffenden UV-Strahlung ein. Nach WELLMANN aus CALDWELL et al. (1983).

entwickeln, indem der Ablauf einzelner Lebensfunktionen aus dem Gleichgewicht gebracht und behindert wird, bis schließlich durch das Erlöschen vital wichtiger Funktionen die Zelle abstirbt.

Tab. 6.2 Maximale Temperaturresistenz poikilohydrer Pflanzen und Mikroorganismen in gut wasserversorgtem Zustand und in Trockenstarre. Nach Angaben zahlreicher Autoren. Aus Larcher (1973a), Brock (1978), Kappen (1981), Lüning (1984, 1985), Sakai und Larcher (1987), erweitert durch Angaben bei Fujikawa und Miura (1986) und Stetter et al. (1990).

Pflanzengruppe	Kälteschädigung* bei °C feucht	trocken	Hitzeschädigung** bei °C feucht	trocken
Bakterien				
Archaebakterien			100–110	
Cyanobakterien und andere photoautotrophe Bakterien			55–75	
Saprophytische Bakterien			60–70	
Thermophile Bakterien			bis 95	
Bakteriensporen		LN$_2$***	80–120	bis 160
Pilze				
Pflanzenpathogene Pilze			45–65(70)	
Saprophytische Pilze	0 bis unter –10		40–60(80)	75–100
Pilzfruchtkörper	–5 bis –10(–30)			
Pilzsporen		LN$_2$	50–60(100)	über 100
Algen				
Meeresalgen				
Tropische Meere	+14 bis +5(–2)		32–35(40)	
Temperate Meere				
Eulitoral	–2 bis –8		25–30	
Gezeitenzone	–8 bis –40		30–35	
Polare Meere	–10 bis –60		(15)20–28	
Süßwasseralgen	–5 bis –20(–30)		35–45(50)	
Luftalgen	–10 bis –30	LN$_2$	40–50	
Eukaryotische Thermalalgen	+20 bis +15		45–50	
Flechten				
Polargebiete	–80	LN$_2$		
Hochgebirge, Wüsten	–80	LN$_2$		
Temperate Klimagebiete	–50	LN$_2$	33–46	70–100
Moose				
Humide Tropen	–1 bis –7			
Temperate Zone				
Feuchtstandorte	–5 bis –15		40–45	
Waldbodenmoose	–15 bis –25		40–50	80–95
Epiphytische und epipetrische Moose	–15 bis –35	LN$_2$		100–110
Polargebiete	–50 bis –80	LN$_2$		
Poikilohydre Farne	–20	LN$_2$	47–50	60–100
Samenpflanzen				
Ramonda myconi	–9	LN$_2$	48	56
Myrothamnus flabellifolia		LN$_2$		80

*   nach wenigstens 2 Stunden Kälteeinwirkung;
**   nach halbstündiger Hitzeeinwirkung;
*** Temperatur flüssigen Stickstoffs (–196 °C)

Tab. 6.3 Temperaturresistenz der Blätter von Sproßpflanzen verschiedener Klimagebiete. Grenztemperatur bei 50% Schädigung (TL$_{50}$ in °C) nach zweistündiger oder längerer Kälteeinwirkung und halbstündiger Hitzebehandlung. Nach Angaben zahlreicher Autoren. Aus LARCHER (1973a), KAPPEN (1981), SAKAI und LARCHER (1987), NOBEL (1988), erweitert durch Angaben bei BANNISTER und SMITH (1983), LÖSCH und Kappen (1983), LARCHER et al. (1989), YOSHIE (1989).

Pflanzengruppe	Kälteschaden im abgehärteten Zustand	Hitzeschaden während der Vegetationszeit
Tropen		
Bäume	+5 bis −2	45–55
Waldunterwuchs	+5 bis −3	45–48
Hochgebirgspflanzen	−5 bis −15(−20)	um 45
Subtropen		
Immergrüne Holzpflanzen	−8 bis −12	50–60
Saisongrüne Holzpflanzen	(−10 bis −15)*	
Subtropische Palmen	−5 bis −14	55–60
Sukkulenten	−5 bis −10(−15)	58–67
C$_4$-Gräser	−1 bis −5 (−8)	60–64
Winterannuelle Wüstenkräuter	−6 bis −10	50–55
Gemäßigte Zone		
Immergrüne Holzpflanzen wintermilder Küstengebiete	−7 bis −15(−25)	46–50(55)
Reliktarten der tertiären Baumflora	−8 bis −20(−15 bis −30)*	
Zwergsträucher atlantischer Heiden	−20 bis −25	45–50
Sommergrüne Bäume und Sträucher mit weiter Verbreitung	(−25 bis −35)*	um 50
Krautige Pflanzen		
sonniger Standorte	−10 bis −20(−30)	47–52
schattiger Standorte	−10 bis −20(−30)	40–45
Steppengräser	(−30 bis N$_2$**)*	60–65
Halophyten	−10 bis −20	
Sukkulenten	−10 bis −25	(42)55–62
Wasserpflanzen	−5 bis −12	38–44
Homoihydre Farne	−10 bis −40	46–48
Winterkalte Gebiete		
Immergrüne Coniferen	−40 bis −90	44–50
Boreale Laubbäume	(bis N$_2$)*	42–45
Arktisch-alpine Zwergsträucher	−30 bis −70	48–54
Krautige Pflanzen des Hochgebirges und der Arktis	(−30 bis N$_2$)*	44–54

* Vegetative Knospen
** Temperatur flüssigen Stickstoffs (−196 °C)

6.2.2.1 Extremtemperaturen auf der Erde und Temperaturgrenzen des Lebens

Nur unter Wasser und tief im Boden halten sich die Temperaturen ständig in dem für Pflanzen ungefährlichen und funktionsgünstigen Bereich zwischen ca. 5 °C und 20–25 °C. Nahe der Festlandsoberfläche, aber auch im Gezeitensaum und in Flachwässern pendelt die Temperatur tageszeitlich und, außerhalb der äquatorialen Zone, auch jahreszeitlich zwischen Tiefst- und Höchstwerten, die lebensbedrohliche Grade erreichen können.

Überhitzung von Pflanzenstandorten ist

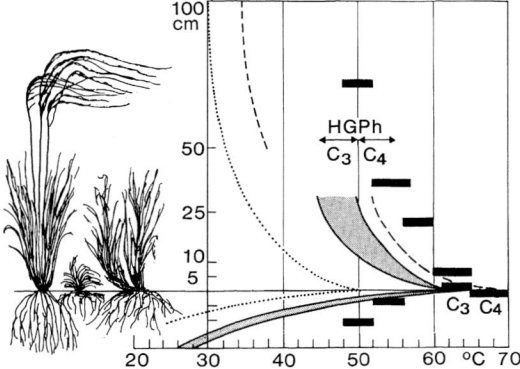

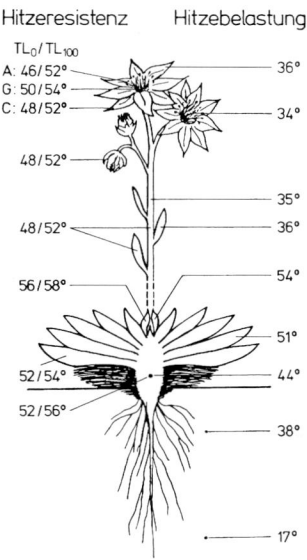

Abb. 6.18.   Hitzebelastung und Grenzen der Hitzegefährdung von Gräsern inneralpiner Steppenhänge.
Die Temperaturkurven zeigen den thermischen Gradienten an den heißen Tagesstunden während einer
Hitzeperiode in verschiedenen Höhen über der Bodenoberfläche. *Punktierte Kurve:* Mittlere Maxima
der Luft- und Bodentemperaturen an sonnigen Hoch-
sommertagen. *Strichliert:* Höchste gemessene Stand-
ortstemperaturen. *Durchgezogene Kurven mit Graura-
ster:* Bereich der häufig an Blättern, Halmen und
grundständigen Organen gemessenen Hitzetempera-
turen. Die *schwarzen Balken* geben die durchschnittliche Spanne der Hitzeresistenz von Infloreszenzen,
Blattspitzen, Blattspreiten, Sproßbasis, Rhizomen
und Wurzeln (aus unterschiedlicher Tiefe) an. HGPh:
Temperaturgrenzen für die Hitzehemmung der Photosynthese von C_3 und C_4-Gräsern. Nach LARCHER et al.
(1989).

Abb. 6.19.   Hitzebelastung von *Sempervivum montanum* auf strahlungsausgesetzten, windgeschützten Ge-
birgsstandorten und sommerliche Hitzeresistenz der
verschiedenen Organe. TL_0: Höchste lebend überstan-
dene Temperatur; TL_{100}: Nur noch einzelne Zellgrup-
pen überlebend. Nach LARCHER und WAGNER (1983).

stets die Folge von großem Zustrom absor-
bierbarer Energie bei gleichzeitig unzureichender Wärmeabfuhr. Die wichtigste Energiequelle ist unter natürlichen Bedingungen
die Sonnenstrahlung, außerdem wird Wärme
durch Luftströmungen herangebracht. Besonders hohe *Lufttemperaturen* findet man
im Bereich der Wendekreise, wo als absolute
Maxima 57–58 °C in Nordafrika, Indien, Me-
xiko und Kalifornien gemessen worden sind.
Auf etwa 23% der Festlandsoberfläche der
Erde[288] sind mittlere Jahresmaxima der Lufttemperatur über 40 °C zu erwarten, was bei
starker Einstrahlung bedeutet, daß dort
Pflanzentemperaturen um 50 °C und höher
regelmäßig vorkommen. Hohe Boden- und
Wassertemperaturen entstehen im Zusammenhang mit *Vulkanismus*. Die heißesten
von Lebewesen bewohnten Stellen auf der
Erde sind Geysire, in denen das Wasser mit

92–95 °C zutage tritt. Auf Vulkanen und in
der Umgebung von Solfataren wird die Bodentemperatur durch unterirdische Magmen
und Heißwässer auf Temperaturen von 40–
70 °C aufgeheizt.
   Eine Überhitzung der Pflanzen in Bodennähe kommt auf offenen, zur Sonnenstrahlung geneigten Standorten bei Windstille und
oberflächlicher Austrocknung häufig zustande. Über Schutt- und Sandböden, und in
der Nähe von Beton und Asphalt erhitzt sich
die bodennahe Grenzschicht besonders
stark. In der gemäßigten Klimazone sind Bo-
denoberflächentemperaturen bis 60 und
70 °C gemessen worden, auf Wüstenböden
bis 80 °C.
   Strahlungsbedingte Hitze dauert nur wenige Stunden am Tag an. Übertemperaturen,
die in dieser Zeit an Pflanzenorganen auftreten, stellen Belastungsspitzen dar. Blätter

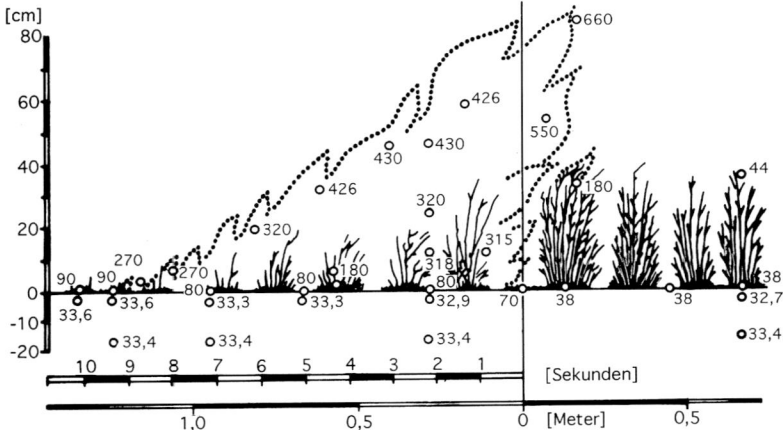

Abb. 6.20. Hitzeentwicklung während eines Savannenbrandes. Die Zahlen geben die Temperaturen in °C an, die Ausbreitungsgeschwindigkeit des Lauffeuers ergibt sich aus dem Vergleich der Zeitskala mit der Meterskala. Nach Vareschi (1962).

und Blüten mit gutem Wärmeaustausch und geringer Wärmekapazität gleichen sich immer wieder schnell der Lufttemperatur an, so daß Übertemperaturen in der Regel nur wenige Minuten anhalten. Hingegen können Sukkulenten, bodennahe Vegetationsscheitel der Gräser und Seggen, Kriechsprosse und der Wurzelhals von Jungpflanzen und Keimlingen selbst in mittleren Breiten stundenlang Temperaturen um 40 °C, kurzzeitig auch um 50 °C ausgesetzt sein. Sie geraten dann in einen Temperaturbereich, der Lebensprozesse extrem belastet und der sich der Letalgrenze gefährlich nähert (Abb. 6.18 und Abb. 6.19). Trotzdem gibt es kaum Berichte über Hitzenekrosen an Wildpflanzen auf ihrem natürlichen Wuchsplatz. Das kann daran liegen, daß bisher zu wenig darauf geachtet wurde und daß ein gesicherter Nachweis nur zu erbringen ist, wenn während des Schädigungsvorganges die Pflanzentemperatur fortlaufend kontrolliert wurde.

Eine besondere Art von Hitzegefährdung stellen *Brände* dar. Kronenbrände in Wäldern und Buschland (Chapparal, Macchien) entwickeln die größte Hitze und führen in der Regel zur vollständigen Zerstörung des Pflanzenbewuchses. Sie entstehen aus vorauslaufenden Streubränden, die über Dürräste und Flechten in die Baumkronen überschlagen. Waldbrände breiten sich mit Geschwindigkeiten von 1–6 km · h⁻¹ aus und entwickeln im Kronenbereich Temperaturen von 500–700 °C; die Bodenoberfläche erhitzt sich dann auf etwa 50 °C[796]. Die sehr häufigen Lauffeuer in Savannen, Steppen und Heiden erreichen etwas niedrigere Temperaturen (200–400 °C in der Flammenkrone) und fegen in Windgeschwindigkeit über das trockene Grasland (Abb. 6.20).

Niedrige Temperaturen sind das Ergebnis einer Unterbilanz im Wärmehaushalt der Erdoberfläche. In hohen und mittleren geographischen Breiten wird die *Strahlungsbi-*

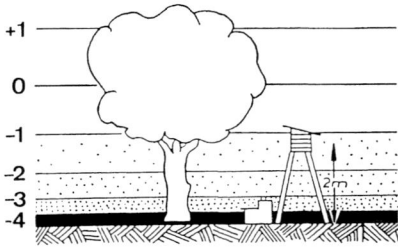

Abb. 6.21. Kälteschichtung während einer klaren und windstillen, ausstrahlungsintensiven Nacht. Die Abkühlungstemperaturen der verschiedenen Pflanzen können je nach Wuchsform (Bäume, Gräser, Krautschicht) von der in der Wetterstation registrierten Minimumtemperatur erheblich abweichen. Nach Hofmann aus Burckhardt (1963).

lanz zum Winter hin infolge des niedrigen Sonnenstandes und wegen der längeren Dauer der nächtlichen Ausstrahlungsphase zunehmend negativ. Dadurch kommt es zu starker Abkühlung und Ansammlung kalter Luftmassen, die durch die großräumige Zirkulation in niedrigere Breiten verfrachtet werden. Kälte entsteht somit global und lokal durch Überwiegen der Wärmeausstrahlung und durch *Kaltluftzufuhr* (Advektion). Winterfröste in der gemäßigten Zone und gelegentliche Kälte in den Subtropen und Tropen sind die Folge eindringender polarer Kaltluft. Aus Entstehungsgebieten der näheren Umgebung (Gebirge, Kahlflächen) verlagert sich Kaltluft in Talbecken und Geländemulden, wo sie sich staut und von wärmerer Luft überschichtet wird (Inversion, warme Hangzone). Auch im mikroklimatischen Bereich entsteht durch die Wärmeabstrahlung der Boden- und Bestandesoberflächen und durch das Ab-

sinken der abgekühlten Luft eine Kälteschichtung (Abb. 6.21). Für die Beurteilung der Frostgefährdung verschiedenartiger Wuchsformen muß daher stets das Vorhandensein vertikaler Temperaturgradienten beachtet werden.

Als *tiefste Lufttemperaturen* auf der Erde wurden in der Antarktis Werte nahe −90 °C gemessen. In Beckenlandschaften im östlichen Sibirien sind Minima der Lufttemperatur zwischen −66 bis −68 °C beobachtet worden. Mit verhältnismäßig strengem Frost (mittleres Jahresminimum der Lufttemperatur unter −20 °C) ist auf 42% der Erdoberfläche zu rechnen, nur auf einem Drittel der Landfläche gibt es keinen Frost (Abb. 6.22).

Bei Frösten kommt es sehr darauf an, ob diese in einem Gebiet *periodisch* im Wechsel der Jahreszeiten oder ob sie episodisch eintreffen (siehe Abb. 1.36). Auf die alljährlich wiederkehrende Winterkälte bereiten sich

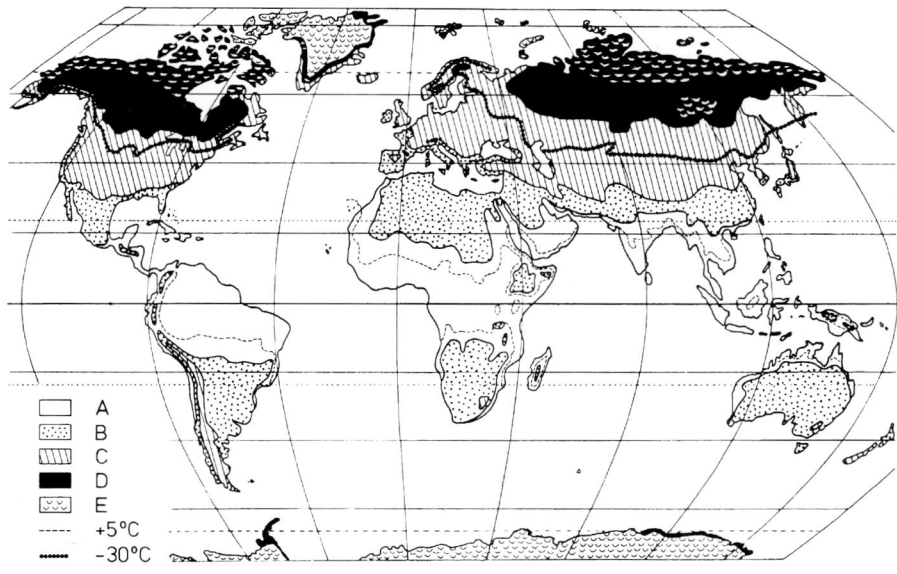

Abb. 6.22.   Vorkommen von niedrigen Temperaturen und Frost auf der Erde. A = frostfreie Gebiete; B = episodische Fröste bis −10 °C; C = winterkalte Gebiete mit mittlerem Jahresminimum zwischen −10 und −40 °C; D = mittleres Jahresminimum unter −40 °C; E = Polareis und Permafrost (weiße Symbole) ... −30 °C Minimumisotherme; − +5 °C Minimumisotherme. Diese Kältezonen entsprechen den Ausbreitungsarealen unterschiedlich resistenter Pflanzentypen. *Kälte-* *empfindliche Pflanzen*: äquatoriale Zone mit Minima nicht unter +5 °C; *frostempfindliche* Pflanzen: Zone A; Pflanzen, die durch *Gefrierdepression und gute Unterkühlung* geschützt sind: Zone B; *Begrenzt gefriertolerante* Pflanzen und Bäume mit Tiefunterkühlbarkeit des Holzkörpers: Zone C; Völlig *gefrierbeständige* Pflanzen: Zone D. Nach LARCHER und BAUER (1981).

Tab. 6.4 Temperaturgrenzen für funktionelle Störungen (10% Hemmung) nach 10 Minuten Hitzeeinwirkung auf Blätter der C$_4$-Wüstenpflanzen *Atriplex sabulosa* und *Tidestromia oblongifolia*. Nach BJÖRKMAN und Mitarbeiter aus BERRY und RAISON (1981).

Funktion	*Atriplex*	*Tidestromia*
Blattfunktionen		
Nettophotosynthese	43	51
Respiration	50	55
Selektive Ionenpermeabilität	52	56
Chloroplastenfunktion		
Photosystem I	>55	>55
Photosystem II	42	49
RuBP-Carboxylase	49	56
PEP-Carboxylase	48	54
3-PGA-Kinase	51	51
Adenylatkinase	47	49
Phosphohexose-Isomerase	52	55
Ru5P-Kinase	44	52

die Pflanzen vor, indem sie ihre Vegetationstätigkeit einstellen und sich allmählich abhärten. Nur in extrem kalten Wintern, die in der Nordhemisphäre in Abständen von Jahrzenten vorkommen, gibt es Erfrierungen an der natürlichen Vegetation. Dagegen erleiden Kulturpflanzen, die bis zu den äußersten Grenzen des Gedeihens angebaut werden (z. B. Obstbäume, Wein, besonders Südfrüchte) häufig erhebliche Frostschäden. *Episodische* Fröste im Gefolge kurzzeitiger Kälteeinfälle, die in der temperaten Zone als Spätfröste (im Frühjahr) oder verfrühte Herbstfröste, in hohen Breiten und im Gebirge auch als Sommerfröste auftreten, erreichen Minimumtemperaturen meist nicht unter −5 bis −8 °C. Sie können für einheimische Pflanzen gefährlich werden, weil sie diese in einer empfindlichen Lebensphase überraschen. Jederzeit im Jahr kommen vereinzelte Nachtfröste in äquatorialen Hochländern und Gebirgen vor, die −10 bis −12 °C erreichen, aber nur wenige Stunden während (*Frostwechselklima*) und die einheimischen Pflanzenarten nicht behelligen.

6.2.2.2 Hitze

Funktionsstörungen und Schädigungsverlauf

Hohe Temperaturen verändern reversibel den physikochemischen Zustand der Biomembranen und die Konformation von Proteinmolekülen. Besonders hitzeempfindlich sind die Thylakoidmembranen, daher sind Störungen der Photosynthesefunktion eines der ersten Anzeichen einer Hitzebelastung. Zuerst wird das Photosystem II gehemmt, dann entwickeln sich Ungleichgewichte im Kohlenstoffmetabolismus (Tab. 6.4). Eine Schädigung der Chloroplasten hat eine nachhaltige Photosynthesedepression und letzlich den Verlust der Lebensfähigkeit der Zelle zur Folge. Da auch Photoinhibition am Photosystem II angreift, potenziert sich die kombinierte Einwirkung von Hitze und Strahlung. In Blättern tropischer krautiger Fabaceen (*Macroptilium atropurpureum, Vigna unguiculata*) tritt ab 42 °C hitzeabhängige Photoinhibition auf, im Dunkeln werden die Blätter erst bei Temperaturen über 48 °C geschädigt[483]. Wenn ein weiterer Stressor (z. B. Dürre) dazukommt, zeigen sich schon ab 30 °C Anzeichen einer beginnenden Photosynthesehemmung.

Kritische Hitzegrenzen für die reversible und irreversible Inaktivierung des Photosyntheseapparats, die mit später sichtbaren letalen Schädigungen korrelierbar sind, lassen sich gut durch *in vivo* Chlorophyllfluorometrie erfassen (Abb. 6.23). Wenn schließlich mehrere thermolabile Enzyme außer Funktion gesetzt sind, wodurch der Nucleinsäure- und Eiweißstoffwechsel in Unordnung gerät, die Feinstruktur der Biomembranen sich auflöst, selektive Membrantransporte und die mitochondriale Atmung versagen, geht die Zelle zugrunde.

Überlebensfähigkeit bei Hitzebelastung
Pflanzen überleben hohe Temperaturen durch Hitzeabschirmung, Hitzeminderung und Widerstandsfähigkeit des Protoplasmas gegen hohe Temperaturen.

Vermeidung gefährlicher Überhitzung der Blätter erreichen manche Pflanzen durch Ausweichen vor starker Sonnenstrahlung. Gegen Feuer schirmen wärmeisolierende

Borken (z. B. dicke Faserborken der Stämme von *Sequoia* und *Sequoiadendron*; rauhe, verkorkte Borken vieler Bäume, besonders in semiariden Gebieten), dichte Umhüllung der Erneuerungsknospen (grasartige Pflanzen) und der Rückzug auf unterirdische Organe (Zwiebeln, Knollen) ab. Baumförmige Monocotylen wie Palmen und Grasbäume (*Xanthorrhoea*) werden durch Brände nur angesengt; möglicherweise wirkt der hohe Siliziumgehalt in ihren Zellwänden feuereindämmend. Abgesehen davon schaden äußerliche Verbrennungen an Stämmen den monocotylen Phanerophyten weniger als den Dicotylen mit ihrem peripheren Kambiummantel. Eine Überhitzung der Blätter wird durch *Transpirationskühlung* wirksam vermindert. Solange genügend Wasser zur Verfügung steht, bleiben die Blätter von Wüsten- und Steppenpflanzen um 4–6 K, äußerstenfalls sogar 10–15 K kühler als die Luft; ohne diese Hitzeminderung würden sie zu Schaden kommen (Abb. 6.24).

Hitzetoleranz des Protoplasmas ist eine sehr spezifische Eigenschaft; nahe verwandte Arten derselben Gattung können sich darin deutlich unterscheiden und auch verschiedene Organe und Gewebe derselben Pflanzen sind ungleich hitzeresistent (siehe Abb. 6.18 und Abb. 6.19). Bezeichnende Resistenzunterschiede, die sich mit den Lebensbedingungen im Verbreitungs- und Herkunftsgebiet der Pflanzen in Zusammenhang bringen lassen, haben sich im Zuge der Evolution herausgebildet. Pflanzen kalter Gebiete (Tundra, Hochgebirge) sind sowohl hinsichtlich ihres Funktionszustandes (Sistierung der Plasmaströmung als Symptom für eine Energiekrise und Denaturierung des Cytoskeletts: Abb. 6.25) als auch ihrer Letalgrenzen (siehe Tab. 6.2 und Tab. 6.3) deutlich empfindlicher als Pflanzen temperater Gebiete, diese sind wieder empfindlicher als Wüsten- und Tropenpflanzen. Darüber hinaus scheinen Gräser, Seggen und Pflanzen mit C4-Syndrom besonders hitzetolerant zu sein.

Die Hitzewirkung ist abhängig von der Einwirkungsdauer, d. h. sie folgt dem *Dosisgesetz*: geringere Hitze ist bei langer Andauer so schädlich wie kurz einwirkende große Hitze. Resistenzangaben bezieht man daher

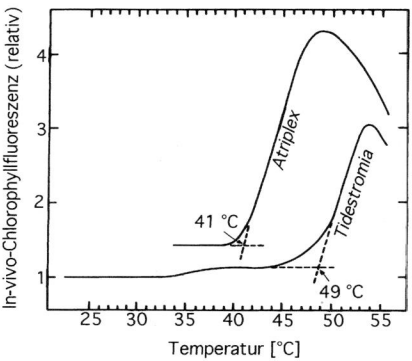

Abb. 6.23. Temperaturverlauf der Basisfluoreszenz (F_0-T-Diagramm) bei gleitend gesteigerter Erhitzung von Blättern der unterschiedlich resistenten Pflanzen *Atriplex sabulosa* und *Tidestromia oblongifolia*. Der untere Knickpunkt entspricht der Inaktivierungstemperatur für das Photosystem II (vgl. Tab. 6.5.), am oberen Knickpunkt werden die Thylakoidmembranen irreversibel zerstört. Nach SCHREIBER und BERRY (1977).

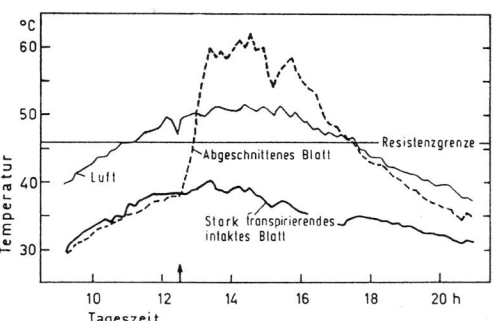

Abb. 6.24. Kühleffekt der Transpiration auf die Temperatur von Blättern einer bewässerten Koloquinthe (*Citrullus colocynthis*) unter Wüstenbedingungen. Stark transpirierende Blätter sind bei intensiver Einstrahlung viel kühler als die Luft. Wird ein Blatt abgeschnitten (Pfeil) und dadurch der Transpirationsstrom unterbrochen, steigt die Blattemperatur rasch über die Lufttemperatur und erreicht Wärmegrade, bei denen Hitzeschäden auftreten. Untertemperaturarten wie *Citrullus* können auf heißen Standorten nur überleben, wenn sie stets in der Lage sind, kräftig zu transpirieren. Nach LANGE (1959).

übereinkunftsgemäß auf eine halbstündige Heißhaltedauer. Bei einstündiger Hitze läge die Schädigungsgrenze um 1–2 K tiefer.

Folgende **Hitzeresistenztypen** sind zu unterscheiden:

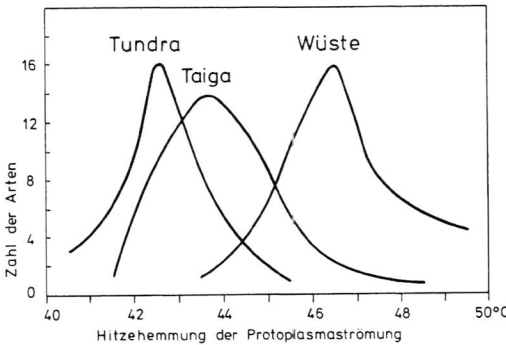

Abb. 6.25. Beziehung zwischen Pflanzenverbreitung und Hitzeresistenz. Als Resistenzmaß dient die Thermostabilität der Protoplasmaströmung bei 5 min Hitzeeinwirkung. Pflanzen aus kühleren Gebieten sind meist hitzeempfindlicher als Pflanzen hitzebelasteter Trockenstandorte. Einzelne Arten können in ihrer Hitzeresistenz jedoch deutlich vom statistischen Häufigkeitsmaximum abweichen. So tritt bei den hitzebeständigsten Tundrapflanzen eine Sistierung der Protoplasmaströmung erst bei Temperaturen auf, die auch beim empfindlicheren Drittel der untersuchten Arten aus heißen Halbwüsten eine Hitzestarre bewirken. Nach KISLJUK et al. (1977).

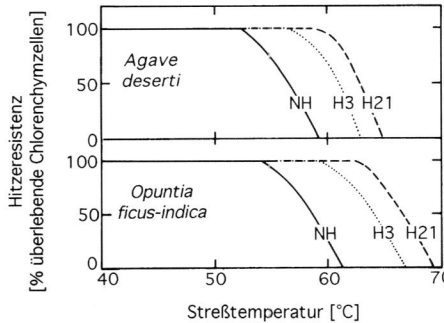

Abb. 6.26. Hitzeabhärtung von Sukkulenten. NH = Hitzetoleranz von nicht abgehärteten Pflanzen (Tagestemperatur 30 °C/Nachttemperatur 20 °C); H3 = Resistenzzunahme nach 3 Tagen Aufenthalt bei 50 °C/40 °C (Tag/Nacht); H21 = Abhärtungserfolg nach dreiwöchiger Hitzegewöhnung bei 50 °C/40 °C. Resistenzmaß: Anteil intakter Zellen nach einstündiger Einwirkung der Streßtemperaturen. Nach NOBEL (1988).

Hitzeempfindliche Arten. In dieser Gruppe kann man alle Arten zusammenfassen, die schon bei 30–40 °C, äußerstenfalls bei 45 °C geschädigt werden: Eukaryontische Algen und submerse Sproßpflanzen, Flechten in ge-

quollenem Zustand (die aber im ausgetrockneten Zustand völlig hitzebeständig sind), ferner die meisten weichlaubigen Landpflanzen. Auch verschiedene pflanzenpathogene Bakterien und Viren werden bei verhältnismäßig niedrigen Temperaturen zerstört (z. B. das Tomatenwelkevirus bei 40–45 °C). Alle diese Arten können nur Standorte besiedeln, auf denen sie nicht zu großer Überhitzung ausgesetzt sind, es sei denn, sie wären imstande, die Eigentemperatur durch wirksame Transpirationskühlung niedrig zu halten („Untertemperaturarten"[413]).

Hitzeertragende Eukaryonten. Pflanzen sonniger und trockener Standorte sind in der Regel sehr hitzeabhärtungsfähig; sie überleben halbstündiges Erhitzen auf 50–60 °C. Zwischen 60–70 °C scheint für hochdifferenzierte Pflanzenzellen eine unüberschreitbare Hitzegrenze zu liegen.

Hitzebeständige Prokaryonten. Manche thermophile Prokaryonten vertragen äußerst hohe Temperaturen: In kochenden Gewässern von Solfataren und Geysiren siedeln sich Cyanobakterien bis in 75 °C, Bakterien bis in 90 °C heiße Zonen an, hyperthermophile Archaebakterien aus der Tiefsee (z. B. *Pyrobaculum, Pyrococcus, Pyrodictium*) gedeihen noch bis 110 °C [708]. Diese Mikroorganismen sind mit besonders widerstandsfähigen Zellmembranen, Nuclein- und Eiweißkörpern ausgestattet.

Die **Hitzeanpassung** verläuft rasch. Der Anstieg auf hohe Temperaturen erfolgt innerhalb Tagesfrist, manchmal noch schneller. An heißen Tagen ist die Hitzeresistenz nachmittags höher als am Morgen. Die Enthärtung bei kühler Witterung geschieht innerhalb weniger Tage. Die Abhärtungstemperaturen müssen so hoch sein, daß sie auf das Protoplasma als Streß wirken. Bei den meisten Landpflanzen ist dies in der Regel ab 35 °C der Fall, Gräser lassen sich erst über 38 bis 40 °C, Sukkulenten besonders bei hohen Nachttemperaturen abhärten (Abb. 6.26).

Einen sehr wirksamen Schutz bringen spezifische *Hitzeschockproteine* (Proteine von 15–110 kDa, hauptsächlich HSP90, HSP70, HSP60, HSP20, und Ubiquitine[825]), die sehr schnell vom Zellkern kodiert, im Cytosol synthetisiert und in die Chloroplasten und Mito-

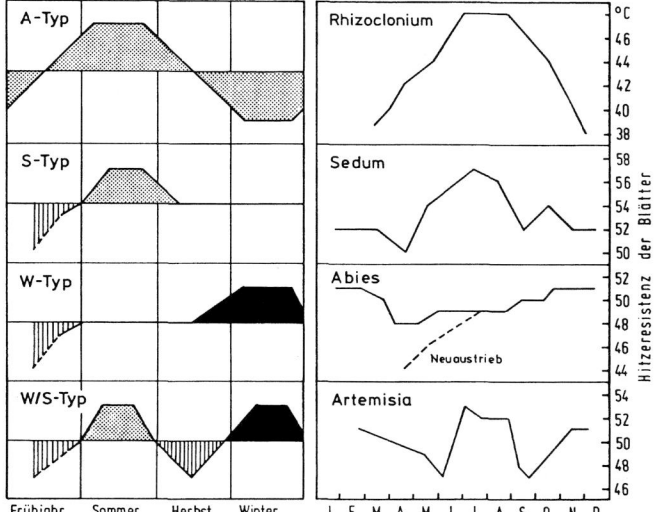

Abb. 6.27. Schema des jahreszeitlichen Verlaufs der Hitzeresistenz verschiedener Pflanzentypen (*links*) und gemessene Jahresgänge der Hitzeresistenz von Blättern verschiedener Pflanzenarten (*rechts*). Resistenzänderungen als Anpassung an den Temperaturverlauf am Standort sind im Schema durch *Punktraster* gekennzeichnet, der Resistenzabfall während der Zeit intensiven Wachstums ist *schraffiert*, der Resistenzanstieg während der Winterruhe ist *schwarz* dargestellt. *A-Typ*: Arten mit fortlaufender Anpassung der Hitzeresistenz an den Temperaturgang am Standort (Beispiel: die Alge *Rhizoclonium* sp.). *S-Typ*: Arten mit Hitzeresistenzanstieg während der warmen Jahreszeit (Beispiel: *Sedum montanum*). *W-Typ*: Arten mit Resistenzerhöhung im Zusammenhang mit protoplasmatischen Veränderungen während der Winterruhe (Beispiel: *Abies alba*). *S/W-Typ*: Arten mit Resistenzanstieg im Sommer und Winter und mit zwei Resistenzminima im Zusammenhang mit erhöhter Wachstumsaktivität im Frühjahr und Herbst (Beispiel: *Artemisia campestris*). Außer diesen Typen gibt es noch Pflanzen ohne erkennbare Jahresschwankung der Hitzeresistenz (z. B. *Asplenium ruta-muraria*). Nach Angaben verschiedener Autoren aus Lange (1967), Larcher (1973a) und Kappen (1981).

chondrien verlagert werden. Diese Proteine stabilisieren Chromatinstrukturen und Membranen und fördern Reparaturmechanismen. Einige Stunden nach dem Hitzestreß verschwinden sie wieder.

Bei vielen Pflanzen ändert sich die Hitzeresistenz im **Jahreslauf** (Abb. 6.27). Dieser Vorgang ist auf Entwicklungsprozesse und den Temperaturverlauf im Freien abgestimmt. Während ihrer Hauptwachstumsperiode sind alle Pflanzen sehr hitzeempfindlich. Süßwasser- und Meeresalgen passen ihre Hitzeresistenz der Wassertemperatur an; im Spätsommer ist ihre Resistenz am höchsten, im Winter am niedrigsten. Die Jahresamplitude ist um so breiter, je größer der Temperaturunterschied im Wasser zwischen Sommer und Winter ist. Unter den Landpflanzen gibt es solche mit ausschließlich sommerlichem Resistenz-

anstieg, aber auch andere, die zur Zeit ihrer Winterruhe eine erhöhte Hitzebeständigkeit erwerben; dieser ökologisch paradoxe Verlaufstyp ist primär entwicklungsdominiert. Schließlich gibt es auch Pflanzenarten ohne jahreszeitliche Resistenzschwankung.

Die **Überlebensfähigkeit nach Bränden** hängt vom Austriebsvermögen aus verbliebenen Stümpfen, geschützten perennierenden Basisknospen und unterirdischen Überdauerungsorganen ab. Macchiensträucher (z. B. *Arbutus unedo, Quercus coccifera, Erica arborea* im Mittelmeergebiet, *Adenostoma fasciculatum, Ceanotus megacarpus* in Nordamerika) und Heidepflanzen (*Calluna vulgaris*), aber auch manche Bäume (Birken, Pappeln) zeichnen sich durch lebhaften Austrieb aus Stämmen und Wurzelstöcken aus. Kanarenkiefern ergrünen nach Bränden durch üppi-

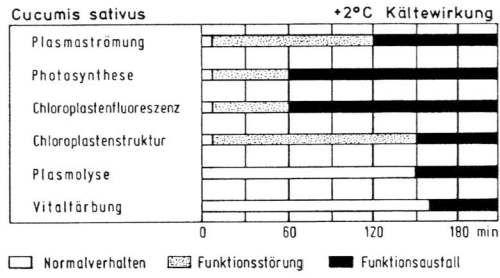

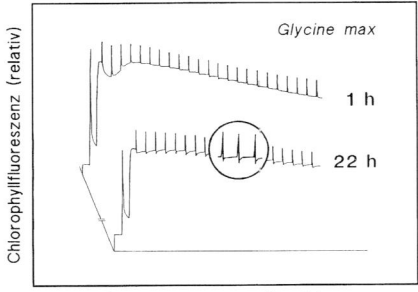

Abb. 6.28. Beeinträchtigung von Zellfunktionen in kälteempfindlichen Pflanzen bei zunehmender Dauer der Kälteeinwirkung. *Oben:* Unterschiedliche Empfindlichkeit verschiedener Funktionen in Gurkenblättern bei +2 °C. „Funktionsausfall" bedeutet irreversible Schädigung. Nach KISLJUK (1964). *Unten:* Verlauf der Chlorophyllfluoreszenz während der photosynthetischen Induktion in Sojablättern nach 1 Stunde und nach 22 Stunden Kühlung bei +3,5 °C. Bei langer Kälteeinwirkung zeigen abnorme Abweichungen im Belastungsfluorogramm den Beginn einer zunächst reversibler Photosynthesestörung an. Nach LARCHER und NEUNER (1989).

ges Zweigwachstum aus überlebenden Stämmen und Ästen, Eucalypten treiben aus verholzten Wurzelknoten aus. In Tropenwäldern sind v. a. Palmen, manche Fabalen (*Inga* ssp.) und Lecythidaceen besonders ausschlagsfähig. Eine besondere Anpassung an regelmäßig wiederkehrende Busch- und Grasbrände sind die feuerfesten Samen und Früchte der *Pyrophyten*, die besser oder überhaupt nur nach Hitzeeinwirkung keimen; dazu gehören Samen verschiedener Kiefern- und Cupressaceenarten, Eucalypten, *Protea*-Arten, mancher Palmen, vieler Sträucher, Halbsträucher (*Cistus*) und krautiger Pflanzen der Savannen (*Lantana camara* und manche Gräser).

Gelegentliche Brände zerstören zwar einen Teil der Pflanzendecke und selektionieren den Artenbestand, man darf aber nicht die positiven Auswirkungen auf die Vegetationsentwicklung und das ganze Ökosystem übersehen: Angehäufte Nekromasse und dicke Streuauflagen werden vollständig remineralisiert, dichte Bestände werden aufgelichtet und dadurch die Verjüngung gefördert. Jeder Flächenbrand leitet Sukzessionszyklen („Feuerzyklen") ein.

6.2.2.3 Kälte und Frost

Funktionsstörungen und Schädigungseintritt
Mit abnehmender Temperatur verlaufen chemische Prozesse langsamer (RGT-Regel) und Gleichgewichtsreaktionen verschieben sich zunehmend in energiefreisetzende Richtung (Prinzip von Le Chatelier). In der Kälte liefert der Betriebsstoffwechsel also weniger Energie, die Nährstoff- und Wasseraufnahme ist eingeschränkt, die Biosynthesen werden unergiebig, die Stoffproduktion ist vermindert und das Wachstum wird stillgelegt. Die Auswirkungen dieser Behinderungen auf das Gedeihen der Pflanze sind um so größer, je häufiger und je länger ungünstige Temperaturen herrschen und je stärker die Abkühlung ist.

Verschiedene Lebensvorgänge sind ungleich temperaturempfindlich (Abb. 6.28). Zuerst erstarrt die Protoplasmaströmung, deren Lebhaftigkeit unmittelbar von der Energieversorgung durch Atmungsprozesse und von der Verfügbarkeit energiereicher Phosphate abhängt. Auch die Photosynthese wird sehr bald beeinträchtigt, was frühdiagnostisch durch Gaswechselmessung und durch Belastungs-Chlorophyllfluorometrie nachweisbar ist (Abb. 6.28). Wenn anschließend wieder günstigere Bedingungen eintreten, erholen sich die Pflanzen nur in den seltensten Fällen sogleich. Intensive Strahlung während der Kälteeinwirkung und unmittelbar danach verstärkt die Chloroplastenschädigung und verzögert bzw. verhindert die Erholung. Besonders kälteempfindliche Pflanzen sind durch photooxidative Chlorophyllzerstörung bedroht. Zuweilen weicht der Temperaturkoeffizient im kritischen Temperaturbereich

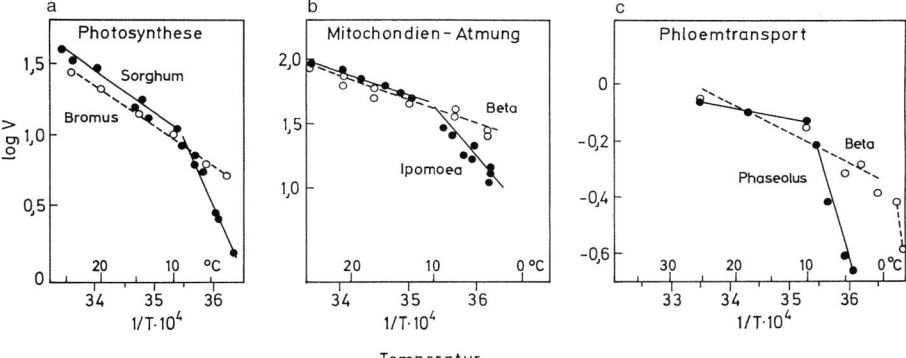

Temperatur

Abb. 6.29. Arrhenius-Diagramme für die Temperaturabhängigkeit von Stoffwechselfunktionen kälteempfindlicher (ausgezogene Linien) und kältetoleranter Pflanzen (strichlierte Linien). Wenn die Reaktionsgeschwindigkeit (V) logarithmisch gegen die inverse Temperatur (1/T) aufgetragen wird, zeigt ein Knick in der Regressionsgeraden eine abnorme Abweichung vom optimalen Temperaturkoeffizienten (siehe Formel [2.7]). a) Nettophotosynthese von Blattstanzlingen von *Sorghum bicolor* und *Bromus unioloides*. Nach McWilliam und Ferrar (1974). b) Oxidationsleistung von Mitochondrien aus Knollen von *Ipomoea batatas* und Rüben von *Beta vulgaris*. Nach Lyons und Raison (1970). c) Geschwindigkeit des Phloemtransports in Blattstielen von *Phaseolus vulgaris* und *Beta vulgaris*. Nach Giaquinta und Geiger (1973).

vom Normalverhalten ab; im Arrhenius-Diagramm wird dies durch einen Knick angezeigt (Abb. 6.29). Nach Kältestreß kann die Atmungsaktivität vorübergehend erhöht sein.

Tiefe Temperaturen schädigen die Zellen, je nach streßphysiologischem Pflanzentypus, schon durch die Temperaturerniedrigung an sich oder aber erst durch das Gefrieren. *Kälteempfindliche* Pflanzen werden bereits bei einigen Graden über dem Gefrierpunkt letal geschädigt. Ähnlich wie der Hitzetod ist auch der Kältetod die Folge von Biomembranläsionen und des Zusammenbruchs der Energieversorgung der Zelle. Pflanzen, denen Kälte oberhalb des Gefrierpunktes nichts anhaben kann, werden erst bei Frosttemperaturen geschädigt: *Gefrierempfindliche* Gewebe gehen zugrunde, sobald in ihnen Eis entsteht, *gefrierbeständige* (gefriertolerante) Pflanzen ertragen erhebliche Eisbildung in ihren Geweben, bevor sie allmählich absterben.

Schädigungsverlauf in kälteempfindlichen Pflanzen

Manche Pflanzen tropischer Herkunft, aber auch reifende Früchte mancher Pflanzen, deren vegetative Teile gegen Kälte unempfindlich sind, gehen bei Temperaturen zwischen etwa 10 °C und 0 °C zugrunde. Ablauf und

Ausdehnung der Kälteschädigung hängen bei derselben Pflanze von der Abkühltiefe, der Abkühldauer und der Geschwindigkeit des Temperaturwechsels beim Abkühlen und Wiedererwärmen ab. Jähe Temperaturübergänge (*Temperaturschocks*) werden besonders schlecht vertragen. Das Schädigungsausmaß wird mit abnehmender Temperatur und zunehmender Streßdauer größer (Abb. 6.30).

Die **Kälteschädigung** des Protoplasmas entwickelt sich in empfindlichen Pflanzen progressiv (Abb. 6.31): Anfänglich werden nur einzelne Funktionen und auch diese nur vorübergehend eingeschränkt oder stillgelegt, später treten irreversible Permeationsstörungen und deren Folgen in Erscheinung. In der Regel entwickelt sich das volle Ausmaß der Schädigung erst nach Tagen, gelegentlich sogar erst nach Wochen. Der Primäreffekt ist der Übergang der Lipidkomponente der Biomembranen vom flüssig-kristallinen zum gelartigen Zustand und eine Desorientierung der Membranproteine. Diese Veränderungen bewirken eine verminderte Selektivität der Permeationsvorgänge, wodurch es zu ungenügend kontrolliertem Stoffaustausch zwischen Zellkompartimenten und zur Diffusion von Zellinhaltsstoffen nach außen kommt. Durch den disharmonischen Ablauf

1°C
2°C
3,5°C
5°C
6°C
7°C
100
50
0
Blattschädigung [%]
0 2 4 8 12 24 48 72 96
Kühldauer [Stunden]

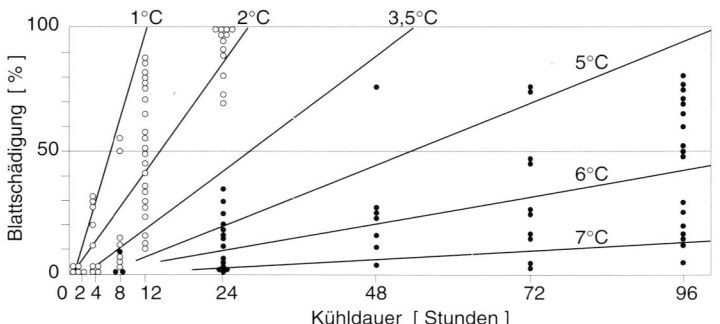

Abb. 6.30. Temperatur-Zeit-Diagramm der Kälteschädigung von *Saintpaulia*-Blättern. Das Ausmaß der Gewebenekrosen nimmt bei gegebener Streßtemperatur mit der Einwirkungsdauer zu. Über 8 °C treten keine Blattschädigungen auf. Nach LARCHER und BODNER (1980).

Primäreffekt
Phasenübergang in Biomembranen
kalt
warm
flüssig-kristallin
Gelzustand
Folgen der veränderten Membranstruktur
Permeabilität erhöht
Selektivität für Stofftransport vermindert
Aktivierungsenergie membrangebundener Enzyme erhöht
Anfänglich reversible Vorgänge
Chloroplasten
Mitochondrien
Protoplasmagrenzmembranen
Photosynthesehemmung
weniger Metaboliten
weniger ATP
und NADPH2
Atmungssteigerung
RQ < 1
weniger ATP, NADH2
Verstärkter Wasser- und Ionenaustritt
Aktiver Transport vermindert
Zunehmend irreversible Ereignisse
Kohlenhydratversorgung unzureichend
Bereitstellung von Energie und Metaboliten vermindert
Ionenhaushalt gestört
Überwiegen kataboler Prozesse
Stoffwechselungleichgewicht
Ionenverlust
Ansammlung von Stressmetaboliten und toxischer Produkte
Zelltod

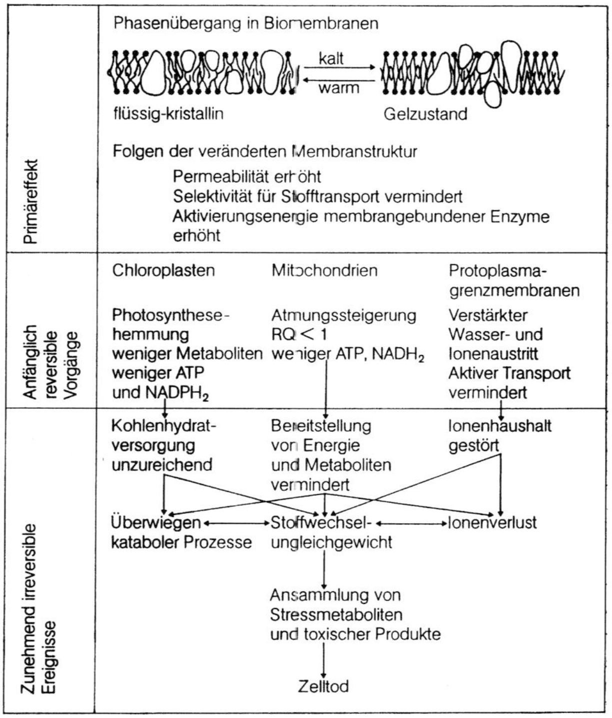

Abb. 6.31. Ursachen und Ablauf der Schädigung kälteempfindlicher Pflanzenzellen. Nach LYONS (1973) und LEVITT (1980) aus LARCHER (1985).

von Stoffwechselprozessen und einer Verschiebung zugunsten der anaeroben Phase der Atmung wird der Energiegewinn unergiebig und toxisch wirkende Intermediär- und Endprodukte sammeln sich an. Mit dem Verlust der Zellkompartimentierung stirbt die Zelle ab.

Nach ihrer **Kälteempfindlichkeit** sind *generell* (d. h. in allen ihren Teilen) empfindliche Pflanzen von solchen zu unterscheiden, die nur *partiell* geschädigt werden (z. B. Blütenanlagen oder reifende Früchte). Unter verschiedenen Organen und Geweben sind bemerkenswerte Empfindlichkeitsunterschiede zu beobachten (Abb. 6.32). Auch bestimmte Lebensphasen (Samenquellung, Keimung, Seneszenz) zeichnen sich durch erhöhte Empfindlichkeit aus. In bestimmten Reis- und Hirsesorten ist der Pollen befruchtungsunfähig, wenn die Blütenanlagen während des Tetradenstadiums kühlen Temperaturen unter rund 10 °C ausgesetzt waren.

Abb. 6.32. Unterschiedliche Kälteempfindlichkeit der Organe und Gewebe in dreijährigen Pflanzen von *Coffea arabica*. Ausmaß (%) der Schädigungen nach 36 Stunden dauernder Kühlung von Jungpflanzen auf +1 °C. Besonders empfindlich sind die Wurzeln, die Kambialzone, chlorotische (chl) und seneszente Blätter, austreibende Knospen und die unentwickelten Keimlinge in den Samen. Aus SAKAI und LARCHER (1987).

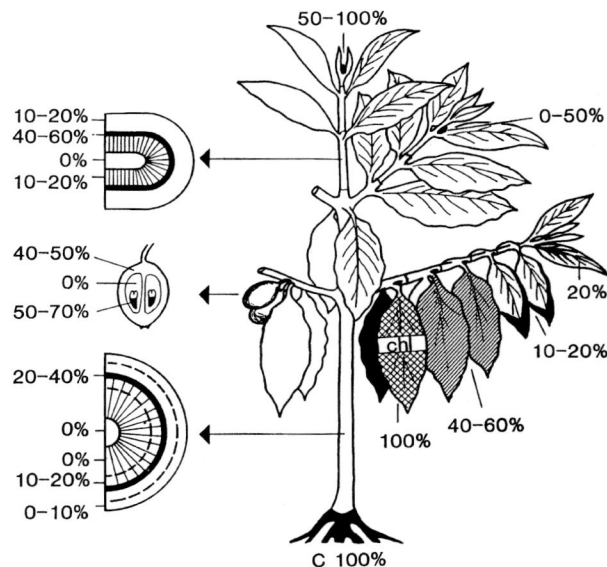

Gefrierverlauf und Frostschädigung

Eis entsteht in der Pflanze zuerst an jenen Stellen, die am schnellsten auskühlen und die am leichtesten ausfrieren; in der Regel sind das die peripheren Leitungsbahnen und Kondenswasser in den Interzellularen. Eiskeimaktive Bakterien (z. B. *Erwinia*- und *Pseudomonas*-Arten) mit Oberflächenproteinen, die durch eine struktuierte Anordnung adhärierender Wassermoleküle ein Gefrieren knapp unter 0 °C auslösen, können für das Gefrieren von Pflanzengeweben als wirksame Nukleatoren eine Rolle spielen. Der Gefrierimpuls breitet sich über Leitbündel und homogene Gewebe schnell aus, Diskontinuitäten (Lufträume, dichte verholzte oder cutinisierte Sekundärwände) behindern die Eisausbreitung.

Wasserreiche, unabgehärtete oder vorher auf tiefe Temperatur unterkühlte Protoplasten gefrieren *intrazellulär*. Dabei entstehen blitzschnell Eiskristalle im Zellinnern (Abb. 6.33), was zur Folge hat, daß das Cytoplasma zerstört wird. Häufig entsteht jedoch Eis nicht im Protoplasten, sondern zuerst in den Interzellularen und dann zwischen Zellwand und Protoplast. Diese Art von **Eisbildung** wird *extrazellulär* genannt. Auskristallisierendes Eis wirkt wie trockene Luft, weil der Dampfdruck über Eis niedriger ist als über einer unterkühlten Lösung. Dadurch wird den Protoplasten Wasser entzogen, diese schrumpfen stark (auf 2/3 ihres Volumens), und die Konzentration der gelösten Stoffe steigt an. Die Wasserverschiebung und das Ausfrieren schreiten so lange fort, bis ein thermodynamisches Gleichgewicht zwischen der Eisschicht und der Zellflüssigkeit herrscht. Die Gleichgewichtslage ist temperaturabhängig, bei −5 °C liegt das Gleichgewicht bei etwa −6 MPa, bei −10 °C schon bei −12 MPa.

Tiefe Temperaturen wirken daher auf das Protoplasma wie Austrocknung. Bei Kältestreß und Entwässerung des Protoplasmas werden Salzionen und organische Säuren in der ungefrorenen Restlösung übermäßig konzentriert, sie inaktivieren Enzyme und wirken giftig. Osmotisch und durch die Volumenkonzentration werden Biomembranen überbeansprucht, Membranlipide werden abgebaut (Abb. 6.34), Membranproteine werden abdissoziiert und Membran-ATPasen werden insuffizient. Als Indiz für Membranzerstörung durch Gefrier- und Auftaustreß gilt der Austritt von Plastocyanin aus Thylakoidmembranen (siehe Abb. 6.37a). Schließlich wird der Zelle so viel Wasser entzogen, daß bei einem spezifischen Dehydratationsgrad

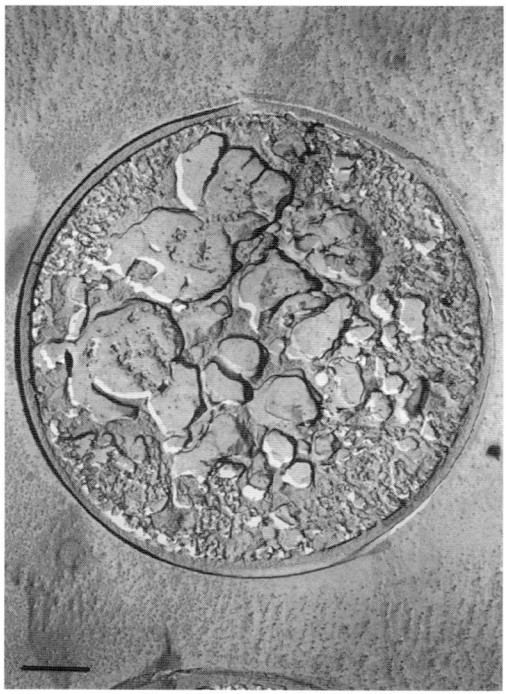

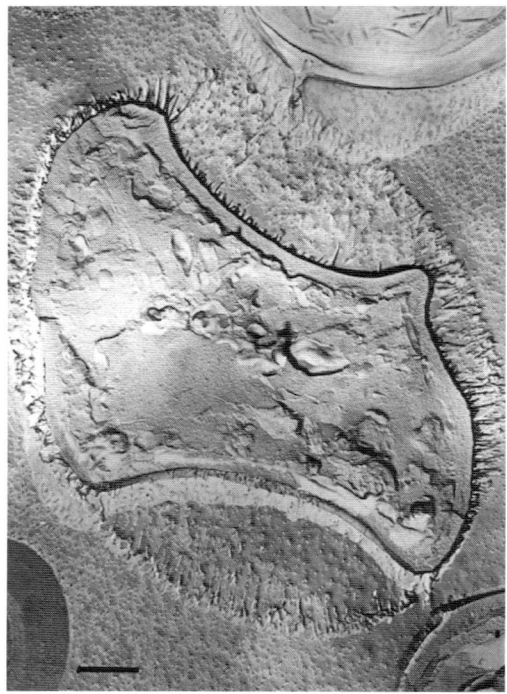

Abb. 6.33. Intrazelluläres (links) und extrazellulä-res (rechts) Gefrieren von Hefezellen. Durch intrazellulär entstandenes Eis werden die protoplasmatischen Strukturen vollständig zerstört. Die extrazellulär ge-

frorene Hefezelle ist durch den Wasserentzug geschrumpft und von Eiskristallnadeln umgeben, die den ursprünglichen Umfang der Zelle erkennen lassen. Distanzlinien: 1 μm. Nach Moor (1964).

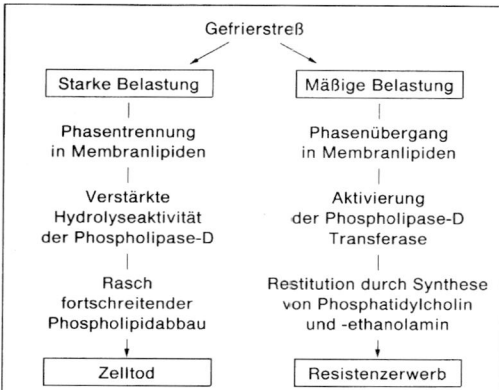

Abb. 6.34. Vorgänge beim Gefrieren der Blätter von Rapspflanzen. Bei Einwirkung niedriger Temperaturen wird (in der Alarmphase) die Struktur der Biomembranen destabilisiert. Starke Belastung führt zu einem akut schädigenden Verlauf, in dem durch die überwiegend hydrolytische Aktivität der Phospholipase-D die Membranen zerstört werden. Überlebt die Zelle bei mäßiger Belastung die kritische Phase, so wird durch gesteigerte Aktivität der Phospholipase-D-Transferase membranstabilisierendes Phosphatidylcholin und -ethanolamin gebildet, wodurch die Zelle gegen Frosteinwirkung resistenter wird. Nach Sikorska und Kacperska (1982).

(angegeben als Verhältnis zwischen flüssiger zu fester Phase) die Feinstruktur des Protoplasmas irreversibel verloren geht.

Überleben von Frostbelastung
Die Pflanzen haben in ihrer Anpassung an frostgefährdete Standorte eine Vielzahl von

Möglichkeiten entwickelt, um Frostereignisse und Frostperioden zu überstehen (Abb. 6.35). Dazu gehören Maßnahmen gegen den Gefrierstreß, aber auch gegen Begleiterscheinungen winterlicher Kälte wie Photoinhibition, Frosttrocknis und Schneebelastung. Frostschädigung kann durch Abschirm- und

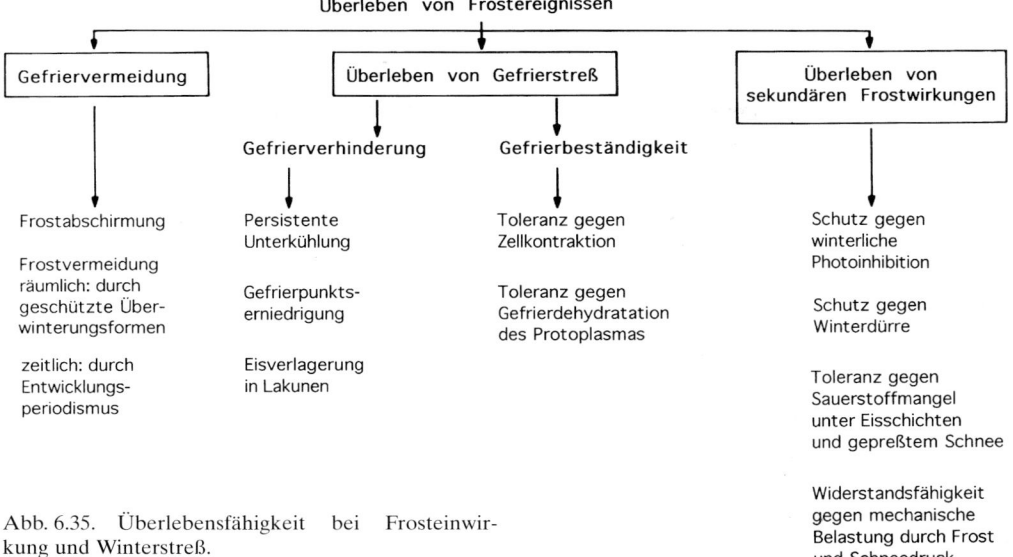

Abb. 6.35. Überlebensfähigkeit bei Frosteinwirkung und Winterstreß.

Ausweichmechanismen abgewendet und das Ausfrieren der Pflanzengewebe kann verzögert oder verhindert werden. Letztlich entscheidet das Ausmaß der Gefriertoleranz über das Überleben.

Frostabschirmung beruht vor allem auf Wärmeisolation und Verringerung der Wärmeausstrahlung: Abdeckung der regenerationswichtigen Knospen durch dichten Wuchs (Polsterpflanzen), Rückzug der Überwinterungsorgane unter Laubdecken, Streuauflagen und in die Erde (Geophyten), Abwurf empfindlicher Pflanzenorgane vor Beginn strenger Fröste (zeitliches Ausweichen vor der Frostgefahr bei laubabwerfenden Holzpflanzen). Im Frostwechselklima der tropischen Hochgebirge bietet schon das nächtliche Zusammenschließen der Blätter über den Sproßscheitel in Riesenrosettenpflanzen einen Abkühlungsschutz.

Gefrierpunktdepression und Unterkühlung verzögert das Ausfrieren des Wassers in den Pflanzengeweben. Durch gelöste Stoffe wird der Gefrierpunkt erniedrigt. Zellsäfte gefrieren je nach Konzentration gelöster Inhaltsstoffe zwischen −1 und −5 °C. Die *Gefrierpunktsdepression* stellt einen zwar mäßigen, aber sicheren Frostschutz dar. Ferner ist die Flüssigkeit in den Zellen *unterkühlbar*,

d. h. sie kann unter den Gefrierpunkt abgekühlt werden ohne sofort zu gefrieren. Unterkühlung und Gefrieren lassen sich nachweisen, wenn der Temperaturabfall in den Pflanzen verfolgt wird. Die Gewebetemperatur sinkt zunächst parallel zu der Abkühlung der Luft, dann springt die Temperatur durch die freiwerdende Kristallisationswärme plötzlich hoch. Der Temperaturanstieg („Exotherme") zeigt daher den Beginn des Ausfrierens an (Abb. 6.36a).

In wasserreichen, großzelligen Parenchymen und in den Gefäßen des Xylems ist der unterkühlte Zustand sehr labil (*transiente* Unterkühlung), er wird selten länger als einige Stunden aufrechterhalten und kann höchstens über die Intensität und Dauer eines Ausstrahlungsfrostes hinweghelfen. In Geweben mit Nukleationsbarrieren (dicke und dichte Zellwände) ist eine *persistente* Unterkühlung möglich, die bis zur Unterschreitung einer charakteristischen Temperaturschwelle aufrecht bleiben kann. Persistente Gefrierverzögerung ist in manchen Blättern bis auf −10 und −12 °C möglich, in Knospen und Holz verschiedener Bäume und Sträucher der gemäßigten Zone (viele Waldbäume, Obstbäume) bis auf −30 bis −50 °C. Dann bricht spontan der metastabile Zustand zusammen

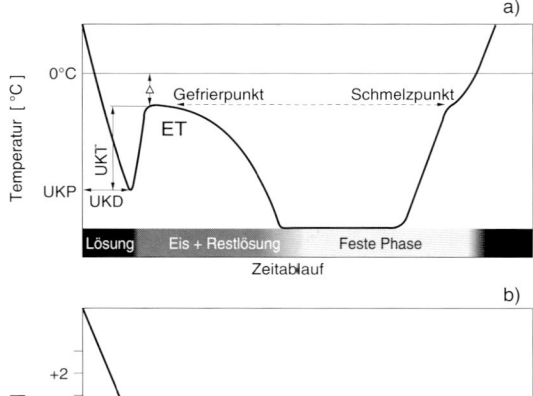

a)

b)

Abb. 6.36. Gefrierverläufe in einer Lösung und in Pflanzengeweben. *a)* Gefrierpunktsdepression (Δ) und transiente Unterkühlung (UKT), Exotherme (ET) und Auftauverzögerung in einer wäßrigen Lösung; UKP = Unterkühlungspunkt, UKD = Unterkühlungsdauer. *b)* Typischer Gefriervorgang in Organen mit hohem Anteil wasserreicher Parenchyme, hier: Wurzel. Der breiten Exotherme im Bereich der Gefriergrenztemperatur (T_F) läuft ein kurzer, spitzer Temperaturanstieg beim Gefrieren des interstitiellen Wassers voraus (Abszisse = Zeitablauf). Nach LARCHER (1985).

und intrazelluläres Eis kristallisiert aus. In manchen Samen, Knospen und in Rindengewebe kommt als dritter protektiver Vorgang eine *translozierte Eisbildung* vor, indem Wasser aus Geweben in Interzellularlakunen oder andere Hohlräume verlagert wird und dort zu ausgedehnten Eismassen gefriert. Dadurch konzentriert sich der Zellsaft, was das intrazelluläre Gefrieren verzögert. Eine wasserbindende Wirkung haben auch stark quellbare Mucopolysaccharide, die sich z. B. in den Sprossen von *Opuntia humifusa* im Winter anreichern.

Pflanzen, die strengem Frost widerstehen müssen, benötigen **Gefrierbeständigkeit** des Protoplasmas. Gefriertoleranz wird durch vermehrten Einbau kältestabiler Phospholipide in die Biomembranen (siehe Abb. 6.35) und durch Anhäufung löslicher Kohlenhydrate (Zucker und Oligosaccharide; Abb. 6.37b), Polyolen, niedermolekularer Stickstoffverbindungen (Aminosäuren, Polyamine) und wasserlöslicher Proteine erreicht. Die Schutzwirkung beruht einerseits darauf, daß durch die Zunahme der Partikelkonzentration im Cytoplasma das thermodynamische Gleichgewicht bei einem höheren Was-

sergehalt der Zelle eintritt und die Dehydratationsbelastung reduziert wird. Überdies bewirkt die Akkumulation niedermolekularer, membranneutraler Stoffe eine Verdünnung toxischer Ionenkonzentrationen (kolligativer Effekt) und eine Verdrängung der Elektrolyte von Strukturproteinen.

Gefriertoleranz kommt einer Pflanze nicht dauernd und in stets gleichem Maße zu: Während des intensivsten Streckungswachstums sind die meisten Pflanzen kaum abhärtbar und daher überaus temperaturempfindlich. In Gebieten mit einem Jahreszeitenklima erwerben Landpflanzen im Herbst die Fähigkeit, erhebliche extrazelluläre Eisbildung im Gewebe zu überleben (Abb. 6.38). Die erste Voraussetzung für den Übergang der Pflanzen in einen abhärtungsbereiten Zustand ist der Abschluß (bei Holzpflanzen) oder die Unterbrechung (bei krautigen Pflanzen) der Wachstumstätigkeit. Ist die Abhärtungsbereitschaft erlangt, dann kann der **Abhärtungsvorgang** ablaufen. Dieser ist ein Phasenprozeß[805], bei dem jede Stufe den Übergang zur nächsten vorbereitet.

In *Holzpflanzen* wird die Frostabhärtung durch mehrtägige bis wochenlange Einwir-

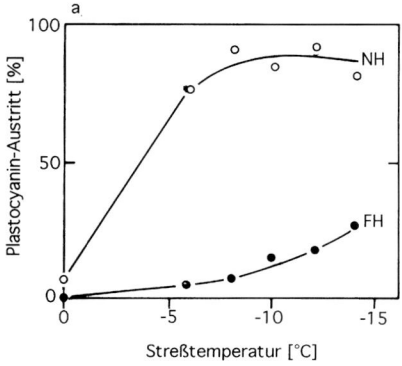
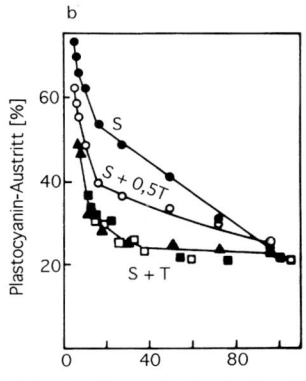

Abb. 6.37. Membranschädigung und Membran-
schutz durch lösliche Kohlenhydrate beim Gefrieren
und Auftauen von Spinatblättern. a) Austritt von Plastocyanin aus Thylakoidmembranen unmittelbar
nach Gefrieren und Auftauen nicht abgehärteter

(NH) und frostharter (FH) Blätter. b) Schutzwirkung
löslicher Kohlenhydrate während eines Gefrierzy-
klus. S = nur Saccharose; S + 0,5 T = Zugabe von
0,5 mM Trehalose; S + T = Zugabe von 1–10 mM Trehalose. Nach HINCHA (1989) und HINCHA et al. (1989).

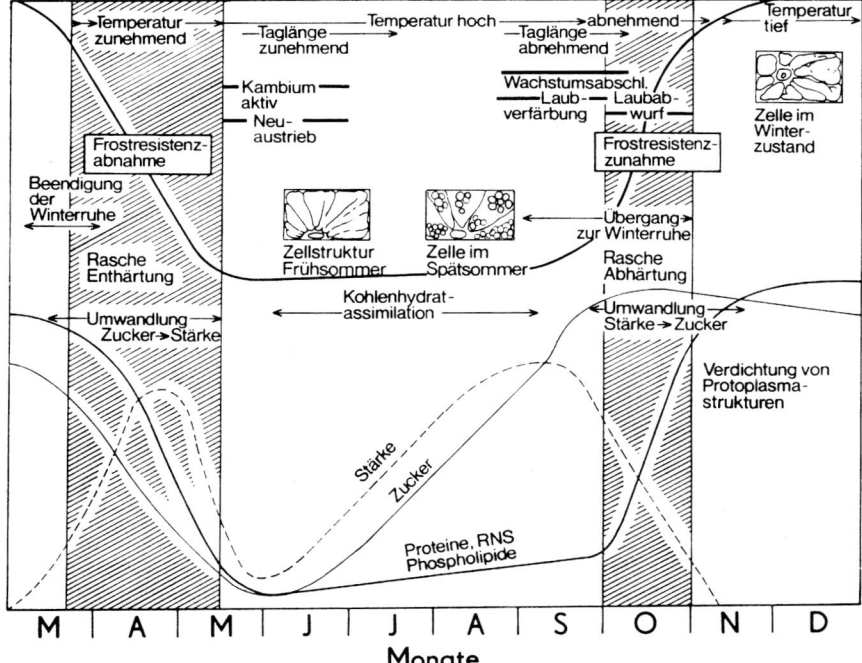

Abb. 6.38. Schematische Übersicht über die phänologischen, cytologischen, cytochemischen und resi-
stenzphysiologischen Vorgänge im Zusammenhang
mit dem Erwerb und dem Verlust hoher Frosthärte

aufgrund von Untersuchungsergebnissen an Rinden-
geweben von Robinien. Die Rasterbänder kennzeich-
nen Perioden starker Resistenzänderung. Nach SIMI-
NOVICH (1981).

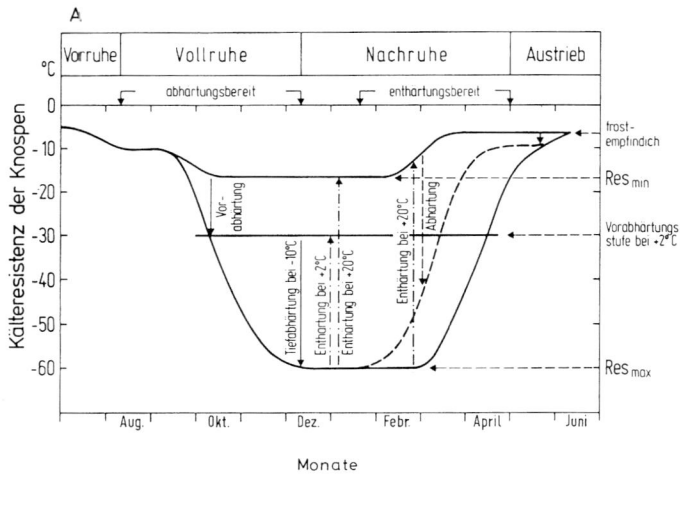

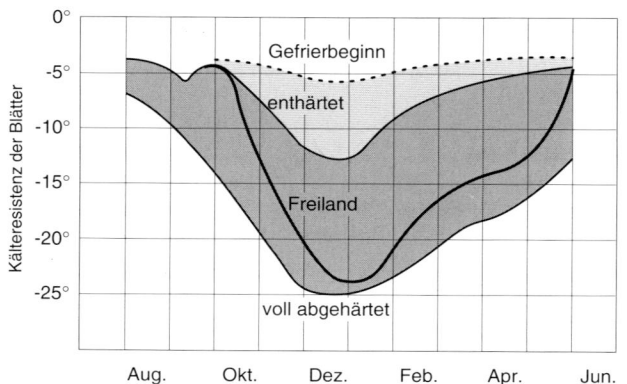

Abb. 6.39. Jahreszeitliche Dynamik der Kälteresistenz von Holzpflanzen. *Oben*: Frostabhärtung von vegetativen Knospen der Apfelsorte Antonovka als Phasenprozeß. *Obere ausgezogene Kurve*: Minimalresistenz bei dauernd frostfreier Aufstellung der Bäume im Gewächshaus. *Untere ausgezogene Kurve*: Maximal erreichbare Kälteresistenz nach stufenweiser Abhärtung bei fortbestehendem Dauerfrost von –10 °C. *Strichlierte Kurve*: Verminderte Kälteresistenz im Spätwinter und Frühjahr nach Enthärtung und Wiederabhärtung. Die verschiedenen Stadien der Winterruhe sind im Kap. 5.3.3 beschrieben. Nach TJURINA und GOGOLEVA (1975). *Untere Abbildung*: Jahresgang der Kälteresistenz und des Gefrierbeginns von Blättern von *Rhododendron ferrugineum*. Das schraffierte Feld kennzeichnet die Spanne zwischen *minimaler Resistenz* nach Enthärtung durch mehrtägigen Aufenthalt in einem warmen Raum und *potentieller Resistenz* durch stufenweise Kälteabhärtung. Zwischen diesen äußersten Grenzen der thermischen Beeinflußbarkeit der Kälteresistenz liegt je nach vorangegangener Witterung die *aktuelle Kälteresistenz* der Pflanzen im Freiland. Nach PISEK und SCHIESSL (1947).

kung von Temperaturen knapp über dem Nullpunkt eingeleitet (Abb. 6.39). In dieser Vorabhärtungsstufe werden Zucker und andere Schutzstoffe im Protoplasma angereichert, die Zellen werden wasserärmer und die Zentralvakuole zerklüftet sich in eine Vielzahl von Kleinvakuolen. Dadurch ist das Protoplasma auf die nächste Phase vorbereitet, die bei diesen Pflanzen bei schwachen Frösten zwischen –3 und –5 °C abläuft. Nun werden Biomembranstrukturen und Enzyme so umgebaut, daß die Zellen den Wasserentzug durch Eisbildung vertragen. Die höchste Abhärtungsstufe erreichen die

Pflanzen bei ununterbrochenem Frost von wenigstens –5 bis –15 °C. Die wirksamen Temperaturbereiche sind von Art zu Art verschieden. Die Kälte treibt den Abhärtungsvorgang also vor sich her. Läßt der scharfe Frost nach, dann fällt das Protoplasma wieder in die erste Abhärtungsstufe zurück, die Resistenz kann aber durch Kälteperioden immer wieder auf höheres Niveau gehoben werden, solange die Pflanzen in Entwicklungsruhe verharren. Sobald die Winterruhe aufgegeben wird, geht das Abhärtungsvermögen rasch verloren.

Während des Winters überlagern sich dem jahreszeitlichen Gang der Frosthärte kurzfristige *induzierte Adaptationen*, durch die das Resistenzniveau an den Witterungsablauf prompt angepaßt wird. Fröste fördern die Abhärtung besonders im Vorwinter. Um diese Zeit kann die Resistenz schon innerhalb von wenigen Tagen auf ihren Höchststand gebracht werden. Tauwetter ruft vor allem im Spätwinter einen raschen Verlust der Widerstandskraft hervor, aber auch mitten im Winter kann man die Pflanzen durch Aufenthalt bei +10 bis +20 °C innerhalb einiger Tage weitgehend enthärten.

Krautige Pflanzen erwerben Gefriertoleranz in unkomplizierter Art. Die Abhärtung wird durch Temperaturen von +5 bis –2 °C eingeleitet. Eine vorbereitende Umstellung auf Abhärtungsbereitschaft scheint es hier nicht zu geben, die Taglänge hat eine untergeordnete oder gar keine Bedeutung. Die wesentliche Voraussetzung für die Erlangung höherer Resistenz ist die Ansammlung von Kohlenhydraten. Diese stauen sich auf, weil in der Regel krautige Pflanzen auch im Winter photosynthetisch aktiv sind, aber die dabei gewonnenen Assimilate nicht in Wachstum investieren.

Mit zunehmender Dauer von Frostperioden (und besonders des Bodenfrostes) steigern die krautigen Pflanzen ihre Widerstandsfähigkeit. Ein Merkmal *einphasischer* Abhärtungsabläufe ist die gleitende Anpassung an die Winterkälte: sie setzt schnell ein und erlangt in kurzer Zeit ihre volle Wirksamkeit; ebenso schnell wird aber auch der Zustand hoher Frosthärte aufgegeben (Abb. 6.40).

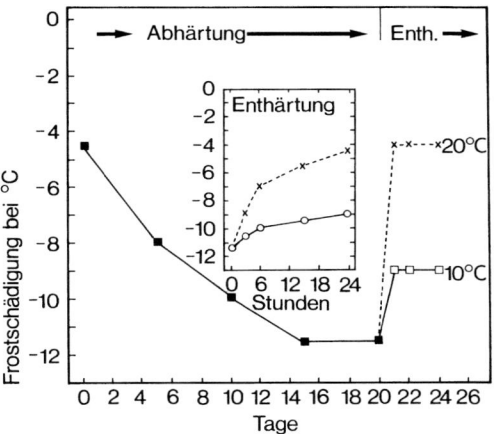

Abb. 6.40. Zeitlicher Ablauf der Abhärtung und Enthärtung von Blättern der gefrierbeständigen Wildkartoffel *Solanum commersonii*. Die Pflanzen wurden zuerst 20 Tage bei 2 °C abgehärtet und dann bei 10 °C bzw. 20 °C enthärtet. Nach CHEN und LI (1980).

Konstitutionstypen der Kälteresistenz

Nicht alle Pflanzen sind fähig, niedrige Temperaturen oder gar Eisbildung zu überleben, und auch nicht alle gefrierbeständigen Arten sind imstande, sämtliche Phasen des Abhärtungsvorganges zu durchlaufen. Nach der Maximalresistenz (siehe Tab. 6.2 und Tab. 6.3) ergeben sich Gruppierungen, die ökologisch bedeutsam sind, weil das spezifische Resistenzverhalten den Rahmen für die Verbreitungsmöglichkeit setzt (Abb. 6.41). Als Maß für die Widerstandsfähigkeit wird üblicherweise die Temperatur angegeben, bei der die Hälfte der Pflanzenproben zugrunde geht (Letaltemperatur TL_{50}).

Erkältungsempfindliche Pflanzen: Zu dieser Gruppe gehören alle jene Pflanzen, die schon bei Temperaturen über dem Gefrierpunkt ernstlich geschädigt werden: Algen warmer Meere, einige Pilze und manche, jedoch nicht alle Sproßpflanzen der Tropen.

Gefrierempfindliche Pflanzen: Diese sind nur durch gefrierverzögernde Vorkehrungen vor Schaden geschützt. In der kühleren Jahreszeit erhöht sich die Konzentration osmotisch wirksamer Substanzen im Zellsaft und im Protoplasma. Ganzjährig empfindlich sind die Tiefenalgen kalter Meere und manche Süßwasseralgen, tropische und subtropi-

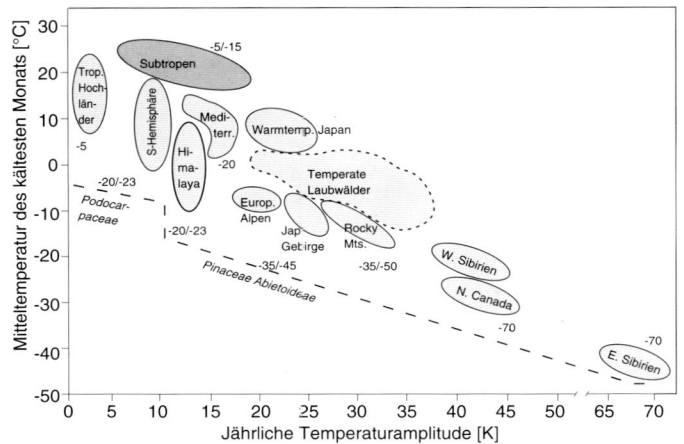

Abb. 6.41. Potentielle Frostresistenz (in °C) der Ruheknospen von Coniferen aus verschiedenen Klimazonen. Die jährliche Temperaturamplitude ist ein Maß für einen maritimen (geringe Schwankungsbreite) bzw. kontinentalen (große Schwankung) Klimacharakter. Nach SAKAI (1983) aus SAKAI und LARCHER (1987).

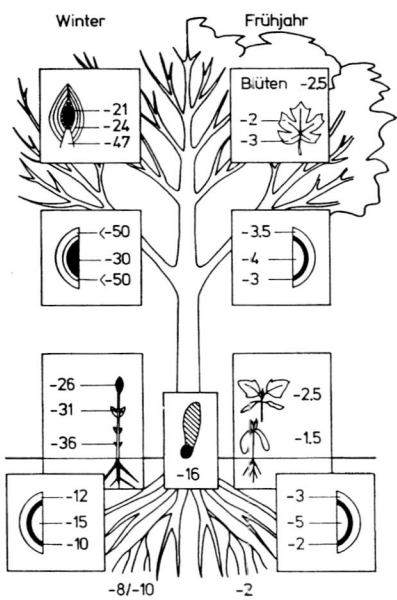

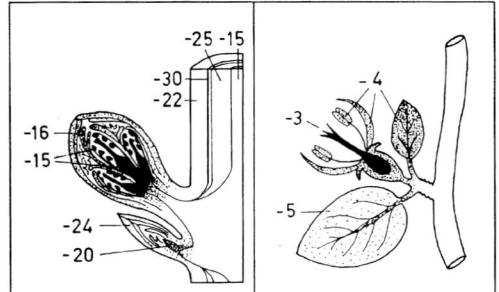

Abb. 6.43. Frostresistenz von Blütenknospen des Mandelbaums (*Prunus dulcis*) im Winter und von Apfelblüten im Frühjahr. Temperaturen bei 50% Schädigung. Schwarz: empfindlichste Bereiche. Nach PISEK (1958) und LARCHER (1970).

◁ Abb. 6.42. Frostresistenz der verschiedenen Altersstadien, Organe und Gewebe von *Acer pseudoplatanus* im Winter und während der Vegetationszeit. Aus LARCHER (1985).

sche Sproßpflanzen und verschiedene Arten warmgemäßigter Gebiete.

Gefrierbeständige Pflanzen: Jahreszeitlich gefriertolerant werden gewisse Süßwasseralgen und die Gezeitenalgen, Luftalgen, Moose aller Klimazonen (auch tropische) und ausdauernde Landpflanzen winterkalter Gebiete. Einige Algen, viele Flechten und verschiedene Holzpflanzen sind extrem tiefabhärtbar, sie bleiben nach Einwirkung lang andauernden, strengen Frostes schadenfrei und können sogar auf die Temperatur flüssigen Stickstoffs abgekühlt werden. Ganzjährig, also auch während des Sommers, sind manche krautige Pflanzen des Hochgebirges und der Arktis imstande, innerhalb weniger Tage gefriertolerant zu werden und extrazelluläre Eisbildung zu überleben.

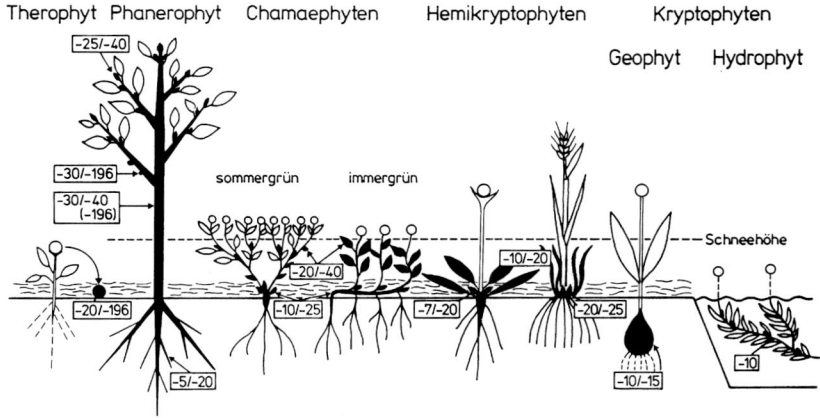

Abb. 6.44. Kälteresistenz von *Überwinterungsformen* in Gebieten mit Winterschneedecke. Als Kälteresistenz ist der Temperaturbereich angegeben, dessen Unterschreitung eine Schädigung verursacht; die niedrigere Zahl gilt für empfindliche Arten, die höhere Zahl für resistentere Arten. Je nach spezifischer physiologischer Konstitution können einzelne Arten von den angegebenen Grenzen stark abweichen. Die Benennung der Überwinterungsformen entspricht dem System der „Lebensformen" von Raunkiaer (1910). Überwinternde Pflanzenteile sind schwarz angelegt, mit Ende der Vegetationsperiode absterbende Teile sind hell belassen. Phanerophyten = Bäume und Sträucher mit Erneuerungsknospen über der Schneedecke; Chamaephyten = Kleinsträucher mit regelmäßigem Schutz durch eine Winterschneedecke; Hemikryptophyten = Ausdauernde krautige Pflanzen mit Erneuerungsknospen knapp über der Bodenoberfläche, unter Streu oder in umhüllenden Resten anhaftender toter Blätter und Blattscheiden; Kryptophyten = Ausdauernde krautige Pflanzen mit Überdauerungsorganen im Boden (Geophyten) oder unter Wasser (Hydrophyten); Therophyten = Einjährige Pflanzen, die ihren Lebenszyklus während der Vegetationsperiode vollenden und die ungünstige Jahreszeit im Samenstadium überdauern. Die Überwinterungsformen sind als evolutive Anpassung nicht nur an die Winterkälte sondern auch an die Frosttrocknis und andere winterliche Belastungen zu verstehen. Resistenzangaben nach Messungen zahlreicher Autoren.

Intraspezifische Variabilität der Frostresistenz und Überlebenssicherheit

Verschiedene **Organe und Gewebe** unterscheiden sich mitunter sehr in ihrer Temperaturresistenz (Abb. 6.42). *Reproduktive Organe* sind häufig besonders frostempfindlich, so z. B. die Blütenanlagen in den Winterknospen oder der Fruchtknoten in den Blüten (Abb. 6.43). Recht empfindlich sind auch *unterirdische Organe*. Die Kälteresistenz der Zwiebeln, Knollen und Rhizome ist entscheidend für das Überleben von Geophyten. Bei Holzpflanzen begrenzt die Resistenz der verholzenden Abschnitte des Wurzelsystems, vor allem des Wurzelhalses, die Widerstandsfähigkeit der Gesamtpflanze gegen strenge Winter; sterben diese Teile ab, dann geht auch der Sproß zugrunde.

Der *oberirdische Sproß* ist am wenigsten empfindlich. Das Kambium der Sproßachsen ist im voll abgehärteten Zustand unter allen Geweben das widerstandsfähigste. Die Erneuerungsknospen sind um so resistenter, je mehr sie dem Frost ausgesetzt sind (Abb. 6.44). Knospen, die ohne Abschirmung überwintern, werden meist ebenso frosthart wie die Tragachsen, jedenfalls resistenter als die Blätter. In Bodennähe überwinternde Knospen entwickeln demgegenüber nur mäßige Resistenz. Den Knospen kommt resistenzökologisch große Bedeutung zu: Laubverlust ist für die Pflanze nicht allzu schlimm, wenn die Knospen dabei gesund geblieben sind, er ist definitiv, wenn zusammen mit den Blättern auch die Knospen schwere Ausfälle erlitten haben. Allerdings können viele Pflanzen auch dann noch aus widerstandsfähigeren Reserveknospen austreiben. Bäume die häufig auf derartige Regeneration angewiesen sind, verstrauchen und bilden Krüppelformen aus.

Die einzelnen **Altersstadien** sind ungleich widerstandsfähig und auch ungleich gefähr-

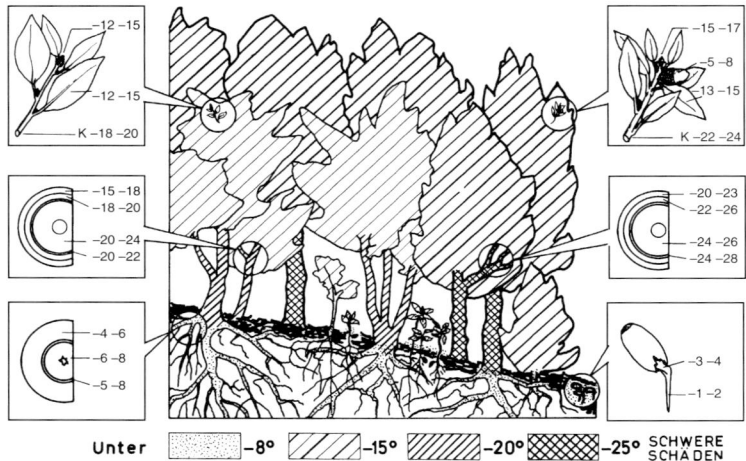

Abb. 6.45. Zonierung der Kälteresistenz im Winter in einem *Quercus ilex*-Buschwald und Frostgefährdung der einzelnen Altersstadien des Bestandes. In den Randskizzen ist jeweils links die Temperatur angegeben, bei der gerade noch kein Schaden auftritt, rechts die Temperatur bei 50 %igem Frostschaden. Ein- bis dreijährige Jungpflanzen gehen bei Frösten zwischen −10 und −15 °C zugrunde. Nach LARCHER und MAIR (1969).

det. Im Zusammenhang mit Fragen der Pflanzenverbreitung ist besonders auf Jungwuchs zu achten – sind es doch die jeweils empfindlichsten Lebensstadien, die grundsätzlich die Erhaltung und Ausbreitung einer Art begrenzen. Dies zeigt die Abb. 6.45 am Beispiel eines mediterranen Niederwaldes. Bereits ein Frost von −4 °C kann die Nachkommenschaft eines Jahres ausrotten; regelmäßig in aufeinanderfolgenden Wintern auftretende Fröste zwischen −8 und 10 °C schließen eine natürliche Verjüngung aus, obwohl bei dieser Temperatur die erwachsenen Sträucher und Bäume nicht den geringsten Schaden erleiden. Erst ein Frost von −20 bis −25 °C ist für einen Steineichenbestand katastrophal, wenn er lang genug dauert, um in dickere Stämme einzudringen. Vorteilhafterweise entwickeln die äußeren Kronenteile der Bäume, die den Bestand abgrenzen und Ausstrahlungsfrösten am stärksten ausgesetzt sind, eine größere Kälteresistenz als die in Bestandesschatten aufkommenden Jungstadien. Die einzelnen Komponenten eines Waldes sind also an die standörtliche Kältebelastung angepaßt.

Auch einzelne Individuen einer *Population* unterscheiden sich in ihrer Abhärtungsfähig-keit und in ihrem Resistenzverhalten. Eine breite Auffächerung der Resistenzeigenschaften ist die Grundlage für die Ausbildung überdurchschnittlich widerstandsfähiger *Klimaökotypen*, die in rauhere Lagen vordringen können und die auch dann überleben, wenn nach großem Zeitabstand eine Klimaverschlechterung eintritt und den Verbleib der Art in einem bestimmten Gebiet in Frage stellt.

Evolution der Frosthärte von Sproßpflanzen
Das Auftreten von Kälteresistenzökotypen und die feine Abstufung in der Resistenz von Pflanzen aus verschiedenen Klimazonen weisen darauf hin, daß die Fähigkeit zum Erwerb von Frosthärte offenbar entlang einer resistenzökologischen Reihe schrittweise entwickelt worden ist. Der erste Schritt der evolutiven Kälteadaptation mußte darin bestanden haben, daß die *kälteempfindlichen* Pflanzen der warmfeuchten Tropen zunächst ihre Enzymausstattung und Biomembranen an niedrige Temperaturen anpassen konnten (Abb. 6.46). Der nächste Schritt könnte eine verbesserte Unterkühlbarkeit und eine Absenkung des Gewebegefrierpunktes gewesen sein, wodurch milde episodische Fröste (bis etwa

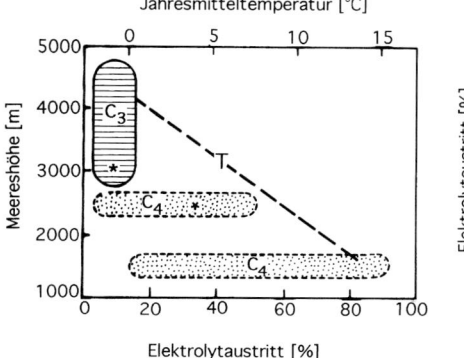
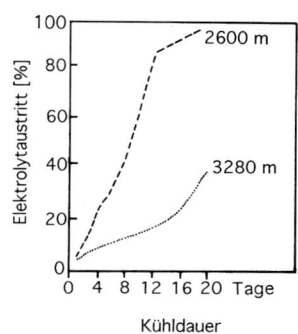

Abb. 6.46. Übergang von Kälteempfindlichkeit zu Kälteverträglichkeit innerhalb der Grasarten entlang eines Höhentranssektes am Mt.Wilhelm in Papua Guinea. *Links*: Bis zu 2600 m Meereshöhe überwiegen kälteempfindliche C$_4$-Gräser (11 Arten wurden untersucht), die nach 6 Tagen Kühlung bei 0 °C mittlere bis schwere Schädigungen durch Elektrolytaustritt anzeigen. In größeren Meereshöhen gibt es nur noch kälteertragende C$_3$-Gräser (ebenfalls 11 untersuchte Arten). T = Höhengradient der Jahresmitteltemperatur. *Rechts*: Populationen des C$_4$-Grases *Miscanthus floridulus* aus 3280 m Höhe sind deutlich kälteresistenter als die Ausgangspopulation in 2600 m Höhe (siehe auch Sternsymbol in der linken Abbildung). Nach EARNSHAW et al.(1990), verändert.

−10 °C) ungeschädigt überstanden werden. In Gebieten mit solchem Frostwechselklima (insbesondere in den Subtropen) stellt Gefriervermeidung den besten Kompromiß zwischen ausreichender Überlebenssicherheit und auskömmlichen Photosyntheseertrag in der kalten Jahreszeit dar: Durch genügend tiefe *Unterkühlbarkeit* werden sowohl die Blätter und Sprosse geschützt als auch der Stoffwechsel geschont, weil bei mäßig negativen Temperaturen keine Entwässerung der Zellen erfolgt. Die Fähigkeit des Protoplasmas, im Zuge eines stufenweise ablaufenden Abhärtungsprozesses gefriertolerant zu werden, ermöglichte eine Existenz unter extremer Kältebelastung, allerdings bei verkürzter Vegetationszeit. Höchste *Gefrierbeständigkeit* konnten daher am ehesten Pflanzensippen ausbilden, deren Lebenszyklus einen genetisch verankerten Wechsel zwischen Aktivitäts- und Ruheperioden aufwies oder zumindest eine Ruhigstellung der Wachstumsaktivität vorsah (siehe Kap. 5.3.2).

Die Frostresistenz der Blütenpflanzen könnte auf zwei zunächst getrennten *Evolutionswegen* verlaufen sein: Es ist auffallend, daß sich der Trend zu verbessertem Gefrierschutz mit zunehmender Meereshöhe, der Trend zu großer Gefriertoleranz hingegen mit zunehmender geographischer Breite verstärkt. In den tropischen Hochländern, die als Reservoir der frühen Angiospermenevolution angesehen werden, mögen unter der Einwirkung der in Tropengebirgen großen tageszeitlichen Temperaturschwankungen jene Stoffwechseladaptationen und *Gefrierschutzmechanismen* trainiert und selektioniert worden sein, die heute noch bei Gebirgspflanzen ganzjährig wirksam sind und bei der Phasenabhärtung den ersten Schritt darstellen (Tab. 6.5).

Die Aktivitätsrhythmik als Voraussetzung für die *Tiefabhärtbarkeit* könnte in Gebieten mit Monsunklima (Wechsel von Trockenzeiten und Regenzeiten) den ins Innere der Kontinente ausstrahlenden Angiospermen aufgezwungen worden sein, wobei mit dem Eintritt der Vegetationsruhe gleichzeitig eine Zunahme der Dürreresistenz verknüpft war. Wenn Gefrierbeständigkeit des Protoplasmas als Fähigkeit verstanden wird, Wasserentzug durch extrazelluläre Eisbildung im Gewebe zu überleben, so ist abzuleiten, daß Pflanzen, die im Zustand der Wachstumsruhe starke Austrocknung ertragen, auch gegen frostbedingte Entquellung resistent wer-

Tab. 6.5 Frostresistenz von Riesenrosettenpflanzen im Frostwechselklima tropischer Hochgebirge. Pflanzen aus verschiedenen Meereshöhen in den venezolanischen Anden und am Mt. Kenia. Nach BECK et al. (1982, 1984) und GOLDSTEIN et al. (1985).

Pflanzenart	Wuchsplatz		50% Blattschädigung bei °C
Espeletia atropurpurea	Anden	2850 m	−6,1
		3100 m	−8,1
Espeletia schultzii	Anden	3560 m	−10,0
		4200 m	−11,2
Dendrosenecio brassica	Mt. Kenia	4100 m	bis −10
Dendrosenecio keniodendron	Mt. Kenia	4200 m	−14
Lobelia telekii	Mt. Kenia	bis 4500 m	bis −20

den. Unter den Phylogenetikern herrscht die Überzeugung, daß die Entwicklung der Gefäßpflanzen unter feucht-tropischen Klimabedingungen ihren Ausgang genommen, später entlang von Gebirgsketten in subtropische Gebiete mit Regen- und Trockenzeiten und schließlich in die gemäßigte Zone geführt habe. Auf dem Weg über die wechselfeuchten Subtropen mit episodischen Frösten mag auch die Evolution der in tropischen Gebirgen und Hochländern präadaptierten Pflanzen zu jener Perfektion der Frostresistenz geführt haben, die den ausdauernden Pflanzen die Eroberung winterkalter Gebiete ermöglicht hat.

6.2.2.4 Bodenfrost, Schnee und Eis

Winterkälte gefährdet die Pflanzen nicht nur durch *unmittelbare* Beeinträchtigung von Lebensfunktionen und durch Eisbildung in den Geweben, sondern zusätzlich durch Ausfrieren des Wassers im und auf dem Boden sowie durch Schneefall und Schneedeckenbildung. Tiefgreifender Bodenfrost bei dürftigem oder fehlendem Schneeschutz, mächtige Schneedecken von langer Andauer und dicke Eiskrusten wirken, zusammen mit parasitär und anthropogen bedingten winterspezifischen Störfaktoren, streßverstärkend. Dieses *komplexe Belastungsmuster* führt zu Winterschäden, die durch verschiedene Resistenzmechanismen abgewendet werden (siehe Abb. 6.35). Die einschneidendste Behinderung des Pflanzenlebens durch diese sekundären Auswirkungen von Kälte und Frost

ist die Verkürzung der Produktions- und Wachstumsperiode, besonders durch lange Schneebedeckung.

Frosttrocknis

Gefriert der Boden, so sind die Pflanzen nicht mehr in der Lage, ihren Wasserbedarf zu decken, selbst wenn die Wasserverdunstung gering ist. Bodenfrost bedeutet für die Pflanzen Bodentrockenheit. Die winterliche Belastung des Wasserhaushalts kann zu Austrocknungsschädigungen führen, die als „Frosttrocknis" oder „Winterdürre" bezeichnet werden.

Schon bei **niedrigen Bodentemperaturen** verschlechtert sich die Wasser- und Nährstoffaufnahme der Wurzeln durch erhöhte Transferwiderstände zwischen Boden und Wurzel und durch fehlendes Wurzelwachstum. Die Temperaturabhängigkeit der Wasseraufnahme läßt eine Anpassung an die vorherrschende Bodentemperatur auf dem Wuchsplatz der Pflanzen erkennen. Tundrapflanzen, Hochgebirgspflanzen und nordische Waldbäume sind befähigt, knapp über 0 °C und sogar aus teilweise gefrorenen Böden Wasser aufzunehmen, wogegen Pflanzen wärmerer Länder unter 5–10 °C in Schwierigkeiten geraten. Es sind daher Austrocknungssymptome beobachtet worden, ohne daß der Boden gefroren war, z. B. an *Citrus*-Arten in Japan.

Frosttrocknis kommt am häufigsten auf schneearmen Stellen vor (Abb. 6.47). Charakteristisch ist die fortschreitende Zunahme des Wasserdefizits und das Auftreten von

Abb. 6.47. Abnahme des Wassergehalts (gH$_2$O · g^{-1}TG) der Blätter und Sproßachsen von *Rhododendron ferrugineum* oberhalb der alpinen Waldgrenze während des Winters. A: dauernd schneebedeckt; B: Zweigspitzen zumeist aus dem Schnee ragend, Wasserzustand im Februar; C: Pflanzen ohne Schneeschutz auf durchgefrorenem Boden im März. Prozentzahlen geben die Trockenbeanspruchung an (siehe Formel [6.4]). Nach LARCHER (1963a).

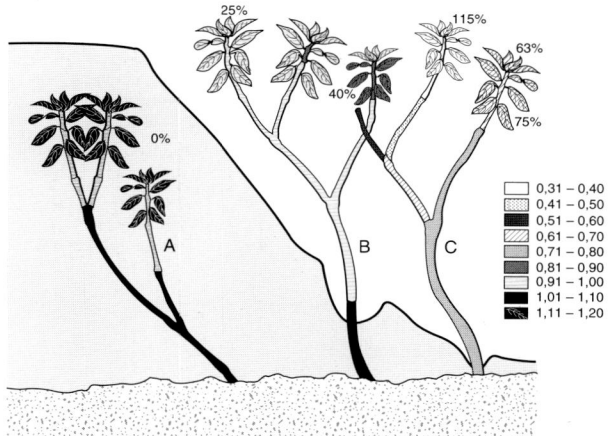

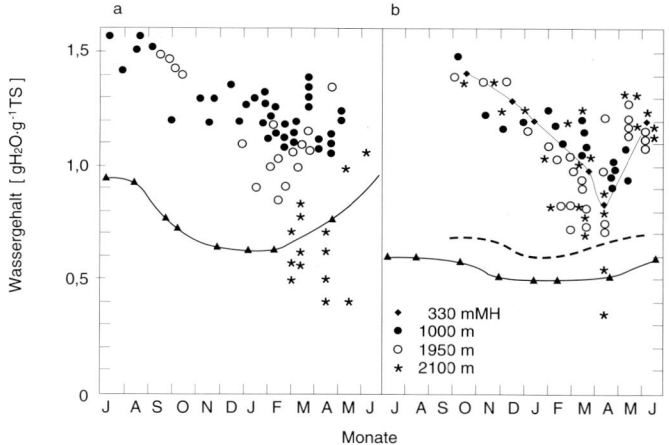

Abb. 6.48. Zunehmende Austrocknung der Nadeln von Coniferen im Laufe des Winters. *Links: Pinus cembra* an und oberhalb der Waldgrenze in den Zentralalpen. *Punkte* = Erwachsene Bäume; *Ringe* = Bäume zwischen 1–2 m Höhe mit spärlichen Wasserreserven im Stamm; *Sterne* = Verstrauchte Vorposten an der Baumgrenze. *Rechts: Picea abies* aus verschiedenen Meereshöhen. *Rauten* = 330 m (hügeliges Vorland; hier nur Minimalwerte eingetragen und mit dünner Linie verbunden); *Punkte* = 1000 m (Bergwald); *Ringe* = 1950 m (alpine Waldgrenze); *Sterne* = 2100 m (Baumgrenze). Die dicke unterbrochene Linie markiert den Grenzwassergehalt, bei dem die Fichtennadeln vom Zweig abzufallen beginnen; die Dreiecke und die ausgezogene Linie geben den Wassergehalt bei 10% Schädigung des Nadelmesophylls an. Nach LARCHER (1963a), MICHAEL (1967) und TRANQUILLINI (1982).

Schädigungen im Spätwinter, wenn der Boden noch nicht aufgetaut ist, die Sonne aber schon stärker die Zweige erwärmt und die Transpiration antreibt (Abb. 6.48). Zwei Verlaufstypen der Winterdürre sind zu unterscheiden:

Ein *akuter Zusammenbruch* des Wasserhaushalts erfolgt bei Pflanzen, die auch im

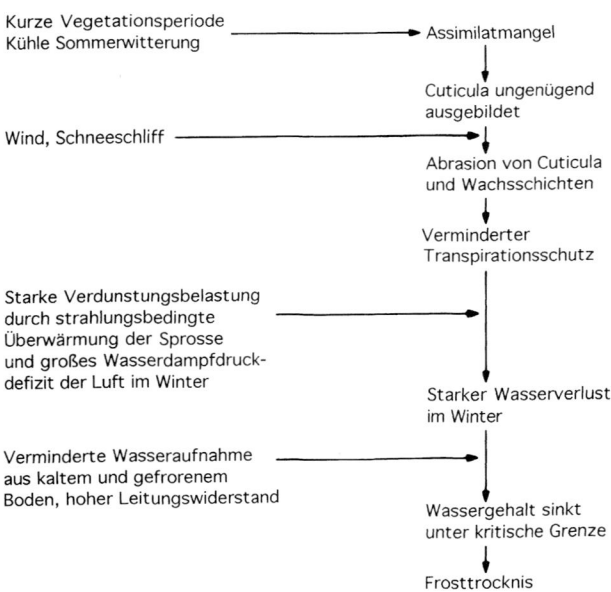

Kurze Vegetationsperiode
Kühle Sommerwitterung ————————→ Assimilatmangel

Cuticula ungenügend
ausgebildet

Wind, Schneeschliff ————————————

Abrasion von Cuticula
und Wachsschichten

Verminderter
Transpirationsschutz

Starke Verdunstungsbelastung
durch strahlungsbedingte
Überwärmung der Sprosse ———————→
und großes Wasserdampfdruckdefizit der Luft im Winter

Starker Wasserverlust
im Winter

Verminderte Wasseraufnahme
aus kaltem und gefrorenem ————————→
Boden, hoher Leitungswiderstand

Wassergehalt sinkt
unter kritische Grenze

Frosttrocknis

Abb. 6.49. Übersicht über die Ursachenverkettung, die zum chronischen Verlauf einer Frosttrocknisschädigung von Coniferen im Gebirge führt. Nach TRANQUILLINI (1979).

Winter ihre Spalten schnell öffnen. Dann geht durch die stomatäre Transpiration mehr Wasser verloren, als aus kaltem oder gefrorenem Boden nachgeschafft und aus Wasserreserven verlagert werden kann. Der Transpirationssog begünstigt das Abreißen der Wasserfäden in den Gefäßen und die Bildung von Spannungsembolien. Da ausgedehnte Embolien jeglichen Wasserdurchsatz durch das Xylem blockieren, kommt es rasch zur Schädigung von Blättern und Zweigspitzen.

Ein *chronischer Verlauf* der Schädigung ist bezeichnend für Pflanzen, die im Zustand der Winterruhe ihre Spaltapparate nicht oder nur wenig öffnen, die somit hauptsächlich cuticulär oder peridermal transpirieren und daher sehr langsam Wasser verlieren. Diesem Typus gehören vor allem Nadelbäume und laublos überwinternde Holzpflanzen an. Gegen Frosttrocknis ist eine Pflanze um so anfälliger, je höher ihr Transpirationsvermögen und je geringer ihr Speichervolumen für Wasservorräte ist. Durchbrechungen des cuticulären Schutzes durch Windabrasionen, Fraß und parasitische Pilze erhöhen zusätzlich die Austrocknungsgefährdung (Abb. 6.49).

Der Winter ist für die Pflanzen, die über die Schneedecke hinausragen, nicht nur eine kalte, er ist zugleich eine trockene Jahreszeit.

Sowohl im hohen Norden als auch im Gebirge sind Schneebedeckungsdauer, Schneehöhe und Bodenfrost die entscheidenden Selektionsfaktoren für die Begrenzung des Baumwuchses. Wo der Schnee verweht wird, geht der Baumjungwuchs zugrunde, wo die durchwurzelten Bodenhorizonte zu lange gefroren bleiben oder wo der Permafrost zu hoch aufsteigt, kommt Baumwuchs nicht mehr auf. Der Wald wird aufgelockert und geht in der Subarktis in Tundra, im Hochgebirge in Zwergstrauchheiden und in alpine Gras- und Krautgesellschaften über.

Schwächung der Pflanzen durch lange Schneebedeckung und Eiskrusten

Schneebedeckte Pflanzen sind zwar vor tiefen Temperaturen, Wind und Austrocknung geschützt, sie unterliegen aber dem Schneedruck und sie sind nicht genügend mit Licht versorgt. Je nach Dichtpackung dringt durch eine 20 cm hohe *Schneedecke* 1–15% der Freilandhelligkeit ein. Verlängerung der Schneebedeckung und Schneeverdichtung, etwa im Bereich von Schipisten und Loipen, verursacht Ertragseinbußen auf Grünlandflächen[113] im Ausmaß von durchschnittlich 20–30%, maximal auch bis 70%.

Eine besondere Gefahr stellt die schlechte

Durchlässigkeit für CO_2 und O_2 von *Eisschichten* und festgepreßtem Schnee dar, wodurch der Gasaustausch der Pflanzen behindert ist. Durch die Atmungstätigkeit der Pflanzen und Mikroorganismen reichert sich CO_2 bis zu hohen Konzentrationen an, gleichzeitig nimmt die Sauerstoffkonzentration ab. Unter solchen Bedingungen werden über abnorme Stoffwechselwege, ähnlich wie bei überflutungsbedingtem Sauerstoffmangel, giftige Endprodukte gebildet, von denen Ethanol im Zusammenwirken mit dem überhöhten CO_2-Angebot besonders schädlich ist. Der abnorme Zustand äußert sich cytologisch durch Proliferation von endoplasmatischen Membranen und Bildung konzentrischer Biomembranbündel. Die geschwächten Pflanzen sind weniger frostbeständig und werden durch psychrophile Pilze (z. B. Schneeschimmel) befallen.

6.2.3 Sauerstoffmangel im Boden

Sauerstoffmangel in der Rhizosphäre ist weit verbreitet: Große Flächen werden durch Hochwasser führende Ströme überflutet, aber auch kleinere Flüsse treten immer wieder über ihre Ufer, Schlamm und Vermurungen verschütten für längere Zeit vegetationsbedeckte Talböden, Stauwasser vernäßt Tundren, Moore, Sumpflandschaften und andere Niederungen (besonders während der Schneeschmelze), durch Baumaßnahmen werden Böden verdichtet und versiegelt. Im Boden ist der Sauerstoffgehalt infolge des O_2-Verbrauchs durch die Atmung der Pflanzenwurzeln, der Bodentiere und aerober Mikroorganismen ohnehin niedrig. In verdichtete, vernäßte und überflutete Böden diffundiert der Luftsauerstoff so langsam nach, daß er im Wurzelraum innerhalb von Stunden bis auf wenige Volumenprozente oder vollständig schwindet. Sobald der Boden sauerstofffrei ist, nehmen anaerobe Mikroorganismen überhand, wodurch ein stark reduzierendes Milieu aufgebaut wird, in dem Fe^{2+}, Mn^{2+}, H_2S, Sulfide, Milchsäure, Buttersäure u. a. in toxischer Konzentration vorhanden sind. Außerdem ist der Stickstoffumsatz im Boden empfindlich gestört. Feinporige, to-

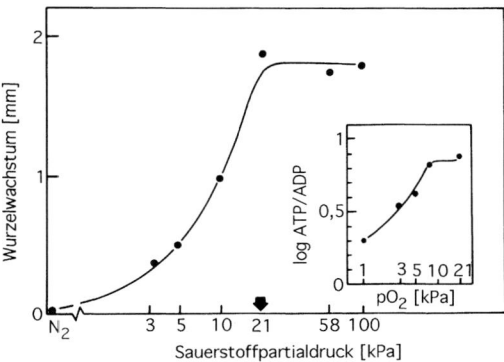

Abb. 6.50. Geschwindigkeit des Längenwachstums der Primärwurzeln von Maiskeimpflanzen in Abhängigkeit vom Sauerstoffdruck im Substrat. Eingefügte Grafik: Energiestatus bei den verschiedenen O_2-Partialdrücken. Nach SAGLIO et al. (1984).

nige Böden neigen besonders zu Sauerstoffschwund. Schotter- und Sandböden am Rande schnell fließender Gewässer sind auch bei Wasserhochstand genügend mit Sauerstoff versorgt.

Auf dauernd vernäßten Böden siedeln sich nur bestimmte Pflanzen an, z. B. krautige Helophyten, unter den Bäumen Pappeln, Weiden, Erlen, *Taxodium distichum, Nyssa*-Arten, Mangroven, unter den Palmen *Nypa fruticans*. Für viele andere Pflanzen stellt Überflutung eine Gefährdung dar, die schon in wenigen Tagen bis Wochen zum Absterben führen kann. In der Regel gehen die meisten Pflanzen schneller durch Vernässung zugrunde als durch Bodenaustrocknung.

6.2.3.1 Funktionsstörungen und Schädigungsverlauf

Pflanzenwurzeln sind grundsätzlich zu anaerober Atmung fähig, doch treten nach mehreren Stunden metabolische Abweichungen auf. Wenn der Sauerstoffpartialdruck auf 1–5 kPa sinkt (*Hypoxie*), steigt der Respiratorische Quotient RQ über 1, alternative Atmungswege, deren Schlüsselenzyme eine niedrigere Affinität für O_2 als die Cytochromoxidase haben, schalten sich ein und der Energiestatus des Adenylatsystems fällt stark ab. Das Wurzelwachstum erlahmt (Abb. 6.50); Wurzelspitzen, die in sauerstofffreie Zonen

IES normal

wenig Ethylen
Blätter aufrecht

wenig ABA
Stomata offen

GA + CK im
Xylem normal

Kein ACC

IES vermehrt

viel Ethylen
Blätter gekrümmt

viel ABA
Stomata verengt

GA + CK im
Xylem vermindert

ACC angereichert

dichte Bewurzelung
Boden gut belüftet

Feinwurzeln absterbend
Boden naß - Luftmangel

Abb. 6.51. Tomatenpflanzen bei Sauerstoffmangel im Wurzelraum nach 24–48 h Überflutung (*rechts*), verglichen mit Pflanzen auf gut belüftetem Boden (*links*). Das welke Aussehen bei Anaerobiose beruht auf pathologischem Abwärtswachstum der Blätter (Epinastie), das durch hohe Ethylenproduktion ausge-löst wird: das Wasserpotential bleibt dabei hoch, die Blätter behalten ihre Turgeszenzfestigkeit. *ABA* = Abszisinsäure, *ACC* = Ethylenvorstufe 1-Aminocyclopro-pan–1-carboxylsäure, *CK* = Cytokinine, *GA* = Gibberellinsäure, *IES* = Indolessigsäure. Nach Bradford und Yang (1981).

eintauchen, sterben ab und Adventivwurzeln bilden sich aus. Auf älteren Wurzelabschnitten entstehen häufig korkige Ausblühungen (Intumeszenzen) und aufgedunsene Lentizellen.

Bei weitgehendem oder vollständigem Sauerstoffschwund (*Anoxie*) wird die Atmung auf anaerobe Dissimilation umgeschaltet. Durch den Ausfall der terminalen Oxidation reichert sich Acetaldehyd und Ethanol an. Ein überhöhter Ethanolgehalt ist das bezeichnende Symptom für Sauerstoffmangel. Abszisinsäure, Ethylen und Ethylenvorstufen werden vermehrt gebildet, worauf in den Blättern Spaltenverengung, Krümmungswachstum (Epinastie) und Abwurf ausgelöst wird (Abb. 6.51). In den Zellen werden Membransysteme eingeschmolzen, Mitochondrien und Microbodies reduziert und deren Enzyme teilweise gehemmt.

6.2.3.2 Überleben bei Sauerstoffmangel

Pflanzen können in sauerstoffarmen Böden keimen, wurzeln und überleben, wenn sie besondere Vorkehrungen entwickeln.

Eine **funktionelle Anpassung** besteht darin, daß bei Anaerobiose die Zunahme der Alkoholdehydrogenase (ADH) unterbleibt. Gleichzeitig stellt sich der Proteinstoffwechsel innerhalb weniger Stunden um. Nach Gen-aktivierung werden bei Maisjungpflanzen rund 20 *Anaerobiose-Polypeptide* gebildet, die als Isoenzyme die ursprünglichen Enzyme (z. B. aerobe ADH und phosphatübertragende Enzyme) ersetzen[262]. Als Endprodukt entsteht dann nicht das giftige Ethanol, sondern Milchsäure, Shikimisäure oder Äpfelsäure. Über die ADH-Aktivität bei Hypoxie läßt sich die spezifische Empfindlichkeit einer Pflanzenart gegen Sauerstoffmangel quantitativ charakterisieren (Abb. 6.52).

Morphologische Anpassungen an sauerstoffarmes Milieu bestehen in der Ausbildung von Durchlüftungsgeweben mit weitlumigem Interzellularensystem (*Aerenchymen*), durch das der Sauerstoff über das Sproßsystem in die unterirdischen und unter Wasser befindlichen Organe gelangt (Abb. 6.53). Gut durchlüftete Wurzeln sind sogar imstande, Sauerstoff nach außen abzugeben und reduzierend wirkende Substrate unschädlich zu machen, z. B. Fe^{2+} als Fe-III-Oxide auszufällen. Die Durchlüftung kann durch Temperaturgradienten gefördert werden. Das Wurzelparenchym von Sumpfpflanzen besitzt ein Interzellularenvolumen von 20–60%, wogegen der Luftraumanteil von Pflanzen auf gut durchlüfteten Böden weniger als 10% beträgt[132]. Auf besonders dichten und stickigen Böden breiten die Pflanzen ein oberflächlich streichendes Wurzelsystem aus, in

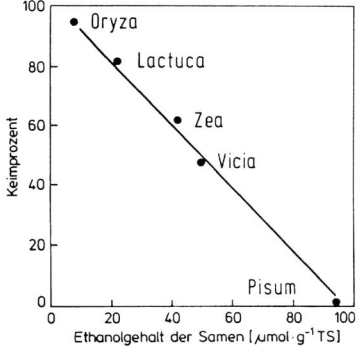

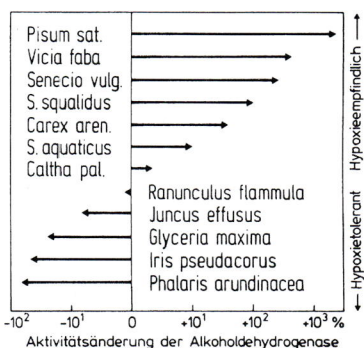

Abb. 6.52. Empfindlichkeit gegen Staunässe und Anpassung an Sauerstoffmangel. *Links:* Ethanolgehalt und Keimprozent (als Vitalitätsmaß) von Samen mit unterschiedlicher Empfindlichkeit gegen Sauerstoffmangel. Die Samen lagen drei Tage untergetaucht im Wasser und wurden dann untersucht. Nach CRAWFORD (1977). *Rechts:* Zunahme (*positive Werte*) bzw. Abnahme (*negative Werte*) der Alkoholdehydrogenase-Aktivität in Wurzeln unterschiedlich sauerstoffbedürftiger Pflanzenarten nach einmonatiger Anzucht bei Staunässe und Sauerstoffmangel im Boden. Bei empfindlichen Arten wird die Aktivität der Alkoholdehydrogenase stark gesteigert, was zu Ethanolanreicherung und Zellschädigung führt. Hypoxietolerante Arten schalten auf andere Stoffwechselwege um und die Aktivität der Alkoholdehydrogenase nimmt bei ihnen sogar ab. Nach McMANMON und CRAWFORD (1971).

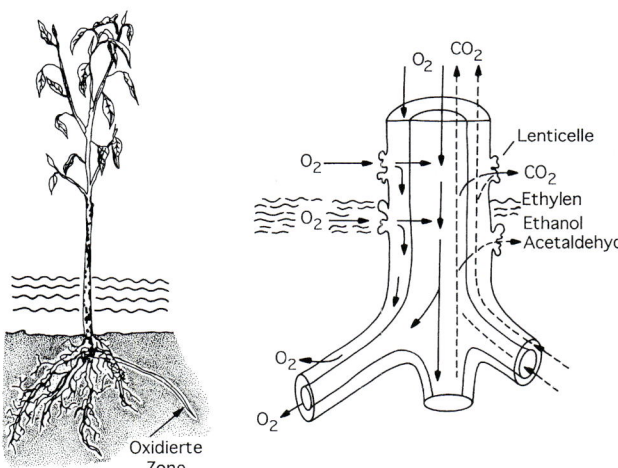

Abb. 6.53: Diffusion von Sauerstoff im Stamm und in den Wurzeln von Tupelojungpflanzen (*Nyssa aquatica* und *N. sylvatica*) und gasförmigen Ausscheidungen. Durch O_2-Austritt aus den Wurzeloberflächen wird in der Rhizosphäre ein oxidierendes Milieu geschaffen. Nach HOOK und SCHOLTENS (1978).

Überschwemmungsgebieten wachsen aus untergetauchten Stammabschnitten und Ästen dichte Zöpfe von Wasserwurzeln (z. B. Pappeln, Weiden, Erlen, Eschen, *Acer rubrum*, *Eucalyptus*-Arten und verschiedene Coniferen), und als extreme Spezialisierung bilden manche Mangrovensträucher lentizellenbesetzte aerenchymreiche Atemwurzeln (Pneumatophoren), Cupressaceen und Taxodiaceen auf Sumpfstandorten oberirdisch aufsteigende Kniewurzeln aus.

6.2.4 Dürre

Dürrestreß entsteht, wenn die Pflanzen zu wenig Wasser in geeignetem thermodynamischem Zustand zur Verfügung haben: Boden-

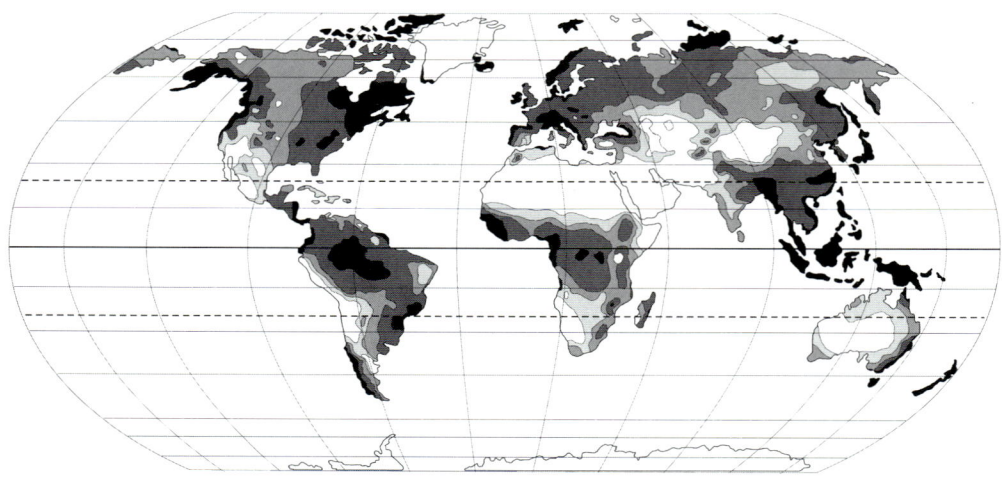

Abb. 6.54. Trockengebiete auf der Erde. Einstufung aufgrund des Verhältnisses zwischen jährlichem Niederschlag und potentieller Gebietsverdunstung (N/ET_{pot}). Arides Klima: unter 0,3; Semiarides Klima: 0,3–0,6; Subhumides Klima: 0,6–0,9; Humides Klima: 0,9–1,5; Perhumides Klima: über 1,5. Nach UNESCO (1979) und Box und Meentemeyer (1991).

trockenheit, hohe Verdunstung, osmotische Wasserbindung in Salzböden und Bodenfrost, aber auch flachgründige Standorte, die eine angemessene Ausdehnung des Wurzelsystems behindern, begrenzen die Wasseraufnahme und führen zu fortschreitender Anspannung der Wasserbilanz. Im Gegensatz zu vielen anderen Streßereignissen tritt eine Dürrebelastung in Sproßpflanzen nicht abrupt auf, sondern bahnt sich langsam an und verstärkt sich mit der Andauer. Die zeitliche Dimension ist daher ein wichtiger Faktor im Streßgeschehen und für das Überleben bei Dürre.

6.2.4.1 Dürre als Belastungsfaktor

Unter Dürre versteht man eine niederschlagsarme Zeit, während der der Wassergehalt des Bodens so stark absinkt, daß die Pflanzen unter Wassermangel leiden. Häufig, aber nicht immer, ist die Bodentrockenheit mit Lufttrockenheit und starker Einstrahlung, also mit hoher Verdunstungsbelastung gekoppelt. Niederschlagsarmut allein bedingt noch nicht Aridität: Die kalten Polargebiete sind niederschlagsarm, aber sie sind nicht arid, weil auch das Evaporationsvermögen niedrig ist; in Trockengebieten erreichen die Wurzeln der

kontrahierten Vegetation im Einflußbereich von Gewässern und Grundwasserströmen (z. B. Galeriewälder, Buschformationen auf Talböden) ständig feuchte Bodenschichten.

Großräumig ist **Trockenheit** das Ergebnis des Zusammenwirkens von Niederschlagsmangel und hoher Verdunstung. In Trockengebieten herrscht Dürre mit solcher Regelmäßigkeit und von solcher Dauer, daß die jährliche Verdunstung die Jahressumme der Niederschläge übersteigt. Man spricht in diesem Fall von *aridem* Klima, im Gegensatz zum *humiden* Klima bei Niederschlagsüberschuß[788]. Rund 1/3 der Festlandsoberfläche der Erde weist ein Regendefizit auf, die Hälfte davon (rund 12% der Landfläche) ist so trocken, daß die Jahresniederschläge unter 250 mm bleiben und nicht einmal ein Viertel der potentiellen Verdunstung ausmachen (Abb. 6.54). Ausgedehnte Trockengebiete liegen vor allem zwischen 15° und 30° nördlicher und südlicher Breite (Abb. 6.55) und im Lee regenbringender Winde hinter hohen Gebirgsketten. In meeresfernen Ländern erfolgt ein allmählicher Übergang vom humiden Klima über einen semiariden Zwischenbereich mit gelegentlichen oder periodischen Trockenzeiten zum ariden Gebiet, das durch andauernde Dürre, Bodenverbrackung und

Abb. 6.55. Latitudinale Verteilung der Jahresniederschläge und der potentiellen Gebietsverdunstung (ET_{pot} in mm · a^{-1}) und Verbreitung charakteristischer Pflanzenformationen. Auf Grundlage von UNESCO-Karten. Nach SCHULTZ (1988).

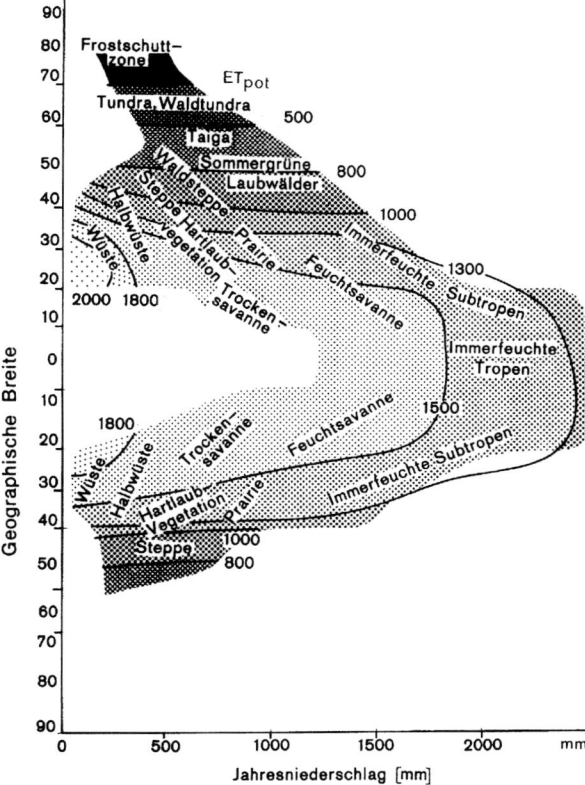

Bodenversalzung gekennzeichnet ist (Abb. 6.56).

Das Verhältnis von Jahresniederschlag zu Jahresverdunstung ist nur ein grober Hinweis auf den humiden oder ariden Charakter eines Gebietes. Für die Pflanzen ist wichtig, daß die Wasserversorgung dann sichergestellt ist, wenn der größte Bedarf herrscht, also während der Vegetationszeit. Um einen Überblick über relativ humide und relativ aride Zeitabschnitte während des Jahres zu bekommen, können aus Aufzeichnungen meteorologischer Stationen *Thermopluviogramme*[213,366,836] benützt werden (Abb. 6.57). Die Temperaturkurve dient als Anhaltspunkt für den Verlauf der Verdunstungskraft der Atmosphäre während des Jahres. Der Teil des Jahres, in dem die Niederschlagskurve unter der Temperaturkurve verläuft, ist für die Mehrzahl der Pflanzen, die nicht bewässert werden oder Grundwasser ausnützen, eine *Dürrezeit*. Das Verfahren hat den Vorteil, daß es auch auf Stationen angewendet werden kann, für die keine Verdunstungs- oder Strahlungsmessungen vorliegen. Jedoch sind solche Klimadiagramme nicht überall anwendbar, z. B. wird die höhenabhängig gesteigerte Verdunstung und der oberflächliche Abfluß von Niederschlagswasser nicht berücksichtigt.

Für die Bemessung der tatsächlichen Dürrebelastung der Pflanzen in ihrem Lebensraum werden, vor allem im Pflanzenbau und im Forstwesen, verschiedene Kriterien auf der Grundlage von Bodenfeuchtebestimmungen und der Analyse der Niederschlagsverteilung angewendet. Aus ökophysiologischer Sicht genügt die Kenntnis der Außenfaktoren noch nicht, um über das Ausmaß der Dürre sichere Auskunft zu erhalten. Nur die Pflanze selbst zeigt verläßlich an, wo und wann Wassermangel zur Belastung wird. Hierfür eignen sich Indikatoren für den Zustand der Wasserbilanz.

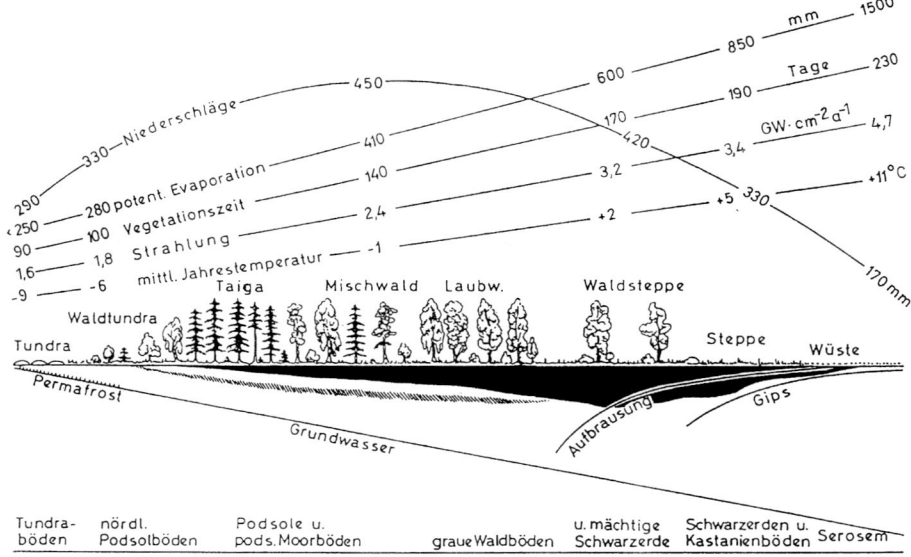

Abb. 6.56. Schema des Klimaverlaufs, der Vegetationsgliederung und der Bodenausbildung von Nordosteuropa bis zur Kaspischen Niederung. Wo die Niederschlagskurve die ansteigende Linie der potentiellen Evaporation schneidet, liegt die Grenze zwischen humidem (links) und aridem (rechts) Klima. Nach Vysockom und Morozov aus Walter (1990).

Wie sehr die einzelnen Pflanzen auf ihrem Wuchsplatz durch die Trockenheit beansprucht sind (*Trockenbeanspruchungsindex* TBI[287]), erfährt man, wenn das aktuelle Wassersättigungsdefizit (WSD_{akt}) mit einem kritischen Schwellenwert (WSD_{krit}) verglichen wird.

$$TBI = \frac{WSD_{krit}}{WSD_{akt}} \qquad (6.3)$$

Als *kritische Belastungsschwelle* kann je nach Fragestellung das Auftreten erster sichtbarer Dürreschädigungen, aber auch der Beginn definierter Funktionsstörungen dienen. Anstelle von Wassersättigungsdefiziten können sinngemäß auch andere Bilanzindikatoren wie relativer Wassergehalt, potentielles osmotisches Potential und Wasserpotential (bei unterdrückter Transpiration) benützt werden. Ein niedriger Dezimalwert (TBI wird auch als Prozentwert ausgedrückt) weist auf eine geringe Dürrebelastung dieser Pflanzenart hin. Örtliche und zeitliche Belastungsunterschiede ergeben sich aus dem Vergleich verschiedener Individuen derselben Art, vegetationstypische Belastungsmuster sind aus den TBI-Werten von charakteristischen Pflanzenarten des Gebietes abzuleiten (Tab. 6.6). Es kommt darin zum Ausdruck, wie sehr die Wasservorräte im Boden und auch die Verdunstungsbedingungen räumlich wechseln, und die Trockenheit wird als Standortfaktor erfaßt, der über die Verteilung und Verbreitung der Arten wesentlich entscheidet.

6.2.4.2 Funktionsstörungen und Schädigungsverlauf

Wassermangel führt zur Volumenverminderung der Zelle, Erhöhung der Zellsaftkonzentration und Entquellung des Protoplasmas. Es gibt keinen Lebensprozeß, der durch eine Erniedrigung des Wasserpotentials unbeeinflußt bliebe. Die Abb. 6.58 gibt eine Übersicht über eine Reihe von Zellfunktionen, die bei absinkendem Wasserpotential verändert werden. Da der Dürrestreß in homoiohydren Pflanzen *allmählich* zunimmt, kommt in der *Abfolge* der Ereignisse auch die relative Streßempfindlichkeit der betroffenen Funktionen zum Ausdruck.

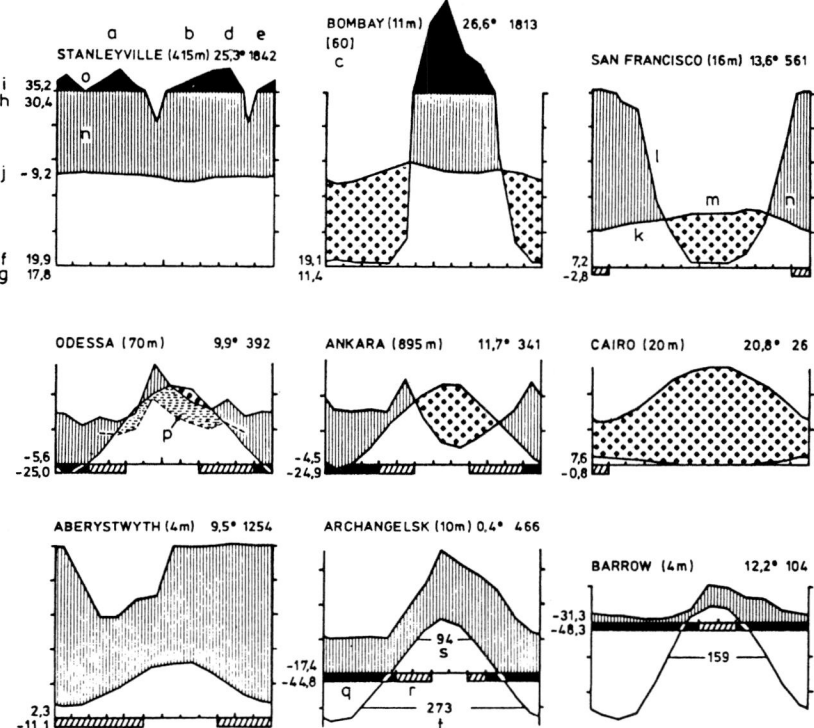

Abb. 6.57. Klimadiagramme für *Stanleyville* (Kongo, immerfeuchtes äquatoriales Tageszeitenklima); *Bombay* (Indien, tropisches Sommerregenklima); *San Francisco* (Californien, Winterregengebiet mit Sommerdürre); *Odessa* (Schwarzmeerküste, semiarides Steppenklima); *Ankara* (Türkei, mediterraner Klimatypus mit Äquinoktialregen); *Cairo* (Ägypten, subtropisches Wüstenklima); *Aberystwyth* (Wales, maritim-gemäßigtes Klima); *Archangelsk* (Taigazone am Weißen Meer, kalt-gemäßigtes Klima); *Barrow* (Alaska, arktisches Tundraklima).

Erläuterung der Klimadiagramme: *Abszisse:*Auf der Nordhemisphäre Monate von Januar bis Dezember, auf der Südhemisphäre von Juli bis Juni (die warme Jahreszeit liegt immer in der Mitte des Diagramms). *Ordinate:* 1 Teilstrich = 10 °C bzw. 20 mm Niederschlag. Die Bezeichnungen und Zahlen auf den Diagrammen bedeuten: a = Station, b = Höhe über dem Meer, c = Anzahl der Beobachtungsjahre, d = mittlere Jahrestemperatur, e = mittlere Jahresniederschlagsmenge, f = mittleres tägliches Minimum des kältesten

Monats, g = absolutes Temperaturminimum, h = mittleres tägliches Maximum des wärmsten Monats, i = absolutes Temperaturmaximum, j = mittlere tägliche Temperaturschwankung (tropische Stationen mit Tageszeitenklima), k = Kurve der mittleren Monatstemperaturen, l = Kurve der mittleren monatlichen Niederschläge, m = relative Dürrezeit (punktiert), n = relativ humide Jahreszeit (vertikal schraffiert), o = perhumide Jahreszeit, mittlere monatliche Niederschläge >100 mm (Maßstab auf 1/10 reduziert, schwarze Fläche), p = relative Trockenzeit (tiefergesetzte Niederschlagskurve, 1 Skalenteil entspricht 30 mm), q = kalte Jahreszeit, Monate mit mittlerem Tagesminimum unter 0 °C (schwarzer Balken), r = Zeitraum mit Frostwechseltagen, Monate mit absolutem Minimum unter 0 °C (schräg schraffierter Balken), s = Zahl der Tage mit Mitteltemperaturen über +10 °C, t = Zahl der Tage mit Mitteltemperaturen über –10 °C. Alle diese Angaben stellen eine Übersicht über pflanzenökologisch wichtige Klimadaten dar. Nach WALTER und LIETH (1967).

Die erste und sensibelste **Reaktion auf Wassermangel** ist ein Rückgang des Turgors und damit im Zusammenhang eine Verlangsamung von Wachstumsvorgängen (insbesondere des Streckungswachstums). Der Protein-

stoffwechsel wird besonders früh beeinträchtigt, desgleichen die Aminosäurensynthese. Die Nitratreduktase gehört zu jenen Enzymen, die am stärksten durch Wassermangel gehemmt wird. Schon nach kurzdauernder

Tab. 6.6 Trockenheitsbeanspruchung von Pflanzen verschiedener Vegetationstypen. Nach Angaben mehrerer Autoren aus LARCHER (1973b) unter Einbeziehung von Werten bei BANNISTER (1976), SVEŠNIKOVA(1979) und BOBROVSKAJA (1985).

Pflanzengruppe	Wuchsort	Durchschnittlich maximales Wassersättigungsdefizit auf dem natürlichen Wuchsort in % des WSD bei 5–10% Schädigung
Mediterrane Macchiensträucher	Trockengrenze	80–85
	Nordgrenze	40–70
Halbsträucher der Garrigue	Mediterrangebiet	90–105
Ericaceenzwergsträucher	Atlantische Heiden	15–10(88)
Sommergrüne Laubbäume und Sträucher	Nordeuropa	10–40(50)
Krautiger Waldunterwuchs	Nordeuropa	6–25(50)
Dicotyle Kräuter xerothermer Standorte	Mitteleuropa	40–85
Wiesengräser	Mitteleuropa	20–40(75)
Steppenpflanzen	Mitteleuropa	50–90(108)
	Zentralasien	60–80
Wüstenpflanzen		
Bäume und Sträucher	Karakorum	30–50
Halbsträucher und Stauden	Zentralasien	50–65

In Klammern: Seltene Extremwerte

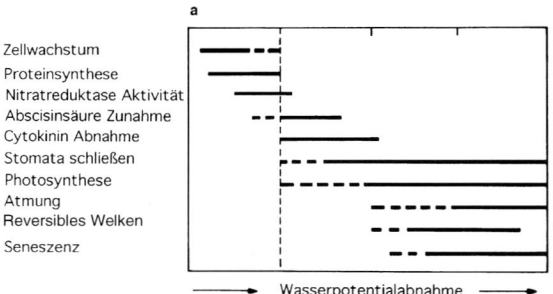
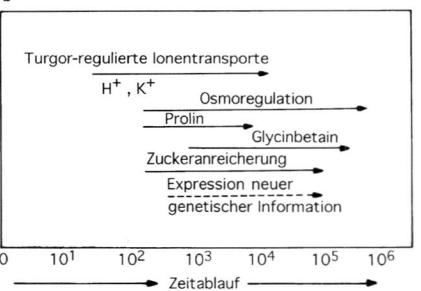

Abb. 6.58. Reaktionen auf Belastung durch Dürrestreß. a) Empfindlichkeit von Zellfunktionen und Vorgänge bei Wassermangel. Die horizontalen Linien geben den Bereich an, in dem bei den meisten Pflanzenarten ein deutlicher Effekt eintritt. Strichlierte vertikale Linie: Beginn des Spaltenschließens. Nach HSIAO (1973) und BRADFORD und HSIAO (1982). b) Zeitlicher Ablauf (in Sekunden) von streßbewältigenden Vorgängen in der Zelle. Nach WYN JONES und PRITCHARD (1989).

negativer Wasserbilanz kann die Nitratreduktase um 20%, bei längerer Dürrebelastung auf die Hälfte des Ausgangswerts absinken[297]. Bei Dürre steigt daher der Nitratgehalt in gedüngten Pflanzen an. Die Stickstofffixierung in den Wurzelknöllchen der Fabales ist ebenfalls sehr dürreempfindlich, gleichzeitige Symbiose mit VA-Mykorrhiza mildert aber den Effekt. Die eingeschränkte Syntheseleistung des Proteinstoffwechsels unterdrückt das Teilungswachstum. Mitosen werden schon bei mildem Dürrestreß verzögert, wobei die S-Phase am empfindlichsten ist. Meiosen während der Pollenentwicklung zeigen Chromosomenanomalien und Störungen vor allem im Ablauf der Metaphase und Anaphase, so daß bei Dürre die Pollenfertilität nachläßt[541].

Abb. 6.59. Hormonelle Regulationen bei Dürrestreß: (+) Reaktionen vermehrt, (-) vermindert. Nach TIETZ und TIETZ (1982).

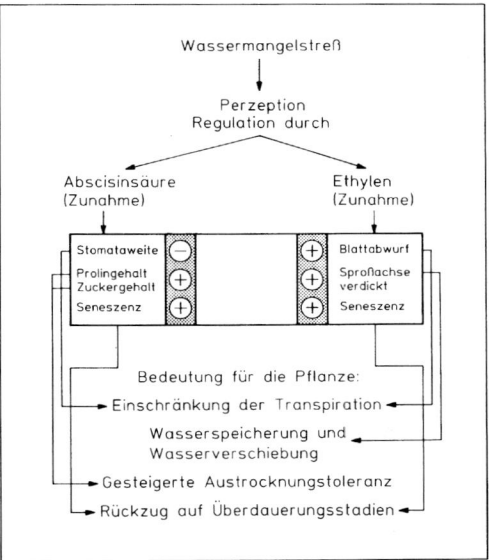

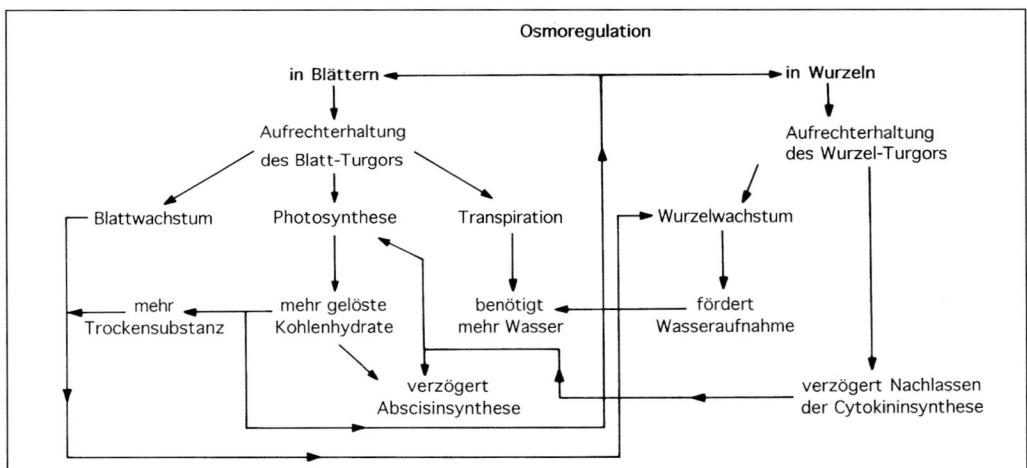

Abb. 6.60.   Auswirkungen osmoregulatorischer Vorgänge in Wurzeln und Blättern. Nach TURNER (1986).

Bei einem noch mäßigen Grad des Wasserverlustes wird Abszisinsäure in der Wurzel durch Abbau von Carotinoiden synthetisiert und als Signalstoff („Wurzelsignal") in verschiedene Pflanzenteile transportiert, wo sie vielfältige Effekte auslöst (Abb. 6.59). In den Blättern leitet sie den Spaltenschluß ein. Unter dem Einfluß dürreausgelöster Hormonsynthesen in den Wurzeln und Blättern werden Assimilate in der Pflanze anders verteilt, Wachstumsrelationen zwischen Sproß- und Wurzelsystem verändert, bezeichnende mor-

phogenetische Ausprägungen ausgebildet und reproduktive Prozesse in der Regel zu früh in Gang gebracht. Nimmt die Austrocknung weiter zu, bekommen katabole Stoffwechselvorgänge die Oberhand, Alterungsprozesse werden beschleunigt und ältere Blätter vergilben.

Viele dieser Vorgänge sind zunächst noch vollständig reversibel. Destruktive Vorgänge und Abwehrreaktionen gehen ineinander über, was auch am zeitlichen Ablauf des Geschehens zu erkennen ist (siehe Abb. 6.58).

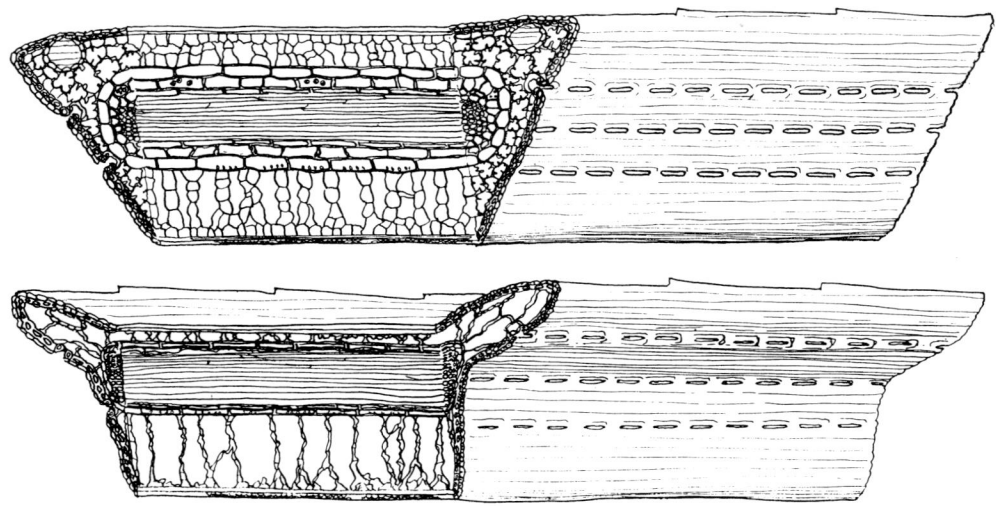

Abb. 6.61. Zellschrumpfung in einer Nadel von *Pinus strobus*. Oben: wassergesättigt. *Unten:* nach Austrocknung auf 55% des Frischgewichts. Nach PARKER (1952).

Mit Beginn des Nachlassens des Turgors setzen *osmoregulatorische Maßnahmen* ein. Durch Synthese, Stärkekonversion und Translokation werden niedermolekulare organische Stoffe (lösliche Kohlenhydrate und organische Stickstoffverbindungen) in Zellkompartimenten und im Cytosol akkumuliert. Dieser Vorgang fördert den Einstrom von Wasser in die Pflanze, trägt zur Stabilisierung des Zellvolumens bei und verzögert den Turgorabfall im Mesophyll und auch in den Schließzellen (Abb. 6.60). Die Spalten bleiben länger offen, was dem Kohlenstofferwerb der Pflanzen in Trockengebieten zugute kommt.

Tritt Welken ein, dann ziehen sich die Zellen cytorrhytisch zusammen (Abb. 6.61). Zellkompartimente schrumpfen entsprechend der Volumenverkleinerung und werden deformiert. Die damit verbundene Konzentrierung intrazellulär gelöster Stoffe, insbesondere von Ionen, behindert vor allem die Sekundärreaktionen der Photosynthese und dann auch die mitochondriale Atmung. In der Endphase vor dem Erlöschen der Zellvitalität fragmentiert sich die Zentralvakuole in kleine Teilvakuolen, die Thylakoide in den Chloroplasten und die Cristae in den Mitochondrien schwellen zunächst an und werden später abgebaut, die Kernhülle wird gebläht

und Polyribosomen zerfallen. In einem frühen Stadium dieser Veränderungen können manche Pflanzen (vor allem austrocknungsfähige Arten, Embryonen in Samen) nach Wiederaufsättigung ihre Membranstrukturen und die Kompartimentierung wiederherstellen. Entscheidend für das Schicksal der Zelle ist der Grad der Destrukturierung der Biomembranen (Abb. 6.62) und die Reparationsfähigkeit nach Dehydratation. Verklebungen und der Zerfall der Biomembranen führen letztlich zum Zelltod.

6.2.4.3 Überleben bei Dürre

Dürreresistenz ist die Fähigkeit, Trockenperioden zu überdauern. Diese Widerstandsfähigkeit ist eine komplexe Eigenschaft. Die Überlebensaussichten einer Pflanze bei extremer Trockenheitsbelastung sind um so besser, je länger eine gefährliche Entwässerung des Protoplasmas verzögert wird (*Austrocknungsverzögerung*) und je stärker das Protoplasma ohne Schaden austrocknen kann (*Austrocknungsvermögen* oder *Austrocknungstoleranz*). Dem Austrocknungsvermögen sind bei homoiohydren Pflanzen enge Grenzen gesetzt; die spezifischen Unterschiede in der Dürreresistenz sind hauptsächlich auf die Wirksamkeit von Mechanismen zur Austrocknungsverzögerung zurückzuführen. Um in Trockengebieten leben zu können, muß eine Pflanze nicht unbedingt dürreresistent sein: Durch einen raschen Ablauf des Lebenszyklus oder eine verkürzte Produktionsperiode ist es auch möglich, der Trokkenzeit auszuweichen. Eine Übersicht über mögliche Überlebensweisen von Pflanzen in Trockengebieten (*Xerophyten*) gibt die Abb. 6.63.

Dürremeidende Xerophyten
Für die Überdauerung von Trockenperioden ist wichtig, daß rechtzeitig austrocknungsresistente Samen oder vor Dürre geschützte Überdauerungsorgane ausgebildet werden. *Pulviotherophyten* sind kurzlebige Sproßpflanzen, die nach stärkeren Regenfällen auskeimen und ihren Entwicklungszyklus rasch abschließen. Dazu gehören vor allem winterannuelle Pflanzen. Regenephemere Pflanzen müssen tagneutral sein, damit sie jederzeit nach Befeuchtung blühen können; ihr Vorteil ist eine prompte Entwicklungsanpassung an die Wasserversorgung. Die Trockenzeit überdauern sie im austrocknungsfähigen Samenstadium. *Geophyten* besitzen wasserreiche unterirdische Überdauerungsorgane (Rhizome, Knollen, Zwiebeln), die im Boden vor zu starker Entwässerung geschützt sind. In der Regenzeit treiben sie dank Verwertung gespeicherter Kohlenhydrate sofort aus und kommen alsbald zum Blühen und Fruchten.

Austrocknungsverzögerung
Austrocknungsverzögernd sind alle Vorkehrungen, durch die es den Pflanzen gelingt, bei Luft- und Bodentrockenheit möglichst lange Zeit einen guten Wasserzustand in den Geweben zu erhalten. Das wird durch verbesserte Wasseraufnahme aus dem Boden erzielt, durch Reduktion der Wasserabgabe (frühzeitige und wirksame Erhöhung des Diffusionswiderstandes, Verkleinerung der transpirierenden Oberfläche), durch gutes Wasserleitungsvermögen und durch Wasserspeicherung. Viele austrocknungsverzögernde Verhaltensmuster kommen auch morphologisch als Dürreüberdauerungsformen zum Ausdruck (Abb. 6.64).
Verbesserte Wasseraufnahme durch weit

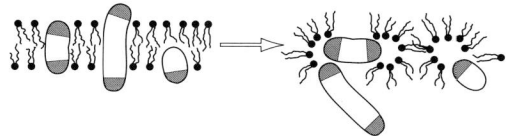

Abb. 6.62. Mögliche Veränderungen der Biomembranstruktur bei Austrocknung. *Hydratisierter Zustand links:* Ausrichtung der hydrophilen Pole der Phospholipide (Köpfe) und integrierter Membranproteine (punktierte Bereiche) nach außen zum wäßrigen Medium. *Dehydratisierter Zustand rechts:* Umorientierung der Phospholipide entlang eingeschlossener Wasserkanäle und Verlagerung der Proteine. Nach BEWLEY und KROCHKO (1982).

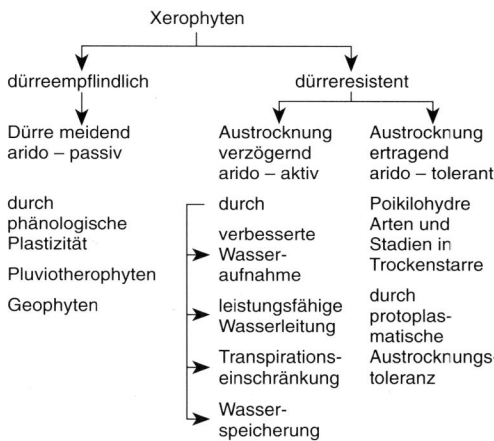

Abb. 6.63. Überlebensweisen von Pflanzen in Trokkengebieten. Nach Einteilungssystemen von SHANTZ (1927), EVENARI et al. (1975), TURNER (1979) und LUDLOW (1989).

ausgreifendes Wurzelwerk mit großer aktiver Oberfläche wird durch rasches Wachstum bis in tiefe Bodenschichten erreicht. Die Wurzeln von Steppen- und Wüstenpflanzen dringen durchschnittlich bis in 2–5 m Bodentiefe vor[779]. So gelangen sie in noch feuchte Horizonte, von denen die Pflanzen längere Zeit zehren können. Holzpflanzensämlinge bilden in Trockengebieten Pfahlwurzeln aus, die zehnmal so lang sind wie der Sproß, Gräser verdichten ihren Wurzelfilz und stoßen mit ihren Fadenwurzeln ebenfalls metertief vor. Davon sind große Wurzelbereiche verborkt oder wasserspeichernd. Das Verhältnis zwischen Sproß und Wurzelmasse verschiebt sich um so mehr zugunsten der Wurzeln, je

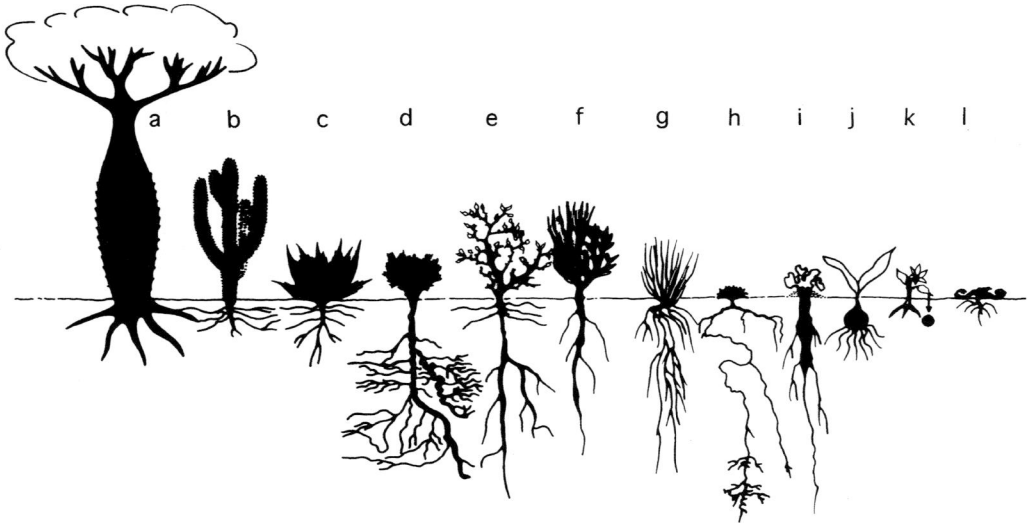

Abb. 6.64. Dürreüberdauerungsformen (Auswahl).
a: Stammspeichernde laubabwerfende Flaschen-
bäume (*Adansonia/Chorisia*-Typ); b: Stammspeichernde Sukkulenten (*Kakteen-/Euphorbien*-Typ); c:
Blattspeichernde Sukkulenten (*Agaven/Crassulaceen*-
Typ) d: Immergrüne Bäume und Sträucher mit tiefgreifendem Wurzelsystem (*Sklerophyllen*-Typ); e: Regengrüne, häufig verdornte Sträucher (*Capparis*-
Typ); f: Rutensträucher (*Retama*-Typ); g: Hartgräser
mit blattscheidenumhüllten Erneuerungsknospen
und ausgreifendem Wurzelwerk (*Aristida*-Typ); h: Polsterpflanzen (*Anabasis*-Typ); i: Rübengeophyten
(*Citrullus*-Typ); j: Zwiebel und Knollengeophyten;
k: Pluviotherophyten; l: Austrocknungstolerante
Pflanzen (*Poikilohydren*-Typ). Nach Angaben bei
TROLL (1960), STOCKER (1970, 1971, 1974a), SEN
(1982), zusammengestellt und erweitert.

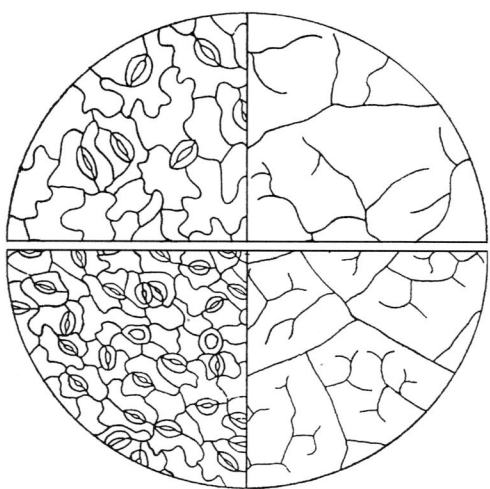

Abb. 6.65. Dichte der Stomata und des Leitbündel-
netzes auf Blättern von *Phaseolus vulgaris* bei guter
Wasserversorgung (*oben*) und bei ungenügender Bodenfeuchtigkeit (*unten*). Nach TUMANOV (1927).

stärker die Pflanzen eines Gebietes der Trok-
kenheit ausgesetzt sind. Schwierig wird die Situation dann, wenn für eine Ausdehnung des
Wurzelsystems zu wenig Platz vorhanden ist.
Auf flachgründigen Böden sind Extensivwurzler (vor allem Holzpflanzen) daher besonders dürregefährdet. Analoge Probleme
treten bei der Bepflanzung von Bauwerken
(Flachdächer, Unterflurbauten) auf. Für die
Gebäudebegrünung eignen sich auch in humiden Gebieten nur dürrebeständige Pflanzen,
die mit dem geringen Wasservorrat des be-
grenzten Bodenvolumens der Aufschüttung
zurechtkommen.

Das **Wasserleitungsvermögen** wird durch
Vergrößerung der Leitfläche (mehr Xylem,
dichtere Blattaderung) und Verkürzung des
Transportweges (kürzere Internodien) leistungsfähiger. Wenn gleichzeitig die transpirierenden Oberflächen reduziert werden,
nimmt die *relative* Leitfläche allein schon bei
unveränderter *absoluter* Leitfläche (leiten-
dem Querschnitt) zu.

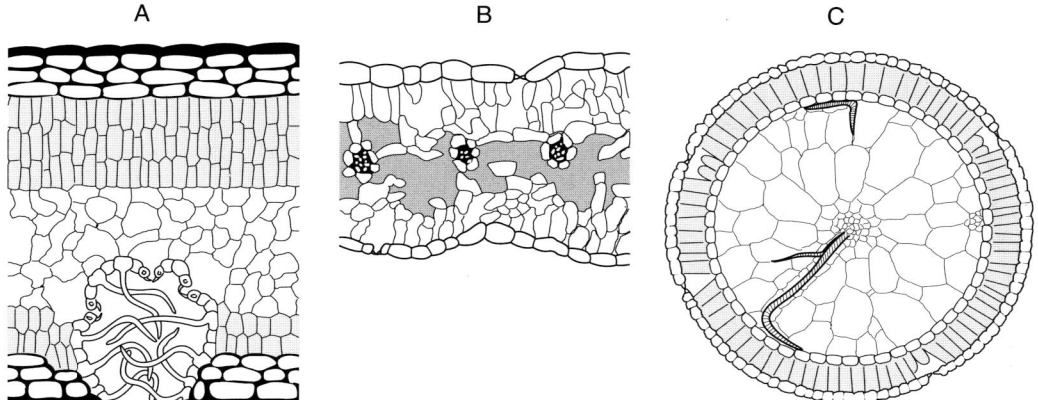

A   B   C

Abb. 6.66. Beispiele für Blattstrukturen dürreangepaßter Pflanzen. a) Querschnitt durch ein skleromorphes Blatt von *Nerium oleander* mit verdickter, mehrschichtiger Hypodermis, gestaffeltem Mesophyll (gerastert) und mit windgeschützten Spalten. b) Blatt der kalifornischen Asteracee *Hemizonia luzulifolia* ssp. *rudis*, das in pektinartigen Interzellularenfüllungen (punktiert) Wasser speichert. c) Rundblatt der sukkulenten nordafrikanischen Wüstenpflanze *Zygophyllum simplex* mit Außenchlorenchym (gerastert) und zentralem Wassergewebe. Nach STOCKER (1952) und MORSE (1990).

Durch **Transpirationseinschränkung** werden vorhandene Wasserreserven geschont. Modulativ erfolgt diese durch rechtzeitigen Spaltenschluß. Modifikativ werden auf Blättern, die bei Wassermangel heranwachsen, kleinere Spaltapparate in größerer Besatzdichte angelegt (Abb. 6.65). Solche Blätter drosseln die Transpiration beim Einsetzen der stomatären Regulation schneller. Genotypisch an Dürrestandorte angepaßte Pflanzen sind mit Blättern ausgestattet, deren Epidermiswände dichter cutinisiert und mit dickeren Wachsschichten überzogen sind. Spaltapparate sind nur auf der Blattunterseite vorhanden, sie sind kleiner und häufig unter einem Haarfilz oder in Einbuchtungen (Rinnen, Krypten: Abb. 6.66) verborgen. Auf diese Weise überzieht, dank dem erhöhten Grenzflächenwiderstand, eine feuchtere Lufthaut das Blatt. Eine wirksame Einschränkung der Wasserabgabe wird durch Einrollen der Blätter (siehe Abb. 4.41) oder Verkleinerung der transpirierenden Oberflächen erreicht. Blätter, die sich bei schlechter Wasserversorgung ausdifferenziert haben, sind in der Regel kleiner, stärker zerteilt und von geringerer Oberflächenentwicklung (*Xeromorphose*).

Eine besonders drastische Reduktion der transpirierenden Gesamtoberfläche der

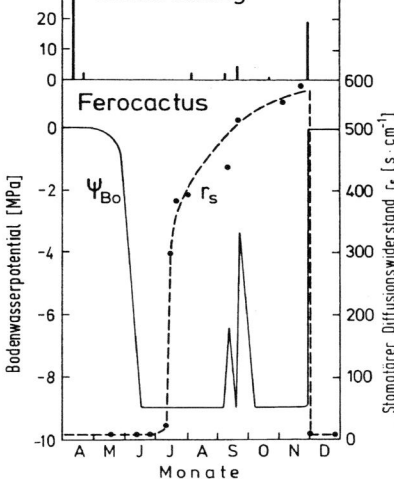

Abb. 6.67. Bodenaustrocknung (Ψ_{Bo}; Wasserpotential in 10 cm Tiefe) und langsam ansteigender stomatärer Diffusionswiderstand (r_s-Tagesminimum) von *Ferocactus acanthodes* in der Coloradowüste während monatelanger Dürre zwischen stärkeren Regenfällen im April und November. Nach NOBEL (1977).

Pflanze kommt durch teilweisen oder vollständigen *Blattabwurf* zustande. Verschiedene Holzpflanzen in Trockengebieten werfen ihr Laub regelmäßig in der Dürrezeit ab. Durch peridermale Transpiration verlieren die Stämme und Zweige großer Bäume einen geringen Bruchteil der Wassermenge, die durch das Laub bei guter Wasserversorgung verdunstet würde. Rutensträucher und manche Stammsukkulenten (Kandelaber-Euphorbien, Pachypodien) entlauben sich bei Bedarf, wodurch die Sproßoberfläche auf 1/3–1/5 verkleinert wird.

Wasserspeicherung ist die höchste Perfektionsform der Austrocknungsverzögerung, besonders wenn sie mit Oberflächenreduktion und hohem Transpirationswiderstand der Epidermis gekoppelt ist. Als Maß für das Speicherungsvermögen kann der *Sukkulenzgrad*[140] angegeben werden:

$$\text{Sukkulenzgrad} = \frac{\text{Sättigungswassergehalt (g)}}{\text{Oberfläche (dm}^2)}$$
$$(6.4)$$

Sukkulente Pflanzen überdauern lange Dürre; nach dem letzten Regen reicht der Wasservorrat einige Wochen aus, bevor die Spalten dauernd geschlossen bleiben (Abb. 6.67). Wasser wird in der Regel in spezialisierten Geweben mit großer Speicherkapazität abgelagert. In Sukkulenten ist das *Wassergewebe* (Abb. 6.66) zumeist im Inneren der Blätter und Sprosse angeordnet. Eine besondere Form der Wasserkonservierung ist die Bindung des Wassers an stark quellbare Kohlenhydrate in Schleimzellen, Schleimgängen und als Interzellularenfüllung. Bei Dürre verzögert diese Wasserreserve ein schnelles Welken und zu starkes Schrumpfen der Blätter.

Der **Wasserverschiebung** aus Speichergeweben und Massivorganen (Stämme und dickere Äste der Bäume, unterirdische Speicherorgane) kommt bei anhaltender Trockenheit große Bedeutung zu. In Trockengebieten speichern und verlagern manche Baumarten erhebliche Mengen von Wasser in dicken Rinden und im Holz im periodischen Rhythmus. An Flaschenbäumen in Kenia (*Adansonia digitata*) wurde durch Schrumpfungsmessungen an Stämmen berechnet, daß diese tagsüber 400 Liter Wasser an die Blätter abgeben[185]. Aber auch in humiden Regionen dienen Rinde und Holz als Stauräume für den Wasserhaushalt. Unter sommerlichen Witterungsbedingungen wird vorübergehend 30–50% des mittäglichen Transpirationsverlusts

40jähriger Kiefern durch Wasser aus den Stämmen und Ästen bestritten[853] und dadurch die Anspannung der Wasserbilanz in den Nadeln entlastet. Während Trockenperioden werden die Wasserreserven zunächst an der Stammbasis, dann entlang des Stammes und aus den Ästen ausgeschöpft. Die Wasserverschiebung aus den Achsen und Wurzeln in die Blätter ist deshalb so wertvoll, weil sie nach Spaltenschluß, also nach Umstellung der Blätter auf sparsamsten Wasserverbrauch, voll zur Geltung kommt. Für immergrüne Holzpflanzen, die im Winter von Frosttrocknis bedroht sind, ist Wasserverlagerung aus dem Achsensystem in die Blätter und Nadeln ein wichtiger Überlebensmechanismus.

Austrocknungsvermögen

Das Austrocknungsvermögen ist die artspezifische und adaptierbare Fähigkeit des Protoplasmas, strenge Entwässerung zu ertragen. Als *Resistenzmaß* werden Grenzwerte für den Wasserzustand der Pflanze bzw. deren Gewebe (RWC, WSD, Wasserpotential) angegeben, bei denen erste irreversible Wirkungen ("kritische Grenze") oder schon nekrotische Schädigungen (subletal bei 5–10% Schädigung, Dürreletalität DL_{50} bei 50% Ausfall) aufscheinen. Daten, die auf Wassergehalten beruhen, sind für eine Abschätzung der Sicherheitsreserve bei Dürrebelastung aufschlußreich, man sollte sie aber nicht für Artenvergleiche verwenden, weil ihre Absoluthöhe von der anatomischen Eigenart der Untersuchungsprobe, z. B. dem Gewichtsanteil der Festigungselemente beeinflußt wird. Für die Bemessung der spezifischen Austrocknungstoleranz eignen sich nur Wasserpotentialdaten (z. B. Osmolalität, Wasserpotential der Zelle oder der Gewebe).

Die Austrocknungsresistenz des Protoplasmas schwankt im Pflanzenreich in weiten Grenzen (Tab. 6.7).

Austrocknungsempfindliche Arten. Das Protoplasma der meisten Pflanzen ist gegen Wasserentzug außerordentlich empfindlich. Die Zellen von Blättern *homoiohydrer* Sproßpflanzen gehen zugrunde, wenn sie einige Stunden einer relativen Luftfeuchtigkeit zwischen 96 und 92% (entspricht −5,5 bis −11 MPa) schutzlos ausgesetzt sind; Wurzeln sind

Tab. 6.7 Grenzwerte der Austrocknungsresistenz von Pflanzenzellen nach 12–48 Stunden Aufenthalt in Dampfkammern mit verschiedener relativer Luftfeuchtigkeit. Nach ILJIN, BIEBL, HÖFLER, HÄRTEL, ABEL, KAPPEN und PARKER aus LARCHER (1973b) und GAFF (1980).

Pflanzengruppe		Gerade noch ungeschädigt bei % RLF	Entsprechend einem Wasser-potential von MPa
Meeresalgen			
Tiefenalgen		99–97	−1,4 bis −4
Algen der Ebbelinie		95–86	−7 bis −20
Algen der Gezeitenzone		86–83	−20 bis −25
Lebermoose			
Hygrophyten	meist	95–90	−7 bis −14
Mesophyten	meist	92–50	−11 bis −94
Xerophyten	meist	(36)–0	(−140) bis ∞
Laubmoose			
Hygrophyten		95–90	−7 bis −14
Mesophyten	meist	90–50	−14 bis −93
	extrem	10	−310
Xerophyten	meist	5–0	−400 bis ∞
Hymenophyllaceen		90–75	−14 bis −38
Farnprothallien			
Pteridium aquilinum		>90	bis −14
Cystopteris fragilis		>90	bis −14
Asplenium ruta-muraria		40–60	−70 bis −120
Homoiohydre Sproßpflanzen (Gewebeschnitte)			
Blattepidermis		96	−6
Mesophyll		95	−7
Wurzelrinde		97	−4
Poikilohydre Sproßpflanzen			
Borya nitida		85–90	−14 bis −22
Xerophyta villosa		66	−56
Myrothamnus flabellifolia			
am Standort		11	−298
im Laboratorium		11–0	−298 bis ∞

empfindlicher, Knospen sind widerstandsfähiger. Durch Abhärtung wird die Resistenzgrenze erhöht (Abb. 6.68). In Wachstumsperioden sind die Zellen besonders austrocknungsempfindlich, während der Ruhezeiten sind sie widerstandsfähiger.

Unter den *Thallophyten* sind die Planktonalgen und jene Tange, die so tief unter dem Meeresspiegel ansitzen, daß sie normalerweise stets von Wasser umspült sind, besonders austrocknungsempfindlich. Algen der Gezeitenzone, die regelmäßig bei Ebbe trockenfallen, sind austrocknungstoleranter als Tiefenalgen. Viele Moose, insbesondere Lebermoose, sind häufig auf einen bestimmten Feuchtigkeitsbereich beschränkt, so daß die

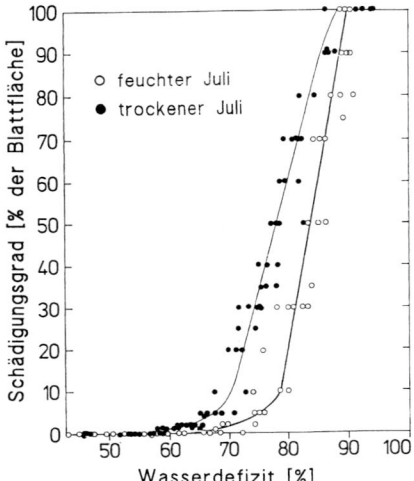

Abb. 6.68. Dürreinduzierte Steigerung der Austrocknungsresistenz der Blätter von *Olea europaea*. Nach LARCHER (1963b).

verschiedenen Arten als Zeigerpflanzen für die Standortfeuchtigkeit benützt werden können. Die Austrocknungsresistenz kann allerdings bei den Moosen durch Abhärtung erheblich anwachsen.

Austrocknungsfähige Arten. Unter den *Thallophyten* gibt es in allen Ordnungen Arten, die vollständig austrocknungsfähig sind. Bakterien, Cyanobakterien und Flechten weisen eine Vielzahl von Vertretern auf, die monatelang und sogar jahrelang im lufttrockenen Zustand ausharren und nach Wiederbefeuchten sogleich ihre Stoffwechselaktivität aufnehmen. Manche von ihnen überleben einen wochenlangen Aufenthalt in absolut trockener Luft. Vollständig austrocknungsfähig sind auch manche Pilzmyzelien, verschiedene Moose und einige *Selaginella*-Arten und Farne.

Unter den *Blütenpflanzen* sind ebenfalls vollständig austrocknungsfähige Arten bekannt: Die Gesneriaceen *Ramonda serbica* und *Haberlea*-Arten aus dem Balkangebiet, zahlreiche „Wiederauferstehungspflanzen" unter den Myrothamnaceen, Scrophulariaceen, Lamiaceen, Cyperaceen, Poaceen, Liliaceen und Velloziaceen aus Trockengebieten Zentralasiens, Australiens, Südamerikas und vor allem aus Südafrika[206]. Es handelt sich in

der Regel um langlebige Hemikryptophyten mit kleinen, oft einrollenden Blättern, langsamem Wachstum und schwacher Reproduktionsfähigkeit, die bei Dürrebelastung mangels wirksamer Austrocknungsverzögerung (z. B. später Spaltenschluß bei C_4-Gräsern, keine Wasserspeicherung) schnell entwässert werden und extrem niedrige Wasserpotentialwerte erreichen.

Alle austrocknungsfähigen Pflanzen überstehen die extreme Dehydratation ihrer Zellen durch Übergang in einen *anabiotischen* Zustand, in dem der Stoffwechsel nahezu stillgelegt ist. Während der Austrocknung wird dieser Zustand durch die Synthese dürrestabiler Proteine und durch Einbau von phospholipidstabilisierender Kohlenhydrate (Raffinose, Trehalose) herbeigeführt. Die Zellschrumpfung wird bei manchen Arten durch gelierende Zellsäfte verlangsamt und aufgehalten. Die hohe Austrocknungstoleranz beruht außerdem auf der Fähigkeit des Protoplasmas dieser Pflanzen, bei neuerlicher Wasseraufnahme behutsam und koordiniert aufzuquellen (Abb. 6.69). Dabei werden schrittweise, durch Neustrukturierung der Zellbestandteile, die Voraussetzungen für die Reaktivierung des Betriebsstoffwechsels (zunächst Atmung, dann Photosynthese) wiederhergestellt.

6.2.5 Salzstreß

Salzbelastung war möglicherweise der erste chemische Streßfaktor während der Entfaltung des Lebens auf der Erde: Die frühesten Lebewesen waren Meeresorganismen, und heute noch werden die Brackwasserbiotope von der marinen und nicht von der limnischen Seite her besiedelt. Von Anfang an mußten daher die Organismen wirksame Mechanismen für die Ionenregulation und für die Stabilisierung biologischer Strukturen entwickeln. Auf der Grundlage der zellulären Salzbewältigung und durch weitere, die gesamte Pflanze umfassende Vorkehrungen, gelang den extrem angepaßten Halophyten das Überleben auf stark versalzten Standorten. Salzböden breiten sich über rund 6% der Landoberfläche aus[193].

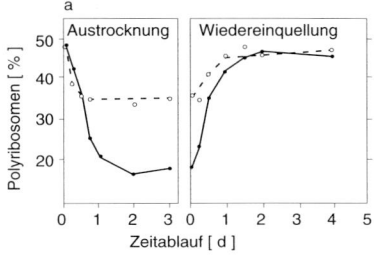 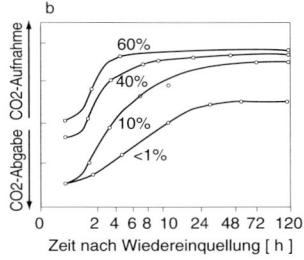

Abb. 6.69. Inaktivierung von Stoffwechselprozessen beim Austrocknen und Reaktivierung beim Wiederaufquellen von poikilohydren Pflanzen. a) Abbau und Regeneration von Polyribosomen bei schneller (strichlierte Linie) und langsamer Hydratationsänderung (durchgezogene Linien, Punkte) im Moos *Tortula ruralis*. Aus Änderungen der Polyribosomendichte ist auf die Leistungsfähigkeit der Proteinsynthese zu schließen. Nach BEWLEY (1981). b) Zeitaufwand für die Erholung der Photosyntheseaktivität in der Flechte *Verrucaria elaeomelaena* nach vorangegangener Entquellung bei verschiedenen Luftfeuchtigkeiten (Prozentzahlen) und 20 °C. Nach RIED (1953).

6.2.5.1 Salzstandorte

Das gemeinsame Merkmal aller Salzstandorte ist ein erhöhter Gehalt von leicht löslichen Salzen. Das Meer, Salzseen und Salztümpel sind *aquatische* Salzstandorte, auf dem festen Land gibt es *Salzböden* unter humiden und ariden Klimabedingungen. In niederschlagsreichen Gebieten sind die Böden im Sprühbereich der Gezeitenzone, auf Dünen und Wattwiesen versalzt, außerdem in der Umgebung von Fließgewässern, die Salzlagerstätten berühren. Als Aerosol wird Meersalz durch Wind und in Wolken kilometerweit ins Land vertragen. Durch die Verwendung von Auftausalzen wird entlang der Straßen das Salz verspritzt, verstäubt und im abrinnenden Wasser verschleppt.

Die **Salzkonzentration** bleibt nur im offenen Meer konstant (durchschnittlich 480 mM Na⁺, 560 mM Cl⁻)[24], im Gezeitenbereich schwankt die Salinität stark (im Mangrovengürtel von 290–810 mM Na⁺)[192]. In Salzmarschen erreicht die Na⁺-Konzentration 600–1000 mM.

In der *Pflanzendecke* sammeln sich im Laufe der Vegetationszeit zunehmend Salze als Verdunstungsrückstand an, die nach dem Absterben von Pflanzenteilen durch Niederschläge wieder ausgelaugt und dem Boden zugeführt werden. Salzumsatz und Salzbewegung auf Halophytenstandorten zeigt die Abb. 6.70. Massive *Bodenversalzung* tritt in Trockengebieten auf (z. B. in der Salzwüste in Utah bis 2400 mM), in denen die Bodenverdunstung größer ist als die jährlich einsickernde Niederschlagsmenge. Besonders große Salzmengen reichern sich in Senken mit hochstehendem Grundwasser, in abflußlosen Mulden (Salzpfannen) und bei intensiver Bewässerung ohne ausreichender Dränage an.

Salzböden in humiden Gebieten enthalten überwiegend NaCl. Neutralsalzböden dieser Art gibt es auch in Trockengebieten. Häufiger enthalten die Salzböden der Steppen und Wüsten aber alkalisch wirkende Sulfate und Carbonate des Na, Mg und Ca. Man spricht dann von *Verbrackung*. Sodaverbrackung (Solonez, Natriumböden) tritt in Steppen auf. In der feuchten Jahreszeit entstehen aus Na-Humustonkomplexen basische Salze wie NaHCO₃, Na₂CO₃ und NaOH, so daß das pH bis 8,5–11 steigt. Chlorid-Sulfatverbrackung (Solontschak) von Halbwüstenböden führt zu hohen Salzkonzentrationen und Salzkrusten aus Chloriden, Sulfaten und (Bi)-Carbonaten von Natrium, Magnesium und Calcium, diese Böden sind pastös, gipsreich, im ausgetrockneten Zustand rissig und hart.

Als Maß für die *Salinität* wird, besonders in der Bodenkunde und den Agrarwissenschaften, die Elektrolytleitfähigkeit des wäßrigen gesättigten Bodenextrakts (EC_e) in $S \cdot m^{-1}$, früher auch in mmhos / cm (= 0,1 $S \cdot m^{-1}$ oder 1 $mS \cdot cm^{-1}$) angegeben. Zwischen EC_e und osmotischem Potential besteht eine lineare Beziehung (1 $mS \cdot cm^{-1}$ = −0,036 MPa) und über ein Nomogramm läßt sich der Salzge-

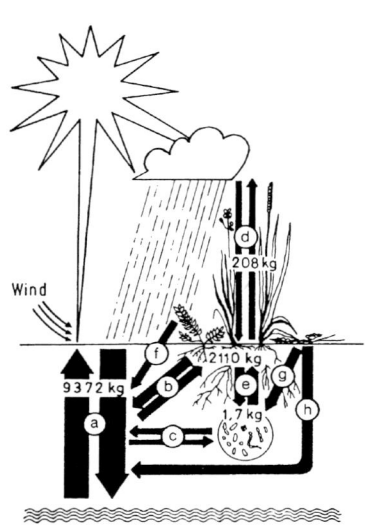

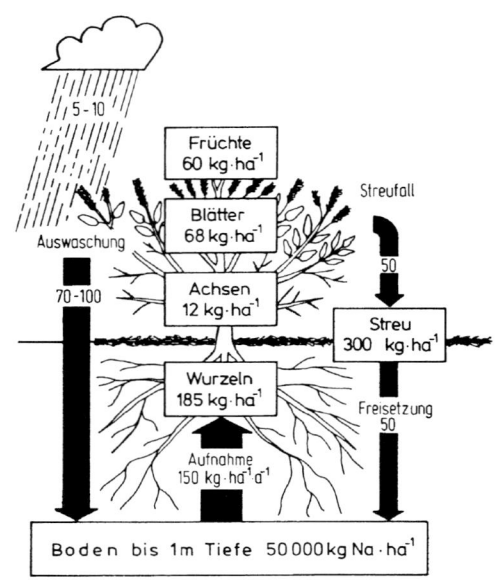

Abb. 6.70. *Links:* Natriumchloridkreislauf auf einem Halophytenstandort unter *humiden* Klimabedingungen. Dicht unter der Bodenoberfläche steht ein salzhaltiger Grundwasserhorizont an; die Bodenlösung enthält während der Vegetationszeit 1,9% NaCl. a = NaCl-Transport im Boden durch kapillaren Aufstieg bei Verdunstung und durch Sickerwasser nach Niederschlägen, b = NaCl-Aufnahme durch Sproßpflanzen (*Triglochin maritima, Juncus gerardi, Glaux maritima*) und NaCl-Abgabe nach Absterben der Wurzeln im Herbst und Winter, c = NaCl-Aufnahme durch Bakterien im Boden und Abgabe durch absterbende Bakterien, d = Verteilung und Akkumulation in den oberirdischen Teilen der Pflanzen im Frühjahr und Sommer, e = Salzaufnahme und -abgabe durch Bakterien, die mit Halophyten vergesellschaftet sind, f = Auswaschung aus lebenden Pflanzen, g = NaCl-Aufnahme durch Bakterien beim Abbau toter Pflanzenteile, h = Auswaschung aus Pflanzenabfällen und Streu. Mengenabgaben in kg NaCl pro ha bei 10 cm Bodentiefe. Nach Steubing und Dapper (1964). *Rechts:* Natrium-Umsatz und Vorratsmengen an Na^+ auf einem Halophytenstandort unter *ariden* Klimabedingungen. Der Umsatz ist in kg $Na^+ \cdot ha^{-1} \cdot a^{-1}$ angegeben, der Vorrat in kg $Na^+ \cdot ha^{-1}$. Nach Breckle (1976,1982).

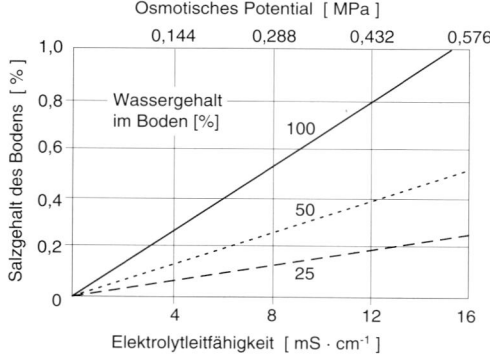

Abb. 6.71. Beziehung zwischen dem Salzgehalt, dem relativen Wassergehalt (100% = Wassersättigung) und der Elektrolytleitfähigkeit des Bodens. Nach Marschner (1986).

halt im Boden ablesen (Gewichtsprozent Salze in der Bodenlösung: Abb. 6.71). Aus dem Nomogramm ergibt sich auch die Zunahme der Salzbelastung bei Abnahme des Bodenwassergehalts. Salzempfindliche Pflanzen erleiden Ertragseinbußen ab 4 mS $\cdot$ cm^{-1}, Bewässerungswasser sollte ein EC$_e$ von 2 mS $\cdot$ cm^{-1} nicht überschreiten. Meerwasser[170] hat eine Elektrolytleitfähigkeit von mindestens 44 mS $\cdot$ cm^{-1}.

6.2.5.2 Die Wirkung hoher Salzkonzentrationen auf die Pflanze

Hohe Salzkonzentration belastet die Pflanzen über die osmotische Wasserbindung und durch spezifische Ionenwirkungen. In Salzlö-

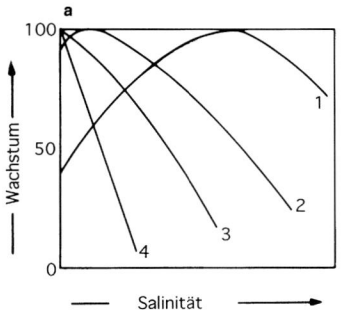

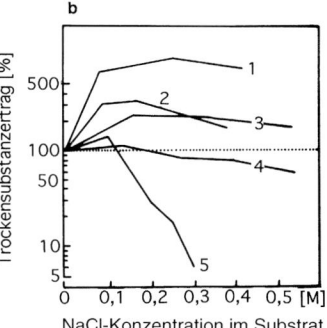

Abb. 6.72.   Einfluß der Salinität auf das Wachstum. *Links*: Auswirkung zunehmender Salzkonzentration im Substrat auf das Wachstum von (1) Euhalophyten, (2) fakultativen Halophyten, (3) schwach salztoleranten Nichthalophyten und (4) halophoben Pflanzen. Nach KREEB (1965). *Rechts*: Trockensubstanzproduktion verschiedener Halophyten in Abhängigkeit von der NaCl-Konzentration im Nährmedium (im Vergleich zum salzfreien Ansatz). (1) *Salicornia europaea*, (2) *Aster tripolium*, (3) *Suaeda maritima*, (4) *Spartina foliosa*, (5) *Puccinellia peisonis*. Nach BAUMEISTER und SCHMIDT, FLOWERS, PHLEGER, STELZER und LÄUCHLI aus ALBERT (1982).

sungen ist Wasser *osmotisch* stark gebunden, so daß dieses mit zunehmender Salzkonzentration immer schlechter für die Pflanzen verfügbar wird (siehe Abb. 6.71). Durch einen Überschuß an Na^+ und vor allem an Cl^- im Protoplasma entstehen Ionenungleichgewichte (K^+ und Ca^{2+} gegenüber Na^+) und *ionenspezifische* Wirkungen auf Enzymproteine und Membraneigenschaften. Diese äußern sich in unzureichender Energieausbeute bei der Photophosphorylierung und der Atmungskettenphosphorylierung, in gestörter Stickstoffassimilation und in abnormalen Proteinstoffwechselwegen (Anhäufung von Diaminen, wie Putrescin und Cadaverin, und von Polyaminen).

Beide Salzwirkungen, die osmotische und die ionenspezifische, führen bei Überforderung des Organismus zu **Funktionsstörungen** und zu Schädigungen. Die Photosyntheseintensität wird sowohl durch Spaltenschluß als auch durch Salzeffekte auf die Chloroplasten, insbesondere auf den Elektronentransport und die Sekundärprozesse, eingeschränkt. Die Atmung, vor allem in den Wurzeln, kann durch Salz erhöht oder aber erniedrigt sein; die Enzymsysteme der Glykolyse und des Tricarbonsäurezyklus scheinen empfindlicher zu sein als jene der alternativen Stoffwechselwege. Bei hohem NaCl-Gehalt ist die Aufnahme mineralischer Nährstoffe, vor allem von NO_3^-, K^+ und Ca^{2+} herabgesetzt.

Wachstumsvorgänge reagieren auf Salzeinwirkung sehr empfindlich, so daß die Wachstumsgeschwindigkeit und die Biomasseproduktion als verläßliches Kriterium für Salzstreß und Salzbewältigung einer Pflanze herangezogen wird. *Obligate Halophyten* (Euhalophyten, z. B. *Salicornia, Salsola, Suaeda, Halocnemum*), die an Salzstandorte gebunden sind, werden durch mäßige Salzaufnahme im Wachstum gefördert (Abb. 6.72), erst bei starker Salzbelastung geht das Wachstum zurück und Streßzeichen (Anthocyanbildung, Chlorophyllabbau) treten auf. *Fakultative* Halophyten (z. B. viele Poaceen, Cyperaceen, Juncaceen, *Glaux maritima, Plantago maritima, Aster tripolium*) werden durch geringe Versalzung des Bodens stimuliert, bei Salzakkumulation bald gehemmt. Es gibt ferner *salzindifferente* Pflanzen, die hauptsächlich auf salzfreien Böden vorkommen, aber auch etwas Salz vertragen (z. B. Ökotypen von *Festuca rubra, Agrostis stolonifera, Phragmites communis,* Kleinarten von *Puccinellia, Lotus* und *Atriplex hastata,* unter Kulturpflanzen z. B. *Vigna unguiculata* und Zuckerrüben). Diese und die nichthalophytischen (*halophoben*) Pflanzen erfahren nach Salzaufnahme zunehmend deutliche bis starke Wachstumseinbußen.

Für die Besiedlung von Salzstandorten sind das *Keimungsverhalten* der Halophyten und die Salzresistenz der Keimlinge entschei-

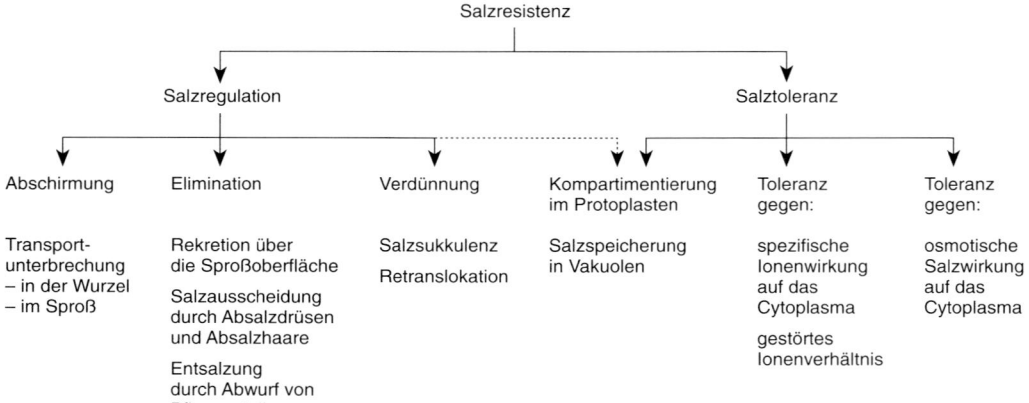

Abb. 6.73. Komponenten der Widerstandsfähigkeit von Halophyten gegen Salzbelastung. Nach Steiner (1934), Waisel (1972), Kreeb (1974b) und Flowers et al. (1977).

dend. Diese und Jungpflanzen von Halophyten sind salzempfindlicher als erwachsene Pflanzen. Dazu kommt, daß Jungpflanzen besonders gefährdet sind: Die obersten Bodenschichten, die sie bewurzeln, sind in der Regel am stärksten versalzt. Die Keimung erfolgt am besten im salzfreien Milieu. Nur wenige Salzpflanzen wie z. B. *Tamarix, Suaeda depressa, Halocnemum strobilaceum, Salsola baryosma* keimen bei einer Salinität von 30–40 mS · cm⁻¹ (etwa einem osmotischen Potential von 1–2 MPa entsprechend), meist liegt die Grenze für Keimung und Auflaufen bei 15–20 mS · cm⁻¹ (etwa 0,5–0,7 MPa) und darunter[653,712].

Extreme Salzbelastung führt zu Kleinwuchs und Hemmung des Wurzelwachstums. Knospen treiben verspätet und kümmerlich aus, die Blätter bleiben klein, Zellbezirke sterben ab und verursachen Wurzel-, Knospen-, Blattrand- und Sproßspitzennekrosen. Die Blätter vergilben und verdorren schon während der Vegetationsperiode, schließlich vertrocknen ganze Sproßbereiche. An der vorgezogenen Seneszenz ist ein Abfall des Cytokininspiegels und die Zunahme von Abszisinsäure und Ethylen steuernd beteiligt.

6.2.5.3 Überleben auf Salzstandorten

Pflanzen auf Salzstandorten können sich der Salzwirkung nicht entziehen, sie müssen eine zumindest begrenzte Salzresistenz entwickeln. *Salzresistenz* ist die Fähigkeit einer Pflanze, ein Überangebot an Salzen in ihrem Substrat durch Salzregulation vom Protoplasma fernhalten oder eine erhöhte osmotische und ionentoxische Salzbelastung zu ertragen (Abb. 6.73).

Regulation des Salzgehalts

Salzpflanzen besitzen mehrere Möglichkeiten zur Regulation ihres Salzhaushalts:

Salzabschirmung. Manche Mangrovesträucher erreichen durch *Transportbarrieren in der Wurzel* eine weitgehende Salzarmut des Wassers im Zentralzylinder und im Fernleitungssystem. Bei der Mimosacee *Prosopis farcta* unterbleibt der Salztransport in die Blätter. Die Salzionen, besonders Na⁺, werden wohl aufgenommen, jedoch in den Wurzeln und Stammteilen festgehalten. *Salztransportunterbrechung* ist auch bei verschiedenen Kulturpflanzen zu beobachten. Vor allem halophobe Pflanzen halten Ionen in Wurzeln, apikalen Stengelbereichen und in Blatt- und Blütenstielen zurück, wodurch Meristeme, wachsende Blätter und junge Früchte einer geringeren Salzbelastung ausgesetzt sind[325].

Salzelimination. Durch Rekretion an der Sproßoberfläche, durch Exkretion von flüchtigem Chlormethan und durch Abwurf von Pflanzenteilen nach starker Salzanreicherung gelingt es der Pflanze, überschüssiges

Abb. 6.74. Salzelimination durch Rekretion. *Links:* Vielzelliger Salzdrüsenkomplex in der Blattepidermis von *Limonium gmelinii*. P = Durchtrittsporen, RZ = Rekretionszellen, SZ = Sammelzelle. Nach Ruhland (1915). *Rechts:* Salzakkumulierende gestielte Blasenhaare auf Blättern von *Atriplex mollis*. Nach Berger-Landefeldt (1959).

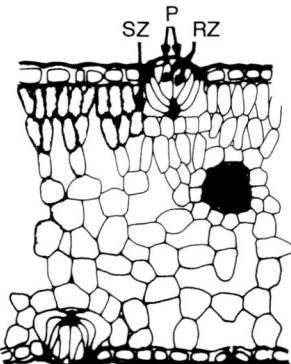
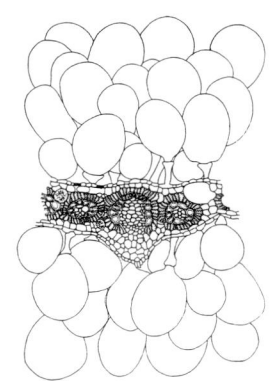

Salz loszuwerden. Massive Salzausscheidung erfolgt über Absalzdrüsen und Absalzhaare (Abb. 6.74). Absalzdrüsen scheiden aktiv Salze ab und halten dadurch eine Anreicherung in den Blättern innerhalb bestimmter Grenzen. Sie sind verbreitet bei verschiedenen Mangrovepflanzen (z. B. *Avicennia*), bei *Tamarix*-Arten, *Glaux maritima*, verschiedenen Plumbaginaceen und bei halophilen Gräsern wie *Spartina, Distichlis* u. a. Blasenhaare mancher *Atriplex*-Arten aus Trockengebieten und von *Halimione* sammeln in ihrem Zellsaft Chloride an, sterben dann bald ab und werden durch neue ersetzt. Entsalzung ist ferner durch *Abwurf älterer Blätter* möglich, in denen sich beträchtliche Salzmengen angesammelt haben. Inzwischen wachsen junge, aufnahme- und leistungsfähigere Blätter nach. Dies ist ein bezeichnendes Verhalten von halophytischen Rosettenpflanzen wie *Plantago maritima, Triglochin maritimum* und *Aster tripolium*.

Salzsukkulenz. Für die Salzwirkung auf das Protoplasma ist nicht die absolute aufgenommene Salzmenge, sondern die Konzentration wesentlich. Erweitert sich das Speichervolumen der Zellen fortschreitend mit der Salzaufnahme (Abb. 6.75), so bleibt die Salzkonzentration im Zellsaft über längere Zeit ziemlich konstant. Für die Ausbildung der Salzsukkulenz sind die Chloridionen verantwortlich. Salzsukkulenz ist unter Halophyten weit verbreitet, sowohl unter Bewohnern nasser Salzstandorte (*Salicornia* und andere Meerstrandpflanzen aus der Familie der Chenopodiaceen, *Laguncularia* unter den Mangrovepflanzen) als auch unter Xerohalophy-

ten aus Trockengebieten, deren Salzsukkulenz zusätzlich Merkmale dürreangepaßter Sukkulenten aufweist.

Salzretranslokation. Na^+ und Cl^- sind leicht über den Phloemstrom verlagerbar. Hohe Konzentrationen, die besonders in den intensiv transpirierenden Blättern entstehen, können so durch Verteilung über die ganze Pflanze verdünnt werden.

Salzakkumulation und intrazelluläre Kompartimentierung

Halophyten kompensieren die externe osmotische Wasserbindung durch Salzakkumulation im Zellsaft. Meeresalgen erhalten ihren Turgor durch aktive Salzakkumulation, indem sie ihr internes osmotisches Potential auf −2,6 bis −3 MPa, also unter das osmotische Potential des Ozeanwassers von − 2,5 MPa, absenken. Algen der Gezeitenzone, in der die Salzkonzentration tageszeitlich schwankt, regulieren über schnellen Ein- und Austransport von Salzen ihren Turgor. Unter Braun- und Rotalgen des Brackwasserbereichs von Flußmündungen bilden sich Salzgehaltökotypen aus.

Landpflanzen auf versalzten Böden reichern aufgenommenes Salz bis zu einer bestimmten Grenze im Zellsaft an. Dadurch entsteht ein Wasserpotentialgefälle zur Wurzel, das ihnen erlaubt, dem Boden osmotisch gebundenes Wasser zu entziehen (Abb. 6.76). Zur osmotischen Wirkung der Salzspeicherung addiert sich das osmotische Potential von organischen Säuren und löslichen Kohlenhydraten. Einkeimblättrige Halophyten, besonders Gräser, sind salzärmer als dicotyle

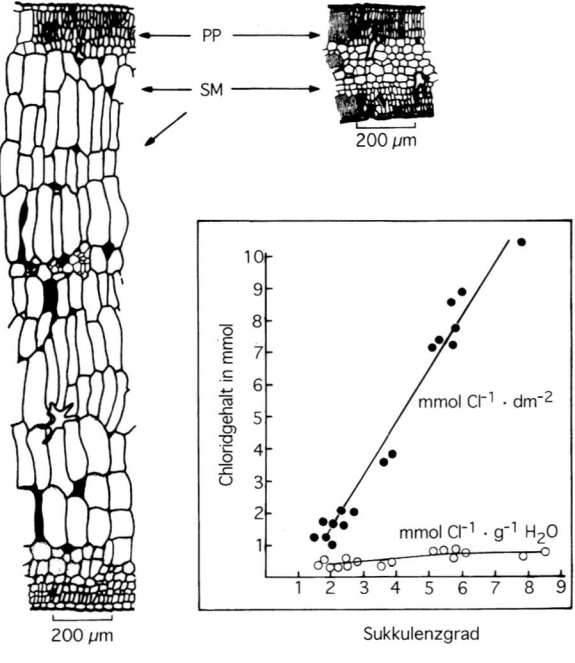

200 μm

Abb. 6.75. Zunehmende Salzsukkulenz im Laufe der Blattentwicklung von Mangrovebäumen. Gewebestruktur von jungen (*rechts*) und ausgewachsenen Blättern (*links*) von *Sonneratia alba*. PP = Palisadenparenchym, SM = Speichermesophyll. Beide Querschnittbilder bei gleicher Vergrößerung. Nach WALTER und STEINER (1936). *Grafik:* Chloridgehalt in Blättern von *Laguncularia racemosa* in Abhängigkeit vom Sukkulenzgrad, bezogen auf (●) die Blattfläche und (o) den Sättigungswassergehalt. Nach BIEBL und KINZEL (1965).

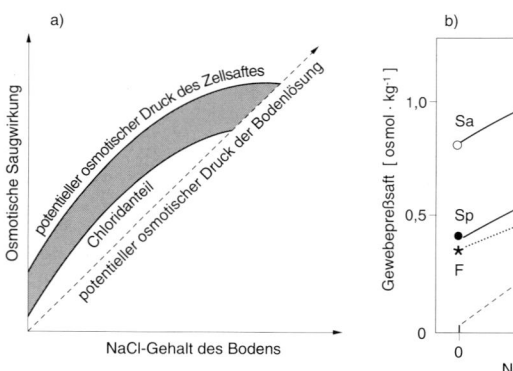

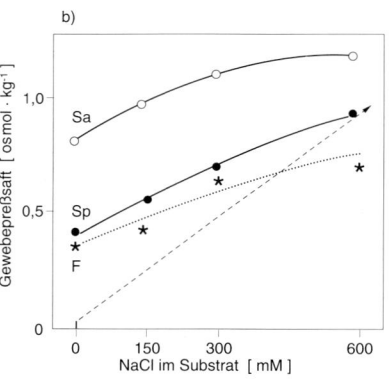

Abb. 6.76. Beziehung zwischen zunehmender Versalzung des Bodens und dem osmotischen Saugvermögen von Halophyten. *Links*: Funktionsschema. Mit steigender NaCl-Konzentration im Boden wächst der potentielle osmotische Druck in der Bodenlösung gleichmäßig an (strichlierte Linie). Halophyten tarieren die osmotische Wasserbindung des Bodens aus, indem sie Salz z.T. im Übermaß aufnehmen und bis zu einer bestimmten Grenze (Schnittpunkt der Kurve „Chloridanteil im Zellsaft" mit der Geraden) im Zellsaft anreichern. Zur osmotischen Wirkung der Salz-speicherung addiert sich die osmotische Wirkung von anderen Zellsaftbestandteilen (osmotische Wirksamkeit von Nichtchloriden im Zellsaft: schraffierter Bereich der Kurve). Erst bei sehr hoher Salzkonzentration im Boden gelingt es den Halophyten nicht mehr, die Bodensaugkraft zu kompensieren. Nach WALTER (1960). *Rechts*: Verlaufstypen. Sa = *Salicornia europaea* (Euhalophyt); Sp = *Spartina anglica* (salzabschirmender Halophyt); F = *Festuca rubra* ssp. *litoralis* (schwach salztoleranter Salzausschließer). Nach ROZEMA et al. (1985).

Salzpflanzen; bei ihnen trägt die Speicherung von löslichen Kohlenhydraten neben den Salzen wesentlich zur Aufrechterhaltung des hohen osmotischen Druckes im Zellsaft bei (Abb. 6.77). Der *Ionenhaushalt* (Ionenverhältnisse Na^+/K^+ und Cl^-/SO_4^{2-} im Zellsaft) ist familien- und artspezifisch. Viele dicotyle Salzpflanzen speichern mehr Na^+ als K^+, die meisten monocotylen Halophyten mehr oder gleichviel K^+ wie Na^+. Als Anion wird am häufigsten Cl^- angereichert, so z. B. bei *Salicornia*- und *Suaeda*-Arten, *Atriplex confertifolia* und vielen Gräsern und Binsen. Überwiegend Sulfat speichern Plumbaginaceen, *Plantago maritima*, *Lepidium crassifolium*, *Tamarix*-Arten und verschiedene andere Dicotyledonen. Arten derselben Gattung können unterschiedlichen Speichertypen angehören: *Salsola kali* speichert $K^+>Na^+$ und $Cl^->SO_4^{2-}$, *Salsola turcmanica* $Na^+>K^+$ und $Cl^->SO_4^{2-}$, *Salsola rigida* ebenfalls $Na^+>K^+$, aber $SO_4^{2-}>Cl^-$.

Die Salzakkumulation in den Pflanzengeweben gefährdet jedoch den Stoffwechsel; die meisten Enzyme der Halophyten sind gegen ionentoxische Wirkung nicht weniger empfindlich als jene der halophoben Pflanzen (Ausnahme: die membrangebundenen ATPasen). Durch selektive **Kompartimentierung** der in die Zelle eingedrungenen Salzionen kann das Protoplasma auch hohe externe Salzkonzentrationen ertragen. Die Hauptmenge der Salzionen wird in die Vakuole eingeschlossen (Includer-Mechanismus). Das Cytoplasma und vor allem die Chloroplasten werden dadurch entlastet (Tab. 6.8) und der unmittelbar auf das Enzymsystem einwirkende Salzstreß wird so vermindert. Die Salzsequestrierung wird durch Membran-ATPasen erreicht. Für den Ionentransport und die Aufrechterhaltung der Ungleichverteilung der Ionen muß ständig Energie investiert werden. Halophyten stehen somit dauernd unter Streß, sie müssen für die Systemerhaltung einen Teil ihrer Assimilate abzweigen, der dann für Stoffproduktion, Wachstum und Wettbewerbskraft nicht zur Verfügung steht.

Salztoleranz

Salztoleranz ist die *protoplasmatische Komponente* der Resistenz, nämlich die Fähigkeit,

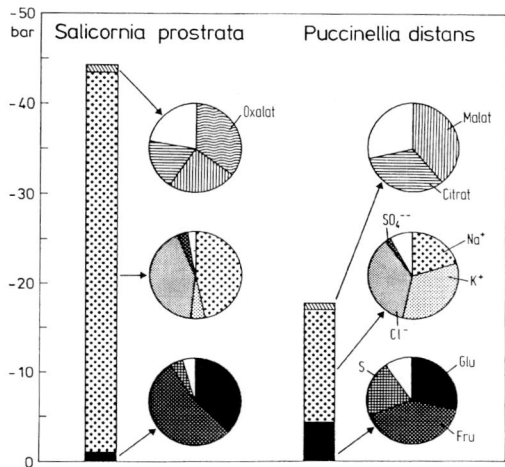

Abb. 6.77. Osmotisches Gesamtpotential des Zellsafts von *Salicornia prostrata* (Na-Cl-Halophyt) und von *Puccinellia distans* (K-Cl-Glykohalophyt). *Blöcke:* Teilpotentiale der anorganischen Ionen (Punktraster), der organischen Anionen (schräg schraffiert) und der löslichen Kohlenhydrate (schwarz). *Kreise:* Prozentuale Beteiligung der verschiedenen Ionen und Zucker am Zustandekommen der jeweiligen Teilpotentiale. Glu = Glucose, Fru = Fructose, S = Saccharose. Weiße Sektoren = Restionen und restliche Zucker. Nach ALBERT und POPP (1977, 1978).

Tab. 6.8 Verteilung von Salzionen auf verschiedene Zellkompartimente in Blättern von *Suaeda maritima* bei Anzucht mit 340 mM NaCl im Substrat. Nach FLOWERS (1985).

Zellkompartiment	Volumenanteil an der Zelle [%]	Ionenkonzentration [mol · m⁻³]	
		Na⁺	Cl⁻
Cytoplasma	11	116	60
Chloroplasten	1,4	104	98
Vakuole	81,6	494	352
Zellwand	6	194	138

die bei Salzstreß auftretende Verschiebung im Ionenverhältnis und die mit der erhöhten Ionenkonzentration verbundenen toxischen und osmotischen Wirkungen je nach Pflanzenart, Gewebetyp und Vitalitätszustand mehr oder weniger gut zu tolerieren.

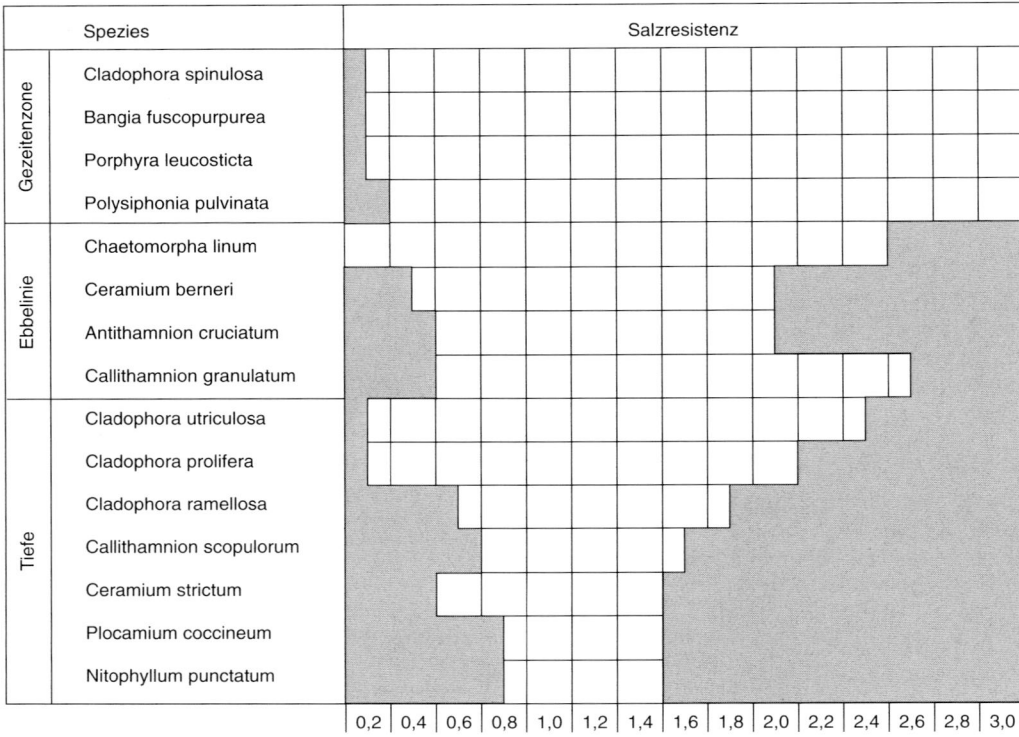

Abb. 6.78. Empfindlichkeit von Algen aus verschiedener Meerestiefe gegen hohe Salinität. *Weiße Felder:* lebend. *Schwarz:* nach 24 Stunden tot. Konzentrationsstufen: 0,2 bedeutet 2 Teile Meerwasser + 8 Teile Süßwasser; 3,0 ist die Konzentration von Meerwasser, das auf ein Drittel seines Volumens eingeengt worden ist. Algen aus der Gezeitenzone, die auf ihrem Standort besonders großen Schwankungen der Salzkonzentration ausgesetzt sind, vertragen sowohl Hypotonie als auch Hypertonie besser als ständig benetzte Algen der Ebbelinie und Tiefenalgen. Nach BIEBL (1938).

Es gibt außerordentlich salzresistente Organismen. Der photoautotrophe Flagellat *Dunaliella salina* betreibt seinen Stoffwechsel in konzentrierten Salzsolen, das halophile Bakterium *Pseudomonas salinarum* und die Hefe *Debaryomyces hansenii* behalten die Funktionsfähigkeit ihrer Enzyme auch bei Konzentrationen von 20–24% NaCl bei. Die Salztoleranz von Meeresalgen ist auf die Konzentrationsamplitude ihres Habitats genau abgestimmt (Abb. 6.78). Hierbei treten deutliche Unterschiede zwischen euryhalinen Meeresalgen der Gezeitenzone und stenohalinen Algen des Sublitoral zutage.

Halophytische Sproßpflanzen gedeihen auf Böden mit Salzkonzentrationen von 2–6% und mehr (extrem bis 20%) und sind imstande, in ihrem Zellsaft NaCl entsprechend einer Lösung von 10% zu akkumulieren. Zellen von halophoben Pflanzen gehen schon in Lösungen von 1% (172 mM NaCl) zugrunde, Kalluskulturen von resistenteren Mutanten tolerieren noch 300 mM.

Die Salztoleranz der protoplasmatischen Strukturen (Proteine, Biomembranen) wird durch Streßproteine und cytoplasmische Osmotica erreicht. Streßproteine werden durch Aktivierung bestimmter DNA-Sequenzen bei Salzbelastung innerhalb von 3–6 Stunden induziert[122], wobei Gemeinsamkeiten mit Dürre- und Hitzeschockproteinen beobachtet wurden, die auf eine Co-Adaptation hinweisen. Kompatible, d. h. nichttoxische lösliche organische Verbindungen (Abb. 6.79) sor-

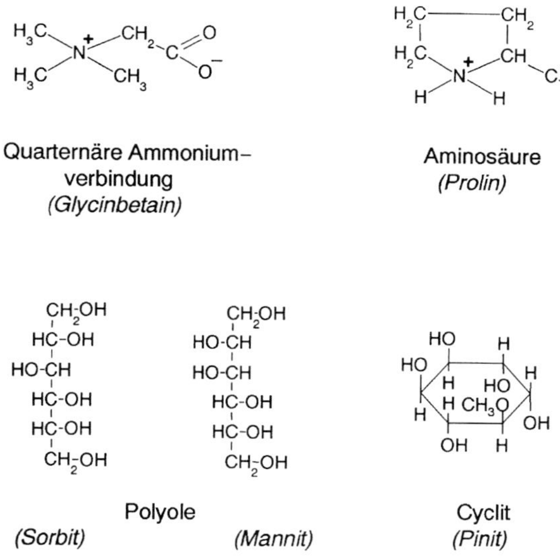

Abb. 6.79. Beispiele für osmotisch wirksame, kompatible organische Verbindungen in Halophyten. Glycinbetain: in *Atriplex*-Arten, *Salicornia*,*Suaeda*, unter Mangroven in *Avicennia*; Prolin: in *Armeria*, *Artemisia*-Arten, *Lepidium*, *Triglochin*, unter Mangroven in *Aegialitis*, *Xylocarpus*; Polyole: in *Aster*-Arten, *Juncus*, *Puccinellia*, unter Mangroven in *Aegiceras*, *Lumnitzera*, *Sonneratia*; Pinit: in *Spergularia* und in allen Rhizophoraceen (Mangroven). Nach POPP und ALBERT (1980), POPP (1984), POPP et al. (1984), ASPINALL und PALEG (1981), WYN JONES und STOREY (1981), JEFFREY (1987).

Quarternäre Ammonium–verbindung (Glycinbetain)

Aminosäure (Prolin)

Polyole

(Sorbit)   (Mannit)

Cyclit (Pinit)

gen für das osmotische Gleichgewicht zwischen dem Cytoplasma und den verschiedenen Zellkompartimenten. Durch die aktive Ionenspeicherung in der Vakuole würden gewaltige Konzentrationsgradienten zum Cytoplasma entstehen, wenn diese nicht durch Synthese harmloser Osmotica ausgeglichen würden. Als unspezifische Streßreaktion z. B. bei Salzbelastung, Austrocknung und Frost produzieren und speichern viele Pflanzen Aminosäuren und Amide (Prolin, Alanin, Glutamin, Asparagin), quartäre Ammoniumbasen (Betaine), verschiedene Zucker, Polyole (z. B. Sorbit, Mannit) und Cyclite, wobei in bestimmten Pflanzengruppen charakteristische Streßmetabolitmuster auftreten (z. B. in Mangroven besonders Mannit und Pinit). Überdies schützen lösliche Kohlenhydrate und Aminosäuren die Proteine und Biomembranen vor Störwirkungen hoher Ionenkonzentrationen.

6.2.5.4 Salzempfindlichkeit der halophoben Pflanzen

Pflanzen, die nicht als Halophyten anzusprechen und daher normalerweise nicht auf Salzstandorten anzutreffen sind, müssen nicht immer gänzlich salzempfindlich sein. Am Meeresstrand sind in der Vegetationszonierung gleitende Übergänge zu beobachten, die auf

unterschiedliches Ausmaß der Salzresistenz verschiedener Pflanzenarten, aber auch von Ökotypen (z. B. von *Plantago maritima*, *Juncus bufonius*) hinweisen.

In der landwirtschaftlichen, gärtnerischen und forstlichen Praxis ist eine auch schon bescheidene *Salzresistenz von Kulturpflanzen* für die Nutzbarmachung versalzter Anbauflächen in Trockengebieten, besonders der Subtropen, hilfreich. Große Anstrengungen in der Züchtung, besonders auch unter Einsatz von Gewebekultur und Gentechnologie, werden aufgeboten, um für die zumeist armen Länder resistentere Sorten zu entwickeln. Für Umweltschutz und Umweltpflege ist eine gewisse Salzresistenz von Bäumen, Sträuchern und Rasengräsern gegen Auftausalze (NaCl, $MgCl_2$, $CaCl_2$) im Sprühbereich der Straßen und im Versickerungsbereich neben den Asphaltbahnen wichtig. Die Salzresistenz einiger Nahrungs und Futterpflanzen ist in der Abb. 6.80 angegeben, die Tab. 6.9 enthält eine Übersicht über die Salzverträglichkeit von Bäumen und Sträuchern, die als Straßenrandbepflanzung verwendet werden. Widerstandsfähige Arten sind nicht nur vor unmittelbarer Salzschädigung besser geschützt, auch Wachstum und Ertragsbildung werden bei ihnen weniger behindert als bei empfindlichen Arten.

Eine *Revitalisierung von Straßenrandbäu-*

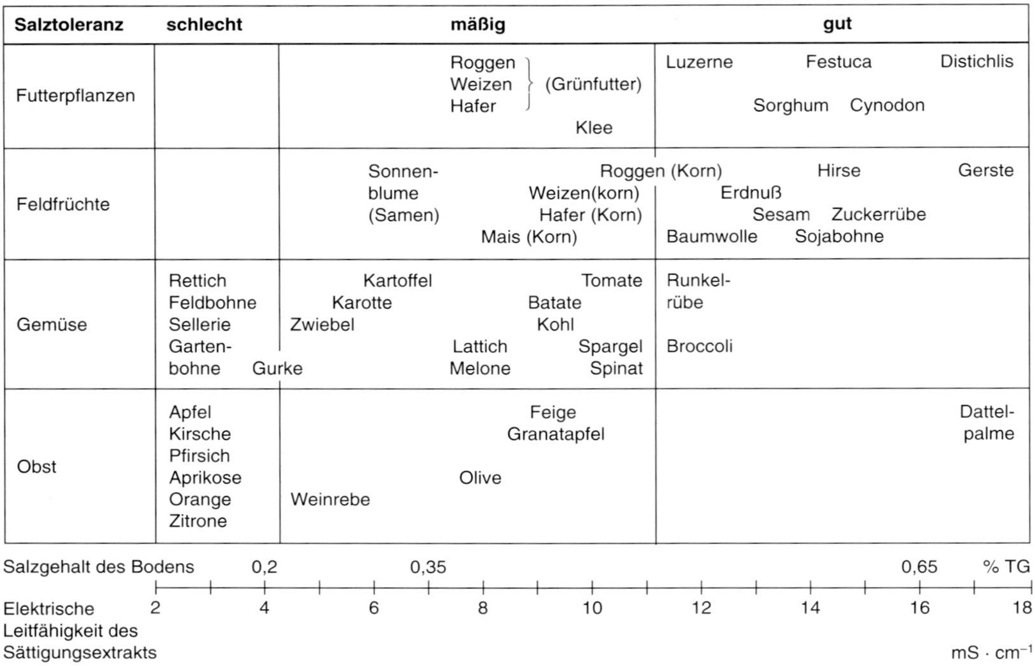

Salztoleranz	schlecht		mäßig				gut		
Futterpflanzen			Roggen ⎫ Weizen ⎬ (Grünfutter) Hafer ⎭ Klee				Luzerne Festuca Distichlis Sorghum Cynodon		
Feldfrüchte			Sonnen-blume (Samen)	Weizen(korn) Hafer (Korn) Mais (Korn)	Roggen (Korn)	Hirse Erdnuß Sesam Zuckerrübe Baumwolle Sojabohne	Gerste		
Gemüse	Rettich Feldbohne Sellerie Garten-bohne Gurke	Kartoffel Karotte Zwiebel		Lattich Melone	Tomate Batate Kohl Spargel Spinat	Runkel-rübe Broccoli			
Obst	Apfel Kirsche Pfirsich Aprikose Orange Zitrone	Weinrebe		Olive	Feige Granatapfel		Dattel-palme		

Salzgehalt des Bodens	0,2	0,35			0,65	% TG
Elektrische Leitfähigkeit des Sättigungsextrakts	2 4	6 8	10	12	14 16	18 mS · cm^{-1}

Abb. 6.80. Salzresistenz verschiedener Kulturpflanzen. Die einzelnen Arten sind bei jenem Salzgehalt des Bodens eingetragen, bei dem mit 50% Ertragseinbuße zu rechnen ist. Nach Angaben mehrerer Autoren. Aus KREEB (1965), COX und ATKINS (1979).

men, die einer regelmäßigen Belastung durch winterliche Salzstreuung ausgesetzt sind, ist schwierig. Auch in regenreichen Gebieten werden in der Regel die Salze im Boden durch die Niederschläge nicht genügend ausgewaschen. Salz gelangt in die Äste, Knospen und Blätter und führt zu sichtbaren Schädigungen, auch wird die Winterfrosthärte abgeschwächt. Gegenmaßnahmen sind in erster Linie eine sparsame Salzaufbringung und eine bestmögliche Abschirmung der Pflanzen gegen Ansammlung von Schmelzwasser. Eine Abdeckung der Bodenoberfläche mit einer absorbierenden Torfschicht kann die Salzbelastung mindern. Diese Schicht und auch der Streuabfall muß zu Ende des Winters entfernt werden und darf nicht der Kompostierung zugeführt werden. Eine Erholung geschädigter Bäume ist nur auf mäßig salzbelasteten Standorten zu erwarten, wenn mehrere Jahre der Boden konsequent mit Ionenaustauscherlösung (die K$^+$, Mg^{2+}, Ca^{2+}, NO$_3^-$ und SO$_4^{2-}$ enthält) behandelt wird.

6.3 Anthropogene Umweltbelastungen

6.3.1 Schadstoffausstoß durch menschliche Tätigkeiten und Schadstoffeintrag in die Phytosphäre

Sonne, Luft, Wasser und Boden versorgen die Pflanzen nicht nur mit Energie, Nährstoffen und förderlichen Milieubedingungen, im Umfeld der Pflanze gibt es auch giftige (phytotoxische) und in gefährlicher Konzentration einwirkende Schadstoffe. Unter den chemischen Elementen und Verbindungen, die von vornherein in der Natur auftreten, sind potentiell pflanzenschädigende Substanzen vorhanden, wie SO$_2$ aus vulkanischen Emanationen, Stickoxide durch mikrobielle Denitrifizierung im Boden und elektrische Entladungen in Gewittern, Salze und Flugstäube. Durch menschliche Tätigkeiten werden jedoch die Pflanzen durch viel mehr und vor allem fremdartige Stoffe belastet, an die sie sich (noch) nicht gewöhnen konnten (Tab. 6.10). Eine unübersehbare Vielfalt phytotoxischer Substanzen werden durch Industrie, Verkehr, durch den Einsatz von Chemikalien in Landwirtschaft und Haushalten und vor allem durch den großen Aufwand an fossilen Brennstoffen in Luft, Wasser und Boden eingebracht. Dazu kommen pflanzenschädliche Auswirkungen durch sorglosen Umgang mit Bioziden und Düngemitteln, Stickstoffeutrophierung der Böden und Gewässer und Ausstoß von NH_3 und Methan in die Luft durch Massentierhaltung. Der überbordende Handelsverkehr und der sich ausweitende Freizeitbetrieb, folgenschwere Betriebs- und Transportunfälle, Großbrände und Kriege tragen, über den örtlich beigebrachten Schaden, zu weiträumigen und langfristigen Umweltbelastungen im ökosystemaren, kontinentalen und globalen Ausmaß bei.

Schadstoffeinträge *einzelner hochkonzentrierter Giftstoffe*, die akute Schädigungen in der Pflanzendecke auslösen, sind meist *räumlich beschränkt*: SO_2 und Halogenide im Umkreis von Verbrennungsanlagen, metallurgischen und keramischen Industriebetrieben; Schwermetalle und Metalloide im Klärschlamm, im Bereich von Deponien und auf Abraumhalden; Streusalz, Abgase und Herbizide an Straßenrändern; giftige Chemikalien in Abwässern, Flüssen, Seen und im Meer.

Viel häufiger treten mehrere Schadstoffe *kombiniert* auf, wie z. B. der photochemische Oxidantienkomplex und dazu noch SO_2. Auch wirken gasförmige Schadstoffe nicht nur über die Atmosphäre, flüssige Stoffe beschränken sich nicht auf die Hydrosphäre; Beispiele dafür sind das Zustandekommen der Säurebelastung des Bodens und der Gewässer durch saure Depositionen und der Übertritt von Schwermetallen und Düngersalzen aus dem Boden in die Gewässer. Nachdem sich lange Zeit die Forschung auf einzelne Schadstoffe und Schadwirkungen konzentriert hatte, sind heute Interaktionen zwischen gemeinsam vorkommenden Substanzen und Wechselbeziehungen zwischen den verschiedenen Umweltbereichen in den Mittelpunkt des Interesses gerückt.

Tab. 6.9 Relative Empfindlichkeit von nichthalophytischen Bäumen und Sträuchern gegen Bodenversalzung und Salzversprühung. Toxizitätsgrenzwerte des Chloridgehaltes von Blättern im Frühsommer bei salzempfindlichen Laubbäumen und Sträuchern: 0,3–0,5% Cl in der Trockensubstanz, bei empfindlichen Nadelbäumen: 0,2–0,4%, bei salztoleranten Laubbäumen und Sträuchern: 0,8–1,6%, bei resistenten Coniferen: um 0,6%. Nach Angaben zahlreicher Autoren aus SUCOFF (1975), MEYER (1978), CARTER (1982) und DÄSSLER (1991).

Salzempfindlich	Relativ salztolerant
Sommergrüne Laubbäume und Sträucher	
Acer platanoides	*Acer negundo*
Aesculus	*Ailantus*
Carpinus	*Elaeagnus*
Euonymus	*Fraxinus*
Fagus	*Gleditsia*
Juglans	*Hippophae*
Ligustrum vulgare	*Lycium*
Platanus	*Potentilla fruticosa*
Prunus serotina	*Quercus*-Arten
Rosa rugosa	*Rosa rugosa*
(gewisse Sorten)	(gewisse Sorten)
Syringa	*Robinia*
Tilia	*Sophora*
Immergrüne breitlaubige Holzpflanzen	
Ilex-Arten	*Coccoloba*
Ligustrum lucidum	*Ficus*-Arten
Mahonia	*Magnolia grandiflora*
Trachelospermum	*Nerium*
Coniferen	
Abies	*Juniperus chinensis*
Picea	*Pinus halepensis*
Pinus strobus	*Pinus nigra*
Pinus silvestris	*Pinus ponderosa*
Pseudotsuga	
Taxus	

Die an einem bestimmten Ort zu einer bestimmten Zeit auftretenden Schadstoffe werden *Immissionen* genannt. Der Schadstoffausstoß wird als *Emission* bezeichnet. Die Konzentration des Fremdstoffes ist die **Immissionskonzentration**. Schadgaskonzentrationen werden als Volumenanteile (Verdünnungsverhältnis als ppm = $1:10^6$ oder als ppb = $1:10^9$) oder als Menge pro Volumen ($mg \cdot m^{-3}$) angegeben. Soll die biochemische und zell-

Tab. 6.10 Typische Konzentrationen und Verweilzeiten von Luftverunreinigungen. Nach Kuttler (1984, 1991), Freedman (1989), Lahmann (1990), Legge und Krupa (1990) und Smidt (1992). Besonders über Verweilzeiten sind in der Literatur stark abweichende Angaben zu finden.

Chemische Verbindung	Typische Konzentration [ppm]		Durchschnittliche Verweilzeit in der Atmosphäre
	Saubere Luft	Verunreinigte Luft	
CO_2	340	400	2–6 Jahre
CO	0,1	40–70	2–6 Monate
SO_2	0,0002	0,2	1–10 Tage
H_2S	0,0002		bis 2 Tage
NH_3	0,01	0,1	2–14 Tage
N_2O	0,25		4–10 Jahre
NO	<0,002	1–2	3–6 Tage
NO_2	<0,004	0,2	5–10 Tage
O_3	0,02	0,5	Tage-Monate
CH_4	<1–1,7	3	4–10 Jahre
Kohlenwasserstoffe und Terpene	0,02	0,3	ca. 2 Tage

Tab. 6.11 Faktoren für die Umrechnung von volumetrischen (1 ppb = 1:10^9) in gravimetrische ($\mu g \cdot m^{-3}$) Maßeinheiten und umgekehrt für Luftschadstoffe bei 20 °C und 101,3 kPa Luftdruck. Nach Lendzian und Unsworth (1983) und Dässler (1991).

Schadstoff	Chemismus	Faktor A für 1 ppb = A · $\mu g \cdot m^{-3}$	Faktor B für 1 $\mu g \cdot m^{-3}$ = B · ppb
Schwefeldioxid	SO_2	2,67	0,38
Schwefelwasserstoff	H_2S	1,42	0,70
Ammoniak	NH_3	0,71	0,42
Stickstoffmonoxid	NO	1,25	0,80
Stickstoffdioxid	NO_2	1,91	0,52
Ozon	O_3	2,00	0,50
Peroxyacetylnitrat	$CH_3COO-O-NO_2$	4,37	0,23
Ethylen (Ethen)	C_2H_4	1,16	0,86
Fluorwasserstoff	HF	0,83	1,20
Chlorwasserstoff	HCl	1,51	0,66

physiologische (und phytotoxische) Wirksamkeit betrachtet werden, so müssen solche Angaben in molare Konzentrationsgrößen umgerechnet werden, weil chemische Verbindungen in der Zelle als Molekül oder Ion agieren. Die Tab. 6.11 enthält Umrechnungsfaktoren für wichtige Schadstoffe. *Richtwerte für Schädigungsgrenzen* werden für die häufigsten Luftverunreinigungen durch überstaatliche Organisationen (WHO, die Weltgesundheitsbehörde; IUFRO, die Internationale Union der Forstlichen Versuchsanstalten) und staatliche Verordnungen festgelegt. Die offiziell definierten Grenzwerte können nur als ungefähre Hinweise dienen, weil die verschiedenen Pflanzenarten und -sorten unterschiedlich empfindlich sind. Als *maximale Immissionskonzentration* werden kurzzeitige Konzentrationsspitzen (MIK$_K$ bis 30 Minuten) und längerfristige Schadstoffeinträge

Tab. 6.12 Richtwerte für maximale Immissionskonzentrationen ($\mu g \cdot m^{-3}$). Spannen für empfindliche bis weniger empfindliche Pflanzen. Nach JÄGER et al. (1989).

Schadstoff	Mittelwert für Konzentrationsspitzen MIK_K (30–60 min)	Mittelwert für Dauerbelastung	
		MIK_D für einen Tag (8–24 h)	MIK_D für die Vegetationsperiode oder ein Jahr
HF	3	1–2	0,2–0,4
SO_2	400	70–100	20–80
NO_2	200–6000	70–100	30–60
O_3	300–500	80–300	50–60
NH_3	10 000	600	

(MIK_D als Dauerbelastung über 24 Stunden) angegeben (Tab. 6.12). Dabei wird berücksichtigt, daß bei starkem Schadstoffeintrag schon in kurzer Zeit akute Schädigungen einsetzen und bei längerer Einwirkung niedriger Konzentrationen chronische Schäden entstehen.

6.3.2 Wirkung von Schadstoffen auf die Pflanzen

Das Ausmaß einer Beeinträchtigung der Lebensfunktionen und das Auftreten sichtbarer Schäden hängt von vielen Vorgaben und Umständen ab, insbesondere von der Art, der Wuchsform, dem Alter, Aktivitäts- und Gesundheitszustand der Pflanze (Abb. 6.81), den klimatischen und edaphischen Randbedingungen und vom Chemismus, der Konzentration, dem Zeitpunkt und der Dauer der Einwirkung des Schadstoffs. Die Schadwirkung kann in manchen Fällen dem Produkt aus Immissionskonzentration und der Einwirkungsdauer entsprechen (Abb. 6.82). Eine lineare Beziehung gilt jedoch nur für einen bestimmten Bereich. Dieser ist einerseits durch einen unteren *Schwellenwert* der Konzentration begrenzt, unter dem auch bei sehr langer Einwirkungsdauer keine Veränderungen zu beobachten sind, andererseits genügt bei Überschreiten einer hohen Konzentration eine sehr kurz andauernde Einwirkung, um Schädigungen hervorzurufen. Auch der *Zeitpunkt* der stärksten Immis-

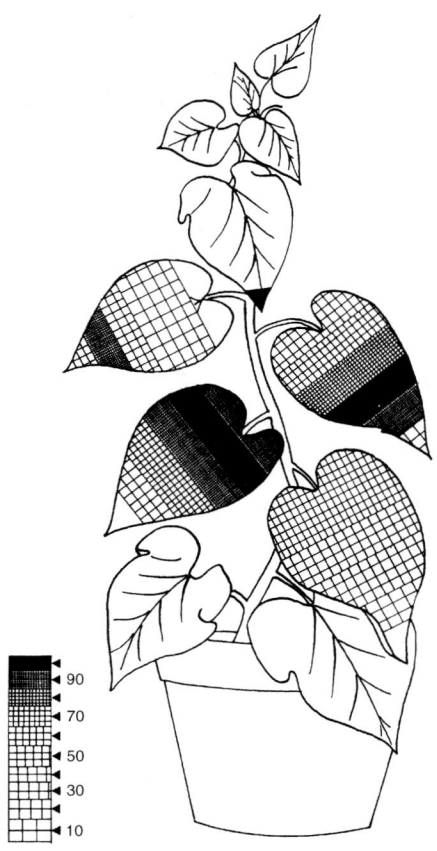

Abb. 6.81. Verteilung von Nekrosen (% Schädigung der Blattfläche) in Abhängigkeit vom Entwicklungsstand und Alter der Blätter einer Tabakpflanze nach Begasung mit Photooxidantien. Nach GLATER, SOLBERG und SCOTT aus GUDERIAN et al. (1985).

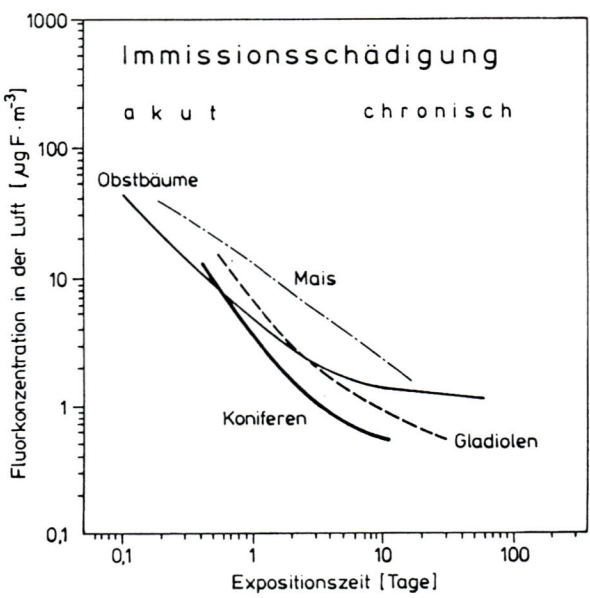

Abb. 6.82. Zusammenhang zwischen Konzentration und Einwirkungsdauer von Fluor-Schadgasen bei der Entstehung akuter und chronischer Schädigung verschiedener Pflanzen. Nach McCune aus Keller (1975). Über Dosiswirkung von Ozon auf Bäume und landwirtschaftliche Pflanzen: Reich (1987).

sionsbelastung ist wichtig: Konzentrationsspitzen am Vormittag, wenn sich die Spalten in der Regel weit öffnen, sind gefährlicher als in der Nacht. Dafür gewährt die nächtliche Schonzeit eine Erholungsphase, wenn die Pflanzen untertags nur wenige Stunden schädigenden Einflüssen (z. B. Photooxidantien) ausgesetzt waren.

6.3.2.1 Luftschadstoffe

Von den Luftverunreinigungen sind Schwefeldioxid, Stickstoffoxide, Ozon, Peroxyacetylnitrat (PAN) und Halogenwasserstoffe für Pflanzen besonders gefährlich. Weitere Schadstoffe, die über die Atmosphäre an die Pflanzen gelangen, sind Ammoniak, Kohlenwasserstoffe, Teerdunst, Ruß und Staub.

Das **Schädigungsbild** ist bei Immissionen vielgestaltig und zumeist unspezifisch. Derselbe Schadstoff verursacht bei verschiedenen Pflanzenarten ganz verschiedene Auswirkungen, andererseits kann dasselbe Symptom durch verschiedene Schadstoffe ausgelöst sein. Art und Grad der Schädigung werden durch alle übrigen gleichzeitig einwirkenden Umwelt- und Belastungsfaktoren modifiziert, wobei oft die der Wirkung des Hauptschadstoffes verstärkt wird. So wurde beob-

achtet, daß immissionsbelastete Bäume durch Trockenperioden und Frost stärker geschädigt werden als gesunde Pflanzen.

Merkmale zur *Früherkennung einer sich anbahnenden Schädigung* sind: Schadstoffanreicherung in der Pflanze (Abb. 6.83), Verminderung der Pufferkapazität in den Geweben, Erosionen epicuticulärer Wachse auf Nadeloberflächen durch Säureeinwirkung[810], herabgesetzte oder gesteigerte Aktivität bestimmter Enzyme (Tab. 6.13), qualitative und quantitative Verschiebungen zwischen Metaboliten, Auftreten von Streßhormonen (besonders Ethylen), Zunahme oder Abnahme der Atmungsintensität (siehe Abb. 6.5), Störung der Photosynthesefunktion (siehe Abb. 6.88), verändertes Spaltöffnungsverhalten und verminderte Zuteilung von Assimilaten an das Wurzelsystem (Abb. 6.84). Allerdings sollte man sich nicht auf einzelne Symptome verlassen; für die Bewertung einer Streßsituation sind charakteristische *Reaktionsmuster* aufgrund mehrerer Kriterien eher geeignet.

Akut letale Schädigungen geben sich als Chlorophyllausbleichung, Laubverfärbung und Absterben von Gewebebezirken, Organen oder der ganzen Pflanze zu erkennen. Solche Schädigungen zeigen sich im allgemeinen nur in der unmittelbaren Umgebung des

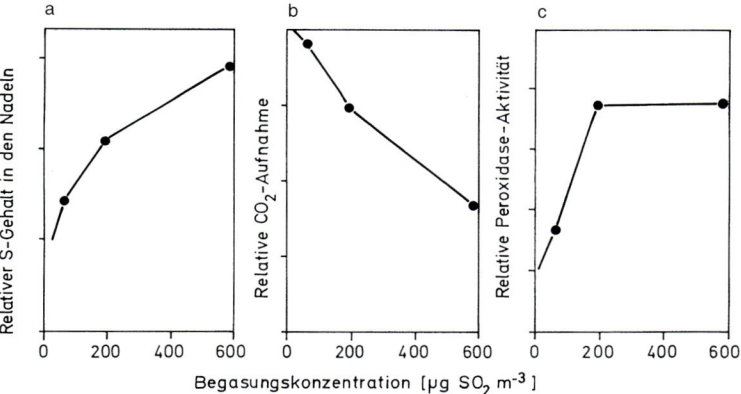

Abb. 6.83. Belastungseffekte an jungen Fichtenpflanzen nach dreimonatiger Begasung mit unterschiedlichen SO₂-Konzentrationen. a) Schwefelanreicherung in den Nadeln, b) Abnahme der photosynthetischen CO_2-Aufnahme, c) Zunahme der Peroxidaseaktivität. Nach KELLER (1982).

Emittenten. *Chronische* Schädigungen führen zur Verminderung der Trockensubstanzproduktion und Fertilitätsdefekten (z. B. Pollensterilität). Die Wüchsigkeit und besonders das Kambialwachstum von Bäumen läßt nach; an Veränderungen der Holzstruktur (Tab. 6.14) und durch Jahrringanalyse läßt sich der Verlauf einer progressiven Immissionsschädigung genau verfolgen und datieren (Abb. 6.85). Die Belaubung der Bäume wird schütterer, die Wasserversorgung der Wipfeltriebe wird schwieriger, einzelne Äste vertrocknen und letztendlich geht der Baum zugrunde.

Anhand der verbreitetsten Schadgase, Schwefeldioxid und Photooxidantien, werden nachfolgend spezifische Schädigungsvorgänge und Resistenzmechanismen in Pflanzen exemplarisch vorgestellt. Halogenwasserstoffe verursachen ebenfalls schwere Schäden in Wäldern, sie sind jedoch in der Regel von geringer räumlicher Ausdehnung. Fluorwasserstoff ist äußerst giftig. Nach Eintritt durch die Spaltöffnungen werden Fluoride

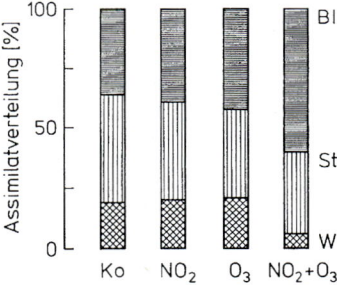

Abb. 6.84. Assimilatverteilung in jungen Bohnenpflanzen nach Begasung mit O₃ oder NO₂ und nach kombinierter Schadstoffbegasung. Ko = unbelastete Kontrolle. Die in die Wurzeln (W), Stengel (St) und neu angelegten Blätter (B) translozierten Assimilatmengen sind als relative Anteile des aus dem untersten Blatt exportierten Kohlenstoffverbindungen angegeben. Nach OKANO et al. (1984).

Abb. 6.85. Rückgang des Holzzuwachses in SO₂-be- ▷ lasteten Fichtenbeständen im Erzgebirge. Der relative Jahrringzuwachs der immissionsgeschädigten Bestände wird, unter Berücksichtigung von alters- und witterungsbedingten Einflüssen, in Prozent des Zuwachses gesunder Bestände ausgedrückt. Schädigungsstufen: 1 = Beginnende Entnadelung, 2 = Fortschreitende Entnadelung, 3 = Starke Schädigung, absterbende Zweige und Äste, 4 = Absterbende Bestände mit Wipfeldürre. Nach VINŠ (1962); zur Auswertemethodik siehe POLLANSCHÜTZ (1971).

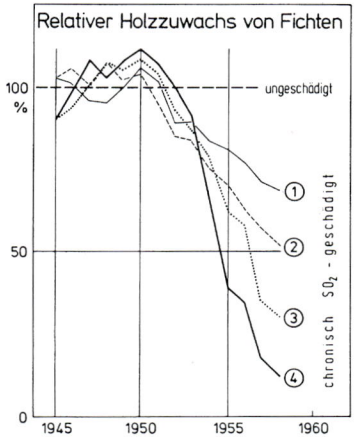

Tab. 6.13 Biochemische und physiologische Hinweise auf Immissionsbelastung durch Luftschadstoffe. Nach Härtel (1972) Horsman und Wellburn (1976), Jäger (1982), Darrall und Jäger (1984), Weigel et al. (1989), D. Grill et al. (1989).

Indikator	Schadstoff	Zunahme	Abnahme
Enzyme			
Peroxidase	F_2, HF, SO_2	X	
Polyphenoloxidase	SO_2, NO_2 Kohlenwasserstoffe	X	
Glutamatdehydrogenase	SO_2, NO_x	X	
RuBP-Carboxylase	SO_2		X
Nitritreduktase	SO_2, NO_x		X
Superoxiddismutase	Saure Immissionen, O_3	X	
Streßmetaboliten			
Ascorbinsäure	unspezifisch	X	
Glutathion	SO_2	X	
Polyamine	unspezifisch	X	
Ethylen	unspezifisch	X	
Betriebsstoffwechsel			
Adenylatstatus	unspezifisch		X
Photosynthese	unspezifisch		X
Reflexionseigenschaften	O_3, SO_2 saure Immissionen		X
Trübungstest[*]	saure Immissionen	X	

[*] Trübung des Heißwasser-Eluats von Coniferennadeln

über den Apoplastweg verteilt. Anfänglich werden die Blätter chlorotisch, dann erscheinen charakteristische Nekrosen an den Blattspitzen und -rändern.

Schwefeldioxid

Unter den toxischen Gasen ist SO_2 jenes, das am häufigsten Pflanzenschäden verursacht, und dies nicht nur seit Beginn der Röstung schwefelhaltiger Erze vor mehr als 4000 Jahren, sondern von Anbeginn des Lebens auf der Erde im Umkreis von Vulkanen. Schwefeldioxid ist aber auch jenes Schadgas, dessen Wirkung auf die Pflanze am besten bekannt ist und an das sich die Pflanzen genotypisch anpassen konnten.

Schadgaseintritt in die Pflanze. SO_2 gelangt als Gas bei offenen Spalten ebenso leicht in das Blatt wie CO_2 ($r_s^{SO_2} = 0.84\ r_s^{CO_2}$)[778]. Bei geschlossenen Spalten überwindet das Schadgas (im Gegensatz zu CO_2) ähnlich wie Sauerstoff leicht den cuticularen Widerstand. Niedrige Außenkonzentrationen (um 45 µg $SO_2 \cdot m^{-3}$) lösen einen Turgorverlust der Nebenzellen aus, was zum Öffnen der Spaltapparate führt. Hoher SO_2-Gehalt der Luft (über 1300 µg $\cdot m^{-3}$) erzwingt Spaltenschluß. Dieses Verhalten erklärt widersprüchliche Befunde, in denen manchmal eine Transpirationssteigerung, in anderen Fällen eine Drosselung des Gasaustausches beobachtet wurde.

Der weitere Diffusionsweg entspricht jenem des CO_2 (siehe Abb. 2.14), und auch der Konzentrationsgradient zwischen der Atmosphäre und den Chloroplasten, den Endpunkten der Transportstrecke, ist ähnlich steil. Das in den Zellwänden zunächst in Wasser gelöste Gas [$SO_2 \cdot H_2O$] und die entstehenden Reaktionsprodukte Hydrogensulfit HSO_3^- und Sulfit SO_3^{2-} verteilen sich in der Zelle[591] auf die Chloroplasten, das Cytosol und die Vakuole wie 96 : 3 : 1 %. Die Chloroplasten, deren pH-Wert bei Belichtung bei 8 liegt, fungieren dabei als Ionenfalle.

Tab. 6.14 Mögliche Veränderungen im Holzkörper von Bäumen unter Immissionsstreß. (+) Zunahme, (−) Abnahme, (x) keine auffälligen Veränderungen. Nach LIESE et al. (1975), KELLER (1980), HALBWACHS und WIMMER (1987), WIMMER und HALBWACHS (1992) und R. WIMMER (persönliche Mitteilung).

Merkmal	Nadel-holz	Laub-holz
Radialer Dickenzuwachs	−	−
Ausbildung von Spätholz	+/−	
Anteil des Festigungsgewebes	+	−
Zellwanddicke und -dichte	−	+/−
Faserlänge		−
Tracheiden-/Tracheenanzahl pro Flächeneinheit	+	+
Tracheiden-/Tracheenlänge	−	−
Tracheiden-/Tracheenquerschnitt	−	−
Hoftüpfelanzahl	+	
Hoftüpfeldurchmesser	−	
Anzahl der Holzstrahlen pro Flächeneinheit	+	+
Anzahl der Harzkanäle	+	
Speicherstoffe	−	x
Zelluloseanteil	x	x
Ligninanteil	−	x
Andere Wandeinlagerungen	+	x

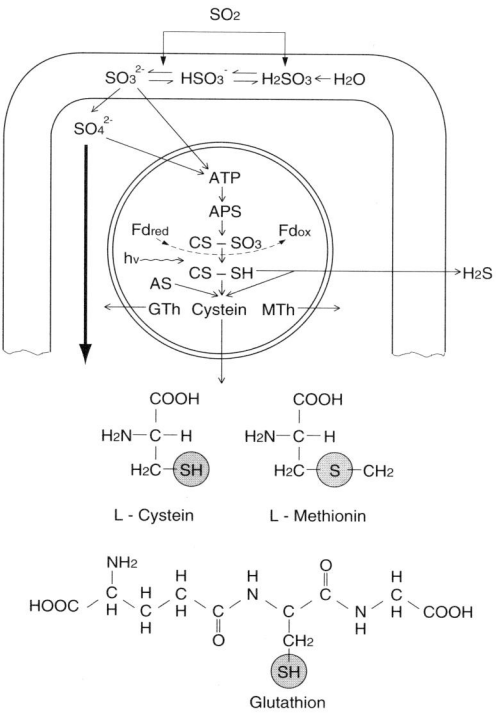

Abb. 6.86. Stark vereinfachtes Schema der Vorgänge beim Eintritt von SO_2 in die Zelle und der Entgiftung über den Schwefelstoffwechsel in den Chloroplasten. *APS*: Adenosinphosphosulfat als erstes Reaktionsprodukt von SO_4^{2-} mit ATP. Das aktivierte Sulfat (Phospho-APS) wird an ein schwefelhaltiges Carrierprotein (CS) gebunden. Der entstandene Proteinsulfitkomplex (CS-SO_3) wird über Ferredoxin (Fd_{red}, Fd_{ox}) zu Sulfid (CS-SH) reduziert. Durch Übertragung auf o-Acetylserin (AS) entsteht Cystein (*Formelbild*) und weiter Methionin und Glutathion (Glutamylcystein-glycin). Wenn mehr Reduktionskraft als verfügbare Kohlenstoffquellen vorhanden ist, kann der Schwefel bis zu H_2S reduziert werden. Nach RENNENBERG (1984), GARSED (1985), WELLBURN (1985), LENDZIAN (1987).

Vorgänge am Wirkungsort. Schwefelverbindungen, auch SO_2 und H_2S, sind für die Pflanze kein Fremdstoff. In frühesten Phasen der Phylogenie haben sich Prokaryonten an saures, schwefelreiches Milieu gewöhnen können. Der Schwefeleintrag kann daher in vorhandene Stoffwechselwege eingeschleust werden. Ein erster Vorgang ist die Oxidation von Sulfit zu Sulfat, der schon durch Peroxidasen in den Zellwänden einsetzt, hauptsächlich aber über den photosynthetischen Schwefelstoffwechsel läuft, dessen Endprodukte die schwefelhaltigen Aminosäuren Cystein und Methionin sind (Abb. 6.86). Steigt durch eine zu starke Schwefelaufnahme die Thiolkonzentration weiter an, so wird Schwefel in Form von Gluthation gespeichert. Überschüssige SH-Gruppen und Sulfit werden in Sulfid übergeführt und als H_2S über den Gaswechsel angegeben. Der Stoffwechsel wird dadurch entlastet.

Die Wirksamkeit der Entgiftungsreaktionen ist begrenzt. Mit zunehmender SO_2-Aufnahme und Versauerung wird die Pufferkapazität des Protoplasmas überfordert, der Sulfitspiegel in den Chloroplasten erhöht sich und SO_2 blockiert die Bindungsstellen für CO_2 an der RuBP-Carboxylase. Die Sekundärpro-

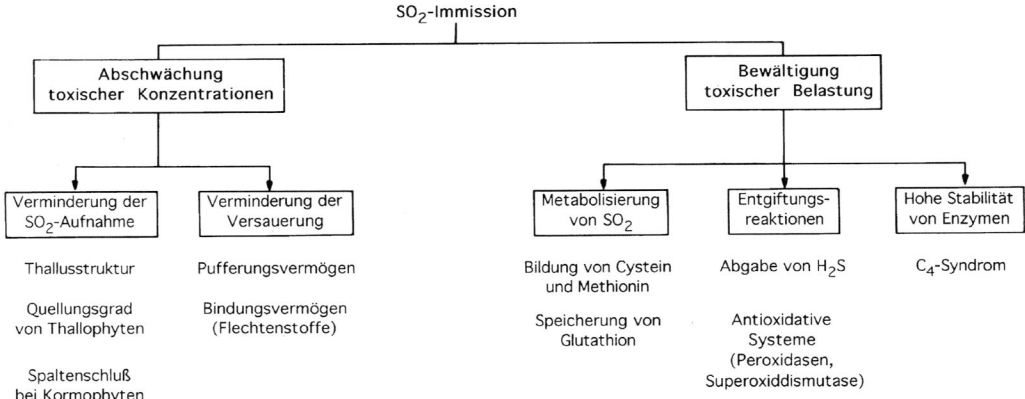

Abb. 6.87.　Resistenzmechanismen bei SO$_2$-Belastung. Nach WIRTH und TÜRK (1975), TESCHE (1989), verändert.

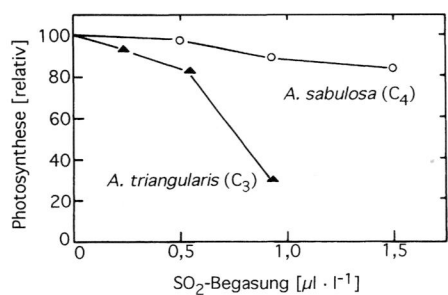

Abb. 6.88.　Beeinträchtigung der Photosynthese (angegeben in Prozent der Reinluftkontrolle) von *Atriplex triangularis* (C$_3$-Pflanze) und *Atriplex sabulosa* (C$_4$-Pflanze) nach achtstündiger Begasung mit unterschiedlichen SO$_2$-Konzentrationen. Nach WINNER und MOONEY (1980).

zesse der Photosynthese werden dadurch gehemmt (was auch den Spaltenschluß über den CO$_2$-Regelkreis verursacht), außerdem wird die Tertiärstruktur von Enzymen gestört. Wenn Sulfit in den Chloroplasten zu Sulfat photooxidiert wird, entstehen Superoxidradikale, die das Chlorophyll zerstören, wenn sie nicht rechtzeitig durch Superoxiddismutase (SOD) unschädlich gemacht werden.
Resistenzmechanismen bei SO$_2$-Belastung. Die Pflanzen sind, dank verschiedener passiver und aktiver Vorgänge, meist in der Lage, mäßige SO$_2$-Intoxikation einigermaßen auszuhalten (Abb. 6.87). Manche Eigenschaften und Verhaltensweisen der Pflanzen, die zwar nicht in kausalem Zusammenhang mit dem

Schadstoffeintrag stehen, bieten einen Schutz vor Immissionsbelastung: Krautige Pflanzen, die fortlaufend neue Blätter von kurzer Funktionsdauer entfalten, sind weniger gefährdet als etwa immergrüne Bäume mit mehrjährigen Nadeln. Durch den Herbstlaubfall sind winterkahle Holzpflanzen der Zeit des stärksten SO$_2$-Ausstoßes während der Heizperiode entzogen. Alle strukturellen, chemischen und ökologischen Eigenheiten von Thallophyten, die ein Eindringen von SO$_2$ erschweren, sind vorteilhafte, aber eben zufällige Gegebenheiten, die sich auf das Ausmaß der Empfindlichkeit verschiedener Organisationsformen und Pflanzentypen auswirken.
Stressorspezifische Maßnahmen zur Abwendung toxischer Effekte und der Versauerung sind chemischer und biochemischer Art: Hohes Pufferungsvermögen durch vermehrte Aufnahme von Alkali- und Erdalkaliionen, Bindung von SO$_2$ an sekundäre Stoffwechselprodukte (Flechtenstoffe), die Metabolisierung des Schwefels und die vorher angeführten oxidativen Entgiftungsreaktionen. Eine weitere, unabhängig von Immissionen entwickelte Umweltanpassung, nämlich das C$_4$-Syndrom, ist bei mäßiger SO$_2$-Belastung resistenzfördernd: PEP-Carboxylase ist weniger SO$_2$-empfindlich als RuBP-Carboxylase und durch den CO$_2$-Konzentrierungsmechanismus wird auch die RuBP-Carboxylase weniger kompetitiv gehemmt. C$_4$-Pflanzen sind daher weniger empfindlich gegen SO$_2$ als C$_3$-

Pflanzen (Abb. 6.88), weshalb man nahe der Austrittsstellen von Solfataren neben spezifisch SO_2-resistenten C_3-Pflanzen (z. B. Polygonaceen auf Vulkanen verschiedener Kontinente, die Myrtacee *Metrosideros collina* auf Hawaii) besonders auch C_4-Gräser findet (*Miscanthus sinensis, Andropogon virginicus*).

Spezifische Immissionsempfindlichkeit. Die verschiedenen Pflanzenarten, einzelne Sorten und Ökotypen und deren Altersstadien, sind gegen Schadstoffe in charakteristischer Weise ungleich empfindlich. Die Kenntnis der Immissionsempfindlichkeit und die Fähigkeit zur Adaptation ist von praktischer Bedeutung bei Anpflanzungen in Ballungsräumen und Industriegebieten (Tab. 6.15). Allerdings lassen sich durch Artenwahl, Düngung und andere Maßnahmen die Schäden bestenfalls vermindern. Ganz verhindern kann sie nur eine rigorose Emissionsbeschränkung an der Quelle.

Außerordentlich empfindlich gegen SO_2 (und Halogenwasserstoffe) sind gewisse Moose, Flechten (Tab. 6.16) und manche pflanzenpathogene Pilze (z. B. *Rhytisma acerinum, Diplocarpon rosae, Gymnosporangium*-Arten, *Puccinia graminis*). Besonders empfindlich sind in der Regel Gallertflechten, etwas weniger die Krusten- und Strauchflechten, es gibt aber auch SO_2-verträgliche Flechten (z. B. *Stereocaulon*-Arten in Vulkankratern). Schon ein Hundertstel der für höhere Pflanzen schädlichen SO_2-Konzentrationen führt bei vielen Flechten zu Atmungsstörungen, Chlorophyllschwund und Wachstumshemmung.

Atmosphärische Oxidantien: Stickoxide, Ozon und sekundäre Schadgase

Stickoxide (Stickstoffmonoxid NO und Stickstoffdioxid NO_2) entstehen in der Atmosphäre bei heißen Verbrennungsprozessen. Nach Absorption von UV-Strahlung im Bereich von 300–400 nm wird NO_2 in NO und aktiven Sauerstoff gespalten, der sich mit dem Luftsauerstoff zu *Ozon* (O_3) verbindet. Ozon oxidiert das photolytisch entstandene NO wieder zu NO_2. Die drei Oxidantien stehen in einem dynamischen Gleichgewicht, bis durch Ausstoß von Kohlenwasserstoffen

vor allem durch Industrie und Kraftfahrzeuge eine weitere Komponente in den photochemischen Kreislauf eintritt. Als sekundäre Immissionen entstehen neben O_3 auch noch Peroxiradikale, die in Weiterreaktion Substanzen wie peroxidierte Acetyl-, Propionyl-, Butyl- und Benzylnitrate produzieren. *Photooxidantien* zeigen wegen ihrer Abhängigkeit vom Sonnenlicht eine ausgeprägte tageszeitliche und jahreszeitliche, witterungsabhängige Dynamik mit weiten Konzentrationsamplituden (Abb. 6.89). In den Alpen nehmen die Langzeitmittelwerte der Ozonkonzentration mit der Meereshöhe zu, weil die Abgase aus dem Tal aufsteigen und in der Höhe mit UV-reichen Sonnenstrahlen zusammentreffen.

Schadgaseintritt in die Pflanze. Alle diese Gase dringen ähnlich gut wie SO_2 über offene Spalten in das Blatt. Durch die Cuticula diffundiert NO_2 viel schneller als SO_2 (und wird daher auch aus nassen Depositionen leicht aufgenommen), O_3 wird in der Epidermisaußenwand größtenteils zu Sauerstoff zer-

Tab. 6.15 Bäume und Sträucher, die für die Begrünung auf stark SO_2-belasteten Standorten geeignet sind. Nach Krüssmann (1970) und Dässler (1991).

Gut geeignet	Mäßig geeignet
Laubbäume	
Acer platanoides	*Acer saccharum*
Buxus sempervirens	*Castanea sativa*
Gleditsia triacanthos	*Ginkgo biloba*
Platanus x *hybrida*	*Magnolia hypoleuca*
Quercus-Arten	*Populus candicans*
Sophora japonica	*Robinia pseudacacia*
Coniferen	
Juniperus-Arten	*Chamaecyparis*-Arten
Taxus baccata	*Picea pungens* f. *glauca*
	Pinus mugo, P. nigra
	Thuja-Arten
Sträucher	
Calluna vulgaris	*Berberis*-Arten
Erica carnea	*Forsythia intermedia*
Gaultheria shallon	*Prunus laurocerasus*
Ligustrum-Arten	*Rosa rugosa*
Sambucus nigra	*Weigelia florida*

Tab. 6.16 SO₂-Belastung und Flechtenbesatz auf Bäumen und Mauern. Beispiele nach Angaben verschiedener Autoren aus Kershaw (1985) und Arndt et al. (1987).

Durchschnittliche SO₂-Konzentration [µg · m⁻³]	Epiphytische Flechten		Epipetrische Flechten	
	Eutrophe Borke	Nicht eutroph	Substrat alkalisch	Substrat sauer
>125	*Lecanora conizaeoides* *Lecanora expallans*	*Lecanora conizaeoides* *Lepraria incana*	Lecanorion dispersae	Conizaeoidion
um 70	*Buellia canescens* *Physcia adscendens*	*Hypogymnia physodes* *Lecidea scalaris*		
um 60	*Buellia canescens* *Xanthoria parietina* *Physcia orbicularis* *Ramalina farinacea*	*Hypogymnia physodes* *Evernia prunastri*	Xanthorion	Conizaeoidion *Acarospora fuscata*
um 50	*Pertusaria albescens* *Physconia pulverulenta* *Xanthoria polycarpa* *Lecania cyrtella*	*Parmelia caperata* *Graphis elegans* *Pseudevernia furfuracea*		
um 40	*Physcia aipolia* *Ramalina fastigiata* *Candelaria concolor*	*Parmelia caperata* *Usnea subfloridana* *Pertusaria hemisphaerica*	Xanthorion (zunehmende Diversität)	*Cladonia*-Arten
<30	*Ramalina calicaris* *Caloplaca aurantiaca*	*Lobaria pulmonaria* *Usnea florida* *Teloschistes flavicans*	Bis zu 20 Arten von *Xanthoria*	Zunehmende Diversität, keine *Lecanora conizaeoides*

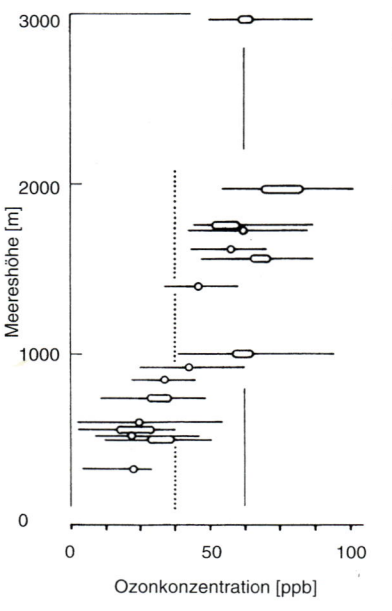

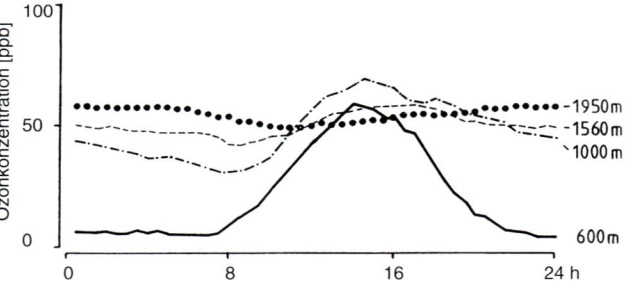

Abb. 6.89. Vertikaler und zeitlicher Verlauf der bodennahen Ozonkonzentration in den Alpen. *Links*: Bandbreite der Jahresmittelwerte (Kreise, Ovale) und der Monatsmittelwerte (Striche) der O₃-Konzentration in Abhängigkeit von der Meereshöhe. Punktierte Linie: Wirkungsbezogener Immissionsgrenzwert (Mittelwert 9–16 Uhr) während der Vegetationsperiode. *Rechts*: Durchschnittliche Tagesgänge in vier Meereshöhen im August 1987. Nach Smidt et al. (1990). Langjährige Ozonbestimmungen liegen seit 1853 für Wien vor (Lauscher 1984,1991).

legt. Wenn Stickoxide, spätestens in den Zellwänden, mit Wasser in Berührung kommen, entstehen HNO_2 und HNO_3, die nach Dissoziation in Nitrit- und Nitrationen aktiv in das Protoplasma aufgenommen werden.

Vorgänge am Wirkungsort. Die *Nitrit*-Ionen werden unter Beteiligung der Nitritreduktase zu Aminosäuren assimiliert. Auch hier spielen die Chloroplasten in der Entgiftung eine wichtige Rolle. Atmosphärische Stickstoffoxide sind an sich eine zusätzliche Stickstoffquelle für die Pflanzen. Negative Auswirkungen sind die Versauerung im Blatt und die potenzierte Toxizität in Kombination mit SO_2. Da Schwefeldioxid die Nitritreduktase schädigt, wird der Abbau der Stickoxide behindert. *Ozon* zerfällt im Pflanzengewebe schnell unter Bildung von Luftsauerstoff und Peroxiden. Angriffsorte sind zunächst das Plasmalemma und dann überhaupt alle Biomembranen, so daß sich von den Eintrittsstellen aus Permeationsstörungen und Nekrosen ausbreiten. Nach Langzeitbegasung von Bäumen, Wildkräutern und Gräsern mit Ozonkonzentrationen, wie sie derzeit immer wieder in der Luft gemessen werden (0,05–0,1 $\mu l \cdot l^{-1}$), wurden signifikante Einbußen der Stoffproduktion und des Wachstums festgestellt. *Peroxyacetylnitrat* oxidiert viele Verbindungen, darunter besonders solche mit SH-Gruppen, Lipide und die Indolessigsäure, aus der das wachstumshemmende Hydroxymethyloxindol entsteht.

Spezifische Immissionsempfindlichkeit. Für die Photooxidantien gibt es Angaben über spezifische Empfindlichkeit verschiedener Pflanzen (Tab. 6.17), die zumeist auf Begasungsexperimenten beruhen. In der Natur, wo diese Gruppe von Schadstoffen stets kombiniert und in wechselnder Zusammensetzung auftritt, ist mit Abweichungen von den experimentellen Beobachtungen zu rechnen. Dazu kommt, daß es nach einem konkreten Schädigungsfall äußerst schwierig ist, atmosphärische Oxidantien als Hauptverursacher eindeutig durch chemische Blattanalysen oder streßphysiologische Verfahren zu identifizieren.

Tab. 6.17 Relative Empfindlichkeit verschiedener Sproßpflanzen gegen Stickoxide, Ozon und PAN. Nach Angaben verschiedener Autoren aus ORMROD (1978), GUDERIAN (1985), DÄSSLER (1991), TRESHOW und ANDERSON (1991).

Pflanze	NO_x	O_3	PAN
Landwirtschaftliche Nutzpflanzen und Gemüse			
Meistes Getreide	+	+	
Reis	−		
Futtergräser	+	+	
Fabaceen	+	+/×	+
Brassicaceen	−	×	−
Apiaceen	+		
Beta–Rüben		−/×	+
Spinat		+	+
Solanaceen	×	+	+
Asteraceen		−	
Cichoriaceen		+/×	+
Ziersträucher			
Cornus–Arten		−	−
Cotoneaster		+	
Gardenia	×		
Hibiscus	+		
Ilex		−	
Ligustrum	×	+	
Pyracantha			
Rhododendron	+	+/×	×/−
Syringa		+	×/−
Viburnum		−	
Laubbäume			
Acer	×	−	
Betula	+	−	
Carpinus	−		
Fagus	−	−	
Fraxinus		+/−	−
Populus		+/−	
Quercus	−	+/−	−
Robinia	−	−	
Tilia	×	−	
Coniferen			
Abies–Arten	×	×/−	−
Juniperus	−	−	
Larix	+	+/×	−
Picea		−	
Pinus	−	+/−	−
Pseudotsuga	−	−	
Sequoia	−		
Taxus	−		
Thuja	−		

(+) sehr empfindlich
(×) mäßig empfindlich
(−) wenig empfindlich

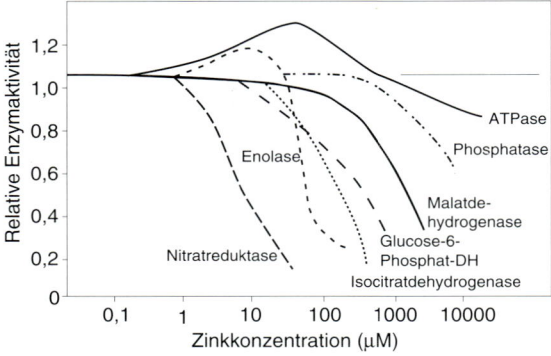
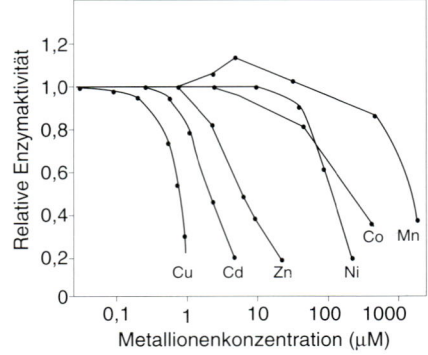

Abb. 6.90. Empfindlichkeit von Enzymen aus Blättern von *Silene cucubalus* gegenüber zunehmender Schwermetallbelastung (bezogen auf die Kontrolle = 1). *Links*: Relative Aktivität verschiedener Enzyme bei gesteigerten Zinkkonzentrationen. *Rechts*: Wirkung verschiedener Schwermetalle auf die Aktivität der Nitratreduktase. Nach ERNST (1976), ERNST und JOSSE-VAN DAMME (1983).

6.3.2.2 Schwermetalle als Schadstoffe im Boden und in Gewässern

Unter der Vielzahl der Substanzen, die als Abfallprodukte, absichtlich oder aus mangelnder Sorgfalt, in den Boden, in Gewässer und das Meer gelangen, schaffen besonders die Schwermetalle Langzeitprobleme, weil sie sich in Organismen akkumulieren, dadurch in biologischen Stoffflüssen zirkulieren und selbst in Sedimenten noch lange in gefährlichen Konzentrationen im Ökosystem verweilen können.

Böden in Bergbaugebieten und Abraumhalden enthalten Schwermetalle (vor allem Zn, Pb, Ni, Co, Cr, Cu) und Metalloide (Mn, Cd, Se, As) in Mengen, die für die meisten Pflanzen giftig sind. *Schwermetallkontamination* erfolgt vor allem in Industriezonen, durch Verkehr und durch Ausbringung von Müll und Klärschlamm. Im Flugstaub der metallverarbeitenden Betriebe sind alle Schwermetalle zu finden, in Fabrikabwässern vor allem Cd, Zn, Fe, Pb, Cu, Cr, Hg, im Klärschlamm Cd, Zn, Fe, Cu, Cr, Ni, Hg, an Straßenrändern und in Aerosolen Pb und in Gewässern alles, was durch Zuflüsse, Versikerung und Absinken aus der Atmosphäre verfrachtet wird.

Eintritt der Schwermetalle in die Pflanze und toxische Effekte. Für die Aufnahme metallischer Elemente bestehen in den Zellen (vor allem der Wurzeln) geeignete Transport- und Anreicherungsmechanismen, weil ja viele Schwermetalle als Spurennährstoffe für die Pflanze lebenswichtig sind. Über diese Vorgänge werden auch giftig wirkende Elemente eingeschleust. Die Giftwirkung beruht hauptsächlich auf der Hemmung lebenswichtiger Enzyme (Abb. 6.90) und der Elektronentransporte der Atmung und Photosynthese, dadurch wird der Energiestatus gesenkt (siehe Abb. 6.5), die Aufnahme von Nährstoffen gestört und das Wachstum eingeschränkt.

Schwermetallresistenz. Die meisten Pflanzen sind gegen die Überschreitung einer minimalen Konzentration von Schwermetallelementen empfindlich. Pflanzen, die auf kontaminierten Standorten leben, sind jedoch in der Lage, überschüssige Schwermetalle durch verschiedene Vorkehrungen unschädlich zu machen (Abb. 6.91): durch *Immobilisierung* in den Zellwänden (Tab. 6.18), wodurch der Kontakt mit dem Protoplasten, aber auch der Weitertransport über den Apoplasten unterbunden wird; durch *erschwerte Permeation* durch die Plasmagrenzschichten; durch *Chelatbindung* im Cytoplasma an schwefelhaltige Polypeptide (Glutathion und Glutamylcystein-Derivate), an metallbindende SH-reiche Proteine und an induzierte Streßproteine, die vor Metalltoxizität schützen; schließlich durch *Kompartimentierung* in der Vakuole unter Komplexbildung an anorganische und organische Säuren, Phenolderivate und Glykoside.

Abb. 6.91. Mögliche Mechanismen der Metallresistenz. (1) Immobilisierung von Metallionen in der Zellwand, vor allem durch Pektine; (2) Erschwerte Permeation durch Plasmagrenzschichten; (3) Chelatbildung durch metallbindende Proteine und Polypeptide (Phytochelatine) im Cytoplasma; (4) Kompartimentierung in der Vakuole; (5) Aktiver Rücktransport. ZW = Zellwand, CYT = Cytoplasma, VAK = Zellvakuole. Nach ERNST (1976), TOMSETT und THURMAN(1988), E. GRILL (1989), CUMMING und TAYLOR (1990).

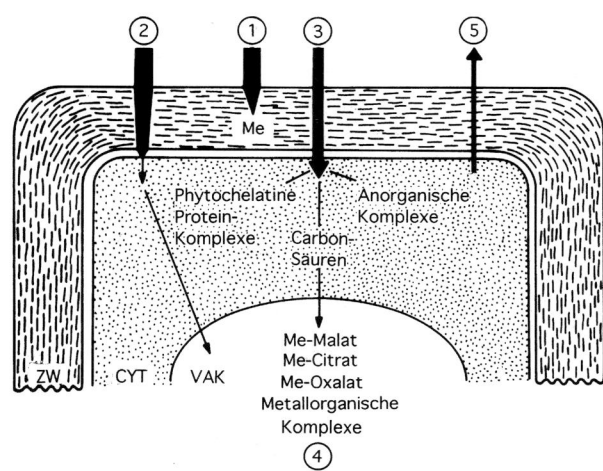

Pflanzen kamen schon seit jeher ohne Zutun des Menschen mit metallischen Elementen in Berührung, z. B. auf Erzaustritten, Serpentinböden und stark sauren Böden mit toxischen Aluminiumgehalten. Dort haben sich auch angepaßte **Chemoökotypen** und sogar spezielle Arten ausgebildet (z. B. Erzpflanzen oder charakteristische Pflanzenarten der Serpentinflora in verschiedenen Kontinenten; siehe Tab. 6.22). Die Fähigkeit, Schwermetallresistenz zu entwickeln, ist genotypisch verankert und adaptiv modifizierbar. Chemoökotypen weisen charakteristische Isoenzymmuster auf und steigern elementspezifisch die Widerstandsfähigkeit des Protoplasmas gegen erhöhte Schwermetallkonzentrationen im Gewebe, wenn sie auf schwermetallreichen Böden wachsen; je größer die Belastung durch ein bestimmtes Element ist, um so größere Toleranz gegen dieses Element wird erworben. Ferner gibt es Arten, die aufgrund ihrer großen genetischen Plastizität eine Reihe von weniger spezialisierten Ökotypen entwickelt haben, die gegen mehrere Schwermetalle und andere Elemente resistent sein können, so z. B. *Agrostis tenuis, A. canina, Festuca ovina, Plantago lanceolata* und *Silene vulgaris* gegen Zn, Cu, Cd, Ni und z. T. auch gegen As, Al, Fe und NaCl. Die Kenntnis der genetischen und physiologischen Grundlagen der Schwermetallresistenz ist die Voraussetzung für eine planvolle Artenwahl und Sortenzüchtung für die Begrünung und Rekultivierung stark kontaminierter Flächen (Abraumhalden, Deponien) und für das Auffinden geeigneter Schadstoffzeiger.

Tab. 6.18 Verteilung von Zink in Organen, Geweben und Zellbestandteilen von Metallophyten auf zinkreichem Boden. Nach ERNST (1976).		
Pflanze, Organ	Vakuole, Cytoplasma [%]	Zellorganellen [%]	Zellwand [%]
Cardaminopsis halleri			
Blätter	**82**	6	12
Wurzeln	38	5	**57**
Silene vulgaris			
Blätter	**64**	10	26
Wurzeln	18	10	**72**
Agrostis tenuis			
Blätter	**48**	11	41
Wurzeln	38	10	**52**
Minuartia verna			
Blätter	**46**	8	**46**
Wurzeln	20	8	**72**

6.3.2.3 Bioindikation von Immissionsbelastungen

Pflanzen sind als ortsete Wesen der örtlichen Belastung durch Umweltgifte dauernd und stärker ausgesetzt als Tiere und der Mensch.

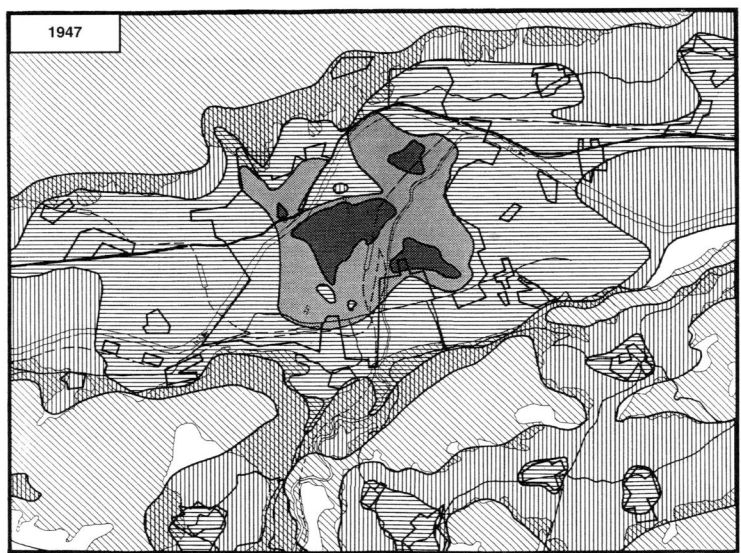

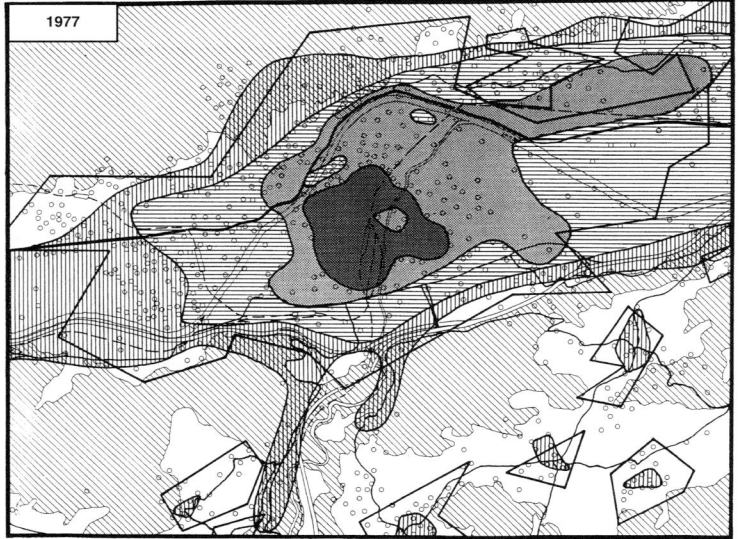

Abb. 6.92. Charakterisierung der zunehmenden Immissionsbelastung in Innsbruck und Umgebung aufgrund des Flechtenbewuchses. Die Flechtenkartierung erfaßt langfristige Belastungen und ermöglicht einen Vergleich auch über lange Zeiträume: 1947 (oben), 1977 (unten), 1987 (S. 337 oben). Zone I: Ungestörter, üppiger und artenreicher Flechtenbesatz auf Bäumen; Zone II: Reichlicher Flechtenbesatz, Verschiebungen in der Artenzusammensetzung zeigen jedoch bereits eine geringfügige Belastung an; Zone III: Neutrophile Rindenflechten und *Xanthoria parietina* herrschen vor, Flechtenbesatz noch reichlich; Zone IV: Artenarme Flechtenvegetation von geringem Deckungsgrad, Blattflechten kümmerlich und z.T. deformiert. Zone V: Kaum mehr Flechtenbewuchs auf Bäumen, auf Mauern nur noch Krustenflechten ("Flechtenwüste"). Nach BESCHEL (1958), BORTENSCHLAGER und SCHWARZER (1988).

Sie eignen sich daher als vielseitige *Bioindikatoren*. Als solche werden Organismen oder Organismengemeinschaften bezeichnet, die auf Immissionsbelastung sensibel mit Veränderungen ihrer Lebensfunktionen reagieren (*Reaktionsindikatoren*) oder den Schadstoff akkumulieren (*Akkumulationsindikatoren*). Beide Verhaltensformen können als Zeigerpflanzen in verschiedener Weise dienen.

Zeigerorganismen reagieren aufgrund ihrer speziellen Lebensansprüche auf Veränderungen in ihrem Milieu, indem sie verkümmern, verschwinden oder aber üppiger wachsen und sich vermehren. Durch Verschiebungen in der floristischen Zusammensetzung und durch Artenschwund machen sie besonders auf langfristige Belastungszustände aufmerksam. Ein bekanntes Beispiel hiefür ist

Zone I	☐	Zone IV	▨
Zone II	▥	Zone V	■
Zone III	▤	Wald	▨

Bundesbahn	
Autobahn	
Straßen	
Inn	
verbautes Gebiet mit Untersuchungspunkten	

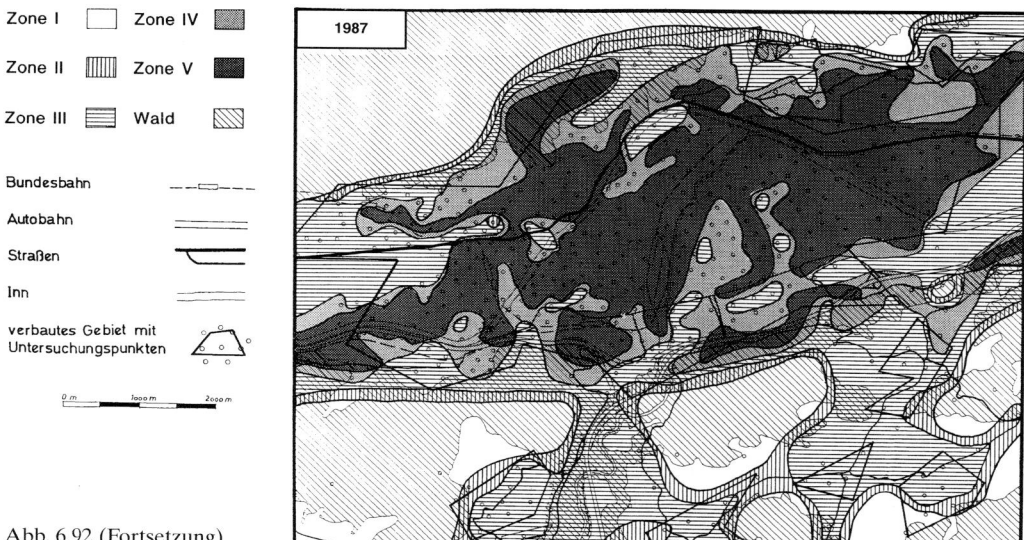

Abb. 6.92 (Fortsetzung)

die Kartierung des Flechtenbewuchses (Abb. 6.92), aus deren Üppigkeit und aus der Artenkombination der Flechtengesellschaften eine Belastungszonierung erstellt werden kann. Dabei muß neben der spezifischen SO_2-Empfindlichkeit der Flechtenarten auch der vorherrschende Klimacharakter am Standort (Lichtgenuß, Luftfeuchtigkeit) und das Substrat (pH und Eutrophiegrad der Unterlage) berücksichtigt werden.

Testorganismen zeichnen sich durch hohe Empfindlichkeit gegenüber bestimmten Schadstoffen aus. Sie eignen sich daher als *Biosonden*, die unter standardisierten Bedingungen durch biochemische, physiologische und morphologische Kriterien auf das Vorhandensein und in manchen Fällen auch auf die Menge phytotoxischer Substanzen hinweisen. Als Testorganismen werden (neben Mikroorganismen und Tieren) häufig Algen, submerse Wasserpflanzen (Tab. 6.19), Keimpflanzen, Gewebe- und Zellkulturen eingesetzt.

Überwachungsorganismen (Monitororganismen) sind Arten, die durch ihr spezifisches Verhalten gegenüber Schadstoffen zum qualitativen und quantitativen Nachweis von Belastungssituationen benützt werden können. Hierzu werden freiwachsende Pflanzen in ihrem Lebensraum beobachtet oder analysiert

(*passives* Monitoring), oder es wird standiertes Pflanzenmaterial im Untersuchungsgebiet exponiert (*aktives* Monitoring). Zur Immissionsüberwachung stehen sehr selektive Reaktionsindikatoren, sowohl unter Kryptogamen als auch unter Phanerogamen (Tab. 6.20) zur Verfügung. Akkumulationsindikatoren, die große Mengen von Schadstoffen speichern, ohne geschädigt zu werden, eignen sich für passives und aktives Monitoring: Als „Fangpflanzen" sammeln sie vorwiegend ganz bestimmte Elemente, die nach chemischer Analyse eine Bewertung der örtlichen Belastungssituation erlaubt. Moose nehmen aufgrund ihres hohen Sorptionsvermögens reichlich Ionen auf (Tab. 6.21), Flechtenexplantate (z. B. von *Hypogymnia physodes*) zeigen nicht nur durch Chlorophyllzerstörung eine Schädigung durch Schadgase (vor allem SO_2) an, sondern akkumulieren auch mineralische Schadstoffe (Pb, Zn, Fe, Mn im städtischen Bereich). Pilze und Bakterien reichern in großen Mengen Schwermetalle an. Bakterien werden daher zur Metallgewinnung aus Klärschlamm und Abwässern eingesetzt („mikrobielle Laugung").

Viele Pilze (z. B. *Amanita muscaria, Xerocomus badius, Lactarius deliciosus* und *L. chrysorrheus* jedoch nicht *L. volemus* und *L. vellereus*), Flechten (z. B. *Cetraria islandica,*

Tab. 6.19 Submerse Wasserpflanzen als Testorganismen für Schadstoffe. Nach W. Nobel et al. (1983).

Schadstoff	Testpflanze	Grenzkonzentration [ppm]	50% Letalität [ppm]
Phenol	*Potamogeton lucens*	0,19	0,56
	Potamogeton coloratus	0,56	
	Potamogeton crispus	0,56	
o-Kresol	*Potamogeton lucens*	0,22	0,65
	Potamogeton coloratus	0,65	1,08
	Potamogeton crispus	1,08	
KH_2PO_4	*Potamogeton alpinus*	0,2	2,0
	Elodea canadensis	0,5	>5,0
NH_4Cl	*Potamogeton coloratus*	<5	15
	Potamogeton crispus	<5	15
	Ranunculus fluitans	25	
H_3BO_3	*Elodea canadensis*	<1,0	10
	Myriophyllum alterniflorum	<2,0	5,0
	Ranunculus penicillatus	<1,0	10
Blei	*Potamogeton crispus*	2,07	
	Elodea canadensis	10,36	
	Potamogeton lucens	10,36	
Cadmium	*Elodea canadensis*	0,01	0,56
	Potamogeton crispus	0,01	0,56
	Potamogeton lucens	0,01	0,56
Kupfer	*Potamogeton crispus*	<0,03	0,06
	Elodea canadensis	0,006	0,32
	Potamogeton lucens	0,06	>0,32
Zink	*Elodea canadensis*	<0,65	3,25
	Potamogeton lucens	0,65	6,54
	Potamogeton crispus	4,87	6,54

Cladonia-Arten) und Moose (z. B. *Bryum-, Thuidium-, Dicranum*-Arten) fielen nach dem Kernschmelzunfall im Atomkraftwerk Tschernobyl im April 1986 nach Speicherung von ^{137}Cs, [134]Cs, ^{90}Sr und [105]Ru durch hohe **Radioaktivität** auf[167,271]. Auch Sproßpflanzen waren nach diesem Ereignis wichtige Indikatoren für den Grad der lokalen radioaktiven Verseuchung und für die Aufnahme von Radionukliden aus dem Boden. Über den *Transferfaktor* (TF), der dem Konzentrationsfaktor für die Bioakkumulation innerhalb einer Nahrungskette entspricht, wird die spezifische Aktivität des Radionuklids in der Pflanze ($A_{Pflanze}$, bezogen auf das Frisch- oder Trockengewicht) auf jene im Boden (A_{Boden}) verglichen.

$$TF = \frac{A_{Pflanze}\ [Bq \cdot kg^{-1}]}{A_{Boden}\ [Bq \cdot kg^{-1}]} \tag{6.5}$$

Es zeigte sich, daß sich neben vielen meteorologischen, bodenkundlichen und sonstigen standortsabhängigen Gegebenheiten, die Wuchsform und besonders der Bewurzelungsmodus (hohe Aktivitätskonzentration in Gräsern), der Wachstumszustand, chemotaxonomische und physiotypische Eigenheiten (*Ribes nigrum* war stärker kontaminiert als *Ribes rubrum*) auf die Anreicherung der Caesium- und Strontiumisotope auswirkten.

Eine besondere Gruppe von Akkumulationsindikatoren sind gewisse Pflanzenarten, die als **Schwermetallzeiger** (*Metallophyten*; Tab. 6.22) bekannt sind. Metallophyten neh-

Tab. 6.20 Terrestrische Sproßpflanzen als selektive Reaktionsindikatoren (Beispiele). Nach Angaben verschiedener Autoren aus STEUBING (1976), ERNST und JOOSSE-VAN DAMME (1983), ARNDT et al. (1987), RABE (1990), SCHULZE und STIX (1990), SCHUBERT (1991 b).

Schadstoff	Pflanzenart	Besonders empfindliche Sorten
SO_2	*Populus tremula* *Medicago sativa*	
H_2S	*Pseudotsuga menziesii* *Spinacia oleracea*	
HF, F_2	*Prunus armeniaca* *Gladiolus communis*	'Snow Princess', 'Shirley Temple'
HCl	*Syringa vulgaris* *Fragaria vesca*	
NH_3	*Taxus baccata* *Brassica oleracea*	Blumenkohl 'Le Cerf'
NO_x	*Apium graveolens* *Petunia*-Hybriden	
O_3	*Nicotiana tabacum* *Phaseolus vulgaris*	'Bel W 3' 'Sanilac', 'Pinto III', 'Tempo'
PAN	*Petunia*-Hybriden *Phaseolus vulgaris* *Poa annua*	'Blue magic', 'Red magic' 'Provider', 'Astro'
Ethylen	*Petunia*-Hybriden	'White Joy'

men Schwermetallionen in großer Menge auf und speichern sie in Konzentrationen von 0,5–8 g · kg⁻¹ Trockensubstanz (extrem bis 25 g · kg⁻¹). Das ist das 100- bis 1000fache der Normalkonzentration von Spurenelementen in der Pflanze und liegt in der Größenordnung der Konzentration der Hauptnährelemente Phosphor und Schwefel. Bei der tropischen Schwimmpflanze *Eichhornia crassipes* wird das hohe Akkumulationsvermögen für Metallionen zur Gewässerentgiftung ausgenützt.

6.3.3 Ökosystemare und globale Auswirkungen atmosphärischer Immissionen

Der sensibelste Bereich des globalen Lebensraumes ist die Atmosphäre. Die Ausdehnung der Atmosphäre wird in der Vorstellung der meisten Menschen überschätzt. Die Luftschicht, in der Lebewesen ohne künstliche

Tab. 6.21 Schwermetalltolerante Moose als Beispiel für Akkumulationsindikatoren. Nach ARNDT et al. (1987) und TYLER (1990).

Element	Moosarten
Blei	*Bryum pseudotriquetrum* (auch Zn) *Dicranella varia* (auch Zn) *Philonotis fontana* *Fontinalis squamosum* *Scapania undulata*
Kupfer	*Calypogeia muelleriana* *Merceya ligulata* *Mielichhoferia elongata* (auch Fe, Cr) *Mielichhoferia nitida* (auch Fe, Pb, Zn) *Nardia scalaris* *Pleuroclada albescens*
Nickel	*Oligotrichum hercynicum* (auch Cu)
Zink	*Cephalozia bicuspidata* (auch Cu) *Pohlia nutans* (auch Cu)

Tab. 6.22 Beispiele für enorm hohe Mineralstoffgehalte in Metallophyten und Toxicophyten (As, Se). Konzentrationsangaben in mg · kg^{-1} Trockensubstanz. Nach verschiedenen Autoren aus DUVIGNEAUD und DENAEYER-DE SMET (1973), ERNST (1976, 1990), BAUMEISTER und ERNST (1978), STEUBING et al. (1989).

Pflanze	Vorkommen	Element	Konzentration	Akkumulations-grad[*]
Eichhornia crassipes	Tropische Gewässer	Fe	14400	10
Minuartia verna	Mitteleuropa	Cu[a]		
Blätter			1030	147
Wurzeln			1850	109
Thlaspi alpestre ssp. *calaminare*	Britische Inseln	Zn[b]		
Blätter			25000	208
Wurzeln			11300	140
Minuartia verna	Südosteuropa	Pb[c]		
Blätter			11400	950
Wurzeln			26300	970
Minuartia verna	Mitteleuropa	Cd[d]		
Blätter			348	3480
Wurzeln			382	3820
Jasione montana Blätter	Britische Inseln	As[e]	31000	
Mechovia grandiflora Blätter	Kongobecken	Mn	7000	7
Acrocephalus robertii Blätter	Kongobecken	Co	·1490	50
Psychotria douarrei	Neukaledonien	Ni[f]		
Blätter			45000	
Wurzeln			92000	
Pearsonia metallifera	Ostafrika	Cr[g]		
Blätter			490	98
Wurzeln			1620	162
Astragalus preussi Blätter, Wurzeln	Nordamerika	U[h]	70	116
Astragalus racemosus Blätter	Nordamerika	Se[i]	15000	

[*] **Akkumulationsgrad** nach DUVIGNEAUD: = M_c/M_o
M_c Mineralstoffkonzentration in Pflanzen von kontaminierten Böden.
M_o Mineralstoffkonzentration in Pflanzen auf Normalböden

a Weitere Cuprophyten: Ökotypen von *Silene vulgaris* in Europa, *Haumaniastrum robertii* im Kongobecken, *Becium homblei* und *Indigofera dyeri* im südöstlichen Afrika, *Polycarpea spirostylis* in Australien, *Gypsophila patrini* in Zentralasien, *Gladiolus*-Arten in Afrika.
b Weitere Galmeipflanzen in Europa: *Minuartia verna*, *Viola calaminaria*, Ökotypen von *Silene vulgaris* und *Armeria maritima*.
c Weitere bleiakkumulierende Arten: *Agrostis tenuis*, *Festuca ovina*, *Erianthus giganteus*, *Cerastium holosteoides*, auch *Calluna vulgaris*.
d Weitere cadmiumakkumulierende Art: *Thlaspi alpestre* ssp. *calaminare*.
e Weitere arsenakkumulierende Arten: *Calluna vulgaris*, *Agrostis tenuis*.
f Weitere nickelakkumulierende Arten: *Hybanthus austrocaledonicus*, *H. floribundus*, *H. caledonicus*, *Sebertia acuminata* in Australien und Neukaledonien.
g Weitere chromakkumulierende Arten: *Sutera fondina*, *Dicoma niccolifera*, *Convolvolus ocellatus* in Ostafrika.
h Uranakkumulierende Art in Mitteleuropa: *Sambucus nigra*.
i Weitere Selenophyten: *Aster xylorrhiza*, *Stanleya*-Arten, verschiedene *Astragalus*-Arten in Nordamerika, *Neptunia amplexicaule*, *Acacia cana*.

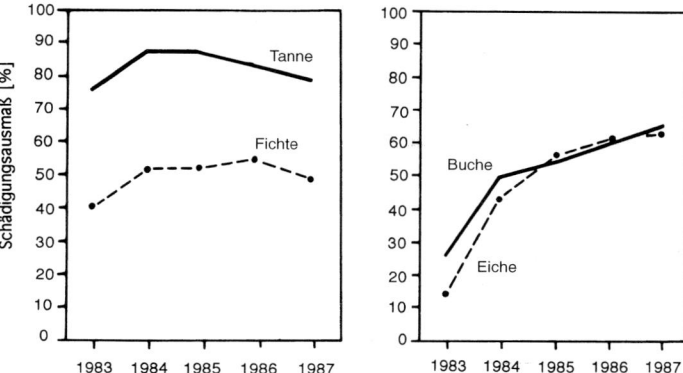

Abb. 6.93. Entwicklung der Waldschäden in Deutschland von 1983–1987. Schädigungsausmaß in Prozent der Bestandesfläche der jeweiligen Baumarten. Aus Schmidt-Vogt (1989).

Hilfsmittel existieren können, reicht nur bis etwa 6000 m Höhe. Wie gering diese Entfernung ist, wird uns bewußt, wenn wir uns eine Wegstrecke von 6 km in der Horizontalen vorstellen. In diese hauchdünne Lufthülle werden alle gasförmigen Abfallprodukte menschlicher Tätigkeiten abgelagert. Auch wenn man nicht nur den eigentlichen Lebensraum der Atmosphäre, sondern die ganze Troposphäre bis maximal etwa 15 km Höhe als Vorratsraum rechnet, so ist immer noch das Aufnahmevermögen der Atmosphäre für Abgase, Dämpfe, Tröpfchen und Stäube bei weitem geringer als jenes der anderen Teilsphären unseres Planeten. Das als Wohlstand betrachtete Wirtschaftswachstum in den Industrieländern, mit allen Begleiterscheinungen des Überflusses und der Mobilität, und das exponentielle Bevölkerungswachstum in den ärmeren Regionen der Erde haben zur Folge, daß die atmosphärischen Immissionen (und selbstverständlich auch die Zerstörung der Pflanzendecke und des Bodens und die Verschmutzung der Meere) weltweit stark zugenommen haben.

Viele Schadstoffe werden durch Regen, Schnee und Nebel aus der Luft ausgewaschen und niedergeschlagen. Als *saure Niederschläge* benetzen sie die Pflanzenoberflächen und dringen in Gewässer und Boden ein. So entstanden die "Neuartigen Waldschäden" in großen Teilen Europas. Deren Neuartigkeit besteht in der weiten Ausdehnung, dem chronischen Verlauf, der äußerst wechselhaften Symptomatik und dem Befall verschiedener Baumarten. Das Siechtum der Wälder ist

eine *Komplexkrankheit*, die ohne anthropogene Luftverschmutzung nicht zustande käme.

Steigender Verbrauch fossiler Brennstoffe, Waldrodung und Ausweitung von Landwirtschaft und Viehhaltung sind die Hauptursachen für die Zunahme von Kohlendioxid und Methan in der Atmosphäre. Diese an sich ungefährlichen Spurengase sind hauptsächlich für die vom Menschen verursachte Komponente des *Treibhauseffekts* verantwortlich.

6.3.3.1 Kontinentale Waldschäden als ökosystemares Belastungssyndrom

Die weiträumige Waldkrankheit / kündigte sich zu Ende der Sechzigerjahre dieses Jahrhunderts durch zuerst begrenzte, unklare Schäden in tannenreichen Wäldern Mitteleuropas und etwa zehn Jahre später in Fichtenwäldern Nord- und Mitteleuropas an. Ab 1980 waren große Waldflächen, anfänglich Nadelwälder, später auch Laubwälder betroffen (Abb. 6.93). Nach einer anfänglich spektakulären Verschlechterung des Waldzustandes scheint sich seit etwa 1985–1988 in vielen Waldgebieten eine Stabilisierung und stellenweise sogar Erholung abzuzeichnen[683].

Waldverfall und lokale Waldschäden hat es immer gegeben. Aber immer wurden sehr bald eingrenzbare Ursachen offenkundig: Überalterung der Bestände, Schädlingskalamitäten, Klimaexzesse, fehlerhafte Waldbewirtschaftung, Unterbrechung des ökosystemaren Mineralstoffrücklaufs durch Streuentnahme, Erschöpfung der Nährstoffe im Bo-

Abb. 6.94.   Kronenzustände von Fichten des Kammtyps. Die Prozentzahlen geben das geschätzte Ausmaß des Nadelverlustes an (Kronenverlichtung). Aus Müller und Stierlin(1990).

den durch Monokulturen und Vergiftung durch identifizierbare Nahemittenten. Die „Neuartigen Waldschäden" waren nicht einer einzelnen Ursache zuzuordnen, alle Indizien wiesen auf eine Beteiligung von Luftschadstoffen hin. Erst als die sehr intensiv betriebene Waldschadensforschung von monokausalen Forschungsansätzen auf ökosystemorientierte und streßdynamische Konzepte überging, eröffnete sich ein Einblick in die vielfältigen Ursachen dieser Komplexerkrankung.

Erscheinungsbild der Waldschäden
Je nach Baumart, Wuchstyp (z. B. unterschiedliche Beastung von Kamm- und Plattenfichten), Baumalter, Wuchsort (Tal- oder Hanglage, Meereshöhe, Exposition), Bodentyp, geologischem Untergrund und Überlagerung verschiedener Stressoren (Intoxikation und zusätzlicher Parasitenbefall oder klimatische Belastung) äußert sich die Walderkrankung in vielen Erscheinungsformen. Auch erfahrene Forstpathologen haben oft Schwierigkeiten, aufgetretene Schädigungen als „Waldsterben" zu deklarieren. Grundsätzlich muß sorgfältig eruiert werden, ob die Schädigung einem bestimmten Auslöser zugeordnet werden kann, z. B. einer Virusinfektion, einem spezifischen Pilzbefall, tierischen Schädlingen, einer akuten Intoxikation (z. B. hohe Salzkonzentrationen am Straßenrand, nahegelegener Emittent), eventuell auch einer möglichen Beeinflussung durch starke Mikrowellenfelder. Wenn die *Differentialdiagnose* auf einen konkreten Auslöser hinweist, kann dennoch der Schaden durch eine latente Schwächung (Prädisposition) durch die Komplexkrankheit verstärkt sein.

Trotz mancher Unsicherheit im Detail gibt es doch ein **Erscheinungsbild** siechender Wälder und einzelne Anzeichen, die sich in den „Neuartigen Waldschäden" in bezeichnender Weise häufen: Wachstumsanomalien (z. B. Verkürzung der Wipfelinternodien von Tannen: „Storchennest"), Vergilben von Nadeln und Blättern (bei Mg-Mangel werden die älteren Nadeljahrgänge gelb, bei Fe- und Mn-Mangel sind jüngere Bereiche betroffen), Absterben einzelner Bezirke von Nadeln, Blättern und Zweigen, Abwurf von Na-

deln (Kronenverlichtung, Verkahlen hängender Zweige bei Fichten: „Lamettasyndrom"), Triebspitzen- und Wipfeldürre und Verflachen des Wurzelsystems. Für die *Einstufung des Kronenzustandes* von Nadelwäldern wurden Kategorien aufgrund der Verfärbung (0 keine, 3 starke Verfärbung) und des Nadelverlustes festgesetzt (Abb. 6.94). Die Waldschadenserhebung wird allerdings nicht in allen Staaten konform gehandhabt. In Deutschland gelten Nadelwälder als schwach geschädigt (Schadstufe 1), wenn die Nadelverluste auf 11–25 % geschätzt werden, mittelstark (2) bei 26–60 %, stark geschädigt (3) bei 61–99 % Nadelverlust und abgestorben bei Stufe 4. In Österreich werden 5- bis 6stufige Skalen angewendet. Es ist klar, daß bei Sichtbewertung nur eine ungefähre Abschätzung möglich ist, besonders wo verschiedene Baumarten vorkommen. Eine Unterstützung der Waldschadensinventur ist durch *Luftbildaufnahmen* mit Infrarot-Falschfarbenfilmen möglich, die geschädigte Baumkronen in abweichender Farbgebung erscheinen lassen.

Für die Walderkrankung ist bezeichnend, daß auf kleinem Raum große Unterschiede im Schädigungsgrad zu beobachten sind. So kann ein Baum auf kargem, steinigem Boden stark geschädigt sein, wogegen ein unweit entfernter in nährstoffreicher Muldenlage gesund erscheint. Dasselbe gilt im Wechsel des Witterungscharakters über die Jahre; am selben Ort kann sich das Schadensausmaß von Jahr zu Jahr erheblich vergrößern oder verkleinern. Die Waldschadenserhebung und die Waldschadensforschung muß daher die individuelle und standörtliche Variabilitätsbreite berücksichtigen und Trendbeobachtungen anstellen.

Ursachen, Entstehung und Verlauf der ökosystemaren Walderkrankung
Schon früh zu Beginn der Ausbreitung der Waldschäden war ziemlich klar, daß – zusätzlich zu Klimaexzessen und betrieblichen Fehlern und Nachlässigkeiten – eine ursächliche Beziehung zu flächenhaften Luftimmissionen bestehen müßte. Der Verdacht konzentrierte sich zunehmend auf die **Säurewirkung von Niederschlägen**, die sich auf die Oberfläche der Pflanzen und des Bodens absetzen

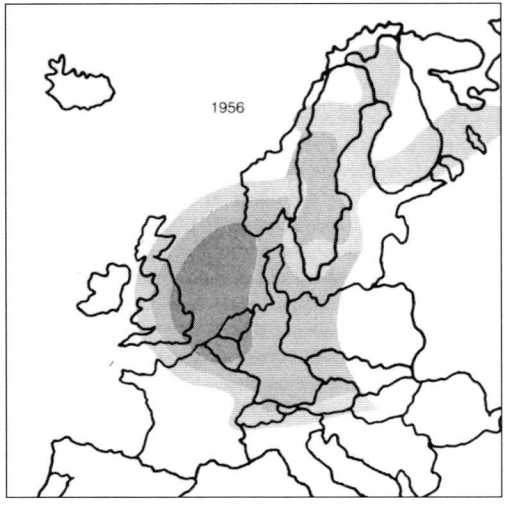

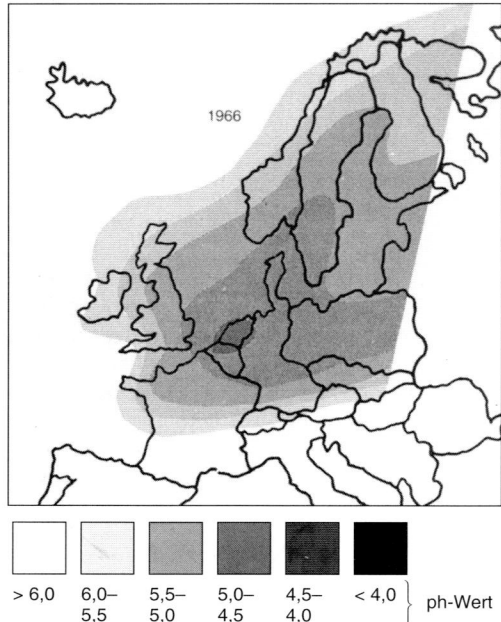

| > 6,0 | 6,0–5,5 | 5,5–5,0 | 5,0–4,5 | 4,5–4,0 | < 4,0 | } ph-Wert |

Zunahme der Azidität ⟶

Abb. 6.95. Zunahme und Ausbreitung saurer Niederschläge in Europa von 1956–1966. Nach ODÉN aus ODZUCK (1982). Neuere Zustandserhebung für Europa: HETTELINGH et al. (1991).

und in den Boden und Gewässer eindringen. Saure Komponenten in der Atmosphäre sind säurebildende Gase (SO_2, NO/NO_2), freie Säuren (H_2SO_4, HNO_3, HCl, HF) und H^+.

Seit der Mitte des 20. Jahrhunderts verbreiteten sich saure Niederschläge über Europa (Abb. 6.95) und in anderen industrialisierten Regionen (Nordamerika, Japan)[399].

Die *Acidität* der Niederschläge hängt vom lokalen Immissionspegel und der Herkunft von Ferntransporten ab. Seit etwa 1970 wurden in Europa pH-Werte zwischen 4 und 5, stellenweise auch zwischen 3 und 4 gemessen. An Orten mit häufiger Nebel- und Hangwolkenbildung tritt stärkere Versauerung auf. Durch sauren Stammabfluß können unmittelbar am Stammfuß von Bäumen die pH-Werte um zwei Stufen niedriger sein als unter dem Kronentrauf.

Saure Depositionen verursachen, abgesehen von der toxischen Wirkung ihrer chemischen Komponenten, *direkte Säureschädigungen* der Assimilationsorgane, wie z. B. Randnekrosen an Blättern und die Zerstörung der Cuticula und der Cuticularwachse auf Coniferennadeln. Ansäuerung des Apoplasten kann auch die Verteilung von Phytohormonen beeinflussen. In Feinwurzeln treten Chromosomenanomalien bei Zellteilungen auf, die Zellen werden geschädigt und der Zellverband durch Wandauflösung gelockert.

Eine wichtige Rolle in der Entstehung der Waldschäden fällt den Auswirkungen der *Bodenversauerung* zu (Abb. 6.96). Zunächst setzt bei etwa pH 7 durch Auswaschung des löslichen $Ca(HCO_3)_2$ eine Entkalkung ein. In Kalkböden verschiebt sich trotz Entkalkung der pH-Wert nicht in gefährliche Bereiche, dort aber kann Kalium und Eisenmangel auftreten. Auf Silikatböden werden über Austauschreaktionen vor allem Ca^{2+} und Mg^{2+} ausgelaugt und mit Anionen über das Sickerwasser dem Boden entzogen. Zwischen pH 6 und 4 übernehmen Ton-Humus-Komplexe als Kationenaustauscher die Pufferung des Bodens. Unter pH 4 werden Tonminerale zersetzt und Metallhydroxide in Lösung gebracht, es erscheinen zunehmend freie Aluminium- und Schwermetallionen in der Bodenlösung. Durch die Bodenversauerung und ihre Begleiterscheinungen wird auch die Zersetzung der organischen Substanz im Boden verlangsamt und die Nitrifikation gehemmt. Die Verarmung an basischen Kationen und Nitrat und die Festlegung von Phosphat sind

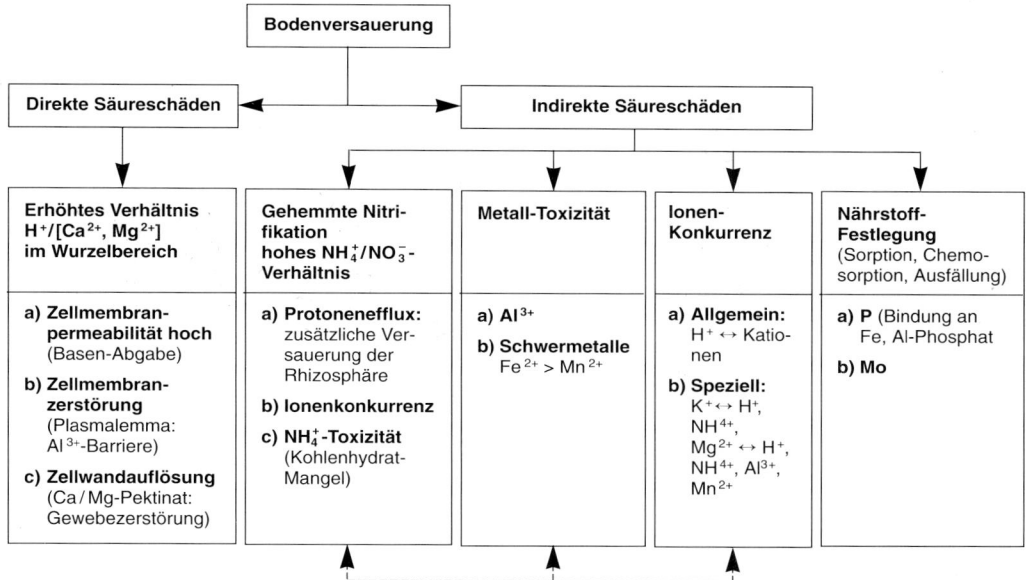

Abb. 6.96. Auswirkungen der Bodenversauerung auf Bodeneigenschaften und Pflanzenwurzeln. Nach Iser-MANN (1983).

wesentliche Merkmale der Bodenversauerung.

Der wechselhafte **Symptomenkomplex** der großräumigen Walderkrankung entsteht im Zusammenwirken von Säureeintrag und klimatischen, edaphischen und biotischen Stressoren, die zusätzlich zur Grundbelastung weitere Störungen bereiten (Abb. 6.97).

Die physiologischen Vorgänge, die im Einzelnen den Krankheitsverlauf bestimmen, sind derzeit nur fallweise bekannt. Jedenfalls spielt die Bodenversauerung eine wichtige Rolle. In Fichtenwäldern auf Silikatuntergrund beschränken sich die Feinwurzeln hauptsächlich auf die obersten Bodenschichten, die durch Streuabbau und Rekretionsauffang basenreicher sind als die ausgelaugten tieferen Horizonte. Dadurch werden die Bäume gegen oberflächliche Bodenaustrocknung empfindlich. Wegen der geringen Ausbreitung des Wurzelsystems und der abgeschwächten Wurzelpilzsymbiose bekommt der Baum weniger Nährstoffe. Wenn bei unzureichender Aufnahme bestimmter Nährionen (besonders von Mg^{2+}, K^+ und Ca^{2+}, eventuell auch Mn^{2+}) diese gleichzeitig durch die sauren Niederschläge stärker aus den Blät-

tern ausgewaschen werden (Abb. 6.98), stellen sich *Mangelzustände und Ionenungleichgewichte* ein.

Enthalten die Niederschläge aus der Atmosphäre einen hohen Anteil von Stickstoffverbindungen (NO_3^- in Kombination mit NH_3 und NH_4^+), dann wird durch die vermehrte Zufuhr dieses Bioelements das Sproßwachstum zunächst so sehr gefördert, daß ein Verdünnungseffekt eintritt (siehe Kap. 3.3.2). Da es sich bei Mg^{2+} und K^+ um gut verlagerbare Elemente handelt, werden sie den ausdifferenzierten Pflanzenteilen entzogen. So kommt die Vergilbung der *älteren* Nadeljahrgänge in Fichten zustande. Durch sorgfältig abgestimmte Gaben von Dolomitkalk, Kieserit ($MgSO_4$) und Kalimagnesia lassen sich Chlorosen an Nadelbäumen beheben. Für die Sanierung der Wälder sind Düngungsmaßnahmen jedoch nur eine schnelle, erste Hilfe, die ohne Bekämpfung der primären Ursache, nämlich die Luftverschmutzung, nicht von Dauer sein kann.

Die Nährstoffbilanz der Wälder ist äußert labil und hängt von vielen Variablen ab (Abb. 6.99). Kleine Verschiebungen im Stickstoffeintrag, in der Mineralstoffaufnahme aus

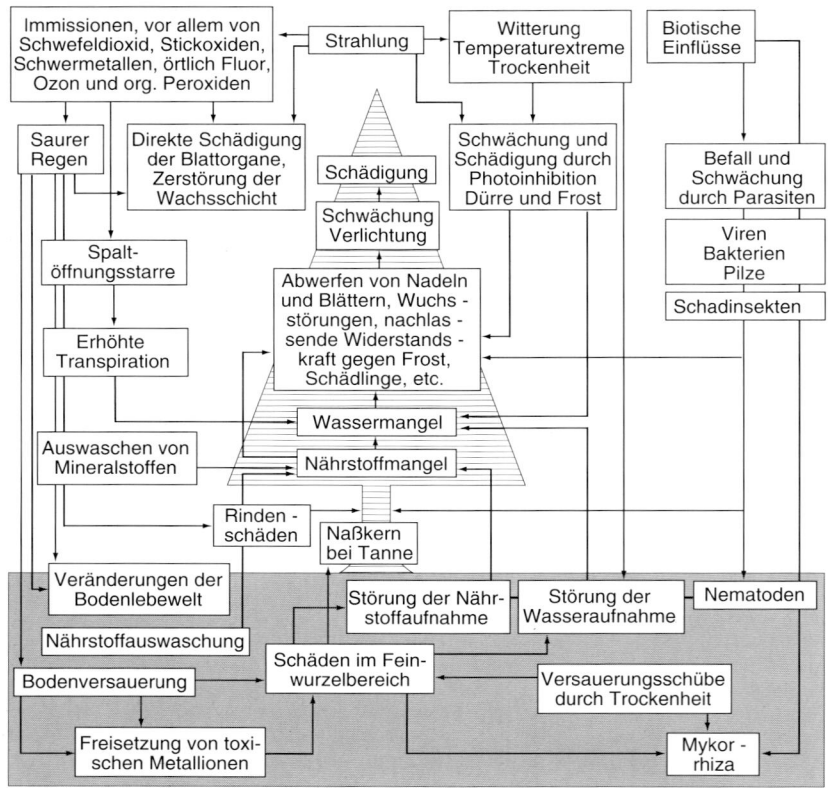

Abb. 6.97. Mögliche Ursachenverknüpfungen bei der Entstehung der ökosystemaren Walderkrankung. Nach ELSTNER aus HOCK und ELSTNER (1988) und nach FÜHRER (1988).

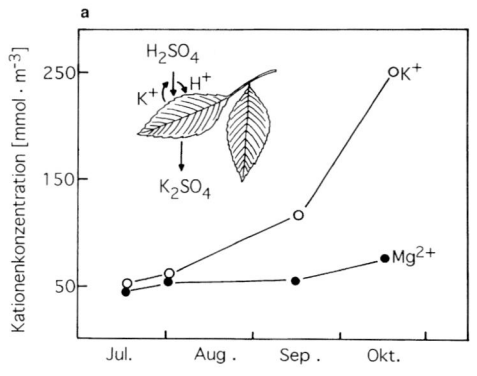

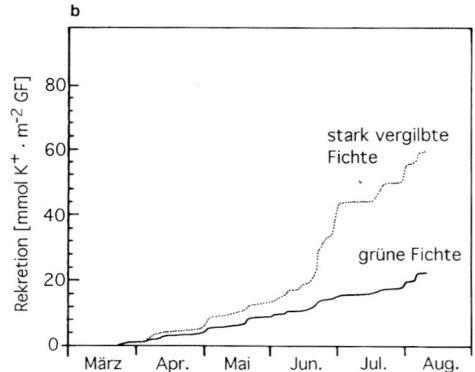

Abb. 6.98. Vermehrte Auswaschung von Kationen durch saure Niederschläge. *Links:* Salzbildung auf der Blattoberfläche und Kationenkonzentration im Kronentrauf in einem Buchen-Ahorn-Birkenmischwald.

Nach CRONAN und REINERS (1983), verändert. *Rechts:* Rekretion von Kalium (bezogen auf die Grundfläche) aus einer stark vergilbten und einer weniger geschädigten Fichte. Nach GLATZEL et al. (1987).

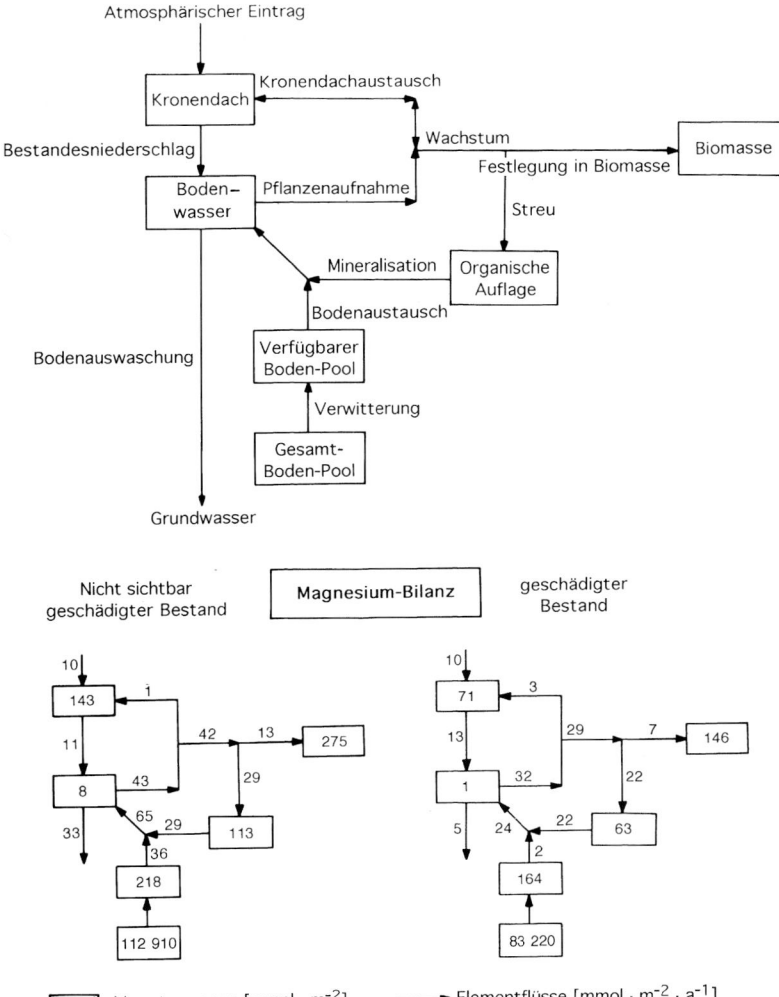

Abb. 6.99. Magnesiumbilanzen für Fichtenbestände ohne sichtbare Schäden und für einen geschädigten Bestand. Die Zahlen geben Vorratsmengen (Kästchen) und jährliche Elementflüsse (Pfeile) an. Oben: Kompartimente und Flüsse im Waldökosystem. Im geschädigten Bestand sind Umsätze und Vorräte von Magnesium in der Phytomasse und im Boden deutlich geringer als im nicht sichtbar belasteten Fichtenwald. Die Magnesiumversorgung ist daher labil. Nach Horn et al. (1989), Schulze und Lange (1990).

dem Boden und Mineralstoffverluste durch Auswaschung wirken sich auf Wachstum und Gedeihen, auf eine weitere Schädigung oder eine Erholung aus, so daß jedes kommende Jahr eine nicht vorhersagbare Überraschung bringen kann.

6.3.3.2 Globale Zunahme infrarotabsorbierender Spurengase und Treibhauseffekt

Seit der Mitte des 18. Jahrhunderts begann der CO_2-Gehalt der Atmosphäre zunächst langsam, ab der Mitte des 20. Jahrhunderts rasch anzusteigen (im Durchschnitt um 1,3 $\mu l \cdot l^{-1}$ pro Jahr; Abb. 6.100). Im Laufe dieser

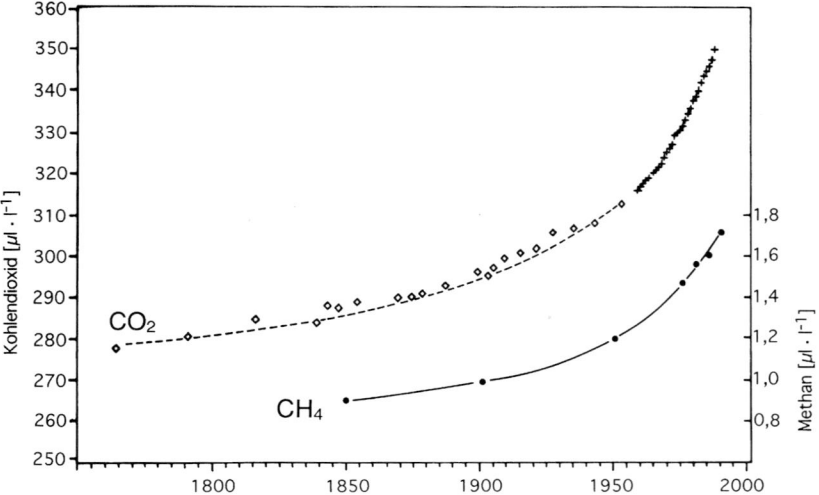

Abb. 6.100. Zunahme der Konzentration von Kohlendioxid und Methan in der Atmosphäre seit dem 18. Jahrhundert. Messungen ab 1958 am Mauna Loa Observatorium (Hawaii), vorher aus Eisbohrkernen in der Antarktis (Siple-Station). Nach KEELING, STAUFFER, SIEGENTHALER und OESCHGER aus IGBP (1990) und WMO (1990).

Zeitspanne wurden durch Einwanderer in Nordamerika große Waldgebiete in Ackerland umgewandelt, menschenleere Landstriche in aller Welt bevölkert, der Übergang zum industriellen Zeitalter vollzogen und materialintensive Kriege geführt. Alle diese Ereignisse haben die Kohlenstoffreserven in der Biomasse und im Boden angegriffen und zusätzliche Mengen von CO_2 in die Atmosphäre eingebracht. Parallel dazu erhöhte sich auch der Methangehalt in der Luft.

Kohlendioxid in der Atmosphäre ist, zusammen mit Wasserdampf, Methan, Ozon und Distickstoffoxid (N_2O), klimaregulierend. Diese Gase lassen die kurzwellige Sonnenstrahlung ungehindert auf die Erdoberfläche gelangen, die von der Erdoberfläche ausgehende Infrarotstrahlung absorbieren sie aber zu etwa 90%. Dadurch erwärmt sich die Lufthülle. Dank dem natürlichen „Treibhauseffekt" herrschen auf der Erde die für das Leben geeigneten Temperaturen. Zu den natürlichen Treibhausgasen kommen nun klimawirksame industrielle Spurengase hinzu, insbesondere die Fluorchlorkohlenwasserstoffe (FCKW). Diese und die Zunahme der ursprünglichen Komponenten tragen zu einer zusätzlichen Erwärmung der Luft bei. Es gibt Anzeichen, daß die Durchschnittstemperatur der Erde seit der Mitte des vorigen Jahrhunderts um ca. 0,7 K zugenommen hat. Allerdings sind solche Berechnungen mit Vorbehalt zu betrachten, weil der Temperaturverlauf ständig schwankt (siehe Abb. 1.44).

Vor allem aber sagt eine über die ganze Erde gemittelte Temperaturveränderung noch nichts über Tendenzen aus, die in verschiedenen Gebieten auftreten. Regionale Verschiebungen werden stark von der zonalen Strahlungsbilanz und besonders von der Luftmassendynamik und den Meeresströmungen beeinflußt.

Die Anreicherung der Atmosphäre mit CO_2 hat mehrere Aspekte: (1) Kohlendioxid ist Nährstoff für photoautotrophe Organismen, die dadurch als Verbraucher einer CO_2-Zunahme in der Luft gegenwirken könnten; (2) Kohlendioxid ist als infrarotabsorbierendes Spurengas ein wichtiger Verursacher klimatischer Folgen, die das Pflanzenkleid der Erde verändern könnten; kommt es zu einem beträchtlichen Vegetationswandel, so wird sich auch die globale Kohlenstoffbilanz ändern.

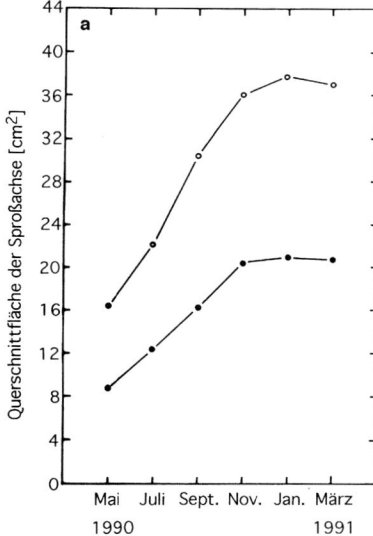

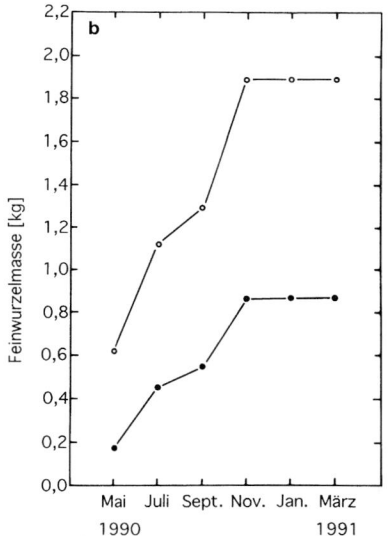

Abb. 6.101. Wachstum von *Citrus aurantium* bei
(●) normaler und (o) erhöhter CO_2-Konzentration.
a) Dickenwachstum der Stämmchen in 45 cm Höhe
über dem Boden. b) Feinwurzelmasse bis 40 cm Bodentiefe. Die plantagenmäßig gepflanzten Jungpflanzen wurden in offenen Plastikzylindern (open-top
chambers) aufgezogen und begast. Nach Idso und
Kimball (1992).

Wechselwirkungen zwischen CO_2-Zunahme in der Luft und CO_2-Aufnahme durch die Pflanzen

Die Biomasseproduktion der Pflanzen wird
generell durch das natürliche Angebot von
CO_2 begrenzt. In vielen Versuchen hat sich ge-
zeigt, daß die Photosyntheseleistung bis zum
Dreifachen der derzeit herrschenden CO_2-
Konzentration in der Luft (ca. 350 µl · l^{-1}, entsprechend einem Partialdruck von 35 Pa) stei-
gerbar ist. Durch die Begasung von Pflanzen
mit 100 Pa CO_2 in Gewächshäusern wurden
erhebliche Wachstumserträge erzielt. Durch
Verdoppelung des CO_2-Angebots wachsen
die Pflanzen schneller (und werden „schnell-
lebiger") und produzieren mehr Biomasse
(Abb. 6.101). Bei erhöhter CO_2-Konzentra-
tion öffnen sich die Spalten weniger weit, daher verdunsten die Pflanzen weniger Wasser
und dürrebelastete Pflanzen können länger
CO_2 aufnehmen (Tab. 6.23). Es gibt aber
auch gegenteilige Beobachtungen und unterschiedliche Ergebnisse bei verschiedenen
Pflanzenarten. Ungünstige Auswirkungen
der CO_2-Düngung sind z. B. die Überfüllung
der Chloroplasten mit Stärkekörnern (Rückstauhemmung) oder die hypertrophe Ausbildung von Blattgeweben (weichere Blätter
mit niedrigerem Verhältnis von Blattfläche
zu Trockengewicht). Eine Folge des Kohlen-
hydratüberschusses ist die vermehrte Ableitung von Assimilaten in die Wurzel. Dadurch
kommt es zu Verschiebungen im Sproß/Wur-
zel-Verhältnis, zu gesteigerter Wurzelatmung
und zur Ausscheidung von Photosyntheseprodukten durch die Wurzel. Wenn nicht entsprechend mehr Mineralstoffe, vor allem Stickstoff, aufgenommen werden, setzen die Pflanzen weniger Blüten und Früchte an (Abb.
6.102). Bei unharmonischem Zusammenspiel
der Bioelemente ist zu erwarten, daß Verdün-
nungseffekte zur Schwächung des Wachstums und wohl auch der Resistenzentwick-
lung führen. Insgesamt sieht es aber doch so
aus, als würden die Vorteile überwiegen. Allerdings darf man nicht übersehen, daß diese
physiologischen und wachstumsanalytischen
Befunde hauptsächlich an Kulturpflanzen,
meist unter experimentellen, unnatürlichen
Bedingungen und über kurze Zeitspannen erhoben wurden.

Um abzuschätzen, wie die Pflanzen bei gleitender, über Jahrzehnte verlaufender Erhöhung des CO_2-Gehaltes der Luft reagieren

Tab. 6.23 Mögliche Reaktionen von Pflanzen und Pflanzenbeständen auf verdoppeltes CO_2-Angebot. Nach Strain und Cure (1985), Farrar und Williams (1991), Hunt et al. (1991), Nobel (1991c), Körner und Arnone (1992), Weigel et al. (1992).

Morphogenese und Pflanzenentwicklung

Mesophylldicke	0 / +
Blattfläche / Blatttrockengewicht	0 / –
Blattflächenindex	+ / ×
Sproßwachstum	+
Verzweigungsdichte	+ / –
Wurzelwachstum	+
Wurzel / Sproß-Verhältnis	+ / –
Blütenbildung	– / ×
Samengröße	+
Lebensdauer und Alterung	+ / ×

Stoffwechsel, Stoffproduktion und Wasserhaushalt von Einzelpflanzen

Nettophotosynthese	+ ($C_3 > C_4$)
RuBP-Carboxylase	0 / –
CAM-Funktion	+
Respiration	+ / –
Zuckertransporte	+ / ×
Trockensubstanzproduktion	+
Stickstoffkonzentration i. TrSubst.	
Transpiration	– ($C_4 > C_3$)
Wassernutzungskoeffizient	+
Stoffproduktion bei Hitze, Dürre und Salz	+

Pflanzenbestände

Lichtausnützung	+ / –
Wassernutzung	+ / 0
Wettbewerb von kompetitiven Arten	+ / 0 ($C_3 > C_4$)

+ Zunahme – Abnahme
0 keine Änderung × unklar

würden, könnten Wachstumsvergleiche über vergangene Zeiträume Auskunft geben. Untersuchungen an fossilen und konservierten Blättern (z. B. Herbarmaterial, archäologische Funde und Grabbeigaben) weisen auf einen Zusammenhang zwischen hohem CO_2-Pegel und geringerer Stomatadichte hin. Anhaltspunkte aufgrund von Jahrringanalysen sind widersprüchlich; zu vielerlei Einflüsse überdecken den CO_2-Effekt. Physiologische Anpassungen an höhere CO_2-Zufuhr (Verminderung der RuBP-Carboxylase-Aktivi-

tät) und morphologische Veränderungen (z. B. Blattflächenentwicklung) könnten auf lange Sicht die anfänglich stark gesteigerte Produktionsleistung dämpfen. Auch mit Verschiebungen im Wettbewerb zwischen funktionellen Pflanzengruppen wie etwa C_3-Pflanzen gegenüber C_4-Pflanzen und raschwüchsige Kräuter gegenüber langlebigen Stauden und Holzpflanzen wird zu rechnen sein. Hingegen dürfte sich die Produktivität des marinen Planktons (mit CO_2-Konzentrationsmechanismen) nicht wesentlich ändern.

Es ist nicht abzusehen, ob in *natürlichen Ökosystemen*, wegen der vielfältigen Vernetzungen, eine gleitende Erhöhung des CO_2-Angebotes eine beträchtliche und anhaltende Biomassenzunahme bringen würde. Eher dürften die in jedem komplexen System wirkenden Regelkreise ausgleichend eingreifen. Global betrachtet ist jedenfalls der Kohlenstoffumsatz zwischen Biosphäre und Atmosphäre durch die Einbindung über Stoffflüsse in die großen Vorratsräume der Hydro- und Lithosphäre stark abgepuffert (Abb. 6.103).

Auswirkungen von Klimaänderungen

Die klimatischen Veränderungen im Zusammenhang mit der Anreicherung von „Treibhausgasen" in der Atmosphäre dürften für das Pflanzenleben auf der Erde gravierender sein als die zu erwartenden direkten Effekte des CO_2 auf Stoffwechsel und Wachstum. Die große Unbekannte ist das mögliche *Ausmaß* einer Klimaänderung. Eine Beurteilung der *Folgen* eines Klimawandels, der sich schneller vollziehen könnte als alle Klimaschwankungen der Vorzeit, ist hingegen angesichts des guten Wissensstandes über den Einfluß von klimatischen Faktoren auf das Pflanzenleben eher möglich.

Die weltweit intensiv betriebene *Klimawandelforschung* unter der Führung von Meteorologen, Ozeanologen und Glaziologen hat mehrere, teilweise stark voneinander abweichende **Prognosemodelle** erstellt. Berechnungen aufgrund von General Circulation Models (GCMs), lassen eine globale Erwärmung der Erde um rund 2,5 K bei einer Verdoppelung der CO_2-Konzentration in der Atmosphäre bis zum Jahr 2050 erwarten. Die

Abb. 6.102. Auswirkung erhöhter CO_2-Konzentrationen auf Blühen und Fruchten von *Abutilon theophrasti*. Die Anzahl der Blüten, der Kapseln, der Samen und die Gesamtmasse ist pro Pflanze angegeben, der reproduktive Aufwand drückt den Prozentanteil der Früchte an der Gesamtmasse aus. Bei erhöhter CO_2-Konzentration nimmt mit der luxurierenden Kohlenhydratbildung in der Regel die Blühfreudigkeit ab (Kleb'sche Regel), das Samengewicht zu. Der reproduktive Aufwand hängt davon ab, ob durch die CO_2-Erhöhung mehr das vegetative Wachstum oder die Fruchtbildung begünstigt wird. Nach BAZZAZ et al. (1985).

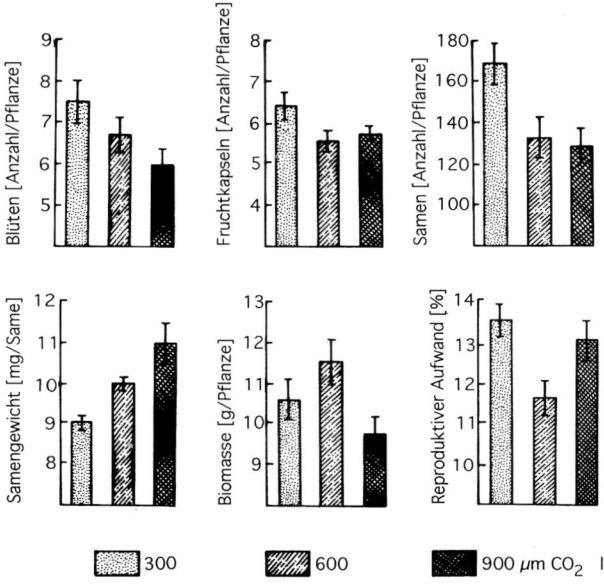

Abb. 6.103. Schätzung des Kohlenstoffvorrats (in 10^9 t) und der jährlichen Kohlenstoffflüsse im globalen Stoffkreislauf. Nach KING, DE ANGELIS und POST aus JARVIS (1989).

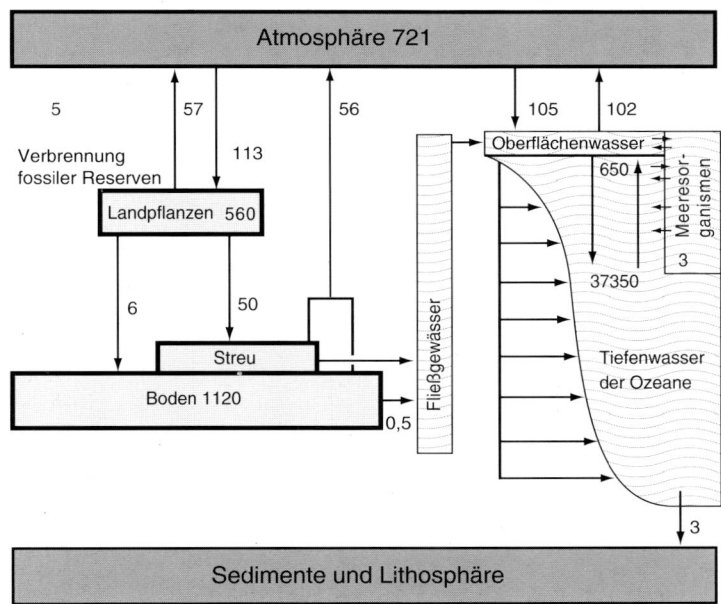

meisten Modelle sagen eine stärkere Erwärmung der höheren geographischen Breiten (Sibirien, Canada), geringe thermische Änderungen in den Tropen und eine meridionale Ausdehnung der Trockenzonen voraus. Die klimatologischen Vorgaben lassen sich über umfangreiche Modellberechnungen mit ökophysiologischen Parametern verknüpfen und in Szenarien darstellen. Die Abb. 6.104 zeigt eine Simulation, aus der die regionalen Veränderungen in der Kohlenstoffbindung durch die Pflanzendecke bei einer globaler Erwärmung um 2 K hervorgehen. Grundlagen für Vorausberechnungen

> 1000 g TS · m^{-2}

+ 100 bis 1000

+ 10 bis 100

−10 bis +10

− 10 bis −100

−100 bis −1000

< −1000

Abb. 6.104. Simulation der Auswirkungen eines globalen Temperaturanstiegs um 2 K auf die Senkenfunktion für CO_2 der Phytosphäre. Positive Werte bedeuten, daß durch den Temperaturanstieg mehr Kohlenstoff gebunden würde als bei konstanter Temperatur. Auf einen Temperaturanstieg würde die Pflanzendecke höherer Breiten und auf Feuchtstandorten mit vermehrter Kohlenstoffaufnahme reagieren. In den Tropen und Subtropen würden Pflanzen der perhumiden Gebiete mehr, jene der Trockengebiete erheblich weniger Kohlenstoff binden. Nach ESSER (1987). Modellrechnungen für die Feuchtgebiete der Erde bei MASING et al. (1990), für Auswirkungen auf die Landwirtschaft bei CARTER et al.(1992).

steuern auch die Ergebnisse der analytischen Arealkunde bei: Korrelationsdiagramme für *klimatisch potentielle* (nicht biotisch) bedingte Ausbreitungsgrenzen liefern wertvolle Hinweise auf limitierende großklimatische Faktoren[85,313,804].

Die Antwort der Pflanzen auf zunehmende Erwärmung, Trockenperioden und Überschwemmungen, wie sie durch eine Klimaänderung eintreten könnten, ist ziemlich absehbar: Wärmere Sommertemperaturen in der Zone der *Tundren und der borealen Wälder*, wo heute zumeist suboptimale Temperaturen für das Gedeihen vorwalten, würden Stoffproduktion und Wachstum fördern. Dem vermehrten Assimilationsertrag durch die grünen Pflanzenteile stünde ein höherer respiratorischer CO_2-Ausstoß gegenüber. Erwärmung in diesen Gebieten würde auch den mikrobiellen Abbau der dort im und auf dem Boden angehäuften organischen Substanz beschleunigen und beträchtliche Mengen von CO_2 in die Luft entlassen. In *mittleren geographischen Breiten* würde sich die Dauer der Vegetationsperiode verlängern; immergrüne

Pflanzen könnten die Gewinner sein, wenn laubabwerfende Arten ihren derzeitigen Belaubungszeitraum beibehielten (sofern ihr Laubaustrieb und Laubabwurf stärker durch die jahreszeitliche Photoperiode als durch die Temperatur synchronisiert wird). Milde Winter könnten den Eintritt der Winterruhe verzögern und das Kältebedürfnis der Knospen nicht erfüllen. In Regionen, die *trockener* werden, würde nicht nur längere Dürre, sondern auch größere Hitze und Versalzung den Pflanzen stärker zusetzen wie jetzt. In den *Ozeanen* würden sich Meeresströmungen verlagern und die Zusammensetzung des Phytoplanktons ändern.

Aufgrund ihrer spezifischen Klimaansprüche und der Beanspruchbarkeit durch Klimastreß zeigen die verschiedenen Pflanzenarten und Pflanzengruppen biologisch relevante Klimaveränderungen an. Den sichtbaren Veränderungen in der Zusammensetzung der Pflanzendecke, wie Verschiebungen von Vegetationsgrenzen, Einwanderung oder Unterdrückung bestimmter Arten, gehen Stoffwechsel- und Entwicklungsprozesse in den einzelnen Pflanzen voraus. Bei genügender Kenntnis der Klimaansprüche und der Beanspruchbarkeit der verschiedenen Pflanzenarten lassen sich geeignete Zeigerpflanzen als **Klimamonitoren** finden.

Akklimatisationsindikatoren mit einer breiten modulativen Adaptationsamplitude (physiologische Plastizität), großen modifikativen Ausprägungsunterschieden und hoher genetischer Plastizität (lebhafte Ökotypendifferenzierung) werden lange Zeit standortstet bleiben. Streß wird die evolutive Entwicklung beschleunigen. Durch ihren Anpassungszustand können sie entsprechende Hinweise auf die geänderten Verhältnisse liefern.

Migrationsindikatoren, das sind Pflanzensippen, die über lange Generationenfolgen ihre Eigenschaften sehr stabil beibehalten, werden durch Verlagerung ihres Verbreitungsareals oder einen Standortswechsel auffallen und somit Klimatrends anzeigen. Besonders Baumarten, aber auch krautige Pflanzen, reagieren auf Klimaänderungen weniger durch völlige Anpassung als durch Ausweichen[303]. Die Erkenntnisse der Vegetationsgeschichte und der Paläoökologie bieten diesbezüglich wichtige Anhaltspunkte. Migrations-

bewegungen erfolgen in der Regel jedoch sehr langsam. Es ist schwer abzuschätzen, wie die verschiedenen Pflanzen dem vorausgesagten, bisher nie so schnellen Klimawechsel begegnen werden.

In dieser Zeit sich wandelnder Klimabedingungen fällt der Ökophysiologie der Pflanzen die besondere Aufgabe zu, Zusammenhänge zwischen Umweltfaktoren und Pflanzenverbreitung vergleichend zu erforschen und kausal zu erklären. Dabei wird die systematische Suche nach Pflanzenarten und funktionellen Typen, die auf gleiche äußere Einflüsse in unterschiedlicher Weise reagieren und daher als Bioindikatoren dienen, hilfreich sein. Die künftige ökophysiologische Forschung wird sich vordringlich mit Wachstums- und Entwicklungsvorgängen befassen müssen. Untersuchungen des Stoffhaushalts der Pflanzen werden mehr auf Wechselwirkungen zwischen dem Kohlenstoff- und dem Mineralstoffwechsel achten müssen. Vor allem aber sollte die Wirkung von Klimafaktoren auf Einzelpflanzen und Pflanzengesellschaften nicht nur einseitig analysiert, sondern auch im Zusammenhang mit den Bodeneigenschaften betrachtet werden.

Weiterführende Literatur

Als Grundlage und für die Erweiterung ökophysiologischer Kenntnisse stehen zahlreiche Bücher zur Verfügung. Eine Auswahl von Titeln aus neuerer Zeit wird hier genannt. Hinweise auf weiterführende, speziellere Literatur sind auch dem Quellenverzeichnis zu entnehmen.

Lehrbücher der Allgemeinen Botanik, der Pflanzenphysiologie und der Ökologie der Pflanzen:

BORNKAMM, R. (1990). Die Pflanze. 3. Aufl. Ulmer, Stuttgart.

CRAWLEY, M. J. (1986). Plant ecology. Blackwell Sci.Publ., Oxford, London.

HEMLEBEN, V. (1990). Molekularbiologie der Pflanzen. Fischer, Stuttgart.

HESS, D. (1991). Pflanzenphysiologie. 9.Aufl. Ulmer, Stuttgart.

JACOB, F., JÄGER, E. J., und OHMANN, E. (1987). Botanik. 3.Aufl. Fischer, Jena.

KLEINIG, H., und SITTE, P. (1992). Zellbiologie. 3.Aufl. Fischer, Stuttgart.

KULL, U. (1993). Grundriß der Allgemeinen Botanik. Fischer, Stuttgart.

KUTTLER, W. Hrsg. (1990). Handbuch zur Ökologie. Analytica, Berlin.

LERCH, G. (1991). Pflanzenökologie. 5. Aufl. Akademie Vlg., Berlin.

LIBBERT, E. (1987). Lehrbuch der Pflanzenphysiologie. 4.Aufl. Fischer, Jena.

LÜTTGE, U., KLUGE, M., und BAUER, G. (1988). Botanik. VGH, Weinheim.

MOHR, H., und SCHOPFER, P. (1992). Lehrbuch der Pflanzenphysiologie. 4.Aufl. Springer, Berlin.

NOBEL, P. S. (1991). Physicochemical and environmental plant physiology. Academic Press, San Diego, New York.

NULTSCH, W. (1991). Allgemeine Botanik. 9.Aufl. Thieme, Stuttgart.

RAVEN, P. H., EVERT, R. F., und CURTIS, H. (1988). Biologie der Pflanze. 2.Aufl. De Gruyter, Berlin.

RICHTER, G. (1988). Stoffwechselphysiologie der Pflanzen. 5.Aufl. Thieme, Stuttgart.

SALISBURY, F. B., and ROSS, C. W. (1992). Plant Physiology. 4.Aufl. Wadsworth, Belmont, CA.

SCHUBERT, R. (Hrsg.) (1991). Lehrbuch der Ökologie. 3.Aufl. Stuttgart, Fischer, Stuttgart, Jena.

SITTE, P., ZIEGLER, H., EHRENDORFER, F., und BRESINSKY, A. (1991). Lehrbuch der Botanik für Hochschulen. 33.Aufl. Fischer, Stuttgart.

STEUBING, L., und SCHWANTES, H. O. (1992). Ökologische Botanik. 3.Aufl. Quelle & Meyer, Heidelberg.

TEVINI, M., und HÄDER, D. P. (1985). Allgemeine Photobiologie. Thieme, Stuttgart.

WILMANNS, O. (1989). Ökologische Pflanzensoziologie. 4.Aufl. Quelle & Meyer, Heidelberg.

Funktionelle Ökologie spezieller Pflanzengruppen und verschiedener Lebensräume:

BLISS, L. C., HEAL, O. W., and MOORE, J. J. (1981). Tundra Ecosystems: A comparative analysis. Cambridge University Press, Cambridge, London, New York.

CHABOT, B. F., and MOONEY, H. A. (1985). Physiological ecology of North American plant communities. Chapman & Hall, New York, London.

DESHMUKH, I. (1986). Ecology and tropical biology. Blackwell Sci. Publ., Palo Alto, Oxford.

DYKYJOVÁ, D., and KVĚT, J. (1978). Pond Littoral Ecosystems. Structure and Functioning. Springer, Berlin.

ELLENBERG, H. (1986). Vegetation Mitteleuropas mit den Alpen. 4.Aufl. Ulmer, Stuttgart.

FRANZ, H. (1979). Ökologie der Hochgebirge. Ulmer, Stuttgart.

GOLLEY, F. B., and MEDINA, E. (1975). Tropical Ecological Systems. Trends in terrestrial and aquatic research. Springer, Berlin.

KERSHAW, K.A. (1985). Physiological ecology of lichens. Cambridge Univ. Press, Cambridge, London.

KOHL, J.-G., und NICKLISCH, A. (1988): Ökophysiologie der Algen. Stuttgart, Fischer.

KOZLOWSKI, TH. T., KRAMER, P. J., and PALLARDY, ST. G. (1991). The physiological ecology of woody plants. Academic Press, New York.

KREEB, K. H. (1983). Vegetationskunde. Ulmer, Stuttgart.

LOOMIS, R. S., and CONNOR D.J. (1992). Crop Ecology. Cambridge Univ. Press, Cambridge.

LÜNING, K. (1985). Meeresbotanik. Thieme, Stuttgart.

LYR, H., FIEDLER, H.J., und TRANQUILLINI, W. (1992): Physiologie und Ökologie der Gehölze. Fischer, Jena.

MÜLLER, E., und LOEFFLER, W. (1992): Mykologie. 5.Aufl. Thieme, Stuttgart.

OTT, J. (1988). Meereskunde. Ulmer, Stuttgart.

RYCHNOVSKÁ, M. (1993). Structure and functioning of seminatural meadows. Academia, Praha.

SCHULTZ, J. (1988). Die Ökozonen der Erde. Ulmer, Stuttgart.

SCHWOERBEL, J. (1987). Einführung in die Limnologie. 6.Aufl. Fischer, Stuttgart.

SMITH, A.J.E. (1982). Bryophyte Ecology. Chapman & Hall, London.

TISCHLER, W. (1990). Ökologie der Lebensräume. Gustav Fischer, Stuttgart, New York.

TRANQUILLINI, W. (1979). Physiological Ecology of the Alpine Timberline. Springer, Berlin.

VARESCHI, V. (1980). Vegetationsökologie der Tropen. Ulmer, Stuttgart.

WALTER, H. (1990). Vegetation und Klimazonen. 6.Aufl. Ulmer, Stuttgart.

WALTER, H., und BRECKLE, S. W. (1991). Ökologie der Erde 1 – Ökologische Grundlagen in globaler Sicht. 2.Aufl. Fischer, Stuttgart.

WALTER, H., und BRECKLE, S. W. (1991). Ökologie der Erde 2 – Spezielle Ökologie der Tropischen und Subtropischen Zonen. 2.Aufl. Fischer, Stuttgart.

WALTER, H., und BRECKLE, S. W. (1986). Ökologie der Erde 3 – Spezielle Ökologie der Gemäßigten und Arktischen Zonen Euro-Nordasiens. Fischer, Stuttgart.

WALTER, H., und BRECKLE, S. W. (1991). Ökologie der Erde 4 – Spezielle Ökologie der Gemäßigten und Arktischen Zonen außerhalb Euro-Nordasiens. Fischer, Stuttgart.

WIELGOLASKI, F. E., KALLIO, P., and ROSSWALL, T. (1975). Fennoscandian Tundra Ecosystems. Part 1: Plants and Microorganisms. Springer, Berlin.

Weiterführende Literatur

zu Kap. 1: Umwelt der Pflanzen

GISI, U. (1990). Bodenökologie. Thieme, Stuttgart, New York.

GREGORY, P. J., LAKE, J. V., and ROSE, D. A. (1987). Root development and function. University Press, Cambridge.

GRIME, J. P. (1979). Plant Strategies and Vegetation Processes. Wiley, Chichester.

HÄCKEL, H. (1993). Meteorologie. 3.Aufl. Ulmer, Stuttgart.

HARBORNE, J. B. (1988). Introduction to ecological biochemistry. 3.Aufl. Academic Press, London, San Diego.

HESS, D. (1990). Die Blüte. 2.Aufl. Ulmer, Stuttgart.

JEFFREY, D. W. (1987). Soil-plant relationships. An ecological approach. Croom Helm, London, Sydney.

JONES, H. G. (1992). Plants and microclimate. 2nd Edition. Cambridge Univ. Press, Cambridge, London.

KUNTZE, H., NIEMANN, J., ROESCHMANN, G., und SCHWERDTFEGER, G. (1988). Bodenkunde. 4.Aufl. Ulmer, Stuttgart.

LYNCH, J. M. (1990). The Rhizosphere. Wiley-Lyss, Somerset NJ.

MONTEITH, J. L., and UNSWORTH, M. H. (1990). Principles of environmental physics. 2.Aufl. E. Arnold, London, New York.

RABOTNOV, T. A. (1995). Phytozönologie. Ulmer, Stuttgart.

REMMERT, H. (1992). Ökologie. 5.Aufl. Springer, Berlin.

RUSSELL, S. R. (1977). Plant root systems: Their function and interaction with the soil. McGraw-Hill, London, New York.

SCHEFFER, F., SCHACHTSCHABEL, P., BLUME, H. P., und HARTGE, K. H. (Hrsg.) (1991). Lehrbuch der Bodenkunde. 13.Aufl. F. Enke, Stuttgart.

SCHLEE, D. (1992). Ökologische Biochemie. 2.Aufl. Springer, Berlin.

SCHLICHTING, E. (1986). Einführung in die Bodenkunde. Parey, Hamburg.

WALTER, H. (1986). Allgemeine Geobotanik. 3.Aufl. Ulmer, Stuttgart.

WERNER, D. (1987). Pflanzliche und mikrobielle Symbiosen. Thieme, Stuttgart.

zu Kap. 2: Betriebsstoffwechsel und Kohlenstoffhaushalt

BAKER, N. R., and LONG, S. P. (1986). Photosynthesis in contrasting environments. Elsevier, Amsterdam, New York.

BOLIN, B., DEGENS, E. T., KEMPE, S., and KETNER, P. (1979). The Global Carbon Cycle. John Wiley, Chichester.

EDWARDS, G., and WALKER, D. A. (1983). C_3, C_4: Mechanisms, and cellular and environmental regulation, of photosynthesis. Oxford, Blackwell, London.

GIVNISH, T. J. (1986). On the economy of plant form and function. Cambridge Univ. Press, Cambridge, London.

HESKETH, J. D., and JONES, J. W. (1980). Predicting photosynthesis for ecosystem models. Vol.I and II. Boca Raton, CRC Press Inc., Florida.

HUNT, R. (1982). Plant growth curves. Arnold, London.

KINZEL, H. (1989). Stoffwechsel der Zelle. Ulmer, Stuttgart.

KLUGE, M., and TING, I. P. (1978). Crassulacean Acid Metabolism. Analysis of an Ecological Adaptation. Springer, Berlin.

LAWLOR, D. W. (1990). Photosynthese. Thieme, Stuttgart.

LICHTENTHALER, H. K. (1988). Applications of chlorophyll fluorescence in photosynthesis research, stress physiology, hydrobiology and remote sensing. Kluwer Academic Publ., Dordrecht.

LIETH, H. F., and WHITTAKER, R. H. (1975). Primary productivity of the biosphere. Springer, Berlin.

MITSCHERLICH, G. (1975). Wald, Wachstum und Umwelt. Eine Einführung in die ökologischen Grundlagen des Waldwachstums. Bd. III: Boden, Luft und Produktion. J. D. Sauerländer, Frankfurt a.M.

RECHCIGL, M. (1982). CRC – Handbook of Agricultural Productivity. Vol.I. Plant Productivity. CRC Press Inc., Boca Raton.

SCHULZE, E.-D., CALDWELL, M.M. (eds.) (1994). Ecophysiology of photosynthesis. Springer, Berlin.

ŠESTÁK, Z. (1985). Photosynthesis during leaf development. W. Junk, Dordrecht, Boston, Lancaster.

zu Kap. 3: Mineralstoffhaushalt

BAUMEISTER, W., und ERNST, W. (1978). Mineralstoffe und Pflanzenwachstum. 3.Aufl. Fischer, Stuttgart.

KINZEL, H. (1982). Pflanzenökologie und Mineralstoffwechsel. Ulmer, Stuttgart.

MARSCHNER, H. (1986). Mineral nutrition of higher plants. Academic Press, London.

MENGEL, K. (1991). Ernährung der Pflanzen. 7.Aufl. Fischer, Stuttgart, Jena.

MÜNTZ, K. (1984). Stickstoffmetabolismus der Pflanzen. Fischer, Jena.

TAMM, C. O. (1991). Nitrogen in terrestrial ecosystems. Questions of productivity, vegetational changes, and ecosystem stability. Springer, Berlin.

zu Kap. 4: Wasserhaushalt

JARVIS, P. G., and MANSFIELD, T. A. (1981). Stomatal physiology. Cambridge Univ. Press, Cambridge, London.

KRAMER, P. J. (1989). Water relations of plants. Academic Press, New York, London.

MITSCHERLICH, G. (1971). Wald, Wachstum und Umwelt. Eine Einführung in die ökologischen Grundlagen des Waldwachstums. Bd.II: Waldklima und Wasserhaushalt. J.D. Sauerländer, Frankfurt a.M.

SOMERO, G. N., OSMOND, C. B., and BOLIS, C. L. (1992). Water and life. Springer, New York, Berlin, Heidelberg.

ZEIGER, E., FARQUHAR, G. D., and COWAN, I. R. (1987). Stomatal function. Stanford Univ.Press., Stanford.

ZIMMERMANN, M. H., and BROWN, C. L. (1974). Trees, structure and function. 2.Aufl. Springer, Berlin.

zu Kap. 5: Wachstum und Entwicklung

BERNIER, G., KINET, J. M., and SACHS, R. M. (1985). The Physiology of Flowering. Vol.I: The initiation of flowers. CRC-Press, Boca Raton, Florida.

BERNIER, G., KINET, J. M., and SACHS, R. M. (1985). The Physiology of Flowering. Vol.II. Transition to reproductive growth. CRC-Press, Boca Raton, Florida.

DALE, J. E., and MILTHORPE, F. L. (1983). The growth and functioning of leaves. Cambridge Univ. Press, Cambridge, London.

FENNER, M. (ed.) (1992). Seeds. The ecology of regeneration in plant communities. C.A.B., Wallingford.

HARPER, J. L. (1977). Population biology of plants. Acad. Press, London.

HAUPT, W. (1977). Bewegungsphysiologie der Pflanzen. Thieme, Stuttgart.

KENDRICK, R. E., and KRONENBERG, G. H. M. (1986). Photomorphogenesis in plants. Martinus Nijhoff Publ., Dordrecht, Boston.

KOZLOWSKI, TH. T. (1972). Seed Biology. Vol. I – III. Academic Press, New York.

LAMBERS, H., CAMBRIDGE, M. L., KONINGS, H., and PONS, T. L. (1990). Causes and consequences of variation in growth rate and productivity of higher plants. SPB Academic Publ. bv., The Hague, Netherlands.

LIETH, H. F. (1974). Phenology and seasonality modeling. Springer, Berlin.

MARSHALL, C., GRACE, J. (1992). Fruit and seed production. Cambridge Univ. Press, Cambridge.

MITSCHERLICH, G. (1970). Wald, Wachstum und Umwelt. Eine Einführung in die ökologischen Grundlagen des Waldwachstums. Bd.I: Form und Wachstum von Baum und Bestand. J.D. Sauerländer, Frankfurt a.M.

URBANSKA, B. (1992). Populationsbiologie der Pflanzen. Fischer, Stuttgart.

WAREING, P. F., and PHILLIPS, I. D. J. (1981). The control of growth and differentiation in plants. Pergamon Press, Oxford.

zu Kap. 6: Streßphysiologie

ALSCHER, R.G., CUMMING, J.R. (eds.) (1990). Stress responses in plants: Adaptation and acclimation mechanisms. Wiley, New York.

BINKLEY, D., DRISCOLL, C.T., ALLEN, H.L., SCHOENEBERGER, P., McAVOY, D. (1989). Acidic deposition and forest soils. Springer, Berlin.

BOLIN, B., DOOS, B., JAGER, J., & WARRICK, R. A. (1986). The Greenhouse Effect – climatic change and ecosystems. Wiley, Chichester.

CRAWFORD, R. M. M. (1989). Studies in plant survival. Ecological case histories of plant adaptation to adversity. Blackwell Sci. Publ., Oxford, London.

ERNST, W. H. O., und JOOSSE VAN DAMME, E. N. G. (1983). Umweltbelastung durch Mineralstoffe – Biologische Effekte. Fischer, Stuttgart.

FREEDMAN, B. (1989). Environmental ecology. The impacts of pollution and other stresses on ecosystem structure and function. Academic Press, San Diego, New York.

GUDERIAN, R. (1977). Air pollution. Phytotoxicity of acidic gases and its significance in air pollution control. Springer, Berlin.

GUDERIAN, R. (1985). Air pollution by photochemical oxidants. Formation, transport, control and effects on plants. Springer, Berlin.

HANISCH, B., und KILZ, E. (1990). Waldschäden erkennen. Ulmer, Stuttgart.

HARTMANN, G., NIENHAUS, F., und BUTIN, H. (1988). Farbatlas der Waldschäden. Diagnose von Baumkrankheiten. Ulmer, Stuttgart.

HOCK, B., und ELSTNER, E. (1988). Pflanzentoxikologie. Der Einfluß von Schadstoffen und Schadwirkungen auf Pflanzen. 2.Aufl. Bibliogr. Inst., Mannheim.

JACKSON, M.B., DAVIES, D.D., LAMBERS, H. (eds.) (1990). Plants life under oxygen deprivation. SPB Acad.Publ., The Hague.

JONES, H. G., FLOWERS, T. J., and JONES, M. B.(1989). Plants under stress. Univ. Press, Cambridge.

KOZLOWSKI, T.T. (1984). Flooding and plant growth. Acad. Press, London.

KUHN, M. (1990). Klimaänderungen: Treibhauseffekt und Ozon. Kulturverlag, Thaur.

KYLE, D. J., OSMOND, C. B., and ARNTZEN, C. J. (1987). Photoinhibition. Elsevier, Amsterdam, New York, Oxford.

LEVITT, J. (1980). Responses of plants to environmental stresses. I. Chilling, freezing and high temperature stresses. Academic Press, New York.

LEVITT, J. (1980). Responses of plants to environmental stresses. II. Water, radiation, salt, and other stresses. Academic Press, New York.

LICHTENTHALER, H. K., und BUSCHMANN, C. (1984). Das Waldsterben aus botanischer Sicht. G. Braun, Karlsruhe.

MATHY, P. (ed.) (1988). Air pollution and ecosystems. Reidel, Dordrecht.

MOONEY, H. A., WINNER, W. E., and PELL, E. J.(1991). Response of plants to multiple stresses. Academic Press, San Diego, New York, Boston.

MÜLLER, E., und STIERLIN, H. R. (1990). Sanasilva Kronenbilder. 2.Aufl. Eidg. Forschungsanst. f. Wald, Schnee u. Landschaft, Birmensdorf.

PALEG, L. G., and ASPINAL, D. (1981). The physiology and biochemistry of drought resistance in plants. Academic Press, New York.

RENNENBERG, H., BRUNOLD, CH., DE KOK, L. J.,and STULEN, I. (eds.) (1990). Sulfur nutrition and sulfur assimilation in higher plants. SPB Acad.Publ., The Hague.

ROSSWALL, T., WOODMANSEE, R. G., and RISSER, P. G. (1988). Scales and global change. Spatial and temporal variability in biospheric and geospheric processes. John Wiley & Sons, Chichester, New York.

SAKAI, A., and LARCHER, W. (1987). Frost survival of plants. Responses and adaptation to freezing stress. Springer, Berlin.

SCHMIDT-VOGT, H. (1989). Die Fichte, Bd.II/2: Krankheiten, Schäden, Fichtensterben. Parey, Hamburg.

SCHUBERT, R. (Hrsg.) (1991). Bioindikation in terrestrischen Ökosystemen. 2.Aufl. Fischer, Stuttgart.

SCHULZE, E. D., LANGE, O. L., and OREN, R. (1989). Forest decline and air pollution. A study of spruce (*Picea abies*) on acid soils. Springer, Berlin.

SMITH, W.H. (1990). Air pollution and forests. 2.Aufl. Springer, Berlin.

STEUBING, L., and JÄGER, H. J. (1982). Monitoring of air pollutants by plants. Methods and problems. W.Junk Publ., The Hague.

TRESHOW, M., and ANDERSON, F. K. (1991). Plant stress from air pollution. Wiley, Chichester, New York.

WINNER, W. E., MOONEY, H. A., and GOLDSTEIN, R. A. (1985). Sulfur dioxide and vegetation. Physiology, ecology and policy issues. Stanford Univ. Press, Stanford.

Handbücher und Fortschrittsberichte

Encyclopedia of Plant Physiology. Springer: Berlin, Heidelberg, New York.

Ecological Studies. Springer: Berlin, Heidelberg, New York.

Advances in Ecological Research. Academic Press: London, New York.

Ecosystems of the World. Amsterdam: Elsevier.

Tasks for Vegetation Science. Junk: Dordrecht.

Progress in Botany. Springer: Berlin, Heidelberg, New York.

Annual Reviews of Plant Physiology and Plant Molecular Biology. Palo Alto, Annual Rev. Inc.

Photosynthesis Bibliography (Šesták Z., Čatský J., eds.). The Hague (jährlich), SPB Acad. Publ.

Water in Plants Bibliography (Pospíšilová J., Solárová J., Hrsg.). The Hague (jährlich), SPB Acad. Publ.

Methodenbücher

Böhm, W. (1979). Methods of studying root systems. Springer, Berlin.

Hall, D. O., Scurlock, J. M. O., Bolhár-Nordenkampf, H. R., Leegood, R. C., and Long, S. P., (1993). Photosynthesis and production in a changing environment. A field and laboratory manual. Chapman & Hall., London.

Hunt, R. (1982). Plant Growth Curves. The functional approach to plant growth analysis. Edward Arnold, London.

Janetschek, H. (1982). Ökologische Feldmethoden. Ulmer, Stuttgart.

Kreeb, K. H. (1990). Methoden zur Pflanzenökologie und Bioindikation. 2. Aufl. Fischer, Stuttgart.

Lassoie, J. P., and Hinckley, T. M. (1991). Techniques and approaches in forest tree ecophysiology. CRC Press, Boca Raton.

Pearcy, R. W., Ehleringer, J., Mooney, H. A., and Rundel, P. W. (1989). Plant physiological ecology. Field methods and instrumentation. Chapman & Hall, London, New York.

Šesták, Z., Čatský, J., and Jarvis, P. G. (1971). Plant photosynthetic production. Manual of methods. Junk, Den Haag.

Slavík, B. (1974). Methods in studying plant water relations. Springer, Berlin.

Steubing, L., und Fangmeier, A. (1992). Pflanzenökologisches Praktikum. Ulmer, Stuttgart.

Quellenverzeichnis

1 ADDICOTT, F. T.: Environmental factors in the physiology of abscission. Plant Physiol. 43, 1471–1479, 1968

2 AHO, N., DAUDET, F. A., VARTANIAN, N.: Evolution de la photosynthèse nette et de l'efficience de la transpiration au cours d'un cycle de dessèchement du sol. C.R.Acad.Sc. Paris, Ser. D 288, 501–504, 1979

3 AJTAY, G. L., KETNER, P., DUVIGNEAUD, P.: Terrestrial primary production and phytomass. In: BOLIN, B., DEGENS, E.T., KEMPE, S., KETNER, P. (eds.), The global carbon cycle, pp. 129–181. Wiley, Chichester, 1979

4 ALBERT, R.: Halophyten. In: KINZEL, H. (ed.), Pflanzenökologie und Mineralstoffwechsel, pp. 33–215. Ulmer, Stuttgart, 1982

5 ALBERT, R., POPP, M.: Chemical composition of halophytes from the Neusiedler Lake region in Austria. Oecologia 27, 157–170, 1977

6 ALBERT, R., POPP, M.: Zur Rolle der löslichen Kohlenhydrate in Halophyten des Neusiedlersee-Gebietes (Österreich). Oecol.Plant. 13, 27–42, 1978

7 ALEXANDER, V., BILLINGTON, M., SCHELL, D. M.: Nitrogen fixation in arctic and alpine tundra. In: TIESZEN, L.L. (ed.), Vegetation and production ecology of an Alaskan arctic tundra, pp. 539–558. Springer, New York, 1978

8 ALLEN, L. H., YOCUM, C. S., LEMON, E. R.: Photosynthesis under field conditions. VI. Radiant energy exchanges within a corn crop canopy and implications in water use efficiency. Agronomy J. 56, 253–259, 1964

9 ALTENBURGER, R., MATILE, Ph.: Further observations on rhythmic emission of fragrance in flowers. Planta 180, 194–197, 1990

10 ALTMAN, Ph. L., DITTMER, D. S.: Biology data book, Vol.I; 2.Aufl. Fed.Amer.Soc.Exp.Biol., Bethesda, 1972

11 ALTMAN, Ph. L., DITTMER, D. S.: Biology data book. Vol.II; 2.Aufl. Fed.Amer.Soc.Exp.Biol., Bethesda, 1973

12 ALVIM, P. de T.: Moisture stress as a requirement for flowering of coffee. Science 132, 1960

13 ALVIM, P. de T.: Tree growth periodicity in tropical climates. In: ZIMMERMANN, M.H. (ed.), The formation of wood in forest trees, pp. 479–495. Academic Press, London, 1964

14 ANDERSON, J. M., OSMOND, C. B.: Shade-sun responses: compromises between acclimation and photoinhibition. In: KYLE, D.J., OSMOND, C.B., ARNTZEN, C.J. (eds.), Photoinhibition, pp. 2–38. Elsevier, Amsterdam, 1987

15 ANDERSON, M. C.: Light relations of terrestrial plant communities and their measurement. Biological Reviews 39, 425–486, 1964

16 ARNDT, U., NOBEL, W., SCHWEIZER, B.: Bioindikatoren. Möglichkeiten, Grenzen und neue Erkenntnisse. Thieme, Stuttgart, 1987

17 ASPINALL, D., PALEG, L. G.: Proline accumulation: physiological aspects. In: PALEG, L.G., ASPINALL, D. (eds.), Physiology and biochemistry of drought resistance in plants, pp. 205–241. Academic Press, Sydney, 1981

18 ATKINSON, D. E., WALTON, G. M.: ATP-conservation in metabolic regulation. J.Biol.Chem. 242, 3239–3241, 1967

19 AULITZKY, H.: Grundlagen und Anwendung des vorläufigen Wind-Schnee-Ökogrammes. Mitt. Forstl. Bds. Vers. Anst., Mariabrunn 60, 765–834, 1963

20 AULITZKY, H.: Über die Ursachen der Unwetterkatastrophen und den Grad ihrer Beeinflußbarkeit. Cbl. Ges. Forstwesen 85, 2–32, 1968

21 AULITZKY, H., TURNER, H., MAYER, H.: Bioklimatische Grundlagen einer standortsgemäßen Bewirtschaftung des subalpinen Lärchen-Arvenwaldes. Mitt. Eidg. Forstl. Versuchswesen 58, 327–580 ,1982

22 BAEUMER, K.: Allgemeiner Pflanzenbau. 3. Aufl. Ulmer, Stuttgart, 1991

23 BAKER, N. R., HARDWICK, K.: Development of the photosynthetic apparatus in cocoa leaves. Photosynthetica 10, 361–366, 1976

24 BALL, M. C.: Ecophysiology of mangroves. Trees 2, 129–142, 1988

25 BANNISTER, P.: Introduction to physiological plant ecology. Blackwell, Oxford, 1976

26 BANNISTER, P., SMITH, P. J. M.: The heat resistance of some New Zealand plants. Flora 173, 399–414, 1983

27 BARRS, H. D.: Determination of water deficits in plant tissues. In: KOZLOWSKI, T. (ed.), Water deficits and plant growth, Vol.I, pp. 235–368. Academic Press, New York, London, 1968

28 BARTKOV, B. I., ZVEREVA, G.: Raspredelenie assimiliatov v period plodonošenija bobovych rastenii. O printcipe dublirovanija v fitosistemach. Fiziol. i Biochimija Kult. Rast. 6, 502–505, 1974

29 BAUER, H., MARTHA, P.: The CO_2, compensation point of C_3, plants – a re-examination. I. Interspecific variability. Z. Pflanzenphysiol. 103, 445–450, 1981

30 BAUER, H., MARTHA, P., KIRCHNER,-HEISS, B., MAIRHOFER, I.: The CO_2 compensation point of C_3 plants – a re-examination. II. Intraspecific variability. Z.Pflanzenphysiol. 109, 143–154, 1983

31 BAUMEISTER, W., ERNST, W.: Mineralstoffe und Pflanzenwachstum. 3.Aufl. Fischer, Stuttgart, 1978

32 BAZILEVICH, N. I., RODIN, L. Y.: Geographical regularities in productivity and the circulation of chemical elements in the earth's main vegetation types. Soviet Geography (Rev. & Translation). American Geogr.Soc., New York, 1971

33 BAZZAZ, F. A., GARBUTT, K., WILLIAMS, W. E.: Effect of increased atmospheric carbon dioxide concentration on plant communities. In: STRAIN, B.R., CURE, J.D. (eds.), Direct effects of increasing carbon dioxide on vegetation, pp. 155–170. US Dept.Energy, Carbon Dioxide Res.Div. DOE,/ER0238, Washington, 1985

34 BEADLE, C. L., LONG, S. P.: Photosynthesis – is it limiting to biomass production? Biomass 8, 119–168, 1985

35 BECK, E., LÜTTGE, U.: Streß bei Pflanzen. Biol.i.u.Zeit 20, 237–244, 1990

36 BECK, E., SENSER, M., SCHEIBE, R., STEIGER, H. M., PONGRATZ, P.: Frost avoidance and freezing tolerance in Afroalpine „giant rosette" plants. Plant,Cell,Environm. 5, 215–222, 1982

37 BECK, E., SCHULZE, E. D., SENSER, M., SCHEIBE, R.: Equilibrium freezing of leaf water and extracellular ice formation in Afroalpine „giant rosette" plants. Planta 162, 276–282, 1984

38 BEEVERS, L.: Nitrogen metabolism in plants. Edward Arnold, London,1976

39 BEGG, J. E., TURNER, N. C.: Water potential gradients in field tobacco. Plant Physiol. 46, 343–346, 1970

40 BEIDEMAN, I. N.: Metodika izučenija fenologii rastenii i rastitelnych soobščestv. Nauka, Novosibirsk, 1974

41 BELAJA, G. A.: Ekologija dominantov kamčatskogo krypnotravija. Izdat.Nauka, Moskva, 1978

42 BELL, K. L., BLISS, L. C.: Autecology of Kobresia bellardii: why winter snow accumulation limits local distribution. Ecol.Monogr. 49, 377–402, 1980

43 BERENDSE, F., AERTS, R.: Nitrogen-use-efficiency: a biologically meaningful definition? Funct.Ecol. 1, 293–296, 1987

44 BERGER, W.: Das Wasserleitungssystem von krautigen Pflanzen, Zwergsträuchern und Lianen in quantitativer Betrachtung. Beihefte Bot.Cbl. 48, 364–390, 1931

45 BERGER-LANDEFELDT, U.: Beiträge zur Ökologie der Pflanzen nordafrikanischer Salzpfannen. Vegetatio 9, 1–47, 1959

46 BERGMANN, W.: Ernährungsstörungen bei Kulturpflanzen – Entstehung und Diagnose. Fischer, Jena, 1983

47 BERRY, J. A., RAISON, J. K.: Responses of macrophytes to temperature. In: LANGE, O.L., NOBEL, P.S., OSMOND, C.B., ZIEGLER, H. (eds.), Encycl. Plant Physiol., Vol.12A, pp. 277–338. Springer, Berlin, 1981

48 BESCHEL, R.: Flechtenvereine der Städte, Stadtflechten und ihr Wachstum. Ber.Naturw.-med.Ver.Innsbruck 52, 7–158, 1958

49 BEWLEY, J. D.: Protein synthesis. In: PALEG, L.G., ASPINALL, D. (eds.), Physiology and biochemistry of drought resistance in plants, pp. 261–282. Acad.Press, Sydney, 1981

50 BEWLEY, J. D., KROCHKO, J. E.: Desiccation-tolerance. In: LANGE, O.L., NOBEL, P.S., OSMOND, C.B., ZIEGLER, H. (eds.), Encycl. Plant Physiol., Vol.12B, pp. 325–378. Springer, Berlin, 1982

51 BEYSCHLAG, W., LANGE, O. L., TENHUNEN, J. D.: Photosynthese und Wasserhaushalt der immergrünen mediterranen Hartlaubpflanze Arbutus unedo L. im Jahresverlauf am Freilandstandort in Portugal. III,. Einzelfaktorenanalyse zur Licht-, Temperatur und CO_2-Abhängigkeit der Nettophotosynthese. Flora 184, 271–289, 1990

52 BIEBL, R.: Trockenresistenz und osmotische Empfindlichkeit der Meeresalgen verschieden tiefer Standorte. Jb.wiss.Bot. 86, 350–386, 1938

53 BIEBL, R., KINZEL, H.: Blattbau und Salzhaushalt von Laguncularia racemosa (L.) Gaertn. und anderer Mangrovebäume auf Puerto Rico. ÖBZ, 112, 56–93, 1965

54 BIERHUIZEN, J. F.: The effect of temperature on plant growth, development and yield. In: SLATYER, R.O. (ed.), Plant response to climatic factors, pp. 89–98. UNESCO, Paris, 1973

55 BIERHUIZEN, J. F., WAGENVOORT, W. A.: Some aspects of seed germination in vegetables. 1. The determination and application of heat sums and minimum temperature for germination. Sci.Hort. 2, 213–219, 1974

56 BILLINGS, W. D., GODFREY, P. J., CHABOT, B. F., BOURQUE, D. P.: Metabolic acclimation to temperature in arctic and alpine ecotypes of Oxyria digyna. Arct.Alpine Res. 3, 277–290, 1971

57 BJÖRKMAN, O., DEMMIG, B.: Photon yield of O_2 evolution and chlorophyll fluorescence characteristics at 77 K among vascular plants of diverse origins. Planta 170, 489–504, 1987

58 Björkman, O., Pearcy, R. W., Harrison, A. T., Mooney, H. A.: Photosynthetic adaptation to high temperatures: a field study in Death Valley, California. Science 175, 786–789, 1972

59 Black, C. C.: Photosynthetic carbon fixation in relation to net CO_2 uptake. Ann.Rev.Plant Physiol. 24, 253–286, 1973

60 Blackman, F. F.: Optima and limiting factors. Ann.Bot. 19, 281–295, 1905

61 Bliss, L. C.: Devon Island,Canada. In: Rosswall, T., Heal, O.W. (eds.), Structure and function of tundra ecosystems. Ecol.Bull.20, pp. 17–60. NFR, Stockholm, 1975

62 Bobrovskaja, N. I.: Wasserhaushalt der Wüsten- und Wüstensteppenpflanzen in der Nord- und der Trans-Altai-Gobi. Feddes Repertorium 96, 425–432, 1985

63 Bornman, J. F.: Target sites of UV-B radiation in photosynthesis of higher plants. J.Photochem.Photobiol. B4, 145–158, 1989

64 Borriss, H., Libbert, E. (Hrsg.): Wörterbücher der Biologie: Pflanzenphysiologie. Fischer, Stuttgart, 1985

65 Bortenschlager, S., Schwarzer, Ch.: Flechtenkartierung im Raum Innsbruck – Vergleich 1977/87. Zustand der Tiroler Wälder, Lds.Forstdirektion, Innsbruck, 1988

66 Boukhris, M., Lossaint, P.: Aspects écologiques de la nutrition minérale des plantes gypsicoles de Tunisie. Rev. Ecol. Biol. Sol. 12, 329–348, 1975

67 Bowen, H. J. M.: Environmental chemistry of the elements. Academic Press, London, 1979

68 Box, E. O., Meentemeyer, V.: Geographic modeling and modern ecology. In: Esser, G., Overdieck, D. (eds.), Modern Ecology: Basic and applied aspects. Elsevier, Amsterdam, 1991

69 Boyer, J. S.: Leaf enlargement and metabolic rates in corn, soybean, and sunflower at various leaf water potentials. Plant Physiol. 46, 233–235, 1970

70 Boyer, J. S.: Nonstomatal inhibition of photosynthesis in sunflower at low leaf water potentials and high light intensities. Plant Physiol. 48, 532–536, 1971

71 Boyer, J. S.: Water transport in plants: Mechanism of apparent changes in resistance during absorption. Planta 117, 187–207, 1974

72 Boyer, J. S., Bowen, B. L.: Inhibition of oxygen evolution in chloroplasts isolated from leaves with low water potentials. Plant Physiol. 45, 612–615, 1970

73 Boysen-Jensen, P.: Die Stoffproduktion der Pflanzen. Fischer, Jena, 1932

74 Bradford, K. J., Hsiao, T. C.: Physiological responses to moderate water stress: In: Lange, O.L., Nobel, P.S., Osmond, C.B., Ziegler, H. (eds.), Encyclopedia of Plant Physiology, Vol.12B, pp. 263–324. Springer, Berlin, 1982

75 Bradford, K. J., Yang, Sh. F.: Physiological responses of plants to waterlogging. HortSci 16, 25–30, 1981

76 Braun, H., Scheumann, W.: Erste Prüfungsergebnisse von Douglasienbestandesnachkommenschaften unter besonderer Berücksichtigung der Frostresistenz. Beitr.Forstwirtschaft 23, 4–11, 1989

77 Braun, H. J.: Funktionelle Histologie der sekundären Sproßachse. I. Das Holz. In: Handbuch der Pflanzenanatomie. Spezieller Teil, Band IX, Teil 1. Bornträger, Berlin, Stuttgart, 1970

78 Braun, H. J.: Rhythmus und Größe von Wachstum, Wasserverbrauch und Produktivität des Wasserverbrauchs bei Holzpflanzen. I. Alnus glutinosa (L.) Gaertn. und Salix alba (L.) „Liempde". Allg. Forst-Jagdztg. 145, 81–86, 1974

79 Braun, H. J.: Zum Wachstum und zur Produktivität des Wasserverbrauchs der Baumarten Acer platanoides L., Acer pseudoplatanus L. und Fraxinus excelsior L. Z. Pflanzenphysiol. 84, 459–462, 1977

80 Braune, W., Leman, A., Taubert, H.: Pflanzenanatomisches Praktikum I. 5.Aufl. Fischer, Stuttgart, 1987

81 Breckle, S. W.: Zur Ökologie und zu den Mineralstoffverhältnissen absalzender und nichtabsalzender Xerohalophyten. Diss. Bot. Bd. 35. Cramer, Vaduz, 1976

82 Breckle, S. W.: The significance of salinity. In: Spooner, B., Mann, H.S. (eds.), Desertification and development: dryland ecology in social perspective, pp. 277–292. Academic Press, London, 1982

83 Briggs, G. E., Kidd, R., West, C.: Quantitative analysis of plant growth. Ann.appl.Biol. 7, 103–123, 1920a

84 Briggs, G. E., Kidd, R., West, C.: Quantitative analysis of plant growth. Ann.appl.Biol. 7, 202–223, 1920b

85 Brisse, H., Grandjouan, G.: Classification climatique des plantes. Oecol.Plant. 9, 51–80, 1974

86 Brix, H.: Uptake and photosynthetic utilization of sediment-derived carbon by Phragmites australis (Cav.) Trin. ex Steudel. Aquatic Bot. 38, 377–389, 1990

87 Brock, Th. D.: Thermophilic microorganisms and life at high temperatures. Springer, New York, 1978

88 Brown, H. T., Escombe, F.: Static diffusion of gases and liquids in relation to the assimilation of carbon and translocation in plants. Phil.Trans.Royal Soc. London Ser.B, Biol.Sci 193, 223–291, 1900

89 Bünning, E.: Entwicklungs- und Bewegungsphysiologie der Pflanzen. 3.Aufl. Springer, Berlin, 1953

90 Buesa, R. J.: Photosynthesis and respiration of some tropical marine plants. Aquatic Bot. 3, 203–216, 1977

91 Burckhardt, H.: Meteorologische Voraussetzungen der Nachtfröste. In: Schnelle, F. (ed.), Frostschutz im Pflanzenbau, Bd. 1, pp. 13–81. Bayerischer Landwirtschafts-Vlg., München, 1963

92 Burger, A., Wachter, H.: Hunnius Pharmazeutisches Wörterbuch. 7. Aufl. De Gruyter, Berlin, 1993

93 Burian, K.: Phragmites communis Trin. im Röhricht des Neusiedler Sees. Wachstum, Produktion und Wasserverbrauch. In: Ellenberg, H. (ed.), Ökosystemforschung, pp. 61–78. Springer, Berlin, 1973

94 Burian, K., Punz, W., Schinninger, R.: Efficiency of pollutant combinations on plants. In: Steubing, L., Jäger, H.J. (eds.), Monitoring of air pollutants by plants. Methods and problems, pp. 131–135. Junk, The Hague, 1982

95 Burkhardt, D.: Birds, berries and UV. A note on some consequences of UV vision in birds. Naturwissenschaften 69, 153–157, 1982

96 Buschmann, C., Grumbach, K.: Physiologie der Photosynthese. Springer, Berlin, 1985

97 Byrd, G. T., Sage, R. F., Brown, R. H.: A comparison of dark respiration between C_3 and C_4 plants. Plant Physiol. 100, 191–198, 1992

98 Caemmerer, Von S., Farquhar, G. D.: Some relationships between the biochemistry of photosynthesis and the gas exchange of leaves. Planta 153, 376–387, 1981

99 Caemmerer, Von S., Evans, J. R.: Determination of the average partial pressure of CO_2 in chloroplasts from leaves of several C_3 plants. Aust.J.Plant Physiol. 18, 287–305, 1991

100 Caldwell, M. M.: The effects of solar UV-B radiation (280–315 nm) on higher plants: Implications of stratospheric ozone reduction. In: Castellani, A. (ed.), Research in Photobiology, pp. 597–607. Plenum Publ.Corp., 1977

101 Caldwell, M. M., Robberecht, R., Flint, S. D.: Internal filters: prospects for UV-acclimation in higher plants. Physiol.Plant 58, 445–450, 1983

102 Caldwell, M. M., White, R. S., Moore, R. T., Camp, L. B.: Carbon balance, productivity and water use of cold-winter desert shrub communities dominated by C_3 and C_4 species. Oecologia 29, 275–300, 1977

103 Cape, J. N., Vogt, T. C.: Application of Härtel's turbidity test accross Europe. Can.J.For.Res. 21, 1423–1429, 1991

104 Cappelletti, C.: Ricerche sulla permeabilitá delle cuticole alle radiazioni ultraviolette. I. Piante di duna. Acc. Naz. Lincei Cl. fis., mat., nat. 30, 331–342, 1961

105 Carpenter, E. J.: Nitrogen fixation in the epiphyllae and root nodules of trees in the lowland tropical rainforest of Costa Rica. Acta Oecologica 13, 153–160, 1992

106 Carter, D. L.: Salinity and plant productivity. In: Rechcigl, M. (ed.), CRC – Handbook of agricultural productivity, Vol.I: Plant productivity, pp. 117–133. CRC Press, Boca Raton, Florida , 1982

107 Carter, T. R., Porter, J. H., Parry, M. L.: Some implications of climatic change for agriculture in Europe. J.Exp.Bot. 43(253), 1159–1167, 1992

108 Čatský, J., Tichá, I.: Ontogenetic changes in the internal limitations to bean-leaf photosynthesis. 5. Photosynthetic and photorespiration rates and conductances for CO_2 transfer as affected by irradiance. Photosynthetica 14, 392–400, 1980

109 Celniker, J. L.: Fiziologičeskie osnovy tenevynoslivosti drevesnych rastenii. Nauka, Moskva, 1978

110 Čermák, J., Jeník, J., Kučera, J., Žídek, V.: Xylem water flow in a crack willow tree (Salix fragilis L.) in relation to diurnal changes of environment. Oecologia 64, 145–151, 1984

111 Čermák, J., Cienciala, E., Kučera, J., Hällgren, J. E.: Radial velocity profiles of water flow in trunks of Norway spruce and oak and the response of spruce to severing. Tree Physiology 10, 367–380, 1992

112 Cernusca, A.: Alpine Umweltprobleme. Ergebnisse des Forschungsprojekts Achenkirch. In: Beiträge zur Umweltgestaltung A 62. Schmidt, Berlin, 1977

113 Cernusca, A.: Beurteilung der Schipistenplanierungen in Tirol aus ökologischer Sicht. Verh.Ges.Ökol. 12, 137–148, 1984

114 Ceulemans, R., Saugier, B.: Photosynthesis. In: Raghavendra, A.S. (ed.), Physiology of trees, pp. 21–50. Wiley, London, 1991

115 Ceulemans, R., Impens, I., Hebrant, F., Moermans, R.: Evaluation of field productivity for several poplar clones based on their gas exchange variables determined under laboratory conditions. Photosynthetica 14, 355–362, 1980

116 CHABOT, B. F., MOONEY, H. A.: Physiological ecology of North American plant communities. Chapman & Hall, New York, 1985

117 CHAPIN, I. F. S.: The cost of tundra plant structures: evaluation of concepts and currencies. Am.Naturalist 133, 1–19, 1989

118 CHAPIN, F. St., SCHULZE, E. D., MOONEY, H. A.: The ecology and economics of storage in plants. Ann.Rev.Ecol.Syst. 21, 423–447, 1990

119 CHAPMAN, S. B.: Methods in plant ecology. Blackwell Sci.Publ., Oxford, 1976

120 CHARTIER, Ph., BETHENOD, O.: La productivité primaire à l'echelle de la feuille. In: MOYSE, A. (ed.), Les processus de la production végétale primaire, pp. 77–112. Gauthier-Villars, Paris, 1977

121 CHEN, H. H., LI P. H.: Characteristics of cold acclimation and deacclimation in tuber-bearing Solanum species. Plant Physiol. 65, 1146–1148, 1980

122 CLAES, B., DEKEYSER, R., VILLARROEL, R., VAN DEN BULCKE, M., VAN MONTAGU, M., CAPLAN, A.: Characterization of a rice gene showing organ-specific expression in response to salt stress and drought. Plant Cell 2, 19–27, 1990

123 CLARK, J.: Photosynthesis and respiration in white spruce and balsam fir. State Univ. Coll, For. Syracuse, New York, 1961

124 CLAUSSEN, W., BILLER, E.: Die Bedeutung der Saccharose- und Stärkegehalte der Blätter für die Regulierung der Netto-Photosyntheseraten. Z.Pflanzenphysiol. 81, 189–198, 1977

125 CLELAND, R. E.: The role of hormones in wall loosening and plant growth. Aust.J.Plant Physiol. 13, 93–103, 1986

126 COLEY, P. D.: Costs and benefits of defense by tannins in a neotropical tree. Oecologia 70, 238–241, 1986

127 COLLINS, R. P., JONES, M. B.: The influence of climatic factors on the distribution of C_4-species in Europe. Vegetatio 64, 121–129, 1985

128 COOPER, J. P.: Photosynthetic efficiency of maize compared with other field crops. Ann.Appl.Biol. 87, 237–242, 1977

129 COWAN, I. R.: Transport of water in the soil-plant-atmosphere system. J.Appl.Ecol. 2, 221–239, 1965

130 COX, G. W., ATKINS, M. D.: Agricultural ecology – an analysis of world food production systems. W.H.Freeman & Co., San Francisco, 1979

131 CRAWFORD, R. M. M.: Tolerance of anoxie and ethanol metabolism in germinating seeds. New Phytol. 79, 511–517, 1977

132 CRAWFORD, R. M. M.: Physiological responses to flooding. In: LANGE, O.L., NOBEL, P.S., OS-MOND, C.B., ZIEGLER, H. (eds.), Encycl.Plant Physiol., Vol.12B, pp. 453–477. Springer, Berlin, 1982

133 CRAWFORD, R. M. M.: Studies in plant survival. Ecological case histories of plant adaptation to adversity. Blackwell Sci.Publ., Oxford, 1989

134 CRONAN, C. S., REINERS, W. A.: Canopy processing of acidic precipitation by coniferous and hardwood forests in New England. Oecologia 59, 216–223, 1983

135 CUMMING, J. R., TAYLOR, G. J.: Mechanisms of metal tolerance in plants: physiological adaptations for exclusion of metal ions from the cytoplasm. In: ALSCHER, R.G., CUMMING, J.R. (eds.), Stress Responses in Plants: Adaptation, pp. 329–356. Wiley-Liss, New York, 1990

136 DÄSSLER, H. G.: Einfluß von Luftverunreinigungen auf die Vegetation. Ursachen-Wirkungen-Gegenmaßnahmen. 4.Aufl. Fischer, Jena, 1991

137 DAINTY, J.: Water relations of plant cells. In: LÜTTGE, U., PITMAN, M. G. (eds.), Encyclopedia of Plant Physiology, vol. 2 A, pp. 12–35. Springer, Berlin 1976.

138 DARRALL, N. M., JÄGER, H. J.: Biochemical diagnostic tests for the effect of air pollution on plants. In: KOZIOL, M.J., WHATLEY, F.R. (eds.), Gaseous air pollutants and plant metabolism, pp. 333–349. Butterworths, London, 1984

139 DEEVEY, E. S.: Mineral cycles. Sci.American 223, 148–158, 1970

140 DELF, E. M.: Transpiration and behaviour of stomata in halophytes. Ann.Bot. 25, 485–505, 1911

141 DEMMIG, B., BJÖRKMAN, O.: Comparison of the effect of excessive light on chlorophyll fluorescence (77K) and photon yield of O_2 evolution in leaves of higher plants. Planta 171, 171–184, 1987

142 DE FILIPPIS, L. F., HAMPP, R., ZIEGLER, H.: The effect of sublethal concentration of zinc, cadmium and mercury on Euglena. Adenylates and energy charge. Z.Pflanzenphysiol. 103, 1–7, 1981

143 DIAMANTOGLOU, S., RHIZOPOULOU, S., KULL, U.: Energy content, storage substances, and construction and maintenance costs of Mediterranean deciduous leaves. Oecologia 81, 528–533, 1989

144 DICKE, M., SABELIS, M. W.: Infochemical terminology: based on cost-benefit analysis rather than origin of compounds? Funct.Ecol. 2, 131–139, 1988

145 DICKSON, R. E.: Assimilate distribution and storage. In: RAGHAVENDRA, A.S. (ed.), Physiology of trees, pp. 51–85. Wiley, New York, 1991

146 DOLEY, D.: Tropical and subtropical forests and woodlands. In: KOZLOWSKI, T.T. (ed.), Water deficits and plant growth. Vol.VI: Woody plant communities, pp. 209–323. Academic Press, New York, 1981

147 DOLEY, D., GRIEVE, B. J.: Measurement of sap flow in a eucalypt by thermoelectric methods. Aust.For.Res. 2, 3–27, 1966

148 DORMLING, I.: The role of photoperiod and temperature in the induction and the release of dormancy in Pinus sylvestris L. seedlings. Ann.Sci.For. 46, 228s–232s, 1989

149 DOWNS, R. J., HELLMERS, H.: Environment and the experimental control of plant growth. Academic Press, London, 1975

150 DOWNTON, W. J. S.: The occurrence of C_4 photosynthesis among plants. Photosynthetica 9, 96–105, 1975

151 DUFRÊNE, E., DUBOS, B., REY, H., QUENCEZ, P., SAUGIER, B.: Changes in evapotranspiration from an oil palm stand (Elaeis guineensis Jacq.) exposed to seasonal soil water deficits. Acta Oecol. 13, 299–314, 1992

152 DUVIGNEAUD, P.: Ecosystèmes et Biosphère. Min.Educ.Nat.Cult., Bruxelles, 1967

153 DUVIGNEAUD, P., DENAEYER-DE SMET, S.: Biological cycling of minerals in temperate deciduous forests. In: REICHLE, D.E. (ed.), Analysis of Temperate Forest Ecosystems. Ecol.Studies 1, pp. 199–225. Springer, Berlin, 1970

154 DUVIGNEAUD, P., DENAEYER-DE SMET, S.: Considérations sur l'écologie de la nutrition minérale des tapis végétaux naturels. Oecol.Plant 8, 219–246, 1973

155 DUVIGNEAUD, P., DENAEYER-DE SMET, S., AMBROES, P., TIMPERMAN, J., MARBAISE, J. L.: Recherche sur l'écosystème forêt. B. La chênaie mélangé calcicole de Virelles-Blaimont. Bull.Soc.R.Bot.Belge 102, 317–327, 1969

156 DYKYJOVÁ, D., KVĚT, J.: Pond littoral ecosystems. Structure and functioning. Springer, Berlin, 1978

157 EAGLES, C. F., WILSON, D.: Photosynthetic efficiency and plant productivity. In: RECHCIGL, M. (ed.), Handbook of agricultural productivity. Vol.I, pp. 213–247. CRC Press Inc., Boca Raton, Florida, 1982

158 EARNSHAW, M. J., CARVER, K. A., GUNN, T. C., KERENGA, K., HARVEY, V., GRIFFITHS, H., BROADMEADOW, M. S. J.: Photosynthetic pathway, chilling tolerance and cell sap osmotic potential values of grasses along an altitudinal gradient in Papua New Guinea. Oecologia 84, 280–288, 1990

159 EBER, W.: Morphology in modern ecological research. In: ESSER, G., OVERDIECK, D. (eds.), Modern ecology: Basic and applied aspects, pp. 3–20. Elsevier, Amsterdam, 1991

160 EBERHARDT, E.: Der Atmungsverlauf alternder Blätter und reifender Früchte. Planta 45, 57–68, 1955

161 EHLERINGER, J. A.: Photosynthesis and photorespiration: Biochemistry, physiology, and ecological implications. HortSci 14, 217–222, 1979

162 ELIÁŠ, P.: Stomata in forest communities: density, size and conductance. Acta Univ.Carol.Biol. 31, 27–41, 1988

163 ELIÁŠ, P., KRATOCHVÍLOVÁ, I., JANOUŠ, D., MAREK, M., MASAROVIČOVÁ, E.: Stand microclimate and physiological activity of tree leaves in an oak-hornbeam forest. I. Stand microclimate. Trees 4, 227–233, 1989

164 ELLENBERG, H.: Über Zusammensetzung, Standort und Stoffproduktion bodenfeuchter Eichen- und Buchen-Mischwaldgesellschaften Nordwest-Deutschlands. Mitt.floristisch-soziol.Arbeitsgem.Niedersachsens 5, 3–135, 1939

165 ELLENBERG, H.: Stickstoff als Standortsfaktor, insbesondere für mitteleuropäische Pflanzengesellschaften. Oecol.Plant 12, 1–22, 1977

166 ELLENBERG, H.: Vegetation Mitteleuropas mit den Alpen. 4.Aufl. Ulmer, Stuttgart, 1986

167 ELSTNER, E. F., FINK, R., HÖLL, W., LENGFELDER, E., ZIEGLER, H.: Natural and Chernobyl-caused radioactivity in mushrooms, mosses and soil-samples of defined biotops in SW Bavaria. Oecologia 73, 553–558, 1987

168 ENGEL, L., FOCK, H., SCHNARRENBERGER, C.: CO_2 and H_2O gas exchange of the high alpine plant Oxyria digyna (L.) Hill. 2. Response to high irradiance stress and supraoptimal leaf temperatures. Photosynthetica 20, 304–314, 1986

169 EPSTEIN, E.: Mineral nutrition of plants. Wiley, New York, 1972

170 EPSTEIN, E.: Crops tolerant of salinity and other mineral stresses. In: Ciba Found.Symp. 97: Better crops for food, pp. 61–76. Pitman, London, 1983

171 ERNST, W.: Physiological and biochemical aspects of metal tolerance. In: MANSFIELD, I.A. (ed.), Effects of air pollutants on plants, pp. 115–133. Cambridge Univ.Press, Cambridge, 1976

172 ERNST, W. H. O.: Ökologische Anpassungsstrategien an Bodenfaktoren. Ber.dtsch.bot.Ges. 96, 49–71, 1983

173 ERNST, W. H. O.: Mine vegetation in Europe. In: SHAW, A.J. (ed.), Heavy metal tolerance in plants: evolutionary aspects, pp. 21–37. CRC Press, Boca Raton, Florida, 1990

174 ERNST, W. H. O., JOOSSE, VAN DAMME, E. N. G.: Umweltbelastung durch Mineralstoffe – Biologische Effekte. Fischer, Stuttgart, 1983

175 ESAU, K.: Plant anatomy. Wiley, New York, 1953

176 ESSER, G.: Sensitivity of global carbon pools and fluxes to human and potential climatic impacts. Tellus 39 B, 245–260, 1987

177 ESTERBAUER, H., GRILL, D., ZOTTER, M.: Peroxidase in Nadeln von Picea abies (L.) Karst. Biochem.Physiol.Pfl. 172, 155–159, 1978

178 EVANS, J. R.: Nitrogen and photosynthesis in he flag leaf of wheat (Triticum aestivum L.). Plant Physiol. 72, 297–302, 1983

179 EVANS, J. R.: Photosynthesis and nitrogen relationships in leaves of C_3-plants. Oecologia 78, 9–19, 1989

180 EVANS, L. T.: The effect of light on plant growth, development and yield. In: SLATYER, R.O. (ed.), Plant response to climatic factors, pp. 21–35. UNESCO, Paris, 1973

181 EVENARI, M.: Seed physiology: from ovule to maturing seed. Bot.Review 50, 143–170, 1984

182 EVENARI, M., SCHULZE, E. D., KAPPEN, L., BUSCHBOM, U., LANGE, O. L.: Adaptive mechanisms in desert plants. In: VERNBERG, F.J. (ed.), Physiological adaptation to the environment, pp. 111–130. Intext Educ.Publ., New York, 1975

183 EWERS, F. W., ZIMMERMANN, M. H.: The hydraulic architecture of balsam fir (Abies balsamea). Physiol.Plant 60, 453–458, 1984

184 FARRAR, J. F., WILLIAMS, M. L.: The effects of increased atmospheric carbon dioxide and temperature on carbon partitioning, source-sink relations and respiration. Plant,Cell,Environment 14, 819–830, 1991

185 FENNER, M.: Some measurements on the water relations of Baobab trees. Biotropica 12, 205–209, 1980

186 FIELD, Ch. B.: Ecological scaling of carbon gain to stress and resource availability. In: MOONEY, H.A., WINNER, W.E., PELL, E.J. (eds.), Response of plants to multiple stresses. Academic Press, San Diego, 1991

187 FINCK, A.: Pflanzenernährung in Stichworten. Hirt, Kiel, 1969

188 FINKE, R. L., HARPER, J. E., HAGEMAN, R. H.: Efficiency of nitrogen assimilation by N_2-fixing and nitrate-grown soybean plants (Glycine max (L.) Merr). Plant Physiol. 70, 1178–1184, 1982

189 FIRBAS, F.: Untersuchungen über den Wasserhaushalt der Hochmoorpflanzen. Jb.wiss.Bot. 74, 459–696, 1931

190 FISCHER, R. A., TURNER, N. C.: Plant productivity in the arid and semiarid zones. Ann. Rev. Plt. Physiol. 29, 277–317, 1978

191 FLIRI, F.: Das Klima der Alpen im Raume von Tirol. Wagner, Innsbruck, 1975

192 FLOWERS, T. J.: Physiology of halophytes. Plant & Soil 89, 41–56, 1985

193 FLOWERS, T. J., TROKE, P. F., YEO, A. R.: The mechanism of salt tolerance in halophytes. Ann.Rev.Plant Physiol. 28, 89–121, 1977

194 FRANCIS, D., BARLOW, P. W.: Temperature and the cell cycle. In: LONG, S.P., WOODWARD, F.I. (eds.), Plants and temperature, pp. 181–202. Company of Biologists, Cambridge, 1988

195 FRANZ, H.: Ökologie der Hochgebirge. Ulmer, Stuttgart, 1979

196 FREEDMAN, B.: Environmental ecology. The impacts of pollution and other stresses on ecosystem structure and function. Academic Press, San Diego, 1989

197 FREY-WYSSLING, A.: Stoffwechsel der Pflanzen. 2.Aufl. Büchergilde Gutenberg, Zürich, 1949

198 FRITTS, H. C.: Tree rings and climate. Academic Press, New York, 1976

199 FROHNE, D., JENSEN, U.: Systematik des Pflanzenreichs. 4.Aufl. Fischer, Stuttgart, 1992

200 FROST-CHRISTENSEN, H., SAND-JENSEN, K.: The quantum efficiency of photosynthesis in macroalgae and submerged angiosperms. Oecologia 91, 377–384, 1992

201 FÜHRER, E.: Fünf Jahre Forschungsinitiative gegen das Waldsterben: Arbeitshypothesen, Forschungsleistungen, Zukunftsperspektiven. In: FÜHRER, E., NEUHUBER, F. (eds.), Waldsterben in Österreich. Theorien, Tendenzen, Therapien, pp. 1–17. B.M.W.F., Wien, 1988

202 FUJIKAWA, S., MIURA, K.: Freezing tolerance in edible mushrooms. Jap.J.Freezing and Drying 32, 14–17, 1986

203 GAASTRA, P.: Photosynthesis of crop plants as influenced by light, carbon dioxide, temperature and stomatal diffusion resistance. Med. landbouwhogeschool Wageningen 59, 1–68, 1959

204 GÄUMANN, E.: Der Stoffhaushalt der Buche (Fagus sylvatica) im Laufe eines Jahres. Ber. schweiz. bot. Ges. 44, 157–334, 1935

205 GAFF, D. F.: Protoplasmic tolerance of extreme water stress. In: TURNER, N.C., KRAMER, P.J. (eds.), Adaptation of plants to water and high temperature stress, pp. 207–230. Wiley, New York, 1980

206 GAFF, D. F.: Responses of desiccation tolerant „resurrection" plants to water stress. In: KREEB, K.H., RICHTER, H., HINCKLEY, T.M.

(eds.), Structural and functional responses to environmental stresses: Water shortage. SPB Acad. Publ., The Hague, 1989

207 GARDNER, W. R.: Availability and measurement of soil water. In: KOZLOWSKI, T.T. (ed.), Water deficits and plant growth, Vol.I, pp. 107–135. Academic Press, New York, 1968

208 GARSED, S. G.: SO_2 uptake and transport. In: WINNER, W.E., MOONEY, H.A., GOLDSTEIN, R.A. (eds.), Sulfur dioxide and vegetation. Physiology, ecology and policy issues, pp. 75–95. Stanford Univ.Press, Stanford,CA, 1985

209 GATES, D. M.: Energy, plants and ecology. Ecology 46, 1–14, 1965

210 GATES, D. M.: Plant temperatures and energy budget. In: PRECHT, H., CHRISTOPHERSEN, J., HENSEL, H., LARCHER, W. (eds.), Temperature and life, pp. 87–101. Springer, Berlin, 1973

211 GAUSMAN, H. W.: Plant leaf optical properties in visible and near-infrared light. In: Grad.Studies, Texas Tech. Univ. No.29, pp. 78. Texas Tech. Press, Lubbock, 1985

212 GAUSMAN, H. W., ALLEN, W. A.: Optical parameters of leaves of 30 plant species. Plant Physiol. 52, 57–62, 1973

213 GAUSSEN, H.: Théories et classification des climats et microclimats. Rapp. et Comm., Paris, Bot.Cgr., Sect.7b Vol.8, 125–130, 1954

214 GEBAUER, G., STADLER, J.: Nitrate assimilation and nitrate content in different organs of ash trees (Fraxinus excelsior). In: BEUSICHEM, M.L.v. (ed.), Plant nutrition – physiology and applications, pp. 101–106. Kluwer, Amsterdam, 1990

215 GEBAUER, G., REHDER, H., WOLLENWEBER, B.: Nitrate, nitrate reduction and organic nitrogen in plants from different ecological and taxonomic groups of Central Europe. Oecologia 75, 371–385, 1988

216 GEIGER, R.: Das Klima der bodennahen Luftschicht. 4.Aufl. Vieweg, Braunschweig, 1961

217 GENTY, B., BRIANTAIS, J. M., BAKER, N. R.: The relationship between the quantum yield of photosynthetic electron transport and quenching of chlorophyll fluorescence. Biochim. Biophys. Acta 990, 87–92, 1989

218 GERSHENZON, J.: Changes in the levels of plant secondary metabolites under water and nutrient stress. In: TIMMERMANN, B.N., STEELINK, C., LOEWUS, F.A. (eds.), Phytochemical adaptations to stress, pp. 273–320. Plenum Press, New York, 1984

219 GERWICK, B. C., WILLIAMS, I. G. J., URIBE, E. G.: Effects of temperature on the Hill reaction and photophosphorylation in isolated cactus chloroplasts. Plant Physiol. 60, 430–432, 1977

220 GEURTEN, I.: Untersuchungen über den Gaswechsel von Baumrinden. Forstwiss. Cbl. 69, 704–743, 1950

221 GIANINAZZI, S., GIANINAZZI-PEARSON, V.: Mycorrhizae: a plant's health insurance. Chimica oggi 10, 56–58, 1988

222 GIAQUINTA, R. T., GEIGER, D. R.: Mechanism of inhibition of translocation by localized chilling. Plant Physiol. 51, 372–377, 1973

223 GIBSON, A. H., JORDAN, D. C.: Ecophysiology of nitrogen-fixing systems. In: LANGE, O.L., NOBEL, P.S., OSMOND, C.B., ZIEGLER, H. (eds.), Encyclopedia of Plant Physiology, Vol.12C, pp. 301–390. Springer, Berlin, 1983

224 GLATZEL, G.: Mineral nutrition and water relations of hemiparasitic mistletoes: a question of partitioning. Experiments with Loranthus europaeus on Quercus petraea and Quercus robur. Oecologia 56, 193–201, 1983

225 GLATZEL, G., KAZDA, M., GRILL, D., HALBWACHS, G., KATZENSTEINER, K.: Ernährungsstörungen bei Fichte als Komplexwirkung von Nadelschäden und erhöhter Stickstoffdeposition – ein Wirkungsmechanismus des Waldsterbens? Allg.Forst-u.Jagd-Ztg. 158, 91–97, 1987

226 GOEBEL, K.: Organographie der Pflanze. 1.Teil:S. 39, 2.Aufl. Fischer, Jena, 1913

227 GOLDSTEIN, G., RADA, F., AZOCAR, A.: Cold hardiness and supercooling along an altitudinal gradient in Andean giant rosette species. Oecologia 68, 147–152, 1985

228 GOLLEY, F. B., McGINNIS, J. T., CLEMENTS, R. G., CHILD, G. I., DUEVER, M. J.: Mineral cycling in a tropical moist forest ecosystem. Univ.Georgia Press, Athens, 1975

229 GORYŠINA, T. K.: Rannevesennie efemeroidy lesostepnych dubrav. Izd.Leningr.Univ., Leningrad, 1969

230 GORYŠINA, T. K.: Structural and functional features of the leaf assimilatory apparatus in plants of a forest-steppe oakwood. I. Leaf plastid apparatus in plants of various forest strata. Acta Oecol. 1, 47–54, 1980

231 GORYŠINA, T. K.: Fotosintetičeskii apparat rastenii i uslovija sredy. Izd.Leningr.Univ., Leningrad, 1989

232 GOTTSTEIN, D., GROSS, D.: Phytoalexins of woody plants. Trees 6, 55–68, 1992

233 GRABHERR, G., CERNUSCA, A.: Influence of radiation, wind, and temperature on the CO_2 gas exchange of the alpine dwarf shrub community Loiseleurietum cetrariosum. Photosynthetica 11, 22–28, 1977

234 GRACE, J.: Plant response to wind. Acad. Press, London, 1977

235 GRACE, J.: Physical and ecological evaluation of heterogeneity. Funct.Ecology 5, 192–201, 1991

236 GRANHALL, U., LID-TORSVIK, V.: Nitrogen fixation by bacteria and free-living blue-green algae in Tundra areas. In: WIEGOLASKI, F.E., KALLIO, P., ROSSWALL, T. (eds.), Fennoscandian tundra ecosystems. 1. Plants and microorganisms, pp. 305–315. Springer, Berlin, 1975

237 GRAUMLICH, L. J., BRUBAKER, L. B.: Reconstruction of annual temperature (1590–1979) for Longmire, Washington, derived from tree rings. Quaternary Res. 25, 223–234, 1986

238 GREGORY, F. G.: The effect of climatic conditions on the growth of barley. Ann.Bot. 40, 1–26, 1926

239 GRIFFITHS, H.: Carbon dioxide concentrating mechanisms and the evolution of CAM in vascular epiphytes. In: LÜTTGE, U. (ed.), Vascular plants as epiphytes. Evolution and ecophysiology, pp. 42–86. Springer, Berlin, 1989

240 GRIFFITHS, H.: Applications of stable isotope technology in physiological ecology. Funct. Ecol. 5, 254–269, 1991

241 GRIFFITHS, H., SMITH, J. A. C., LÜTTGE, U., POPP, M., CRAM, W. J., DIAZ, M., LEE, H. S. J., MEDINA, E., SCHÄFER, C., STIMMEL, K. H.: Ecophysiology of xerophytic and halophytic vegetation of a coastal alluvial plain in northern Venezuela. IV. Tillandsia flexuosa Sw. and Schomburgkia humboldtiana Reichb., epiphytic CAM plants. New Phytol. 111, 273–282, 1989

242 GRILL, D., GUTTENBERGER, H., ZELLNIG, G., BERMADINGER, E.: Reactions of plant cells on air pollution. Phyton 29, 277–290, 1989

243 GRILL, E.: Phytochelatins in plants. In: HAMER, D.H., WINGE, D.R. (eds.), Metal ion homeostasis. Molecular biology and chemistry, pp. 283–300. Liss, New York, 1989

244 GRIME, J. P.: Plant strategies and vegetation processes. Wiley, Chichester, 1979

245 GRIME, J. P., HODGSON, J. G.: Ecological aspects of the mineral nutritition of plants. In: RORISON, I.H. (ed.), Ecological aspects of the mineral nutrition of plants, pp. 67–99. Blackwell, Oxford, 1969

246 GRIN, A. M.: Wasserhaushalt der russischen Ebene. Umschau 72, 551–554, 1972

247 GUDERIAN, R., TINGEY, D. T., RABE, R.: Effects of photochemical oxidants on plants. In: GUDERIAN, R. (ed.), Air pollution by photochemical oxidants. Formation, transport, control and effects on plants, pp. 127–296. Springer, Berlin, 1985

248 GULMON, S. L., MOONEY, H. A.: Costs of defense on plant productivity. In: GIVNISH, T.J. (ed.), On the economy of plant form and function, pp. 681–698. Cambridge Univ.Press, Cambridge, 1986

249 HABERLANDT, G.: Physiologische Pflanzenanatomie. 6.Aufl. Engelmann, Leipzig, 1924

250 HÄCKEL, H.: Meteorologie. 2.Aufl. Ulmer, Stuttgart, 1990

251 HÄRTEL, O.: Physiologische Studien an Hymenophyllaceen. II. Wasserhaushalt und Resistenz. Protoplasma 34, 489–514, 1940

252 HÄRTEL, O.: Langjährige Meßreihen mit dem Trübungstext Ergebnisse und Folgerungen. Oecologia 9, 103–111, 1972

253 HÄRTEL, O.: Wie lassen sich Pflanzenschäden definieren? Umschau 76, 347–350, 1976

254 HAGEN, C., BORNMAN, J. F., BRAUNE, W.: Reversible lowering of modulated chlorophyll fluorescence after saturating flashes in Haematococcus lacustris (Volvocales) at room temperature. Physiol.Plant 86, 593–599, 1992

255 HAGER, A.: Untersuchungen über die lichtinduzierten reversiblen Xanthophyllumwandlungen an Chlorella und Spinacia. Planta 74, 148–172, 1967

256 HAGER, A.: Die reversiblen, lichtabhängigen Xanthophyllumwandlungen im Chloroplasten. Ber.dtsch.bot.Ges. 88, 27–44, 1975

257 HAGER, A.: The reversible, light-induced conversions of xanthophylls in the chloroplast. In: CZYGAN, F.C. (ed.), Pigments in Plants. 2.Aufl., pp. 57–79. Fischer, Stuttgart, 1980

258 HAGIHARA, A., HOZUMI, K.: Respiration. In: RAGHAVENDRA, A.S. (ed.), Physiology of trees, pp. 87–110. Wiley, New York, 1991

259 HALBWACHS, G., WIMMER, R.: Holzanatomische Aspekte bei der Einwirkung von Immissionen auf Bäume. In: ROSSMANITH, H.P. (ed.), Waldschäden – Holzwirtschaft, pp. 133–147. Österr.Agrarverlag, Wien, 1987

260 HALL, A. E.: A model of leaf photosynthesis and respiration for predicting carbon dioxide assimilation in different environments. Oecologia 43, 299–316, 1979

261 HALL, D. O., COOMBS, J.: The prospect of a biological-photochemical approach for the utilisation of solar energy. Watt Committee on Energy Rep. 6, 2–15, 1979

262 HANSON, A. D.: Interpreting the metabolic responses of plants to water stress. Hort.Sci. 15, 623–629, 1980

263 HARBORNE, J. B.: Introduction to ecological biochemistry. 3.Aufl. Academic Press, London, 1988

264 HARPER, J. L.: Population biology of plants. Academic Press, London, 1977

265 HARPER, J. L.: The value of a leaf. Oecologia 80, 53–58, 1989

266 HARTMANN, G., NIENHAUS, F., BUTIN H.: Farbatlas der Waldschäden. Diagnose von Baumkrankheiten. Ulmer, Stuttgart, 1988

267 HARTSEMA, A. M., LUYTEN, I., BLAAUW, A. H.: The optimal temperatures from flower formation to flowering (Rapid flowering of Darwin tulips II). Verh. K. Akad. Wet. Amsterdam, 2. Sect., XXVII,1, Med. 30, 37–45, 1930

268 HARTUNG, W., DAVIES, W. J.: Drought-induced changes in physiology and ABA. In: DAVIES, W.J., JONES, H.G. (eds.), Abscisic acid. Physiology and biochemistry. Bios Sci.Publ., Oxford, 1991

269 HAVAUX, M.: Stress tolerance of photosystem II in vivo. Antagonistic effects of water, heat, and photoinhibition stresses. Plant Physiol. 100, 424–432, 1992

270 HEINRICH, D., HERGT, M. (Hrsg.): dtv-Atlas zur Ökologie. Deutscher Taschenbuchverlag, München, 1990

271 HEINRICH, G., MÜLLER, H. J., OSWALD, K., GRIES, A.: Natural and artificial radionuclides in selected Styrian soils and plants before and after the reactor accident in Chernobyl. Biochem.Physiol.Pflanzen 185, 55–67, 1989

272 HELLRIEGEL, F.: Beiträge zu den naturwissenschaftlichen Grundlagen des Ackerbaues. Vieweg, Braunschweig, 1883

273 HENDRY, G. A. F., HOUGHTON, J. D., BROWN, S. B.: The degradation of chlorophyll – a biological enigma. New Phytol. 107, 255–302, 1987

274 HENSON, I. E., TURNER N. C.: Stomatal responses to abscisic acid in three lupin species. New Phytol. 117, 529–534, 1991

275 HENSSEN, A., JAHNS, H. M.: Lichenes, 3.Aufl. Thieme, Stuttgart, 1991

276 HESKETH, J., BAKER, D.: Light and carbon assimilation by plant communities. Crop.Sci. 7, 285–293, 1967

277 HETTELINGH J. P., DOWNING, R. J., DE SMET, P. A. M.: Mapping critical loads for Europe. (CCE Techn. Rep. 1). National Inst.Publ.Health and Environm.Protect., Bilthoven, 1991

278 HEUN A. M., GORHAM, J., LÜTTGE, R., WYN, JONES, G.: Changes of water-relation characteristics and levels of organic cytoplasmic solutes during salinity induced transition of Mesembryanthemum crystallinum from C_3-photosynthesis to crassulacean acid metabolism. Oecologia 50, 66–72, 1981

279 HESS, D.: Pflanzenphysiologie. 9.Aufl. Ulmer, Stuttgart, 1991

280 HINCHA, D. K.: Low concentrations of trehalose protect isolated thylakoids against mechanical freeze-thaw damage. Biochim. Biophys. Acta 987, 231–234, 1989

281 HINCHA, D. K., HEBER, U., SCHMITT, J. M.: Freezing ruptures thylakoid membranes in leaves, and rupture can be prevented in vitro by cryoprotective proteins. Plant Physiol.Biochem. 27, 795–801, 1989

282 HINCKLEY, T. M., LASSOIE, J. P., RUNNING, S. W.: Temporal and spatial variations in the water status of forest trees. Forest Sci.Monogr. 20, 1–72, 1978

283 HIROI, T., MONSI, M.: Dry matter economy of Helianthus annuus communities grown at varying densities on light intensities. J.Fac.Sci., Tokyo 9, 241–285, 1966

284 HIROSE, T., WERGER, M. J. A.: Nitrogen use efficiency in instantaneous and daily photosynthesis of leaves in the canopy of a Solidago altissima stand. Physiol.Plant. 70, 215–222, 1987

285 HOCK, B., ELSTNER, E.: Pflanzentoxikologie. Der Einfluß von Schadstoffen und Schadwirkungen auf Pflanzen. 2.Aufl. Bibliogr.Inst., Mannheim, 1988

286 HÖFLER, K.: Ein Schema für die osmotische Leistung der Pflanzenzelle. Ber. dtsch. bot. Ges. 38, 288–298, 1920

287 HÖFLER K., MIGSCH, H., ROTTENBURG, W.: Über die Austrocknungsresistenz landwirtschaftlicher Kulturpflanzen. Forschungsdienst 12, 50–61, 1941

288 HOFFMANN, G.: Die höchsten und tiefsten Temperaturen auf der Erde. Umschau 1963, 16–18, 1963

289 HOFFMANN, G.: Wachstumsrhythmus der Wurzeln und Sproßachsen von Forstgehölzen. Flora 161, 303–319, 1972

290 HOFFMANN, P.: Photosynthese. 2.Aufl. Akademie Verlag, Berlin, 1987

291 HOFLACHER, H., BAUER, H.: Light acclimation in leaves of the juvenile and adult life phases of ivy (Hedera helix). Physiol. Plant 56, 177–182, 1982

292 HOOK, D. D., SCHOLTENS, J. R.: Adaptations and flood tolerance of tree species. In: HOOK, D.D., CRAWFORD, R.M.M. (eds.), Plant life in anaerobic environments, pp. 299–331. Ann. Arbor Sci.Publ., Ann Arbor, 1978

293 HORAK, O., KINZEL, H.: Typen des Mineralstoffwechsels bei den höheren Pflanzen. Österr.Bot.Ztg. 119, 475–495, 1971

294 HORN, R., SCHULZE, E. D., HANTSCHEL, R.: Nutrient balance and element cycling in healthy and declining Norway spruce stands. In: SCHULZE, E.D., LANGE, O.L., OREN, R. (eds.), Forest decline and air pollution, pp. 444–455. Springer, Berlin, 1989

295 HORSMAN, D. C., WELLBURN, A. R.: Guide to the metabolic and biochemical effects of air

pollutants on higher plants. In: MANSFIELD, T.A. (ed.), Effects of air pollutants on plants, pp. 185–199. Cambridge Univ.Press, Cambridge, 1976

296 HOWE, H. F., WESTLEY, L. C.: Ecology of pollination and seed dispersal. In: CRAWLEY, M.J. (ed.), Plant Ecology, pp. 185–215. Blackwell, London, 1986

297 HSIAO, T. C.: Plant responses to water stress. Ann.Rev.Plant Physiol. 24, 519–570, 1973

298 HSIAO, T. C., O'TOOLE, J. C., YAMBAO, E. B., TURNER, N. C.: Influence of osmotic adjustment on leaf rolling and tissue death in rice (Oryza sativa L.). Plant Physiol. 75, 338–341, 1984

299 HUBER, B.: Weitere quantitative Untersuchungen über das Wasserleitungssystem der Pflanzen. Jb.wiss.Bot. 67, 877–959, 1928

300 HUBER B.: Allgemeine Grundlagen der Wasserleitung. In: RUHLAND, W. (ed.), Handbuch der Pflanzenphysiologie, Bd. 3, pp. 509–513. Springer, Berlin, 1956

301 HUMPHREYS M. O.: Genetic control of physiological response – a necessary relationship. Funct.Ecol. 5, 213–221, 1991

302 HUNT, R., HAND, D. W., HANNAH M. A., NEAL, A. M.: Response to CO_2 enrichment in 27 herbaceous species. Funct.Ecol. 5, 410–421, 1991

303 HUNTLEY, B.: How plants respond to climate change: Migration rates, individualism and the consequences for plant communities. Ann.Bot. 67 Suppl.1, 15–22, 1991

304 IDSO, S. B., KIMBALL, B. A.: Seasonal fine-root biomass development of sour orange trees grown in atmospheres of ambient and elevated CO_2. Plant, Cell, Environment 15, 337–341, 1992

305 IGBP: The International Geosphere-Biosphere Programme: A study of global change. Report No.12. IGBP, Stockholm, 1992

306 IHNE E.: Phänologische Karte des Frühlingseinzugs in Mitteleuropa. Petermanns Geogr. Mitt. 5, 97–108, 1905

307 INCOLL, L. D., LONG, S. P., ASHMORE, M. R.: SI units in publications in plant science. Current Adv.Plant Sci. 28, 331–343, 1977

308 INGESTAD, T., ÅGREN, G. I.: Nutrient uptake and allocation at steady-state nutrition. Physiol.Plant 72, 450–459, 1988

309 INOUE, E., UCHIJIMA, Z., UDAGAWA, T., HORIE, T., KOBAYASHI, K.: CO_2-Environment and CO_2-exchange within a corn canopy. In: MONSI, M. (ed.), Photosynthesis and utilization of solar energy. Level III, Experiments, pp. 1–8. Jap.Ntl.Subcomm.PP, Tokyo, 1968

310 ISERMANN, K.: Recent findings in plant nutrition and new developments in fertilizer research. Plant Res. and Development 12, 1–48, 1980

311 ISERMANN, K.: Bewertung natürlicher und anthropogener Stoffeinträge über die Atmosphäre als Standortfaktoren im Hinblick auf die Versauerung land- und forstwirtschaftlich genutzter Böden. VDI-Berichte 500, 307–335, 1983

312 IVANOV, L. A.: O sosuščem apparate kornja drevesnych porod sovjetskovo sojuza. Doklady Ak.Nauk SSSR 93, 713–716, 1953

313 IVERSEN, J.: Viscum, Hedera and Ilex as climate indicators. Geol. Fören. Förhandl. 66, 463–483, 1944

314 JÄGER, H. J.: Biochemical indication of an effect of air pollution on plants. In: STEUBING, L., JÄGER, H.J. (eds.), Monitoring of air pollutants by plants, pp. 99–107. Junk, The Hague, 1982

315 JÄGER, H. J., BENDER, J., WEIGEL, H. J.: Stand der Diskussion über Richtwerte für Schadstoffkonzentrationen in der Luft. Angew.Bot. 63, 559–575, 1989

316 JANIESCH, P.: Ökophysiologische Untersuchungen von Erlenbuchenwäldern. I. Die edaphischen Faktoren. Oecol.Plant 13, 43–57, 1978

317 JARVIS, P. G.: Stomatal conductance, gaseous exchange and transpiration. In: GRACE, J., FORD, E.D., JARVIS, P.G. (eds.), Plants in their atmospheric envrionment, pp. 175–204. Blackwell, Oxford, 1981

318 JARVIS, P. G.: Atmospheric carbon dioxide and forests. Phil. Trans. R. Soc. Lond. B 324, 369–392, 1989

319 JARVIS, P. G., LEVERENZ, J. W.: Productivity of temperate, deciduous and evergreen forests. In: LANGE, O.L., NOBEL, P.S., OSMOND, C.B., ZIEGLER, H. (eds.), Encyclopedia of Plant Physiology Vol.12D, pp. 233–280. Springer, Berlin, 1983

320 JEFFREY, D. W.: Soil-plant relationships. An ecological approach. Croom Helm, London, 1987

321 JENNY, H., GESSEL, S. P., BINGHAM, F. T.: Comparative study of decomposition rates of organic matter in temperate and tropical regions. Soil Sci. 68, 419–432, 1949

322 JERLOV, N. G.: Marine optics. Elsevier, Amsterdam, 1976

323 JESCHKE, W. D., PATE, J. S.: Temporal patterns of uptake, flow and utilization of nitrate, reduced nitrogen and carbon in a leaf of salt-treated castor bean (Ricinus communis L.). J.Exp.Botany 43, 393–402, 1992

324 JESCHKE, W. D., ATKINS, C. A., PATE, J. S.: Ion circulation via phloem and xylem between root and shoot of nodulated white lupin. J.Plant Physiol. 117, 319–330, 1985

325 JESCHKE, W. D., WOLF, O., HARTUNG, W.: Effect of NaCl salinity on flows and partitioning of C, N, and mineral ions in whole plants of white lupin, Lupinus albus L. J.Exp.Bot. 43, 777–788, 1992

326 JORDAN, C. F., KLINE, J. R.: Transpiration of trees in a tropical rainforest. J.Appl.Ecol. 14, 853–860, 1977

327 JURIK, Th. W., CHABOT, B. F.: Leaf dynamics and profitability in wild strawberries. Oecologia 69, 296–304, 1986

328 KÄRENLAMPI, L., TAMMISOLA, J., HURME, H.: Weight increase of some lichens as related to carbon dioxide exchange and thallus moisture. In: WIELGOLASKI, F.E., KALLIO, P., ROSSWALL, T. (eds.), Fennoscandian Tundra Ecosystems. 1. Plants and microorganisms, pp. 135–137. Springer, Berlin, 1975

329 KAIRIUKŠTIS, L. A.: Racionalnoe ispolzovanie solnečnoi energii kak faktor povyšenija produktivnosti listvenno-elovych nasaženij. In: CELNIKER, J.L. (ed.), Svetovoi režim fotosintez i produktivnost lesa, pp. 151–166. Nauka, Moskva, 1967

330 KAISER, W. M.: Correlation between changes in photosynthetic activity and changes in total protoplast volume in leaf tissue from hygro-, meso and xerophytes under osmotic stress. Planta 154, 538–545, 1982

331 KAISER, W. M., KAISER, G., MARTINOIA, E., HEBER, U.: Salt toxicity and mineral deficiency in plants: cytoplasmic ion homeostasis, a necessity for growth and survival under stress. In: KLEINKAUF, H., DÖHREN, R.v., JAENICKE, L. (eds.), The roots of modern biochemistry, pp. 722–733. De Gruyter, Berlin, 1988

332 KALLE, K.: Das Meerwasser als Mineralstoffquelle der Pflanze. In: RUHLAND, W. (ed.), Handbuch der Pflanzenphysiologie IV, pp. 170–178. Springer, Berlin, 1958

333 KALLIO, P., VEUM, A. K.: Analysis of precipitation at Fennoscandian tundra sites. In: WIELGOLASKI, F.E., KALLIO, P., ROSSWALL, T. (eds.), Fennoscandian Tundra Ecosystems. 1. Plants and microorganisms, pp. 333–338. Springer, Berlin, 1975

334 KAPPEN, L.: Untersuchungen über die Widerstandsfähigkeit der Gametophyten einheimischer Polypodiaceen gegenüber Frost, Hitze und Trockenheit. Flora 156, 101–116, 1965

335 KAPPEN, L.: Ecological significance of resistance to high temperature. In: LANGE, O.L., NOBEL, P.S., OSMOND, C.B., ZIEGLER, H. (eds.), Encyclopedia of Plant Physiology 12A, pp. 439–474. Springer, Berlin, 1981

336 KAPPEN, L., LANGE, O. L., SCHULZE, E. D., EVENARI, M., BUSCHBOM, U.: Distribution pattern of water relations and net photosynthesis of Hammada scoparia (Pomel) Iljin in a desert environment. Oecologia 23, 323–334, 1976

337 KARLSSON, P. S., NORDELL, K. O., EIREFELT, S., SVENSSON, A.: Trapping efficiency of three carnivorous Pinguicula species. Oecologia 73, 518–521, 1987

338 KAROW, A. M., WEBB, W. R.: Tissue freezing. – A theory for injury and survival. Cryobiology 2, 99–108, 1965

339 KAUFMANN, M. R.: Soil temperature and drying cycle effects on water relations of Pinus radiata. Can.J.Bot. 55, 2413–2418, 1977

340 KAUSCH, W.: Saugkraft und Wassernachleitung im Boden als physiologische Faktoren, unter besonderer Berücksichtigung des Tensiometers. Planta 45, 217–265, 1955

341 KAUSCH W.: Der Einfluß von edaphischen und klimatischen Faktoren auf die Ausbildung des Wurzelwerkes der Pflanzen, unter besonderer Berücksichtigung einiger algerischer Wüstenpflanzen. Habilitationsschrift, Darmstadt, 1959

342 KAUSCH, W.: Das Wurzelwerk der Pflanzen als Organ für die Wasseraufnahme. Umschau Hft.2, 38–44, 1968

343 KAWANO, S., MASUDA, J.: The productive and reproductive biology of flowering plants. VII. Resource allocation and reproductive capacity in wild populations of Helionopsis orientalis (Thunb.) C. Tanaka (Liliaceae). Oecologia 45, 307–317, 1980

344 KECK, R. W., BOYER, J. S.: Chloroplast response to low leaf water potentials. III. Differing inhibition of electron transport and photophosphorylation. Plant Physiol. 53, 474–479, 1974

345 KEELEY, J. E., SANDQUIST, D. R.: Carbon: freshwater plants. Plant,Cell,Environment 15, 1021–1035, 1992

346 KELLER, Th.: Zur Phytotoxizität von Fluorimmissionen für Holzarten. Mitt. Eidg. Anst. Forstl. Versw. 51, 305–331, 1975

347 KELLER, Th.: The effect of a continuous springtime fumigation with SO_2 on CO_2 uptake and structure of the annual ring in spruce. Can.J.For.Res. 10, 1–6, 1980

348 KELLER, Th.: Zum Nachweis einer Umweltbelastung durch Luftverunreinigungen. Schweiz. Z. Forstwes. 133, 873–884, 1982

349 KELLER, Th.: Wirkung von Luftschadstoffen. In: SCHMIDT-VOGT, H. (ed.), Die Fichte, Bd.II(2), pp. 280–314. Parey, Hamburg, 1989

350 KELLY, G. J., LATZKO, E.: Photosynthesis. Carbon metabolism: on land and at sea. Progress in Botany 46, 68–93, 1984

351 KENNEDY, R. A., RUMPHO, M. E., FOX, Th. C.: Anaerobic metabolism in plants. Plant Physiol. 100, 1–6, 1992

352 KERSHAW, K. A.: Physiological ecology of lichens. Cambridge Univ.Press, Cambridge, 1985

353 KIENDL, J.: Zum Wasserhaushalt des Phragmitetum communis und des Glycerietum aquaticae. Ber.dtsch.bot.Ges. 66, 246–263, 1953

354 KIMBALL St. L., BENNETT, B. D., SALISBURY, F. B.: The growth and development of montane species at near-freezing temperatures. Ecology 54, 168–173, 1973

355 KIMURA, M.: Ecological and physiological studies on the vegetation of Mt.Shimagare. VII. Analysis of production processes of a young Abies stand based on the carbohydrate economy. Bot. Mag. Tokyo 82, 6–19, 1969

356 KINZEL, H.: Ansätze zu einer vergleichenden Physiologie des Mineralstoffwechsels und ihre ökologischen Konsequenzen. Ber. dt. bot. Ges. 82, 143–158, 1969

357 KINZEL, H.: Biochemische Pflanzenphysiologie. Ver. Verbr. naturwiss. Kenntn. Wien 112, 77–98, 1972

358 KINZEL, H.: Pflanzenökologie und Mineralstoffwechsel. Ulmer, Stuttgart, 1982

359 KIRA, T., OWAGA, H., YODA, K., OGINO K.: Primary production by a tropical rain forest of southern Thailand. Bot.Magazine,Tokyo 77, 428–429, 1964

360 KIRA, T., SHINOZAKI, K., HOZUMI, K.: Structure of forest canopies as related to their primary productivity. Plant Cell Physiol. 10, 129–142, 1969

361 KISLJUK, I. M.: Issledovanie povreždajuščego lejstvija ochlaždenija na kletki listev rastenii, čuvstvitelnych k cholodu. Nauka, Moskva, 1964

362 KISLJUK, I. M., ALEXANDROV, V. Ya., DENKO, E. I., FELDMAN, N. L., KAMENTSEVA, I. E., LUTOVA M. I., SHUKHTINA, H. G., VASKOVSKY, M. D.: Thermostability of cells and temperature conditions of species life. Phytotronic Newsl. 15, 59–64, 1977

363 KLINE, J. R., MARTIN, J. R., JORDAN, C. F., KORANDA, J. J.: Measurement of transpiration in tropical trees with tritiated water. Ecology 51, 1068–1073, 1970

364 KLINGE, H.: Bilanzierung von Hauptnährstoffen im Ökosystem tropischer Regenwald (Manaus), vorläufige Daten. Biogeographica 7, 59–77, 1976

365 KLUGE, M., TING, I. P.: Crassulaceen Acid Metabolism. Analysis of an ecological adaptation. Springer, Berlin, 1978

366 KÖPPEN, W.: Grundriß der Klimakunde. De Gruyter, Berlin, 1931

367 KÖRNER, Ch.: CO_2 exchange in the alpine sedge Carex curvula as influenced by canopy structure, light and temperature. Oecologia 53, 98–104, 1982

368 KÖRNER, Ch.: The nutritional status of plants from high altitudes. A worldwide comparison. Oecologia 81, 379–391, 1989

369 KÖRNER, Ch., ARNONE, J. A.: Responses to elevated carbon dioxide in artificial tropical ecosystems. Science 257, 1672–1675, 1992

370 KÖRNER, Ch., RENHARDT, U.: Dry matter partitioning and root length/leaf area ratios in herbaceous perennial plants with diverse altitudinal distribution. Oecologia 74, 411–418, 1987

371 KÖRNER, Ch., SCHEEL, J. A., BAUER, H.: Maximum leaf diffusive conductance in vascular plants. Photosynthetica 13, 45–82, 1979

372 KÖRNER, Ch., PELAEZ, MENENDEZ-RIEDL, S., JOHN, P. C. L.: Why are bonsai plants small? A consideration of cell size. Aust.J.Plant Physiol. 16, 443–448, 1989

373 KÖSTLER, J. N., BRÜCKNER, E., BIBELRIETHER, H.: Die Wurzeln der Waldbäume. Parey, Hamburg, 1968

374 KOIKE, T.: Autumn coloring, photosynthetic performance and leaf development of deciduous broad-leaved trees in relation to forest succession. Tree Physiol. 7, 21–32, 1990

375 KONINGS, H.: Physiological and morphological differences between plants with a high NAR or a high LAR as related to environmental conditions. In: LAMBERS, H., CAMBRIDGE, M.L., KONINGS H., PONS, T.L. (eds.), Causes and consequences of variation in growth rate and productivity of higher plants, pp. 101–123. SPB Academic Publishing, The Hague, 1990

376 KOWALSKI, St.: Mycotrophy of trees in converted stands remaining under strong pressure of industrial pollution. Angew. Bot. 61, 65–83, 1987

377 KOZLOWSKI, T. T.: Growth and development of trees. I: Seed germination, ontogeny, and shoot growth. Academic Press, New York, London, 1971

378 KOZLOWSKI, T. T.: Carbohydrate sources and sinks in woody plants. Bot. Review 58, 107–222, 1992

379 KRAMER, D., RÖMHELD, V., LANDSBERG, E., MARSCHNER, H.: Induction of transfer cell formation by iron defiency in the root epidermis of Helianthus annuus L. Planta 147, 325–339, 1980

380 KRAMER, P. J.: Plant and soil water relationship. McGraw-Hill, New York, 1949

381 KRAMER, P. J.: Water relations of plants. Academic Press, New York, 1983

382 KRAMER, P. J., KOZLOWSKI, T. T.: Physiology of trees. 2.Aufl. McGraw-Hill, New York, 1979

383 KREEB, K.: Die ökologische Bedeutung der Bodenversalzung. Angew.Bot. 39, 1–15, 1965

384 KREEB, K.: Ökophysiologie der Pflanzen. Fischer, Jena, 1974a

385 KREEB, K.: Pflanzen an Salzstandorten. Naturwissenschaften 61, 337–343, 1974b

386 KREEB, K. H.: Ökologie und menschliche Umwelt. Fischer, Stuttgart, 1979

387 KREEB, K. H.: Methoden zur Pflanzenökologie und Bioindikation. Fischer, Stuttgart, 1990

388 KRONENBERG, G. H. M., KENDRICK, R. E.: The physiology of action. In: KENDRICK, R.E., KRONENBERG, G.H.M. (eds.), Photomorphogenesis in plants, pp. 99–114. Nijhoff Publ., Dordrecht, 1986

389 KRÜSSMANN, G.: Taschenbuch der Gehölzverwendung. 2.Aufl. Parey, Berlin, 1970

390 KUBIN, St.: Definition, Bewertung und Messung der photosynthetisch aktiven Strahlung. Gartenbauwissenschaft 50, 120–128, 1985

391 KÜNSTLE, E., MITSCHERLICH, G.: Photosynthese, Transpiration und Atmung in einem Mischbestand im Schwarzwald. Teil IV: Bilanz. Allg.Forst-u.Jagd-Ztg. 148, 227–239, 1977

392 KÜPPERS, M.: Hecken. Ein Modellfall für die Partnerschaft von Physiologie und Morphologie bei der pflanzlichen Produktion in Konkurrenzsituationen. Naturwissenschaften 74, 536–547, 1987

393 KULL, U.: Vegetationsverhältnisse in Trockengebieten und die Leichtbauweise von Pflanzen. Jh. Ges. Naturkunde Württ. 145, 5–33, 1990

394 KULL, U., HERBIG, A., FREI, O.: Construction and economy of plant stems as revealed by use of the Bic-method. Annals of Botany 69, 327–334, 1992

395 KUMMEROW, J., KRAUSE, D., JOW, W.: Seasonal changes of fine root density in the southern Californian chaparral. Oecologia 37, 201–212, 1978

396 KUNTZE, H., NIEMANN, J., ROESCHMANN, G., SCHWERDTFEGER, G.: Bodenkunde. 4.Aufl. Ulmer, Stuttgart, 1988

397 KUTSCHERA, L.: Wurzelatlas mitteleuropäischer Ackerunkräuter und Kulturpflanzen. Deutscher Landwirtschaftsverlag, Frankfurt, 1960

398 KUTSCHERA, L., LICHTENEGGER, E.: Wurzelatlas mitteleuropäischer Grünlandpflanzen. Bd.II: Pteridophyta und Dicotyledonae (Magnoliopsida): Teil 1: Morphologie, Anatomie, Ökologie, Verbreitung, Soziologie, Wirtschaft. Fischer, Stuttgart, 1992

399 KUTTLER, W.: Spurenstoffe in der Atmosphäre – ihre Verteilung und regionale Ablagerung. Geodynamik 5, 29–76, 1984

400 KUTTLER, W.: Transfer mechanisms and deposition rates of atmospheric pollutants. In: ESSER, G., OVERDIECK, D. (eds.), Modern ecology: basic and applied aspects, pp. 509–538. Elsevier, Amsterdam, 1991

401 KUTÍK, J., ZIMA, J., ŠESTÁK, Z., VOLFOVÁ, A.: Ontogenetic changes in the internal limitations to bean-leaf photosynthesis. 10. Chloroplast ultrastructure in primary and first trifoliate leaves. Photosynthetica 22, 511–515, 1988

402 KYRIAKOPOULOS, E., LARCHER, W.: Saugspannungsdiagramme für austrocknende Blätter von Quercus Ilex L. Z.Pflanzenphysiol. 77, 268–271, 1976

403 LAATSCH, W.: Dynamik der mitteleuropäischen Mineralböden. Steinkopf, Dresden, 1954

404 LACHAUD, S.: Participation of auxin and abscisic acid in the regulation of seasonal variations in cambial activity and xylogenesis. Trees 3, 125–137, 1989

405 LADEFOGED, K.: Transpiration of forest trees in closed stands. Physiol.Plant 16, 378–414, 1963

406 LÄUCHLI, A.: Symplasmic transport and ion release to the xylem. In: WARDLAW, I.F., PASSIOURA, J.B. (eds.), Transport and Transfer Processes in Plants., pp. 101–112. Academic Press, New York, 1976

407 LAHMANN, E.: Luftverunreinigung – Luftreinhaltung. Parey, Berlin, 1990

408 LAMBERS, H.: Cyanide-resistant respiration: a non-phosphorylating electron transport pathway acting as an energy overflow. Physiol.Plant 55, 478–485, 1982

409 LAMBERS, H.: Respiration in intact plants and tissues: its regulation and dependence on environmental factors, metabolism and invaded organisms. In: DOUCE, R., DAY, A.D. (eds.), Encyclopedia of Plant Physiology, Vol.18, pp. 418–473. Springer, Berlin, 1985

410 LANDOLT, E.: Ökologische Differenzierungsmuster bei Artengruppen im Gebiet der Schweizerflora. Boissiera 19, 129–148, 1971

411 LANG, A. R. G., KLEPPER, B., CUMMING, M. J.: Leaf water balance during oscillation of stomatal aperture. Plant Physiol. 44, 826–830, 1969

412 LANG, M., LICHTENTHALER, H. K.: Changes in the blue-green and red fluorescence-emission spectra of beech leaves during the autumnal chlorophyll breakdown. J.Plant Physiol. 138, 550–553, 1991

413 LANGE, O. L.: Untersuchungen über den Wärmehaushalt und Hitzeresistenz mauretanischer Wüsten- und Savannenpflanzen. Flora 147, 595–651, 1959

414 LANGE, O. L.: Investigations on the variability of heat-resistance in plants. In: TROSHIN, A.S. (ed.), The cell and environmental temperature, pp. 131–141. Pergamon Press, London, 1967

415 LANGE, O. L., MATTHES, U.: Moisture-dependent CO_2 exchange of lichens. Photosynthetica 15, 555–574, 1981

416 LANGE, O. L., ZUBER, M.: Frerea indica, a stem succulent CAM plant with deciduous C_3 leaves. Oecologia 31, 67–72, 1977

417 LANGE, O. L., BEYSCHLAG, W., TENHUNEN, J. D.: Control of leaf carbon assimilation – input of chemical energy into ecosystems. In: SCHULZE, E.D., ZWÖLFER, H. (eds.), Potentials and limitations of ecosystem analysis, pp. 149–163. Springer, Berlin, 1987

418 LANGE, O. L., GREEN, T. G. A., ZIEGLER, H.: Water status related photosynthesis and carbon isotope discrimination in species of the lichen genus Pseudocyphellaria with green or blue-green photobionts and in photosymbiodemes. Oecologia 75, 494–501, 1988

419 LANGE, O. L., SCHULZE, E. D., KOCH, W.: Experimentell-ökologische Untersuchungen an Flechten der Negev-Wüste. II. CO_2-Gaswechsel und Wasserhaushalt von Ramalina maciformis (Del.) Bory am natürlichen Standort während der sommerlichen Trockenperiode. Flora 159, 38–62, 1970

420 LANGE, O. L., SCHULZE, E. D., KAPPEN, L., BUSCHBOM, U., EVENARI, M.: Photosynthesis of desert plants as influenced by internal and external factors. In: GATES, D.M., SCHMERL, R.B. (eds.), Perspectives of biophysical ecology, pp. 121–143. Springer, Berlin, 1975

421 LARCHER W.: Jahresgang des Assimilations- und Respirationsvermögens von Olea europaea L. ssp. sativa Hoff. et Link., Quercus ilex L. und Quercus pubescens Willd. aus dem nördlichen Gardaseegebiet. Planta 56, 575–606, 1961

422 LARCHER, W.: Zur spätwinterlichen Erschwerung der Wasserbilanz von Holzpflanzen an der Waldgrenze. Ber.Naturwiss.Med.Ver.Innsbruck 53, 125–137, 1963a

423 LARCHER, W.: Zur Frage des Zusammenhanges zwischen Austrocknungsresistenz und Frosthärte bei Immergrünen. Protoplasma 57, 569–587, 1963b

424 LARCHER, W.: Kälteresistenz und Überwinterungsvermögen mediterraner Holzpflanzen. Oecol.Plant 5, 267–286, 1970

425 LARCHER, W.: Limiting temperatures for life functions in plants. In: PRECHT, H., CHRISTOPHERSEN, J., HENSEL, H., LARCHER, W. (eds.), Temperature and Life, 2.Aufl., Springer, Berlin, 1973a

426 LARCHER, W.: Ökologie der Pflanzen. 1.Aufl. Ulmer, Stuttgart, 1973b

427 LARCHER, W.: Ergebnisse des IBP-Projektes „Zwergstrauchheide Patscherkofel". Sitzungsber. Österr. Akad. Wiss., Mathem.-naturwiss. Kl.I 186, 301–371, 1977

428 LARCHER, W.: Klimastreß im Gebirge – Adaptationstraining und Selektionsfilter für Pflanzen. Rheinisch-Westf.Akad.Wiss., N 291, pp. 49–88. Westdeutscher Verlag, Leverkusen, 1980

429 LARCHER, W.: Effects of low temperature stress and frost injury on plant productivity. In: JOHNSON, C.B. (ed.), Physiological processes limiting plant productivity, pp. 253–269. Butterworth, London, 1981

430 LARCHER, W.: Kälte und Frost. In: SORAUER, P. (Begr.), Handbuch der Pflanzenkrankheiten, 7.Aufl., Bd. 1, Teil 5, pp. 107–326. Parey, Berlin, 1985

431 LARCHER W.: Streß bei Pflanzen. Naturwissenschaften 74, 158–167, 1987

432 LARCHER, W., BAUER, H.: Ecological significance of resistance to low temperatures. In: LANGE, O.L., NOBEL, P.S., OSMOND, C.B., ZIEGLER, H. (eds.), Encyclopedia of Plant Physiology 12A, pp. 403–437. Springer, Berlin, 1981

433 LARCHER, W., BODNER, M.: Dosisletalität-Nomogramm zur Charakterisierung der Erkältungsempfindlichkeit tropischer Pflanzen. Angew.Botanik 54, 273–278, 1980

434 LARCHER, W., MAIR, B.: Die Temperaturresistenz als ökophysiologisches Konstitutionsmerkmal. 1.Quercus ilex und andere Eichenarten des Mittelmeergebietes. Oecol.Plant 4, 347–376, 1969

435 LARCHER, W., NEUNER, G.: Cold-induced sudden reversible lowering of in vivo chlorophyll fluorescence after saturating light pulses. A sensitive marker for chilling susceptibility. Plant Physiol. 89, 740–742, 1989

436 LARCHER, W., THOMASER-THIN, W.: Seasonal changes in energy content and storage patterns of mediterranean sclerophylls in a northernmost habitat. Acta Oecol. 9, 271–283, 1988

437 LARCHER, W., WAGNER, J.: Ökologischer Zeigerwert und physiologische Konstitution von Sempervivum montanum. Verh.Ges.Ökol. 11, 253–264, 1983

438 LARCHER, W., HOLZNER, M., PICHLER, J.: Temperaturresistenz inneralpiner Steppengräser. Flora 183, 115–131, 1989

439 LARCHER, W., WAGNER, J., THAMMATHAWORN, A.: Effects of superimposed temperature stress on in vivo chlorophyll fluorescence of Vigna unguiculata under saline stress. J.Plant Physiol. 136, 92–102, 1990

440 LASSOIE, J. P., HINCKLEY, T. M., GRIER, Ch. C.: Coniferous forests of the Pacific Northwest. In: CHABOT, B.F., MOONEY, H.A. (eds.), Physiological ecology of North American plant communities, pp. 126–161. Chapman & Hall, New York, 1985

441 LAUER, M. J., PALLARDY, St. G., BLEVINS, D. G., RANDALL, D. D.: Whole leaf carbon exchange characteristics of phosphate deficient soybeans (Glycine max L.). Plant Physiol. 91, 848–854, 1989

442 LAUSCHER, F.: Neue Analyse ältester und neuerer phänologischer Reihen. Arch. Met. Geoph. Biokl., Ser. B 26, 373–385, 1978

443 LAUSCHER, F.: Ozonbeobachtungen in Wien von 1853–1981. Zusammenhänge zwischen Ozon und Wetterlagen. Arb. Zentralanst. Met. Geodyn. Wien, Publ. 284 H. 60, 1–29, 1984

444 LAUSCHER F.: Neubearbeitung der Messungen des bodennahen Ozons in Wien zwischen 1853 und 1990. Eigenverlag, Wien, 1991

445 LAUSCHER, F., SCHNELLE, F.: Beiträge zur Phänologie Europas. V. Lange phänologische Reihen Europas und ihre Beziehungen zur Temperatur. Ber.Dtsch.Wetterdienst 169, 1986

446 LAWLOR, D. W.: Photosynthese. Thieme, Stuttgart, 1990

447 LEE, D. W.: Unusual strategies of light absorption in rain-forest herbs. In: GIVNISH, Th.J. (ed.), On the economy of plant form and function, pp. 105–131. Cambridge University Press, Cambridge, 1986

448 LEE, J. A., STEWART, G. R.: Ecological aspects of nitrogen metabolism. Adv.Bot.Res. 6, 1–43, 1978

449 LEGGE, A. H., KRUPA, S. V. (eds.): Acidic deposition: sulphur and nitrogen oxides. Lewis, New York, 1990

450 LENDZIAN, K. J.: Aufnahme und zellphysiologische Wirkungen von Luftschadstoffen. Naturwissenschaften 74, 282–288, 1987

451 LENDZIAN, K. J., UNSWORTH, M. H.: Ecophysiological effects of atmospheric pollutants. In: LANGE, O.L., NOBEL, P.S., OSMOND, C.B., ZIEGLER, H. (eds.), Encyclopedia of Plant Physiology, Vol.12D, pp. 465–502. Springer, Berlin, 1983

452 LENZ, F.: Sink-source relationships in fruit trees. In: SCOTT, T.K. (ed.), Plant regulation and world agriculture, pp. 141–153. Plenum Press, New York, 1978

453 LEONARDI, S., RAPP, M., DENES, A.: Organic matter distribution and fluxes within a holm oak (Quercus ilex L.) stand in the Etna volcano. A synthesis. Vegetatio 99–100, 219–224, 1992

454 LERCH, G.: Pflanzenökologie. 5. Aufl. Akademie Vlg. Berlin, 1991

455 LEVITT, J.: Responses of plants to environmental stresses. I. Chilling, freezing and high temperature stresses. 2.Aufl. Academic Press, New York, 1980

456 LEVITT, J.: Responses of plants to environmental stresses. II. Water, radiation, salt, and other stresses. Academic Press, New York, 1980

457 LICHTENTHALER, H. K.: In vivo chlorophyll fluorescence as a tool for stress detection in plants. In: LICHTENTHALER, H.K. (ed.), Applications of chlorophyll fluorescence, pp. 129–142. Kluwer Acad.Publ., Dordrecht, 1988

458 LICHTENTHALER, H. K., BUSCHMANN, C., DÖLL, M., FIETZ, H. J., BACH, T., KOZEL, U., MEIER, D., RAHMSDORF, U.: Photosynthetic activity, chloroplast ultrastructure, and leaf characteristics of high-light and low-light plants and of sun and shade leaves. Photosynth.Res. 2, 115–141, 1981

459 LIEBIG, VON J.: Die Naturgesetze des Feldbaues. Vieweg, Braunschweig 1862

460 LIESE, W., SCHNEIDER, M., ECKSTEIN, D.: Histometrische Untersuchungen am Holz einer rauchgeschädigten Fichte. Eur.J.Forest Path. 5, 152–161, 1975

461 LIETH, H. (ed.): Die Stoffproduktion der Pflanzendecke. Fischer, Stuttgart, 1962

462 LIETH, H.: Phenology in productivity studies. In: REICHLE, D.E. (ed.), Analysis of temperate forest ecosystems, pp. 29–46. Springer, Berlin, 1970

463 LIETH, H.: Über die Primärproduktion der Pflanzendecke der Erde. Angew.Bot. 46, 1–37, 1972

464 LIETH, H. (ed): Phenology and seasonality modeling. Springer, Berlin, 1974

465 LIETH, H.: Modeling the primary productivity of the world. In: LIETH, H., WHITTAKER, R.H. (eds.), Primary productivity of the biosphere, pp. 237–283. Springer, Berlin, 1975a

466 LIETH, H.: Measurement of caloric values. In: LIETH, H., WHITTAKER, R. (eds.), Primary production of the biosphere, pp. 119–129. Springer, Berlin, 1975b

467 LIETH, H., MARKERT, B. A.: Aufstellung und Auswertung ökosystemarer Element-Konzentrations-Kataster. Springer, Berlin, 1988

468 LIKENS, G. E.: Primary productivity of inland aquatic ecosystems. In: LIETH, H., WHITTAKER, R.H. (eds.), Primary productivity of the biosphere, pp. 185–202. Springer, Berlin, 1975

469 LIKENS, G. E., BORMANN, F. H., PIERCE, R. S., EATON, J. S., JOHNSON, N. M.: Biogeochemistry of a forested ecosystem. Springer, Berlin, 1977

470 LOCKHART, J. A.: An analysis of irreversible plant cell elongation. J.theor.Biol. 8, 264–275, 1965

471 LÖSCH, R.: Species-specific responses to temperature in acid metabolism and gas exchange performance of Macaronesian Sempervivoideae. In: MARGARIS, N.S., ARIANOUSTOU-FARRAGITAKI, M., OECHEL, W.C. (eds.), Being alive on land, pp. 117–126. Junk, The Hague, 1984

472 LÖSCH, R.: Die Produktionsphysiologie von Aeonium gorgoneum und anderer nicht-kanarischer Aeonien (Phanerogamae: Crassulaceae). Cour.Forsch.Inst., Senckenberg 95, 201–209, 1987

473 LÖSCH, R.: Water relations of Canarian laurel forest trees. In: Analysis of water transport in plants and cavitation of xylem conduits. Internat.workshop, 29.–31. 5. 1990, Vallombrosa/ Firenze, 1990

474 LÖSCH, R., KAPPEN, L.: Die Temperaturresistenz makaronesischer Sempervivoideae. Verh.Ges.Ökol. 10, 521–528, 1983

475 LO GULLO, M. A., SALLEO, S.: Different strategies of drought resistance in three mediterranean sclerophyllous trees growing in the same environmental conditions. New Phytol. 108, 267–276, 1988

476 LONGMAN, K. A., JENÍK, J.: Tropical forest and its environment. Longman, London, 1987

477 LOOMIS, R. S., GERAKIS, P. A.: Productivity of agricultural ecosystems. In: COOPER, J. P., (ed.), Photosynthesis and productivity in different environments. Cambridge Univ.Press, Cambridge, 1975

478 LOSSAINT, P., RAPP, M.: Répartition de la matiére organique, productivité et cycles des éléments minéraux dans des écosystémes de climat méditerranéen. In: DUVIGNEAUD, P. (ed.), Productivity of forest ecosystems, pp. 597–617. UNESCO, Paris, 1971

479 LOSSAINT, P., RAPP, M.: La forêt méditerranéenne de chênes verts. In: LAMOTTE, M., BOURLIERE, C. (eds.), Problémes d'Ecologie. Ecosystèmes terrestres, pp. 129–185. Masson, Paris, 1978

480 LOVELESS, A. R.: A nutritional interpretation of sclerophylly based on differences in the chemical composition of sclerophyllous and mesophytic leaves. Ann.Bot. 25, 168–184, 1961

481 LUCAS, W. J.: Functional aspects of cells in root apices. In: GREGORY, P.J., LAKE, J.V., ROSE, D.A. (eds.), Root development and function, pp. 27–52. Cambridge University Press, Cambridge, 1987

482 LUDLOW, M. M.: Photosynthesis and dry matter production in C_3 and C_4 pasture plants, with special emphasis on tropical C_3 legumes and C_4 grasses. Aust.J.Plant Physiol. 12, 557–572, 1985

483 LUDLOW, M. M.: Light stress at high temperature. In: KYLE, D.J., OSMOND, C.B., ARNTZEN, C.J. (eds.), Photoinhibition, pp. 89–108. Elsevier, Amsterdam, 1987

484 LUDLOW, M. M.: Strategies of response to water stress. In: KREEB, K.H., RICHTER, H., HINCKLEY, T.M. (eds.), Structural and functional responses to environmental stresses, pp. 269–281. SPB Acad.Publ., The Hague, 1989

485 LUDLOW, M. M., WILSON, G. L.: Photosynthesis of tropical pasture plants. II. Temperature and illuminance. Austr. J. Biol. Sci. 24, 1065–1075, 1971

486 LÜNING, K.: Temperature tolerance and biogeography of seaweeds: the marine algal flora of Helgoland (North Sea) as an example. Helgoländer Meeresunters. 38, 305–317, 1984

487 LÜNING, K.: Meeresbotanik. Thieme, Stuttgart, 1985

488 LÜTTGE, U.: Stofftransport der Pflanzen. Springer, Berlin, 1973

489 LÜTTGE, U., SELLNER, M., SCHNABL, H., ZIMMERMANN, U.: Ökotoxikologische Bewertung von Umweltchemikalien und Entwicklung von biologischen Testsystemen aufgrund der Eigenschaften pflanzlicher Membranen. GIT-Suppl. 4, 36–42, 1984

490 LUYTEN, I., VERSLUYS, M. C., BLAAUW, A. H.: The optimal temperatures from flower formation to flowering for Hyacinthus orientalis. Verh. K. Akad. Wet. Amsterdam, 2. Sect. XXIX, 5 Med.36, 57–64, 1932

491 LYONS, J. M.: Chilling injury in plants. Ann.Rev.Plant Physiol. 24, 445–466, 1973

492 LYONS, J. M., RAISON, J. K.: Oxidative activity of mitochondria isolated from plant tissues sensitive and resistant to chilling injury. Plant Physiol. 45, 386–389, 1970

493 LYR, H., FIEDLER, H. J., TRANQUILLINI, W. (eds.): Physiologie und Ökologie der Gehölze. Fischer, Jena, 1992

494 MAIER, R.: Zur Bioindikation von Bleiwirkungen in Pflanzen über Enzyme. Verh.Ges.Ökol. 7, 315–322, 1979

495 MALKINA, I. S., CELNIKER, Ju. L.: Sezonnaja dinamika summarnogo dychanija i dychaniju podderžanija u stvolov lesnych derevjev. Bot. Žurnal. 75, 1138–1144, 1990

496 MAR-MÖLLER, C., MÜLLER, D., NIELSEN, J.: Graphic presentation of dry matter production of European beech. Forstl. Forsøgsv. i. Danmark 21, 327–335, 1954

497 MAREK, M.: Photosynthetic characteristics of Ailanthus leaves. Photosynthetica 22, 179–183, 1988

498 MARSCHNER, H.: Nährstoffdynamik in der Rhizosphäre. Ber.dtsch.bot.Ges. 98, 291–309, 1985

499 MARSCHNER, H.: Mineral nutrition of higher plants. Academic Press, London, 1986

500 MARTINOIA, E.: Transport processes in vacuoles of higher plants. Bot.Acta 105, 232–234, 1992

501 MASING, V., SVIREZEV, Y. M., LÖFFLER, H., PATTEN, B. C.: Wetlands in the biosphere. In: PATTEN, B.C. (ed.), Wetlands and shallow continental water bodies, Vol.1, pp. 313–344. SPB Acad. Publ., The Hague, 1990

502 MATHYSSE, A. G., SCOTT, T. K.: Functions of hormones at the whole plant level of organization. In: SCOTT, T.K. (ed.), Encyclopedia of Plant Physiology, Vol.10, pp. 219–243. Springer, Berlin, 1984

503 MATILE, Ph.: Vom Ergrünen und Vergilben der Blätter. Veröff.Naturf.Ges.Zürich, Bd. 136, Heft 5, Zürich, 1991

504 MATILE, Ph., ALTENBURGER, R.: Rhythms of fragrance emission in flowers. Planta 174, 242–247, 1988

505 MATILE, Ph., DÜGGELIN, T., SCHELLENBERG, M., RENTSCH, D., BORTLIK, K., PEISKER, C., THOMAS, H.: How and why is chlorophyll broken down in senescent leaves? Plant Physiol.Biochem. 27, 595–604, 1989

506 MAUSETH, J. D.: Plant anatomy. Cummings Publ.Comp., Menlo Park,Calif., 1988

507 MAXIMOV, N. A.: Physiologisch-ökologische Untersuchungen über die Dürreresistenz der Xerophyten. Jb.wiss.Bot. 62, 128–144, 1923

508 McCREE, K. J.: Photosynthetically active radiation. In: LANGE, O.L., NOBEL, P.S., OSMOND, C.B., ZIEGLER, H. (eds.), Encyclopedia of Plant Physiology, Vol.12 A, pp. 41–55. Springer, Berlin, 1981

509 McMANMON, M., CRAWFORD, R. M. M.: A metabolic theory of flooding tolerance: the significance of enzyme distribution and behaviour. New Phytol. 70, 299–306, 1971

510 McWILLIAM, J. R., FERRAR, P. J.: Photosynthetic adaptation of higher plants to thermal stress. In: BIELESKI, R.L., FERGUSON, A.R.,

CRESSWELL, M.M. (eds.), Mechanisms of regulation of plant growth. Bull.12, pp. 467–476. Royal Soc.N.Zealand, Wellington, 1974

511 MENGEL, K.: Ernährung und Stoffwechsel der Pflanze. 6.Aufl. Fischer, Jena, 1984

512 MENGEL, K., KIRKBY, E. A.: Principles of plant nutrition. 3.Aufl. Intern.Potash Inst., Bern, 1982

513 MERINO, J., FIELD, C., MOONEY, H. A.: Construction and maintenance costs of mediterranean-climate evergreen and deciduous leaves. Acta Oecol. 5, 211–229, 1984

514 MEYER, F. M.: Bäume in der Stadt. Ulmer, Stuttgart, 1978

515 MEYER, N.: Histochemische Untersuchungen über jahreszeitliche Veränderungen der Fermentaktivität und des Stärkegehaltes in Trieben einiger Prunus-Arten. Flora A 159, 215–232, 1968

516 MICHAEL, G.: Über die Beanspruchung des Wasserhaushaltes einiger immergrüner Gehölze im Mittelgebirge im Zusammenhang mit dem Frosttrocknisproblem. Arch.Forstwesen 16, 1015–1032, 1967

517 MICHALOWSKI, C. B., OLSEN, S. W., PIEPENBROCK, M., SCHMITT, J. M., BOHNERT, H. J.: Time course of mRNA induction elicited by salt stress in the common ice plant (Mesembryanthemum crystallinum). Plant Physiology 89, 811–816, 1989

518 MILBURN, J. A.: Water flow in plants. Longman, London, 1979

519 MILTHORPE, F. L., MOORBY, J.: An introduction to crop physiology. 2.Aufl. Cambridge Univ.Press, Cambridge, 1979

520 MITRAKOS, K.: Temperature germination responses in three mediterranean evergreen sclerophylls. In: MARGARIS, N.S., MOONEY, H.A. (eds.), Components of productivity of Mediterranean-climate regions. Basic and applied aspects, pp. 277–279. Junk, Den Haag, 1981

521 MITSCHERLICH, G.: Wald, Wachstum und Umwelt. Eine Einführung in die ökologischen Grundlagen des Waldwachstums. Bd.I: Form und Wachstum von Baum und Bestand. J.D.Sauerländer, Frankfurt a.M., 1970

522 MITSCHERLICH, G.: Wald, Wachstum und Umwelt. Eine Einführung in die ökologischen Grundlagen des Waldwachstums. Bd.II: Waldklima und Wasserhaushalt. Sauerländer, Frankfurt a.M., 1971

523 MIZUTANI, J.: Plant allelochemicals and their roles. In: CHOU, C.H., WALLER, G.R. (eds.), Phytochemical ecology – allelochemicals, mycotoxins and insect pheromones and allomo-

nes, pp. 155–165. Academia Sinica Monograph, Inst.Bot.Ser.Taipei, 1989

524 MOLCHANOV, A. A.: Cycles of atmospheric precipitation in different types of forests of natural zones of the USSR. In: DUVIGNEAUD, P. (ed.), Productivity of Forest Ecosystems, pp. 49–68. UNESCO, Paris, 1971

525 MOLISCH, H.: Der Einfluß einer Pflanze auf die andere – Allelopathie. Fischer, Jena, 1937

526 MONSI, M., SAEKI, T.: Über den Lichtfaktor in den Pflanzengesellschaften, seine Bedeutung für die Stoffproduktion. Jap.J.Bot. 14, 22–52, 1953

527 MONTEITH, J. L.: Principles of environmental physics. Edward Arnolds, London, 1973

528 MONTEITH, J. L.: Reassessment of maximum growth rates for C_3 and C_4 crops. Exp.Agr. 14, 1–5, 1978

529 MOONEY, H. A.: The carbon balance of plants. Ann.Rev.Ecol.Syst. 3, 315–346, 1972

530 MOOR, H.: Die Gefrier-Fixation lebender Zellen und ihre Anwendung in der Elektronenmikroskopie. Z.Zellforschung 62, 546–580, 1964

531 MORI, S., HAGIHARA, A.: Root respiration in Chamaecyparis obtusa trees. Tree Physiol. 8, 217–225, 1991

532 MOROZOV, V. L., BELAJA, G. A.: Ekologija dalnevostočnogo krupnotravja. Nauka, Moskva, 1988

533 MORSE, S. R.: Water balance in Hemizonia luzulifolia: the role of extracellular polysaccharides. Plant,Cell,Environment 13, 39–48, 1990

534 MOSER, W., BRZOSKA, W., ZACHHUBER, K., LARCHER, W.: Ergebnisse des IBP-Projekts „Hoher Nebelkogel 3184 m". Sitzungsber. Österr. Akad. Wiss., Mathem.-naturwiss. Kl. I 186, 386–419, 1977

535 MÜLLER, D.: Die Kohlensäureassimilation bei arktischen Pflanzen und die Abhängigkeit der Assimilation von der Temperatur. Planta 6, 22–39, 1928

536 MÜLLER, E., STIERLIN, H. R.: Sanasilva Kronenbilder. 2.Aufl. Eidg.Forschungsanst. f. Wald, Schnee u. Landschaft, Birmensdorf, 1990

537 MÜLLER-STOLL, W. R.: Ökologische Untersuchungen an Xerothermpflanzen des Kraichgaus. Z.Bot. 29, 161–253, 1935

538 MÜNCH, E.: Die Stoffbewegungen in der Pflanze. Fischer, Jena, 1930

539 NACHUCRIŠVILI, G. S.: Ekologija vysokogornych rastenii i fitozenozov zentralnogo Kavkaza. Ritmika razvitija, fotosintez, ekobiomorfy. Mezniereba, Tbilisi, 1974

540 NACHUCRIŠVILI, G. S., GAMCEMLIDZE, Z. G.: Žizne rastenii v ekstremalnych uslovijach vysokogornii. Nauka, Leningrad, 1984

541 NAMUCO, O. S., O'TOOLE, J. C.: Reproductive stage, water stress and sterility. I. Effect of stress during meiosis. Crop Sci. 26, 317–321, 1986

542 NAPP-ZINN, K.: Low temperature effect on flower formation: Vernalization. In: PRECHT, H., CHRISTOPHERSEN, J., HENSEL, H., LARCHER, W. (eds.), Temperature and life, pp. 171–194. Springer, Berlin, 1973

543 NEALE, P. J.: Algal photoinhibition and photosynthesis in the aquatic environment. In: KYLE, D.J., OSMOND, C.B., ARNTZEN, C.J. (eds.), Photoinhibition, pp. 36–64. Elsevier, Amsterdam, 1987

544 NEGISI, K.: Photosynthesis, respiration and growth in 1 year old seedlings of Pinus densiflora, Cryptomeria japonica and Chamaecyparis obtusa. Bull. Tokyo Univ. For. 62, 1–115, 1966

545 NEGISI, K.: Respiration rates in relation to diameter and age in stem of branch sections of young Pinus densiflora trees. Bull. Tokyo Univ.Forests No.66, 1974

546 NELSON, N. D.: Woody plants are not inherently low in photosynthetic capacity. Photosynthetica 18, 600–605, 1984

547 NELSON, T., LANGDALE, J. A.: Developmental genetics of C_4 photosynthesis. Ann.Rev.Plant Physiol.Plant Mol.Biol. 43, 25–47, 1992

548 NEUWIRTH, G.: Der CO_2-Stoffwechsel einiger Koniferen während des Knospenaustriebes. Biol.Zentralbl. 78, 560–584, 1959

549 NI, B. R., PALLARDY, St. G.: Response of gas exchange to water stress in seedlings of woody angiosperms. Tree Physiol. 8, 1–9, 1991

550 NICOLAS, M. E., SIMPSON, R. J., LAMBERS, H., DALLING, M. J.: Effects of drought on partitioning of nitrogen in two wheat varieties differing in drought-tolerance. Ann.Bot. 55, 743–754, 1985

551 NIMZ, H.: Das Lignin der Buche – Entwurf eines Konstitutionsschemas. Angew.Chemie 86, 336–344, 1974

552 NOBEL, P. S.: Water relations and photosynthesis of a barrel cactus, Ferocactus acanthodes, in the Colorado Desert. Oecologia 27, 117–133, 1977

553 NOBEL, P. S.: Environmental biology of agaves and cacti. Cambridge Univ.Press, Cambridge, New York, 1988

554 NOBEL, P. S.: Physicochemical and environmental plant physiology. Academic Press, San Diego, New York, 1991a

555 NOBEL, P. S.: Achievable productivities of certain CAM plants: basis for high values compared with C_3 and C_4 plants. New Phytol. 119, 183–205, 1991b

556 NOBEL, P. S.: Environmental productivity indices and productivity for Opuntia ficus-indica under current and elevated atmospheric CO_2 levels. Plant,Cell,Environment 14, 637–646, 1991c

557 NOBEL, P. S., JORDAN, P. W.: Transpiration stream of desert species: resistances and capacitances for a C_3, a C_4, and a CAM plant. J. Exp. Bot. 34, 1379–1391, 1983

558 NOBEL, P. S., GARCIA-MOYA, E., QUERO, E.: High annual productivity of certain agaves and cacti under cultivation. Plant, Cell and Environment 15, 329–335, 1992

559 NOBEL, W., MAYER, Th., KOHLER, A.: Submerse Wasserpflanzen als Testorganismen für Belastungsstoffe. Z.Wasser Abwasser Forsch. 16, 87–90, 1983

560 NULTSCH, W.: Allgemeine Botanik. 9.Aufl. Thieme, Stuttgart, 1991

561 O'TOOLE, J. C., CRUZ, R. T., SINGH, T. N.: Leaf rolling and transpiration. Plant Sci.Letters 16, 111–114, 1979

562 OCHI, H.: Autecological study of mosses in respect to water economy. I. On the minimum hydrability within which mosses are able to survive. Bot.Mag. 65, 112, 1962

563 ODUM, E. P.: The strategy of ecosystem development. Science 164, 262–270, 1969

564 ODUM, E. P.: Fundamentals of Ecology. 3.Aufl. Saunders, Philadelphia, 1971

565 ODUM, H. T., PIGEON, R. F.: A tropical rain forest. A study of irradiation and ecology at El Verde/Puerto Rico. Office Inf. Serv.,US Atomic Energy Comm., Oak Ridge, Tennessee, 1970

566 ODZUCK, W.: Umweltbelastungen. Ulmer, Stuttgart, 1982

567 OEHLKERS, F.: Das Leben der Gewächse. Ein Lehrbuch der Botanik. Springer, Berlin, 1956

568 OERTLI, J. J., LIPS, S. H., AGAMI, M.: The strength of sclerophyllous cells to resist collapse due to negative turgor pressure. Acta Oecol. 11, 281–289, 1990

569 OGINO, K., NINOMIYA, I., YOSHIKAWA, K.: Sap flow rate of several tree species in a tropical rain forest in West Sumatra. In: HOTTA, M. (ed.), Diversity and dynamics of plant life in Sumatra. Report and Coll.Papers, Part 1, pp. 1–9. Kyoto University, Sumatra Nature Study, 1986

570 OHGA, N., IKUSHIMA, I.: Measurement of $CO_2$and O_2 contents in a soil. JIBP, Level III, Report for 1969, Tokyo, 1970

571 OKANO, K., ITO, O., TAKEBA, G., SHIMIZU, A., TOTSUKA, T.: Effects of NO_2 and O_3 alone or in combination on kidney bean plants. V. ^{13}C-assimilate partitioning as affected by NO_2 and/or O_3. Studies on Effects of Air Pollutant Mixtures on Plants, No.66, Part 2, pp. 49–57. Res.Rep.Natl.Inst.Environm., Tsukuba, 1984

572 OLSEN, R. A., BENNETT, J. H., BLUME, D., BROWN, J. C.: Chemical aspects of the Fe stress response mechanism in tomatoes. J.Plant Nutrition 3, 905–921, 1981

573 ONDOK, J. P., POKORNY, J., KVĚT, J.: Model of diurnal changes in oxygen, carbon dioxide and bicarbonate concentrations in a stand Elodea canadensis Michx. Aquatic Bot. 19, 293–305, 1984

574 OPLER, P. A., FRANKIE, G. W., BAKER, H. G.: Comparative phenological studies of treelet and shrub species in tropical wet and dry forests in the lowlands of Costa Rica. J.Ecol. 68, 167–188, 1980

575 ORMROD, D. P.: Pollution in Horticulture. Elsevier, Amsterdam, 1978

576 ORTIZ-LOPEZ, A., ORT, D. R., BOYER, J. S.: Photophosphorylation in attached leaves of Helianthus annuus at low water potentials. Plant Physiol. 96, 1018–1025, 1991

577 OSMOND, C. B.: Crassulacean acid metabolism: a curiosity in context. Ann.Rev.Plant Physiol. 29, 379–414, 1978

578 OSMOND, C. B., BJÖRKMAN, O., ANDERSON, D. J.: Physiological processes in plant ecology. Toward a synthesis with Atriplex. Springer, Berlin, 1980

579 OSMOND, C. B., WINTER, K., ZIEGLER, H.: Functional significance of different pathways of CO_2 fixation in photosynthesis. In: LANGE, O.L., NOBEL, P.S., OSMOND, C.B., ZIEGLER, H. (eds.), Encyclopedia of Plant Physiology 12B, pp. 479–547. Springer, Berlin, 1982

580 OTT, J.: Meereskunde. Stuttgart, Ulmer, 1988

581 OVINGTON, J. D.: A comparison of rainfall in different woodlands. Forestry 27, 41–53, 1954

582 PAEMBONAN, S. A., HAGIHARA, A., HOZUMI, K.: Long-term respiration in relation to growth and maintenance processes of the aboveground parts of a hinoki forest tree. Tree Physiol. 10, 101–110, 1992

583 PAINE, R. T.: The measurement and application of the calorie to ecological problems. Ann.Rev.Ecol.Syst. 2, 145–164, 1971

584 PARKER, J.: Desiccation in conifer leaves: anatomical changes and determination of the lethal level. Bot.Gaz. 114, 189–198, 1952

585 PARLANGE, J.-Y., WAGGONER, P. E.: Stomatal dimensions and resistance to diffusion. Plant Physiol. 46, 337–342, 1970

586 PARTHIER, B.: Jasmonates, new regulators of plant growth and development: many facts

and few hypotheses on their actions. Bot.Acta 104, 446–454, 1991

587 PATE, J. S.: Nutrient mobilization and cycling: case studies for carbon and nitrogen in organs of a legume. In: WARDLAW, I.F., PASSIOURA, J.B. (eds.), Transport and transfer processes in plants, pp. 447–462. Academic Press, New York, 1976

588 PATE, J. S.: Patterns of nitrogen metabolism in higher plants and their ecological significance. In: LEE, J.A., MCNEILL, S., RORISON, I.H. (eds.), Nitrogen as an ecological factor, pp. 225–255. Blackwell, Oxford, 1983

589 PATTERSON, D. T., DUKE, S. O.: Effect of growth irradiance on the maximum photosynthetic capacity of water hyacinth (Eichhornia crassipes (Mart.) Solms). Plant, Cell Physiol. 20, 177–184, 1979

590 PENNING, DE VRIES, F. W. T.: Modeling of growth and production. In: LANGE, O.L., NOBEL, P.S., OSMOND, C.B., ZIEGLER, H. (eds.), Encyclopedia of Plant Physiology, Vol.12D, pp. 117–150. Springer, Berlin, 1983

591 PFANZ, H., MARTINOIA, E., LANGE, O. L., HEBER, U.: Flux of SO_2 into leaf cells and cellular acidification by SO_2. Plant Physiol. 85, 928–933, 1987

592 PIGOTT, C. D., HUNTLEY, J. P.: Factors controlling the distribution of Tilia cordata at the northern limits of its geographical range. III. Nature and causes of seed sterility. New Phytol. 87, 817–839, 1981

593 PILON-SMITS, E. A. H., T'HART, H., MAAS, J. W., MEESTERBURRIE, J. A. N., KREULER, R., VAN BREDERODE, J.: The evolution of crassulacean acid metabolism in Aeonium inferred from carbon isotope composition and enzyme activities. Oecologia 91, 548–553, 1991

594 PIPP, E., LARCHER, W.: Energiegehalte pflanzlicher Substanz: II. Ergebnisse der Datenverarbeitung. Sitzungsber. Österr. Akad. Wiss., math.-natw. Kl. I 196, 249–310, 1987

595 PISEK, A.: Versuche zur Frostresistenzprüfung von Rinde, Winterknospen und Blüten einiger Arten von Obstgehölzen. Gartenbauwiss. 23, 54–74, 1958

596 PISEK, A., CARTELLIERI, E.: Der Wasserverbrauch einiger Pflanzenvereine. Jb.wiss.Bot. 90, 256–291, 1941

597 PISEK, A., LARCHER, W.: Zusammenhang zwischen Austrocknungsresistenz und Frosthärte bei Immergrünen. Protoplasma 44, 30–46, 1954

598 PISEK, A., SCHIESSL, R.: Die Temperaturbeeinflußbarkeit der Frosthärte von Nadelhölzern und Zwergsträuchern an der alpinen Waldgrenze. Ber.naturwiss.med.Ver.Innsbruck 47, 33–52, 1947

599 PISEK, A., TRANQUILLINI, W.: Transpiration und Wasserhaushalt der Fichte (Picea excelsa) bei zunehmender Luft- und Bodentrockenheit. Physiol.Plant. 4, 1–27, 1951

600 PISEK, A., WINKLER, E.: Die Schließbewegung der Stomata bei ökologisch verschiedenen Pflanzentypen in Abhängigkeit vom Wassersättigungszustand der Blätter und vom Licht. Planta 42, 253–278, 1953

601 PISEK, A., WINKLER, E.: Assimilationsvermögen und Respiration der Fichte (Picea excelsa Link). in verschiedener Höhenlage und der Zirbe (Pinus cembra L.) an der alpinen Waldgrenze. Planta 51, 518–543, 1958

602 PISEK, A., KNAPP, H., DITTERSTORFER, J.: Maximale Öffnungsweite und Bau der Stomata mit Angaben über ihre Größe und Zahl. Flora 159, 459–479, 1970

603 PITMAN, M. G., LÜTTGE, U.: The ionic environment and plant ionic relations. In: LANGE, O.L., NOBEL, P.S., OSMOND, C.B., ZIEGLER, H. (eds.), Encyclopedia of Plant Physiology, Vol.12C, pp. 5–34. Springer, Berlin, 1983

604 PITT, J. I., CHRISTIAN, J. H. B.: Water relations of xerophilic fungi isolated from prunes. Appl.Microbiol. 16, 1853–1858, 1968

605 PÓCS, T.: The epiphytic biomass and its effect on the water balance of two rain forest types in the Uluguru mountains (Tanzania, East Africa). Bot.Acad.Scient.Hung. 26, 143–167, 1980

606 POKORNY, J., ONDOK, J. P.: Photosynthesis and primary production in submerged macrophyte stands. In: GOPAL, B., TURNER, R.E., WETZEL, R.G., WHIGHAM, D.F. (eds.), Wetlands: ecology and management, pp. 207–214. Nat.Inst.Ecology, Jaipur, 1982

607 POLLANSCHÜTZ, J.: Die ertragskundlichen Meßmethoden zur Erkennung und Beurteilung von forstlichen Rauchschäden. Mitt. Forst. Bdes. Vers.Anst.Wien 92, 153–206, 1971

608 POLSTER, H.: Wasserhaushalt. In: LYR, H., POLSTER, H., FIEDLER, H.J. (eds.), Gehölzphysiologie. Fischer, Jena, 1967

609 POLSTER, H., FUCHS, S.: Winterassimilation und -atmung der Kiefer (Pinus silvestris L.) im mitteldeutschen Binnenlandklima. Arch. Forstwesen 12, 1011–1024, 1963

610 POLSTER, H., NEUWIRTH, G.: Assimilationsökologische Studien an einem fünfjährigen Pappelbestand. Arch.Forstwesen 7, 749–875, 1958

611 POPP, M.: Chemical composition of Australian Mangroves. II. Low molecular weight carbohydrates. Z.Pflanzenphysiol. 113, 411–421, 1984

612 POPP, M., ALBERT, R.: Freie Aminosäuren und Stickstoffgehalt in Halophyten des Neusiedlersee-Gebietes. Flora 170, 229–239, 1980

613 POPP, M., LARHER, F., WEIGEL, P.: Chemical composition of Australian mangroves. III. Free amino acids, total methylated onium compounds and total nitrogen. Z.Pflanzenphysiol. 114, 15–25, 1984

614 POSPISILOVA, J.: Development of water stress in kale leaves of different insertion levels. Biol.Plant. 17, 392–399, 1975

615 PROCTOR, M. C. F.: Physiological ecology: water relations, light and temperature responses, carbon balance. In: SMITH, A.J.E. (ed.), Bryophyte ecology, pp. 333–381. Chapman & Hall, London, 1982

616 PUKACKI, P. M., GIERTYCH, M.: Seasonal changes in light transmission by bud scales of spruce and pine. Planta 154, 381–383, 1982

617 PYKE, D. A.: Limited resources and reproductive constraints in annuals. Funct.Ecol. 3, 221–228, 1989

618 RABE, R.: Bioindikation von Luftverunreinigungen. In: KREEB, K.H. (ed.), Methoden zur Pflanzenökologie und Bioindikation, pp. 275–301. G. Fischer, Jena, 1990

619 RAGHAVENDRA, A. S., DAS, V. S. R.: The occurence of C_4-photosynthesis: a supplementary list of C_4-plants reported during late 1974 – mid 1977. Photosynthetica 12, 200–208, 1978

620 RAMUS, J., ROSENBERG, G.: Diurnal photosynthetic performance of seaweeds measured under natural conditions. Marine Biology 56, 21–28, 1980

621 RAPP, M.: Production de litière et apport au sol d'éléments minéraux dans deux écosystèmes méditerrannéens: La forêt de Quercus ilex L. et la garrique de Quercus coccifera L. Oecol.Plant. 4, 377–410, 1969

622 RAPP, M.: Cycle de la matière organique et des éléments minèraux dans quelques écosystèms méditerranéens. IBP: Ecologie du Sol, pp. 19–184. Centre Nat.de la Recherche Scientifique 40, Paris, 1971

623 RAUNKIAER, C.: Statistik der Lebensformen als Grundlage für die biologische Pflanzengeographie. Beih.Biol.Cbl. 27(II), 171–206d, 19 10

624 RAVEN, J. A.: The evolution of vascular land plants in relation to supracellular transport processes. Advances Bot.Res. 5, 154–240, 1977

625 RAVEN, J. A.: Sensing pH?. Plant,Cell,Environm. 13, 721–729, 1990

626 RAVEN, J. A., SMITH, F. A., GLIDEWELL, S. M.: Photosynthetic capacities and biological strategies of giant-celled and small-celled macroalgae. New Phytol. 83, 299–309, 1979

627 RAWSON, H. M., TURNER, N. C., BEGG, J. E.: Agronomic and physiological responses of soybean and sorghum crops to water deficits. IV. Photosynthesis, transpiration and water use efficiency of leaves. Aust.J.Plant Physiol. 5, 195–209, 1978

628 REHDER, H., SCHÄFER, A.: Nutrient turnover studies in alpine ecosystems. IV. Communities of the Central Alps and comparative survey. Oecologia 34, 309–327, 1978

629 REICH, P. B.: Quantifying plant response to ozone: a unifying theory. Tree Physiol. 3, 63–91, 1987

630 REMMERT, H.: Was geschieht im Klimax-Stadium? Ökologisches Gleichgewicht durch Mosaik aus desynchronen Zyklen. Naturwissenschaften 72, 505–512, 1985

631 RENNENBERG, H.: The fate of excess sulfur in higher plants. Ann.Rev.Plant Physiol. 35, 121–153, 1984

632 RETTER, W.: Untersuchungen zur Assimilationsökologie und Temperaturresistenz des Buchenlaubes. Dissertation, Innsbruck, 1965

633 RICHARDS, J. H., CALDWELL, M. M.: Hydraulic lift: substantial nocturnal water transport between soil layers by Artemisia tridentata roots. Oecologia 73, 486–489, 1987

634 RICHTER, G.: Stoffwechselphysiologie der Pflanzen. 5.Aufl. Thieme, Stuttgart, 1988

635 RICHTER, H.: Wie entstehen Saugspannungsgradienten in Bäumen?. Ber.dtsch.bot.Ges. 85, 341–351, 1972

636 RICHTER, H.: The water status in the plant – experimental evidence. In: LANGE, O.L., KAPPEN, L., SCHULZE, E.D. (eds.), Water and plant life, pp. 42–58. Springer, Berlin, 1976

637 RICHTER, H.: A diagram for the description of water relations in plant cells and organs. J.Exp.Bot. 29, 1197–1203, 1978

638 RICHTER, H., KIKUTA, S. B.: Osmotic and elastic components of turgor adjustment in leaves under stress. In: KREEB, K.H., RICHTER, H., HINCKLEY, T.M. (eds.), Structural and functional responses to environmental stresses, pp. 129–137. Academic Publishing, The Hague, 1989

639 RIED, A.: Photosynthese und Atmung bei xerostabilen und xerolabilen Krustenflechten in der Nachwirkung vorausgegangener Entquellungen. Planta 41, 436–438, 1953

640 ROBBERECHT, R., CALDWELL, M. M.: Leaf epidermal transmittance of ultraviolet radiation and its implications for plant sensitivity to ultraviolet radiation induced injury. Oecologia 32, 277–287, 1978

641 RODIN, L., BAZILEVICH, N. I.: Production and mineral cycling in terrestrial vegetation. Oliver & Boyd, Edinburgh, 1967

642 ROECKNER, E.: Past, present and future levels of greenhouse gases in the atmosphere and model projections of related climatic changes. J.Exp.Bot. 43, 1097–1109, 1992

643 RÖMHELD, V., KRAMER, D.: Relationship between proton efflux and rhizodermal transfer cells induced by iron deficiency. Z.Pflanzenphysiol. 113, 73–83, 1983

644 ROLLER, M.: Durchschnittswerte phänologischer Phasen aus dem Zeitraum 1946–1960 für 103 Orte Österreichs. Wetter und Leben 15, 1–12, 1963

645 ROOK, D. A.: The influence of growing temperature on photosynthesis and respiration of Pinus radiata seedlings. New Zealand J.Bot. 7, 43–55, 1969

646 RORISON, I. H.: Ecological interferences from laboratory experiments on mineral nutrition. In: RORISON, I.H. (ed.), Ecological aspects of the mineral nutrition of plants, pp. 155–175. Blackwell, Oxford, 1969

647 RORISON, I. H., SUTTON, F.: Climate, topography and germination. In: EVANS, G.C., BAINBRIDGE, R., RACKHAM, O. (eds.), Light as an ecological factor: II, pp. 361–383. Blackwell Sci., Oxford, 1976

648 ROSENBERG, N. J.: Microclimate: the biological environment. Wiley, New York, 1974

649 ROSNITSCHEK-SCHIMMEL, I.: Biomass and nitrogen partitioning in a perennial and an annual nitrophilic species of Urtica. Z.Pflanzenphysiol. 109, 215–225, 1983

650 ROSS, J.: The radiation regime and architecture of plant stands. Junk, The Hague, 1981

651 ROSSWALL, T., FLOWER-ELLIS, J. G. K., JOHANSSON, L. G., JONSSON, S., RYDEN, B. E., SONESSON, M.: Stordalen (Abisko), Sweden. In: ROSSWALL, T., HEAL, O.W. (eds.), Structure and function of tundra ecosystems, Vol.20, pp. 265–294. Ecol.Bull, Stockholm, 1975

652 ROUSCHAL, E.: Zur Ökologie der Macchien. Jb.wiss.Bot. 87, 436–523, 1938

653 ROZEMA, J., BIJWAARD, P., PRAST, G., BROEKMAN, R.: Ecophysiological adaptations of coastal halophytes from foredunes and salt marshes. Vegetatio 62, 499–521, 1985

654 RUHLAND, W.: Untersuchungen über die Hautdrüsen der Plumbaginaceen. Ein Beitrag zur Biologie der Halophyten. Jb.wiss.Bot. 55, 409–498, 1915

655 RUNDEL, P. W.: Water relations. In: GALUN, M. (ed.), Handbook of Lichenology, Vol.II, pp. 17–36. CRC Press, Boca Raton, 1988

656 RUNDEL, P. W., LANGE, O. L.: Water relations and photosynthetic response of a desert moss. Flora 169, 329–335, 1980

657 RUNDEL, P. W., EHLERINGER, J. R., NAGY, K. A.: Stable isotopes in ecological research. Springer, Berlin, 1988

658 RUTHSATZ B., HOFMANN U.: Die Verbreitung von C_4-Pflanzen in den semiariden Anden NW-Argentiniens mit einem Beitrag zur Blattanatomie. Phytocoenologia 12, 219–249, 1984

659 RYCHNOVSKÁ, M.: A contribution to the ecology of the genus Stipa. II. Water relations of plants and habitat on the hill of Křižová hora near the town of Moravsky Krumlov. Preslia 37, 42–52, 1965

660 RYCHNOVSKÁ, M.: Bandania ekosystemow lakowych w Czechoslowacji. Wiad.Ekol. 25, 29–39, 1979

661 RYCHNOVSKÁ, M., ČERMÁK, J., ŠMID, P.: Water output in a stand of Phragmites communis Trin. Acta Sci.Nat.Acad.Sci.Bohem.Brno 14, 3–30, 1980

662 SACHS, M. M., HO, T. H. D.: Alteration of gene expression during environmental stress in plants. Ann.Rev.Plant Physiol. 37, 363–376, 1986

663 SAGE, R. F., PEARCY, R. W.: The nitrogen use efficiency of C_3 and C_4 plants. II. Leaf nitrogen effects on the gas exchange characteristics of Chenopodium album (L.) and Amaranthus retroflexus (L.). Plant Physiol. 84, 959–963, 1987

664 SAGLIO, P. H., RANCILLAC, M., BRUZAN, F., PRADET, A.: Critical oxygen pressure for growth and respiration of excised and intact roots. Plant Physiol. 76, 151–154, 1984

665 SAKAI, A.: Comparative study on freezing resistance of conifers with special reference to cold adaptation and its evolutive aspects. Can.J.Bot. 9, 2323–2332, 1983

666 SAKAI, A., LARCHER, W.: Frost survival of plants. Responses and adaptation to freezing stress. Springer, Berlin, 1987

667 SALISBURY, E. I.: The oak-hornbeam woods of Hertfordshire. J.Ecol. 4, 83–117, 1916

668 SALISBURY, F. B.: The flowering process. Pergamon Press, Oxford, 1963

669 SALISBURY, F. B.: Photoperiodism. Hort.Rev. 4, 66–105, 1982

670 SALISBURY, F. B.: Plant adaptations to the light environment. In: KAURIN, A., JUNTTILA, O., NILSEN, J. (eds.), Plant production in the North, pp. 43–61. Norwegian Univ.Press, Tromsø, 1985

671 SALISBURY, F. B.: Système internationale: the use of SI units in plant physiology. J.Plant Physiol. 139, 1–7, 1991

672 SALISBURY, F. B., ROSS, C. W.: Plant Physiology. 4.Aufl. Wadsworth, Belmont, 1992

673 SALISBURY, F. B., SPOMER, G. G.: Leaf temperatures of alpine plants in the field. Planta 60, 497–505, 1964

674 SAURE, M. C.: Dormancy release in deciduous fruit trees. Hort.Rev. 7, 239–300, 1985

675 SAUTER, J. J., KLOTH, S.: Plasmodesmatal frequency and radial translocation rates in ray cells of poplar (Populus x canadensis Moench „robusta"). Planta 168, 377–380, 1986

676 SAVAGE, M. J.: Use of the international system of units in the plant sciences. HortSci. 14, 492–495, 1979

677 SCHAEFER, M.: Chemische Ökologie – ein Beitrag zur Analyse von Ökosystemen? Naturwiss.Rundschau 33, 128–134, 1980

678 SCHAEFER, M.: Wörterbücher der Biologie: Ökologie. 3.Aufl. Fischer, Jena, 1992

679 SCHENNIKOW, A. P.: Phänologische Spektra von Pflanzengesellschaften. In: ABDERHALDEN, E. (ed.), Handbuch der biologischen Arbeitsmethoden, Bd.II(6), pp. 251–266. Springer, Berlin, 1932

680 SCHLEE, D.: Ökologische Biochemie. 2.Aufl. Springer, Berlin, 1992

681 SCHMIDT, J. E., KAISER, W. M.: Response of the succulent leaves of Peperomia magnoliaefolia to dehydration. Plant Physiol. 83, 190–194, 1987

682 SCHMIDT L.: Phytomassevorrat und Nettoprimärproduktivität alpiner Zwergstrauchbestände. Oecol.Plant. 12, 195–213, 1977

683 SCHMIDT-VOGT, H.: Die Fichte. Bd.II/2: Krankheiten, Schäden, Fichtensterben. Parey, Hamburg, 1989

684 SCHNELLE, F.: Pflanzenphänologie. Akad.Verlagsges., Leipzig, 1955

685 SCHNOCK, G.: Le bilan de l'eau dans l'écosystème forêt. Application à une chênaie mélangée de haute Belgique. In: DUVIGNEAUD, P. (ed.), Productivity of forest ecosystems, pp. 41–42. UNESCO, Paris, 1971

686 SCHREIBER, U., BERRY, J. A.: Heat-induced changes of chlorophyll fluorescence in intact leaves correlated with damage of the photosynthetic apparatus. Planta 136, 233–238, 1977

687 SCHROEDER, D.: Bodenkunde in Stichworten. Hirt, Kiel, 1969

688 SCHUBERT, R. (Hrsg.): Lehrbuch der Ökologie. 3.Aufl. Fischer, Stuttgart, Jena, 1991a

689 SCHUBERT, R. (Hrsg.): Bioindikation in terrestrischen Ökosystemen. 2.Aufl. Fischer, Stuttgart, 1991b

690 SCHULTE, P. J., HINCKLEY, T. M.: A comparison of pressure-volume curve data analysis techniques. J.Exp.Bot. 36, 1590–1602, 1985

691 SCHULTZ, J.: Die Ökozonen der Erde. Ulmer, Stuttgart, 1988

692 SCHULZE, E., STIX, E.: Beurteilung phytotoxischer Immissionen, für die noch keine Luftqualitätskriterien festgelegt sind. Angew.Bot. 64, 225–235, 1990

693 SCHULZE, E. D.: Der CO_2-Gaswechsel der Buche (Fagus silvatica L.) in Abhängigkeit von den Klimafaktoren im Freiland. Flora 159, 177–232, 1970

694 SCHULZE, E. D.: Plant life forms and their carbon, water and nutrient relations. In: LANGE, O.L., NOBEL, P.S., OSMOND, C.B., ZIEGLER, Z. (eds.), Encyclopedia of Plant Physiology 12B, pp. 615–676. Springer, Berlin, 1982

695 SCHULZE, E. D.: Carbon dioxide and water vapor exchange in response to drought in the atmosphere and in the soil. Ann.Rev.Plant.Physiol 37, 247–274, 1986

696 SCHULZE, E. D., HALL, A. E.: Stomatal responses, water loss and CO_2 assimilation rates of plants in contrasting environments. In: LANGE, O.L., NOBEL, P.S., OSMOND, C.B., ZIEGLER, Z. (eds.), Encyclopedia of Plant Physiology 12B, pp. 181–230. Springer, Berlin, 1982

697 SCHULZE, E. D., LANGE, O. L.: Die Wirkungen von Luftverunreinigungen auf Waldökosysteme. Chemie in unserer Zeit 3, 117–130, 1990

698 SCHULZE, E. D., FUCHS, M. I., FUCHS, M.: Spacial distribution of photosynthetic capacity and performance in a mountain spruce forest of northern Germany. I. Biomass distribution and daily CO_2 uptake in different crown layers. Oecologia 29, 43–61, 1977

699 SCHULZE, E. D., LANGE, O. L., KOCH, W.: Ökophysiologische Untersuchungen an Wild- und Kulturpflanzen der Negev-Wüste. III. Tagesverläufe der Nettophotosynthese und Transpiration am Ende der Trockenzeit. Oecologia 9, 317–340, 1972

700 SCHULZE, E. D., GEBAUER, G., SCHULZE, W., PATE, J. S.: The utilization of nitrogen from insect capture by different growth forms of Drosera from Southwest Australia. Oecologia 87, 240–246, 1991

701 SCHULZE, E. D., GEBAUER, G., ZIEGLER, H., LANGE, O. L.: Estimates of nitrogen fixation by trees on an aridity gradient in Namibia. Oecologia 88, 451–455, 1991

702 SCHULZE, E. D., ČERMÁK, J., MATYSSEK, R., PENKA, M., ZIMMERMANN, R., VASÍČEK, F., GRIES, W., KUČERA, J.: Canopy transpiration and water fluxes in the xylem of the trunk of Larix and Picea trees – a comparison of xylem flow porometer and cuvette measurements. Oecologia 66, 475–483, 1985

703 SCHUSTER, W. S., MONSON, R. K.: An examination of the advantages of C_3-C_4 intermediate photosynthesis in warm environments. Plant,Cell,Environment 13, 903–912, 1990

704 SCHWEINGRUBER, F. H.: Der Jahrring. Standort, Methodik, Zeit und Klima in der Dendrochronologie. Haupt, Bern, 1983

705 SCHWEINGRUBER, F. H., KONTIC, R., WINKLER-SEIFERT, A.: Eine jahrringanalytische Studie zum Nadelbaumsterben in der Schweiz. Ber.Eidg.Anst.forstl.Versuchsw.Nr. 253, Birmensdorf, 1983

706 SEELEY, E. J., KAMMERECK, R.: Carbon flux in apple trees: The effects of temperature and light intensity on photosynthetic rates. J.Am.Soc.Hort.Sci. 102, 731–733, 1977

707 SEELEY, S.: Hormonal transduction of environmental stresses. HortSci. 25, 1369–1376, 1990

708 SEGERER, A. H., HUBER, R., STETTER, K. O.: Mikroorganismen in extremen Lebensräumen: Hyperthermophile Prokaryonten. Biol. i. u. Zeit 21, 266–272, 1991

709 SELYE, H.: A syndrome produced by diverse nocuous agents. Nature 138, 32, 1936

710 SELYE, H.: The evolution of the stress concept. Am.Sci. 61, 693–699, 1973

711 SEMICHATOVA, O. A.: Energetika dychanija rastenii pri povyšennoi temperature. Nauka, Leningrad, 1974

712 SEN, D. N.: Environment and plant life in Indian desert. Geobios, Jodhpur, 1982

713 SENFT, W. H.: Dependence of light-saturated rates of algal photosynthesis on intracellular concentrations of phosphorus. Limnol.Oceanogr. 23, 709–718, 1978

714 SERRE, F.: Les rapports de la croissance et du climat chez le Pin d'Alep (Pinus halepensis Mill.). I. Méthodes utilisées. L'activité cambiale et le climat. Oecol.Plant. 11, 143–171, 1976

715 SERRE, F.: Les rapports de la croissance et du climat chez le Pin d'Alep (Pinus halepensis Mill.). II. L'allongement des pousses et des aiguilles, et le climat. Discussion generale. Oecol.Plant. 11, 201–224, 1976

716 ŠESTÁK, Z.: Photosynthesis during leaf development. Junk, Dordrecht, 1985

717 ŠESTÁK, Z., ČATSKÝ, J., JARVIS, P. G.: Plant photosynthetic production. Manual of methods. Junk, Den Haag, 1971

718 SEYBOLD, A.: Zur Klärung des Begriffes Transpirationswiderstand. Planta 21, 353–367, 1933

719 SHANTZ, H. L.: Drought resistance and soil moisture. Ecology 8, 145–157, 1927

720 SHARKEY, T. D.: Estimating the rate of photorespiration in leaves. Physiol.Plant. 73, 147–152, 1988

721 SHEARER, G., KOHL, D. H., VIRGINIA, R. A., BRYAN, B. A., SKEETERS, J. L., NILSEN, E. T., SHARIFI, M. R., RUNDEL, P. W.: Estimates of N_2-fixation from the natural abundance of 15N in Soronan desert ecosystems. Oecologia 56, 365–373, 1983

722 SIKORSKA, E., KACPERSKA, A.: Freezing-induced membrane alterations: Injury or adaptation? In: LI Ph., SAKAI, A. (eds.), Plant Cold Hardiness and Freezing Stress, pp. 261–272. Academic Press, New York, 1982

723 SIMINOVITCH, D.: Common and disparate elements in the processes of adaptation of herbaceous and woody plants to freezing – a perspective. Cryobiology 18, 166–185, 1981

724 SINCLAIR, R.: Water relations of tropical epiphytes. II. Performance during droughting. J.Exp.Bot. 34, 1664–1675, 1983

725 SINGH, J. S., GUPTA, S. R.: Plant decomposition and soil respiration in terrestrial ecosystems. Botan.Review 43, 449–528, 1977

726 SIRÉN, G., SIVERTSSON, E.: Överlevelse och produktion hos snabbväxande Salix- och Populuskloner för skogsindustri och energiproduktion. Dept. Reforest. Stockholm Res., Note No.83, Stockholm, 1976

727 SKRE, O., OECHEL, W. C.: Moss functioning in different taiga ecosystems in interior Alaska. I. Seasonal, phenotypic, and drought effects on photosynthesis and response patterns. Oecologia 48, 50–59, 1981

728 SLATYER, R. O., TAYLOR, S. A.: Terminology in plant and soil water relations. Nature 187, 922–924, 1960

729 SLAVIK, B.: Methods in studying plant water relations. Springer, Berlin, 1974

730 SLAVIKOVÁ, J.: Die maximale Wurzelsaugkraft als ökologischer Faktor. Preslia 37, 419–428, 1965

731 SMEETS, L.: Effect of temperature and daylength on flower initiation and runner formation in two everbearing strawberry cultivars. Sci.Hort. 12, 19–26, 1980

732 SMIDT, St.: Überlegungen zur Bedeutung organischer Luftschadstoffe für Waldschäden. Angew.Bot. 66, 180–186, 1992

733 SMIDT, St., GABLER, K., PUXBAUM, H.: Die zeitliche und vertikale Zunahme der Ozonkonzentrationen. Österr.Forstzeitung, 247.Folge 7, 58–60, 1990

734 SMITH, H.: Light quality as an ecological factor. In: GRACE, J., FORD, E.D., JARVIS, P.G. (eds.), Plants and their atmospheric environment, pp. 93–110. Blackwell, Oxford, 1981

735 SMITH, P. F.: Mineral analysis of plant tissues. Ann.Rev.Plant Physiol 13, 81–108, 1962

736 Smith, S., Weyers, J. D. B., Berry, W. G.: Variation in stomatal characteristics over the lower surface of Commelina communis leaves. Plant,Cell,Environment 12, 653–659, 1989

737 Sprugel, D. G.: Components of woody-tissue respiration in young Abies amabilis (Dougl.) Forbes trees. Trees 4, 88–98, 1990

738 Stadler, J., Gebauer, G.: Nitrate reduction and nitrate content in ash trees (Fraxinus excelsior L.): distribution between compartments, site comparison and seasonal variation. Trees 6, 236–240, 1992

739 Stålfelt, M. G.: Der Gasaustausch der Moose. Planta 27, 30–60, 1937

740 Stålfelt, M. G.: Vom System der Wasserversorgung abhängige Stoffwechselcharaktere. Bot.Not.(Lund) 1939, 176–192, 1939

741 Stanhill, G.: The water flux in temperate forests: precipitation and evapotranspiration. In: Reichle, D.E. (ed.), Analysis of temperate forest ecosystems, pp. 247–256. Springer, Berlin, 1970

742 Steiner, M.: Zur Ökologie der Salzmarschen der nordöstlichen Vereinigten Staaten von Nordamerika. Jb.wiss.Bot. 81, 94–202, 1934

743 Steinhauser, F., Eckel, O., Lauscher, F.: Klimatographie von Österreich. Springer, Wien, 19 60

744 Štěstěnko, A. P.: Osobeniosti stroenija podzemnych organov rastenii predelnych vysot proisrastanija na Pamire. Problemy botaniki XI, pp. 284. Nauka, Leningrad, 1969

745 Stetter, K. O., Fiala, G., Huber, G., Huber, R., Segerer, A.: Hyperthermophilic microorganisms. FEMS Microbiol. Rev. 75, 117–124, 1990

746 Steubing, L.: Niedere und höhere Pflanzen als Indikatoren für Immissionsbelastungen. Landschaft und Stadt 8, 97–144, 1976

747 Steubing, L., Dapper, H.: Der Kreislauf des Chlorids im Meso-Ökosystem einer binnenländischen Salzwiese. Ber.dtsch.bot.Ges. 8, 97–144, 1976

748 Steubing, L., Haneke, J., Biermann, J., Gnittke, J.: Urangehalte in Pflanzen, Bodenwasser und Bodenproben im Anomaliengebiet um Aigendorf. Angew.Bot. 63, 361–374, 1989

749 Stewart, W. D. P.: Nitrogen fixation – its current relevance and future potential. Israel J.Bot. 31, 5–44, 1982

750 Stocker, O.: Das Wasserdefizit von Gefäßpflanzen in verschiedenen Klimazonen. Planta 7, 382–387, 1929

751 Stocker, O.: Transpiration und Wasserhaushalt in verschiedenen Klimazonen. I. Untersuchungen an der arktischen Baumgrenze in Schwedisch-Lappland. Jb. wiss. Bot. 75, 494–549, 1931

752 Stocker, O.: Assimilation und Atmung westjavanischer Tropenbäume. Planta 24, 402–445, 1935

753 Stocker, O.: Probleme der pflanzlichen Dürreresistenz. Naturwissenschaften 34, 362–371, 1947

754 Stocker, O.: Grundriß der Botanik. Springer, Berlin, 1952

755 Stocker, O.: Die Abhängigkeit der Transpiration von den Umweltfaktoren. In: Ruhlnd, W. (ed.), Handbuch der Pflanzenphysiologie, Vol.3, pp. 436–488. Springer, Berlin, 1956a

756 Stocker, O.: Wasseraufnahme und Wasserspeicherung bei Thallophyten. In: Ruhland, W. (ed.), Handbuch der Pflanzenphysiologie, Vol.3, pp. 160–172. Springer, Berlin, 1956b

757 Stocker, O.: Der Wasser- und Photosynthese-Haushalt von Wüstenpflanzen der mauretanischen Sahara. I. Regengrüne und immergrüne Bäume. Flora 159, 539–572, 1970

758 Stocker, O.: Der Wasser- und Photosynthese-Haushalt von Wüstenpflanzen der mauretanischen Sahara. II. Wechselgrüne, Rutenzweig- und stammsukkulente Bäume. Flora 160, 445–494, 1971

759 Stocker, O.: Der Wasser- und Photosynthese-Haushalt von Wüstenpflanzen der mauretanischen Sahara. III. Kleinsträucher, Stauden und Gräser. Flora 161, 46–110, 1972

760 Stocker, O.: Der Wasser- und Photosynthesehaushalt von Wüstenpflanzen der südalgerischen Sahara. I. Standorte und Versuchspflanzen. Flora 163, 46–88, 1974a

761 Stocker, O.: Der Wasser- und Photosynthese-Haushalt von Wüstenpflanzen der südalgerischen Sahara. III. Jahresgang und Konstitutionstypen. Flora 163, 480–529, 1974b

762 Stocker, O.: Ökologie als existentiales Problem im Viererschema der biologischen Wissenschaften. Flora 168, 13–52, 1979

763 Stowe, L. G., Teeri, J. A.: The geographic distribution of C_4 species of the Dicotyledonae in relation to climate. Amer.Naturalist 112, 609–623, 1978

764 Stoy, V.: Photosynthesis, respiration and carbohydrate accumulation in spring wheat in relation to yield. Physiol.Plant. 4, 1–125, 1965

765 Stoy, V.: Funktion von Blatt, Halm und Ähre bei der Ertragsbildung von Getreide. Ber.Arbeitstagung Gumpenstein 1966, 29–49, 1966

766 Strain, B. R., Cure, J. D.: Direct effects of increasing carbon dioxide on vegetation. US Dept. Energy, Carbon Dioxide Res. Div. DOE / ER0238, Washington, 1985

767 STREIT, L., FELLER, U.: Changing activities of nitrogen-assimilating enzymes during growth and senescence of dwarf beans (Phaseolus vulgaris L.). Z.Pflanzenphysiol. 108, 273–281, 1982

768 STRUGGER, S.: Die lumineszenzmikroskopische Analyse des Transpirationsstromes in Parenchymen. I. Mitteilung: Die Methode und die ersten Beobachtungen. Flora 133, 56–68, 1938

769 STULEN, I.: Interactions between nitrogen and carbon metabolism in a whole plant context. In: LAMBERS, H., NEETESON, J.J., STULEN, I. (eds.), Fundamental, ecological and agricultural aspects of nitrogen metabolism in higher plants, pp. 261–278. Nijhoff, Dordrecht, 1986

770 SUCOFF, E.: Effect of deicing salts on woody vegetation along Minnesota roads. In: Techn. Bull. 303, Forestry Ser. 20, pp. 3–49. Agricult. Exp. Station, Minnesota, 1975

771 SUGIMOTO, K.: Studies on transpiration and water requirement of indica and japonica rice plants. Jap.J.of Trop.Agricult. 16, 260–264, 1973

772 SVEŠNIKOVA, V. M.: Dominanty kasachstanskich stepei. Nauka, Leningrad, 1979

773 SVOBODA, J.: Ecology and primary production of raised beach communities, Truelove Lowland. In: BLISS, L.C. (ed.), Truelove Lowland, Devon Island, Canada: a high arctic ecosystem, pp. 185–216. Univ.Alberta Press, Edmonton, 1977

774 SWEENEY, F. C., HOPKINSON, J. M.: Vegetative growth of nineteen tropical and subtropical pasture grasses and legumes in relation to temperature. Tropical Grasslands 9, 209–217, 1975

775 SZAREK, S. R., TING, I. P.: The occurence of Crassulacean acid metabolism among plants. Photosynthetica 11, 330–342, 1977

776 TAGAWA, H.: An investigation of initial regeneration in an evergreen broadleaved forest. II. Seedfall, seedling production, survival and age distribution of seedlings. Bull.Yokohama Phytosoc.Soc.Japan 16, 379–391, 1979

777 TANI, N.: Agricultural crop damage by weather hazards and the countermeasures in Japan. In: TAKAHASHI, K., YOSHINO, M.M. (eds.), Climatic change and food production, pp. 197–215. Tokyo Univ.Press, Tokyo, 1978

778 TAYLOR, G. E., TINGEY, D. T.: Sulfur dioxide flux into leaves of Geranium carolinianum L. Plant Physiol. 72, 237–244, 1983

779 TAYLOR, H. M., TERRELL, E. E.: Rooting pattern and plant productivity. In: RECHCIGL, M. (ed.), CRC Handbook of Agricultural Productivity, Vol.I, pp. 185–200. CRC Press, Boca Raton, 1982

780 TEERI, J. A., STOWE, L. G.: Climatic patterns and the distribution of C_4-grasses in North America. Oecologia 23, 1–12, 1976

781 TENHUNEN, J. D., REYNOLDS, J. F., LANGE, O. L., DOUGHERTY, R. L., HARLEY, P. C., KUMMEROW, J., RAMBAL, S.: Quinta: A physiologically-based growth simulator for drought adapted woody plant species. In: PEREIRA, J.S., LANDSBERG, J.J. (eds.), Biomass production by fast-growing trees, pp. 135–168. Academic Publ., Kluwer, 1989

782 TERASHIMA, I., SAEKI, T.: A new model for leaf photosynthesis incorporating the gradients of light environment and of photosynthetic properties of chloroplasts within a leaf. Ann.Bot. 56, 489–499, 1985

783 TERJUNG, W. H., LOUIE, S. S. F., O'ROURKE, P. A.: Toward an energy budget model of photosynthesis predicting world productivity. Vegetatio 32(1), 31–53, 1976

784 TERRY, N., WALDRON, L. J., TAYLOR, S. E.: Environmental influences on leaf expansion. In: DALE, J.E., MILTHORPE, F.L. (eds.), The growth and functioning of leaves, pp. 179–205. Cambridge Univ.Press, Cambridge, 1983

785 TESCHE, M.: Umweltstreß. In: SCHMIDT-VOGT, H. (ed.), Die Fichte, Bd.II/2, pp. 346–384. Parey, Berlin, 1989

786 THIENEMANN, A. F.: Leben und Umwelt. Bios, Leipzig, 1941

787 THOMAS, W.: Nitrogenous metabolism of Pyrus malus. III. The partition of nitrogen in leaves, one- and two-year branch growth and nonbearing spurs throughout a year's cycle. Plant Physiol. 2, 109–137, 1927

788 THORNTHWAITE, C. W.: An approach towards a rational classification of climate. Geogr.Rev. 38, 55–94, 1948

789 TICHÁ, I., ČATSKÝ, J., HODÁNOVÁ, D., POSPÍŠILOVÁ, J., KAŠE, M., ŠESTÁK, Z.: Gas exchange and dry matter accumulation during leaf development. In: ŠESTÁK, Z. (ed.), Photosynthesis during leaf development, pp. 157–216. Academia, Praha, 1985

790 TIESZEN, L. L., SENYIMBA, M. M., IMBAMBA, S. K., TROUGHTON, J. H.: The distribution of C_3 and C_4 grasses and carbon isotope discrimination along an altitudinal and moisture gradient in Kenia. Oecologia 37, 337–350, 1979

791 TIETZ, D., TIETZ, A.: Streß im Pflanzenreich. Biol.i.u.Zeit 12, 113–119, 1982

792 TJURINA, M. M., GOGOLEVA, G. A.: Rol pokoja i temperatury v morozostoikosti jabloni. 12.Int.Bot.Cgr.,Abstr.II, Leningrad, 1975

793 TOMLINSON, P. B., SODERHOLM, P. K.: The flowering and fruiting of Corypha elata in South Florida. Principes 19, 83–99, 1975

794 TOMLINSON, P. B.: The structural biology of palms. Clarendon Press, Oxford, 1990

795 TOMSETT, A. B., THURMAN, D. A.: Molecular biology of metal tolerances of plants. Plant,Cell,Environment 11, 383–394, 1988

796 TRABAUD, L.(eds.): The role of fire in ecological systems. SPB Acad.Publ., The Hague, 1987

797 TRANQUILLINI, W.: Die Stoffproduktion der Zirbe an der Waldgrenze während eines Jahres. 2. Zuwachs und CO_2-Bilanz. Planta 54, 130–151, 1959

798 TRANQUILLINI, W.: Physiological ecology of the alpine timberline. Springer, Berlin, 1979

799 TRANQUILLINI, W.: Frost-drought and its ecological significance. In: LANGE, O.L., NOBEL, P.S., OSMOND, C.B., ZIEGLER, H. (eds.), Encyclopedia of Plant Physiology, Vol.12B, pp. 379–400. Springer, Berlin, 1982

800 TRESHOW, M., ANDERSON, F. K.: Plant stress from air pollution. Wiley, Chichester, 1991

801 TROLL, C.: Der jahreszeitliche Ablauf des Naturgeschehens in den verschiedenen Klimagürteln der Erde. Studium Generale 8, 713–733, 1955

802 TROLL, C.: Die Physiognomik der Gewächse als Ausdruck der ökologischen Lebensbedingungen. Wiss. Abh. Dtsch. Geographentag 1959, Wiesbaden, 1960

803 TROLL, C.: Karte der Jahreszeitklimate der Erde. Erdkunde 18, 5–28, 1964

804 TUHKANEN, S.: Climatic parameters and indices in plant geography. Acta Phytogeogr.Suecica 67, 1–105, 1980

805 TUMANOV, I. I.: Fiziologija zakalivanija i morozostoikosti rastenii. Izdat. Nauka, Moskva, 1979

806 TUMANOW, I. I.: Ungenügende Wasserversorgung und das Welken der Pflanzen als Mittel zur Erhöhung ihrer Dürreresistenz. Planta 3, 391–480, 1927

807 TURNER, H.: Grundzüge der Hochgebirgsklimatologie. Die Welt der Alpen. Pinguin-Verlag, Innsbruck, 1970

808 TURNER, N. C.: Drought resistance and adaptation to water deficits in crop plants. In: MUSSELL, H., STAPLES, R.C. (eds.), Stress physiology in crop plants, pp. 343–372. Wiley, New York, 1979

809 TURNER, N. C.: Adaptation to water deficits: a changing perspective. Aust.J.Plant Physiol. 13, 175–190, 1986

810 TURUNEN, M., HUTTUNEN, S.: A review of the response of the epicuticular wax of conifer needles to air pollution. J.Environmental Quality 19, 35–45, 1989

811 TYLER, G.: Bryophytes and heavy metals: a literature review. Bot.J.Linn.Soc. 104, 231–253, 1990

812 TYREE, M. T., EWERS, F. W.: The hydraulic architecture of trees and other woody plants. New Phytol. 119, 345–360, 1991

813 TYREE, M. T., SPERRY, J. S.: Vulnerability of xylem to cavitation and embolism. Ann. Rev. Plant Phys. Mol. Biol. 40, 19–38, 1989

814 UCHIJIMA, Z., SEINO, H.: Distribution maps of net primary productivity of natural vegetation and related climatic elements on continents. Natl.Inst.Agro-Environm.Sci., Yatabe, 1987

815 ULRICH, B.: Ausmaß und Selektivität der Nährelementaufnahme in Fichten- und Buchenbeständen. Allg.Forst Ztg. 47, 1968

816 ULRICH, B.: Stability, elasticity and resilience of terrestrial ecosystems with respect to matter balance. In: SCHULZE, E.D., ZWÖLFER, H. (eds.), Potentials and limitations of ecosystem analysis, pp. 11–49. Springer, Berlin, 1987

817 ULRICH, B., BRECKMEIER, M.: The coupling of carbon and ion cycles including N, P and S in soils of terrestrial ecosystems. In: WOLLART, R., CHOU, L. (eds.), Interactions of C, N, P and S geochemical cycles. Springer, Berlin, 1993

818 UNESCO: Carte de la répartition mondiale des regions arides. Notes téchniques MAB7, UNESCO, Paris, 1979

819 UNGER, F.: Über den Einfluß des Bodens auf die Vertheilung der Gewächse, nachgewiesen in der Vegetation des nordöstlichen Tirols. Rohrmann & Schweigert, Wien, 1836

820 VAN VALEN, L.: Life, death, and energy of a tree. Biotropica 7, 260–269, 1975

821 VARESCHI, V.: Zur Frage der Oberflächenentwicklung von Pflanzengesellschaften der Alpen und der Subtropen. Planta 40, 1–35, 1951

822 VARESCHI, V.: Sobre las superficies de assimilación do sociedades vegetales de Cordilleras tropicales y extratropicales. Bol.Soc.Venezol.C.Nat. 14, 121–173, 1953

823 VARESCHI, V.: Effectos del viento en los Llanos, durante la epoca de sequía. Bol.Soc.Venezol.Cienc.Nat. 96, 118–127, 1960

824 VARESCHI, V.: La quema como factor ecologico en los Llanos. Bol. Soc. Venezol. Cienc. Nat. 23, 9–31, 1962

825 VIERLING, E.: The roles of heat shock proteins in plants. Ann. Rev. Plant Physiol. Plant Mol. Biol. 42, 579–620, 1991

826 VINŠ, B.: Použiti letokruhových analýz k průkazu kouřových skod. Lesnictví 8, 263–280, 1962

827 VOGT, K.: Carbon budgets of temperate forest ecosystems. Tree Physiol. 9, 69–86, 1991

828 VOZNESENSKIJ, V. L.: Fotosintez puštynnych ra-stenii. Nauka, Leningrad, 1977

829 WAGNER, J., TENGG, G.: Phänoembryologie der Hochgebirgspflanzen Saxifraga oppositifolia und Cerastium uniflorum. Flora 188, 203–225, 1993

830 WAISEL, Y.: Biology of halophytes. Academic Press, New York, 1972

831 WALKER, R. B.: Measuring mineral nutrient uti-lization. In: LASSOIE, J.P., HINCKLEY, T.M. (eds.), Techniques and approaches in forest tree ecophysiology, pp. 183–206. CRC Press, Boca Raton, 1991

832 WALLACE, C. S., RUNDEL, Ph. W.: Sexual dimor-phism and resource allocation in male and fe-male shrubs of Simmondsia chinensis. Oecolo-gia 44, 34–39, 1979

833 WALLACE, T.: The diagnosis of mineral defi-ciences in plants by visual symptoms. Her Ma-jesty's Stationery Office, London, 1951

834 WALLACE, W., PATE, J. S.: Nitrate assimilation in higher plants with special reference to the cocklebur (Xanthium pennsylvanicum Wallr.). Ann. Bot. 31, 213–228, 1967

835 WALTER, H.: Die Hydratur der Pflanze und ihre physiologisch-ökologische Bedeutung. Fi-scher, Jena, 1931

836 WALTER, H.: Die Klimadiagramme als Mittel zur Beurteilung der Klimaverhältnisse für ökologische, vegetationskundliche und land-wirtschaftliche Zwecke. Ber.dtsch.bot.Ges. 69, 331–344, 1955

837 WALTER, H.: Einführung in die Phytologie, III / 1.Standortslehre. 2.Aufl. Ulmer, Stutt-gart, 1960

838 WALTER, H.: Die physiologischen Vorausset-zungen für den Übergang der autotrophen Pflanzen vom Leben im Wasser zum Land-leben. Z.Pflanzenphysiol. 56, 170–185, 1967

839 WALTER, H.: Vegetation und Klimazonen. 6.Aufl. Ulmer, Stuttgart, 1990

840 WALTER, H., BRECKLE, S. W.: Ökologie der Erde 3 – Spezielle Ökologie der Gemäßigten und Arktischen Zonen Euro-Nordasiens. Fi-scher, Stuttgart, 1986

841 WALTER, H., BRECKLE, S. W.: Ökologie der Erde 1 – Ökologische Grundlagen in globaler Sicht. 2.Aufl. Fischer, Stuttgart, 1991

842 WALTER, H., KREEB, K.: Die Hydratation und Hydratur des Protoplasmas der Pflanzen und ihre ökophysiologische Bedeutung. Springer, Wien, 1970

843 WALTER, H., LIETH, H.: Klimadiagramm-Welt-atlas. Fischer, Jena, 1967

844 WALTER, H., STEINER, M.: Die Ökologie der Ostafrikanischen Mangroven. Z.Botanik 30, 65–193, 1936

845 WALTER, H., WALTER, E.: Das Gesetz der relati-ven Standortskonstanz: Das Wesen der Pflan-zengesellschaften. Ber. dtsch. bot. Ges. 66, 228–236, 1953

846 WANG, J., IVES, N. E., LECHOWICZ, M. J.: The re-lation of foliar phenology to xylem embolism in trees. Funct.Ecol. 6, 469–475, 1992

847 WARDLAW, I. F.: Temperature control of trans-location. In: BIELESKI, R.L., FERGUSON, A.R., CRESSWELL, M.M. (eds.), Mechanisms of regu-lation of plant growth, pp. 533–538. Welling-ton, New Zealand, 1974

848 WARDLAW, I. F.: The control of carbon partitio-ning in plants. New Phytol. 116, 341–381, 1990

849 WARDLAW, I. F., PASSIOURA, J. B.: Transport and transfer processes in plants. Academic Press, New York, 1976

850 WAREING, P. F., PHILLIPS, I. D. J.: The control of growth and differentiation in plants. 2.Aufl. Pergamon Press, Oxford, 1981

851 WAREMBOURG, F. R., MONTANGE, D., BARDIN, R.: The simultaneous use of $^{14}CO_2$ and $^{15}N_2$ la-belling techniques to study the carbon and ni-trogen economy of legumes grown under natu-ral conditions. Physiol.Plant 56, 46–55, 1982

852 WARGO, Ph. M.: Starch storage and radial growth in woody roots of sugar maple. Can.J.For.Res. 9, 49–56, 1979

853 WARING, R. H., WHITEHEAD, D., JARVIS, P. G.: The contribution of stored water to transpira-tion in Scots pine. Plant,Cell,Environment 2, 309–317, 1979

854 WARTINGER, A., HEILMEIER, H., HARTUNG, W., SCHULZE, E. D.: Daily and seasonal courses of leaf conductance and abscisic acid in the xy-lem sap of almond trees (Prunus dulcis) under desert conditions. New Phytol. 116, 561–587, 1990

855 WATSON, D. J.: Comparative physiological stu-dies on the growth of field crops. I. Variation in net assimilation rate and leaf area between species and varieties, and within and between years. Ann.Bot. 11, 41–76, 1947

856 WAUGHMAN, G. J.: The effect of temperature on nitrogenase activity. J.Exper.Bot. 28, 949–960, 1977

857 WEATHERLEY, P. E.: Some investigations on wa-ter deficit and transpiration under controlled conditions. In: SLAVÍK, B. (ed.), Water stress in plants, pp. 63–71. Cz.Acad.Sci., Praha, 1965

858 WEBB, Th.: Is vegetation in equilibrium with climate? How to interpret late-Quaternary pollen data. Vegetatio 67, 75–91, 1986

859 WEIDNER, M., ZIEMENS, C.: Preadaptation of protein synthesis in wheat seedlings to high temperature. Plant Physiol. 56, 590–594, 1975

860 WEIGEL, H. J., HALBWACHS, G., JÄGER, H. J.: The effects of air pollutants on forest trees from a plant physiological view. Z.Pflanzenkrankheiten u.pflanzenschutz 96, 203–217, 1989

861 WEIGEL, H. J., MEJER, G. J., JÄGER, H. J.: Auswirkungen von Klimaänderungen auf die Landwirtschaft: Open-top Kammern zur Untersuchung von Langzeitwirkungen erhöhter CO₂-Konzentrationen auf landwirtschaftliche Pflanzen. Angew.Bot. 66, 135–142, 1992

862 WEIGLIN, Ch., WINTER, E.: Leaf structures of xerohalophytes from an East Jordanian salt pan. Flora 185, 405–424, 1991

863 WELLBURN, A. R.: SO₂ effects on stromal and thylakoid function. In: WINNER, W.E., MOONEY, H.A., GOLDSTEIN, R.A. (eds.), Sulfur dioxide and vegetation. Physiology, ecology and policy issues, pp. 133–147. Stanford Univ. Press, Stanford,CA, 1985

864 WELLMANN, E.: UV-radiation in photomorphogenesis. In: SHROPSHIRE, W., MOHR, H. (eds.), Encyclopedia of Plant Physiology, Vol.16B, pp. 745–756. Springer, Berlin, 1983

865 WENT, F. W.: The experimentel control of plant growth. Waltham, Mass, 1957

866 WERNER, D.: Pflanzliche und mikrobielle Symbiosen. Thieme, Stuttgart, 1987

867 WERNER, D.: Physiology of nitrogen-fixing legume nodules: Compartments and functions. In: STACEY, G., BURRIS, R.H., EVANS, H.J. (eds.), Biological nitrogen fixation, pp. 399–431. Chapman & Hall, New York, 1992

868 WHITTAKER, H., LIKENS, G. E.: The biosphere and man. In: LIETH, H., WHITTAKER, R. (eds.), Primary productivity of the Biosphere, pp. 305–328. Springer, Berlin, 1975

869 WIEBE, H. H., BROWN, R. W., DANIEL, T. W., CAMPBELL, E.: Water potential measurements in trees. BioScience 1970, 225–226, 1970

870 WILLIAMS, G. J., McMILLAN, C.: Frost tolerance of Liquidambar styraciflua native to the United States, Mexico, and Central America. Can.J.Bot. 49, 1551–1558, 1971

871 WILLIAMS, K., PERCIVAL, F., MERINO, J., MOONEY, H. A.: Estimation of tissue construction cost from heat of combustion and organic nitrogen content. Plant,Cell,Environment 10, 725–734, 1987

872 WILLIAMSON, P., PLATT, T.: Ocean biogeochemistry and air-sea CO₂ exchange. IGBP Newsletter No.6, 1991

873 WILSON, Ch. Ch.: The effect of some environmental factors on the movements of guard cells. Plant Physiol. 23, 5–35, 1948

874 WIMMER, R., HALBWACHS, G.: Holzbiologische Untersuchungen an fluorgeschädigten Kiefern. Holz, Roh- u. Werkstoff 50, 261–267, 1992

875 WINNER, W. E., MOONEY, H. A.: Ecology of SO₂ resistance: III. Metabolic changes of C₃ and C₄ Atriplex species due to SO₂ fumigations. Oecologia 46, 49–54, 1980

876 WINTER, K.: Crassulacean acid metabolism. In: BARBER, J., BAKER, N.R. (eds.), Photosynthetic mechanisms and the environment, pp. 329–387. Elsevier, Dordrecht, 1985

877 WINTER, K., LÜTTGE, U.: Balance between C₃ and CAM pathway of photosynthesis. In: LANGE, O.L., KAPPEN, L., SCHULZE, E.D. (eds.), Water and plant life, pp. 323–334. Springer, Berlin, 1976

878 WIRTH, V., TÜRK, R.: Über die SO₂-Resistenz von Flechten und die mit ihr interferierenden Faktoren. Verh.Ges.Ökol. 74, 173–179, 1975

879 WMO: Global climate change. World Met.Org.Secr., 1990

880 WOLVERTON, B. C., McDONALD, R. C.: Upgrading facultative wastewater lagoons with vascular aquatic plants. J.Water Pollution Control Fed. 51, 305–313, 1979

881 WOODWARD, R. G.: Photosynthesis and expansion of leaves of soybean grown in two environments. Photosynthetica 10, 274–279, 1976

882 WOOLLEY, J. T.: Reflectance and transmittace of light by leaves. Plant Physiol. 47, 656–662, 1971

883 WYN-JONES, R. G., GORHAM, J.: Osmoregulation: In: LANGE, O.L., NOBEL, P.S., OSMOND, C.B., ZIEGLER, H. (eds.), Encyclopedia of Plant Physiology, Vol.12C, pp. 35–58. Springer, Berlin, 1983

884 WYN-JONES, R. G., PRITCHARD, J.: Stresses, membranes and cell wall. In: JONES, H.G., FLOWERS, T.J., JONES, M.B. (eds.), Plants under stress, pp. 95–114. Cambridge Univ.Press, Cambridge, 1989

885 WYN-JONES, R. G., STOREY, R.: Betaines. In: PALEG, L.G., ASPINALL, D. (eds.), Physiology and biochemistry of drought resistance in plants, pp. 171–204. Academic Press, Sydney, 1981

886 YODA, K.: Comparative ecological studies on three main types of forest vegetation in Thailand. III. Community respiration. Nature and Life in Southeast Asia 5, 83–148, 1967

887 YODA, K.: Light climate within the forest. In: KIRA, T., ONO, Y., HOSOKAWA, T. (eds.), Biological production in a warm-temperate evergreen oak forest of Japan., pp. 46–54. JIBP Synthesis 18, Tokyo, 1978

888 YOSHIE, F.: Heat resistance of the temperate plants with different life-forms and from different microhabitats. Bull.Assoc.Nat.Sci., Senshu Univ. 20, 75–87, 1989

889 YOSHIKAWA, K., OGINO, K., MAIYUS, M.: Some aspects of sap flow rate of tree species in a tropical rain forest in West Sumatra. In: HOTTA, M. (ed.), Diversity and dynamics of plant life in Sumatra. Report and Coll.Papers, Part 1, pp. 45–59. Kyoto University, Sumatra Nature Study, 1986

890 ZELITCH, I.: Improving the efficiency of photosynthesis. Science 188, 626–633, 1975

891 ZELLER, O.: Über die Jahresrhythmik in der Entwicklung der Blütenknospen einiger Obstsorten. Gartenbauwiss. 23, 167–181, 1958

892 ZELLER, O.: Entwicklungsgeschichte der Blütenknospen und Fruchtanlagen an einjährigen Langtrieben von Apfelbüschen. I. Entwicklungsverlauf und Entwicklungsmorphologie der Blüten am einjährigen Langtrieb. Z.Pflanzenzüchtung 44, 175–214, 1960

893 ZHANG, J., DAVIES, W. J.: Changes in the concentration of ABA in xylem sap as a function of changing soil water status can account for changes in leaf conductance and growth. Plant, Cell, Environment 13, 277–285, 1990

894 ZIMMERMANN, G., BUTIN, H.: Untersuchungen über die Hitze- und Trockenresistenz holzbewohnender Pilze. Flora 162, 393–419, 1973

895 ZIMMERMANN, M. H., BROWN, C. L.: Trees, structure and function. 2.Aufl. Springer, Berlin, 1974

896 ZIMMERMANN, M. H.: Xylem structure and the ascent of sap. Springer, Berlin, 1983

Sachregister

UTB
FÜR WISSEN
SCHAFT

Fachbereich
Ökologie

Kaule:
Arten- und Biotopschutz
UTB-GROSSE REIHE
(Ulmer). 2. Aufl. 1991.
DM 98.–, öS 765.–, sFr. 98.–

Larcher:
Ökophysiologie der Pflanzen
UTB-GROSSE REIHE
(Ulmer). 1994.
Ca. DM 78.–, öS 609.–, sFr. 78.–

Otto:
Waldökologie
UTB-GROSSE REIHE
(Ulmer). 1994.
Ca. DM 78.–, öS 609.–, sFr. 78.–

Steubing/Fangmeier:
Pflanzenökologisches Praktikum
UTB-GROSSE REIHE
(Ulmer). 1992.
DM 58.–, öS 453.–, sFr. 58.–

Usher/Erz (Hrsg.):
Erfassen und Bewerten im
Naturschutz
UTB-GROSSE REIHE
(Quelle & Meyer). 1994.
DM 89.–, öS 694.–, sFr. 89.–

Walter/Breckle: Ökologie der Erde
Band 1/4
UTB-GROSSE REIHE
(Gustav Fischer).
Band 1: 2. Aufl. 1991.
DM 48.–, öS 375.–, sFr. 49.–
Band 4: 1991.
DM 58.–, öS 453.–, sFr. 58.–

269 Wilmanns:
Ökologische Pflanzensoziologie
(Quelle & Meyer). 5. Aufl. 1993.
DM 44.–, öS 343.–, sFr. 45.–

430 Schaefer:
Wörterbücher der Biologie
Ökologie
(Gustav Fischer). 3. Aufl. 1992.
DM 38.80, öS 303.–, sFr. 39.80

521 Leser:
Landschaftsökologie
(Ulmer). 3. Aufl. 1991.
DM 39.80, öS 311.–, sFr. 40.80

595 Mühlenberg:
Freilandökologie
(Quelle & Meyer). 3. Aufl. 1993.
DM 44.–, öS 343.–, sFr. 45.–

1318 Müller (Hrsg.):
Ökologie
(Gustav Fischer). 2. Aufl. 1991.
DM 34.80, öS 272.–, sFr. 35.80

1479 Klötzli:
Ökosysteme
(Gustav Fischer). 3. Aufl. 1993.
DM 44.80, öS 350.–, sFr. 45.80

1563 Plachter:
Naturschutz
(Gustav Fischer). 1991.
DM 44.80, öS 350.–, sFr. 45.80

1650 Hampicke:
Naturschutz-Ökonomie
(Ulmer). 1991.
DM 36.80, öS 287.–, sFr. 37.80

Das UTB-Gesamtverzeichnis erhalten Sie
bei Ihrem Buchhändler oder direkt von
UTB, Postfach 80 11 24, 70511 Stuttgart.

UTB
FÜR WISSEN SCHAFT

Fachbereich
Biologie

Heß:
Biotechnologie der Pflanzen
UTB-GROSSE REIHE
(Ulmer). 1992.
DM 78.–, öS 609.–, sFr. 78.–

Kinzel: Stoffwechsel der Zelle
UTB-GROSSE REIHE
(Ulmer). 2. Aufl. 1989.
DM 36.–, öS 281.–, sFr. 37.–

Kreeb: Vegetationskunde
UTB-GROSSE REIHE
(Ulmer). 1983.
DM 64.–, öS 499.–, sFr. 64.–

Pott:
Die Pflanzengesellschaften
Deutschlands
UTB-GROSSE REIHE
(Ulmer). 1992.
DM 58.–, öS 453.–, sFr. 58.–

15 Heß:
Pflanzenphysiologie
(Ulmer). 9. Aufl. 1991.
DM 39.80, öS 311.–, sFr. 40.80

31 Schwoerbel:
Einführung in die Limnologie
(Gustav Fischer). 7. Aufl. 1993.
DM 29.80, öS 233.–, sFr. 30.80

62 Weberling/Schwantes:
Pflanzensystematik
(Ulmer). 6. Aufl. 1992.
DM 34.80, öS 272.–, sFr. 35.80

979 Schwoerbel:
Methoden der Hydrobiologie
(Gustav Fischer). 4. Aufl. 1994.
Ca. DM 28.80, öS 225.–, sFr. 29.80

1015 Kaudewitz:
Genetik
(Ulmer). 2. Aufl. 1992.
DM 48.–, öS 375.–, sFr. 49.–

1197 Libbert (Hrsg.):
Allgemeine Biologie
(Gustav Fischer). 7. Aufl. 1991.
DM 39.80, öS 311.–, sFr. 40.80

1410/1460 Kleber/Schlee:
Biochemie I/II (Gustav Fischer).
2. Aufl. 1991 / 2. Aufl. 1992.
Je DM 44.80, öS 350.–, sFr. 45.80

1431 Jacob/Jäger/Ohmann:
Botanik
(Gustav Fischer). 4. Aufl. 1994.
DM 39.80, öS 311.–, sFr. 40.80

1476 Schubert/Wagner:
Botanisches Wörterbuch
(Ulmer). 11. Aufl. 1993.
DM 39.80, öS 311.–, sFr. 40.80

1546 Masuch: Biologie der Flechten
(Quelle & Meyer). 1993.
DM 48.–, öS 375.–, sFr. 49.–

1643 Brand:
Taschenlexikon der Biochemie und
Molekularbiologie
(Quelle & Meyer). 1992.
DM 29.80, öS 233.–, sFr. 30.80

1730 Voland:
Grundriß der Soziobiologie
(Gustav Fischer). 1993.
DM 34.–, öS 265.–, sFr. 35.–

Das UTB-Gesamtverzeichnis erhalten Sie
bei Ihrem Buchhändler oder direkt von
UTB, Postfach 80 11 24, 70511 Stuttgart.